JN086720

神雷部隊始末記［増補版］

加藤 浩

Hobby JAPAN

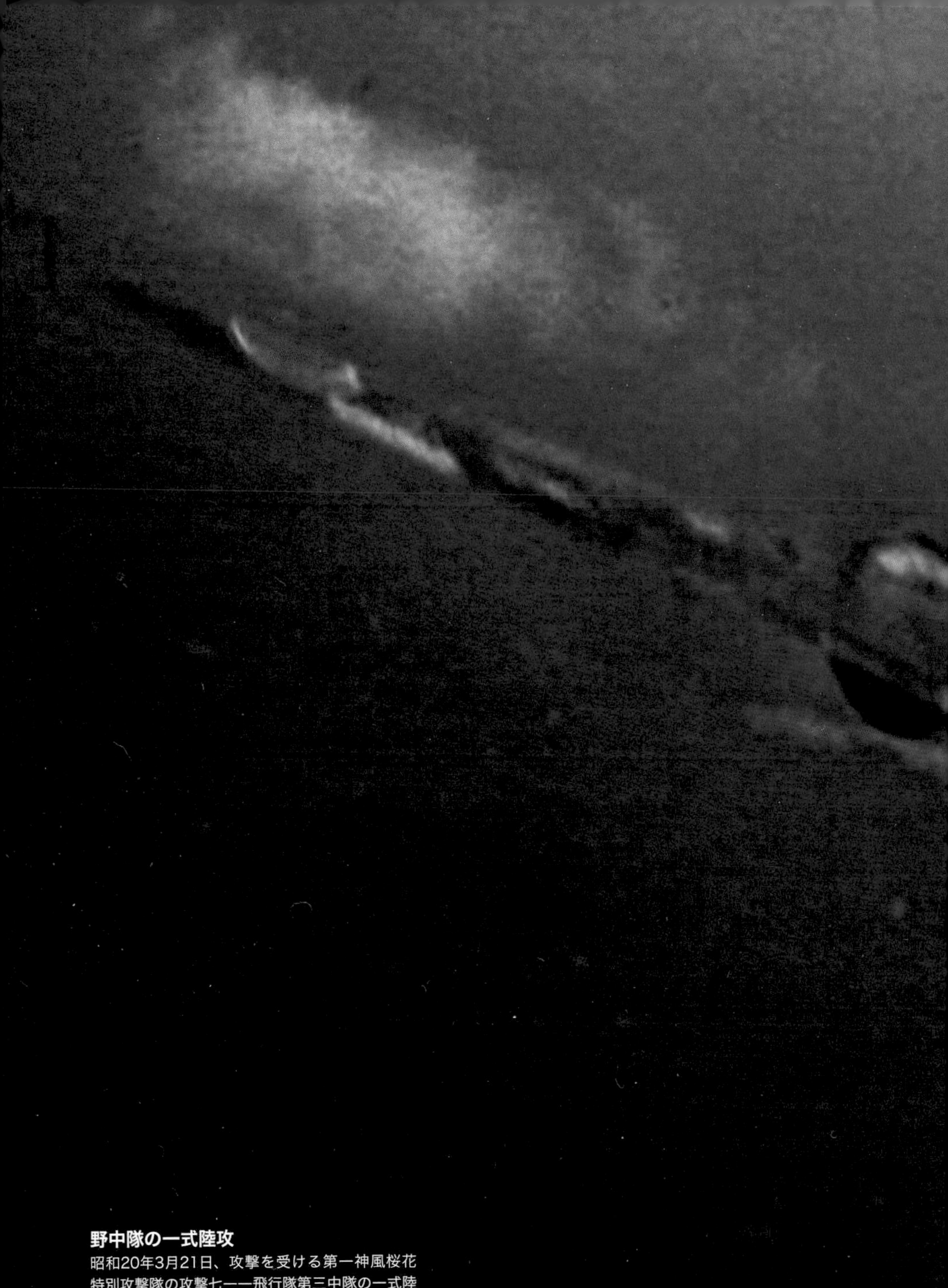

野中隊の一式陸攻
昭和20年3月21日、攻撃を受ける第一神風桜花特別攻撃隊の攻撃七一一飛行隊第三中隊の一式陸攻二四型丁「721-363」。胴体下には桜花の主翼と尾翼が見える。

野中隊攻撃記録映像

第二次大戦末期、米軍では戦果確認と戦訓調査の観点から、戦闘機の機銃発射ボタンと連動してカラーのムービーフィルムで戦闘の模様を撮影するガンカメラを装備していた。それらの映像は、生きた日本機の最期の姿をいまなお見ることのできる貴重な記録となって残されている。次ページより紹介するコマ撮り画像は、昭和20年3月21日、野中五郎少佐率いる第一次神雷桜花攻撃の際、迎撃にあたった米軍機のガンカメラに収められた映像の一部である。すなわち、この映像記録は、この日全滅した陸攻隊の最期の様子を記録したものなのである。ここでは、映像を子細に検討し、陸攻と米戦闘機が実際にいかなる機動を行ったのかを可能な限り分析してみた。

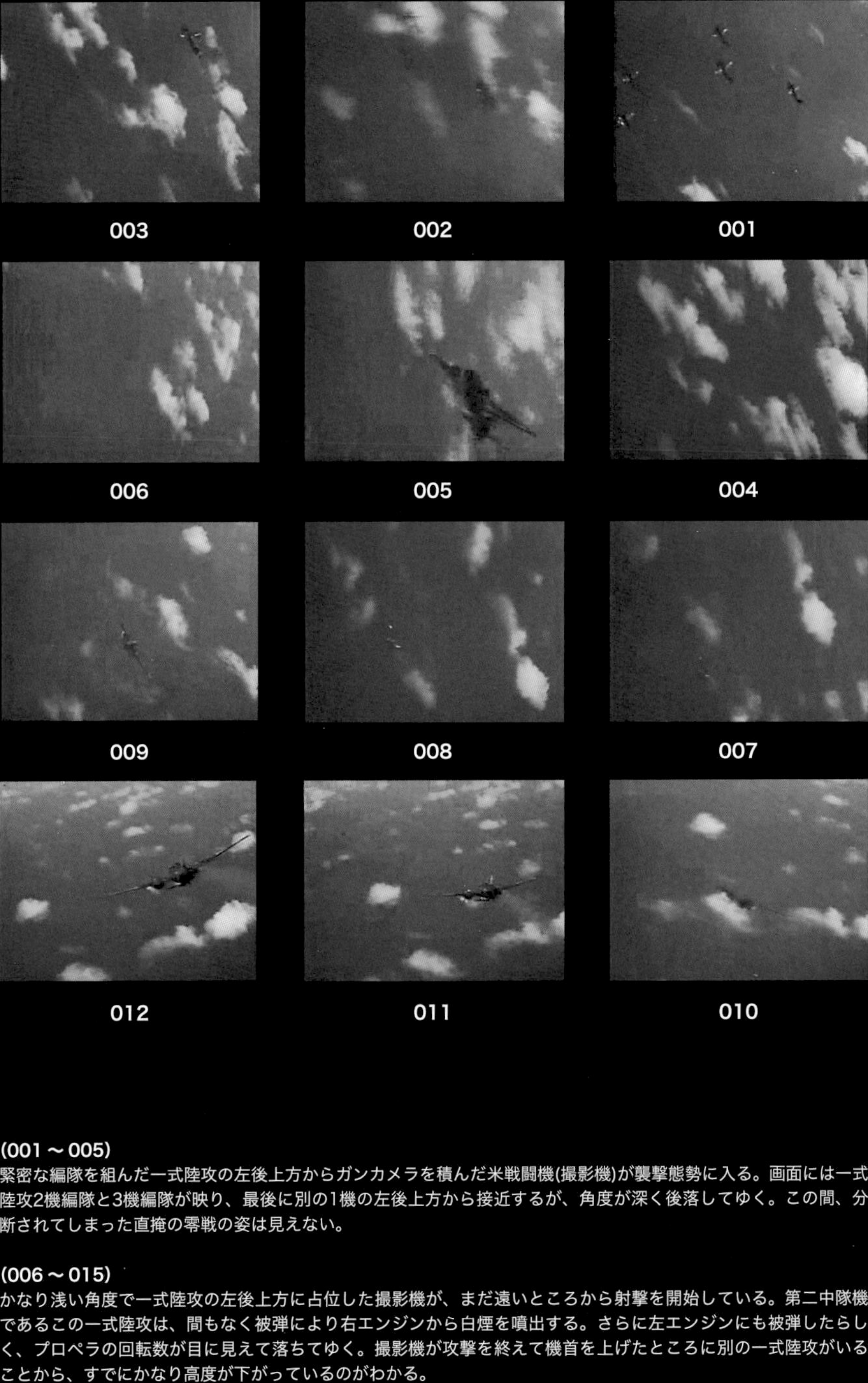

(001 ～ 005)
緊密な編隊を組んだ一式陸攻の左後上方からガンカメラを積んだ米戦闘機(撮影機)が襲撃態勢に入る。画面には一式陸攻2機編隊と3機編隊が映り、最後に別の1機の左後上方から接近するが、角度が深く後落してゆく。この間、分断されてしまった直掩の零戦の姿は見えない。

(006 ～ 015)
かなり浅い角度で一式陸攻の左後上方に占位した撮影機が、まだ遠いところから射撃を開始している。第二中隊機であるこの一式陸攻は、間もなく被弾により右エンジンから白煙を噴出する。さらに左エンジンにも被弾したらしく、プロペラの回転数が目に見えて落ちてゆく。撮影機が攻撃を終えて機首を上げたところに別の一式陸攻がいることから、すでにかなり高度が下がっているのがわかる。

015
014
013

(023～034)
すでにかなり高度が下がった一式陸攻は、編隊も崩れ2機と後落した1機とに分かれている。撮影機はさらに被弾して後落している1機を狙い、射撃しながら左後上方から右後下方に抜けているが、この一式陸攻はすでに左主翼直後付近に火災が発生している。攻撃後、機首を上げると別の一式陸攻がいることから、これら4機がかなり低空に下りていることがうかがえる。

(035～043)
撮影機が、先行する2機編隊の4機から後落した1機に、かなり浅い角度で左後上方から右後下方に抜ける間に射撃している。これら映像から、撮影機は一式陸攻の尾部20mm機銃を警戒し軸線を合わせないようにしていることがわかる。

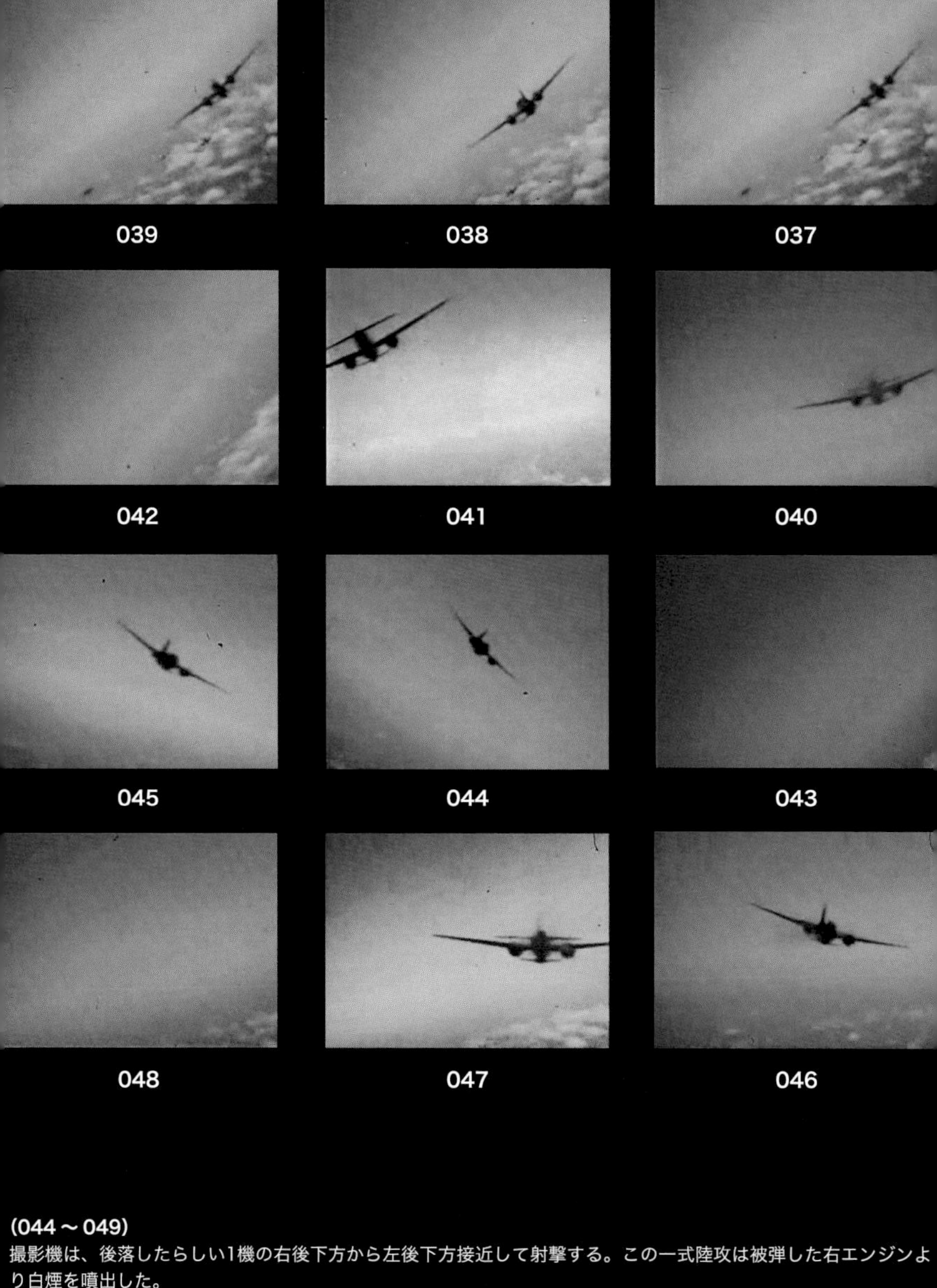

(044～049)
撮影機は、後落したらしい1機の右後下方から左後下方接近して射撃する。この一式陸攻は被弾した右エンジンより白煙を噴出した。

(050～055)
一連の記録映像の中で2例のみ、正面からの反航攻撃を記録したシークエンスがあるが、これはそのひとつ。撮影機は一式陸攻から見て左前下方から射撃し、一式陸攻は被弾した左エンジンより白煙を噴出した。

051
050
049

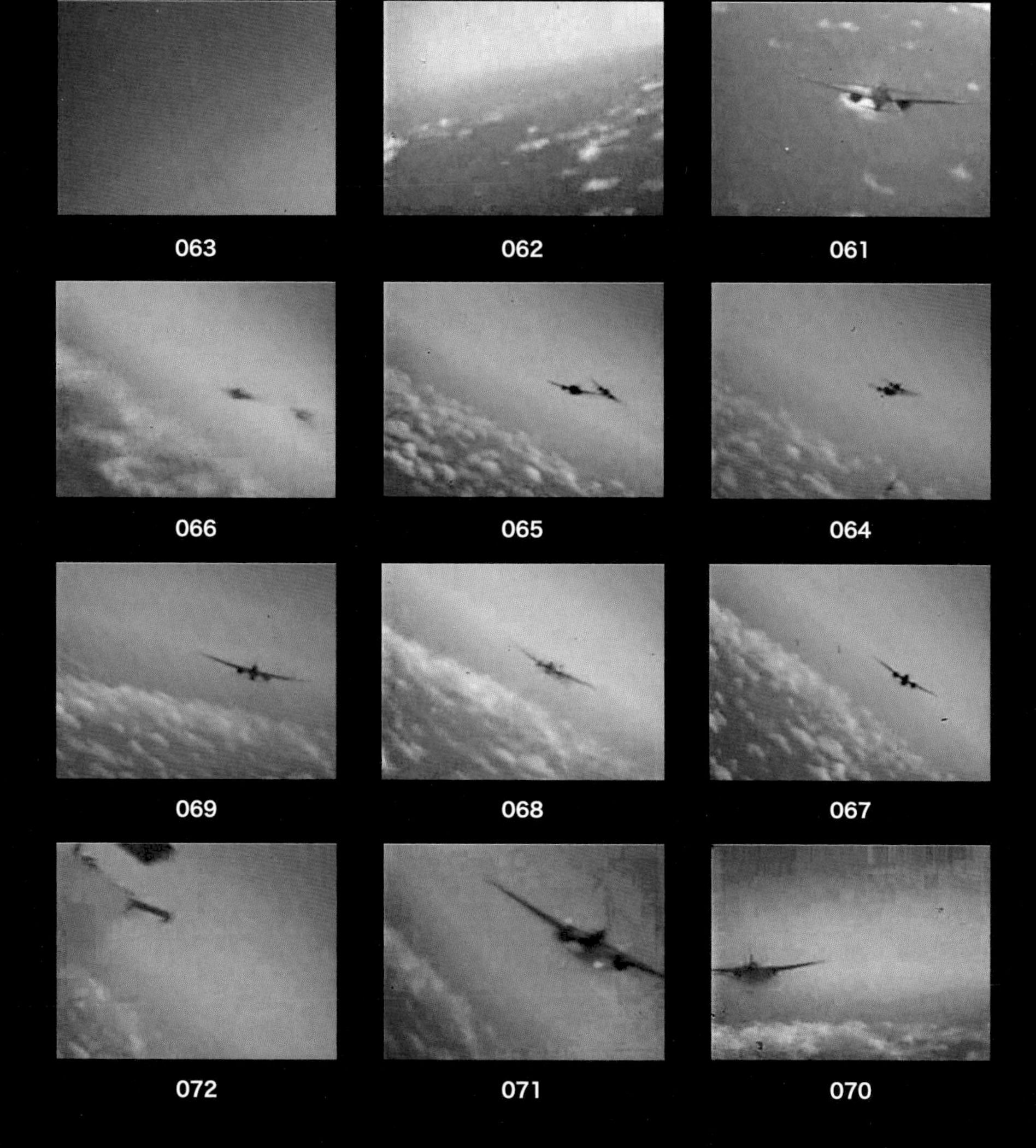

(064～070)
撮影機が2機編隊に追いすがり、左側の2番機に遠くから射撃すると、一式陸攻は被弾した右エンジンより白煙を噴出して後落していく。

(071～072)
一式陸攻はすでに主翼付け根右後ろ付近の胴体から火を噴いている。撮影機がさらに接近して射撃すると、突然一式陸攻の右主翼の外翼部分が折れ飛んでしまった。一瞬見える上面の日の丸が強烈な印象を与える。

入間基地の桜花一一型
平成24年に新装開館した航空自衛隊入間基地の修武台記念館に展示されている桜花一一型214号機。第一航空廠製の後期生産型である。オリジナルの胴体と、復元製作された骨組状態の主翼、尾翼、弾頭部等、構造が理解できるよう、それぞれが少し離した状態で展示されている。

コスフォードの桜花一一型
英国コスフォードの英国王立空軍博物館に展示されている桜花一一型10461号機。2019年著者撮影。空技廠製の前期型で、終戦時シンガポールで接収されたもの。同博物館には2020年に桜花一一型後期型の1100号機の展示が新たに加わった。

入間基地の桜花一一型

航空自衛隊入間基地修武台記念館に展示されている桜花一一型 後期型214号機。平成15年の展示風景より。日本国内に唯一現存する実機であるが、失われた主翼は仮復旧したもの。マーキングはオリジナルではない。

入間基地の桜花一一型、「頭部大金物」

当時の資料に基づき寸法、塗装共に忠実に復元されている桜花の弾頭部、秘匿名称「頭部大金物」、実物はクロムモリブデン鋼の加工品で 重量1204kg、炸薬重量518kg。これは桜花一一型の自重2140kgの実に57%に達する。機首の信管（正式名称「弾頭発火装置一型」）は、当時の資料に基づき外観のみならず、内部構造まで忠実に復元されている。平成15年の展示風景より。

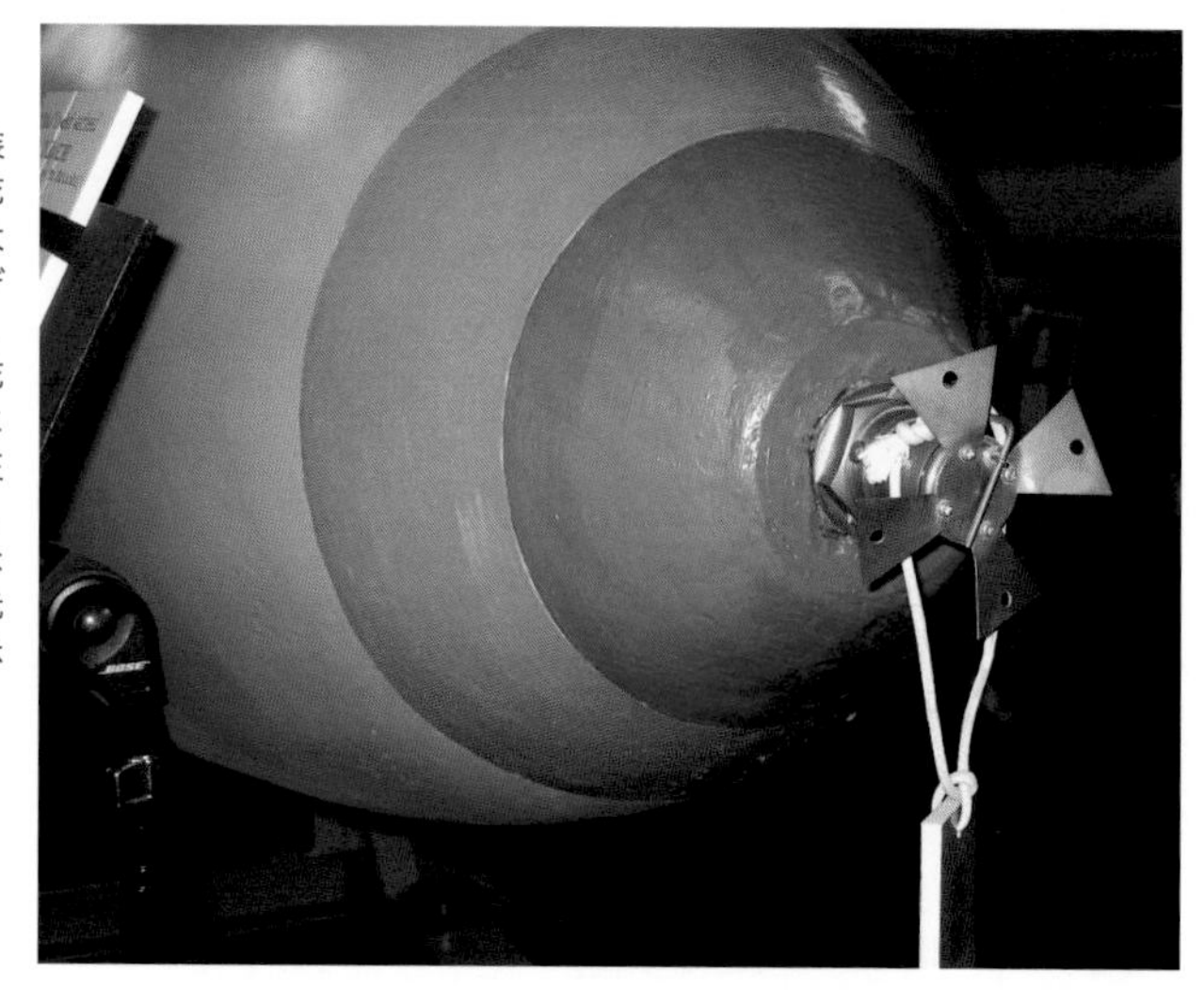

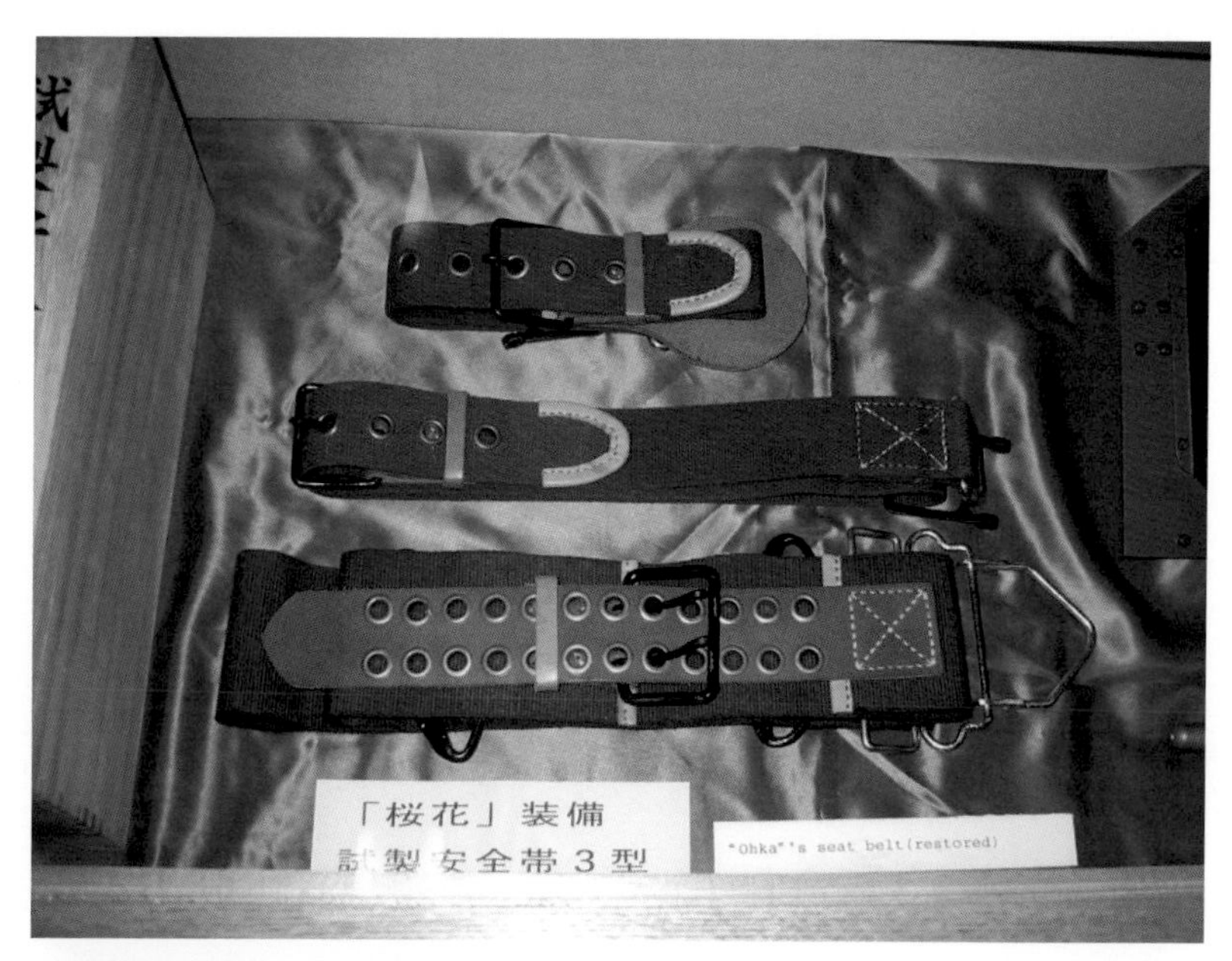

入間基地の桜花一一型、「試製安全帯三型」
当時の資料に基づき寸法、材質共に忠実に再現されたシートベルト（正式名称「試製安全帯三型」）。機体とは別に展示されている。平成15年の展示風景より。

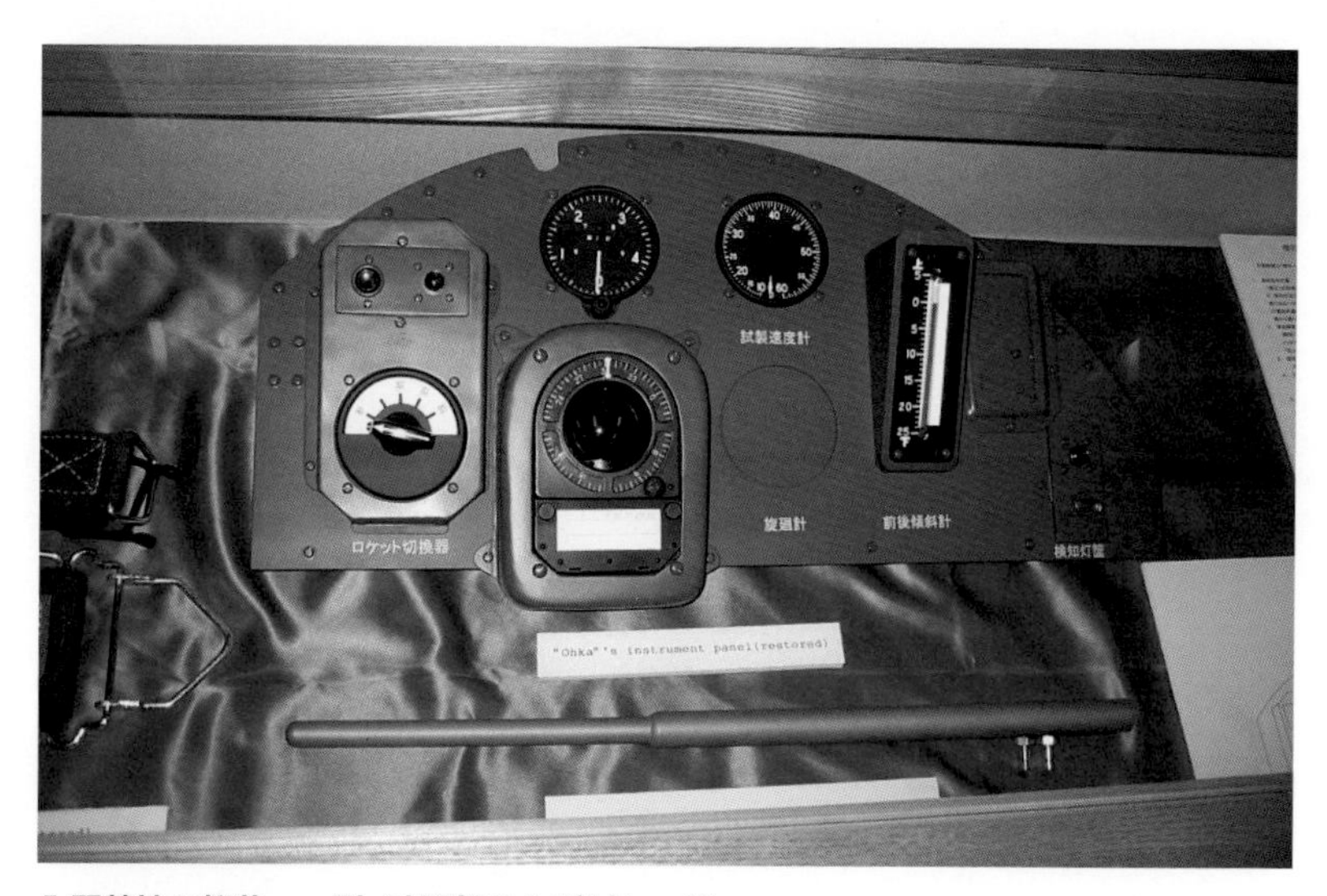

入間基地の桜花一一型、計器盤およびピトー管
これも当時の資料に基づき寸法、材質共に忠実に再現されたものである。平成15年の展示風景より。

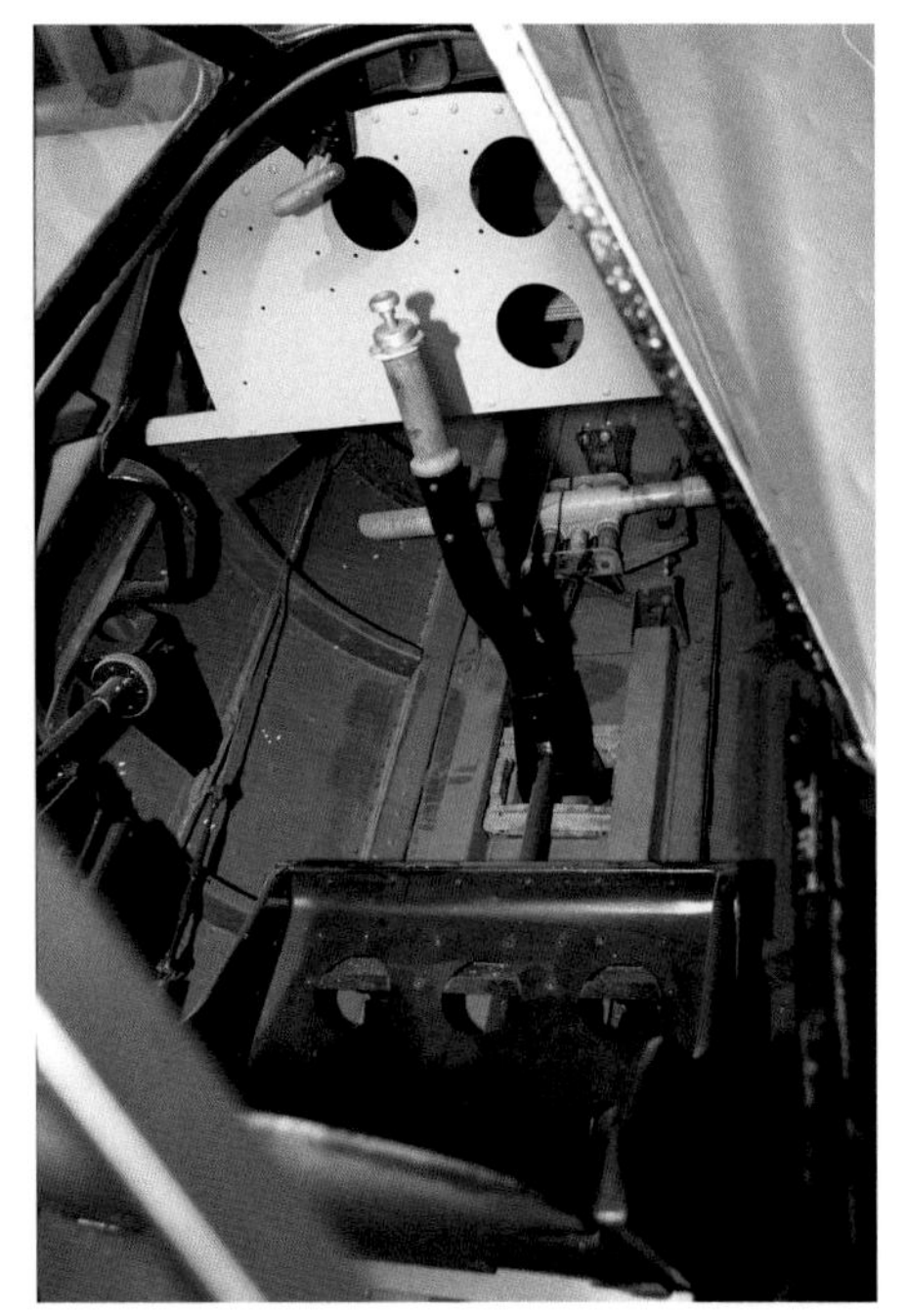

入間基地の桜花一一型、操縦席

計器盤の左上のレバーは信管の安全装置解除用の把手。風防前の照門の前には桜花懸吊用の金具がある。内部は桜花の全重量を支えられるよう、主桁と結合されている。操縦席が黒塗りなのは鉄製を意味している。一一型では背もたれは一枚板であるが、練習機である桜花K1では背負い式の落下傘が収まるように切り欠きが設けられている。平成15年の展示風景より。

鹵獲された桜花I-18号機

こちらは戦時中、沖縄本島の北飛行場（読谷）で米軍に鹵獲された桜花I-18号機。空技廠製の前期型1022号機である。すでに弾頭部は外されているが、貴重な戦利品のため立ち入り禁止措置が取られ、銃を持った兵士が警戒している。

鹵獲された桜花I-13号機

戦後米本土で撮影された桜花I-13号機。当時沖縄の北飛行場では桜花10機が発見され、うち4機が無傷であったとされる。現存する写真ではI-10、13、18号機が確認される。

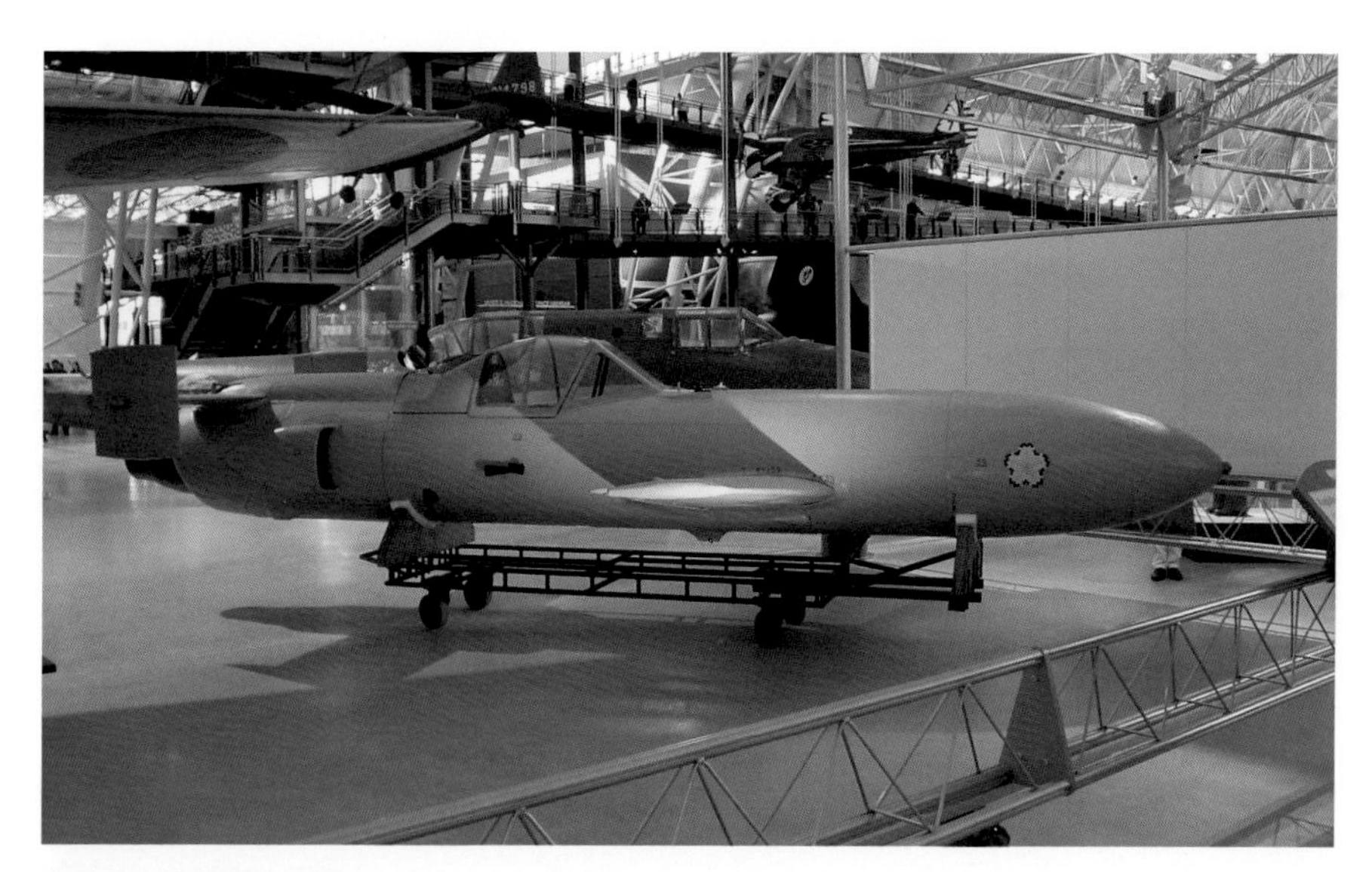

復元された桜花二二型

1機のみ現存する桜花二二型（製造第9号機「空技廠第59号」）は、平成11年に米国において復元された。現在は米国国立航空宇宙博物館ウドヴァーヘイジ・センターに展示されている。

神ノ池基地空襲①

昭和20年2月16日、空襲を受ける神ノ池基地のガンカメラ映像。撮影機は北西方向から攻撃している。並んでいるのは攻撃711飛行隊の一式陸攻、すでに2機が炎上している。

第五桜花特別攻撃隊の最期（001〜005）

昭和20年4月16日、第五桜花特別攻撃隊の一式陸攻未帰還機4機のいずれかの最期をとらえた米軍のガンカメラ映像。
（001）右エンジンより長い白煙を曳きつつ遁走を図る。
（002）攻撃七〇八の機体なので稲妻マークはない。
（003）海面近くに避退したが執拗な射撃を受けている。
（004）墜落後、まだ機体の一部が浮いている。
（005）海面には機体から流れ出た油が浮いている。

神ノ池基地空襲②（001〜006）

昭和20年7月10日、再び米機動部隊からの空襲を受けた神ノ池基地のガンカメラ映像。滑走路脇に見える黒い煤けた痕跡は2月の空襲（右ページ）で炎上した一式陸攻の痕跡らしい。滑走路には2月には見られなかった申し訳程度の迷彩が施されている。

002

001

004

003

006

005

終戦後の比叡山基地カタパルト施設（001～014）

昭和20年10月23日に米軍が記録用に撮影した比叡山基地の状況。撮影後にターンテーブルや台車制動装置は爆破により破壊さた。

（001）延暦寺駅のガントリークレーン。

（002）坂本駅のガントリークレーンと屋根を撤去したケーブルカー。

（003）延暦寺駅前のターンテーブルと台車。現在は砂利の下に埋もれている。

（004）延暦寺駅から延びる搬送レール。駅舎は当時のまま現存している。

（005）カタパルト末端から先端を望む。レールは枕木を介してコンクリートの基礎に直接取り付られ、砂利のバラスはない。

（006）延暦寺駅からのレールはカタパルト末端でターンテーブルにより横穴格納庫と分岐する

007

(007) カタパルト先端部
滑走してきた台車を制動する
ワイヤが張られている。左側
に見えるのが裳立山。

009

008

(008〜009) 台車制動装置。
(010) 左側から見たカタパ
ルト先端部。左上が琵琶湖。

010

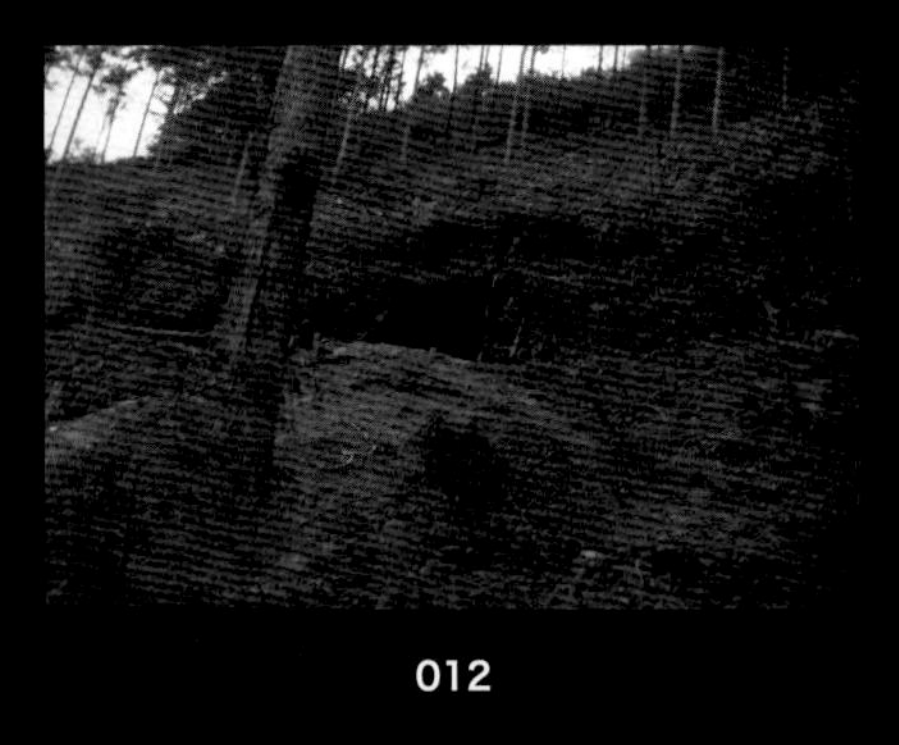

012

011

014

013

（011～012）比叡山に掘られた横穴式格納庫。入口は樹木で偽装されている。

（013～014）カタパルト加速用に準備された四式一号噴射器二〇型のロケットが並べられている。

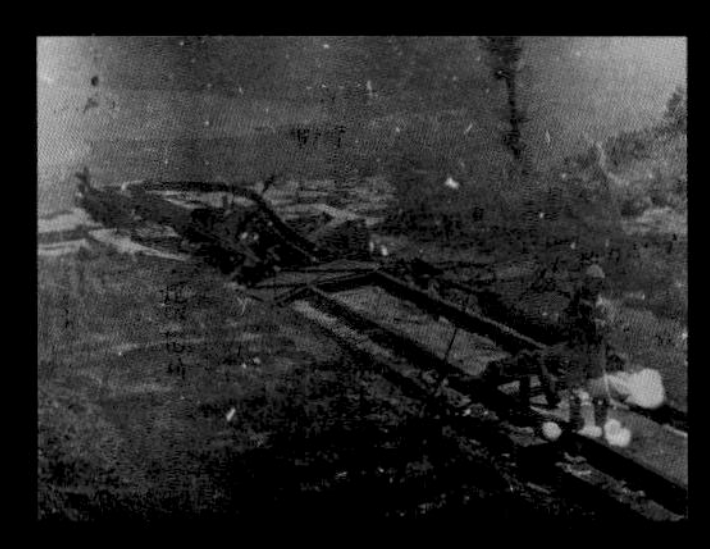

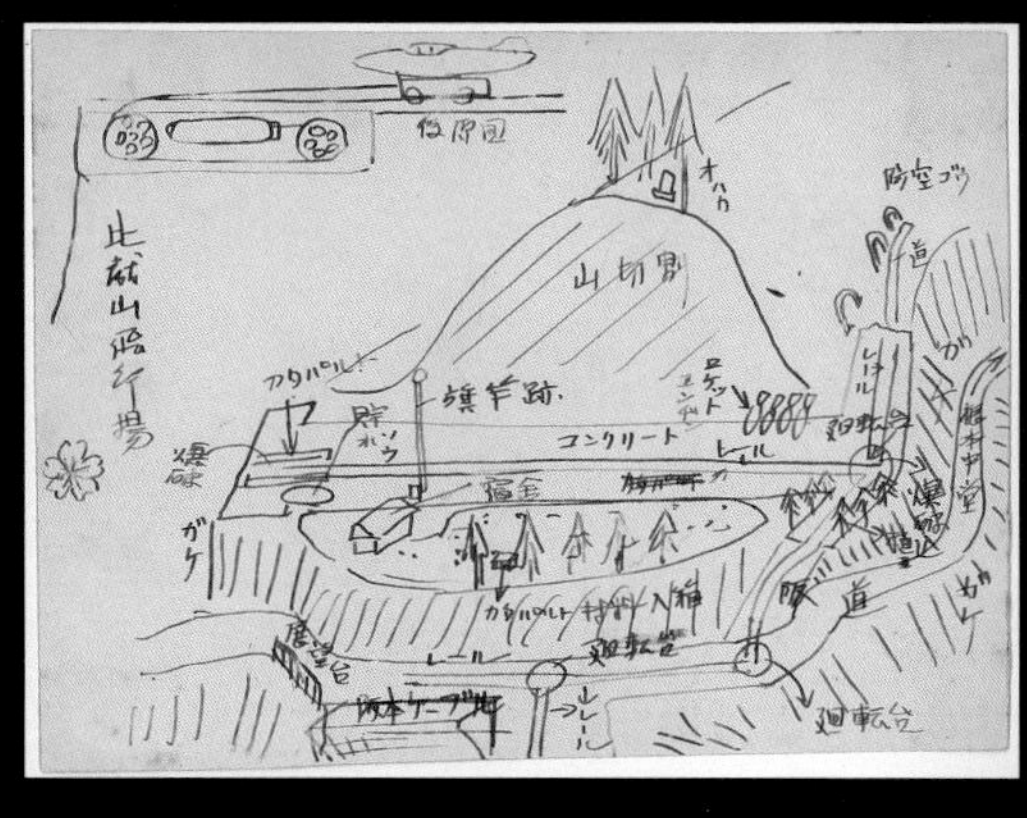

戦後、京都の大学生が比叡山基地を調査した際の写真（上）と見取り図（右）。

零戦二一型　大村海軍航空隊　神剣隊　松林平吉中尉乗機
昭和19年9月　大村基地

昭和20年4月6日大村空で編成された第一神剣隊隊長・松林平吉中尉が、昭和19年9月頃訓練で搭乗した大村空所属機。神剣隊は第六まで続いた神雷部隊指揮下の零戦特攻隊。この零戦二一型は標準的な後期塗装で、上面濃緑色・下面灰緑色。主翼前縁の味方識別帯の黄橙色も後期の幅の狭いもの。主翼上面の日の丸は白縁が付かない。アンテナ柱は後期の短いタイプで、主翼端を訓練目的と思われる黄色に塗っているのが珍しい。

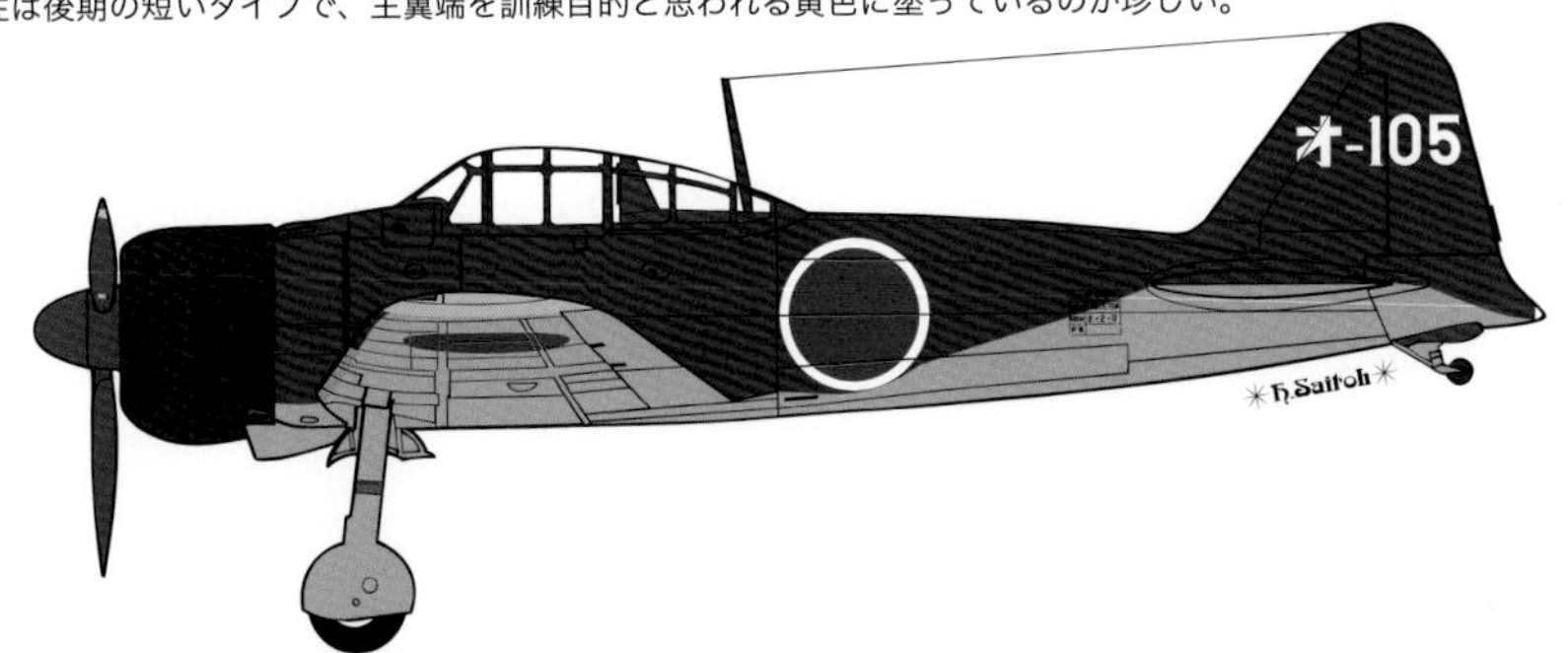

零戦二一型　神ノ池海軍航空隊　昭和19年9月　神ノ池基地

神雷部隊の錬成が神ノ池基地で始まった昭和19年11月、それまでの戦闘機の教育部隊であった神ノ池空の練習用零戦も同部隊に転用された。この「コウ–146」が転用された機体かどうかは不明だが、同時期のものとして掲載する。機体は全面灰緑色の零戦の前期型塗装。主翼下面には「46」の機番号が大きく書かれている。主輪のホイールハブには赤線が描かれていたようだ。

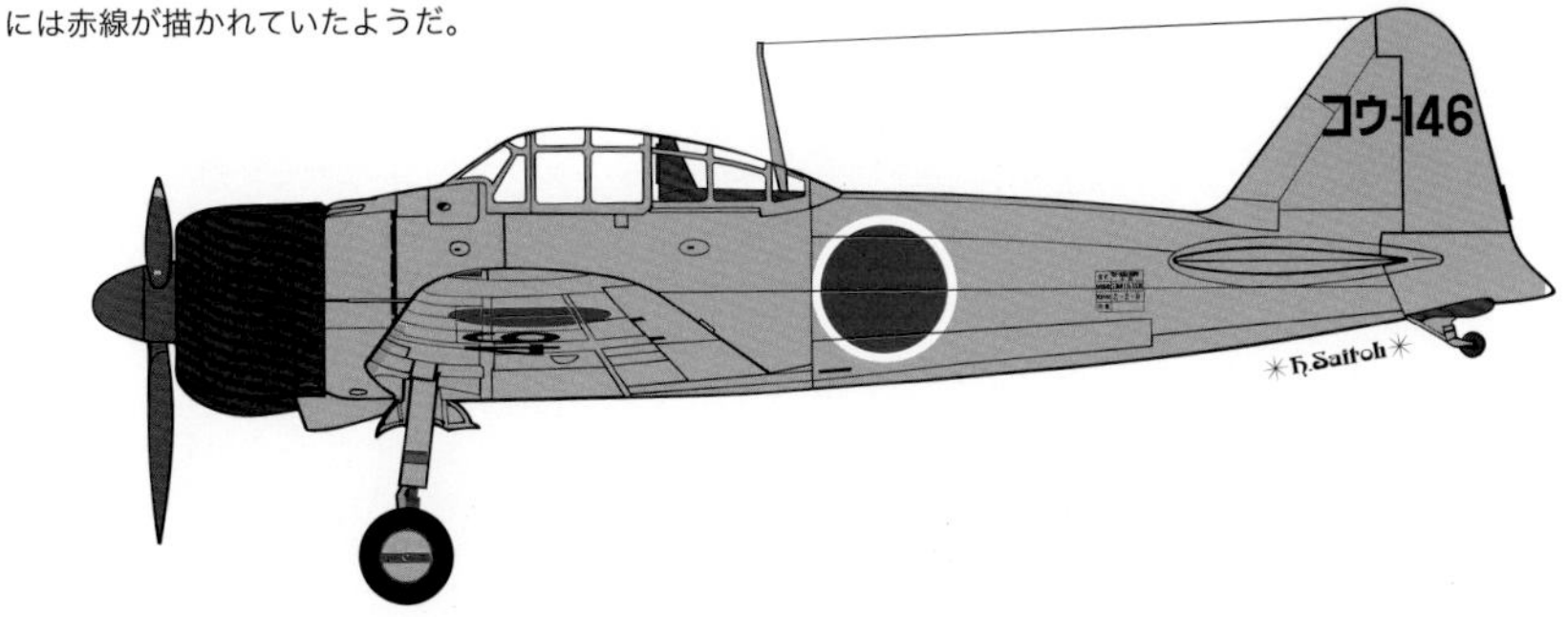

零戦二一型　第七二一海軍航空隊　昭和19年11月　神ノ池基地

昭和19年11月に桜花隊員と共に撮影された写真を元に作図。すでに七二一空に引き渡されたものの、機体番号の書き換えが済んでおらず、神ノ池空時代のままとなっている。写真では「コウ–11?」までしか確認できないので、一部推定図としている。上の図の零戦と同様の塗装・マーキングだが、機番号は他隊からの転用らしく、いったん下地を塗り消した跡が見られる。垂直尾翼上端の「1」は分隊か小隊区分を表すものと思われる。

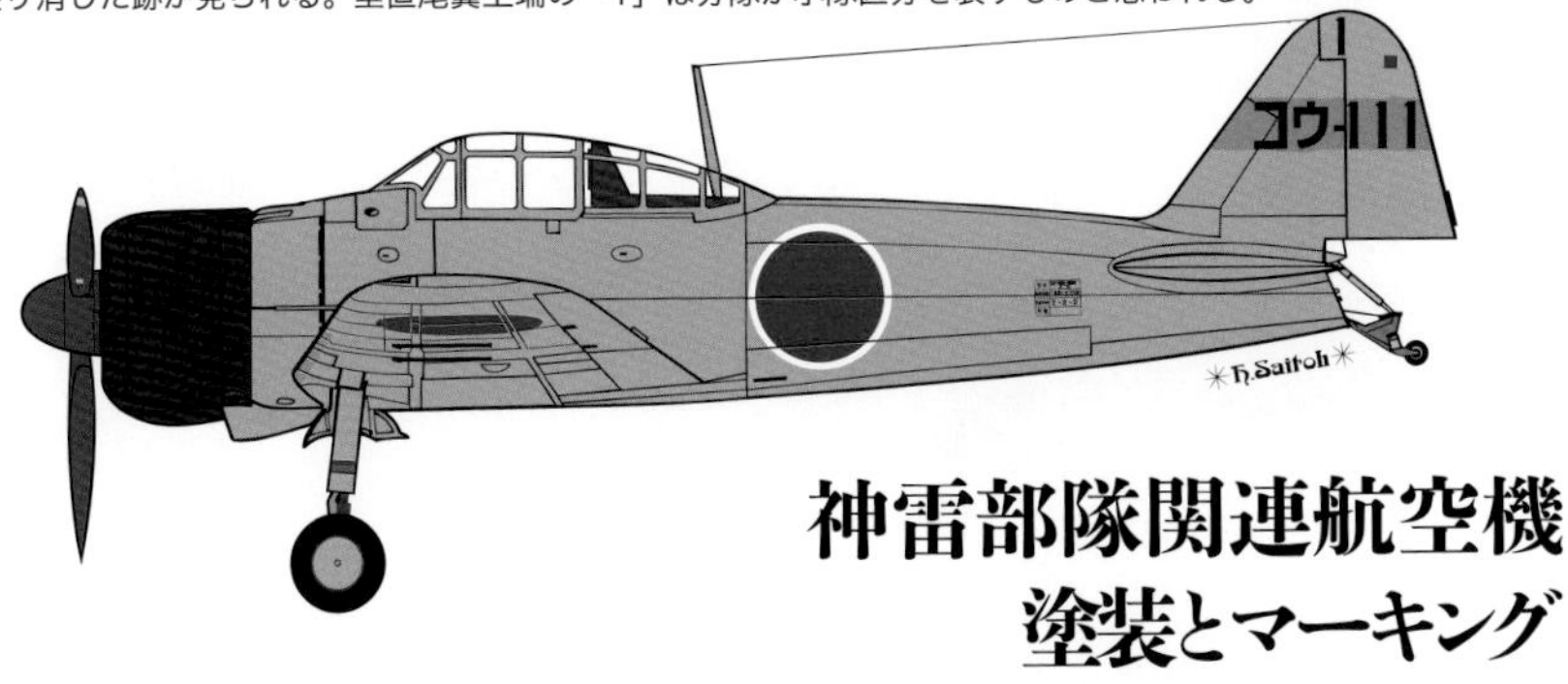

神雷部隊関連航空機
塗装とマーキング

零戦五二型甲　神ノ池海軍航空隊　昭和19年　神ノ池基地

昭和19年頃に神ノ池空に配備されていた零戦五二型甲で、三菱製の特徴である胴体後半部の上面・濃緑色、下面・灰緑色の塗り分けがまっすぐな塗装。カウリング側面に書かれた機番号が珍しい。この機体は写真では主翼の20㎜機銃がはずされているが、整備中だったのかもしれない。新型の五二型は教官・教員の技量保持などに使われることが多かった。この機体が神雷部隊で使用された確証は得られていない。

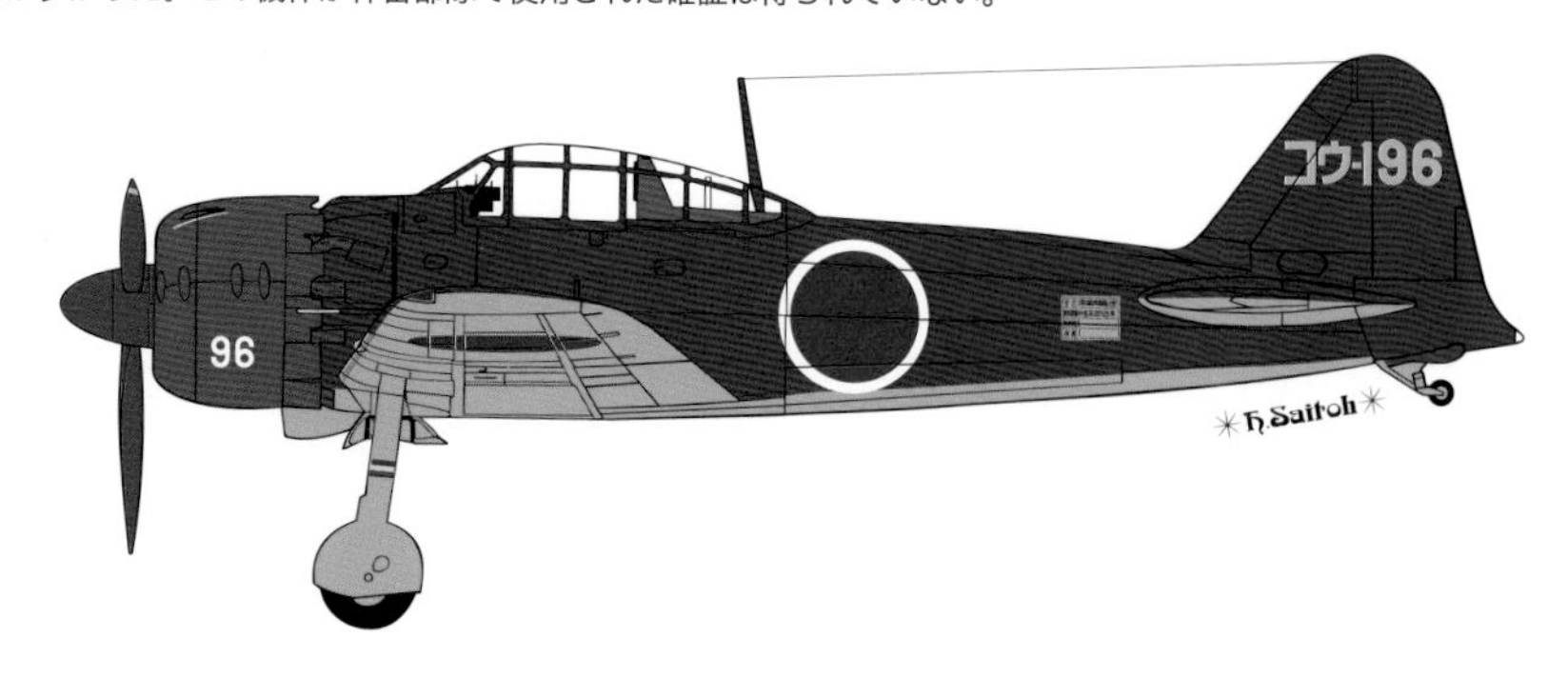

零戦五二型甲　神ノ池海軍航空隊　昭和19年夏　神ノ池基地

上図とほぼ同時期の神ノ池空所属機。神ノ池空機に時おり見られる垂直尾翼上端の分隊区分と思われるナンバーが付けられている。上図と比べこちらは中島製で、胴体後半の塗り分けがせり上がったタイプ。主翼の日の丸は白縁付き。この機体が神雷部隊で使用された確証は得られていない。

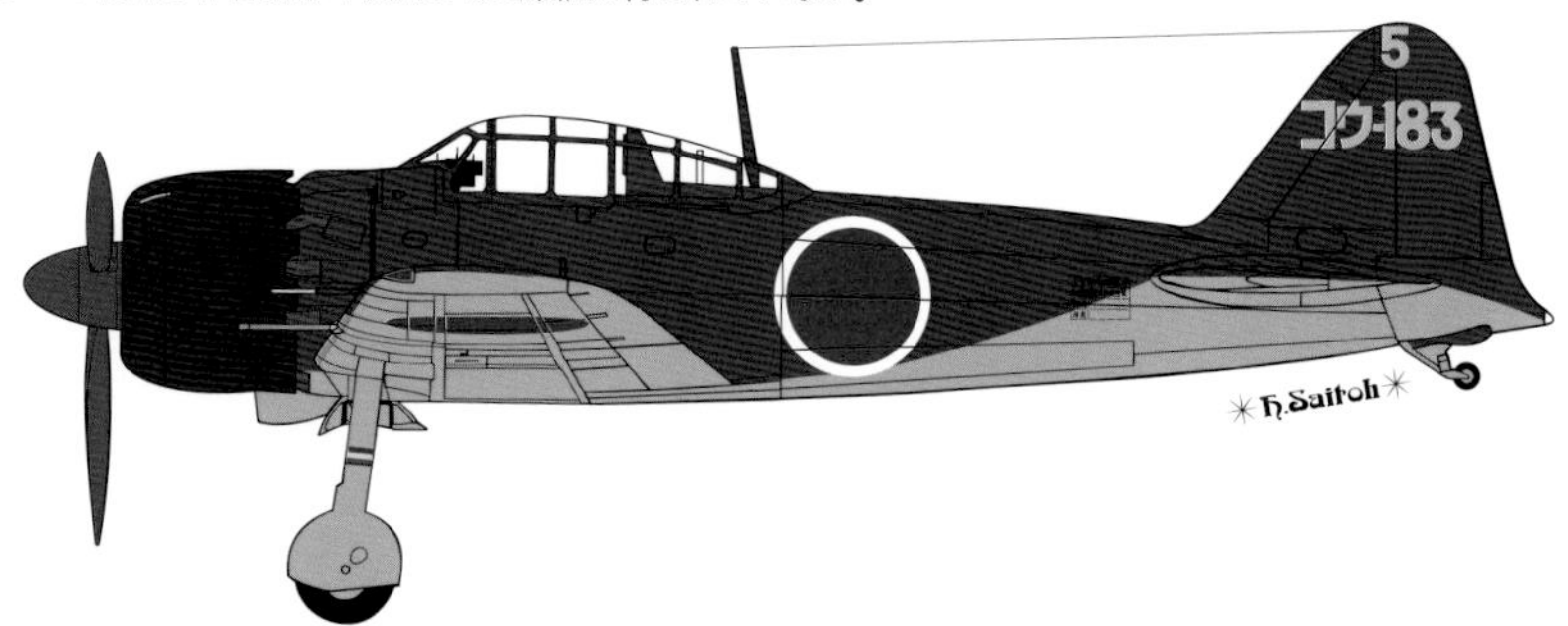

零式練習戦闘機一一型　第七二一海軍航空隊　昭和19年11月　神ノ池基地

桜花K1での降下に先立ち、高速暖降下の感覚を養う訓練に使用された零式練戦。早期に着任した下士官隊員達により、木更津の第二航空廠から空輸された機体であった。風防後端の形状から日立製の一一型（後期型）と判断した。尾翼の部隊符号「ヨF」は当初七二一空に与えられた仮符号で、これはすぐに「721」に書き換えられて短期間の使用にとどまった。したがって大変珍しいマーキングであるが、偶然写真が現存していたため、ここに作図・掲載することができた。ただし写真では機番号が末尾の「7」しか読めず、本図は一部推定したマーキングとして見ていただきたい。昭和19年11月半ばの時点ですでに神雷部隊独自の白い斜めクサビマークが描かれていることに注目したい。このマークは、神雷部隊の隊員達からは「稲妻マーク」と呼ばれた。

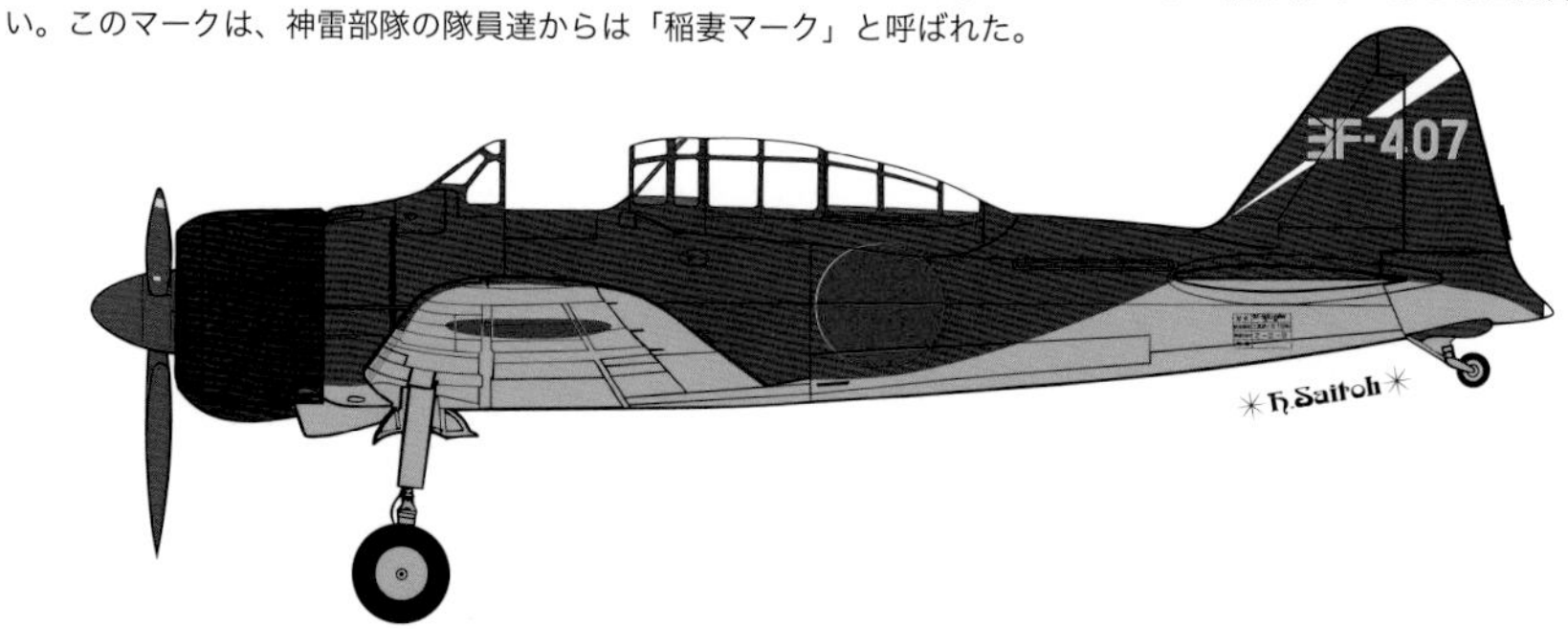

零戦二一型　第七二一海軍航空隊　昭和19年12月　神ノ池基地

桜花隊員の滑空訓練や高速暖降下突撃訓練に使用された機体で、神ノ池空の練習用零戦をもらいうけたもの。尾部カバーは取り外されており、神雷部隊では使用しない射撃訓練用の吹き流し曳航用の金具が取り付けられたままとなっている。全面灰緑色の機体に航空廠もしくは部隊で上面濃緑色を塗装したらしく、胴体の波形の塗り分けは戦闘練習機型によく見られる特徴である。この機体も戦闘三〇六飛行隊と同じく白い斜め稲妻マークを描いているのに注目。

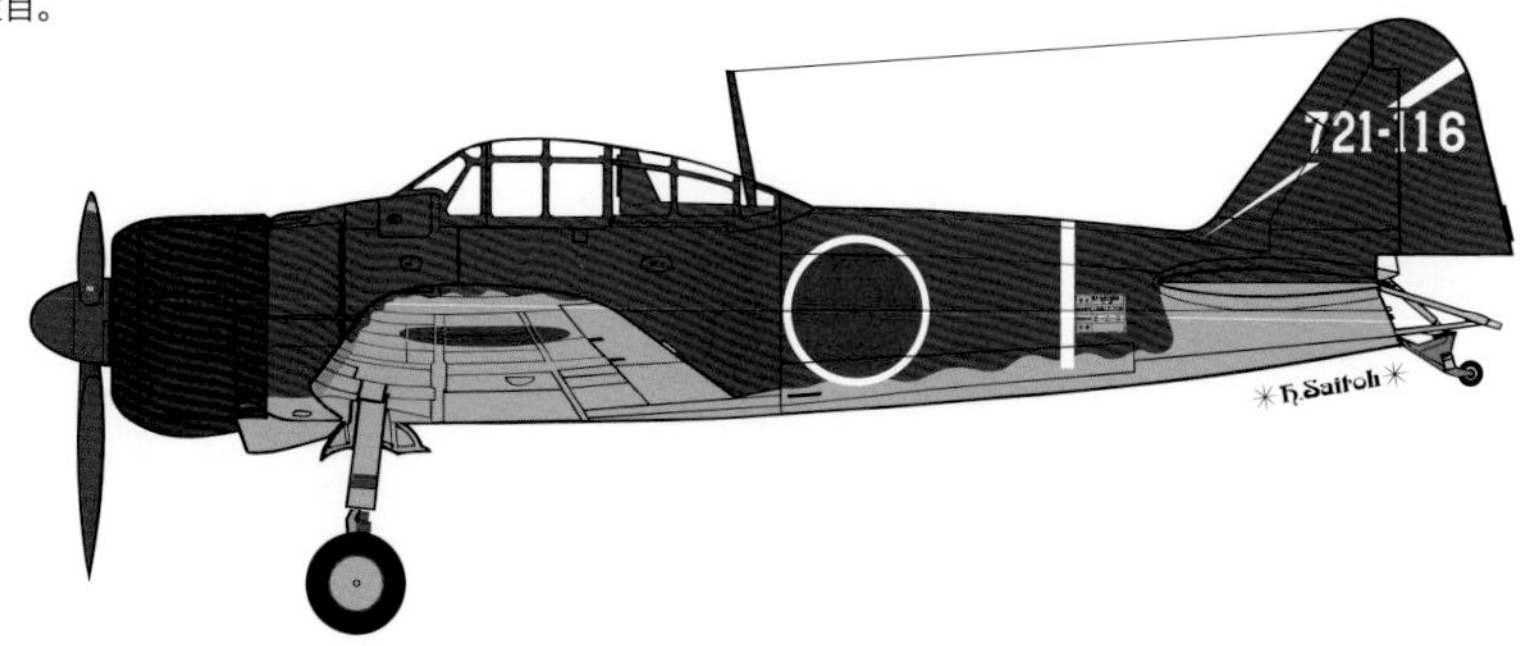

零戦五二型丙　第七二一海軍航空隊　戦闘三〇六飛行隊　昭和20年2月　宮崎基地

宮崎基地で練成中の零戦五二型丙の写真を元に作図。神雷戦闘機隊に配属された五二型丙は新造機がほとんどで、この機体も塗装が真新しい。零戦の戦闘三〇六、三〇七飛行隊の斜め稲妻マークは1本に統一されていたようだ。スピナーはこの機体のように無塗装銀が多いが、白に塗ったと思われる機体も存在する。主翼端の白塗りは陸攻隊との編隊飛行時の味方識別マークといわれ、神雷戦闘機隊独特の識別マークだが、3月21日の野中隊全滅により残存機は搭乗員とともに戦闘三一二に異動してしまい、マークも消されてしまった。その後爆戦特攻隊として再編成された戦闘三〇六では、このマーキングは施されていない。

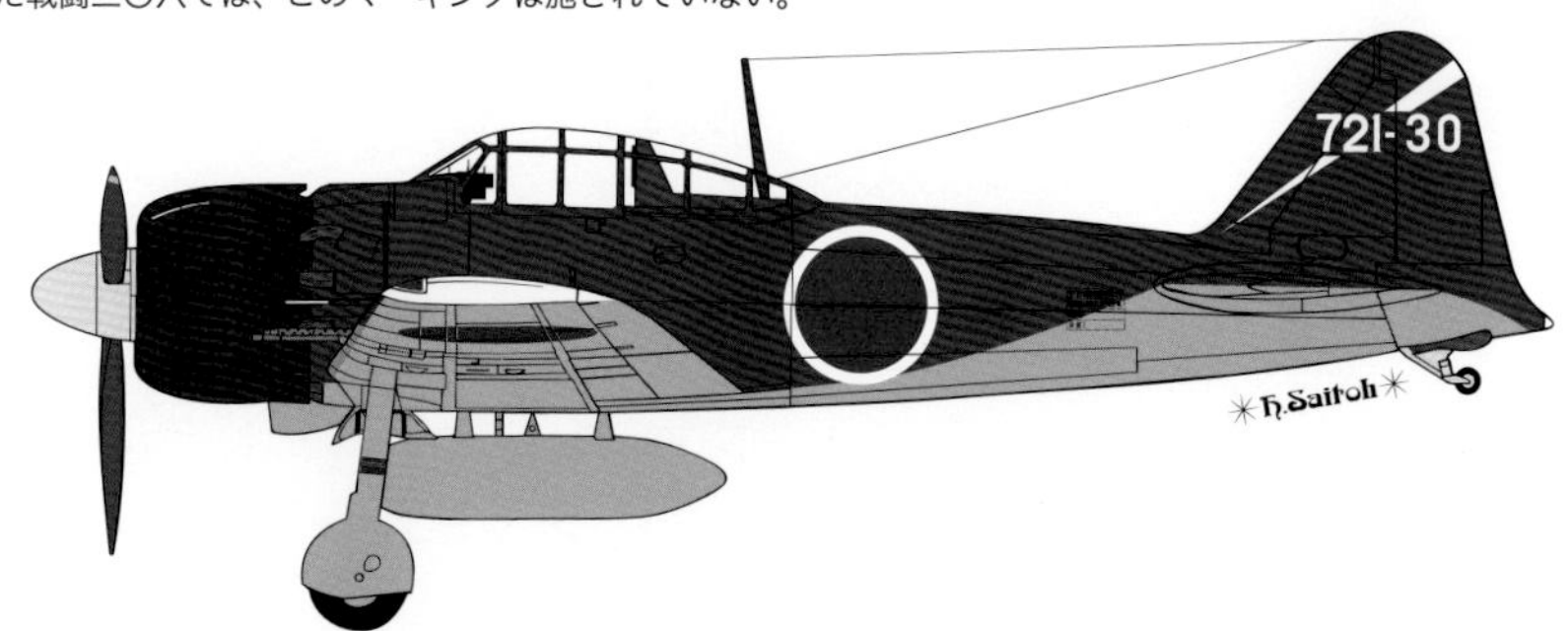

零戦五二型丙　第七二一海軍航空隊　戦闘三〇六飛行隊
神崎國雄大尉乗機　昭和20年2月　宮崎基地

戦闘三〇六飛行隊長・神崎大尉機は胴体前半の写真が現存するが、機番号が判然としないため、推定図とした。飛行隊長標識として胴体に黄色い斜め帯を描き、主翼端は上の図と同じく白塗装が施されている。スピナーは五二型丙の標準ともいえる濃緑色のようだ。

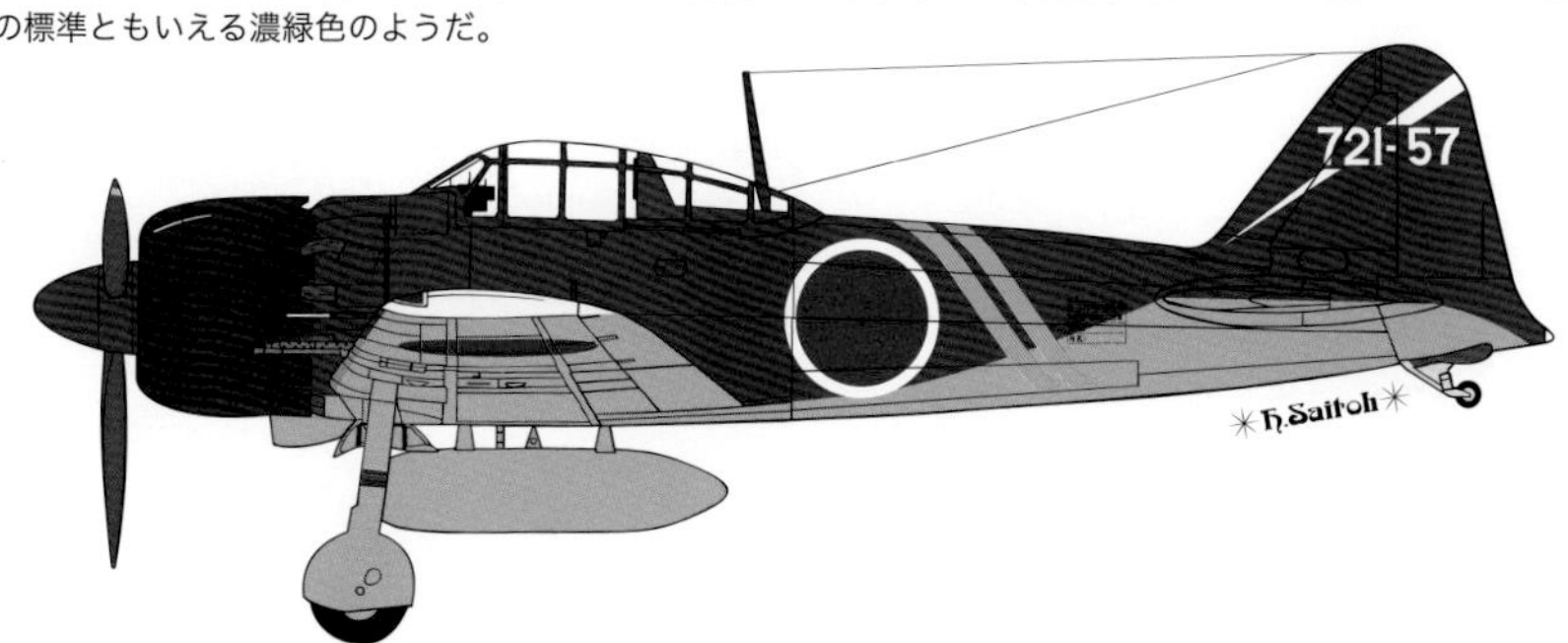

零戦五二型乙　第七二一海軍航空隊　戦闘三〇六飛行隊　昭和20年2月　宮崎基地

尾翼の2本の白帯は長機標識と考えられるが、人物の影に隠れているものの写真を拡大してよく見ると神雷部隊の斜め稲妻マークが描かれている。ほかにも機番号の上に長機標識と思しき帯を巻いた機体が確認されている。これら戦闘三〇六、三〇七の主翼上面の日の丸の白縁は有無が混在している。

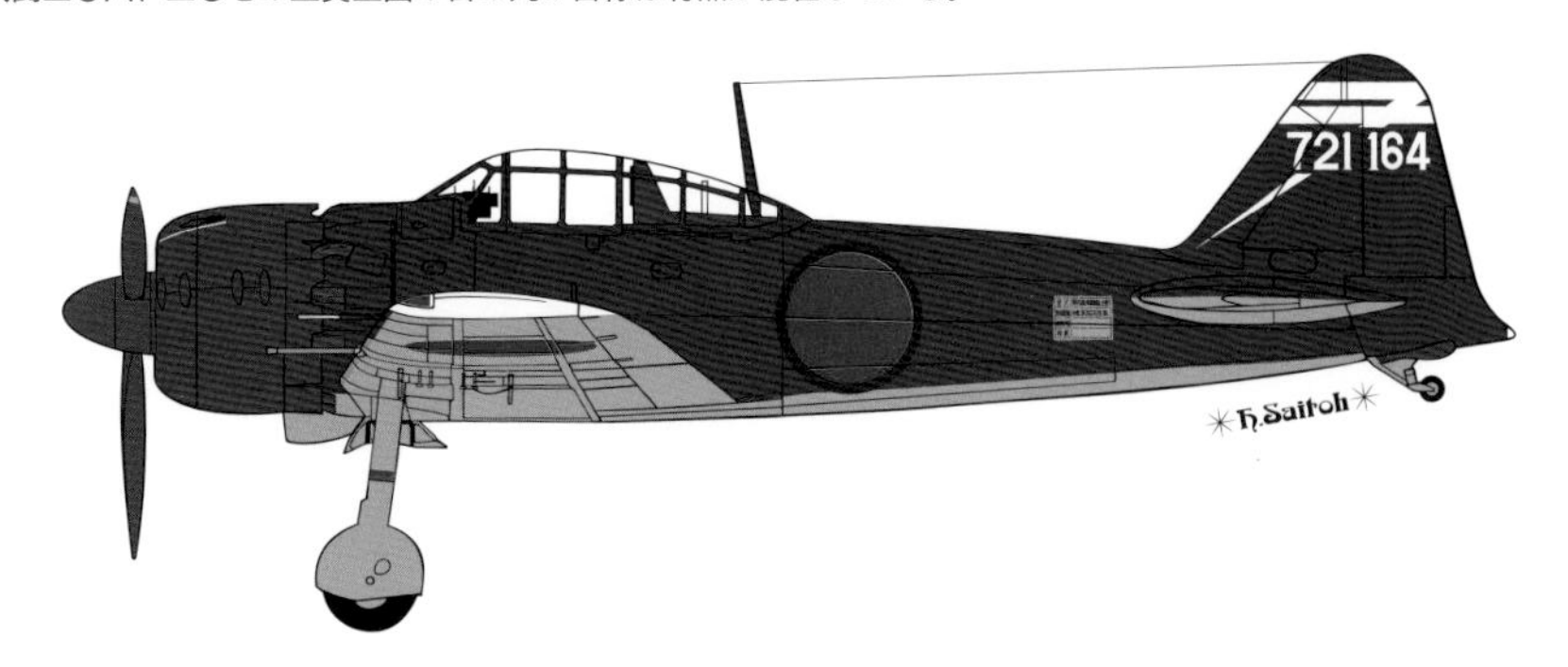

零戦二一型　元山海軍航空隊　第一七生隊　宮武信夫大尉乗機　昭和20年4月　元山基地

神雷部隊の指揮下に入った七生隊の1機。元山空で編成された七生隊隊員はほとんどが予備学生13、14期出身だったが、この宮武大尉は海兵71期の出身。機体は後期の標準塗装で、主翼上面の日の丸も白縁付き。尾翼の2本帯と丸印は特攻編成以前より施されていたマーキングと推測される。

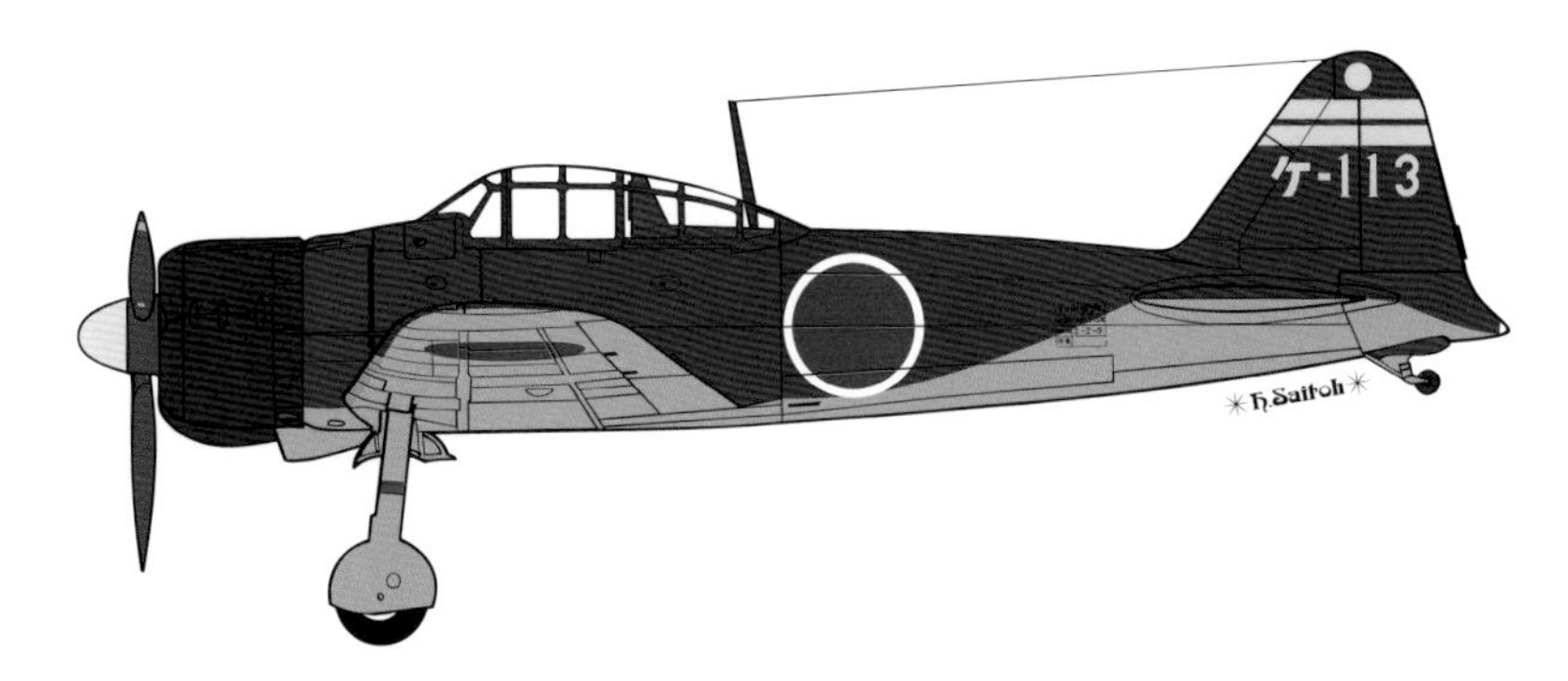

零式練習戦闘機一一型　元山海軍航空隊　第一七生隊　山田興治少尉乗機

この機体は主翼幅が五二型と同じ11mの日立製であり、通達により最初から機体色が上面濃緑迷彩機として生産されている。下面は灰緑色。七生隊の零練戦でも「ケ−412」号機のように胴体の塗り分けが波形になっているものは、全面黄橙色の機体をあとから上面のみ濃緑色迷彩をかけたらしいことが、写真での明度差比較で判断できる。尾翼上面には分隊区分と思われるやや濃い黄色の「④」が描かれている。これら零練戦は鹿屋基地進出後に後部座席に150リットル増槽を取り付ける改修工事を実施したため、第一七生隊は零戦二一型で出撃している。

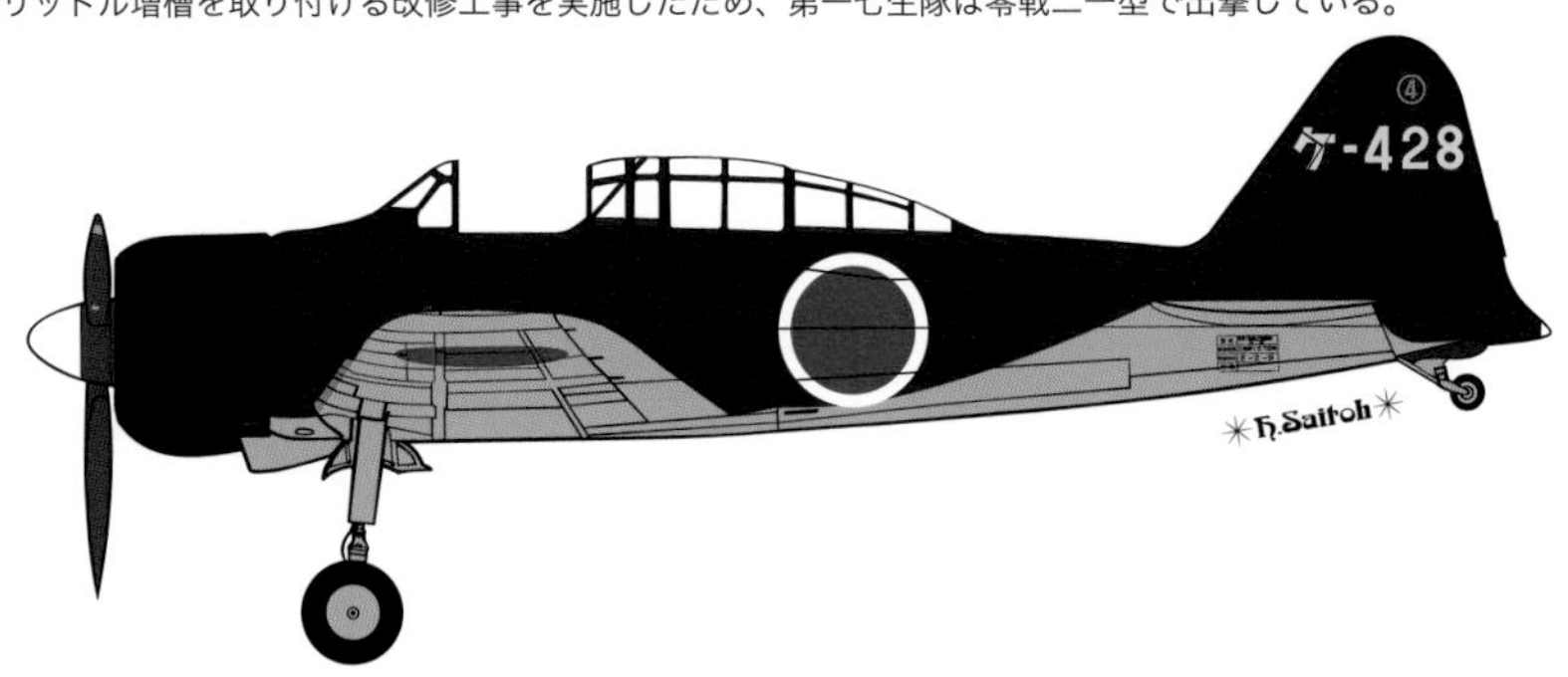

一式陸攻二四型丁　第七二一海軍航空隊　攻撃七一一飛行隊
第一次桜花攻撃時　昭和20年3月21日　鹿屋基地

昭和20年3月21日の第1次桜花攻撃に参加した攻撃第七一一飛行隊第一中隊の一式陸攻で、機番号が確認できる数少ない1機。攻撃七一一飛行隊の機番号は米軍撮影のカラー・ムービー・フィルムの画像を見るとずいぶん濃い黄色に写っており、主翼前縁の黄橙色と同じ色調のようだ。陸攻は上面濃緑色で、下面は無塗装銀。主翼上面の日の丸には白縁が付く。

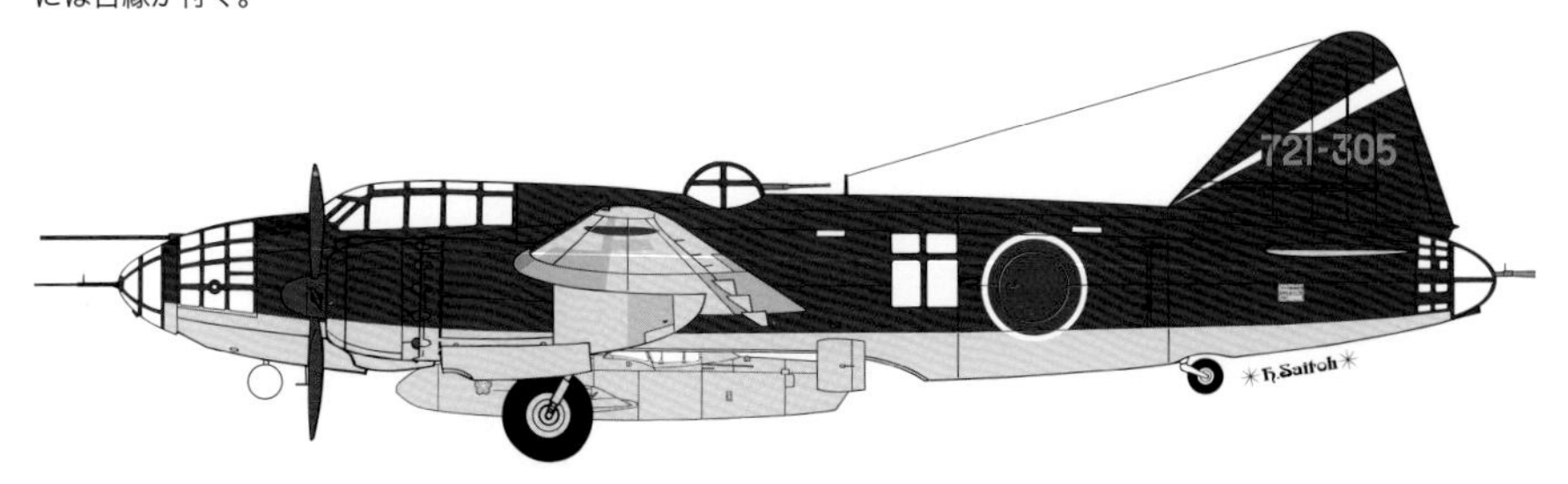

一式陸攻二四型丁　第七二一海軍航空隊　攻撃七〇八飛行隊
澤井正夫中尉乗機　昭和20年3月　宇佐基地

攻撃七〇八飛行隊の一式陸攻は稲妻マークを描いていない。桜花攻撃隊として出撃した陸攻の多くが未帰還となる中で、機長・澤井正夫中尉／主操縦・酒井啓一上飛曹／副操・壱岐庫雄飛長らのペアは、4月16日および4月28日の二度にわたり桜花発進に成功している。機体は全面濃緑色の夜間行動用塗装で、機番号は黄色。機首にも小さく機番号「96」が描かれている。日の丸は胴体を除いて白縁なし。なお96号機は澤井中尉が宇佐基地に展開当時の乗機で、4月16日の第五次桜花攻撃時の乗機は83号機であった。

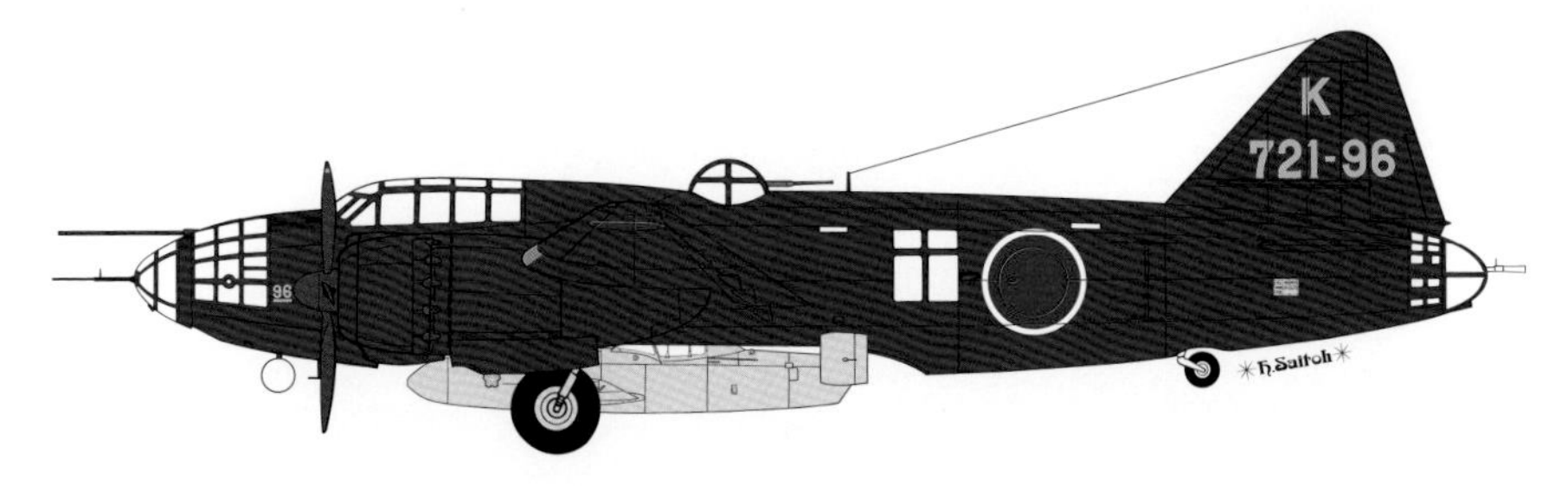

一式陸攻二四型丁　第七二二海軍航空隊　付属陸攻隊　一宮栄一郎中尉乗機
昭和20年5月7日　神ノ池基地

桜花K1の降下訓練に従事した七二二空（龍巻部隊）の陸攻操縦員・一宮栄一郎中尉の航空記録、および他の現存する七二二空機写真を元に作図。機体塗装は攻撃七一一飛行隊と同様だが、エンジンナセルの塗り分けは斜めにはね上がった他機を参考にした。桜花K1の塗装については別図を参照していただきたい。

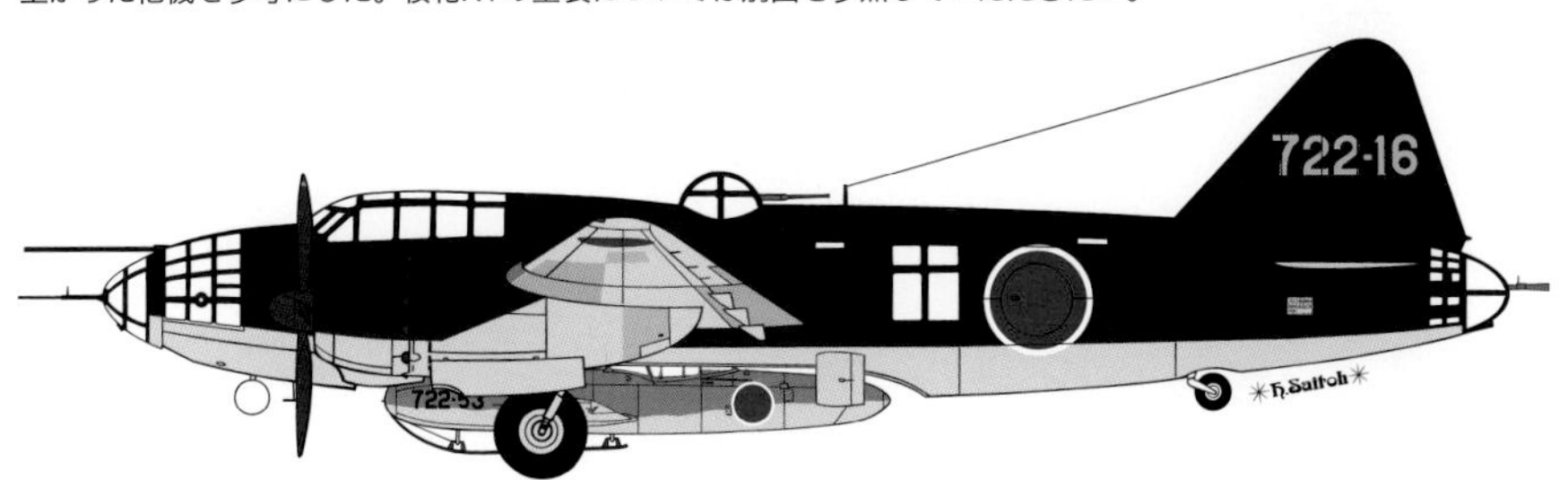

特別攻撃機　桜花一一型　昭和20年4月　沖縄本島　北飛行場

沖縄本島北飛行場（読谷）で無傷で鹵獲された4機の桜花のうちの1機で、「I–○○」の機番号は最も知られている符号。ほかに10、13の各号機が確認されている。この機体は、空技廠製桜花前期型の特徴である風防後部までアクリルガラス製であることが確認されている。

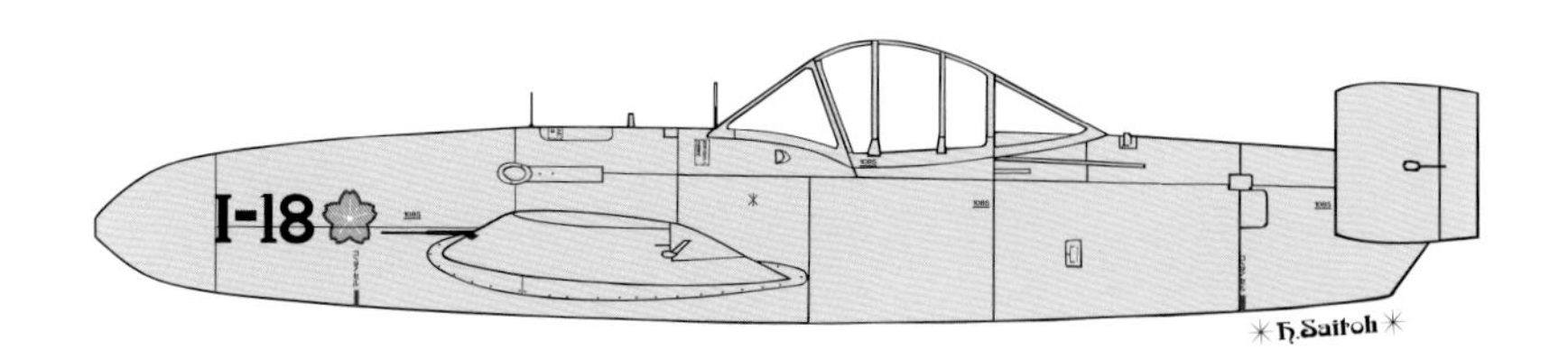

特別攻撃機　桜花一一型　昭和20年4月　沖縄本島　中飛行場

沖縄本島中飛行場（嘉手納）で鹵獲されたとみられる1機。機番号の書体が他の機体と異なる。桜花の機番号と赤い中心線は配備された基地ごとに現地で整備班により記入されており、梱包状態では描かれていないことが米軍写真により確認されている。このため、機番号は単なる基地内での管理識別ナンバーであったと推測される。

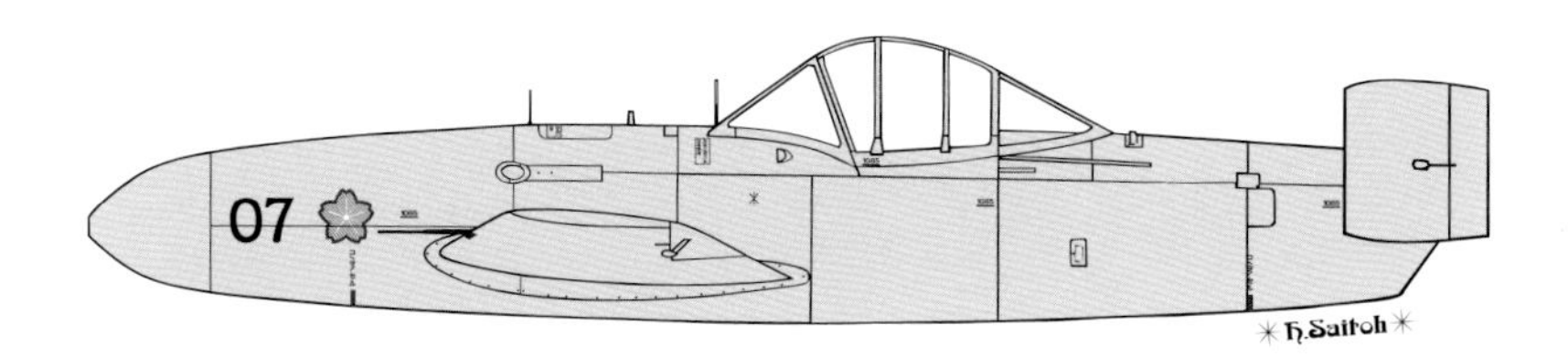

特別攻撃機　桜花一一型　第七二一海軍航空隊　飯塚正巳二飛曹乗機
昭和20年4月12日　第三次桜花攻撃時

実戦に投入された桜花については残された写真が少なく、機首の機番号がどのような形で描かれていたか定かではない。しかし伊藤久男整曹長の手記に、第三次桜花攻撃時（4月12日）の興味深い記録が残されている。「我々はめいめいに『桜花』の装着をいそいだ。私はすでに担当した5番機の装着を終了していたので、急いで3番機へ行く。そこでは『桜花』20号機を母機の一式陸攻に装着していたが……（以下略）」。つまり3番機の陸攻に「20」の機番号を描いた桜花が懸吊されたということになる。この記述を元に当日の出撃記録を調べた結果、3番機の桜花には岩下中尉が搭乗したことが判明した。現存する攻撃七〇八飛行隊の戦闘行動調書には桜花の機番号に関する記述は皆無である。桜花は関係者が「水色」と表現する青灰色K4で全塗装され、工廠出荷時に機首両側面に桜のマークが丁寧に描かれた。消耗品である桜花11型は発進するまでは母機の一部であり、飛行中に味方識別の必要がないため、日の丸が描かれていない。「20」号機の書体・サイズ等は不明なので、ここではあくまでも想像図としている。また、機体は風防後部が金属製となった後期型の第一航空廠製と推測される。これらの桜花には懸吊時のねじれ防止（曲がって懸吊されると飛行中の抵抗が増大する）のため、機首先端から尾部に至るまで上面に中心線が赤で描かれている。桜花搭載時はこの赤線が母機の機軸に合致するよう、慎重に作業した。桜花の機番号は各種資料を総合すると、配備された基地で格納された掩体壕の場所順に割り振られたものと推測される。

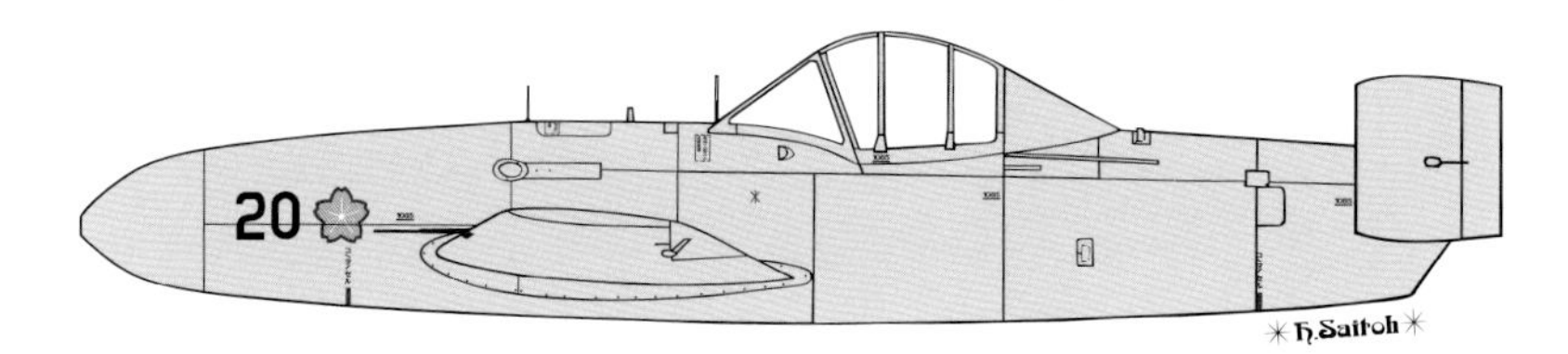

特別攻撃機　桜花一一型　昭和20年8月　厚木基地

終戦時、米軍によって撮影された厚木基地の半地下壕に残されていた桜花11型。機番号が片面だけでも3箇所に描かれているのが珍しい。同時に「22」と描いた機体も記録されており、こちらも3ヶ所に描かれている可能性が高い。

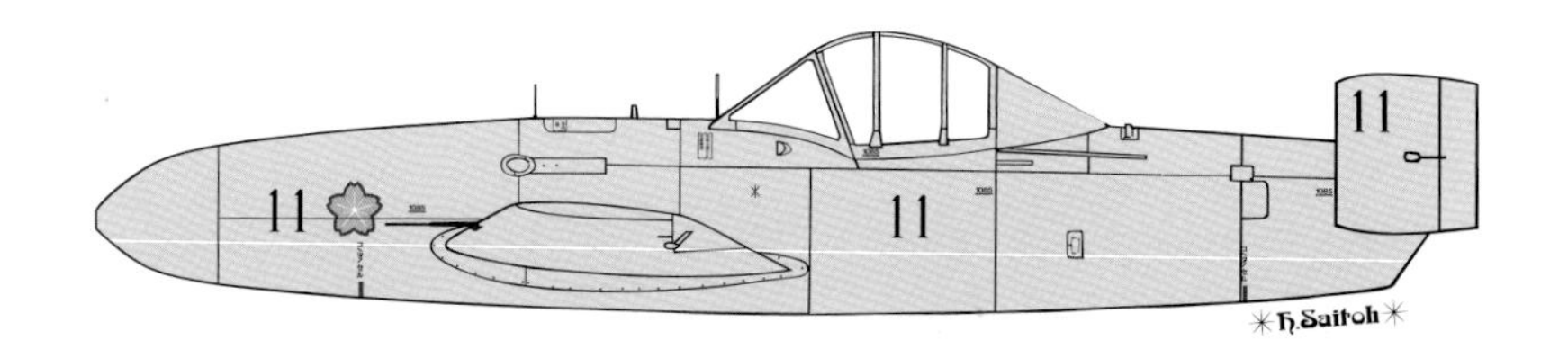

桜花練習用滑空機 K1　第七二二海軍航空隊　昭和20年8月　木更津基地

終戦時木更津基地に残されていたK1。K1は一般的な海軍機同様の部隊符号・機番号を描かれていることが多く、龍巻部隊を表す「722」の写真が現存する。生産開始当初は全面黄色C4（黄橙色）であったが、地上から見上げた時、陸攻の下面に小型機が付いているのをわかりにくくするため、防諜対策として途中から下面を青灰色K4に変更されている。胴体側面が波型の塗り分けラインとなっているものが、生産ラインで変更された機体とみられる。

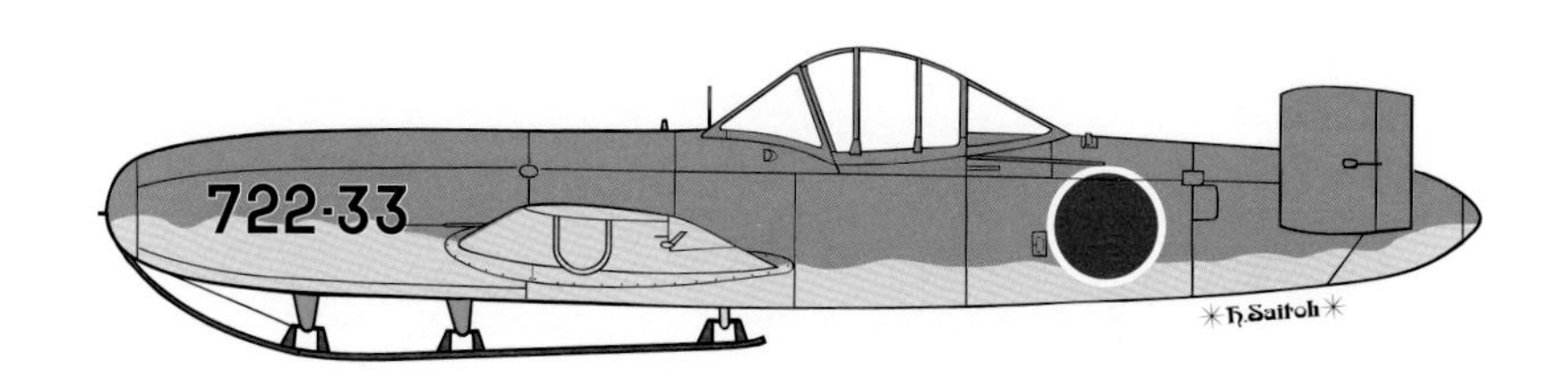

桜花練習用滑空機 K1　第七二二海軍航空隊　昭和20年春　神ノ池基地

七二二空の陸攻に懸吊されたK1の写真を元に作図。機番号は黒で上図の33号機のような白縁がない。この機体も注意深く見ると上下面の塗り分けが見られ、上面・黄色C4／下面・青灰色K4と判断できる。塗り分けラインがきれいな波型でないものは完成後にK4を上塗りしたものとみられる。双尾翼は青灰色K4のようで、ここがK4の機体は水平尾翼全体もK4のケースが多い。整備の際に丸ごとこと交換した可能性もある。これら塗装変更は完成機すべてに適用されたわけではなく、別掲の横須賀基地の機体のような事例も確認されている。

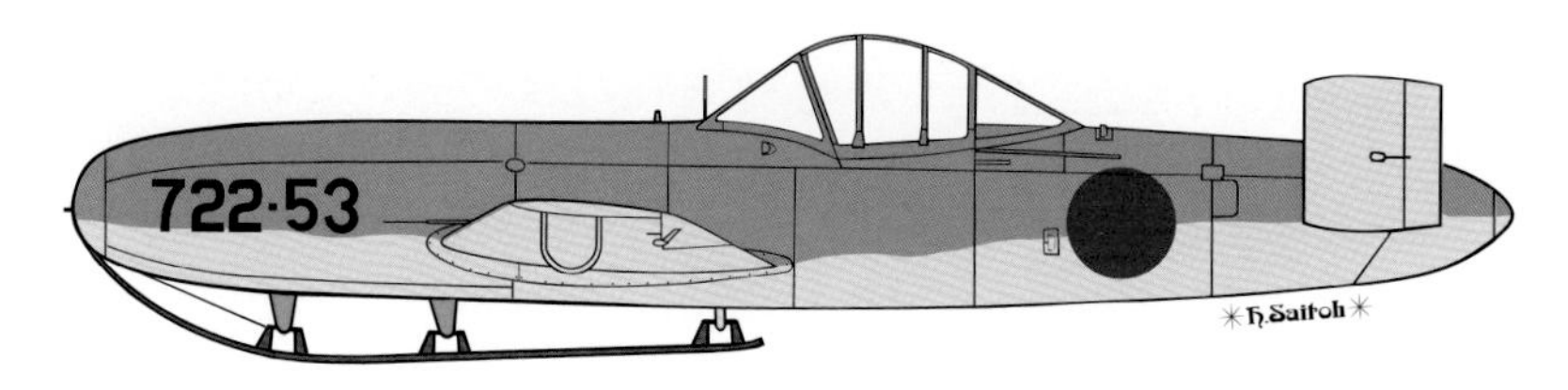

一式陸攻一一型改造輸送機　第三航空艦隊付属輸送機
昭和20年4月14日　神ノ池基地

昭和20年4月14日、新庄中尉ら43名の桜花隊第二陣が鹿屋基地に進出する際に分乗した第3航空艦隊付属の一式陸攻。機内は輸送機仕様に改造されていた。この機体には士官20名が乗り込み、零式輸送機には下士官が分乗した。カウリング下面近辺に若干の剥がれが見えるが、全面濃緑色に塗装した夜間行動用仕様である。それにともない、カウリング上面の排気管も消炎装置が付いたものに換装されている。

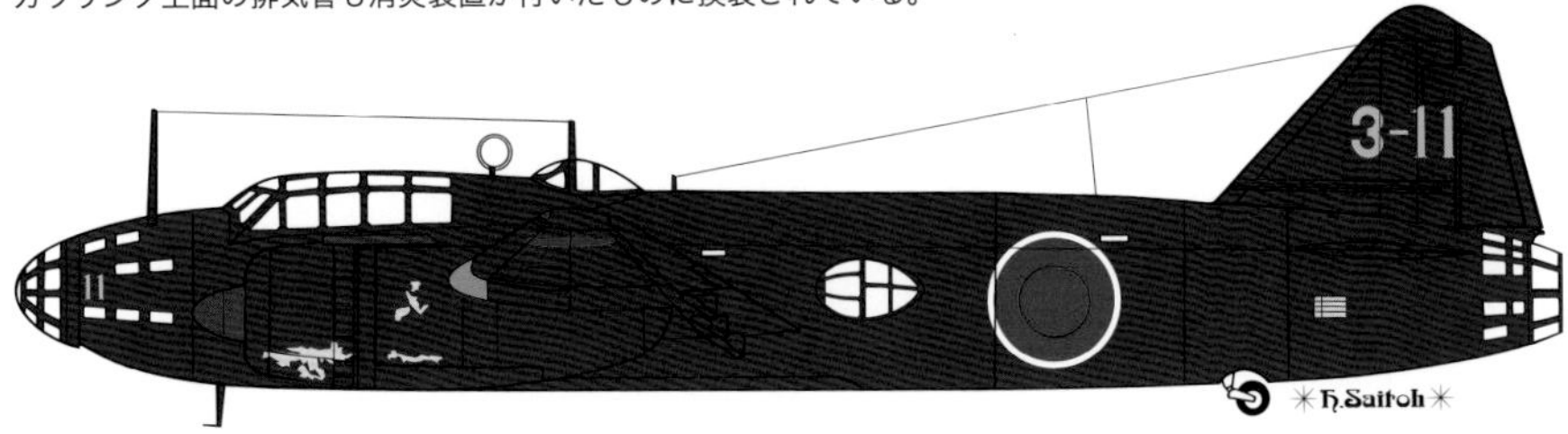

零式輸送機二二型　第一〇八一海軍航空隊（桜花隊員輸送）
昭和20年4月14日　神ノ池基地

同じ4月14日に桜花隊員を運んだ一〇八一空の零式輸送機。この978号機は貨物機で座席がなく、乗り込んだ下士官23名はライフジャケットを脱ぎ、それを座布団にして床に座り込んだという。上面濃緑色／下面無塗装銀の塗り分け。垂直尾翼には通称「つばめ部隊」と呼ばれた一〇八一空のシンボルであるツバメマークが描かれている。

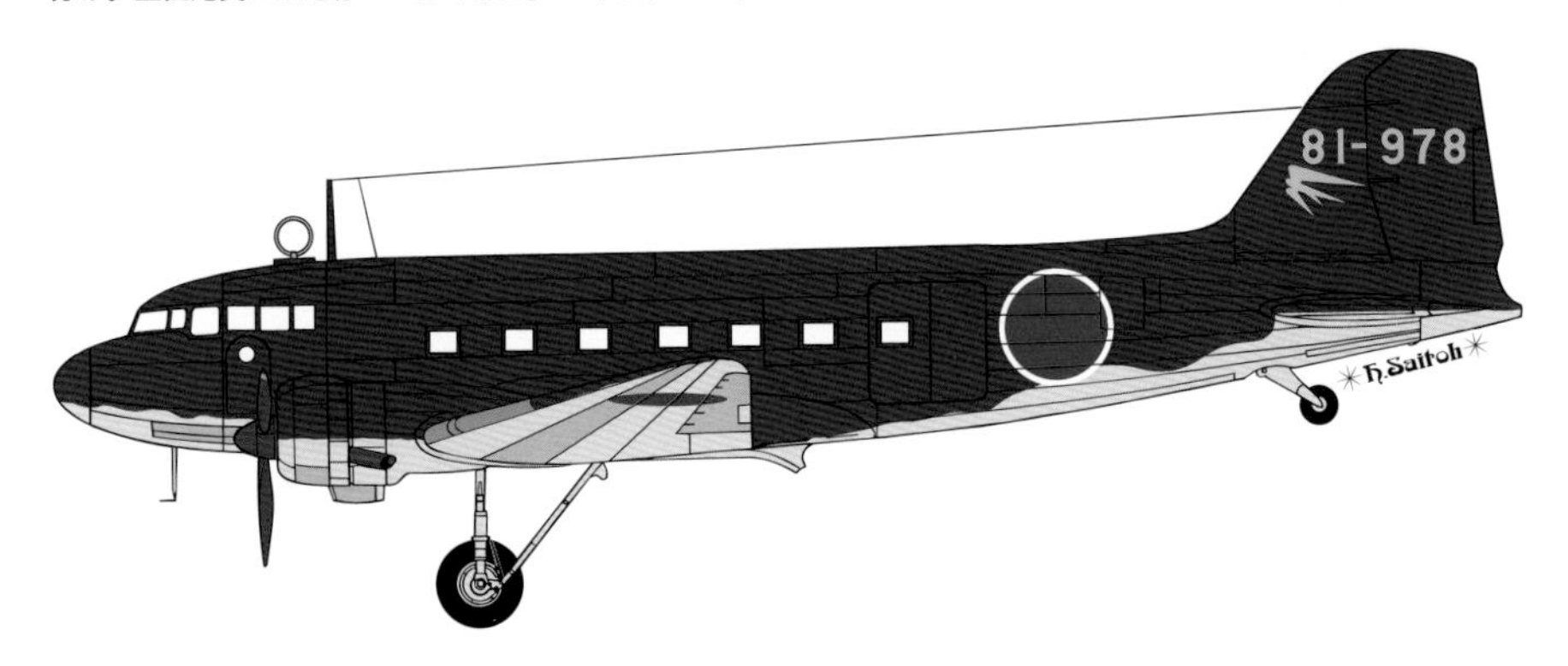

零式輸送機二二型　第一〇二二海軍航空隊（筑波空筑波隊隊員輸送）
昭和20年4月26日　筑波基地

20年4月26日、筑波空の特攻隊・第六〜十三筑波隊の隊員を鹿屋基地へ運んだ一〇二二空の零式輸送機。上図の一〇八一空機と同様の塗装だが、スピナーは左側が小豆色N0で右側は銀色という変則。一〇二二空の零式輸送機は機番号がずいぶんと下方に書いてあるのが特徴で、機首側面にも機番号が入る。

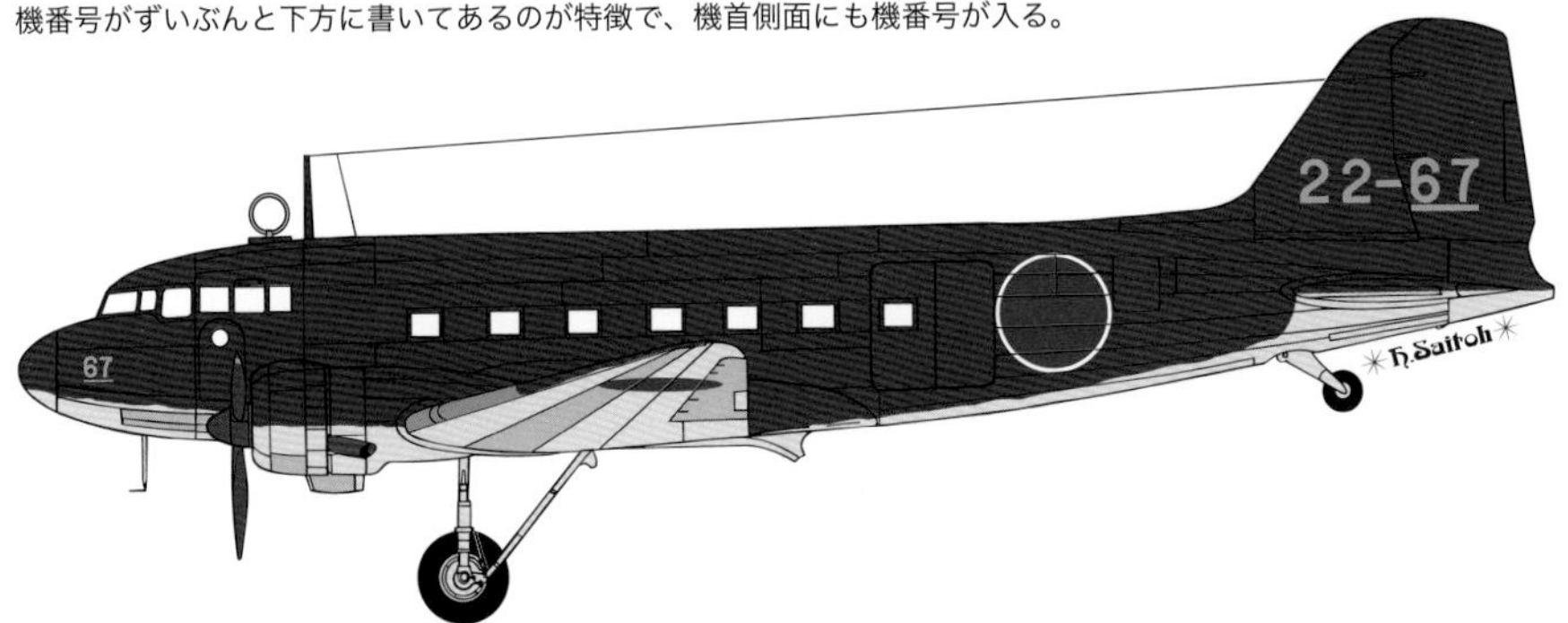

銀河一一型改造桜花母機　第一〇八一海軍航空隊　堀江良二上飛曹乗機
昭和20年4月　厚木基地

堀江上飛曹の回想によると、桜花二二型懸吊試験用の銀河は一〇八一空より持ち込んだとのことなので、このように推測して作図した。一〇八一空は輸送部隊だが銀河隊は固有機を持っており、「燕部隊」のシンボルマークが零式輸送機同様に尾翼に描かれていた。この後も堀江上飛曹は桜花母機となった銀河5機を、エンジンなしの桜花二二型を懸吊した状態で島根県の大社基地へ空輸している。

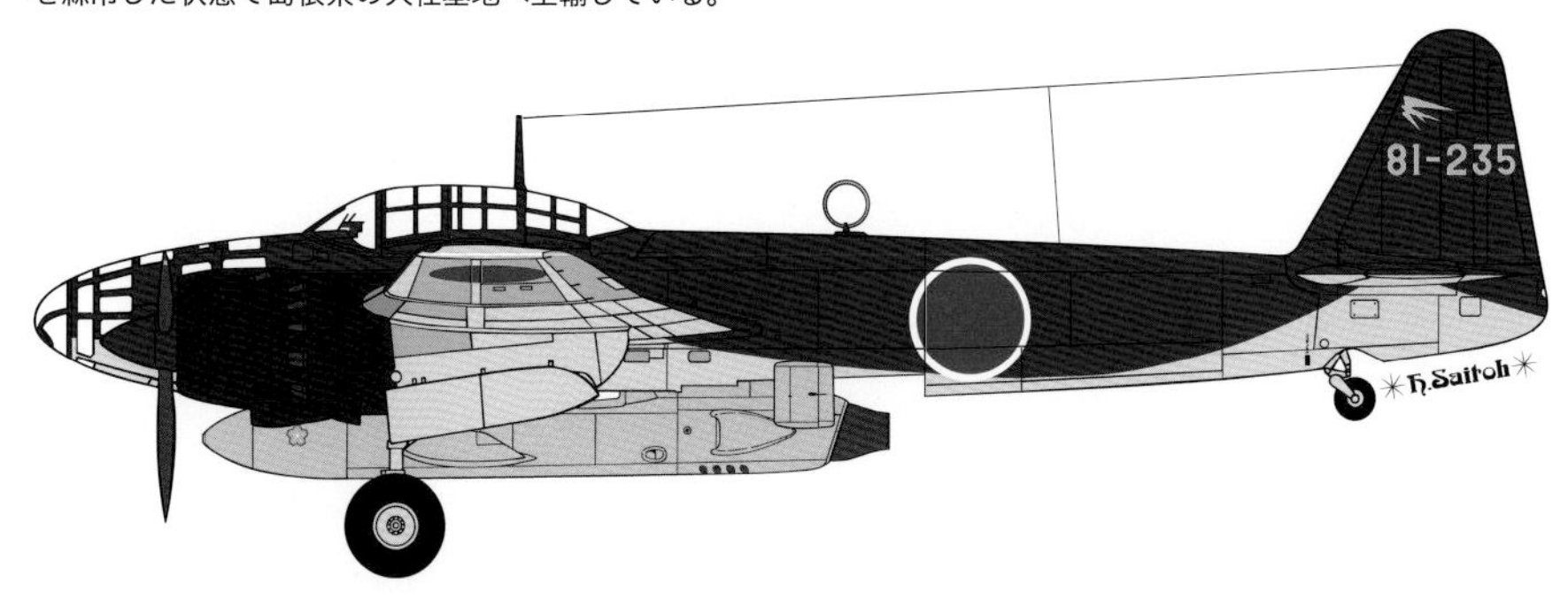

銀河一一型　横須賀海軍航空隊(平野大尉乗機)想像図
昭和20年8月1日 厚木基地

写真が残されていないため、あくまでも推定図だが、横空の銀河が桜花二二型を懸吊した状態を示す。試験飛行を担当した横空第二飛行隊の銀河は「231」「232」「233」号機の3機しかなかったため、このような塗装であったと推測される。垂直安定板には、この時期の横空所属機に共通の黄線1本が入る。

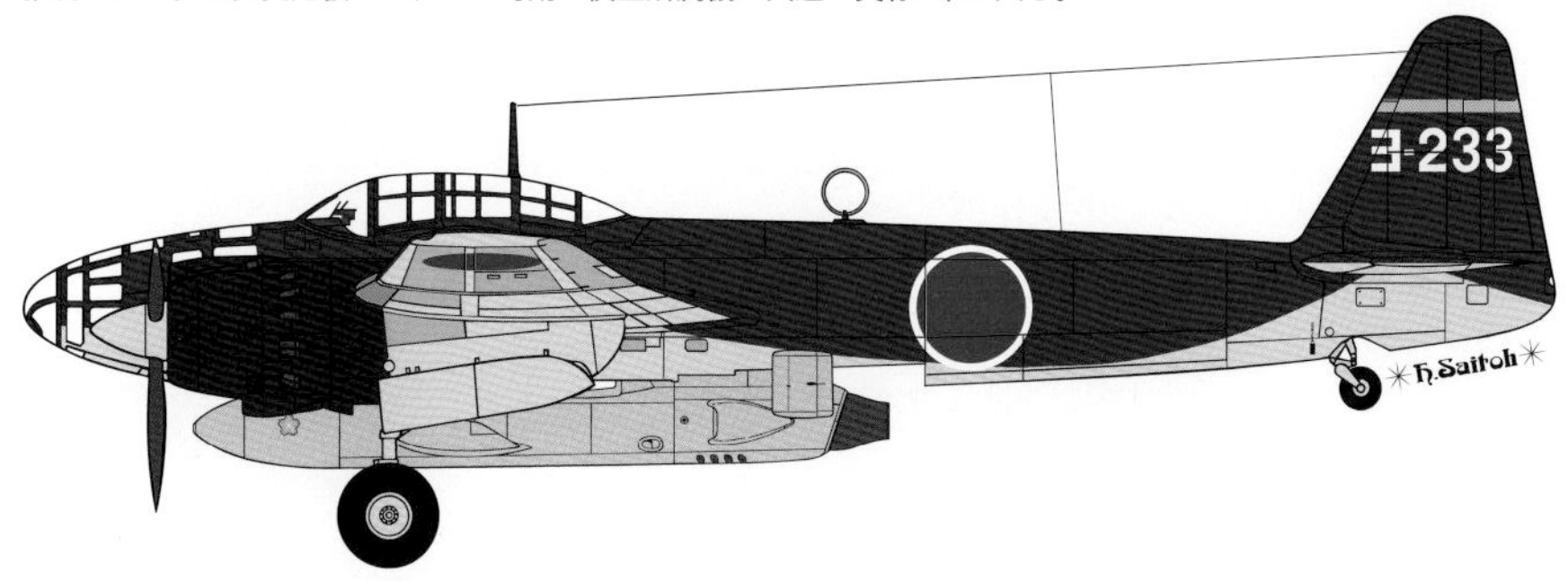

九六陸攻二二型 初期型　第七二二海軍航空隊　昭和20年春　神ノ池基地

七二二空が用務・輸送等に使用した九六陸攻で、胴体下面に段のある二二型の初期生産型。ループアンテナにはカバーが付けられ、プロペラとスピナーは小豆色N0に塗られた後期塗装の上面濃緑色／下面無塗装銀。機首正面に「1」の機番号が描かれている。

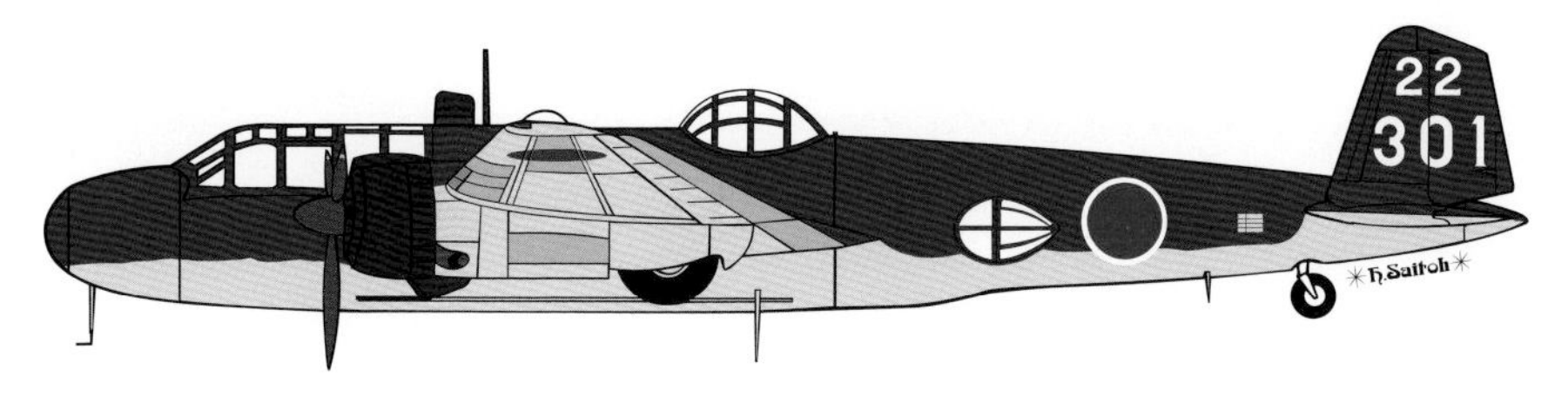

彗星三三型　第七二一海軍航空隊　彗星隊　昭和19年11月　神ノ池基地

桜花攻撃隊との共同作戦を企図して昭和19年11月15日付けで彗星隊が編成されたが、同隊はのちに七二二空への編入を経て、20年3月には六〇一空攻撃第一飛行隊へと改編された。したがって神雷部隊での練成期間は短く、知られざる隊といえる。機体は濃緑／灰白色で日の丸はすべて白縁なし。尾翼記号の下地には他隊からの転用と思われる前部隊の符号を塗り消した跡が見える。

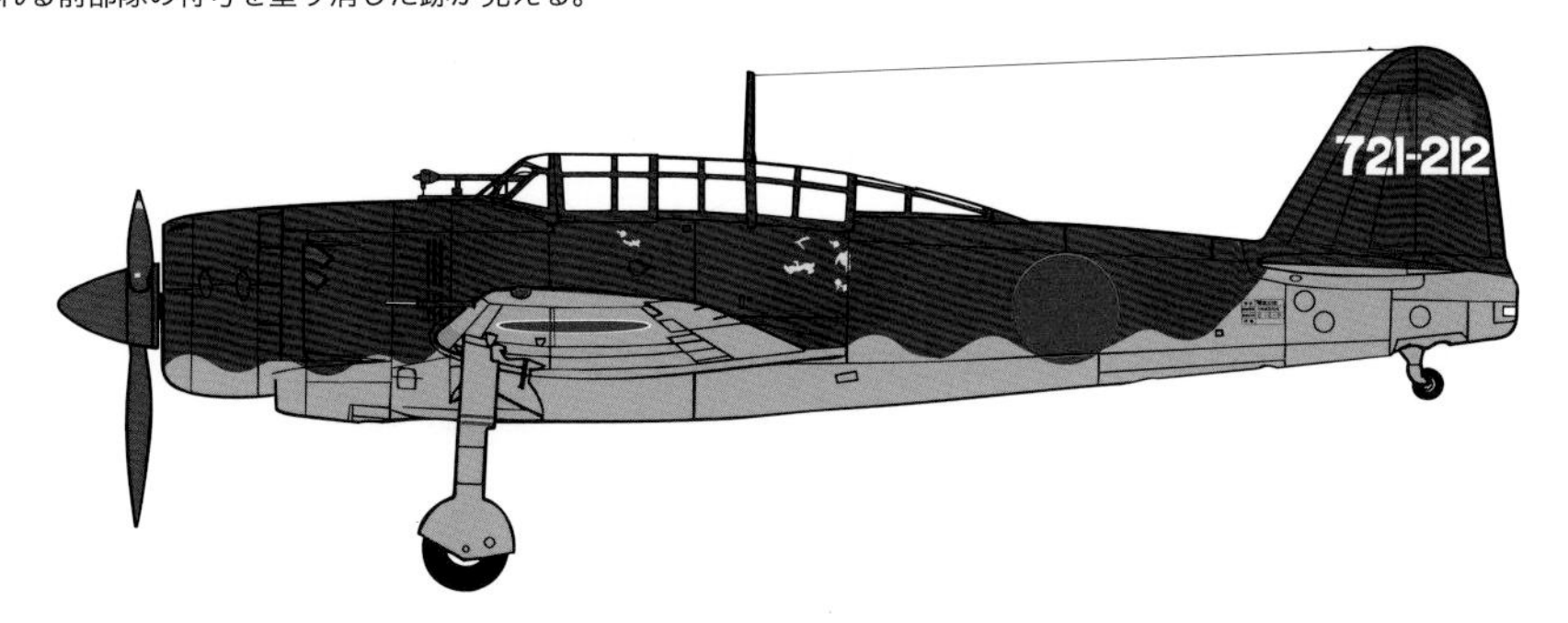

零式練習戦闘機一一型　谷田部海軍航空隊　第五昭和隊　小泉宏三少尉乗機
昭和20年4月　鹿屋基地

谷田部空第五昭和隊も神雷部隊の指揮下に入った一隊。下面は従来の黄橙色を残し、上面に濃緑色迷彩が施されている。前席の胴体側面には「アルコール50%」の文字が黄色で書かれているが、これはガソリンとアルコールを半分ずつ混ぜた燃料を使うという意味で、訓練中に使用されたもの。鹿屋進出前に通常のガソリン仕様に気化器が交換されている。

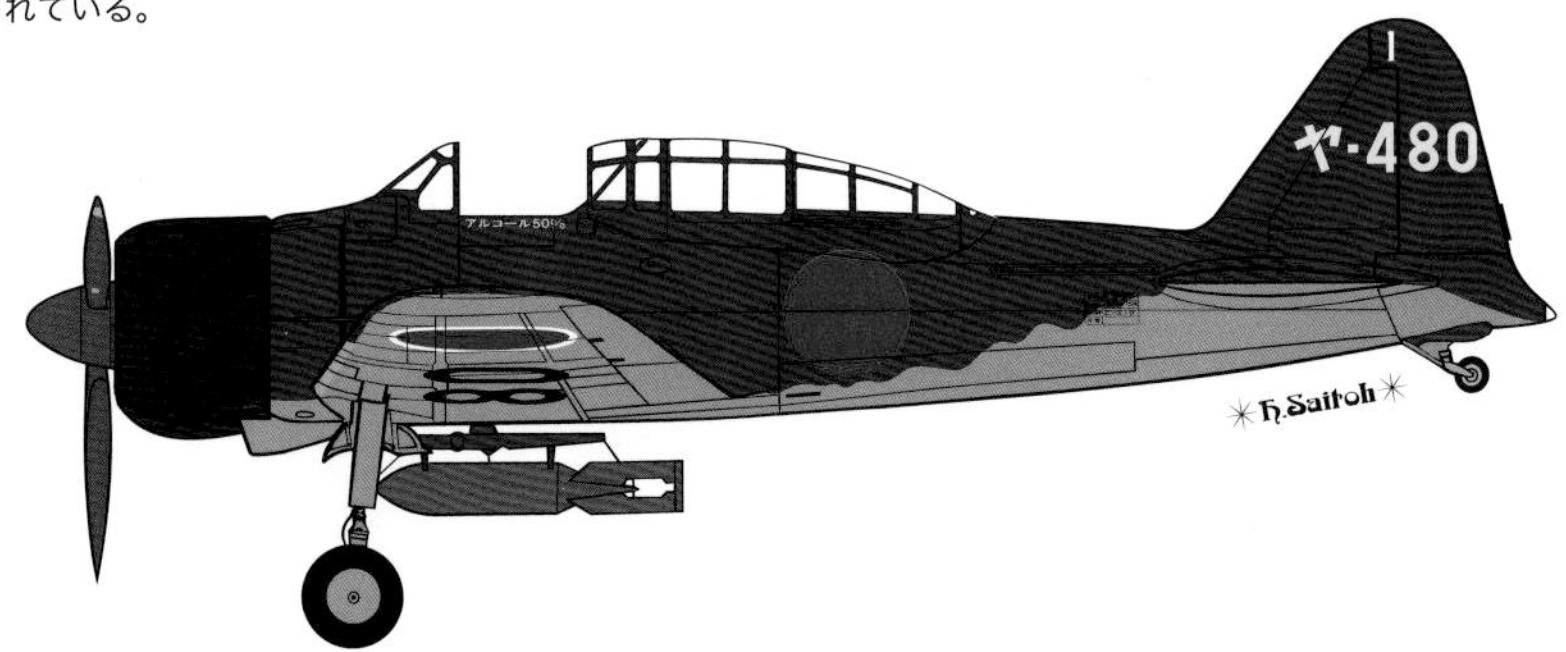

零式練習戦闘機一一型　第七二二海軍航空隊　大田正一中尉乗機
昭和20年8月18日　神ノ池基地

終戦の3日後、桜花の発案者・大田中尉は神ノ池基地より訓練用の零練戦に搭乗し、そのまま鹿島灘洋上へ飛び立ったまま行方不明となった。七二二空の零練戦は写真が皆無で想像の域を出ないが、大田中尉の死亡通知書類には、この日大田中尉が「722-56」号機で飛び立ったとの記述があり、これを元に作図した。塗装は上面濃緑色／下面黄橙色と思われ、日の丸は白縁なしとしたが、これは同時期の横須賀空や霞ヶ浦空の零練戦を参考とした。

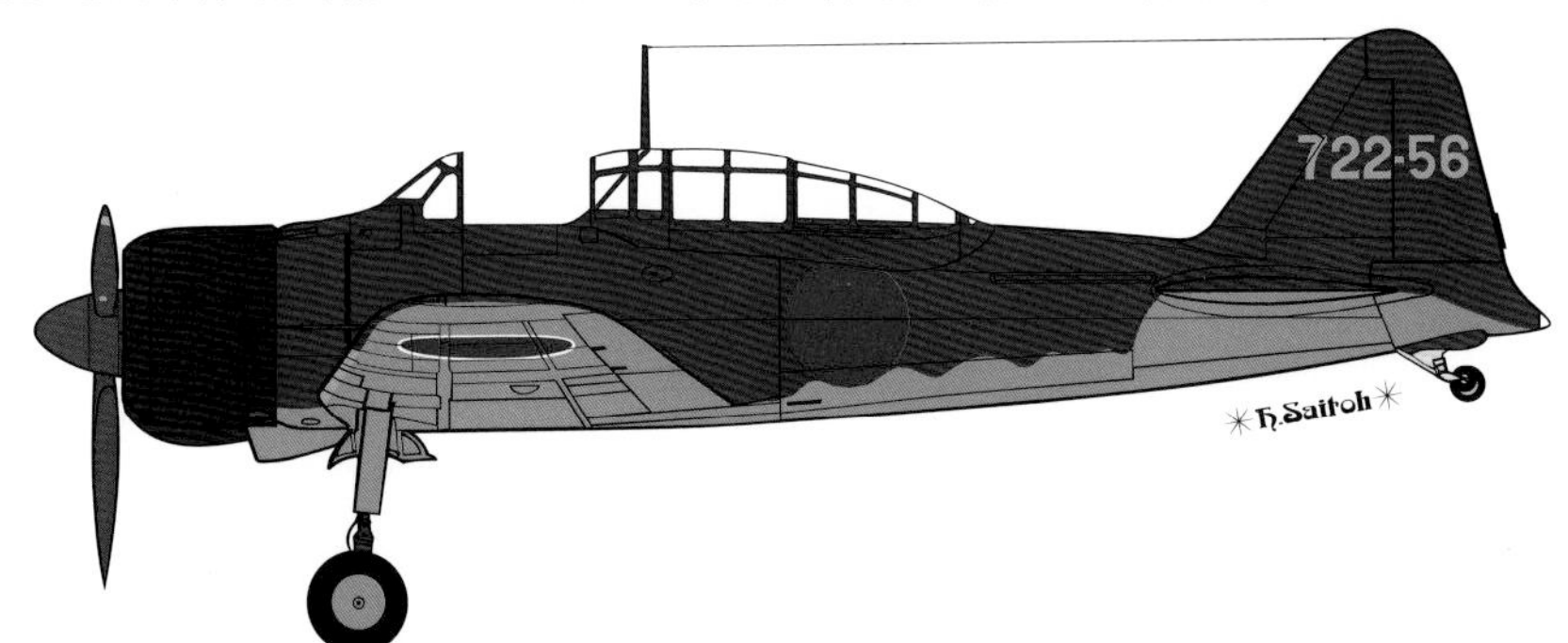

まえがき

加藤 浩

対米戦は短期決戦とする当初の目論見も崩れ、開戦から足かけ4年目となった昭和19（1944）年、すでにアメリカは豊富な国力にものを言わせ、兵器や物資の大量生産を軌道に乗せ、その戦力を急拡大させていました。一方の日本は、おそれていた消耗戦に引き込まれ、物的・人的資源のやりくりが破綻しかけている有様でした。当時日本軍は、洋上戦力だけでもアメリカ軍の半分以下の劣勢という状況に苦しんでおり、正攻法での勝利は到底期待できぬ状態となっていたのです。

そんな中、「最後の決戦」として日本海軍艦艇のほぼ全力をあげて挑んだマリアナ沖海戦では、なけなしの空母3隻と、営々と育て上げた母艦搭乗員のほとんどを失う壊滅的惨敗を喫しました。また、頼みとした基地航空隊も各個撃破によって壊滅し、マリアナ諸島は相次いで米軍の手に帰してしまいます。

マリアナ諸島の失陥は、超重爆B-29の攻撃圏内に日本本土の大半が入ったことを意味します。空襲によって内地の生産設備や国民生活が破壊される事態となれば、日本各地は反撃もままならぬまま、徹底的に攻撃されることを避けられません。

講和を仲介する有力な国際機関も存在しなかった当時、無条件降伏を避け、何らかの条件付き講和に持ち込むには、局地的にでも侵攻部隊を撃退し、アメリカ軍の攻勢をひるませたうえで彼らを交渉のテーブルにつかせる必要がありました。この「一撃講和論」に軍上層部は固執することとなります。

資源も時間も人材も技術力も限られた中で、敵に痛撃を与えて侵攻意図を頓挫させるにはどうすれば良いか？　手詰まりの軍上層部に、「現場からの提案」として持ち込まれたのが、「人間爆弾」案でした。今日的分類であれば空対艦誘導ミサイルですが、この提案では誘導装置はコンピュータでも無線でもありません。命中するまで生身の人間が操縦することになっていたのです。今まで「決死的作戦は良いが必死の作戦は不可」としてきた軍上層部も、ここに至って「人間爆弾」案を承認し、正式に兵器としての開発を命じました。命令を受けた技術者は、抵抗を感じながらも限られた条件の中で、できうる限りの高性能の高速滑空機としてそれを完成させました。

機体の開発と並行して行われた搭乗員の募集では、悪化した戦局の現状を明かしたうえで、各自に「生還を期さない大威力の新兵器」への搭乗の諾否を求めました。当時の軍人たちにとって、戦局の悪化に流されるままに日本が降伏するなど、想像もしていないことでした。戦局の説明を聞き、降伏して占領された場合、自分たちはもとより、両親や兄弟姉妹が屈辱的な扱いを受けることは心底恐ろしいと彼らは考えました。自分の生命を投げ出すことで生まれ育った国土と、肉親や縁ある人々が救えるのであれば、救いうる立場にある者の選択はひとつ――そして彼らは志願するに至ったのです。

こうして集められた桜花搭乗員の本来の目的は、比島戦での侵攻部隊に痛撃を与えて戦意を挫き、講和のテーブルに着かせることであり、特攻隊はそのための切り札的な存在でした。それが、比島戦が想定より2ヶ月早まったことで準備が整わず、緊急避難的に始めた爆戦特攻が予想以上の戦果を挙げたため、特攻戦術がなし崩し的に常套手段化してしまった結果、後世から見ると桜花は数ある特攻隊のひとつとして埋もれてしまいました。

本書は、「人間爆弾・桜花」の開発の経緯と、搭乗員として実際に募集に応じた人々が経験した苛酷な戦闘の現実と、巨大な戦局の潮流によって彼らの運命が翻弄された日々の記録です。桜花と神雷部隊の特攻作戦に関わられた、彼我のすべての方々に謹んで本書を奉じます。

目次

1941(昭和16)

12月 8日 対米英蘭開戦
8日 第一航空艦隊による真珠湾攻撃。空母6隻から発進した航空機350機による空襲により、米太平洋艦隊壊滅
10日 比島航空撃滅戦。台湾南部を発進した基地航空隊により、ルソン島クラークおよびイバ基地空襲。敵実用機の半数を撃墜破
10日 マレー沖海戦。南部仏印を発進した陸攻隊により、英戦艦プリンス・オブ・ウェールズ、巡洋戦艦レパルス撃沈
23日 ウェーキ島占領
25日 香港占領

1942(昭和17)

1月 2日 マニラ占領
11日 セレベス島メナドに海軍落下傘部隊降下
20〜22日 第一航空艦隊によるラバウル空襲
23日 ラバウル占領、基地航空隊進出開始
2 1日 米機動部隊マーシャル来襲
15日 シンガポール占領
19日 第一航空艦隊および基地航空隊陸攻隊によるポートダーウィン空襲
24日 伊17、カリフォルニア州沿岸を砲撃
米機動部隊ウェーキ島来襲
26日 スラバヤ沖海戦
3 1日 バタビア沖海戦
9日 ジャワ島占領
4日 二式大艇2機によるハワイ夜間空襲
23日 アンダマン占領、ラングーン進駐
4 5日 第一航空艦隊インド洋作戦開始。コロンボ空襲、英重巡コーンウォール、ドーセットシャー撃沈
8日 トリンコマリー空襲、英空母ハーミスほか撃沈
18日 米機動部隊より発進のB-25 16機による日本本土空襲
5 7日 コレヒドール島占領、米比軍全面降伏
7〜8日 珊瑚海海戦、空母レキシントン大破後誘爆沈没、ヨークタウン中破、給油艦、駆逐艦各1撃沈するも、空母祥鳳沈没、翔鶴中破、飛行機約100機と搭乗員多数喪失、ポートモレスビー攻略作戦延期となる
31日 特殊潜航艇、ディエゴワレス港、シドニー港攻撃
6月 4〜5日 ミッドウェー海戦。主力空母4隻(赤城、加賀、飛龍、蒼龍)沈没、重巡三隈沈没、最上大破。艦上機285機と、搭乗員多数喪失。空母ヨークタウン大破後総員退艦、漂流中を伊168が雷撃、撃沈
4日 第四航空戦隊によるダッチハーバー空襲
6日 キスカ島占領、7日アッツ島占領
30日 ミッドウェー海戦戦訓による空母各種増勢計画決定
7月 14日 第一航空艦隊を解隊し、第三艦隊に改編する
8月 7日 米軍ガダルカナル島、ツラギ島に上陸
8日 第一次ソロモン海戦、第八艦隊、夜戦により重巡4隻撃沈
24日 第二次ソロモン海戦、空母エンタープライズ中破、龍驤沈没、艦上機25機損失
31日 伊26の雷撃により、空母サラトガ大破
9月 9日 伊25搭載の零式小型水偵、米本土オレゴン州を爆撃
12日 ガ島陸軍の川口支隊による第一次ヘンダーソン飛行場総攻撃、失敗に終わる
15日 伊19の雷撃により米空母ワスプ、駆逐艦オブライエン撃沈
10月 13〜15日 金剛、榛名によるガ島ヘンダーソン飛行場砲撃
26〜27日 南太平洋海戦、空母ホーネット撃沈、エンタープライズ中破させるも、翔鶴中破、瑞鳳中破、筑摩中破、艦上機84機、搭乗員143名喪失。この戦闘により米海軍は太平洋方面の稼働空母がなくなる。日本側も搭乗員と機材の大量消耗により、実稼働空母は隼鷹のみとなる
24〜26日 ガ島陸軍第二師団による第二次ヘンダーソン飛行場総攻撃が失敗する
11月 12〜14日 第三次ソロモン海戦、ヘンダーソン飛行場再砲撃を試みる日本海軍とそれを阻止する米艦隊による夜戦が発生。2日間の交戦で米軽巡2、駆逐艦6撃沈、戦艦1、重巡2、駆逐艦1大破に対し、戦艦比叡、霧島、重巡古鷹、駆逐艦3沈没
12月 31日 御前会議にてガダルカナル島の放棄、撤退決定

1943(昭和18)

1月 2日 ニューギニア島ブナ占領される
14日 カサブランカ会談(米英首脳会談)
25日 ガダルカナル島航空撃滅戦開始
29〜30日 レンネル島沖海戦、重巡シカゴ撃沈
2月 1〜7日 ガダルカナル島撤収作戦により1万1706名収容

太平洋戦争の推移と神雷部隊の関連年表

3月	2日	スターリングラードの独軍降伏
	27日	アッツ島沖海戦
		この頃、竹間忠三大尉が「戦局の転換は新兵器による肉弾攻撃以外に良策なし」と、「人間魚雷」構想に関する書面を軍令部に提出
4月	5〜16日	「い号作戦」、基地航空隊と母艦航空隊合同によるソロモン、ニューギニア方面航空攻撃実施
	18日	山本五十六連合艦隊司令長官、陸攻にてブイン視察の途中敵機に邀撃され戦死
5月	12日	米軍アッツ島上陸、29日日本軍守備隊玉砕
		北アフリカ戦線のドイツ軍降伏
6月	8日	柱島泊地にて戦艦陸奥爆沈、乗艦実習中の甲飛11期生124名が殉職
	7〜16日	「六〇三作戦」、戦闘機によるラッセル島方面航空撃滅戦の後、戦爆連合によるガ島方面艦船攻撃と航空撃滅戦
	25日	学徒戦時動員体制確立要領決定
	26日	侍従武官城英一郎大佐が「艦爆・艦攻に250kg爆弾を搭載し、操縦者一人で体当たり攻撃をする特殊部隊」の構想を航空本部長の大西瀧治郎中将に伝え、自身がその部隊の司令を務める事を提案したが「未だ採用する時期にない」と退けられる
	30日	米軍レンドバ侵攻、ニューギニア島ナッソウ湾に上陸
7月	5日	クラ湾夜戦、ニュージョージア島に米軍侵攻
	10日	米軍シチリア島上陸
	12日	コロンバンガラ沖夜戦
	14日	連合軍ムンダ東方に上陸、8月5日ムンダ飛行場陥落
	25日	イタリア政変、ムッソリーニ失脚、バドリオ政権成立
8月	1日	キスカ島撤退完了
	24日	ケベック会談終了、米英共同声明発表
	27日	飛行予科練習生修業期間短縮
9月	1日	南鳥島に米機動部隊来襲
	4日	米豪軍ラエ、サラモアに上陸、11日サラモア占領、16日ラエ占領
	2日	連合軍イタリア本土に上陸
	8日	イタリア無条件降伏
10月	2日	「学徒出陣」。勅令七五五号による理工科系を除く大学・高等学校・専門学校在学の満20歳以上の学生・生徒に対する徴兵猶予廃止される
		この頃、黒木博司大尉と仁科関夫中尉による「人間魚雷」の設計図と意見書が軍令部に提出されるも採用に至らず
	7日	ベララベラ島守備隊、ブーゲンビル島ブインに後退。これにより、中部ソロモン諸島の日本軍はすべて撤退
	18日	バラレ基地使用不能、25日ブイン基地使用不能となる
	21日	明治神宮外苑にて学徒出陣壮行式挙行される
	27日	米軍ブーゲンビル島南方のモノ島上陸、28日チョイセル島上陸
11月	1日	米軍ブーゲンビル島西岸中部タロキナに上陸
		第三艦隊（機動部隊）航空機をラバウルに進出、11日まで基地航空隊と共同でタロキナ方面への航空攻撃を実施（「ろ」号作戦）
		軍需省設置
	2日	ブーゲンビル島沖海戦
	5日	大東亜会議開催、6日大東亜宣言発表
	12日	母艦航空隊トラック島へ復帰、この間艦上機121機、搭乗員181名を大量に損失。特に中堅幹部搭乗員24名戦死は甚大な影響となる
	14〜17日	母艦航空隊に代わり北東、中部方面より戦力補充あり、ソロモン方面の連合軍機材の約1割の戦力で反撃を継続
	14日	米軍中部太平洋マーシャル、ギルバート方面空襲開始
	21日	米軍マキン島、タラワ島に上陸
	22〜29日	第一次〜第四次ギルバート沖航空戦
	24日	マキン島守備隊玉砕、25日タラワ島守備隊玉砕
12月	5日	マーシャル沖航空戦、米空母レキシントン（II）小破
	15日	連合軍ニューブリテン島マーカス岬上陸、26日グロスター岬上陸
	24日	徴兵年齢を1歳引き下げて満19歳とする
1944（昭和19）		
1月	1日〜	ラバウル、年明けから2月19日まで戦爆連合により連日激しい空襲を受ける
	2日	連合軍ニューギニア島グンビ岬上陸
	30日	マーシャル群島に米機動部隊来襲
2月	1日	米軍中部太平洋クェゼリン、ルオット両島に上陸、6日守備隊玉砕
	17日	米機動部隊トラック島空襲、来襲敵機のべ約450機により所在の航空機163機未帰還、焼失、在泊船舶多数沈没、備蓄燃料を焼失。以後艦隊根拠地としての機能を喪失
	19日	戦局の急速な悪化により先の黒木、仁科案の「人間魚雷」が見直され、秘匿名称「㊅金物」として試作開始される。ただし、この時点では脱出装置付きが条件

20日 ラバウル方面展開の航空隊は水上機部隊を残し、トラック、テニアンに後退、これにより、ラバウルは戦略的価値を喪失
22日 第一航空艦隊司令部テニアン島に進出、錬成中の麾下部隊も逐次マリアナ、カロリン各基地に進出

3月
1日 第一機動艦隊編成、ようやく航空主兵を明確にした艦隊編成となる「特設海軍飛行隊」制度の制定
18日 女子挺身隊の強化策決定、29日中学生の勤労動員決定
31日 古賀峯一連合艦隊司令長官、飛行艇にてパラオからダバオへの移動中行方不明となり、殉職

4月
1日 トラック、パラオに米機動部隊来襲、パラオにはのべ456機来襲、所在航空兵力、在泊艦船全滅、備蓄燃料焼失。これによりマリアナ諸島以西への艦隊行動不可能となる
2日 ソ連軍ルーマニアに侵攻、9日ドイツ軍オデッサ撤退
22日 連合軍ホーランジア、フンボルトに上陸

5月
3日 連合艦隊司令長官に豊田副武大将着任
20日 「あ号作戦」発動、第一機動艦隊タウイタウイ泊地に進出
この頃、1081空分隊長大田正一少尉は、上官である司令菅原英男中佐に必中必殺の「人間爆弾」構想を提案する。菅原中佐は空技廠長の和田操中将に対し紹介状を書き、大田少尉の構想は、順を追って軍令部に認められることとなる
27日 連合軍ビアク島上陸

6月
6日 連合軍仏ノルマンディーに上陸
15日 硫黄島に米機動部隊来襲、米軍サイパン島に上陸
16日 B-29 20機四川省成都より北九州に来襲
18〜20日 マリアナ沖海戦、空母3隻沈没、艦上機426機喪失に対し、米機動部隊に沈没艦艇なし。以後正攻法の艦隊決戦での勝機を失う
この頃、筑波空にて戦闘機操縦教官(士官)6〜7名に「生還は絶対不可能だが、成功すれば戦艦でも空母でも確実に撃沈出来る新兵器」に関する諮問あり。同日、大田少尉による同様の趣旨の説明が1081空でもあり、下士官搭乗員の志願者署名を集める
27日 岡村基春中佐は軍需省航空兵器局総務局長となっていた大西瀧治郎中将を訪れ、体当たり戦法の重要性を訴え、これに適する航空機の開発を要望した
28日 ビアク島守備隊玉砕

7月
6日 サイパン島守備隊玉砕
18日 東条英機内閣総辞職、22日小磯国昭内閣成立
21日 米軍グアム島に上陸、24日テニアン島上陸

8月
1日 テニアン島守備隊玉砕、10日グアム島守備隊玉砕
初旬 大田少尉、改めて東大航空研究所と三菱名古屋発動機製作所の研究資料を基にまとめた「人間爆弾私案」を航空本部に提出
中旬 第一線部隊を除く日本各地及び台湾、朝鮮に展開していた各航空隊にて極秘裏に「生還を期さない新兵器」の搭乗員募集を開始
16日 航空本部は大田私案に「(大)部品」の秘匿名称を付け、空技廠に改正試作を命令、試作番号は「MXY7」
18日 秘匿名称を「(大)兵器」に改称。この時点で推進装置は火薬ロケットとなる
下旬 航空本部は「(大)兵器」を「桜花」と命名

9月
15日 桜花を主兵器とする特攻専門部隊の編成準備のため、準備委員として岡村中佐、岩城少佐を横須賀航空隊附に発令

10月
1日 桜花攻撃専門部隊第721海軍航空隊を百里原基地に編成、横須賀鎮守府に編入
10日以降 1ヶ月程の間に721空に下士官隊員約160名続々と着任、桜花隊の主力となる
12〜16日 台湾沖航空戦、米空母11隻轟沈、8隻撃破と発表するも、実際の戦果は空母4、巡洋艦4の損傷のみ、自爆、未帰還約190機
比島戦開始前に航空戦力が消耗し、米軍の比島侵攻が2ヶ月早まる
17日 米軍スルアン島上陸、20日レイテ島上陸
20日 比島第一航空艦隊長官に大西瀧治郎中将着任、同日神風特別攻撃隊敷島隊以下を希望者より編成
23日 相模灘にて、一式陸攻母機より無人の試製桜花の離脱試験成功
24〜26日 比島沖海戦
日本海軍は戦艦3、空母4、重巡6、軽巡4ほか沈没し、損傷艦艇多数。組織的水上兵力が壊滅する
25日 神風特別攻撃隊、攻撃成功確認
31日 百里原基地にて試製桜花練習機、長野飛曹長の操縦により実用試験に成功

11月
6日 桜花ロケット地上噴射試験、12月2日まで計4回実施
7日 721空神ノ池基地に移転「海軍神雷部隊」の大門札を掲げる
11日 桜花22型用初風ロケット(ツ-11)空中試験開始、12月26日まで計19回実施
13日 航空本部長戸塚中将視閲の下、桜花K1降下訓練開始。分隊長刈谷大尉訓練中失速墜落し、殉職

15日　７２１空、連合艦隊直属となる
19日　永野修身元帥、参内して桜花攻撃の予定12月中旬と奏上
20日　鹿島灘にて桜花実用頭部（弾頭）の爆破試験実施、成功。この頃永野元帥、神ノ池基地を視閲、記念撮影する
伊35、伊47搭載の回天、ウルシー在泊艦艇攻撃、油槽船ミシシネワ撃沈
22日　長野飛曹長、試製桜花練習機でロケット噴射による３５０ノットまでの増速飛行試験に成功
23日　及川古志郎軍令部総長、神ノ池基地を視閲
25日　比島進出準備のため、桜花隊を四個分隊に分ける
29日　前日桜花50機を搭載して横須賀を出港した空母信濃は、浜名湖沖にて潜水艦の雷撃を受け、魚雷４本が命中、沈没
12月　1日　連合艦隊司令長官豊田大将、神ノ池基地を視閲。桜花隊、陸攻隊、戦闘機隊とそれぞれ記念写真撮影、桜花隊員に短刀と鉢巻を授与
12月22日高雄からクラークに進出し、23日レイテ湾桜花攻撃を内示
3日　海軍大臣米内光政大将、神ノ池基地を視閲。飛行場にて閲兵式あり
6日　辻中尉以下11名の整備班、比島クラーク基地に向け出発
10日　米軍レイテ島オルモックに上陸、レイテ作戦の勝敗決す
15日　米軍ミンドロ島サンホセに上陸
17日　桜花30機ほかをマニラに輸送中の空母雲龍、雷撃を受け沈没
18日　桜花58機ほか搭載した空母龍鳳は目的地を台湾に変更し、1月8日基隆入港
19日　桜花第2、3、4分隊を進出第一陣とし、第1分隊は後詰め隊員の錬成用基幹員として、第二陣とすることが決定
攻撃７０８飛行隊を７２１空に編入
26日　桜花Ｋ１降下訓練状況は１７９／１９７完了
26～29日　攻撃７１１飛行隊と桜花2、3、4分隊は大分基地に進出し、対艦攻撃訓練実施。戦闘３０６飛行隊も別途参加。桜花第1分隊は熱海にて「臨海訓練」

1945（昭和20）

1月　4～6日　桜花隊第一陣（第2～4分隊）上京。宮城（皇居）、靖国神社、明治神宮に出陣報告
5日　米軍ルソン島リンガエン湾に侵入、掃海と艦砲射撃ののち、9日上陸開始
在比陸海軍航空兵力は最後の特攻作戦を実施、桜花隊比島進出計画は自然消滅
8日　神ノ池基地に東宝慰問団来訪。下士官隊員による暴動事件発生
10日　一航艦司令部台湾に移動、戦力再建に着手
17日　昭和天皇より神雷部隊に侍従武官御差遣、記念写真撮影
18日　最高戦争指導会議、全軍特攻化を決定
20日～　桜花隊第一陣と攻撃７１１飛行隊、戦闘３０６飛行隊九州南部各基地に逐次展開
2月　1日　７２１空に戦闘３０５飛行隊編入、戦闘３０７飛行隊編成
4～10日　米英ソ首脳によるヤルタ会談開催。10日、ソ連対日参戦を決定
10日　第五航空艦隊編成。７２１空も指揮下に入る
15日　神ノ池基地に残留の７２１空関係者全員、７２２空に編成換えとなる
16～17日　米機動部隊関東地方来襲神ノ池基地にて訓練中の攻撃７１１飛行隊の陸攻13機炎上、19機被弾
米軍、硫黄島に上陸
3月　1日　連合練習航空隊は教育を中止し、解散。第十航空艦隊を編成し、実施（実戦）部隊として連合艦隊に編入
10日　Ｂ-29 ３２５機による「東京大空襲」。下町全域が焦土と化し死者10万名以上
17日　硫黄島守備隊玉砕
18～20日　九州沖航空戦
18日　戦闘３０６、３０７（冨高）、３０５（鹿屋）は各基地上空にて敵艦上機のべ３００機と交戦、戦死24名、桜花攻撃直掩隊としての機能喪失
桜花攻撃命令を受けた攻撃７０８飛行隊、宇佐基地にて出撃直前を奇襲され、陸攻11機炎上し、出撃できず
20日　戦闘３０５残存搭乗員は２０３空に転属
21日　第一次神雷桜花特別攻撃隊出撃。陸攻18機、直掩零戦19機、間接援護零戦11機出撃するも、敵戦闘機の迎撃を受け、陸攻隊全滅、零戦10機未帰還、戦死者１６０名
23日　戦闘３０６、３０７残存搭乗員は２０３空に転属
24日　桜花隊隊員冨高基地に集合、五十番（５００kg爆弾）装備の爆戦特攻採用の説明を受ける
25日　米軍慶良間列島に上陸
26日　連合艦隊「天一号作戦」発動
4月　1日　第二次桜花攻撃６機出撃、濃霧発生し、不時着水、未帰還などで戦果なし
米軍沖縄本島に上陸

2日 第一建武隊4機出撃、突入報告3機
3日 第二建武隊8機出撃、進撃した6機より突入報告
5日 小磯国昭内閣総辞職、7日鈴木貫太郎内閣成立
十航艦から鹿屋に進出の爆戦隊、721空指揮下に編入される
ソ連、日ソ中立条約延長の破棄を通告
6日 「菊水一号作戦」発動。第三建武隊19機出撃、18機未帰還。第一筑波隊17機、第一七生隊13機、第一神剣隊16機出撃。七生隊1機帰投を除く45機未帰還
7日 坊ノ岬沖海戦、米艦上機の攻撃を受け戦艦大和、軽巡矢矧、駆逐艦4隻沈没。水上兵力は以後活動困難となる
第四建武隊12機出撃、未帰還9機
11日 第五建武隊16機出撃、未帰還13機
12日 「菊水二号作戦」発動。第三次桜花攻撃9機出撃、うち、土肥三郎中尉操縦の桜花が米駆逐艦マンナート・L・エーブル撃沈。ほか2隻に桜花3機が突入、損傷を与える。第二七生隊19機出撃、17機未帰還
湯野川大尉以下冨高基地の桜花隊員全員鹿屋基地に進出
神ノ池基地より新庄中尉率いる第二陣43名鹿屋に進出
14日 ルーズベルト大統領死去、トルーマンが新大統領に就任
第四次桜花攻撃7機出撃、全機未帰還。第六建武隊8機出撃、6機未帰還。第二筑波隊3機、第一昭和隊11機出撃、全機未帰還
第二神剣隊15機出撃、9機未帰還
15日 神雷部隊宿舎の野里国民学校で第二陣進出記念の「運動会」行われる
16日 「菊水三号作戦」発動。第五次桜花攻撃。6機出撃、未帰還4機。この日の爆戦攻撃は三波にわたって実施
第一波は第二昭和隊、第三神剣隊、第三七生隊計20機出撃、未帰還10機
第二波は第七建武隊、第四七生隊、第三昭和隊計27機出撃、未帰還21機
第三波は第四神剣隊、第八建武隊計13機出撃、未帰還6機
18日 神ノ池基地より多木中尉率いる第三陣13名が冨高基地に進出
20日 桜花隊隊員の大部分、冨高基地に後退
22日 ソ連軍ベルリンに突入
26日 編成換えにともない、十航艦からの爆戦隊は戦闘306に編入される
神ノ池基地より楠本中尉率いる第四陣26名が冨高基地に進出
28日 「菊水四号作戦」発動。第六次桜花攻撃。4機出撃、桜花1機発進、陸攻1機未帰還
スイスに逃亡途中のムッソリーニ、パルチザンにより処刑される

29日 第四筑波隊、第五七生隊、第五昭和隊、第九建武隊計33機出撃、未帰還28機
ベルリン陥落、30日ヒトラー自決

5月

4日 「菊水五号作戦」発動。第七次桜花攻撃。7機出撃、未帰還5機。桜花は4機発進し、米艦艇3隻が損傷
第五神剣隊15機発進、全機未帰還
11日 「菊水六号作戦」発動。制空権確保のため、沖縄本島中、北各飛行場爆破すべく桜花攻撃隊2機出撃。天候不良と発動機不調により攻撃せず帰投
第八次桜花攻撃4機出撃、未帰還3機桜花1機発進、駆逐艦1隻損傷
第六神剣隊、第六昭和隊、第六七生隊計11機発進、7機未帰還
第十建武隊、第七昭和隊、第五筑波隊、第七七生隊計26機出撃、20機未帰還
14日 第十一建武隊、第六筑波隊、第八七生隊計22機出撃、21機未帰還
22日 桜花四三乙型二座練習機、風洞試験
24日 「菊水七号作戦」発動。陸軍の義烈空挺隊、沖縄本島中、北飛行場に突入
25日 第九次桜花攻撃11機出撃、悪天候のため8機引き返し、3機未帰還
28日 「菊水八号作戦」発動。神雷部隊に出撃命令なし。この日、海軍は神雷部隊の存在を公表。新聞各紙一斉に報道

6月

7日 「菊水九号作戦」発動。神雷部隊に出撃命令なし
10日 岡本中尉率いる爆戦6機喜界島に進出
上旬〜 7月上旬にかけて桜花隊、戦闘306は別府湾の空母海鷹を目標に突入訓練を実施
11日 沖縄本島の海軍主力部隊、玉砕。大田中将自決
21日 「菊水十号作戦」発動
22日 第十次桜花攻撃。6機出撃、4機未帰還。第一神雷爆戦隊8機出撃、7機未帰還
23日 沖縄本島の組織的地上戦終結。牛島中将自刃
26日 神ノ池基地上空にて桜花二二型の飛行試験中、加速ロケットの不時点火により試験失敗、長野少尉殉職
27日 武山海兵団に設置された射出機により桜花四三乙型二座練習機の射出試験実施

7月

1日 比叡山基地に桜花四三乙型装備部隊として725空開隊される
2日 海軍総隊、「決号作戦」(本土決戦)のための展開を下令
攻撃708の陸攻と搭乗員、マリアナ基地制圧のための「剣号作戦」参加のため、三沢基地と第二千歳基地に展開
上旬 桜花隊隊員全員陸路小松基地に後退、移動

- 16日 米原爆実験に成功
- 26日 米、英、中、対日ポツダム宣言
- 28日 鈴木首相、ポツダム宣言黙殺を発表

8月
- 1日 平野大尉により桜花二二型再試験。投下直前に激しい振動あり中止。調査の結果、支持架断裂が判明
- 6日 広島に原爆投下される
- 7日 日本最初のジェット機「橘花」木更津基地にて初飛行
- 9日 ソ連対日宣戦布告、満州に侵攻し、対日ポツダム宣言に参加
  長崎に原爆投下される
  最高戦争指導会議はポツダム宣言受諾を決める
- 13日 喜界島より第二神雷爆戦隊5機出撃、3機引き返し、2機未帰還
- 14日 御前会議で昭和天皇の最終決断により、ポツダム宣言の受諾を決定
- 15日 「終戦の詔勅」玉音放送
  五航艦長官宇垣中将、麾下の彗星11機を率いて沖縄に突入、戦死
- 16日 軍令部次長大西中将自刃。草鹿龍之介中将五航艦長官として着任
  大海令四八号(停戦命令)発令
- 18日 桜花発案者の大田中尉、零式練戦を操縦し鹿島灘に突入
- 19日 五航艦長官草鹿中将、海軍大臣と軍令部総長と会談し、五航艦麾下部隊の早期復員を決定。鹿屋基地の戦闘306は即日解散、復員
- 20日 海軍総隊司令長官小澤中将、終戦に対する訓辞
  剣号作戦部隊解散式、攻撃708飛行隊は小松基地に復帰
- 21日 五航艦長官草鹿中将、721空に解散命令
  松山、冨高基地の戦闘306飛行隊復員開始
  小松基地展開の桜花隊と攻撃708飛行隊、解散式。山村上飛曹の提案により、桜花隊員は3年後の3月21日に靖国神社での再会を申し合わせる
- 22日 721空、722空搭乗員一斉に復員開始
- 24日 「陸海軍人復員スルニ当リ、陸海軍人ニ勅諭」発せられる

9月
- 2日 戦艦ミズーリ艦上にて降伏文書調印式
- 13日 大本営廃止

10月
- 10日 海軍総隊司令部、連合艦隊解散
- 15日 軍令部解散

11月
- 30日 海軍省廃止

1946(昭和21)
- 1月 18日 復員輸送船となっていた元潜水母艦「長鯨」に乗り組んでいた市川元治元上飛曹ら元桜花隊員10名により、沖縄西北方90浬の洋上で慰霊祭実施

1948(昭和23)
- 3月 21日 生存隊員40余名、靖国神社にて再会を果たしたその夜、熱海大野屋旅館に宿泊。夜を徹して語り合う席上、戦友会名を「羽衣会」とし、次回慰霊祭を3年後に開催することを決める
- 7月 13日 岡村基春元721空司令、鉄道自殺する

1951(昭和26)
- 3月 21日 再度靖国神社に集まり慰霊祭を行う。以後毎年春分の日に開催する事を申し合わせる

1952(昭和27)
- 2月 10日 遺族と生存隊員の手記を集めた小冊子『櫻花隊』発行
- 3月 21日 第3回慰霊祭挙行、サンフランシスコ講和条約成立により独立主権回復したことから、「海軍神雷部隊戦友会」と改称した

1957(昭和32)
- 3月 21日 靖国神社境内に「神雷桜」4本を献木、うち1本が東京のソメイヨシノ開花の標準木の1本となる

1965(昭和40)
- 3月 21日 戦後20周年を期し、鎌倉市建長寺正統院に「神雷戦士の碑」を建立

1975(昭和50)
- 3月 21日 戦後30周年を期し、檜板に戦没者氏名を記して「神雷戦士の碑」の背後に掲示

1977(昭和52)
- 10月 1日 『海軍神雷部隊史』初版発行。翌年7月1日改訂版発行

1979(昭和54)
- 3月 21日 「桜花11型実大模型」と「神雷攻撃パノラマ」完成、奉納式
- 4月 22日 秩父宮妃、高松宮、同妃の三殿下、松平宮司の案内で奉納パノラマを台覧。列席の戦友に懇篤なるお言葉あり、記念撮影

1993(平成5)

10月 1日 「神雷戦士の碑」戦没者銘をステンレス板に改修、完成法要除幕式

1994(平成6)

12月 7日 桜花発案者の大田元中尉、海中に突入後漁船に助けられたのち、「横山道雄」と改名して大阪に暮らしていたが、ガンにより死去。享年73歳

1995(平成7)

3月 21日 出撃50周年記念行事慰霊祭のあと、九段会館にて遺族と懇談会

4月 7日 出撃50周年の節目で有志戦友多数、鹿屋市主催の特攻戦没者慰霊祭に参加

イギリスBBCが戦友会に同行取材し、戦後50周年記念番組『KAMIKAZE』(60分)を制作

10月 22日 日曜日の夕刻、ゴールデンアワーにイギリス国内にて『KAMIKAZE』放送。好評を博したが、日本国内では2021年現在未放映

1996(平成8)

3月 20日 新装版『海軍神雷部隊史』発行

総会にて「海軍神雷部隊戦友会」解散決議。以後の慰霊祭は有志によって運営されている

1999(平成11)

自衛隊関係者を主として外部機関の協力を得ながら、空自入間基地に現存する桜花11型214号機の復元作業開始

2007(平成19)

6月 22日 沖縄県「平和の礎」に第一次桜花攻撃での戦没者の刻銘がほぼ完了、慰霊祭に参加

2012(平成24)

航空自衛隊入間基地修武台記念館に完全復元された桜花一一型が展示される

昭和19年

9月15日
編成準備委員会発令

10月1日
721空開隊(百里原基地)
横須賀鎮守府附

11月7日
神ノ池基地に移転

11月15日
721空に攻撃711、戦闘306、
彗星隊を編成
連合艦隊直属となる

12月20日
第11航空戦隊編成
762空より攻撃708を721空に
編入する

昭和20年

1月下旬
721空九州に展開
一部神ノ池基地に残留

2月1日
戦闘305を編入、戦闘307を編成

2月10日
第五航空艦隊編成
第11航空戦隊司令部は
吸収される

2月15日
721空の神ノ池残留部隊を
基幹として722空開隊

3月17日〜21日
九州沖航空戦

3月24日
桜花隊爆戦併用を決定、
建武隊として運用する

3月下旬
戦闘305、306、307
搭乗員は203空に転属、
隊名のみ残存する
722空彗星隊は601空に転属、
攻撃第1飛行隊となる。

4月1日
沖縄戦開始

4月5日
第十航空艦隊の爆戦隊が
721空の指揮下に入る
編成上戦闘306、307に編入の
形を取る

5月5日
戦闘307搭乗員は戦闘306に
転属
攻撃711搭乗員は攻撃708に
転属し、攻撃711は解隊となる

7月1日
725空開隊(滋賀基地)

8月8日以降の展開基地

8月15日
玉音放送

8月19日
鹿屋基地の戦闘306復員

8月22日
721、722、725空、同時復員

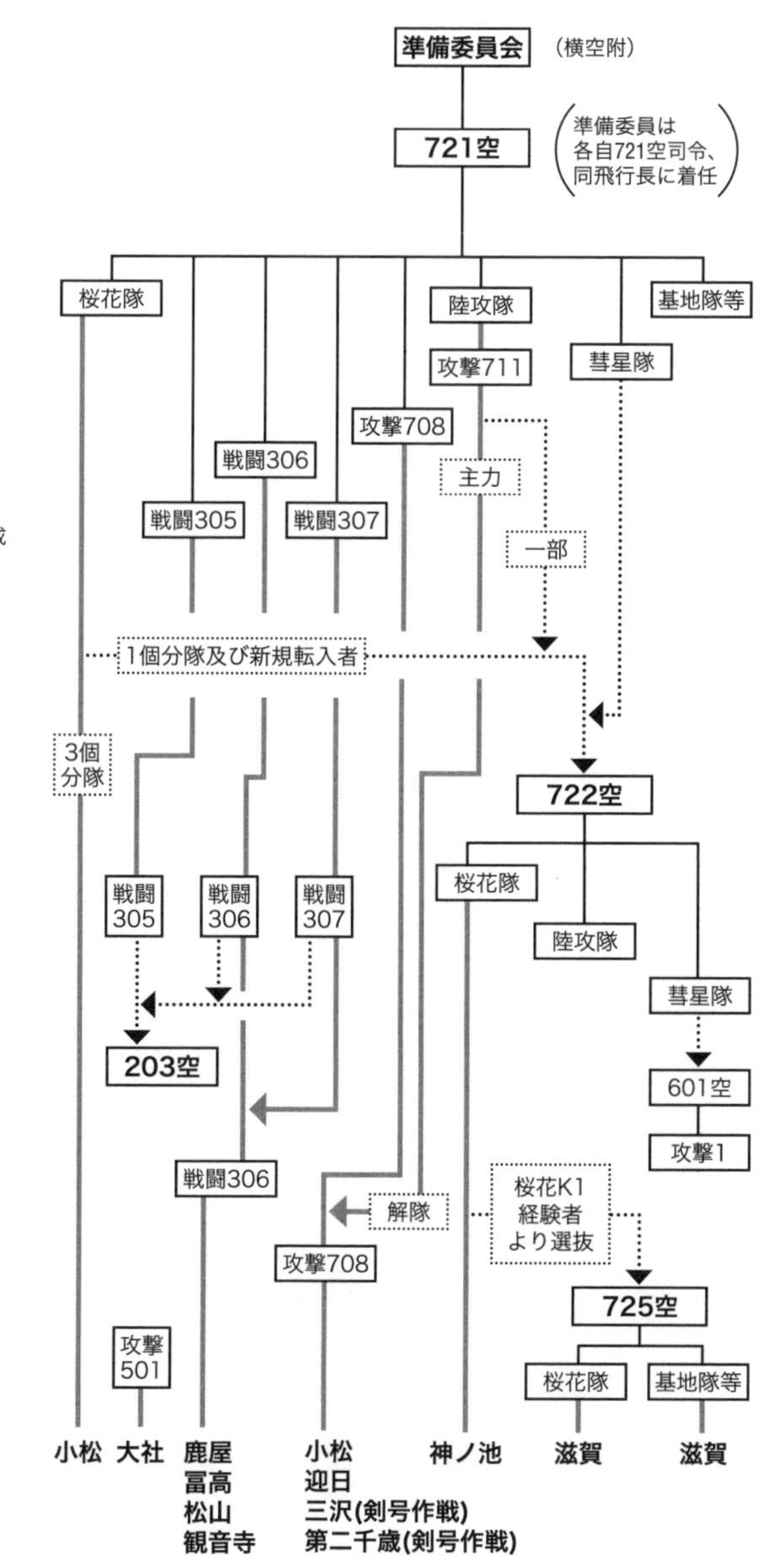

昭和20(1945)年当時の日本海軍(搭乗員)の階級

昭和17年11月1日付改正

分類	階級	備考
士官	大将	
	中将	
	少将	
	大佐	
	中佐	
	少佐	
	大尉	
	中尉	
	少尉	
准士官	少尉候補生	兵からの進級者は候補生にはならない
	飛行兵曹長	略称『飛曹長』
下士官	上等飛行兵曹	略称『上飛曹』
	一等飛行兵曹	略称『一飛曹』
	二等飛行兵曹	略称『二飛曹』
兵	飛行兵長	略称『飛長』
	上等飛行兵	実戦部隊に出るのは飛行兵長以上
	一等飛行兵	
	二等飛行兵	

・昭和19年以降の航空機搭乗員の場合、兵の階級で実戦部隊に出るのは、飛長のみとなっていた。

・准士官である飛曹長には、上飛曹を3年経験しないと進級できなかった。しかし以前より徐々に進級速度が上がっていた下士官搭乗員は、昭和20年頃には半年に一度進級するようになっていたため、上飛曹ばかりが増えることとなった。

・本書では、本文記述上のの時系列に沿って、その当時の階級で表記した。

・戦死した搭乗員の階級はその当時のものとした（このため、昭和20年5月1日付けで進級した搭乗員の場合、同期生でも4月の戦死者は一飛曹で5月の戦死者は上飛曹となる）。

・特攻戦死した下士官搭乗員は『勅令650号』により、一律飛曹長に特進することとなっていたが、実際には所属鎮守府によって事務処理が異なり、同じ日の戦死者でも特進の扱いに違いが出ている。

海軍搭乗員の出身分類

分類	出身略称	正式名称	定義
士官	海兵	海軍兵学校	
	予備	飛行科予備学生	一般の大学出身者の中から飛行科予備士官として採用された者で、海軍入隊後1年で少尉に任官。
	予備生	飛行科予備生徒	一般の高等学校、専門学校出身者のなかから飛行科予備士官として採用された者。教育期間短縮の結果、少尉候補生の階級のまま実戦部隊に着任。
下士官	甲飛	甲種飛行予科練習生	旧制中学4年2学期終了程度の学力を有する者。
	乙飛	乙種飛行予科練習生	高等小学校卒業教育1年以上の学力を有する者。
	特乙	乙種特飛行予科練習生	乙種対象者の中から18歳以上の者を選抜し、教育年限を2年半に短縮した者、卒業後の進級は同じ。
	丙飛	丙種飛行予科練習生	海軍内の他の兵科から内部選抜された者、旧操縦練習生制度（略称は操練）の後身。
	予備練	甲種予備練習生	本来、民間航空機操縦者養成を目的としていた逓信省管轄の操縦員養成所のうち、海軍系の長崎、愛媛、福山の3養成所卒業者で海軍に入隊した者。

- 本文中では搭乗員の氏名、階級の次に出身期を記載した。同じ階級でも任官した時期や出身によっても序列が付けられていた。また、出身期は操縦技量のある程度の目安ともなった。
- 予備教育期間中は少尉候補生の階級で、実戦部隊に着任後間もなく少尉に任官するようになっていた。
- 予備生徒の場合、教育期間の短縮によって少尉候補生の階級のまま実戦部隊に編入され、少尉任官しないまま特攻出撃した事例が多く存在する。
- 丙飛出身搭乗員の場合、搭乗員となる前の海軍在籍期間によって進級に差が生じるため、同期生でも階級が異なる場合があった。

神雷部隊始末記［増補版］

加藤 浩

昭和19年〜昭和20年1月頃

神ノ池基地空撮

昭和19年12月、神ノ池基地の上空からの撮影。左下に基地施設が見える。白く見える直線は第一飛行場の滑走路。左側海面は鹿島灘、奥の突出部は千葉県の銚子市である。写真中央の三角の池は地名の由来となった神ノ池。

台南空の九九式艦爆二二型①

昭和19年8月頃、台南空は練習航空隊として艦攻と艦爆搭乗員の延長教育を担当していた。その訓練機材として、すでに旧式化した九九式艦爆二二型が使用された。この機体は飛行訓練用か、照準器が外されている。

台南空の九九式艦爆二二型②

タイ-594号、上面塗装使い込まれてマダラとなっている。主脚のスパッツは整備のためか取り外されている。

台南空の九九式艦爆二二型③

タイ-562号、こちらは照準器も主脚スパッツも装備された状態である。

台南空の九九式艦爆二二型④
タイ-562号の全体が見える、手前の機体はプロペラ表側が銀色のままである。台南空の九九式艦爆は10月12日の台湾沖航空戦に際し7機が出撃したが戦果は不明、帰投したのは4機だけだった。

台南空の燃料車
タンクに「87」と大書されている。これは訓練用機材の燃料であるオクタン価87の航空八七揮発油専用車両であることを意味していた。

高雄空の九三式中練

高雄空の九三式中練「タカ-603」。この機体は迷彩の基本パターンは他機と共通だが、機番号の描き方が変わっている。手前の地上に置かれた布は風向きを示すもの。右側が風上となり、吹き流しと合わせて使われた。

二式水戦と田中少尉

天草空の二式水戦「アマ-102」と共に写真に収まった田中正久少尉（予備13期）。この二式水戦は、カウリング部が黒でなく、機体色と同様に塗り分けられている。これは、この写真において初めて確認された塗装である。

高雄空の九三式中練

高雄空の九三式中練「タカ-501」。すでに機体上面には暗緑色の迷彩が施されている。後席にホロがあることから計器飛行訓練用の機体と見られ、識別用に小さな吹き流しが右翼間支柱に取り付けられている。

神ノ池空時代の零戦二一型「コウ-170」

酷使されたせいか、操縦席側面の外板のしわが目立つ。

豊田長官と戦闘三〇六隊員

昭和19年12月1日、連合艦隊司令長官豊田副武大将が神ノ池基地を視閲した。その後、各隊ごとに記念写真の撮影があり、写真はその時戦闘三〇六飛行隊隊員と撮影されたもの。撮影後、豊田長官は庁舎の一室に集まった桜花隊員を前に、涙ながらの訓示を行った。

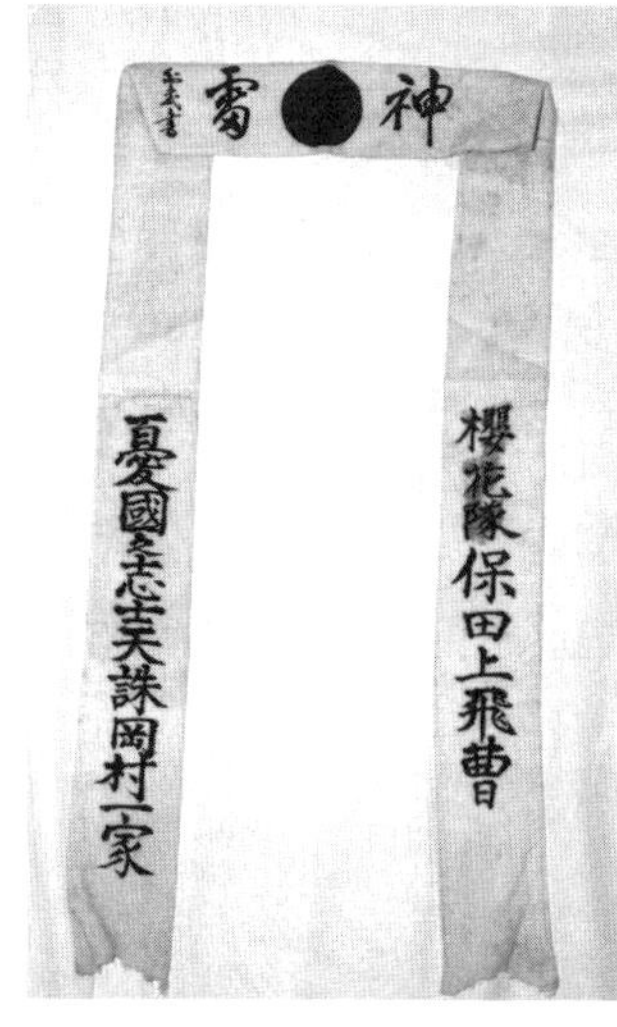

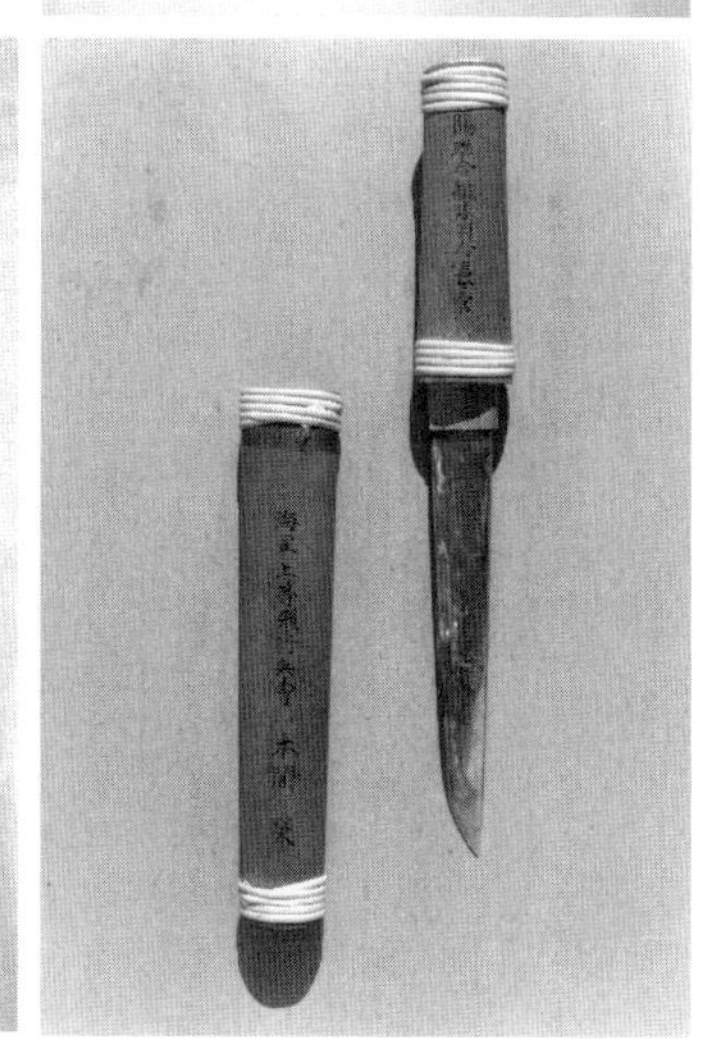

豊田長官からの鉢巻と短刀

豊田長官の視閲の際、長官自らが揮毫した「神雷」の文字が染め抜かれた日の丸の鉢巻と、錦の袋に納められた短刀、天照皇大神宮の御守が各隊員に授与された。鉢巻は各自が好みの丈に直して思い思いの言葉や名前を書き入れた。写真は保田基一氏所蔵の鉢巻（下左）と下山（旧姓本間）榮氏所蔵の短刀と鉢巻。

永野修身元帥の視察

昭和19年11月20日頃、永野修身元帥が神ノ池基地を視察に訪れた。永野元帥は桜花隊員に賛辞を述べ、絶句慟哭したという。写真はこの日撮影された神雷部隊准士官以上との記念写真である。

神ノ池基地での桜花隊員達

すでに一人前の搭乗員であった彼らは、零戦での突入訓練を重ねながら、桜花K1での降下訓練の順番が回ってくるのを待った。写真は訓練の合間に零戦を背にして撮られたスナップの数々。飛行帽と飛行眼鏡をわざと逆さに被っておどけたり、屈託のない笑顔の中にも鋭い視線が光っている。

零戦二一型と富士山

昭和19年12月25日、大分基地での対艦攻撃訓練に向かう零戦二一型。堂本吉春上飛曹（乙飛12期）による撮影。

神ノ池の桜花隊指揮所

神ノ池基地第二飛行場に設けられた桜花隊指揮所。天井は素抜けであるが、側面三方は風除けの布が張られている。飛行訓練の間、桜花隊員はここで待機した。

神雷部隊の彗星

神ノ池基地で錬成中の神雷部隊には彗星隊も存在した。のちに攻撃第一飛行隊として独立し、六〇一空に編入、沖縄戦に投入されることとなる。写真は整備中の彗星三三型。右側奥には訓練用機材の九九式艦爆が見える。

神ノ池基地を飛び立つ一式陸攻

昭和20年1月20日以降、天候不良による数度の引き返しを繰り返しながら、桜花隊第一陣と攻撃七一一飛行隊、戦闘三〇六飛行隊は九州南部に進出した。写真はその頃撮影されたと推測される、神ノ池基地から地上員の帽振れで見送られて離陸する一式陸攻。

攻撃七〇八の一式陸攻

神雷部隊には昭和19年12月19日付けで攻撃七〇八飛行隊が編入され、母機の一式陸攻隊は2個飛行隊の編成となった。写真は台湾沖航空戦の前、七六二空時代の攻撃七〇八の一式陸攻二二型乙。胴体日の丸の中に描かれた機番号は錬成中の部隊では良く見られるものであるが、一式陸攻での事例はこの写真で初めて確認された。

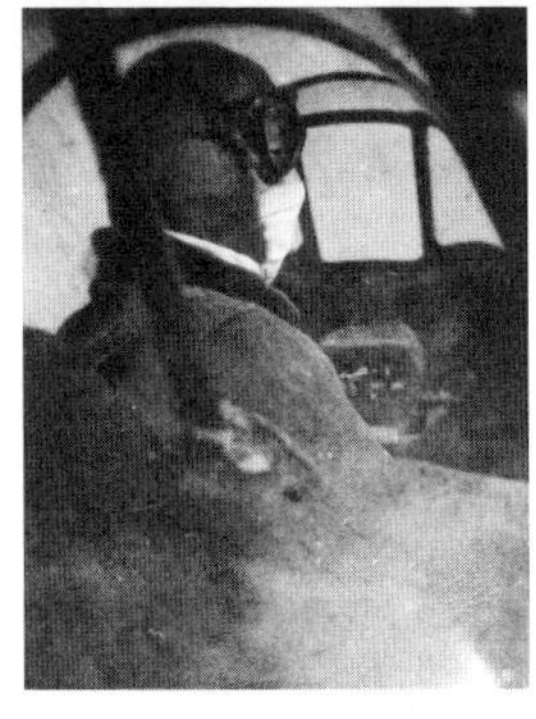

零式練習戦闘機操縦席

零式練習戦闘機の操縦席に収まっているのは鈴木英男少尉（予備13期）。桜花隊の零戦は操縦訓練のみに使用されたため、機銃や照準器が装備されていないことがわかる。

零戦に乗る竜田巧一飛曹

使い込まれた零戦は、脚カバーの下半分が外され、胴体各部の点検孔のフタも外されたままとなっている。

侍従武官の御差遣

昭和20年1月17日昭和天皇より侍従武官が御差遣された。侍従武官は神雷部隊では「勅使」として扱われ、准士官以上の者が集まり記念写真が撮られた。

九七式側車に乗る桜花隊員

指揮所前に置かれた九七式側車に乗った桑原中尉（予備13期・左）と保田上飛曹（甲飛11期）。実際の運転は専門の運転手が担当していた。

攻撃七〇八第一中隊
昭和20年2月初めに宮崎基地で撮影された攻撃七〇八飛行隊の第一中隊の隊員達。

攻撃七〇八第二中隊
上写真と同じく、昭和20年2月初めに宮崎基地で撮影された攻撃七〇八飛行隊の第二中隊の隊員達。

攻撃七〇八第一中隊第一小隊
同じく昭和20年2月初めに宮崎基地で撮影された、攻撃七〇八飛行隊の第一中隊第一小隊の隊員達。

攻撃七〇八第二中隊第一小隊
上写真と同じく、昭和20年2月初めに宮崎基地で撮影された攻撃七〇八飛行隊の第二中隊第一小隊の隊員達。

桜花第一分隊
昭和20年1月に撮影された桜花第一分隊の集合写真。後詰めの隊員育成のため、不本意ながら神ノ池基地に残留することが決まっていた時期だけに、硬い表情の隊員が多く見られる。

桜花特別戦闘機隊隊員
昭和20年1月に撮影された桜花特別戦闘機隊隊員20名の集合写真。前列左から佐藤憲一上飛曹、永野紀明上飛曹、小林章上飛曹、豊島登洋美上飛曹、香川文夫上飛曹、松岡巌一飛曹、岡本耕安一飛曹。２列目左から内田豊上飛曹、仲道渉上飛曹、大久保理蔵上飛曹、細川八朗中尉、堂本吉春上飛曹、藤城光治上飛曹。３列目左から磯貝圭助一飛曹、田口菊巳上飛曹、藤田六男上飛曹、大川潔上飛曹、百々信夫一飛曹、堀江真上飛曹、津田幸四郎上飛曹。

第一陣出陣報告、靖国神社にて

昭和20年1月初めの第一陣出陣報告の東京行軍の際、靖國神社招魂斉庭を背に撮影された予備学生13期士官達。招魂斉庭は祭られた戦死者の魂が最初に降り立つ場所とされ、それを意識しての撮影であった。前列左より今井遉三中尉、久保明中尉、西尾光夫中尉、牛久保博一中尉、横尾佐資郎中尉。後列左から村井彦四郎中尉、矢野欣之中尉、矢口重寿中尉。彼ら8名はこのあとの沖縄戦で全員戦死している。

神ノ池基地の桜花一一型

神ノ池基地の掩体壕に格納された桜花一一型。右手前には運搬台車が置かれている。わかりにくいが奥にもう1機置かれており、ここには総計2機が格納されていたようだ。

第一章「人間爆弾」桜花の発案と必死搭乗員の募集

［至 昭和19年9月］

プロローグ　マリアナ沖海戦の惨敗

日米開戦から足かけ4年目の昭和19（1944）年2月17日、当時「南東方面」と呼ばれたラバウル方面への後方支援基地であるトラック諸島が米機動部隊の艦上機約450機の空襲により壊滅的打撃を受けた。南東方面向けの航空機や軍需物資、輸送船舶を大量に失った結果、ラバウルの戦略的価値は失われ、展開していた航空部隊のほとんどがトラック諸島に後退し、守備隊約10万人は現地で自給自足の生活体制に入ることを余儀なくされた。

米機動部隊は続いて3月30日から内南洋に侵入し、4月1日までの3日間にペリリュー島、メレヨン島を一方的に空襲した。この結果日本軍は再び在地の航空機や軍需物資、輸送船舶を大量に失った。

連合艦隊自体は事前に退避できたものの、二度の根拠地への空襲により、タンカー12隻と備蓄されていた7万トンの燃料を失い、以後大艦隊のマリアナ諸島以西への行動が困難となってしまった。

さらに3月31日にはパラオからダバオに移動中の連合艦隊司令長官古賀峯一大将（海兵34期）ら、司令部一行を乗せた二式大艇が低気圧に突入、古賀長官以下一番機は行方不明となった。参謀長福留繁中将（海兵40期）以下二番機はセブ島沖に不時着して一時ゲリラに捕らえられ、のちに生還したものの、この間に絶対国防圏防衛要領である「Z作戦」計画書や司令部用暗号書等の重要書類が奪われていた（海軍乙事件）。

この書類がのちに米軍に渡ったことで、絶対国防圏防衛計画の多くが筒抜けとなってしまった。連合艦隊司令部は前年の山本五十六長官戦死に続く二度目の壊滅となり、作戦指導は5月4日に豊田副武大将（海兵33期）が新たに着任するまで、停滞と混乱を余儀なくされた。この間、「Z作戦」計画をより具体化した、マリアナ諸島、西カロリン諸島防衛作戦としての「あ号作戦」計画が4月29日付けで制定され、豊田新長官の下で作戦準備が進められた。

人的物的混乱の中、日本側が有効な反撃行動ができないことを見越して、一方的な攻勢に出た米軍は5月18日に西部ニューギニアのワクデに上陸し、27日には隣接するビアク島に上陸を開始していた。

ビアク島はその前年に策定された「絶対国防圏」の外であったが、ここに飛行場を作られるとフィリピン南部からパラオ諸島に至る1500km圏がB-24の行動圏となり、制空権が失われてしまう。このため、善戦している同島守備隊に増援部隊を輸送する「渾作戦」が立案され、6月2日から12日の間に三度にわたり増援が企画されたが、いずれも不成功と中止に終わった。

そして、6月11日、マリアナ諸島サイパン島に米軍空母搭載機約1100機による奇襲的な空襲が行われた。13日からは戦艦8隻、巡洋艦11隻含む上陸船団を伴った艦隊がサイパン島とテニアン島に接近、砲弾合計18万発もの艦砲射撃が開始された。これにより展開していた航空機約150機は反撃もままならず破壊され、15日には海兵隊員2万名からなる攻略部隊が上陸を開始した。

この間、日本軍側は新鋭機「彩雲」による航空偵察により、6月9日には米軍策源地であるメジュロ環礁から米艦隊が出払っていたことを確認していたが、ビアク島の戦況から西部ニューギニア方面への侵攻が行われると予期していたため、虚を突かれる形となった。

5月16日以来、ボルネオ島とミンダナオ島の間にあるタウイタウイ泊地で待機状態にあった小澤治三郎中将(海兵37期)率いる第一機動艦隊は、空母9隻、戦艦5隻、巡洋艦13隻、駆逐艦28隻、母艦航空機439機、艦載水上機43機からなる日本史上空前絶後の戦力を擁していた。第一機動艦隊は、6月13日、「あ号作戦準備」発動を受けると抜錨し、14日にはフィリピン中部のギマラスに進出してサイパン島攻略支援に現れた米機動部隊に「最期の決戦(当時の海軍内部の合い言葉)」を挑むべくマリアナ諸島へ向かった。

しかしこのとき、対するスプルーアンス大将指揮下の第58任務部隊は、米国の巨大な生産力にものを言わせ、空母15隻、戦艦7隻、巡洋艦21隻、駆逐艦69隻、母艦航空機891機、艦載水上機65機と、艦艇も航空機も数で2倍を超える相手となっていた。

これに対する日本海軍は、ホームである内南洋での迎撃戦であり、第一機動艦隊の母艦機と中部太平洋方面に展開していた基地航空部隊である、第一航空艦隊の陸上機部隊約1000機との共同で「挟み撃ち」にすれば、戦力差を補いつつ、何とか勝機を得られるものと目算を立てていた。さらに「アウトレンジ戦法」として、航続力の大きい攻撃隊を米軍側が攻撃できない遠距離から発進させて第一撃を与え、物理的に防御力の低い空母の飛行甲板を破壊して無力化し、混乱する間に間合いを詰めて反復攻撃を加えることで劣勢を補い、また、敵の攻撃は前衛部隊が吸収し、付属させている大和以下の水上部隊の砲撃により残敵を捕捉撃滅しようと図っていた。２年前の南太平洋海戦では、この戦法で敵の攻撃を前衛部隊が吸収し、さらに大破航行不能となっていた空母ホーネットを放棄させ、捕捉撃沈に成功していた。

しかし、頼みの第一航空艦隊は練成途上で進出させたこと と、通信、連絡網の不備から各地で各個撃破されてしまい、6月5日の時点での保有機は約５３０機と半減していた。さらに「渾作戦」によってニューギニア西端のソロンに派遣されていた部隊は連日の航空戦とマラリア等の疫病の蔓延で著しく損耗し、新たに横須賀航空隊の中から作戦部隊を抽出して硫黄島に進出させた増援部隊等を含めても、肝心の「あ号作戦」発動時には日本軍側の作戦可能機は４５０機程度にまで減少していた。

一方、従来の文献資料では搭乗員の練度の低さばかりが強調されている第一機動艦隊搭乗員の実力は、決して低いものではなかった。前年11月の「ろ号作戦」で壊滅的損害を受けて以後、半年かけて再建された機動部隊の搭乗員の構成比は、真珠湾攻撃当時よりもベテラン搭乗員が多かった。若手搭乗員も末期の搭乗員とは比較にならぬほどの飛行時間があり、航法訓練や夜間飛行訓練も積んでいたので、単機となっても帰投できた者も少なくなかった。

しかし、結果として日本海軍は、6月19、20日の両日に行われた「マリアナ沖海戦（あ号作戦）」において、２日間の戦闘で空母３隻と母艦航空機４１４機、水上機12機を失い、損傷艦多数を出す。米軍側は沈没艦はなく、戦艦２隻、空母２隻、巡洋艦、駆逐艦、掃海艇各1隻が小破、母艦機46機を空戦で失い、20日の薄暮攻撃では日没後の帰投による不時着水や着艦事故で80機を失っただけであった。

さらに日本海軍は、参加した潜水艦35隻中、実に25隻を失っている。

寡兵をもって大軍を倒すには何より戦力の集中が求められるべきところ、日本海軍は長距離を進撃させて搭乗員をいたずらに疲労させたり、前衛艦隊による誤射による攻撃隊の混乱に加え、指揮通信の不備からせっかくの大攻撃隊を統合運用できずに各攻撃隊の目標到達時間に1時間以上の間隙を空けてしまった。その結果、飽和攻撃の機会を失って、各個撃破される要因を自ら招いた司令部側の判断と作戦指導には随所に問題が見られた。

これに対し、レーダー誘導による戦闘機迎撃システムを確立し、ＶＴ信管装備の対空砲火を完備した米機動部隊の総合的な実力は、はるかに上回っており、従来の戦法を踏襲拡大しただけの日本海軍には太刀打ちできなかったのが実状である。

かくて「最期の決戦」のはずであったマリアナ沖海戦が日

本海軍の一方的な惨敗に終わった結果、各島の守備隊は多くの民間人を巻き込んで玉砕し、7月9日サイパン島、8月3日テニアン島、10日グアム島と、マリアナ諸島は相次いで陥落した。マリアナ諸島が米軍の手に落ちたことは、日本本土の大部分が超重爆B‐29の空襲圏に入ったことを意味した。大規模な空襲を受ければ、兵器や軍需品の生産に大打撃を受けるのはもとより、国民生活が根本から揺るがされることは間違いない。客観的に見れば、日本の命運はもはや王手をかけられたと同様の状態となってしまった。

昭和18年後半からの1年間、戦力の充実した米軍に一方的に押しまくられ、太平洋上の勢力圏を半分以上失い、さらにマリアナ沖海戦で航空戦力をすりつぶし、制空権を失った現状では、敵艦隊に接触することはおろか、もはや安心して行動することすらもままならず、正攻法の決戦は成立しなくなった。

6月25日に日本軍の最高指導者である大元帥としての昭和天皇も出席して開催された陸海軍合同の元帥会議で、昭和天皇はサイパン島奪回を要望されたものの、奪還作戦を不可能と奉答した。その席上、伏見宮元帥が「戦局がこのように困難となった以上、対策として何とかして特殊な兵器を考案して、迅速に使用せねばなるまい」と発言、これが統帥部には肉弾攻撃容認と受け取られることとなった。昭和天皇はこれに対し、否定も肯定もしなかった。

マリアナ諸島失陥の責任を取り、開戦以来続いた東條英機内閣は7月18日に総辞職、22日に後継の小磯国昭・米内光政連立内閣が成立したが、対外的な方針は変わらず、和平への途は、はるか水面下で動き始めたばかりであった。

7月21日付けで発せられた大海指第四三一号による作戦方針の要旨は次の通りであった。

一、自ら戦機を作為し好機を捕捉して敵艦隊および進攻兵力の撃滅。
二、陸軍と協力して、国防要域の確保し、攻撃を準備。
三、本土と南方資源要域間の海上交通の確保。

1．各種作戦
①基地航空部隊の作戦；敵艦隊および進攻兵力の捕捉撃滅。
②空母機動部隊など海上部隊の作戦；主力は南西方面に配備し、フィリピン方面で基地航空部隊に策応して、敵艦隊および進攻兵力の撃滅。
③潜水艦作戦；書力は邀撃作戦あるいは奇襲作戦。一部で敵情偵知、敵後方補給路の遮断および前線基地への補給輸送。

2．奇襲作戦
①奇襲作戦に努める。敵艦隊を前進根拠地において奇

襲する。
②潜水艦、飛行機、特殊奇襲兵器などを以ってする各種奇襲戦の実施に努める。
③局地奇襲兵力を配備し、敵艦隊または敵侵攻部隊の海上撃滅に努める。

巧妙に婉曲な表現であるが、「特殊奇襲兵器」が即ち特攻兵器のことであった。

この大海指第四三一号を受けて、すでに2月頃から設計が進められていた、操縦者の生還を考慮しない各種特攻兵器の開発が公然と進められることとなった。従来『脱出装置付き』が条件で極秘裏に開発されていた秘匿名称㊅金物の人間魚雷（のちの『回天』）も、7月下旬に「脱出装置不要」の決定がなされ、一気に完成を見ている。

筑波空にて、「新兵器」搭乗員の募集

ちょうどその頃（6月20日前後）、内地で第13期飛行予備学生（後期組）の戦闘機搭乗員の延長教育を行っていた筑波航空隊では、司令の中野忠二郎大佐（海兵51期）と飛行長の横山保少佐（海兵59期）が、天候不良で飛行止めとなったため学生達に自習を命じ、私室にいた海軍兵学校出身の戦闘機操縦教官7～8名を士官室に集めていた。

テーブルを囲んで一同立ったまま、第二種軍装に威儀を正した中野大佐が言葉を選ぶようにゆっくりと、彼我の戦力差が拡大し続けていること、燃料の枯渇のこと、航空機製造用の資源の欠乏のこと等を挙げ、戦局の悪化が予想を超えて進んでいることを明らかにした。そして、次に出た話が「一度出撃すれば生還は期しがたいが、成功すれば戦艦でも空母でも撃沈確実の新兵器」のことで、「生還の可能性が絶無である以上、上官からの命令はできないので搭乗員の意見を聞くことになった」との趣旨であった。

横山飛行長が詳細を補足し、志願者が2名以上あれば兵器として採用する旨、あらかじめ断りをしたうえで「志願者は自分の名刺に○に桜と書き、従来通り戦闘機を志望する者は○に戦と書いて3日以内に隊長室に設置する箱に投函してほしい」との説明を受けた。

これらの説明は言葉を選びながらのていねいかつ慎重なもので、決して「新兵器」に志願する者だけが勇敢であるわけではなく、家庭の事情や個人の意向を踏まえ従来の戦闘機搭乗員としての活動を軽視するものではない旨が、言葉を変えて何度も強調された。

この席にいた林冨士夫中尉（海兵71期）は、説明を聞きながら独りでこの「新兵器」の性能を勝手に想像推算して、「速力３００ノット、弾頭８００kg以上、航続距離３００浬はあ

↑中野司令の「生還不可能な新兵器」の搭乗員募集に最初に応じた林冨士夫中尉（海兵71期）。のちに桜花第四分隊長として鹿屋基地に進出する。

るのだろう」と、悦に入っていた。日頃から「国家は諸官の双肩にあり」と、言われ続けてきたものの、ピンとは来ていなかった。現実問題としてそんな命運を担うのは、もっと偉い立場の者なのだと思っていた。それがこのような形で国家・民族の命運が自分達のような青年士官数名の決断に託されたことに言いようのない感動を覚えた。

　他言無用、仲間内でも相談は不可との制約のもと、林中尉は3日間様々な葛藤の末、この正体の分からぬ新兵器を志願した。結局、志願したのは林中尉と飛行隊長牧幸男大尉（海兵65期）のふたりであったらしい。これが「特攻隊員募集」のさきがけであった。

一〇八一空（せんはちじゅういち）における募集

　昭和19年5月、当時厚木基地で完成機の実施部隊（実戦部隊）への空輸を担当していた一〇〇一空（せんいち）の規模が大きくなったことから、担当機種を分ける形で大型機主体の一〇八一空が開隊された。

　その直後、第十一航空艦隊司令部より大田正一少尉（昭和3年志願・偵練20期）が転勤してきた。大田少尉は毎朝飛行隊の指揮所に顔出しするだけで、実際の飛行作業には加わらず、毎日第一種軍装に革鞄を提げた姿でどこかに出かけていた。

　それからしばらく経った6月のある日。この日は朝からの雨で飛行作業は中止となった。搭乗員達は今日の日課はいつものように身の周りの整理であろうと半ば決め込んでいたところ、飛行要務士から電話があり、「本日の飛行作業は中止、朝食後、兵舎で大田少尉から『南方戦線について』の戦訓講話があるのでデッキ＝居住区で待機せよ」との連絡があった。下士官、兵の搭乗員総員数十名が居住区で待機する中、ほどなくして大田少尉がやって来た。

　今日明らかとなっている大田少尉の経歴は、昭和3年6月に満15歳で海軍普通科電信術練習生を志願し、呉海兵団に入団、昭和7年に第20期偵察練習生に採用され、半年後に艦攻の偵察員となった。のちに木更津空の九六式陸攻の偵察員となって支那事変（当時の呼称）に参加している。

偵練同期生に「飛行機の進路前方にロケットで網を打ち上げて絡ませて落とす」戦法を語ったり、重慶爆撃に参加していた頃には「落下傘部隊を重慶に降下させるべし（蒋介石を捕らえて講和に持ち込む）」との上申書を分隊長に出したり等と、もともと弁が立ち、素人戦法を次々と発案する素地があったらしい。

昭和15年5月1日には航空兵曹長に進級し、翌日付けで予備役となるが即日召集で引き続き木更津空の偵察教官を務めた。昭和18年3月に第三艦隊司令部附となったのち、第十一航空艦隊司令部附となり一式陸輸の機長（偵察員）としてラバウル方面に出動、連絡や輸送任務に従事し、8月には少尉に進級している。

↑「人間爆弾」の発案者、大田正一少尉（偵練20期）。大田少尉は飛行機を飛ばす操縦員ではなく、偵察員（ナビゲーター）であった。この事実が、彼の生涯に負い目としてつきまとうこととなる。

講話の内容は大田少尉が実際に見聞してきたラバウル、ソロモン、モレスビー方面の戦況の実状と、米軍の防御力の向上により、日本軍の攻撃隊は損害ばかり多く、戦果を挙げることが困難となってきていること等であった。次いで、「今の戦局を挽回するには『1機で1艦を確実に葬る』しかないと考え、それには母機から発進してロケット推進で敵艦に体当たりする、飛行爆弾のような有人の小型機しかないのではないかとの考えに至った。これを上申すべく東京に一番近い部隊に転勤を希望し、軍令部に日参しておったのである。軍令部ではそのようなものを造っても乗る搭乗員がいないと相手にしてもらえない。そこで、賛成する搭乗員がいることを証明したいので、貴様達の名前を貸してほしい」との趣旨の話を搭乗員達に持ちかけた。

この間、積極的に説明を求める者もあり、それに応える大田少尉の説明によって徐々に賛同する者が増え、最終的にはほとんど全員が賛同することとなった。それを見た大田少尉は「あとで志願者名簿を届けるから、官職・等級・氏名を書き、捺印のうえ私まで届けて欲しい」と、取りまとめの仕事を堀江良二一飛曹（甲飛11期・偵察）に託した。

堀江一飛曹は「偵察員だから搭乗することもないし」と、「軽い気持ちで」一番に署名して皆に名簿を廻したが、皆快く署名し、中には血判を押す者までおり、感動を覚えたという。

戦後堀江氏は、やがて戦死は免れないであろうことを意識した当時の搭乗員ならではの行動で、二十歳前後の若さと情熱のぶつけどころとしての署名だった、と分析している。署名の取りまとめを託された堀江一飛曹と桜花の縁は、以後も続くこととなる。

先の筑波空の事例が慎重に言葉を選んだ指揮官の意識調査であるのに対し、こちらはかなり乱暴な方法ながら、下士官、兵の意識調査であった。日時は明確ではないが、天候の記憶が正しければ、同じ日の出来事であった可能性が高い。

↑堀江良二一飛曹（甲飛11期）。大田少尉の求めに応じ、一〇八一空で「生還を期し難い新兵器」開発に賛同する下士官搭乗員の署名集めを託された。

大部品

戦後長らく関係者が沈黙し、桜花開発の経緯の詳細は秘匿されてきた。今日、様々な研究者の調査を総合すると、①大田少尉がまずラバウル時代に面識のあった一〇八一空司令の②菅原英雄中佐（海兵55期）に「人間爆弾」の構想を具申したのを空技廠長の③和田操中将（海兵39期）に紹介、和田中将はこの構想を航空本部に通知した。担当者である航空本部第二課長④伊東祐満中佐（海兵52期）はことの重大さに、先輩の第一課長⑤高橋千隼大佐（海兵47期）に相談すると、「軍令部作戦課航空主務部員の⑥源田実中佐（海兵52期）と相談して進めよ」と助言、相談を受けた源田中佐は軍令部第二部長⑦黒島亀人少将（海兵44期）の了解を取り、この「人間爆弾」構想が動き出した、と推察される。

軍隊は高度に組織化された官僚集団であり、ひとつの構想が承認され、動き出すまでには関連する所轄長の承認の手順を経ていることがうかがえる。

この審査の過程で筑波空で士官に対する諮問と、一〇八一空の下士官搭乗員の署名提出があったと推測され、諮問結果を受けて、「生還を期しがたい新兵器」の本格的開発が始まったとみられる。

推進装置として陸軍が開発していたイ号誘導弾の情報を聞

きつけた大田少尉は、開発を進めていた三菱重工名古屋発動機製作所まで赴き、設計の概要を聞き出し、これは過酸化水素と水化ヒドラジンを反応させてロケット推進動力とする「呂号薬」であることを知った。

次いで大田少尉の体当たり専用小型ロケット機構想は、東京帝国大学の航空研究所に持ち込まれた。所長の小川太一教授の統括下、木村秀政講師により素人のスケッチが正規の図面となり、それを基に木型が作られ、風洞実験を谷一郎教授が行った。

民間の企業や研究施設が、管轄違いの海軍士官の問い合わせに懇切丁寧に応じたり、アイデアを具現化するためにわざわざ予算を組んで手間暇かけて実験を行い、実用化の可否の検討が進められた背景には、源田中佐の紹介状が働いていたとする指摘がある。

一連の風洞実験は6月20日過ぎに実験を開始し、7月下旬には技術的な目途がついた。大田少尉が素人なりに工夫した体当たり専用小型ロケット機の説明書や概念図をまとめ、8月上旬にはこれら風洞実験データを添えた資料が航空本部にもたらされた。その際、東大航空研究所の測定データや呂号薬の研究データまで添付されている資料を見た担当の航空本部第二課長伊東中佐は驚いたと伝えられており、桜花開発に海軍上層部が早い時期から積極的に関与していたことを裏付けるものとなった。

大田少尉の提案を具体化するため、承認した軍令部を通じて航空技術廠に対し、設計試作が内示された。内示を受けた海軍航空技術廠（以後空技廠と略）では、この体当たり専用小型ロケット機こと人間爆弾に要求された性格上の問題が議論となり、設計方針は容易にまとまらなかった。

議論は空技廠技術者側と、発案した大田少尉との間で激しく交わされた。

技術者側は「誘導装置を搭載せずに人間を用いるのは、技術上の敗北若しくは科学に対しての冒涜」と主張したのに対し、大田少尉は「現在の如何様にもならぬ戦況を何とか挽回したい」また、「通常の雷撃・爆撃では、敵の空中警戒網及び猛烈な対空弾幕突破が困難なうえ、攻撃隊はほとんど未帰還である、それならば必中の体当たりの方が……」と論じ、自分が操縦できない偵察員であることを伏せて「この人間爆弾には自分が乗っていく」と、戦局挽回に賭ける思いを吐露した。

その結果、大田少尉の祖国を憂う心はついに技術陣を動かした。本機も当初は脱出装置を水中特攻兵器の『回天』と同様に計画【試製桜花取扱説明書（案）】の操縦席部分の説明で「背負い式落下傘」を載せる座席と「風防離脱装置」が記述されている）したものの、実戦場において低空を高速運動中の航空機からの脱出が技術的見地と現実面から不可能と判断され、省略されるに至った。

『人間爆弾』設計開始の情報は、あ号作戦惨敗ののち、7月26日に策定された「捷号作戦（捷一号〜四号）」に向け、先に開発が進められていた水中、水上特攻兵器の戦力化が進められていた最中にもたらされ、8月5日の軍令部会議に早くもその概要が報告されている。検討の結果、この資料では垂直安定板と方向舵が1枚であったが、高さの関係で一式陸攻の爆弾倉に収まらないため、収まるように改正試作命令が8月16日付けで正式に出された。終戦のちょうど1年前のことである。この有人滑空爆弾は発案者大田少尉の苗字から「㊅（マルダイ）部品」の秘匿名称が付けられ、試作機数は100機、完成期限は仮目標が10月末とされた。

命令を受けた空技廠では先に銀河の設計開発を手がけた三木忠直技術少佐が改設計主務となり、開発記号MXY－7として開発が始まった。ちなみに「MX」は特殊機の分類記号「Y」は空技廠の略号、7は7番目の機体を意味し、「空技廠が開発した7番目の特殊機」となる。

設計主務の三木技術少佐の補佐として、服部六郎技術少佐が主として構造、北野多喜雄技師が空力、鷲津久一郎技術大尉が性能関係を分担し、開発に当たることとなった。「搭乗員の生命と引き替えの兵器」の開発に取り組むことは、技術者側にも覚悟するものがあった。彼らは限られた資材と時間の中で必死の思いでベストを尽くし、より完璧な「航空特攻兵器」の完成を目指した。

航空本部から空技廠に対して提示された性能概要の中で、設計の基本思想に用いられた要求事項は以下の通りであった。

（イ）搭載量の約80％は爆弾重量に充てる
（ロ）爆弾は徹甲弾で信管は100％信頼度があること
（ハ）敵の阻止戦闘機を排除して目標に達するため極力高速であること
（ニ）良好な照準が可能なためにある程度の操縦性と良好な縦及び方向安定性を持たせること
（ホ）極力小型で組立分解が易しく、狭い地下壕に多数格納できること
（ヘ）構成材料は木材鋼板等獲得が比較的易しく又加工も簡単なものを使用して、必要な工数は普通戦闘機の1／10程度（1500人／時）とすること
（ト）計器は最小限度装備すること
（チ）タービンロケット（ジェット原動機）を持つものは、片道運行に多少の余裕を持たせた燃料に制限すること

改正試作が発令された時点で垂直安定板と方向舵を2枚に分けて尾部を一式陸攻の爆弾倉に当たらぬように改められ、操縦席の前後に過酸化水素（甲液）と、水化ヒドラジン（乙液）のタンクを分離して置いて尾部にロケットを配するものが原案として検討（検討図面あり）されたが、その後、燃焼の安定

しない呂号薬ロケットは技術的に未成熟であり、予定されていた12月の実戦投入に間に合わないことから採用は見送られ、安定した固体燃料（火薬）ロケットを搭載することとなった。尚、設計試作に取りかかって間もない8月18日に、「(大)部品」の秘匿名称は軍令部会議で「(大)兵器」と改称されている。

この日、大田少尉は一〇八一空から設計班が編成された空技廠附に異動している。

「桜花」の命名

「(大)兵器」の設計が進められるのと前後して、海軍省人事局長、教育局長名義による特殊兵器志願に関する軍機（最高機密）文書が出された。これには兵器の実体も名称も明かさず、後顧の憂いのない者を選ぶことが特記事項として書かれていた。この通達を基に８月中旬以降、第一線部隊を除いた各地の航空隊において細部は明かさず「生還は期し難いが、１機で敵艦を轟沈できる新兵器が開発された」との趣旨で密かに搭乗員の募集が進められた。このことはあとで詳述する。

この間、設計は進み、全長６・００ｍ、全幅５・００ｍの極めて小型の滑空機が姿を現しつつあった。当初の構想通り降着装置を有さず、胴体は円断面の長い平行部分を持つセミモノコック構造の全金属製、主／尾翼は木製で翼形は「Ｋ-１５１」系の層流翼を流用。機首部には１・２ｔの超大型半徹甲弾を内蔵し、目標である敵大型・中型艦船（戦艦・正規空母・重巡洋艦・その他装甲艦艇）を確実に撃沈可能な威力を持つ弾頭として専用設計された非常に強力な徹甲爆弾（頭部大金物と呼称）を装備した。中央に必要最小限の計器（九二式航空羅針儀二型、高度計三型改一、前後傾斜二型、試製速度計、検知灯筐、ロケット切換器、連絡装置）を有した操縦席があり、主翼両下面と後部に加速用火薬ロケット（主翼下面は四式一号噴進器一〇型、胴体後部は同二〇型）計5基を有するものとなった。全備重量は２１４０kg、最良滑空速度は２５０ノット（４６３km／h）、加速用ロケットを点火した時点で３５０ノット（６４８km／h）とされ、３４０ノットのグラマンＦ６Ｆの追撃を振り切れる計算であった。

問題は航続距離であった。高度６０００ｍの一式陸攻から投下され、最良の条件でロケットを点火して高度と速度を維持しても、航続距離は約60kmしかなく、実用上はその半分程度とされた。米機動部隊の輪形陣が直径約90km以上であることから、投下以前に敵機の邀撃を受けるのは必至の性能であった。設計完了の連絡を受けた航空本部では、試作機１００機の完成予定を11月末と正式に命令した。極秘兵器のため、民間会社に任せず、空技廠自らが製造することとなった。

ちなみに、桜花復元作業の過程で桜花の機体設計を現在の技術者の目で再検証した、海上自衛隊の松浦良成一等海曹によると、機体強度は戦闘機の規定強度である7Gを超えた強度を持ち、滑空性能、失速特性は極めて優秀、方向安定性は方向舵1枚でも充分な位との評価がなされている。

しかし、桜花の主翼表面に貼られた羽布を分析した中村泰三氏によると、強度確保のため、木製主翼合板の木目に対して羽布の布目が斜め45度の角度になるように張られる一方、塗装は一層だけの簡易なものであったという。木製主翼の表面で目止めの必要がない部分とはいえ、通常の羽布張りの舵面は目止めのワニスに始まる四層塗りである。塗装材料や作業工数の面から見ても、桜花がいかに簡略化されていたかがうかがえる。

技術陣は「搭乗員の生命と引き替えの兵器」の開発という重い命題に、限られた資材と時間の中で最善を尽くした。高速滑空機としての桜花の飛行性能は一部評論家や関係者が無責任に酷評するようないい加減な代物ではなかったことを、設計者の名誉のため明記する。

8月下旬、航空本部の伊東中佐により、「○大兵器」は「櫻花」(以後当用漢字の桜花と表記)と命名された。従来、「零式艦戦」とか「九九式艦爆」等と呼称した、正式採用年と型式名の組み合わせだけであった航空機の名称から、秘匿名として「銀河」「天山」「彩雲」といった、天文や自然に関連する名称に改めた発案者が伊東中佐であった。その分類基準では、草花の名称は練習機や特殊攻撃機の名称であった。「桜花」の名称が、散り際の見事さから、行きて還らぬ人間爆弾に相ふさわしいと考えたのは想像に難くない。

しかし、マルダイの名称はのちのちまで通用し、公式文書の中にも表記が散見される。

桜花搭乗員の募集

特攻兵器としての桜花の開発が進められる間、先述の海軍省人事局長、教育局長名義による特殊兵器志願に関する軍機文書が出された。昭和19年8月中旬頃、妻帯者、長男、ひとり息子を対象から除いたうえで、具体的な内容は伏せ、「敵艦を一発で轟沈できる新兵器ができた。しかし、それに搭乗すれば生還の見込みはない。そこで志願者を募る、お互い相談せずあくまで個人で考えて決めてほしい」といった趣旨による搭乗員の募集が第一線部隊を除く全国の航空隊で行われた。

この時点では桜花の飛行特性がどのようなものになるか判明していなかったため、操縦技量、専修する機体も様々な出身の搭乗員がいわばサンプル的に集められることとなった。

主な対象となったのは、内地と外地(台湾、朝鮮)の練習航空隊の教官(士官、准士官)、教員(下士官)、教員助手(兵)であったが、これに実用機操縦の延長教育を受けていた飛行学生(士官のことであるが、この時期は一般大学生が志願した飛行専修予備学生13期）が募集の対象に加えられた。このため、募集当初予定していた特攻隊員は桜花要員としてのごく限られた人数（約200名）を前提にしていたのではないかとの観測がある。

神ノ池空（茨城県）では、当時、飛行専修予備学生13期の後期組の戦闘機の延長教育が行われていた。

8月中旬のある日、講堂に教官、教員約30名が集められた。司令も飛行長も同席している。訝りながら待っている一同の前に、軍令部から来たという3名の海軍士官が現れた。その中の1名が大田少尉であった。

大田少尉はいつもの調子で戦局の現状を説明したうえで、例の新兵器のことを熱く語り、志願者を募る旨の説明をした。お互い話し合ったり相談することは禁じられていたが、この時、神ノ池空には零戦の操縦教官として3名の予備13期前期出身の少尉がいた。岩下英三少尉と萩原勝少尉、それと佐藤芳衛少尉である。熱血漢でいつもリーダーシップを取っていた岩下英三少尉は、大田少尉の言葉にいたく感化され、「この大事に我々も馳せ参じなければならん」と、残るふたりを焚き付け、3名で熱望の上に血判署名した書類を提出した。

結果として、長男であった佐藤少尉と萩原少尉は選考から外れ、11月になって岩下少尉だけが神ノ池基地に移動してきた七二一空へ「ドアツードア」で異動し、桜花攻撃で戦死することとなるが、残された佐藤少尉は戦闘三〇六飛行隊（以後「飛行隊」は省略）に異動し、別の形で七二一空に関わることとなる。萩原少尉は谷田部空に異動後も引き続き教官を務めたが、沖縄戦を前に実施部隊に改編され、昭和隊の編成と共に制空隊として九州の出水基地に進出。昭和20年4月13日、特攻隊の進路啓開のため出撃したが、不運にも撃墜され海上を漂流中のところを米軍に捕らえられ、戦後ハワイより帰国するという、数奇な運命を歩むこととなる。

詫間空西条分遣隊（愛媛県、のちの西条空）で教員として甲飛13期の第38期飛行練習生（下士官）を相手に九三式中練（赤トンボ）の操縦教育を行っていた渡部亨一飛曹(甲飛11期)も前記の詫問を受け、志願していた。昭和18年11月に北浦空で水上機の操縦員教育を終えたのち、大津空、詫間空と、練習航空隊の教員ばかりを務めていた渡部一飛曹には戦局の悪化はさほど切迫感を持っていなかった。空中感覚が磨かれ、飛行時間が稼げたのは良かったものの、第一線部隊に出たい気持ちが募っていたこともあり、志願に関してもさして悩まずに「望」としていた。その後、10月になったある日、分隊士の一色努飛曹長（甲飛4期）に呼ばれ、「新型機の部隊ができたが行かないか」と聞かれた。

赤トンボの教員生活に不満だった渡部一飛曹はすぐ応じ、百里原基地へ向かった。そこで待望の「新型機」を見せられ、七二一空の任務を知った渡部一飛曹は「詐欺に遭ったようなものだった」と語る。詫問の時点では分隊士であっても詳細は知らなかったと推測されるが、結果として渡部一飛曹は生死の間を翻弄されることとなる。

同じ甲飛11期の保田基一一飛曹は、詫間空（香川県）で第14期飛行予備学生（士官）と、第38期飛行練習生を相手に三座水偵の実用機教程の操縦教員をしていた。詫間空では8月の募集は行われておらず、当初は転勤者もなかった。のちに保田氏は「司令の森敬吉大佐（海兵45期）が特攻に反対し、行わなかったのではないか」と、推測している。

この間、訓練中の事故が3件あり、7名の殉職者を出していた。偶然にも保田一飛曹は3件とも事故の瞬間を目撃し、海軍葬にも参加していた。そのむごい最期の様子を見るにつけ「事故で無駄死にはしたくないなぁ」との思いが募り、「どうせ死ぬなら第一線部隊で手柄を立てて」との気持ちに傾いていた。10月末になり、詫間空でも教員ひとりずつの面接が行われた。

↑詫間空教員から志願した保田基一一飛曹（甲飛11期）。

その席上、「神風特別攻撃の体当たりが始まったが、これをどう思うか？」と聞かれ「特別攻撃は立派な戦闘だと思います」と答えた。次いで「お前にできるか？」と聞かれ「できます」と答えたものの、「お前は長男だから駄目だ」と、選に漏れそうになった。そこで「私は長男ですが、男ばかりの5人兄弟ですので、家の跡継ぎの心配はありません。実施（実戦）部隊への転勤を希望します」と強く訴えた。

その甲斐あってか、保田一飛曹は12月になって七二一空への転勤命令を受けた。その際、森司令のはからいで総員見送りの中、共に転勤命令を受けた古田稔二飛曹（甲飛12期・昭和20年5月14日第十一建武隊で特攻戦死）のふたりは用務飛行の二式大艇に便乗が許され、横浜空まで空路赴任するという、将官並みの破格の待遇で送りだされることとなる。

出水（いずみ）空（鹿児島県）では乙種（特）1期（略称特乙1期）の野俣正蔵飛長が第14期飛行予備学生を相手に教員助手（下士官任官前なので）として九三式中練での飛行訓練を行っていた。

ここでは炎天下、飛行場の指揮所前に搭乗員整列が行われ、同様の通達があったが、ここでは長男、ひとり息子を除く等の細かい配慮はなかったらしい。「熱望」と提出した野俣飛長は10月半ばに七二一空へ転勤することとなる。

同じ特乙1期で、水上機搭乗員教育部隊の天草空（熊本県）で第38期飛行練習生を相手に九三式水中練の教員助手を務めていた味口正明飛長は、飛行作業を済ませたある日の昼下がり、指揮所から遠く離れた場所に隊長が全教員7人をひとりずつ呼び出して立ったまま面談していた。最後に呼ばれた味口飛長に同様の諮問があり、しばしの沈黙ののち、その場で応じた。結果として天草空では全操縦教員7名中5名が七二一空に転勤し、うち3名が特攻戦死することとなる。

大村空諫早分遣隊（長崎県）で松山空から異動してきた甲13期生の教員として九三式中練での飛行訓練を行っていた本間榮一飛曹（丙特11期）の場合、司令の藤瀬勝大佐（海兵36期）より教員の中からあらかじめ目星を付けられた3名が個別に呼び出された。そこでは具体的な説明はなく、「特殊部隊ができた、行く気はあるか？」と聞かれた。藤瀬勝大佐は第1期航空術研究委員という海軍航空草創期に活躍し、昭和5年12月24日付けで大佐で予備役に編入されていたものの、12年後の昭和17年になって応召されていた。「ひと晩考えてくれ、返事は分隊長に出して欲しい」との言葉に、当時マリアナ沖海戦の敗報も伝わっており「自分の生きている間に戦争は勝たんだろう」と、赤城戦闘機隊の整備兵として真珠湾攻撃にも参加した当時21歳の本間一飛曹は志願を決め、ほかの2名と共に10月半ばに七二一空へ転勤することとなる。

↑出水空教員助手から志願した野俣正蔵飛行兵長（特乙1期）。

↑諫早空教員から志願した本間榮一飛曹（丙特11期）。

台湾における募集

当時練習航空隊であった台南空（たいなん）では、一般の大学生から志願した第13期飛行予備学生（後期組）が実用機の延長教育として九七式艦攻の操縦訓練を受けていた。8月のある日の午後、飛行作業を終え夕食を済ませた時、「搭乗員総員武道場に集合」が伝達された。飛行学生を含む搭乗員全員が武道場に集まると、司令の高橋俊策大佐（海兵48期）が壇上に上がった。高橋大佐は軍歌「月月火水木金金」の作詞者として知られ、海軍随一の名文家であり、また、教育者として各地の練習航空隊の副長や司令を歴任していた。

壇上の高橋大佐は真剣な顔つきで開口一番「親ひとり子ひとりの者は手を挙げよ」とポツリと言い、訝りながらそれに応じた者を退出させ、同様に「長男」、「妻子持ち」を退出させると、残った300名弱位を前に「私はこの神聖なる武道場で諸君に聞いてもらいたいことがある」と前置きしたうえで語り始めた。

↑海軍随一の名文家にして教育畑を歴任した高橋俊策大佐（海兵48期）。台南空司令として『生還を期し難い新兵器』搭乗員の募集を行った。

「戦局はわが方に日に日に利ならず、すでにマリアナまでも敵は侵攻してきた。内地ではそれに対応して一艦でも多くと増産に懸命になっている。しかし、敵は間もなく南西諸島、あるいは比島またはこの台湾にも侵攻して来ると思われる。

我々飛行機乗りはこの際何としても来襲する敵艦隊を攻撃し、これを撃滅するかあるいは再起不能の状態にまで損害を与え、時間を稼いで我が軍反撃の機会を作らねばならない。これがため、今内地で一中必殺の新兵器を考案中である。諸君は飛行隊志願の折、すでに覚悟はできているかもしれないが、この新兵器は征きて帰らざる攻撃であり、海軍としても最後の手段である。この度、この新兵器の搭乗員を全国の航空隊より志願者を募って編成することとなった。諸君の中には種々の事情もあることだろうから良く考えて、准士官以上は飛行長まで、下士官、兵は分隊長まで申し出てもらいたい」と結んだ。

居合わせた一同は「これはただならぬこと」と、皆一様に押し黙ってすっかり暗くなった外へと散会した。艦攻専修の鈴木英男少尉は、表にあるベンチに座って月を見ながら自問

↑台南空飛行学生から志願した鈴木英男少尉（予備13期）。写真は海軍葬用に撮影された中尉時代のもの。

自答のすえ、「自分が死ぬことで平和な故郷を、ひいては平和な祖国を保ち、肉親たちにみじめな思いをさせずに済むのならばあえて死を求めよう」と決め、翌日志願した。

一方、高雄空台中分遣隊で戦闘機の延長教育の教員をしていた堂本吉春上飛曹（乙飛12期）には8月の話はなかった。部隊によって実施時期や内容に差異がみられるのは、致し方ないことなのだろうか。10月初めのある日、「搭乗員全員士官室に集合」と、号令があった。今までに一度もなかったこの号令に何ごとかと思いつつ約80名が集まると、飛行長の五十嵐周正中佐（海兵56期）が「ひとりっ子、長男、妻帯者及び婚約者のある者列外」と発言、数名がうしろに下がった。右となりにいた先任教員が下がったことにより、堂本上飛曹は最前列の先頭となり、非常に目立つ存在となった。海軍では要領の良さを意味する「休暇は前期、整列は後列、ホーサ（ロープ）はエンド（ほかの用例あり）」の格言がある通り、堂本上飛曹は居心地の悪さを感じていた。その後、五十嵐中佐は例の新兵器のことを語り、下士官は先任教員が聞きに行くから夕方までに希望するか否か知らせてほしいとの旨の話で、ここでは聞き取り調査となった。

堂本上飛曹はこの時、飛行時間１３００時間を超えており、当時としては大ベテランの戦闘機搭乗員であった。海南島の三亜（さんあ）空の教員時代の昭和19年4月19日には、来襲したB-25一機撃墜を果たし、この直後の台湾沖航空戦では4機を共同撃墜する。ベテラン戦闘機乗りの意地も誇りも大いにあっ

↑高雄空台中分遣隊教員から志願した堂本吉春上飛曹（乙飛12期）。

たが、当時の風潮では「命が惜しい」などと口に出せる状態ではなかった。悩んだ末、先任教員から「堂本、どうする」と聞かれ、「希望としておいて下さい」と、消極的志望で答えた。結局、七二一空に異動が決まったのは堂本上飛曹、山村恵助上飛曹（乙飛12期）、豊嶋登洋美上飛曹（甲飛９期）の古参３人であった。あとでこっそりと若手教員に聞くと皆「熱望」であった。残った者に待っていたのは比島の二〇一空への異動であり、11月下旬以降、多くの者が特攻隊である「金剛隊」に編入され、特攻戦死することとなる。「軍隊は運隊」の格言の通り、運命とはわからないものである。

ところが、本隊の高雄空では募集は行われなかった。このことも前述の人数限定説を裏付けるようにも思われるが、定かではない。搭乗員は耳が早い。ほかの部隊で行われた募集の話をいち早く聞きつけると、噂はたちまち広がり、下士官兵の搭乗員が五十嵐中佐の部屋に大挙して押し掛けることとなった。処置に困った司令は「これであれば改めて諮問しなくとも全員が応じるだろう」と判断したらしく、長男ではない今井遉三少尉と細川八朗少尉（ふたりとも予備13期前期）を選び、本人の意向を確かめることなしに10月初めに七二一空への転勤を命じた。

ふたりは台湾沖航空戦の戦闘も収まり切らぬ10月15日に、合間を縫って台中基地に着陸したダグラス（零式輸送機）で沖縄経由で内地に向かうこととなった。程度の差こそあれ、ほかの部隊ではまがりなりにも本人の意思を確認しているの

↑高雄空飛行長の五十嵐周正中佐（海兵56期）。堂本上飛曹との関わりは七二一空に移ってからも続いた。

↑高雄空台中分遣隊教員から志願した豊嶋登洋美上飛曹（甲飛9期）。

↑高雄空から志願ではなく転勤辞令で異動となった細川八朗少尉（予備13期）。

に対し、この場合は普通の人事異動として扱われている。最初は慎重に行うものの、一度先例ができてしまうと手続きがどんどん簡略化されてしまうのは、日本人の組織の特性なのだろうか。

結果として特攻の先陣を切ることとなる比島の二〇一空の場合、第一航空艦隊長官大西中将の意向を受けて10月20日に急遽編成された敷島隊に始まる第一神風特別攻撃隊は、当初は下士官搭乗員は全員甲10期生であり、志願でなく指名であった。

しかし、この話を聞きつけたほかの搭乗員も志願したため特攻隊は次々に拡大編成される、最初4隊だったものが9隊となり、36機が特攻機、21機が直掩機となった。36機の特攻機のうち、24機が甲10期生で占められている。

特攻隊の編成事情は部隊や時期によっても異なり、ひと括りにすることは無謀であるが、本人の意向を無視した指名による編成は特攻作戦の恒常化により、さらに押し進められることとなる。

部隊編成の準備

桜花の開発がおおむね順調に推移する中、戦局の悪化は留まるところを知らず、米軍はペリリュー島、モロタイ島、アンガウル島と、南東方面から南西方面へと次々に上陸占領した。フィリピン（以後比島と略す）方面の前面は開かれ、次の決戦が比島を巡る戦いとなるのが見えてきた。

その頃、桜花１００機の完成を見込んで部隊編成が進められることとなった。軍令部の意向を受け、人事を司る海軍省は岡村基春中佐（海兵50期）を準備委員長とし、9月15日付けで横須賀空附を命じた。

岡村中佐は飛行学生17期の出身で、三式艦戦以来の戦闘機搭乗員として長いキャリアを持っていた。昭和4年横須賀航空隊戦闘機分隊長として「源田サーカス」「岡村サーカス」等と呼ばれた当時の岡村大尉は編隊特殊飛行の名手であった。その岡村大尉が、三菱の堀越二郎技師が設計した七試艦戦、試作2号機の試験飛行中に回復操作不能となる危険なフラットスピン（水平錐もみ）に陥って落下傘降下した。遊転するプロペラに身体を切られそうになった際、咄嗟に左手でペラを押して難を逃れ、指3本を失う負傷を受けながらも生還した。負傷しながらも貴重なデータをもたらしたことで賞状と見舞金600円を受けたが、傷が全治すると実験の関係者を呼んで横須賀の料亭で連日祝杯をあげ、全額支払ってもなお借金200円（現在の物価は当時の約5000倍）が残ったほど飲んだという、周囲に気を配るエピソードが残っている。

二〇二空司令（昭和17年10月～18年8月）では主に南西方面を担当し、大型機攻撃の困難さを実感していた。その後三四一空司令となった昭和19年6月19日には、館山基地を巡視に訪れた第二航空艦隊司令長官の福留繁中将（海兵40期）に「この困難な戦局を打開するのには尋常一様のことでは駄目です。どうしても飛行機による敵艦への体当たりをやるよりほかにありません。体当たりの志願者はいくらでもあります。もし私に300機を与え、体当たりを許可して下さるなら、必ず戦局を逆転させてみせます。ぜひそうして私を司令に任命して下さい」と、空中特攻の実施を進言し、その部隊の司令として指揮を執ることを希望していた。次いで6月27日には、当時軍需省航空兵器総局総務局長であった大西瀧治郎中将（海兵40期）を訪ね、現状を訴えると共に特攻に適する航空機の開発を要請している。

↑のちに七二一空司令となる岡村基春中佐（海兵50期）。戦闘機搭乗員として長いキャリアを持ち、自ら司令となる「体当たり専門部隊」の設立を要望していた。

こうして検証していると、桜花の出現は大田少尉ひとりの発案だけではなく、同時多発的に出てきた意見を「下からの動議」である大田案に集約し、正史として残したように見えてくる。ともあれ、そのような本人の意見を受けての人事であった。

また、委員長を補佐する副委員長には同じく三四一空副長の岩城邦広少佐（海兵59期）が指名され、同日付けで横空附となった。

岩城少佐は水上機専修で、支那事変（当時の呼称）当時の昭和13年2月24日九四式水偵6機と九五式水偵13機による南雄基地空襲に直掩隊の九五式水偵の操縦員として参加した。この際、15～16機の敵戦闘機と空戦となり、岩城大尉（当時）

↑のちに七二一空飛行長（のち副長）となる岩城邦広少佐（海兵59期）。必死部隊の軍紀を維持するため隊員達に厳しく接し、あえて憎まれ役に徹したという。

自身も3機を撃墜したが、後席の偵察員は機上戦死し、岩城大尉自身も足を負傷した。

　機体もエンジン、フロートにも被弾したが何とか振り切って帰投中、今度は機体が錐もみに陥って回復不能となった。「ままよ」と、度胸を決めて操縦席にあぐらをかいたところ、奇跡的に機体は持ち直し、何とか万山群島基地に帰投した。この後、岩城大尉はますます精神論に傾倒していったと伝えられるが、この体験は岩城大尉にとって強烈なものであり、後日母艦「能登呂（のとろ）」に帰投した岩城大尉を艦長自ら舷門に出迎え、労をねぎらおうと手をさしのべたところ、その手を振り払って自室に閉じこもってしまったとの目撃談も伝えられている。

　のちに調べたところ、被弾は１３８発に達していたが、幸運なことに致命部を皆外れていた。後日機体は横須賀の海軍航空廠で昭和天皇が直々に視察（当時の表現では「天覧に供される」となる）されたのち、被弾跡に矢を通した説明付きで東京原宿の海軍館で一般公開され、大きな反響を呼んだ。その後、機体は海軍兵学校の教育資料として保存された。

　軍紀厳正にして直情径行型で気にさわると下士官、兵を問わず容赦なく鉄拳をとばすその様子から、誰言うともなく「岩城頑徹」とあだ名された。横須賀航空隊時代は「岩城大尉が当直将校の晩は横空がカラになる」とウワサされ、重巡愛宕の飛行長時代に甲板士官を務めると「岩城大尉が舷門に立つとフネが左に傾く」と誇張を交えて語られ、「高橋揚子江」こと高橋勝作少佐（海兵62期）、「林田スロットル」こと林田如虎中佐（海兵50期）の3人を合わせて「海軍三大馬鹿」と呼ばれていた。

　ともあれ、台湾進出準備を進めていたところを急に転勤命令を受けた岩城少佐が横空司令部に赴くと、そこには岡村中佐が先着していた。ここで初めて桜花部隊の編成を知り、自分が準備委員会の副委員長となったことを知らされた。その後、滑走路外れの掩体壕に置かれた教材用の桜花を見て身震いした。桜花を見て、時として規律の弛みが生じるかもしれぬ必死部隊の人心ををまとめるために、あえて憎まれ役に徹する覚悟を決めたという。

準備委員会が横空に設置されたのは隣接する空技廠からの技術情報を絶えず受けることが可能で、開発途上の桜花にとっては理想的な条件だった。

開発された桜花にとって、飛行実験は絶対に必要なものである。飛行特性を確認するには腕の立つベテラン搭乗員が必要だった。試験飛行要員として、やはり8月の搭乗員募集に応じていた二五二空（茂原基地）より准士官と下士官各一名が選出されることとなり、戦闘三一六からは水上機から戦闘機に転科したばかりのベテラン長野一敏飛曹長（乙飛7期）が、戦闘三〇二からは津田幸四郎上飛曹（甲飛9期）がそれぞれ選ばれ、横空附として転勤した。先任搭乗員である長野飛曹長は飛行試験を担当、その実験の様子はこの後度々記録に登場し、桜花の歴史に大きな足跡を残す。一方、津田上飛曹は戦闘機搭乗員としての腕を見込まれ、九州進出前に桜花特別戦闘機隊に編入されることとなる。

一式陸攻による空中試験

設立準備委員会が桜花の飛行訓練の方法を検討する間、9月には横空の飛行実験部では桜花を懸吊した一式陸攻の飛行実験が行われた。準備された一式陸攻は桜花母機として爆弾倉扉を撤去し、緊急時の脚、フラップの手動操作用ハンドル格納庫であった胴体の15～16番の肋材間の空間が転用されて桜花への搭乗口が設けられ、桜花専用の信管押さえ、振れ止め金具、懸吊金具、尾部固定金具、通信装置等の専用の装備を施した二四型丁であった。実験の模様の詳細は、残念ながら当事者の証言を得ることはできなかったが、一式陸攻の性能低下は予想以上のものであり、桜花の自重分だけ燃料を減らし離陸重量を軽減しても胴体下に突き出した桜花の抵抗により低高度全速で30ノット減の185ノット（343㎞／h）、巡航速力は170ノット（314㎞／h）と約1割低下し、実用上昇限度は2000ｍ減の7250ｍ、航続距離は高度3000ｍで4700㎞と、3割減となった。

一式陸攻はもともと航続力確保のため、主翼内に防弾装備のない巨大な作りつけのインテグラルタンクを持ったことが仇となり、「ワンショット・ライター」とあだ名されるほど、被弾したらひとたまりもない燃えやすい機体であった。この頃には主翼下面とインテグラルタンク前後の隔壁に防弾ゴムを貼り付け、効果の薄い申し訳のような対策を施してあった。桜花母機となった二四型丁では操縦席後方、中央翼1番燃料タンク、燃料コックに防弾板が設けられ、翼内2番燃料タンクには消火用の四塩化炭素の液層を設けたが、これら防弾装備を強化しても、すでに昭和18年の時点で白昼攻撃戦力としての価値を失っていた一式陸攻にとって、桜花の運用は明らかに荷が重すぎた。

二四型丁の生産は三菱名古屋製作所で行われ、昭和19年8月の二五四九号機以降の生産機の中から、10機ないし15機単位のロットで抽出生産され、一時期は生産機数の過半数が二四型丁となった。

七二一空開隊前から着任していた陸攻隊の中村重隆一整曹によると、機材は鈴鹿航空廠で受領し、兵装（機銃、無線機、電探等）の装備は木更津の第二航空廠、超過荷重架台補強は横空（空技廠からの追加工事か?）でそれぞれ行い、急速に必要数を揃えたとのこと。昭和20年2月以降は、新造ではなく航空廠で既存機を丁型仕様に改造するように切り換えられた。

機体の能力向上が望めない以上、次善の策として、直掩戦闘機の数を増やして局地的な制空権を確保したうえで攻撃する方策が立てられた。しかし、実際は戦闘機が圧倒的に足らず、ほとんどが護衛を付けない単機での攻撃となったのは周知の通りである。桜花を懸吊し敵機の攻撃をすり抜けて敵機動部隊に攻撃をかけるその様子は、取材した神雷部隊関係者が「妊婦が高速道路を横断するようなもの」と評する過酷なものとなった。

戦闘機の掩護には、陸攻隊と付かず離れずの関係で敵機の直接攻撃を阻害する「直接掩護」と、離れた位置から敵機の攻撃を防ぎ空戦に入る「間接援護」に大別される。岩城少佐は色々と検討の末、陸攻隊18機に対し援護の戦闘機72機を軍令部に要請した。

「大人物」野中五郎少佐

母機である陸攻隊の指揮官には予想されるかなりの被害をものともしない、勇猛かつ部下統率力に優れた人材が望まれた。この条件を満たす者として選ばれたのが野中五郎少佐（海兵61期）であった。

海軍では「大人物」なる言葉があった。一般で言うところの大人物とは少しばかり異なり、一般常識に捉われない、奇行とも取られかねない言行をする人物を指した。その点において野中少佐はまさに「大人物」であった。

実兄の野中四郎陸軍大尉は二・二六事件の決起将校の中でただひとり自決した人物で、当時霞ヶ浦航空隊の飛行学生だった野中中尉は、仲間の飛行学生達に「兄貴がとんでもないことをしでかしやして」と、詫びたと伝えられているが、日頃口にするベランメェ調の言葉は部下統率のための便法であって、家庭ではおくびにも出さず、細やかな気配りをする人物であったと伝えられている。

野中少佐の神雷部隊以前の戦歴はあまり知られていない。このため、要約して紹介したい。

昭和16年9月に鹿屋基地に展開していた第一航空隊の分隊長として着任した野中大尉は、開戦と共に台湾の台中基地から比島、ケンダリー、アンボン、ラバウルと転戦し、この間比島の米軍基地攻撃を手始めに、ジャワ沖では米蘭連合艦隊に爆撃を加え、オーストラリアのダーウィン初空襲に参加し、チモール島クーパンに落下傘部隊を降下させる等の諸作戦に参加したのち、第一段作戦終了後は、中部太平洋のマロエラップ環礁タロア島を基地として外南洋の哨戒に当たった。この間、昭和17年9月には飛行隊長に昇格、次いで部隊名も七五二空と改称した。

七五二空は昭和17年12月末に内地に帰還し、機材を九六式陸攻から一式陸攻に更新し、木更津基地で対艦雷、爆撃の訓練を積んだ。この後、昭和18年5月には米軍の上陸したアッツ島を攻撃、7月には一転してラバウルに進出し、中部ソロモンのレンドバ島に上陸した米軍に対する夜間の雷、爆撃を敢行した。夜間雷撃の際、指揮官席に座った野中大尉は終始無言で沈着さを示し、その剛胆さに部下達の信頼は大いに高まった。

↑野中五郎少佐（海兵61期）。桜花母機となる一式陸攻隊の飛行隊長として桜花攻撃の初陣を率いた。

元来凝り性だったと伝えられているが、昭和18年春頃より茶道に凝り始めた野中大尉は、裏千家を学んでいた搭乗整備員の藤村鉱三上整曹に手ほどきを受け、茶道具一式を揃えると自己流の茶道を始めた。出撃の機内で茶を点て部下に振る舞うなどの型破りの統率ぶりに、元々家族的で団結力の強かった中攻隊の中でも、異例にも個人名を冠した「野中一家」と呼ばれた。

9月には部隊再編成のため、主要幹部は北海道千歳基地に後退したが、20組近くの搭乗員はそのまま後任の七〇二空に転勤、引き継ぎが完了後に原隊に復帰することとなった。10月になって10組ほどに減った搭乗員が原隊に復帰した際、「いくさ人（にん）の仁義だ」と、ぶっきらぼうに応えつつ、野中大尉は日頃呑まない酒とスルメを持って飛行場に出迎えに立った。

この後、11月1日付けで少佐に進級、再編なった部隊を待ち受けていたのが米軍のギルバート、マーシャル諸島侵攻であり、11月19日の第一次ギルバート沖航空戦では現地の七五五空陸攻隊は1日の出撃でその8割を失って壊滅状態に陥り、急遽七五二空の全力の進出命令が出され、木更津、サイパンを経由して25日にはマーシャル基地に進出を終え、展開した。

この時、損害ばかり多く成果の少ない昼間雷撃を計画した第二十二航空戦隊司令部に対し、飛行隊長だった野中少佐は「昼間攻撃なら一機も成功しない。夜間攻撃にしてほしい」と要望したが、参謀は「これは命令である」と、応じない。そこで「仕方がない。それなら実情の分からん参謀ども、各機にひとりずつ乗れ。そして戦場の勉強をしろ」と迫り「乗らねば動かぬ」と啖呵をを切った。作戦は夜間攻撃に変更された。「済まん、済まん」となだめにかかった参謀達に対し、「済まん、済まんで済むと思うか。済まぬと思えば腹を切れ」と、迫ったと伝えられている。

その結果、26日から29日にかけ第二次～第四次、ギルバート沖航空戦を夜間雷撃で戦い、当時大いなる戦果を収めたとされ、昭和天皇からの御嘉賞（お褒めの言葉、当時の軍人にとって最大級の栄誉）をいただく等もあり、関係者の多少の誇張も加わって海軍部内では「野中一家の車懸かり戦法」と喧伝された。

この後、12月半ばにはアメーバ赤痢に罹患して最前線では治療の手段なく、12月20日頃内地送還となり、横須賀海軍病院に入院した。このため、翌年1月の米軍クェゼリン環礁上陸、クェゼリン、ルオットの玉砕からは辛くも逃れることとなった。

退院後自宅療養を続けていた野中少佐は2月に横須賀鎮守府附から練成部隊の豊橋空の飛行隊長に異動が決まり、残存搭乗員と若手搭乗員を集め再建の決まった七五二空は空地分離による特設飛行隊制度により、攻撃七〇三となった。

ようやく錬成も軌道に乗った6月中旬、七五二空は硫黄島への進出を命じられ、サイパン島への夜間爆撃を行なったが、この際、高角砲の射撃で被弾し、墜落寸前のところを海面高度１００ｍで辛うじて持ち直し、硫黄島の海岸に不時着をすることとなる。

その後、内地に帰投した野中少佐を待っていたのが桜花母機部隊としての七二一空への異動であった。これに伴い、七五二空からは多くの搭乗員が七二一空へ異動した。攻撃七〇三は後に偵察七〇三に改変され、沖縄戦では主として夜間索敵に従事することとなる。

第二章 神雷部隊の編成から訓練の開始

［至 昭和19年11月］

尉は、発令以前に自動車事故で殉職（9月28日）したため、発令されることはなかった。

七二一空の編成は、比島で第一航空艦隊長官大西瀧治郎中将が敷島隊以下の特別攻撃隊を編成する20日前であった。歴史的に見れば、日本海軍はこの日をもって戦史に例のない、100％戦死が前提の体当たり専門部隊を正式に編成し、特

↑神ノ池空教官から着任した三橋謙太郎中尉（海兵71期）。桜花K1による降下訓練を最初に成功させた。のちに桜花第二分隊長として鹿屋基地に進出する。

七二一空の設立

昭和19年10月1日、第七二一海軍航空隊が茨城県百里原基地にて編成され、横須賀鎮守府に編入された。司令兼副長岡村基春大佐（同日付けにて進級）、飛行長岩城邦広少佐、飛行隊長野中五郎少佐、軍医長高村行雄軍医少佐、主計長佐藤忠義主計大尉の首脳陣に、分隊長として小川徳松大尉（海機47期）、刈谷勉大尉（海兵70期）、中尾一喜大尉（予備整4期）、このほか、「生還を期し難い新型機の部隊への参加」の諮問に応じていた三橋謙太郎中尉（海兵71期）、林冨士夫中尉（海兵71期）、辻巌中尉（予備整6期）らが隊附として発令された。

桜花発案者である大田正一少尉も操縦ができないものの、隊附として発令されている。

筑波空で林中尉と共に特攻隊の編成に最初に志願した牧大

攻攻撃に踏み出したのである。

七二一空の編成によって体当たり戦法が公式に容認されたことを意味した。逆説的にみれば、大西中将の前職は軍需省航空兵器総務局長なので、決戦兵器である桜花が12月の比島戦投入を目指して開発と部隊編成が進められていたことを知りうる立場にある以上、緊迫化する比島情勢に桜花の戦力化が間に合わないことを危惧して、緊急避難的戦法として爆装零戦による体当たり攻撃を企図したのではないかとの見方もある。

10月8日、大西中将が軍令部に比島への出発の申告に寄った際、及川古志郎軍令部総長に「私は大慈（悲）にもとづき、航空機を以て必死体当たり戦法を取る以外に現状を打開かること不可能と考える」と、航空機による体当たり攻撃の決意を示したのも頷ける。その際、及川総長は「命令で体当たりを実施することのないように」と、念を押したと伝えられている。しかし、体当たり攻撃の戦果の大きさから、ほかに有効な戦術も提示されぬままに特攻作戦はなし崩し的に拡大し、のちには指名による出撃が日常化することとなる。

七二一空が編成されたこの日を皮切りに、先の募集に対する志願者に七二一空への異動辞令が次々と発令された。当時海軍航空隊にいた者であれば常識であるが、「七二一（「ななふたひと」と読む）」は単なる数字の羅列ではなかった。百桁代の「七」は、陸上攻撃機部隊を意味し、十桁代の「二」は横須賀鎮守府所属（〇～二）を意味し、一桁代の「一」は常設航空隊（奇数）を意味した。つまり七二一空とは「横須賀鎮守府所属の陸攻の常設航空隊」を意味していた。

このため、転勤辞令を受けた戦闘機や艦攻、艦爆などの単発機の操縦員達は一様に「何で陸攻隊なんだろう？」と、疑問を感じたが、「生還を期し難い新兵器」こと桜花が、陸攻にとって爆弾や魚雷と同じ扱い（そのため桜花一一型には日の丸が描かれていない）であって、その操縦員として陸攻隊に転勤するのは何の不思議もないことを知るのは着任後のこととなる。

七二一空が編成された百里原（ひゃくりがはら）基地には、当時赤トンボと呼ばれた九三式中練による操縦練習教育を終えた海兵73期の第42期飛行学生と、甲12期の第37期の飛行術練習生が延長教育として艦攻、艦爆操縦と偵察員教育の実用機教程を実施する教育部隊の百里原空が先住者として活動していた。また滑走路は当時開発が進められていた十八試陸攻「連山」の運用に対応できるよう、３０００ｍへの延長工事が進められており、性能が確定していなかった桜花の実験場所として、少しでも長い滑走路が求められたらしいことがうかがわれる。

10月1日の開隊後、異動が発令された隊員は逐次各地から着任した。この頃に着任した戦闘機出身の大久保理蔵上飛曹（乙飛11期）、内田豊上飛曹（丙飛8期）ら数名が、木更津の第二航空廠に出向いて訓練用の機材（零練戦や零戦）の領収、空輸や訓練方法の検討立案等の受け入れ態勢を整えていた。

これよりややのちの10月半ばに出水空より転勤してきた野俣正蔵飛長（特乙1期）の回想では、着任当時は兵舎の片隅にテーブルが1脚、長椅子が2脚あるだけで人数も少なかったことから食事は順番に食器のある分だけ交代で済ませ、まだ下士官任官前（二飛曹任官は12月1日）の野俣飛長は最下級者の務めとして毎日食卓番（食事当番）を務めていた。

着任の翌日から、分隊長刈谷大尉の精神訓話が始まり、座学主体の日課となった。

飛行訓練は桜花での突入時の感覚を養うため、零練戦や零戦により高度3000mからエンジンを絞っての突入訓練が開始された。訓練内容はあとで詳述するが、開隊直後の部隊では機材が足りず、本格的な飛行作業は神ノ池基地に移動してから開始されたという。

↑内田豊上飛曹（丙飛8期）。早い時期に七二一空に着任した内田上飛曹らは、訓練用の機材を空輸することから始めた。

桜花の投下試験

この間、10月23日には無人の桜花試作機（「試製桜花」と呼称されるもので、数機しか作られていないが、弾頭の実爆実験、飛行試験、投下実験、強度評価試験、ロケット燃焼試験に供された。生産機数は不明）による投下試験が相模灘で行われた。2機の観測機を伴った一式陸攻は、砂バラストを積んで重量と重心を調整した桜花を高度1000mで投下した。桜花は関係者の見守る中、左右の振れも見せずに真っ直ぐに滑空して海面に突入した。風洞実験の通りの試験結果によって基本的な飛行特性に問題のないことが確認された。

この実験結果を受けて、今度は有人での飛行特性の確認実験が行われることとなった。

主尾翼が木製の実用機の桜花と異なり、全金属製で着陸用のフラップと橇を装備した桜花練習滑空機（のちに型式名MXY7-K1から「ケーワン」と呼ばれた）が用意された。主翼下面には加速用のロケット、四式一号噴射器一〇型が装備され、機首の弾頭と尾部の加速用ロケットが装備されない代わりに水バラストによるタンクが胴体内に設置され、飛行中に計器盤左下に装備されたレバーを引くことで底面の栓を開いて水を捨て、機体を軽くして着陸する手はずであった。それでも翼面荷重375kg/㎡と、当時の機体としては異例なほどの高い値（零戦五二型で128kg／㎡）で、着陸進入時の滑空速度は110ノット（204km／h）に達し、のちのジェット機並みの速度であった。この危険でかつ難しい飛行試験を担当したのが、長野一敏飛曹長であった。

10月31日、37期の飛行練習生達は午後の課業開始のため、庁舎前に整列していた。と、整列のために庁舎から出てくる教官達は皆一様に上空を気にしている様子だった。すでに整列していた中のひとり、末永千里飛長（甲飛12期）が振り仰ぐと上空に一式陸攻2機が旋回していた。

その頃七二一空の隊員達は全員格納庫前のエプロンに集まって桜花の投下されるのを待ちかまえていた。横空から飛来したのは桜花を懸吊した母機の一式陸攻と、三木技術少佐以下開発関係者を乗せた随伴の一式陸攻2機の計3機。これに滑空時に追従するために百里原基地から離陸した岩城飛行長が操縦する零戦1機が加わった。高度3500mで投下された橙色の桜花は300mほど自由落下したのちに自力で滑空を開始し、両翼のロケットに点火。が、本来4・5秒の完全燃焼ののちに投棄するはずのロケットを数秒足らずで投下した。その後は順調に滑空し、随伴する零戦を振り切る高速滑空を示しつつ、途中で水バラストを排出した。

真っ白な水煙を盛大に曳きながら飛行場を周回し、地上に向けて滑空する有様はまるで白龍のようでもあり、地上で見ていた隊員一同唖然とし、声にならない動揺を示した。そのあまりに壮絶な光景に、志願して来たとはいうものの、本当に自分に操縦できるのか、これに乗って自分の人生は最期となるのか、等々様々な想いが交錯した。野俣飛長は努めて平静を装ってはみたものの、自分の人生の先が見えたような思いで、心の動揺は抑えられなかった。

水バラストを放出し終えた桜花は飛行場を1周して無事着陸した。この間約3分30秒ほどのことであった。着陸後の桜花は運搬台車に乗せられ、一番北側の格納庫に納められた。

この光景は、偶然目撃していた37期の飛行練習生達にも強烈な印象を与えた。末永飛長達は午後の座学が終わるのももどかしく格納庫に向かったが、扉の前には銃を持った番兵が立ち、部外者の立ち入りを禁じていた。

しかし、情報屋はどこにでもいるもので、あの小型機が「マルダイ」と呼ばれる特殊兵器で、装備部隊の七二一空がこの百里原基地で編成中であることを聞き込んできた。例の志願者募集が教官、教員に対して行われたことは噂として知っていたが、日頃訓練ばかりで一般社会から隔絶され、戦局の様子も教官から聞かされる以上のことを知らぬ（この時点で比島での特攻隊出撃のことは聞かされていなかった）練習生は、この日、いきなりその新兵器を目の当たりにしたことで、戦局が容易ならざる状態となっていることをひしひしと感じたという。

もっとも、その桜花に乗り込む立場の七二一空隊員にとっては目の前の現実問題であった。渡部亨一飛曹らは、着任早々格納庫の片隅に置かれた教材用の桜花と対面したが、今までの飛行機の概念を破る、大型魚雷に操縦席と羽根を付けたようなプロペラのない機体に一同度肝を抜かれると共に、その粗末な構造と、推進力が1本9秒しか保たない火薬ロケットが3本きりで、基本は滑空飛行であることを知らされ、当時新聞記事やニュース映像でも紹介されていた「ドイツのV1号ロケットみたいなもの（前述の通り構想段階の機体は動力は異なるがこれに近い）」と、漠然と抱いていた新兵器のイメージに遥かに及ばない代物であることを知り、ひどく落胆した。

その一方で、艦攻専修者の回想では、艦攻で見慣れた航空魚雷の重量が800kgなのに桜花は弾頭だけで1・2tもあると聞かされて、それなら必中必殺の兵器になれるだろうと「よ～し、やってやろうじゃないか、って気になった」と、感じた者もおり、各人各様の感想を抱いている。

神ノ池基地へ

長野飛曹長による試験飛行の結果、桜花の飛行特性は設計通りであり、実用上支障のないことが確認されたことで、桜花攻撃は現実味を帯びてきた。

試験の翌日、11月1日には航空本部では桜花関係部局の担当者が集まる会議があり、七二一空より上げられてきた要望事項を処理した。

この際の要望事項として、ほかの練習航空隊と同居しない専用の練成基地として茨城県の神ノ池基地への至急移転を行い、12月20日までに桜花搭乗員110～120名の養成と、所要の陸攻搭乗員との訓練を完了させることを前提に人員、機材の確保、充足に関する詳細な計画が挙げられた。議案は次々に可決され、「七二一空ニ対シ優先的ニ万事取計フ様特別通達ノコト」とされた。

機材は桜花練習機20機、桜花母機の一式陸攻30機、訓練用零戦20機を神ノ池基地へ早急に移動、準備を進めることとなった。

人員は、主計科、整備科、通信科等の管理要員を部隊定員の7割増しとして後続搭乗員の受け入れに万全を期すこととされた。

軍令部では七二一空の比島戦への投入を12月下旬と見込んで、11月末に100機完成予定の桜花一一型から30機を比島へ、残る70機を台湾に送る計画を立て、さらに生産数を150機に引き上げるよう、航空本部に要請した。空技廠では11月6日に尾部ロケットの地上噴射試験を行い、機能確認を行いながら、桜花の練習機と実戦機（一一型）の量産に拍車がかけられることとなった。

神雷部隊隊員達の台湾沖航空戦

　七二一空が百里原基地で編成されたばかりの10月10日、沖縄本島はのちに「一〇・一〇空襲」と記録される、米第58任務部隊の艦上機１３９６機による激しい空襲に朝からさらされ、那覇市街は灰燼に帰した。

　第58任務部隊は、続く11日から14日にかけて台湾各地を空襲し、これに対抗する日本軍との間に激しい航空戦が行われた。これが台湾沖航空戦である。

　この時、台湾各地の練習航空隊の戦闘機教官、教員達が台南基地に集められて、臨時編成の戦闘機隊として第二航空艦隊に編入された。高雄空台中分遣隊の戦闘機教員であった堂本吉春上飛曹もこれに加わった。

　10月12日、〇四〇〇起床、準備を整え待機していた〇六二五、花蓮港東方を敵戦闘機１００機西進中との連絡を受け、〇六三五に離陸。この日の編成は二個中隊37機、堂本上飛曹は第二中隊長林八太郎中尉（操練26期）の二番機であった。位置としては編隊全体の中央部である。当時日本と同じ標準時であった台湾での日の出は遅い。高度２０００ｍで東方から日が射してくるが、地上はまだ薄暗い。さらに上昇を続け高度２８００ｍまで上昇したところで上空を見ると約４０００ｍ辺りを南の高雄の方から50機ほどの戦闘機が来て、堂本上飛曹達の頭上で旋回を始めた。

　この様子に、てっきり高雄基地に展開していた三四一空の紫電隊が加勢に来たと思いこんでいた堂本上飛曹は、先頭を行く第一中隊の一番機と二番機が相次いで火を噴くのを見て驚いた。良く見ると上空から突っ込んでくるずんぐりした機体の胴体には米軍の星のマークがはっきりと見える。グラマンＦ６Ｆであった。上空見張りを続けながら一番機の林中尉に続行すると、林中尉はＦ６Ｆの腹の下へと回り込み、敵機の機銃の軸線を合わせないように巧みな操縦を続けていた。

↑高雄空の零戦二二型。高雄空で飛行訓練に使われていた機材で、胴体側面に練習機に特有の波型塗り分けが見られる。

しかし、その内乱戦となり、堂本上飛曹は林中尉を見失って、単機での空戦となった。後方に付かれていないことを確認しながら、上昇してくるF6Fを撃つと、青白い炎を出して落ちていった。3撃目で弾丸が尽きたので急降下で避退したが、上空では、飛び交う曳痕弾、火を噴いて落ちていく敵味方の飛行機、漂う落下傘など、まだ激しい空戦が続いていた。

堂本上飛曹は台南基地に着陸し、至急弾倉の交換を依頼した。その間主計科兵が握り飯をひとつくれたものの、ひと口頬張っただけでとても飲み込めず整備員に返した。間もなく交換が完了したとの知らせで離陸し、高度20mで脚上げ操作を済ませた時、左横からF6Fが同高度でこちらに向かってきた。左に旋回し正面反航戦の体勢で機銃のレバーに手を掛けたまま向かっていくと、約50mのところでF6Fは大きく機首を上げ、腹を見せて失速反転に入ろうとした。ここぞとばかりに引き金を引いたが、弾丸が出ない。出ていればこの日2機目の撃墜記録となったのは確実だったが仕方がない。せっかくの好機を逃したのは無念だが、弾丸が出ない戦闘機では話にならず、早々に台南基地に引き返した。

その後は地上で空襲を受けて側溝に避退したり、運び込まれた戦死者の身元確認をしていると、各基地に不時着した搭乗員達がぽつぽつと戻って一六〇〇頃には6機ほどとなった。その後、二〇〇〇を過ぎると九州、沖縄方面から米機動部隊へ薄暮、夜間攻撃を行った銀河や一式陸攻、天山等が続々と着陸してきて、飛行場は一杯となった。この光景に「日本にもまだこんなに飛行機があるのか」と、堂本上飛曹は驚いた。

翌13日と14日は数機で離陸したものの、あまり深追いせず、戦果も少なかったが被害もなかった。14日午後、敵艦上機が引き上げたと思ったところ、中国大陸から大型機東進中との連絡が入った。先任下士官の原田敏堯上飛曹(操練41期)の二番機として直ちに離陸、台湾海峡にある澎湖島の馬港方面に向かって高度を取った。高度4500mでエンジンを高空用の2速に切り換え、酸素吸入の準備をしていると、上空8000m位のところを機体をピカピカの銀色に輝かせた四発の大型爆撃機が多数高雄方面に向かっているのが見えた。数はちょっと見ただけでは数え切れない位いる。のちに知ったことだが、これが成都から飛来したB‐29だった。酸素を吸いながら高度7000mまで上昇すると、エンジンの油圧は零となり、上昇計もほとんど零でアップアップ状態となってしまった。それでも7500mまで上昇したが、B‐29はすでに高雄の航空廠を爆撃したらしく、地上は爆煙に覆われていた。

爆撃を済ませたB‐29の編隊は旋回しながら引き揚げ始めたが、それでもまだ攻撃するには高度が足りない。仕方なく敵を目前に左旋回で帰途に就くと、一番機も「駄目だ」と、手を振って合図して一緒に引き返した。酷使した機体の実力がうかがい知れるエピソードである。

翌15日からは中国大陸からの攻撃に備えて澎湖島（ぼうこ）の馬公（ばこう）基地に進出、22日まで日に1、2回飛び立つものの、会敵の機会はなかった。堂本上飛曹らベテラン3名が七二一空への転勤命令を受け、零式輸送機で内地に向かったのは11月5日のことであった。

この頃、予備13期後期組の偵察員としての延長教育を受けていた田口清少尉は、第二高雄空で九六式陸攻の偵察員として連日索敵哨戒に飛んでいた。10月12日、第二航空艦隊の命令により第二高雄空の予備13期の少尉は全員台湾各地の航空隊に急遽配属されることとなった。田口少尉は同期の浦薫平少尉と共に台南空に向かい、そこでふたりは敵機動部隊攻撃隊の偵察員として参加することを命ぜられた。

突然の命令に困惑しながら、曲折の末、浦少尉は九七式艦攻（機数不明）で編成された第一次攻撃隊の指揮官渡辺一彦大尉（海兵67期）機の偵察員として乗り込み、一三〇〇に出撃した。田口少尉は九九式艦爆7機で編成された第二次攻撃隊の指揮官児玉光男中尉（海兵71期、昭和20年4月6日神風特別攻撃隊第二一〇部隊彗星隊指揮官として戦死）機の偵察員として乗り込み、一八三〇に出撃した。初めて乗った九九式艦爆に戸惑いながらも航法をこなし、敵艦を目視できたものの、急降下に入ったら敵の曳痕弾が激しく襲ってきたため、身をかがめて高度計だけを見て高度を読み上げていた。投弾後、高度５００ｍで引き起こして避退したものの、戦果は不明で、基地に帰投したのは4機だけ、渡辺大尉率いる第一次攻撃隊は全機未帰還であった。

一方、鈴木英男少尉は9月には台南空での実用機（九七式艦攻）の延長教育を終え、台湾南部の東港基地に展開していた対潜哨戒専門の実施部隊の九五三空に着任し、秘匿名称「三〇（さんまる）基地」と呼ばれた台湾海峡の澎湖島馬公基地派遣隊で九七式艦攻を操縦し、対潜哨戒を行っていた。この時は、「ごく普通の集合排気管の九七式艦攻で、電探も磁探も装備されておらず、六番（60㎏）通常爆弾を2～4発持って高度7～８００ｍで海面を目視哨戒していました」という。

10月13日、まだ空襲警報も出ていない警戒配備中に飛行場は不意に空襲を受けた。掩体壕への避退準備を進めていた九七式艦攻はグラマンの銃撃で全滅、鈴木少尉に代わって操縦席に着いていた道田昭男上飛曹（丙飛3期）は、地上滑走中に眼前で撃たれ、炎上する機体からは脱出したものの、5時間後に死亡した。誘導中の鈴木少尉は一瞬早く近くの機銃陣地に飛び込んで難を逃れた。

飛行機を失った航空隊は無力である。「（索敵もできない数日間は）上陸されるんじゃないかって不安に思ってました。それが、15日に高雄空の零戦隊が来て、その中には（のちに神雷部隊で一緒となる）堂本上飛曹や豊嶋上飛曹もいましてね、実に頼もしく思ったものです」と語る。

この直後、鈴木少尉には10月15日付けで七二一空への転勤辞令が発令されていたが、部隊作戦中の混乱で電報が届かず、11月3日になって辞令公報を見て初めて転勤を知った。公報から七二一空が新規編成の部隊であることが読み取れたので、「あの新兵器の部隊に呼ばれたのだ」と、即座に理解した。転勤の途中東港基地の本隊に立ち寄り、司令の宇宿主一大佐（海兵44期）転勤の挨拶かたがた事情を説明すると、大いに励まされた。

しかし、台湾沖航空戦後の混乱した状況では内地への帰投便は自力で捜さねばならず、数日間東港基地で内地行きの飛行機便を探していると、偶然中学校時代の同級生、大野和男少尉とバッタリと出会った。お互い知らぬ間に同じ13期予備学生として海軍の搭乗員となっていた奇遇に喜んだ。事情を話すと、二式大艇の機長となっていた大野少尉の配慮で便乗して内地に向かうこととなった。途中、沖縄上空で北進中の九七式艦攻を追い抜いていく有様に二式大艇の巡航速度の速さを実感しつつ、鹿児島県指宿基地に着水した。その後、汽車を乗り継ぎ百里原基地を経て神ノ池基地に到着したのは11月14日の夕刻のことであった。

比島での特攻作戦開始

10月12日から14日にかけての台湾沖航空戦で、再建途上の母艦航空隊の第三、第四航空戦隊や、北東方面の第五十一航空戦隊まで編入した第二航空艦隊は、米第58任務部隊に対し、のべ約550機による昼夜を問わぬ反撃を行った。

その結果、一時は空母19隻、戦艦4隻、巡洋艦7隻、（駆逐艦、巡洋艦を含む）艦種不明15隻撃沈・撃破との大戦果を報じたが、実際は自爆機や対空砲火の誤認などがほとんどで、重巡キャンベラと軽巡ヒューストンが大破、空母ハンコックが小破し、航空機89機を損失しただけであった。

一方、日本側の未帰還機は312機に達し、第二航空艦隊はこれから始まる比島戦を前にして約半数の戦力を失った。

比島では10月19日、大西長官が編成を命じた航空機による体当たり攻撃部隊は、「神風特別攻撃隊」として二〇一空で敷島隊以下4隊が編成され、23日には初桜隊以下5隊が追加編成された。21日以降レイテ湾方面に出撃したが、悪天候に阻まれ、突入に成功したのは25日、護衛空母セント・ローに1機突入轟沈したほか、護衛空母6隻に命中、損傷させる大戦果を挙げた。これはサマール島沖海戦での栗田艦隊の戦果を超えるものであった。

桜花が実戦投入される予定の12月下旬から2ヶ月も早く比島での戦闘開始が繰り上がったが、圧倒的な戦力の米軍に対し、有効な攻撃手段のない状況下で特攻隊のあげた戦果は画期的であった。こうして、当初目的の「空母の飛行甲板を破壊し、1週間位使えなくする」限定的戦法から次第に逸脱し、航空攻撃の特攻化の流れは拡大の一途を辿った。

　内地から増援された第二航空艦隊司令長官の福留繁中将（海兵40期）は、大編隊による正攻法を主張して譲らなかったが、大西中将に説得され、特攻作戦に参加を表明し、26日には一航艦と二航艦が統合、基地連合航空隊に改編され、特攻隊の編成も拡大されていくのである。

　この頃の状況を端的に表した証言がある。10月14日の台湾沖航空戦で攻撃二五二飛行隊の飛行隊長長曽我部明大尉（海兵67期・偵察）機の操縦員としてペアを組んだ町谷昇次飛曹長（操練43期）は、石垣島の南南東１７０度１５０浬の空母3隻とそのほか約15隻からなる敵機動部隊に白昼天山17機だけで強襲し、ただ1機穴だらけになりながら石垣島に帰投していた。その後、後続部隊と合流し、第二航空艦隊の増援部隊の一部としてルソン島クラーク基地に進出していた。

「10月25日の夕方、第二航空艦隊司令長官の福留中将がクラーク北基地を訪問されまして、准士官以上を指揮所に集めて特攻作戦開始を告げられました。指揮所と言っても広さ4坪位の番小屋のような小さな粗末な建物で、日没後の灯火管制された真っ暗な二階に集まった20人ほどを前に『日本海軍はかく戦ったという歴史を１００年後の人のために残したい、そのために特別攻撃隊という制度を実施する』といった趣旨の訓辞をされました」とのことであった。

「ろ号作戦」で被弾不時着してブーゲンビル島のタロキナ沖で丸一昼夜の漂流を経験し、この後は、レイテ湾の雷撃攻撃や沖縄戦の薄暮、夜間の雷撃戦を戦い抜く歴戦の町谷飛曹長にとっても、強烈な印象の訓辞であった。

　まともな勝利を得られなくなったと見るや「歴史に残す」ために特攻攻撃をするというのも、当事者にとってはたまったものではない。しかし、現に70余年ののちの現在、こうして歴史を調査する者の存在までを見透かしたような福留中将の訓辞は意味深長である。

　その直後の10月28日付けの第一航空艦隊参謀長吉岡忠一中佐（海兵57期）から人事局長宛ての親展電報に、19日の飛行機不時着事故で右脚骨折全治2ヶ月の重傷を負ってマニラ海軍病院に入院中の二〇一空司令山本栄大佐（海兵46期）を交代させ、その後任に七二一空司令の岡村大佐を希望する旨、さらには「マルダイ部隊搭乗員をナルベク多数ヲ此ノ際二〇一空に編入アリ度」としている（機密第二八一二一五番電）。しかし、当然のことながら海軍上層部の容喙するものではなく、司令の業務は副長の玉井浅一中佐（海兵52期）が代行し、特攻隊員は後に金剛隊として増援されている。

神ノ池基地への移動

11月7日、七二一空は百里原基地より同じ茨城県の神ノ池

神ノ池基地略図

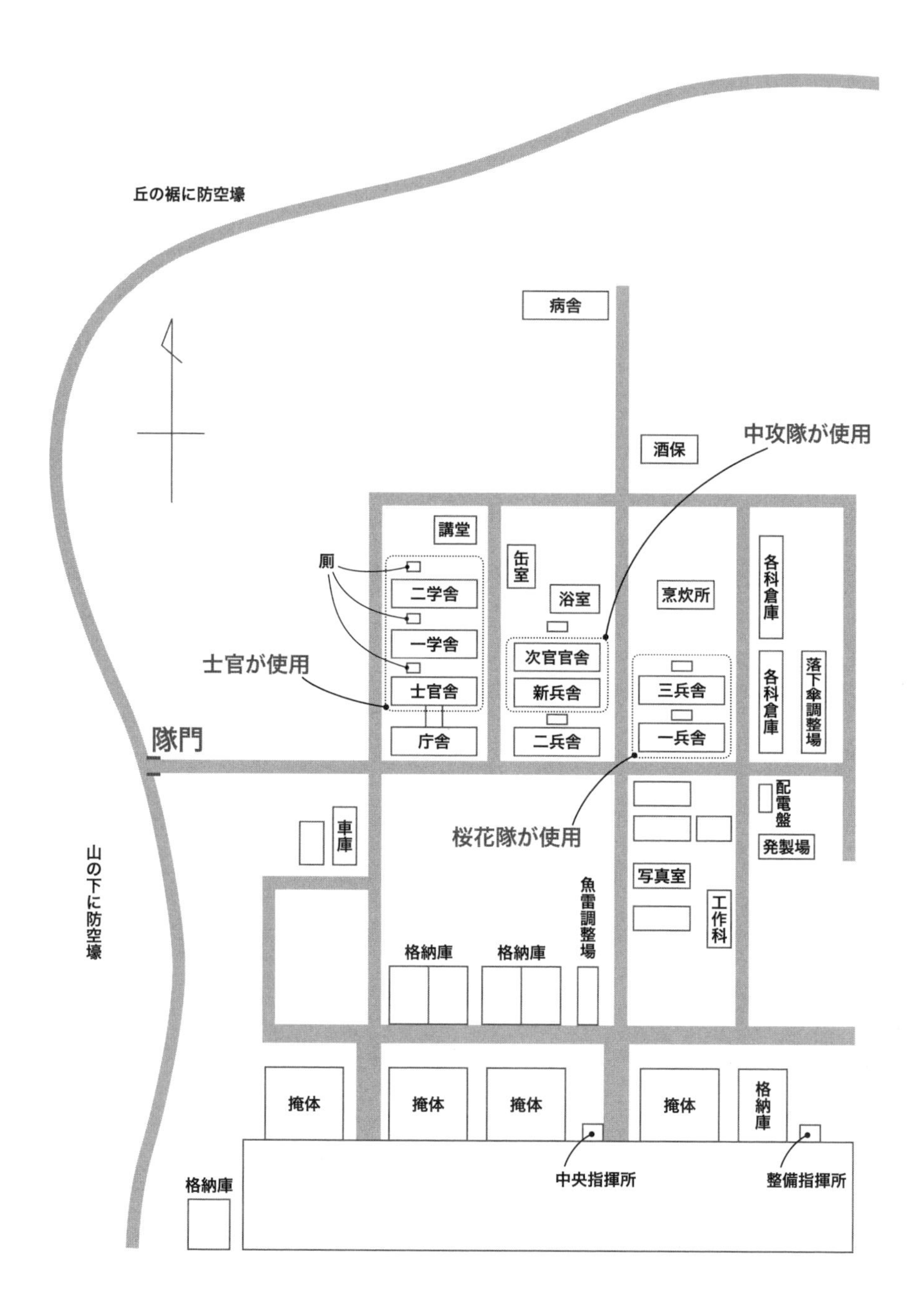

丘の裾に防空壕
病舎
酒保
中攻隊が使用
講堂
缶室
浴室
烹炊所
各科倉庫
厠
二学舎
一学舎
士官が使用
士官舎
次官官舎
新兵舎
三兵舎
各科倉庫
落下傘調整場
隊門
庁舎
二兵舎
一兵舎
配電盤
車庫
桜花隊が使用
発製場
山の下に防空壕
魚雷調整場
写真室
工作科
格納庫
格納庫
掩体
掩体
掩体
掩体
格納庫
格納庫
中央指揮所
整備指揮所

基地に移動した。当時、神ノ池基地には戦闘機の実用機教程（延長教育）を行っていた神ノ池空があり、13期飛行予備学生（後期）の操縦教育を行っていた。

七二一空の展開にともない、戦闘機教育部隊である神ノ池空は、谷田部基地に移動して谷田部空となり、従来の九三式中練による練習機教程を行っていた旧谷田部空は、山形県の神町基地（現在の山形空港）に移動して神町空となった。玉突き移動である。

神ノ池空には先の募集に際し、血判署名した岩下少尉と萩原少尉、佐藤芳衛少尉がいまだ転勤命令も出ないまま操縦教官として勤務していた。彼らは細川少尉の顔を見るなり、同期生の気安さも手伝って「貴様達のために谷田部に引っ越しさせられる」と、文句を言いだした。細川少尉は「俺達のおかげでここより少し便利な谷田部に行けるんだろう」と、軽口で返し、久しぶりの再会と別れの酒をガンルーム（初級士官専用の士官室）で汲み交わした。ところが、引越荷物も片付かぬ間に「追い出された」と、文句を言っていた岩下少尉がひょっこりとガンルームに顔を出し「また来ちゃった」と、言う。

「どうした？　忘れ物か？」と、聞く細川少尉に向かって「岩下少尉、谷田部空よりただいま着任いたしました。よろしく願います！」と、大まじめに申告を済ませ、皆で大笑いとなった。

神ノ池基地に移動した七二一空は、岡村司令の発案で「疾風迅雷」から音を取って「神雷（じんらい）部隊」の別名をつけた。基地の真西に設けられた神ノ池基地の隊門の右側には「第七二一海軍航空隊」、左側には「海軍神雷部隊」の門札が掲げられた（ただし、正式書類にはすべて七二一空と表記されている）。

基地の隊門を抜けてしばらく歩くと左手（北側）に庁舎が

↑南側上空より撮影された神ノ池基地施設。左上が隊門、続いて基地建物があり、右側には曲がりくねった誘導路沿いに掩体壕が設けられている。下の滑走路は第一飛行場。

あり、渡り廊下で士官舎とつながっている。さらに左奥には練習航空隊時代は飛行学生が生活していた学生舎が2棟あり、主に予備学生出身士官が使用した。その奥には講堂があり、各種行事の際には総員がここに集められた。陸攻隊員は第二兵舎と浴室の間の2棟を使用していた。第三兵舎の北隣には烹炊所（調理場）があり、その北側には酒保と呼ばれた売店があった。各兵舎の間には汲み取り式の厠（便所）が別棟として建てられていた。

一方、隊門から見て右手（南側）には格納庫や各種作業場が設けられ、さらに南側が滑走路となっていた。居住区を抜けた東側は曲がりくねった誘導路と掩体壕が設けられていた。

のちに桜花隊第三分隊長となる、湯野川守正中尉（海兵71期）は、前任の筑波空時代、6月の諮問の際は事故で左目を負傷して入院していたため、諮問自体を知らなかった。その後傷も癒えて飛行作業を再開し、操縦に不安がなくなった8月になって例の募集があった。一撃で必死に至る攻撃には多少躊躇したものの、「有効な兵器であればこれを使ってやろうじゃないか」と、2時間ばかりで覚悟を決め、血判を押して「熱望」と志願した結果、11月6日付けの発令で百里原基地に着任した。

しかし、すでに司令部本隊は神ノ池基地に移動していた。そこで残留部隊の最先任者の野中少佐に「湯野川中尉参りました。よろしくお願い致します」と、着任の申告をすると、野中少佐は「遠路はるばるご苦労さん。おや、お前さんきれいな目をしてるな。バージンか？　薄汚いバージンなど早く落としときな」と、恐れ入った指示をいただいた。程度の差こそあれ、野中少佐に着任の申告をした者は「若けぇ身空でご苦労でやんす」等と、そのベランメェ調の口調に度肝を抜かれた。湯野川中尉はその言行が、「野中一家」とまで呼ばれた部下達の掌握と志気の鼓舞に大いに役立っていることに感心させられた。このことはのちに詳述する。

↑筑波空教官から着任した湯野川守正中尉（海兵71期）。のちに桜花第三分隊長として宇佐基地に進出する。

零戦による突入訓練開始

編成から1ケ月余りが過ぎたこの時点で、飛行時間こそ一定の水準以上だったものの、戦闘機、艦攻、艦爆、二座水偵、三座水偵など、専修の機種の異なる１００名近い搭乗員を、投下されたらやり直しの利かない、しかもその数もいまだ少ない高性能滑空機にいきなり乗せるわけにはいかない。

長野飛曹長らが訓練方法を検討した結果、桜花による突入感覚を養うための練習機材として零戦を使用することとなった。まず手はじめとして、高度４００ｍからエンジンを一杯に絞って滑空しながら降下し、一定のコースを正しく廻り、脚を出して「定着点」と呼ばれた決められた一点に着陸する。４００ｍからの滑空が決められるようになると、次は高度１０００ｍから降下角度30度で行い、次いで２０００ｍからの滑空となる。

11月中旬以降、もともとの飛行場の南側の砂地を整地、拡張して桜花Ｋ１専用の着陸場として第二飛行場が整備された。ここを使用し来たるべき桜花Ｋ１での降下進入時の感覚を養うための擬接地訓練が行われた。擬接地とは着陸はせず、高度１ｍばかりの高さのところを草をなぎたおしながら低く這うように飛び、この間に地形を研究し、不良地帯の偵察もするというものであった（訓練の内容は搭乗員の専修や練度により、適宜省略されたらしい）。

その次は桜花Ｋ１の訓練同様、３０００ｍからの降下訓練となる。エンジンを絞り、桶温（シリンダー温度）が下がり過ぎてエンストしないよう、カウルフラップを一杯に閉めて緩降下する。これをうっかり閉め忘れたら、スピードが出ないばかりか、強烈な振動まで加わる。着陸してから閉め忘れていたことに気付いて閉めようとしたところ、歪んでしまって閉まらなくなった者もいた。降下しながら滑走路上に設置された地上目標に向かって突入し、目標上空10ｍ程度でエンジンを吹かして引き起こし、再び高度３０００ｍまで上昇、再降下する訓練を１回の飛行で通常３回実施し、最後は高度２００ｍまで上昇のうえ、旋回して誘導コースに入って着陸した。この訓練は桜花Ｋ１搭乗後も繰り返し行った。

零戦の操縦は戦闘機専修者であれば何の支障もないが、ほかの機種、特に水上機しか操縦したことのない搭乗員にとって、陸上機、とりわけ引き込み脚の機体は未知のものであった。このため、零戦の二座練習機である零式練戦が用意され、零戦操縦経験のない者は経験者を教官として後部に乗せてレクチャーを受けながら地上滑走時のブレーキ操作（水上機にブレーキはない）に脚出し操作や三点姿勢などの離着陸のコツなどの操縦方法を覚え、３回ほどの同乗飛行ののちに単独飛行となった。これらの機体は操縦訓練用なので、いずれも機銃や照準器等は搭載されていなかった。

この時初めて零戦に乗った水上機出身者は「（陸に上がった）カッパ」と俗称された。彼らは皆一様に、嫌というほど身体に叩き込まれた「離着水時は必ず風に正対すること（そうしないと転覆する）」の鉄則などものともせず、横風のなか、当て舵を取って平気で離陸してゆく零戦の離着陸に度肝を抜かれ、特殊飛行の身軽さに感嘆した。とにかく、水上機のように何事もキチッとやらないとたちまち事故を起こす機種を当然としていた者には、陸上機の運用のアバウトさ加減に一種のカルチャーショックを受けた。

その後、零戦の単独飛行を行うようになってもなかなか水上機のクセが抜けず、基本の三点着陸でなく、つい、尾輪を先に接地してしまい、尾輪を折る事故が多発した。「着陸時に尾輪を折ったのに気付かず、そのまま滑走して指揮所の前で止まって降りたら、滑走路の芝生を削った跡がずっと付いていてねぇ、こっぴどく怒られました」とは、水上機出身の杉本正名一飛曹（甲飛11期）の証言である。

また、老朽機材が多く、地上滑走中にブレーキを踏んで利かせた途端、足を離してもロックされて戻らなくなる「かみつき」が発生する機材が多かった。これが発生するとロックされてしまった脚を中心に1ヶ所をぐるぐる廻ってしまい、始末に困るものであった。そんなこともあって、垂直安定板の機体番号から故障癖のある機材はすぐ見分けられ、搭乗員から敬遠された。整備科にとっても、老朽機材は保守部品も乏しい中で手間ばかりかかる厄介者であった。「○○号機は油もれがするぞ」と、マークされると、徹底的に搭乗員に敬遠され、その飛行機は搭乗割に書かれてあっても、また引っ込められた。

しかし、水上機出身者のみならず、艦攻や中練ばかりを操縦していた者にとっても、零戦の軽快な運動性能は実に印象的であり、60余年経た取材の際も、その話となると元搭乗員達の言葉は実に楽しそうに弾んだ。

↑零練戦ヨF-407号機。機番号が721となる前の仮番号なのが興味深い。風防後端の空気抜き孔が開口されていないことから、日立航空機製の後期型とみられる。

現存するこの時期の写真では、七二一空の仮ナンバーである「ヨF」で始まる仮部隊記号を付けた零練戦や、全面灰色で神ノ池空時代そのままの機番号の零戦二一型、機番号は七二一空であっても、ここでは使用しない射撃訓練用の吹き流しを曳航するための曳航索取り付け金具を残したままの零戦二一型など、中古機が多かったことがうかがわれる。

また、天候不良などで飛行作業のない日は、「座学」として、海軍では極秘文書を意味する赤表紙の本を教科書として使った。この「赤本」には、軍艦の速度を表すウェーキ（航跡）の長さと、艦型識別図があった。それを陸攻隊の士官が説明した。戦艦のシルエットを示して曰く、「こういう風にずんぐりむっくりした型が戦艦だ」云々といった調子の講義をしたが、予科練出身者には小さい時から『海と空』や『海軍グラフ』等の雑誌をためつすがめつ眺めて育った者も多いので、改めて得るものは少なかった。また、アメリカの軍艦の模型（吃水線から下は切ってある）を砂の上に並べて、輪型陣はこれ、単縦陣はこの型、一斉回頭はこういう運動をいう、などと講義を受け、これら陣形を様々な角度から見下ろして、咄嗟の会敵の際に正しい判断が下せるよう、教育が行われた。

また、搭乗員の目線で、模型の空母に突入するまでを撮影した5分ほどの教材映画も繰り返し上映された。その内容は、要所要所でカメラが止まりその時点での突入角度や目標までの距離が表示され、最後は敵空母の艦橋部のアップで終わるというものだった。これは難解な講義が当たり前だった当時としてはビジュアルに直接訴える画期的なもので、突入時のイメージトレーニングに役立った。

刈谷大尉の殉職

長野飛曹長による初の飛行試験から2週間後の11月13日、機材が揃ったことにより、桜花Ｋ１の降下訓練が開始されることとなった。この日、航空本部長戸塚道太郎中将（海兵38期）の査閲のもと、分隊士による桜花Ｋ１飛行の実演が予定された。

この日の搭乗割は、前日に組まれた時点では同じ飛行学生39期の中で、筑波空での教官時代に飛行時間が長かった林中尉が先陣を切り、次いで刈谷大尉、三橋中尉の順で投下、滑空飛行を披露する予定であった。ところが、当日になって刈谷大尉が異議を唱えた。兵学校が一期上の70期で、分隊長である最先任の自分が最初に飛ぶのが筋であると言うのである。軍隊は序列に厳格である。最先任の刈谷大尉にとって林中尉の次に飛ぶのは先任分隊士のメンツに関わると考えたらしい。押し問答のすえ、一番手が刈谷大尉に決まると、今度はハンモックナンバー（兵学校の卒業席次）が上位の三橋中尉も異を唱え、結局林中尉は三番手に廻ることとなった。

刈谷大尉は、神雷部隊に着任前の筑波空教官時代に病気で長く入院していた期間があり、飛行時間はあまり伸びていなかった。しかも、着任して桜花を見てそのあまりに簡素な構造に「俺は嫌だ」と、投げ出したような発言をし、日頃の言行にも精彩を欠き、桜花の構造や飛行特性に関する研究に熱心に取り組んでいなかった（この刈谷大尉の言行に関し、例の募集の際に消極的希望である「望」で提出していたのではないかとの指摘がある。筆者は未見であるが、残された刈谷大尉の日記には神雷部隊に着任したことを後悔している記述があるという）。

飛行訓練前日の晩（11月12日）、桜花搭乗員が集められ、整備科分隊士の中尾一喜大尉（予備整4期）より桜花K1の水バラストの構造と放出手順に関する詳細な解説があり、水バラストの放出は後部タンクを先に行うことをくり返し強調していたが、この場に刈谷大尉が出席していたか定かでなく、また彼が水バラストの機構に関し事前に研究していた形跡もうかがえなかった。

当日、指揮所前に置かれた説明用の桜花K1の前で、刈谷大尉は計器盤左下のふたつ並んだ水バラスト排出用レバー（右が後部用、左が前部用）を指さして、居合わせた整備員に「水の排出レバーはこれだな？」と、聞くと、聞かれた方は両方のことだと思い、「そうです」と答えた。

その後、戸塚中将が到着、桜花K1を懸吊した一式陸攻に乗り込んだ刈谷大尉は高度3000mで桜花K1に移乗、予定通りに母機から切り離された。滑空に入って水バラストを投棄する真っ白い水煙を曳きながら飛行場を旋回し、順調に飛行を続けていたが、途中で水煙が途絶えたかと思うと、突然機首が上がってガタガタと飛行姿勢が不安定となり、行き足が止まったかと思われた瞬間、失速して高度200m位のところから機首を上にして滑走路南端付近に落下した。

眼前で発生した事故に戸塚中将は大いに驚き、周囲にいた者に「搭乗員は大丈夫か？」と、慌てて聞いていたが、刈谷大尉は全身打撲で2時間後に死亡した。

↑刈谷大尉殉職の後任として百里原空教官より異動した平野晃大尉（海兵69期）。のちに桜花第一分隊長として神ノ池基地で後継隊員の養成と桜花二二型の開発に関わる。

この事故にも関わらず、すでに離陸していた三橋中尉の飛行が行われた。今度は投下直後のマイナスGで舞い上がった機内のホコリが三橋中尉の目に入り、一時機位を失して桜花K1は蛇行し、ようやく機を立て直して滑走路ギリギリのところから着陸に成功した。続く林中尉の飛行は中止された。

刈谷大尉の事故原因はすぐに判明した。事故機は前部バラストタンクの排出レバーが引かれ、空となっていたが、本来先に引かねばならない後部バラストタンクは排出レバーが引かれた形跡がなかった。このため、滑空中に重心位置が大きく変わったことで失速、墜落に至ったものと判明した。整備員の証言により、刈谷大尉が水バラスト排出用レバーの操作を間違えたことに起因する人的ミスであることが明らかとなった。しかし、ここで岩城少佐から「本件に関しては口外無用」と、箝口令が出された。このため、翌日に行われた航空本部側の事故調査は難航し、結局、事故原因は「水タンクニ水積ミ込ム時、機内に流入セル水ガ空中ニテ離脱後、操縦席内ニ吹キ込ミ操縦視界ヲ不良トナセルニヨルト推定サレル」と、水バラスト搭載時に溢れた水による不可抗力とされた。

岩城少佐の言動は、刈谷大尉に責任を負わせるのは忍びないとして取った処置、あるいは再発防止対策の改善工事完了までの間、訓練停止となることで桜花訓練日程が遅延することをおそれたためではないかと推測される。

この日、11月13日付けにて桜花隊飛行隊長として柳澤八郎少佐（海兵64期）発令され、さらに殉職した刈谷大尉に代わる分隊長として百里原空の艦爆操縦教官の平野晃大尉（海兵69期）が16日付けにて発令された。

飛行訓練の再開

本来、桜花K1の水バラストは、投下重量を桜花実用機と同じ重量とすることで操縦感覚を似せることと、投下時に機体が浮き上がって母機に接触することを防止する目的があった。しかし、刈谷大尉の殉職によって再検討の結果、「水バラストなしでの投下でも操縦特性はほとんど変わらない」との長野飛曹長の意見から、以後は水バラストなしでの飛行で訓練することとなった。

翌日の訓練再開後最初の飛行は、林中尉が務めた。林中尉の桜花K1操縦の感想は「風切り音だけの静粛な中で、操縦性は零戦以上に軽快で極めて優秀、これなら狙った場所にドンピシャ命中させることができる」というものであった。これは搭乗経験者に共通した感想でもあった。林中尉は軽快な操縦性能に滑空中にクイックロール（急横転）を打ちたくなる欲望をこらえて着陸した。この成功により、桜花訓練は再開された。

この日の夕方、台湾の東港基地からはるばる転勤してきた鈴木英男少尉（予備13期）が神ノ池基地にようやく到着、着任した。「隊門には『海軍神雷部隊』なんて看板が掛かっていて、着任したら（先任分隊士の）刈谷大尉のお通夜をやってるし、こりゃ～、すごい特殊部隊に来てしまったなぁ」と、内心覚悟を決めたという。

16日には大久保上飛曹が降下し、続いて細川少尉も降下に成功した。前日の搭乗割発表の際、「細川少尉の降下状況を見たうえで予備士官の搭乗を考慮する」と、言われており、露骨に操縦技量判定用のサンプルと見なされていただけに、飛行時間の少ない予備学生であっても操縦が可能であることを証明したことで同期生達は喜び、訓練に拍車がかかった。

桜花K1の降下訓練は当初は従来からの第一飛行場の滑走路を使用していたが、人員、機材の増加から手狭となったことから、11月中旬には第一飛行場は陸攻と零戦の離着陸専用とされ、桜花K１の降着専用に第二飛行場が整備されることとなった。

第二飛行場は本隊の南方、約２㎞ほど離れたところにあった。本来は草原で、海軍設営部隊により簡単な整地作業が施されただけで名前は飛行場となったが、実態は人の背丈ほどの草が一面に生いしげり、ほぼ中央に砂地と草が入り交じったところがあり、河原と大差なかった。

この飛行場は一番長く距離の取れる斜め中央では全長２２００ｍに達し、全体の地形は細長い三角形となっていた。飛行指揮所は三角形の頂部、飛行場の北端に置かれていた。飛行場の左右、つまり東西のエンドには不良地帯があり、不規則な砂丘の起伏が続き、また、松林もあり、そこへ飛び込んだら到底無事では済まされず、事実ここに突入した殉職事故も発生した。

また、この地の西北に海軍の爆撃実験場があった。開戦前には、ハワイの米戦艦を想定した実物大の装甲板がおかれて、41㎝主砲弾を改造した八十番徹甲弾（８００㎏爆弾）を投下して、これを貫徹させるための最低必要高度が判定された。

ここには神雷部隊が訓練していた当時、上空から見ると、ひと目でそれとわかる大きな白い円形マークがあり、標的として置かれた壊れた九六式艦戦が残骸をさらしていた。

桜花K１訓練手順

ここで桜花K１の投下訓練の手順を詳述する。風向きによって変わるが、桜花K１を懸吊した母機の一式陸攻は主に第一飛行場の南北の方向に延びた主滑走路を使って離陸していた。離陸時に胴体後部に加速用として装備した四式一号噴射器二〇型（桜花尾部に装備した加速用ロケットと同型）を点火すると「ボボボッ、ボー」と、汽車のように時々息をつきながら一気に燃焼し、速度が上がると尾部が「ピョコンと」持ち上がり、離陸する。40分ほどかけて左旋回しながら高度３０００ｍに達する。

ここで隊員達が「ガン箱（棺桶）の蓋」と俗称した一式陸攻の15～16番肋材間に設けられた50㎝角の蓋を外すと、薄暗い機内に外部の光が差し込み、高度３０００ｍの冷気が吹き上がってくる。鍵爪の付いた竿で桜花の風防を開き、桜花搭乗員は額に「エヂソンバンド」と俗称された着陸時のショックから頭部を保護する緩衝パッドを取り付け、（ごく初期の頃は命綱を巻いて）１・５ｍ下の桜花に移乗する。この間を「三途の川」と俗称した。

彼岸である桜花K１に移乗を済ませると、操縦桿やフットバーを固縛している金具を外して上で待機している陸攻の搭乗員（主に搭乗整備員）に渡す。風防を閉め座席に座ると、外観の印象とは異なり、頭が風防の天井に届きそうな位低く、眼前に遮風板が迫り、ギリギリの大きさの設計であることが改めて実感させられる。

投下時のマイナスＧで機内のホコリが舞い上がるので飛行眼鏡をかけ、ベルトを締め、万一の事態に備え、落下傘の自動開傘金具を結合する。桜花Ｋ１には、座席背もたれと一体となった背負式の落下傘が装備され、脱出の際に胴体の側板が60㎝ほど外れ、狭い機内から容易に脱出できるよう、配慮されていた（ただし既述の通り実戦機である桜花一一型では落下傘はもとより、このような装置は廃止されている）。計器盤から下がっている真田紐を操縦桿に掛け、投下時のショックでうっかり引いても動かないように固定したうえで、「整備ヨロシイ」の意味である、「セ（・ーーー・）」のモールス符号を打って待機する。桜花の風防部は母機の爆弾倉の一番奥まったところにあり、この時点では外界の様子はほとんどうかがい知ることはできない。

母機は利根川方向から北上しながら第二飛行場を左に見る木崎集落上空を過ぎる。爆撃標的上空で母機は機体の横滑りがないように慎重に操縦しながら、偵察員の「ヨーイ、テェ」の合図と共に操縦員が右手のブザーで「・・・ー・」と、合図を送り、最後の「・」のブザーの合図と共に左手側の投下ボタンを押す。

桜花Ｋ１側では合図が終わると同時に目の前の懸吊金具につながるワイヤーを押さえている爆管が軽い音と共に爆発し、金具から外れて投下される。

投下された機体は約３００ｍほど自由落下する。この間マイナスＧによって機内のゴミやホコリが舞い上がり、身体が浮いて安全バンドが肩に食い込む。これを我慢していると次第に揚力が発生するのが感じられる。そこでようやく真田紐を外し、飛行を開始する。

降下しながら桜花一一型の最適滑空速度１７０ノット（３１５㎞／ｈ）で飛行し、三舵の効き具合を試しながら速度を漸減しつつ左旋回で飛行場に進入。息栖（いきす）神社上空で第三旋回点に達し、高度１０００ｍで座席右側にあるフラップの角度目盛りのついた金具を見ながらフラップを降ろし、常陸利根川上空で第四旋回を行い、１１０ノットで最終パスに乗る。目の高さ地上１ｍほどで水平飛行に移ると間もなく橇が接地して河原のような砂地の第二飛行場に機体は停止する。この間約3分30秒ほどのことである。

桜花Ｋ１は自力では移動できないため、回収作業を整備科に任せており、機材は敷設された軽便鉄道のトロッコに乗せられて回収されて次回の訓練に使用された。搭乗員は迎えの九七式側車（サイドカー）に乗って指揮所に戻り、訓練終了を報告した。

投下訓練は1回だけ行われ、これが終了すればあらゆる条件下で作戦可能な練度Ａとされた。資料では12月26日の時点で桜花K１の搭乗経験者は179名／197名で、全体の91％に達している。

11月半ばに着任した水上機出身者の現存する航空記録によれば、11月中は零練戦に8回、5時間45分搭乗し、12月には零練戦12回、9時間、零戦に13回、19時間搭乗し、一式陸攻（桜花K１訓練の際の補助員、および大分への移動訓練時の同乗）に3回13時間搭乗、桜花K１には母機搭乗時間も含め、1回50分、12月末時点での神雷部隊での累計飛行時間は37時間35分、総飛行時間は403時間50分となっている。

攻撃七一一飛行隊の編成

11月15日、七二一空は従来の横須賀鎮守府付属から連合艦隊直属となり、錬成が完了するまでは戦闘に投入されないように配慮された。また、それに合わせて部隊の編成も実戦投入を念頭に置いた編成に拡大されることとなった。

七二一空編成以来、付属陸攻隊となっていたものが、同日付けにて攻撃七一一飛行隊（以後飛行隊は省略）として独立し、飛行隊長に野中五郎少佐（海兵61期）、分隊長に甲斐弘之大尉（海兵70期）が発令された。攻撃七一一には数少なくなっていたベテラン搭乗員が多く集められた。その中のひとり、野中少佐の前任部隊である攻撃七〇三から子飼いの部下の乙飛１

↑豊田連合艦隊司令長官と共に撮影された攻撃七一一飛行隊搭乗員集合写真。

期の大ベテラン操縦員樺澤義雄中尉が着任した際の申告の様子は、偶然その場に居合わせた湯野川中尉が目撃していた。

樺澤中尉は「着陸時機内に立てたビール瓶を倒さなかった」とか、「目隠しのまま海面高度5mを10分間飛んだ」等の伝説を持った名人操縦員であった。

着任の挨拶に敬礼後、「隊長！　来ましたぞ」と樺澤中尉が言えば、野中少佐は「来たな、ご苦労さん」と、絶大なる信頼を寄せている様子がはた目にもうかがえた。

野中少佐は宿舎の私室では緋毛氈を敷き、毎晩前任の七五二空時代に部下から習い覚えた手前と、その際に提供されたという道具で茶を点てた。黒字に白く「禅」の文字が入った楽焼の茶碗を特に愛用し、居合わせた分隊士達に振る舞うと共に、それまでの戦闘の様子を語ったりすることが多かった。

机上の本には海軍の機密文書を意味する、赤いカバーが掛けられて「夜戦隊戦則」などと仰々しく背書きされて並んでいたが、その中身は部下統率用のセリフを仕入れるための仁義任侠物の雑誌で、使えそうな文句にはていねいな赤線が引かれていたという。

「野中一家」として内外にその名を知られた野中少佐の統率ぶりは、スマートネスをモットーとする日本海軍の常識から外れたものだった。訓練の始まりには陣太鼓を叩いて整列させ、「宜しい」と報告を受けると、「天気は上々、元気イッペェやってくれ」とか、「野中一家の若けぇ衆、用意万端整ったところで出発」といった調子の号令のかけ方で、若い搭乗員達はそういう心意気がぴったり合って、野中少佐の部下であることに誇りを感じていた。

とはいえ、同じ神雷部隊であるものの、必死部隊である桜花隊と、攻撃後は戦果を見届けて基地に帰投し、再出撃するのが建前の陸攻隊とは自ずと気風も異なった。無用の摩擦を避けるため、幹部同士はともかく、隊員相互の交流は少なかった。この配慮は鹿屋基地進出後も適用されている。

この頃着任した鳥居敏男一飛曹（甲飛12期）によれば、「隣り合わせの兵舎でも向こう（桜花隊）は割とおおらかにやっていましたが、こちら（陸攻隊）は先輩達も多くて罰直もあったり、なにかと忙しくて、同期生がいてもおおっぴらに遊びに行ける雰囲気ではありませんでした」と語っている。

また、11月5日付けで松島空から着任した小栗正夫一飛曹（乙飛17期・電信）は、予科練出身者には極めて珍しく、予科練入隊以来の克明な日記を残している。11月4日の記述には「本日特攻隊の下調べがあった。自分は熱望した。もう覚悟は決まっている」とあり、いきなり翌日には小栗一飛曹ら6名の神雷部隊への異動が発表されている。この記録からは、帰投が前提の陸攻隊員といえども、特攻隊扱いで志願者を選抜した事例が存在したことが確認された。

小栗一飛曹は異動が決まった11月5日の日記に「行け若人、大空へ！」を絶筆に擱筆してしまったため、以後翌年3月21

日の第一次桜花攻撃で戦死するまでの記述が一切ないのが惜しまれる。

戦闘三〇六飛行隊の編成

また、直掩戦闘機隊として戦闘三〇六も同日11月15日に編成、飛行隊長漆山睦夫大尉（海兵70期）、分隊士として宮原健児中尉（海兵72期）が発令された。

第一次編成当時の戦闘三〇六の搭乗員の生存者は極めて少ない。先に神ノ池空時代に同期生3名で血判を押してまで志願した佐藤芳衛少尉（予学13期）は、この時通常の転勤命令で着任している。

また、野口剛上飛曹（乙飛16期）は筑波空で教員を務めていた時代に牧大尉より例の募集を受け、志願していた。その後三沢空で零戦の教員をしていた11月半ばになって、同期生3名と共に七二一空への転勤命令を受けた。神ノ池基地に着任し、副長の五十嵐周正中佐（海兵56期、11月5日付け発令）に申告すると、「貴様、戦闘機（専修）だな、じゃあ戦闘機隊へ行け」と、言われて戦闘三〇六に着任することとなった。戦闘三〇六の搭乗員のすべてが特攻志願者から集められたわけではないので、11月半ばのこの時点では桜花の操縦特性が判明し、必ずしも戦闘機出身者やベテランでなくても操縦可

↑戦闘三〇六飛行隊搭乗員集合写真。

能と判明していたことがこの背景にあるようにうかがえる。

野口上飛曹達は機材の確保のため、群馬県の中島飛行機大田工場に出向き、兵装のない零戦を受領し、厚木の航空廠に持ち込んで機銃と無線機を搭載した。空輸した機体はすべて五二型丙で、機銃5挺と背中の防弾板まで用意されたフル装備機だったが、のちに防弾板は重量軽減のため降ろしてしまった。

一方、佐藤少尉は機材受領のため、青森県の大湊の第四十一航空廠に出向き、領収のための試飛行の際に脚が出ずに不時着し、改めてもう1機受領した。察するにどこかの部隊の還納機の受領であったと思われる。

戦闘三〇六が直掩戦闘機隊として自分達を援護してくれることを誰よりも認識していた野中少佐は、時折戦闘機隊の宿舎を訪れては、例のベランメェ口調で戦闘機隊の搭乗員達と酒を酌み交わし、「そん時は一丁宜しくねげぇやす」と、肩肘張らぬざっくばらんな姿勢で、戦闘機隊員達に強烈な印象を与えた。

彗星隊の編成

同日これら飛行隊とは別に彗星隊も編成された。飛行隊長として伊吹正一少佐（海兵62期）が着任すると共に、台南空の艦爆教官だった渡辺清規中尉（海兵71期）ら台南空艦爆隊より教官、教員総計8名が着任している。この時一緒に着任した柳本馨一飛曹（乙飛17期）の回想では、着任当時彗星は2機しかなく、いずれも四三型であったとのことだが、時期的に疑問が残る。すでに台南空で特攻隊に編入、待機の経験を持っていた柳本一飛曹は桜花ではなく自力で飛行可能な彗星を乗機として特攻出撃できることに感謝したと回想する。

特攻部隊である七二一空に彗星隊を付属させた理由は判然としないが、準特攻機として開発された彗星四三型を装備して比島に進出を予定されていることから、神雷部隊との共同

↑稼働率維持に努力した整備科の隊員達。彼らの努力により訓練中の機材故障による殉職事故は発生しなかった。

作戦検討のためか、あるいは錬成期間中、便宜的に七二一空に編入されていたかのいずれかと推測される。

事実、彗星隊の士官搭乗員の多くを占めた予備13期生は、鈴木少尉と共に台南空での募集に志願した者達であった。彼らの多くはのちに沖縄戦や終戦間際の御盾隊に参加し、戦死している。

ともあれ、同一航空隊にこれだけの機種の飛行隊が同居している事例はほかになく、神雷部隊の複雑な性格を物語っている。結果として彗星隊は生産の遅れから三三型を主装備として錬成に努めたが、比島戦に投入されることなく、七二二空に改編後の昭和20年3月下旬に、攻撃第一飛行隊に編成換えとなり、六〇一空に異動し、沖縄戦に投入される。

味口正明飛長の回想

11月半ばも過ぎると、桜花K1の投下訓練も軌道に乗り始め、1日に4～5機程度の投下訓練が行われると共に、零戦による緩降下突入訓練も第一飛行場で引き続き行われていた。

この頃、11月17日に天草空から一緒に転勤してきた味口正明飛長（特乙1期）、麓岩男一飛曹（乙飛17期）、西本政弘一飛曹（甲飛11期）の3名のうち、唯一の生存者である味口飛長は当時詳細な記録を残しており、今回取材することができた。

「天草空では私達より先に、10月の下旬に先任教員の川口勉上飛曹（丙飛3期）と、中原正義二飛曹（乙飛17期、昭和20年4月16日第七建武隊にて特攻戦死）に七二一空への転勤命令が来ましてね、川口上飛曹は『台湾沖航空戦でだいぶやられたらしいから、（七百番台の部隊なので）銀河の操縦員になるのかなぁ』と言いながら出ていったんですが、それから何の音沙汰もないままに11月になり、中旬になってから私達3人のところにも七二一空への転勤命令がありました。『やっぱり俺達を陸揚げするらしいなぁ』なんて言い合いながら、天草から汽車を乗り継いで丸1日かけて11月16日の夕方に百里原基地への乗り換え駅の土浦駅まで来ると、いかつい顔をした七二一空の先任衛兵伍長（下士官の一番偉い人）がいましたた。転勤者に本隊が神ノ池基地に移転したことを教えるために待っていたんです。

私達が転勤者と知ると『ほほう……可哀想にのう。お前達も御陀仏か。凄いぞ、ロケットの新兵器を使うんだ。おとついなぁ、ひとり死んだよ』って、いきなり脅かされました。その後、その新兵器がドイツのV1号みたいな物で人が操縦して一式陸攻に吊されて目標近くまで運ばれることなんかを教えてくれました。移転先の神ノ池基地へやっと着いたのが翌17日の朝でした。隊門へ向かう一本道を歩いていたら、頭の上を陸攻が低空で飛んでましてね、その腹の下に小さい飛行機が小判鮫みたいにひっついていてまして、ひと目で『あれだっ！』って判りました。

転勤手続きを済ませて兵舎に入ると、みんな第三種軍装に飛行靴を履いてドタドタと元気よく歩き回ってました。実に活気がありました。私の同期生（特乙1期・総勢34名）や先輩方にも大勢会いました。

ここで、先に着任していた西本一飛曹の同期生の渡部亨一飛曹が顔を見るなり開口一番、『ニシ（西本一飛曹の愛称）、もうあきらめろ、ここへ来たらおダブツぞな』と、真顔で言われたのに度肝を抜かれました。続いて零戦での突入訓練の概要を聞かされ、『滑空だな、つまり。始めから言わんと分からんがぁ、K1（桜花）は高度3000mから落とす。それで、滑空して決められた地点に、確実にドンピシャリと降りられるようにやるんだ』と、渡部一飛曹から『ケーワン』なる初めて耳にする言葉を聞かされたんです。

↑西本政弘一飛曹（甲飛11期）は天草空教員から神雷部隊に着任した。昭和20年4月12日第五建武隊で出撃、特攻戦死。

私がK1を実際に見たのは、入隊翌日の18日のことです。その日の夕食後、ガヤガヤと騒ぎながら総員が上陸（外出）してしまったあとで、私達3人が残っていると、麓一飛曹の同期生である蛭田八郎一飛曹（乙飛17期、昭和20年4月6日第三建武隊にて特攻戦死）が、外出せずに居残ってまして、同期生の麓一飛曹と四方山話を始めたんです。『おい、テメェ見たか？』って、予科練時代からこのふたりは互いに相手をテメェと呼びあってたみたいですね。『アレ（K1）か？』『そうだよ。見たのか？』『いーや、まだだ。なかなか（機密保持が）うるさいそうじゃないか？』『バカァ、見ておけ。何も尻込みするこたァない。どうせ乗るんじゃないか。もうここへ来たからにゃあ、覚悟せい。行ってみろよ』『構わんのか？』『他科なら、たとえ士官でも立ち入りを禁止されているんだが、ナーニ、俺らは実際それに乗って死ぬんじゃないか。誰が見て文句をいう奴がある？　飛行靴をはいて行けよ。他科の奴と間違えられると、うるさいからな』そうアドバイスをもらった私達3人は、話もそこそこに飛行場へ向かいました。

銃剣つきの小銃を構えた番兵が立っている、褐色に塗られた中型の格納庫がひと棟ありました。そこがK1を整備しているところでした。格納庫内で飛行機らしいのは、一式陸攻の修理中なのが1機だけで、ほかには全体を橙色に塗った魚雷型の小さいのが床にじかに置かれてました。それがK1でした。方向舵は、九六式陸攻のように2枚で、主翼は低翼単葉、尾翼は高翼単葉で、ちょうど魚雷に翼をつけたような格好で、申し訳のようにつけられた主翼には、後反角、上反角もありました。勝手に風防を開けて中に乗り込んでみると、その狭さとものすごく突き出た機首の異様な長さが印象的でした。このＫ１を製造したのはどこだろうかと尾部を見たら、ワク内に『横須賀空技廠』と書かれてました」

細部は違っても、転勤者はＫ１を初めて間近に見て、一様に強い印象を受けたことがうかがえる。

↑蛭田八郎一飛曹（乙飛17期）。遅れて着任した同期生の麓一飛曹らに桜花K1見学を勧めた。写真は神ノ池基地での撮影、うしろの零戦は突入訓練用の中古機材で尾部覆いが外されている。

第三章 神雷部隊比島進出計画の顛末

【至 昭和20年1月】

特攻隊の比島進出計画

神ノ池基地での桜花K1の降下訓練が本格化した11月19日、海軍の作戦遂行の最高責任者である軍令部総長及川古志郎大将（海兵31期）が宮中に参内、比島戦の戦況を昭和天皇に奏上した。その中で「12月中旬になりますれば、かねてより準備中の特攻部隊（興国兵器桜花）も（比島に）進出せしめ得る見込みでございますので、それまでの応急措置として台湾、内地方面の練習航空隊より約150機を抽出、なるべく速やかに比島に進出せしめる方針でございます」と、神雷部隊の比島への進出準備が進んでいることを報告している。

その間の「つなぎ」として大村、元山、筑波、谷田部、台南、高雄の各練習航空隊の教官、教員で編成した特攻隊と、連合艦隊付属の最後の母艦部隊である六〇一空から抽出した「神武特攻隊」を沖縄、台湾経由で比島に進出させた。これら各隊は現地で再編成され、「第一～第三十金剛隊」と命名された。搭乗員には事前（元山空の場合は11月3日に海兵出身者を含むガンルーム士官に戦況の説明と志願方法に関する説明があった）に特攻隊への志望の諾否確認があったが、これら部隊からの搭乗員の異動はすべて「二〇一空へ異動を命ず」の辞令であった。この時期、搭乗員の間では二〇一空が特攻部隊であることは周知の事実であり（11月12日付けで正式に特攻飛行隊として改編し、制空隊である戦闘三〇三、三〇五、三一一の各飛行隊は第二二一空に編入する旨の通達が出されている）、異動辞令を受けた当人も送り出す側も特攻隊への編入であることは当然として受け止めていた。

金剛隊各隊の編成を見ると、出身の航空隊別ではなく複数の隊からの混成で、編成に心情的配慮があった様子はうかがえない。

六〇一空の神武特攻隊進出にあたり、護衛兼予備機の空輸役として参加した梅林義輝上飛曹（甲飛10期）の回想によると、この神武隊に同期生の中島三郎、宮下常信、和才嘉信の

3名が選ばれて参加していた。特攻隊員に選ばれた下士官、兵は、即日士官室に移り、士官並みの特別待遇を受けていた。中島上飛曹は当時下士官では食べることはおろか、目にすることもなかった鰻や蟹の缶詰を時々差し入れてくれた。梅林上飛曹の目には彼らは近い将来、確実に死んでいく身でありながら、暗い影はどこにも見られず、いつ会っても陽気にはしゃいでいるように見えた。

12月21日、無事比島マバラカット基地に空輸を終えたその夜、空輸員も特攻隊員と共に一堂に集められ、比島で特攻隊の直接指揮にあたっていた二〇一空副長の玉井浅一中佐（海兵52期）と飛行長の中島正中佐（海兵58期）より戦況、敵艦の動き、特攻攻撃の要領などの講話があった。説明の中で中島中佐（12月1日付け進級）は「日本の運命は今や風前の灯だ。特攻隊員は、灯に当たる風を遮る掌の役目をしているのだ」と発言した。梅林上飛曹はこの言葉を聞いた時、戦争の将来に対して、初めて暗澹（あんたん）たる気持ちに襲われたと回想する。

この時期、比島では搭乗員は原隊ではなく、空地分離の建前から、降りた基地の指揮官の指揮下に入ることが日常的に行われ、中島中佐がいたセブ基地では、降りた戦闘機搭乗員を片端から特攻隊員に指名するとの風評が流れ、戦闘機搭乗員の間では「絶対セブ基地に降りるな」とか、「中島少佐と目を合わせるな」等との言葉がささやかれていた。

そうした背景から、空輸隊員に対しても現地残留の要望が出されたが、隊長の岩下泉蔵中尉（海兵72期）が「空輸が終わり次第直ちに原隊に復帰することになっている」と、強硬に主張して松山基地への帰投が認められ、梅林上飛曹は危うく特攻隊編入を免れた。

また、初期の特攻作戦の貴重な証言者である、二〇一空の角田和男少尉（乙飛5期）の回想がある。11月下旬にマバラカット基地からダバオ基地に零戦4機を空輸することとなり、角田少尉が指揮官となった。

途中四番機がセブ基地に不時着し、残る3機でダバオ基地に到着、中島少佐から預かった封書を第一航空艦隊参謀長の小田原俊彦大佐（海兵48期）に渡すと、それは角田少尉の小隊を特攻攻撃に出す旨の連絡書であり、列機3機を体当りさせたのちに角田少尉は単機で爆装突入せよと書かれていた。この時期の角田少尉は空戦技術も抜きんでており、戦闘機隊にとって支那事変以来の貴重なベテラン搭乗員であり、妻子もあった。

その夜、兵舎で司令部の面々と特攻隊員との夕食会が開かれた。

出席者は第六十一航空艦隊司令官上野敬三少将（海兵41期）、先任参謀誉田中佐、一航艦参謀長小田原俊彦大佐（海兵48期）、二〇三空の漆山睦夫大尉（海兵70期）と角田少尉ら3名であった。

角田少尉にとって上野少将は飛行練習生当時の霞ヶ浦空司

令であり、蒼龍乗り組み当時の艦長でもあった。小田原大佐は同じく飛練当時の教官、誉田中佐は厚木空の頃の整備長と、３人とも縁の深い人達であった。

宴も半ばの頃、小田原参謀長が「皆は特攻の趣旨は良く聞かされているんだろうな」と切り出した。

角田少尉が「聞きましたが、良く分かりませんでした」と答えると、小田原参謀長は、「教え子が妻子をも捨てて特攻をかけてくれようとしているのに、黙り続けていることはできない」と、大西中将から他言無用と言われていたという、特攻の真意を語り始めた。

「かつて軍需省の要職にあった大西中将は誰よりも日本の戦力の限界を知っており、もう戦争は続けるべきではない、１日も早く講和を結ばねばならない、と言っている。しかし、いま講和のことを口に出そうものなら、宮様といえども殺されかねない状況であるし、そのようなことになれば陸海軍の抗争を引き起し、強敵を前にして内乱も起こりかねない。

極めて難しい問題ではあるが、これは天皇陛下自らが決断されるべきことなのである。特攻でレイテ防衛が成功すると思うほど大西中将は馬鹿ではない。

しかし、ここに信じていいことがふたつある。ひとつは、万世一系仁慈を以て国を統治され給う天皇陛下は、このこと（特攻作戦）を聞かれたならば必ず戦争をやめろ、と仰せられるであろうこと。もうひとつは日本民族がまさに亡びんとする時に、身を以てこれを防いだ若者達がいた、という事実と、これをお聞きになって陛下自らの御心で戦を止めさせられた、という歴史が残る限り、五百年後、千年後の世に、必ずや日本民族は再興するだろう、ということである。

陛下が戦争をやめろ、と仰せられたとき、大西中将はそれまで上、陛下を欺き奉り、下、将兵を偽り続けた罪を謝し、日本民族の将来を信じて必ず特攻隊員たちのあとを追うであろう」というのが、その主旨であった。

先の町谷飛曹長の回想や、この角田少尉の回想からうかがえることは、海軍上層部は目先の敗戦は避けられなくても、後年に歴史的見地から検証されるのを意識して、後世の人々に向けた事実造りのために特攻作戦を推し進めていたことを裏付ける証言である。この辺りの極めて長い時間軸での布石は、目先の政策でお茶を濁すだけの最近の政府にはとても真似のできない芸当といえる。

事実、この後の戦況はほぼこの通りに推移し、大西中将も自刃している。ただし、特攻作戦開始の奏上を受けた昭和天皇は、「そこまでせねばならなかったか」とは仰せられたものの、大元帥の立場として「しかし良くやった」と、お言葉を続け、戦争の停止を命じることはなかった。

桜花検証実験の進捗

その一方で、空技廠側では残る試験の確認を急ピッチで進めていた。及川大将が参内した19日、空技廠では主翼下に装備した加速ロケット四式一号噴進器一〇型の地上噴射試験のが実施されたが、長野飛曹長の初飛行時に指摘された左右の燃焼不均一が再確認され、装備は中止となった。

翌20日、鹿島灘で桜花一一型の実用頭部（秘匿名頭部大金物）である1・2t半徹甲弾の爆発試験を実施した。無人の桜花は海面突入と同時に、いかなる角度で激突しても確実に作動するよう、弾頭と弾底に装備された5つの信管によって512kgの九一式爆薬（TNA火薬）が確実に炸裂し、高さ50mを越える大水柱を上げた。

この日、海軍の長老である永野修身元帥（海兵28期）が神ノ池基地を視閲、桜花K1の降下訓練を視察の後、集合した桜花隊員を前に訓辞したが、絶句慟哭し、言葉は途切れた。この後、准士官以上と共に記念写真を撮影している。

翌々日の22日、最高速度350ノット（648・2km／h）での操縦性、安定性の確認のための飛行試験が実施された。二度目の搭乗となる長野飛曹長の操縦により、尾部に加速用ロケット四式一号噴進器二〇型を1本だけ装備した試製桜花練習滑空機は高度4000mから投下され、降下しつつロケットに点火。桜花は一条の黒煙を曳きながらみるみる速度を増し、最高速度350ノットまで加速。操縦性、安定性に問題ないことが実証された。自重の増加によって最終滑空速度が124ノット（229・6km／h）となった桜花を長野飛曹長は巧みに操縦し、無事着陸した。

その翌日の23日、今度は4日前に参内したばかりの軍令部総長及川大将が神ノ池基地を視閲した。当日の降下予定者に代えて、成績優秀であった細川少尉が模範降下する話も持ち上がったが、桜花による降下は見せ物ではないと、憤慨した細川少尉は「いくら相手が軍令部総長でもそれだけは御免です。予定者を落とせばいいじゃないですか」と、飛行隊長柳沢八郎少佐（海兵64期）に抗議し、細川少尉の降下は取りやめられた。桜花隊員にとって二度目の降下は本番であるとの

↑昭和19年11月20日、神ノ池基地で桜花K1の降下訓練を視察する永野修身元帥。視察後の訓示の際、絶句慟哭したと伝えられている。

想いは固かった。

桜花K1の投下訓練を除き、桜花の実用性を検証する各種飛行試験の基地となったのは空技廠に隣接した横須賀基地であった。「横空」と略される横須賀航空隊の場所である。

この頃、激戦地であった比島の二〇一空で副長の玉井浅一中佐から、「今度特殊任務の部隊ができる。分隊長の菅野大尉はその要員として横空におるから、貴様はそこへ行け」との簡単な命令を受け、内地に転勤してきた笠井智一上飛曹（甲飛10期）は、横須賀航空隊でヤップ島以来行動を共にしている菅野直大尉（海兵70期）と合流していた。この時の菅野大尉の話は「我々は二五二空で秘密兵器の親子飛行機の直掩隊に入る」とのことであった。それが「マルダイ」と呼ばれている代物と知ったのは2、3日後のことである。

↑笠井智一上飛曹（甲飛10期）。比島より内地に帰投し、横須賀で「親子飛行機の直掩隊」として再編成中に桜花を目撃した。大物食いではあっても自由機動のできない桜花は興味の湧く代物ではなかった。

この時、横空の飛行場の一角に周りを幕で覆われ、機体の下半分が隠された一式陸攻が置かれていた。時期的には前述の最高速度試験の頃と合致する。皆疑問を持って「あれ何だ」「マルダイらしい」と、噂していた。ある日、菅野大尉に「直掩隊がマルダイを知らなきゃ話にならんので、一度見せて欲しい」と頼み込み、許可を得てきた菅野大尉の引率で仲間数名と共に幔幕（まんまく）の中に入り、一式陸攻の下に置かれた桜花を初めて見た。『へぇ〜、こんなものを一式陸攻に積んで行くのかぁ、どうやって飛ぶんだろう？』と、びっくりしました。それまでどこかで聞いていたか噂話で知ってましたが、現物を見ても自分で乗りたいとは思いませんでしたね」と、回想する。この後、編成途中で三四三空戦闘三〇一飛行隊へ変わり、新鋭機紫電改を駆って活躍することとなる、すでに第一線の戦闘機乗りの笠井上飛曹にとって、大物喰らいであっても意のままに操縦できない桜花は興味の湧く代物ではなかった。

桜花隊の分隊編成

11月25日、すでに200名余となっていた桜花隊が4個分隊に分けられた。第一分隊が平野大尉、第二分隊が三橋中尉、第三分隊が湯野川中尉、第四分隊が林中尉と、分隊長は兵学校出身者があてられ、各分隊長の下には飛行予備学生13期出身の分隊士7名と下士官46名の計53名ずつが配された。比島進出を念頭に置いての編成であったのは言うまでもない。

これら4個分隊を統括する立場となったのが飛行隊長の柳沢八郎少佐であるが、水上機から戦闘機に転科し、日本海軍の伝統でもある「指揮官先頭」をモットーとする柳沢少佐にとって、桜花隊の飛行隊長の仕事は困惑するものであった。普通の部隊であれば、隊員の士気と団結心を錬成するのに一番有効な編隊飛行訓練も、隊員が個別に一式陸攻の便乗者として降下直前まで運ばれる桜花隊では行えないし、その必要もない。

指揮官先頭で率先して突入してしまっては、残された者の指導ができない。桜花隊の飛行隊長の仕事が出撃までの隊員の士気を維持し、消耗する隊員の補充を担当することなのは「統率の外道」である特攻作戦ならではのジレンマであった。

それでも柳沢少佐は率先して突入することを希望したが、岡村司令はこれを許さず、もともと通常の異動で着任していた柳沢少佐は、ほかの部隊への異動を希望し、12月21日付けにて戦闘三〇六飛行隊長として神崎國雄大尉（海兵68期）が着任するのと入れ違いに飛行隊長から外れて七二一空附となり、年の明けた昭和20年1月25日付けにて戦闘三〇四の飛行隊長に転出することとなる。

↑柳沢八郎少佐（海兵64期）。桜花隊飛行隊長として着任したが、「指揮官先頭」での出撃が許されなかったことに反発し、神雷部隊より転出することとなる。

空母信濃の沈没

昭和15年5月4日に大和型戦艦の三番艦として横須賀海軍工廠で起工された「信濃」は、正規空母4隻を喪失したミッドウェー海戦惨敗後に策定された昭和17年9月の改㊄計画により、一転して重装甲の空母に改造されることとなった。改造工事は逼迫する戦局に追われて他艦の建造、緊急修理の艦艇に人手が割かれたり、進水式でのアクシデントに見舞われたりと、完成期限は二転三転し、結局竣工したのは昭和19年11月19日となってしまい、最後の機動部隊決戦となった捷号作戦に間に合わなかった。しかも竣工時点では12基あるボイラーのうち、整備が完了していたのは8基のみで、最高速力の27ノットを発揮できる状態ではなかった。

11月24日と27日にはマリアナ諸島を基地にするB‐29、150機が東京都武蔵野市にある中島飛行機三鷹工場を空襲し、363tもの爆弾を投下した。

この空襲は横須賀軍港に停泊していた信濃にとって大きな脅威となり、24日には信濃と第17駆逐隊の瀬戸内海西部への回航命令が連合艦隊より出された。

横須賀が空襲されれば、完成した桜花も無事では済まない。本来の生産日程では、12月上旬に呉工廠で生産中の秘匿名称「頭部大金物」こと弾頭部と組み合わせ、完成状態で比島に送り出される予定であった。この時期、国内の鉄道輸送も一杯の状態であったので、急遽決まった信濃の回航に便乗して桜花を輸送することが決定された。これにより生産中の桜花のうち100機を27日夕方までに完成、納品させることが求められた。

空技廠では急遽決まった日程の繰り上げに対応するため、準備中であったロケット3本フル装備状態での制限速度550ノット（1018・6㎞／h）の検証試験を延期せざるを得なかった（翌年の2月初めに実施）。

この納期繰り上げの対応のため、空技廠本体はもとより、主尾翼の木造部分の生産を委託していた協力会社の日本飛行機大船工場、茅ケ崎製作所を巻き込んで、昼夜連続72時間操業の突貫工事で桜花の4日以上の繰り上げ生産に対応した。空技廠の組立工場前の広場は、最終艤装を待つ桜花で埋め尽くされた。

28日一三三〇、錯綜した積載作業により予定の半数の桜花50機だけを積んだ信濃は、瀬戸内海西部を目指して横須賀軍港をあとにした。潜水艦対策のため、少ないながらも艦攻3機を搭載し、日中であれば前路の対潜哨戒も可能であった。

また、航路に当たる館山空、串本空等にも対潜警戒強化の指示が出されている（機密第二七〇久一六番電）。この命により四五二空に東京湾から伊豆半島突端の石廊崎沖までの前路哨戒が命じられ、零式三座水偵1機、V2‐15号機（藤田政保上飛曹［乙飛13期・操縦］、森健次上飛曹［乙飛9期・偵察］、堀江一男上飛曹［乙飛15期・電信］）が館山基地から発進し、敵潜水艦の潜伏しそうな海域の要所要所を入念に哨戒した。時間となり反転した藤田上飛曹機は、日没直後に伊豆大島北側を西に向かって航行する信濃に遭遇、操縦員の藤田上飛曹はその巨大さに驚きつつ、周囲を2周して翼を振って別れた。

信濃は第17駆逐隊の濱風、磯風、雪風の護衛を受けながら北西の強風が吹き付ける外洋を速力18ノットで西進した。翌29日〇三一七、浜名湖の南方176㎞で潜水艦アーチャーフィッシュの放った魚雷6本中4本を右舷に受けた。水線下の気密試験は実施していたものの、水線上の気密試験を省略していた信濃は、乗組員の不慣れによる応急注排水装置の誤操作に加え、折からの北西の強風が破口からの浸水を加速し、〇四〇〇には傾斜右10度、〇四三〇には傾斜は15度に達し、〇五〇〇には傾斜がさらに増大、機械運転不能となり航行停止。〇六〇〇には傾斜は20度に達し、一〇五七、潮岬沖110度55浬の熊野灘で信濃は右に大傾斜の末転覆沈没した。艤装の残工事のため乗り組んでいた工員60名を含めた乗組員1871名中、艦長阿部俊雄大佐（海兵46期）以下791名が戦死し、ようやく完成した桜花50機が戦わずして海没した。生存者の中には木製の主翼の浮力で浮いていた桜花にしがみついて助かった者もいたと伝えられている。

積み残された桜花50機と、その後完成した38機の計88機は、12月1日に今度は貨車輸送で呉に送られ、うち30機を比島クラーク基地へ送り、残る58機を台湾の高雄基地に送るよう、振り分けられた。

豊田大将の視閲

信濃沈没の翌日の30日の夕刻、神ノ池基地に、翌朝の視閲に合わせ、前泊で連合艦隊司令長官豊田副武大将（海兵33期）の来訪があった。12月1日は定期進級があり、海兵71期の各分隊長は揃って大尉となり、予備13期の各分隊士は中尉に進級したが、神ノ池基地の司令公室で海兵71期の各分隊長は豊田長官より進級の前祝いを受けるという、破格の扱いを受けた。

翌朝、司令公室に再び呼ばれた三橋大尉と湯野川大尉は、豊田長官から「三橋大尉と湯野川大尉の両隊は12月22日に高雄基地に進出、12月23日を期してレイテ湾の米艦船群に突入してもらいたい」と、計画の内示を受けた。12月23日は皇太子（現在の上皇）誕生日であり、記念日に作戦を発動することの多かった日本軍らしい日程の決め方である。

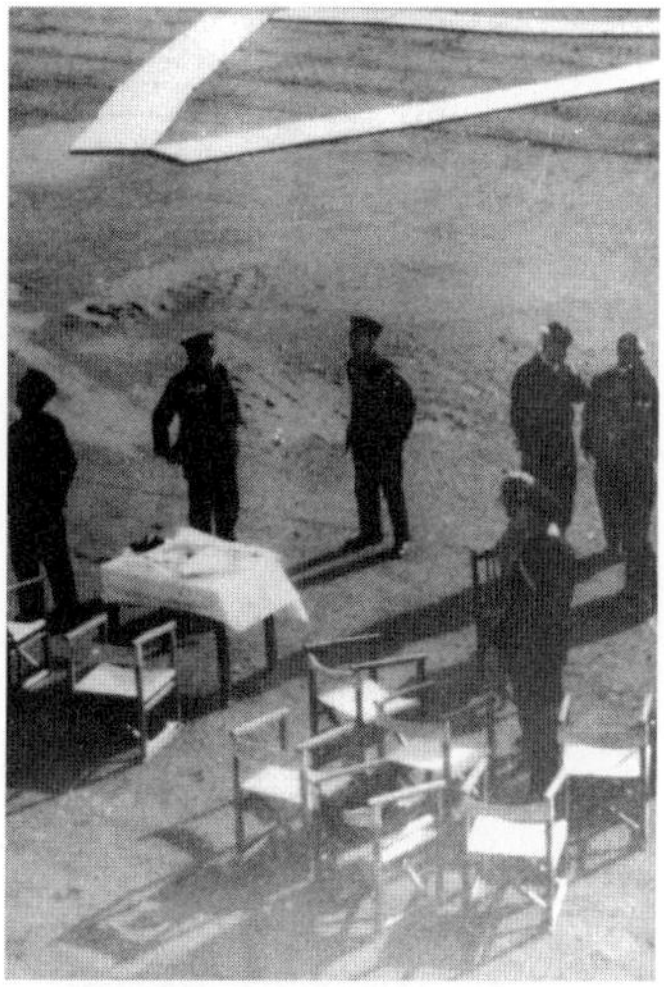

豊田長官退出後、残されたふたりはかねて覚悟のこととはいえ、死が確定的になったことに複雑な心境となった。三橋大尉は「あと23日の命か、どうする？」と、笑いながら湯野川大尉に話しかけ、続いて「上手く行くかなぁ」と、呟いた。

降下訓練の視閲ののち、雨上がりでぬかるんだ司令部庁舎前の広場に椅子が並べられ、桜花隊と陸攻隊各隊の搭乗員総員と共に記念写真を撮影した。人数の多い桜花隊員はふた組に分かれて撮影されている。

↑神ノ池基地を視閲中の豊田長官一行。奥の三角形に置かれた白布は風向きを示すもの（画面奥の頂点が風上方向）。

その後庁舎の一室に桜花隊総員が入ってスシ詰め状態の中、豊田長官からの訓辞があり、あとで長官が揮毫した「神雷」の文字が染め抜かれた日の丸の鉢巻と錦の袋に納められた短刀、天照皇大神宮の御守が各自に授与された。たまたま最前列となった鈴木中尉は、訓辞の途中で壇上の豊田長官のいかつい顔が涙に濡れるのを間近で目撃した。

この日の豊田長官の訓辞は以下の通りであった。

「諸子の壮健なる姿に接し本職は欣快に思う。諸子はみずから志願し、かつまた多くの戦友より選ばれて当隊へ来た。諸子の誉れこれに過ぎるものなしと言えども、この諸子のみずからを捨てて大君のため国に殉ずるというこの精神を思う時、強く強く本職の胸をうつものがある。諸子の知っている通り、現在は文字通り決戦に決戦の連続である。今後の戦局の勝敗は、懸かって諸子の双肩にかかっている。敵は物量を以て我々を屈従せしめんとしている。しかしながら、神風特別攻撃隊の如き鬼神を泣かしむる奮闘により、敵を迎え討っているのである。現在の日本として、この米英の量に対して量を以て対抗することは到底不可能である。この敵の戦法に対しては、敵の無いもの、成し得ざるものを以て対抗する外はない。かくして名誉ある神雷部隊が編成されたのである。本職は神雷部隊が実に神風特別攻撃隊の数倍の威力を発揮せん事を確信している。日本人誰しも報国の精神に於いて変わりはない。ただその精神力と訓練と鍛え上げられた技倆がその成果を決定するのである。諸子は訓練に訓練を積んで大成を期して頂きたい。『憤慨死に就くは易く、従容として死に就くは難し』、諸子は如何なる事があっても、敵を倒すまでは死んではならぬ、神風特別攻撃隊の敵に与えた損害、精神的な打撃も大きいが、わが国に与えた感激は一大奮闘心となり、偉大なる戦果を挙げた。諸子が敵を倒さずして死んだならば、国民に与える感激は大であるとしても、敵には何ら損害を与えないのである。かかるが故に諸子は敵を倒すまでは絶対に死んではならぬ、折角諸子の健闘を祈る」

↑昭和19年12月1日、神ノ池基地で桜花K1の降下訓練を視察する連合艦隊司令長官豊田副武大将。豊田長官は現地視察中に台湾沖航空戦に遭遇していたため、彼我の戦力差を認識していた。

台湾沖航空戦を目の当たりにしていた中、彼我の戦力の差の素直な実情と、戦局挽回の切り札としての神雷部隊隊員へのひとかたならぬ期待のほどが切々と伝わるものであった。

この日豊田長官が授与した鉢巻は、その直前に主計長兼副官として着任したばかりの奥野恒夫大尉（海経32期）が連絡を受け、日吉台の連合艦隊司令部まで直接赴いて受領してきたものであった。神ノ池との往復は桜花K１の訓練に使用している九七式側車に乗ったが、当時の道路はほとんど舗装されておらず凸凹道の激しい振動で尻が痛くなり閉口したとのこと。

豊田長官視閲の翌々日の12月３日には海軍大臣の米内光政大将（海兵29期）の視閲があり、飛行場で閲兵式が挙行された。３週間ばかりの間に海軍の首脳部４名が相次いで一航空部隊を視閲に訪れたことは極めて異例で、海軍の神雷部隊に寄せる期待が尋常ではないことの現れであった。

整備班の比島への先行

この頃、兵舎内にも近々比島のクラーク基地に進出するということが、漠然と伝わってきた。甲板下士官が倉庫へ行って蚊帳を借り出したことや、南方進出に当たっての携行食糧の準備のことなどが、主計科兵と親しくしていた味口二飛曹（進級）の耳に入った。この話を聞きながら、桜花K１の投下訓練が未了であったことも影響してか、比島進出は容易に実現しないように思えて、あまり実感がなかった。

しかし、12月６日には桜花隊の比島進出に先立って、辻巌中尉（予備整６期）以下11名の整備班が比島クラーク基地群最南部のマルコット飛行場への桜花隊の展開受け入れのために先行して出発した。この間、現地では南西部の丘陵地の斜面に桜花格納用の横穴式格納庫数本が掘り進められていた。

整備班に続き、通信班も比島進出に向け、機材の梱包に取りかかっていた。

この頃になると、飛行場に砂煙をあげて発着する一式陸攻の姿が目に見えて増えてきた。工場から完成して空輸されたばかりの陸攻には兵装がない。機銃をとりつける兵器員の忙しい立ち居振る舞いが、爆音で震える基地の空気をかきまぜた。暗緑色に塗られた胴体には、真新しい日の丸が描かれ、さらに垂直尾翼にはクサビ状の「稲妻マーク」が分隊を意味する本数だけ斜めに白色で描き込まれ、そこへ黄色い数字で７２１と三文字、少し開けて機番号が記されていった。「７２１‐57」とか、「７２１‐53」等、到着する機に新たに番号が描かれた。訓練で離着陸する間隙を縫って上空には新しい編隊が現れ、神ノ池基地に降りてきた。

よくもこんなに飛行機が日本にあるものだなぁと、味口二飛曹が呆れるほどの陸攻がズラリと機首を並べ、もうもうと砂ぼこりを後方へまきあげて試運転をするさまは実に壮観だった。

ちなみに陸攻の整備は整備隊１ケ班が３～４機からなる１個小隊の陸攻整備を担当し、１機に高等整備科出身の下士官１名、普通整備科出身の整備兵２名が機付きに割り当てられたが、当時は整備兵も枯渇しており、大量に採用したものの燃料も機材も足りず、飛行訓練に入れないままとなっていた甲14期以降、もしくは乙19期以降の予科練生が整備兵として配属されていた。機械知識はひと通り教育されていたものの、整備技術では普通科整備兵に遙かに及ばず、急遽実地教育をしながらの整備が行われた。

機材は新しいものほど調整を必要とし、激しい訓練も相まって整備は難航し、汗と油にまみれた揚げ句にシラミもわいての連日の整備作業で、日々の平均睡眠時間は3～4時間しか取れなかった。

集結したのは、陸攻ばかりではなかった。戦闘三〇六の零戦は、最新型の五二型丙が空輸され、真新しく塗られた胴体や、主翼の日の丸は外周の白縁によって緑色の地色との間にクッキリと際だち、真紅に見えた。

これら直掩隊の零戦は垂直尾翼に一式陸攻と同じ白色の「稲妻マーク」が描かれ、その中に黄色の機番号が描かれた。また、直掩隊としての識別を容易にすべく、主翼の両翼端は上下とも白く塗られていた。

ある日、この光景を見ていた田中正久中尉（予備13期）が味口二飛曹に「近頃では、これだけの飛行機が1ヶ所に集まるのは日本でも珍しいそうだ」と、ぽつりと言った。同じ天草空から転勤してきたよしみで、気を許しての言葉である。しかし、いくら多いとはいっても、１５０機とない。

奥野大尉とギンバイ

この頃、奥野大尉は烹炊所の主計科員から陸攻隊下士官による「銀蠅」こと「ギンバイ」が目に余ると苦情を受けていた。神雷部隊は特攻隊として食糧の供給は他部隊よりも潤沢であり、もとより兵員へ提供する食事量は規定されている。しかしそれでは足りないのが世の常、ギンバイと称して主計科員から規定以上の食品や嗜好品をせしめることは下士官の間では半ば公認の権利として行使されていた。そうは言っても管理する側は何度も唯々諾々と応じる訳にはいかず困り果てての相談であった。

そこで奥野大尉は直接野中少佐に会って「主計兵を苛めるな！」と、抗議した。野中少佐からは搭乗員の振る舞いを「大目に見ろ」と言われ、場は一触即発の状態となった。しかし、話しているうちに奥野大尉が野中少佐と同じ府立四中出身の後輩であると分かると、野中少佐は態度を和らげ、「搭乗員にギンバイをしないように言って聞かせる」としてその場を収めた。奥野大尉はその後、士官室でお茶を嗜む野中少佐にお茶を点ててもらうこともあった。また、ある日のこと、神ノ池で捕らえた鴨で作った鴨鍋を士官室でつつきながら野中少佐から「自分達は桜花の輸送機になってしまった。これでは戦えない！」と、桜花作戦に反対する意見を聞かされたのが印象的であったという。

開戦記念日の避退行

12月8日、開戦記念日のこの日、米軍の空襲の可能性大との観測から、陸攻隊と桜花隊に青森県三沢基地に向け避退命令が出された。桜花隊は陸攻隊に先行して訓練用の零戦と零練戦10数機を避退させることとなり、ベテラン中心の搭乗割でまず松島基地へ向かった。この日の避退飛行に参加した堂本上飛曹が松島基地で給油していると、先着の九三式中練約20機ほどの中に、同郷で尋常小学校の2年先輩だった森田恵大尉（海兵71期）がおり、懐かしく雑談をした。森田大尉は海兵71期ながら、先に艦船勤務をしていたため、飛行学生となるのが遅れ、この時期はまだ42期飛行学生として海兵73期の少尉達と実用機教程の延長教育を受けており、谷田部基地から避退して三沢基地に向かう途中であった。10分ほどして森田大尉らの九三式中練は三沢に向け出発してゆき、堂本上飛曹らの桜花隊の零戦も間もなくあとを追った。

一方遅れて出発し、各機に機付き整備員3名ずつを便乗させて三沢基地に直行した陸攻隊は途中、金華山沖で吹雪に遭遇し、やむなく松島上空で大きく旋回し、宮城県松島基地に着陸した。松島基地では肩身の狭い居候の身分の搭乗員達は、1日付けの進級祝いとばかりに挨拶もそこそこに街に繰り出し、大いに気勢を上げて1泊のうえ、空襲がなかったことを確認し、翌朝神ノ池基地に帰投した。

桜花生産拠点の移管

12月15日、空技廠での桜花一一型の生産は１５５機（１５１機、２０１機とする資料もある）で終了、以後の量産は霞ヶ浦の第一航空廠に移管された。以後空技廠では桜花Ｋ１の生産のみを継続し、総生産数は86機であった。

桜花量産を引き継いだ第一航空廠では、従来実習工場として使われていた全長２００ｍの建物を組立工場として整備し、左側に治具を十基据え付け、順次押し出しながら胴体の生産を行い、ほかの工場で生産された主翼と尾翼を結合し、工場の右端で「水色の塗料」を使用して塗装作業を行った（灰青色Ｋ４で塗装していたことの貴重な証言である）。ほかの工場で生産された塗装済みの主翼と尾翼を結合し、仕上げに機首側面に桜花のマークを描き入れ、最終的に完成させていた。昭和20年1月7日付け資料では桜花の生産機数を２４４機としており、生産移管後半月ばかりのこの時点で90機程度を生産していたとみられる。第一航空廠では3月末までに約６００機の生産を目指した。

当時第一航空廠飛行機部に勤務していた片岡茂寿一等工員は、桜花の生産移管にともない、この組立工程を担当することとなった。昭和3年生まれの片岡氏は14歳で入廠し、当時17歳。現在なら駆け出しの見習いであるが、すでに3年近い仕事の経験からいっぱしの仕事をこなしていた。組立工程で一番大変であったのが、胴体と主翼のボルト結合で、結合を終えてから現場合わせでフィレットの取付穴の加工から始め、整形を終えるまで1機につき6時間を要したという。

桜花の生産は最優先であったため、朝の7時の始業から16時半の終業後も連日21時過ぎまで残業の働きづめであった。工場は火災防止のため火の気がなく、冷え切ったコンクリートの床から上ってくる寒さを白熱電球の作業灯に手をかざすだけで凌ぎ、夜食はわずかばかりの冷え切ったサツマイモ（茨城一号という収量重視の品種）が半分と大根葉の煮付け等を作業台に立ったまま食べて済ませていた。納期が逼迫すると、連続36時間勤務までやらされた。

第一航空廠製の桜花一一型は風防後端が金属製となっており、外観上の識別は容易である。しかし、海外に輸送され、現地で鹵獲や接収された空技廠製の機体写真の印象が強いうえ、現存写真も少ないので、両者の差異は余り知られていない。

桜花の南方輸送

12月10日、連合艦隊司令部は進出日程を再調整し、桜花隊の台湾進出が12月20日、1月10日以降レイテに攻撃に参加予定とクラーク基地の第一連合航空部隊に連絡した。13日には桜花搬入会議が開かれ、比島クラーク基地向けの桜花は30機を17日早朝呉出港の空母雲龍に搭載した。

下段格納庫に桜花30機のほか、六三四空瑞雲隊の補用物件と整備員約４００名、陸軍空挺隊員約９００名に加え、飛行機の発着艦を断念して飛行甲板にまでトラックを並べ、武器、弾薬、医療品、糧食等の比島向け物資を満載した雲龍は、第五十二駆逐隊の駆逐艦時雨、檜、樅の3隻の護衛を受けながら、関門海峡を抜け、米潜水艦を避けるため、朝鮮半島南岸から中国大陸沿岸を進むコースを取った。が、翌18日には早くも敵潜水艦の触接を水中聴音により二度も発見、回避を繰り返し、夜間には潜水艦の発する電話や電信を至近距離で傍受し、二度の航路変更で難を逃れた。翌19日、この日は悪天候にともなう波浪が激しく、見張りの視界狭く、水中聴音も困難であった。そんな状況下で舟山列島東方海上を進路１８０度速力18ノットで、対潜水艦対策の之字運動（直進せずに定期的に舵を取ってジグザグコースを進む）を繰り返しつつ南下していた。

日没近くなった一六三五、西日を受けて浮かび上がった艦体に、暗くなった右舷側30度より米潜水艦レッドフィッシュが発射した魚雷４本のうち１本が艦橋下に命中。同時に蒸気管が破損して機関停止し、雲龍は取舵を切って左回頭したまま航行不能状態となった。艦内電源も切れ、艦内は真っ暗となる中で砲術科は右舷20度５００ｍに潜望鏡を発見する。高角砲で対潜射撃を開始したが、あまりにも接近しているため、俯角を一杯にしても当初は付近に着弾させることも困難な状態だった。

一六四五、航行不能状態のままで再度の雷撃があり、右舷前部にさらに魚雷が命中、瞬時に格納庫内の桜花が誘爆、たちまち前部に大傾斜、一六五七に沈没した。砲術長以下、射撃指揮官、砲員一同、総員退艦命令が発せられても持ち場を離れず、最後まで射撃を続行した。乗組員１３３０名中、艦長小西要人大佐（海兵44期）以下１２４１名が戦死し、生存者は雲龍乗組員89名、便乗者57名に過ぎず、２０００名余といわれる便乗者の戦死者数は不明である。

雲龍戦闘詳報には、戦訓所見として、練習機1機でもあれば対潜哨戒が可能で、少なくとも昼間に雷撃を受けることはなく、また、潜望鏡を５００ｍの至近に発見しても、機銃や高角砲では効果がなく、迫撃砲等の対潜兵器を搭載する必要がある等との生々しい意見が記録されている。

一方、台湾南部の高雄基地向けの桜花58機は、空母龍鳳で運ばれることとなり（当初の計画では龍鳳と隼鷹の2隻が予定されていたが変更されている）、三番爆弾４００発、八十番爆弾15発、予備発動機26基、その他基地物件等９５０ｔと共に積み込まれた。龍鳳は18日に呉を出港後、漸次待機し、門司海峡西口六連泊地にてヒ八七船団と合流し、12月31日に出港した。先の雲龍の被雷の戦訓からか、飛行甲板後部に大きな偽装煙突を立ててタンカーに見せかけ、米潜水艦の潜伏できない中国大沿岸の水深20～30ｍの浅海面を、極端な接岸航海で10～12ノットの単縦陣で進んだ。途中、空襲情報等から年の明けた昭和20年1月5日の航海中に、行き先を台湾北部の基隆に変更した。1月7日、入港直前に米潜水艦の雷撃を受けたがこれを回避、26ノットに一気に増速して一七〇〇、前日に掃海して機雷1発を除去した基隆港に無事入港し、8日に搭載物件の陸揚げを果たした。この後、58機の桜花は貨車で高雄基地に運ばれ、10日には分散格納を完了している。

これ以後、桜花の輸送は目立たない小型船舶で送られることとなる。4月初めの時点で台湾の桜花配備数は86機となっており、空母龍鳳のあとでさらに28機が追加配備されていることがうかがえる。沖縄で米軍に鹵獲された機体や、戦後シンガポールで英軍に接収された機体が、風防が後部まで透明の空技廠製の初期生産型であるのは、配備計画が外地の配備を優先していたため、完成した機体を優先して送り出した結果とみられる。

昭和19年末の神ノ池基地の日常

12月に入ると訓練も日常化して、おおむね順調に進むようになった。実施（実戦）部隊である神雷部隊では、練習航空隊ほどの厳格な日課は決められていなかったが、桜花隊員達は〇六〇〇に起床し、掃除と身支度を済ませて〇七〇〇に兵舎で朝食を済ませた。分隊別に日課が異なり、午前中に飛行訓練となった分隊は搭乗割の有無に関わらず飛行場に向かい、指揮所の前に陣取って訓練を見学していた。指揮所には折り畳み式の椅子もあるが、座れるのは士官達ばかり。下士官搭乗員は長椅子に腰掛けたり、思い思いの姿勢で訓練の様子を見学した。指揮所は三方を布で囲み、風が吹き抜けるのを防いでいた。暖房器具はドラム缶を加工した薪ストーブがあり、隊員達はストーブにあたっていた。

とはいえ、若手下士官はストーブにあたりながらのんびりと訓練を見学している暇はない。列線に出ていって訓練から戻ってきた飛行機に取り付いて、押したり廻したりして列線に戻れるように手伝いをしたり、指揮所に据え付けられた12cm高角双眼鏡で離着陸する飛行機の尾翼の機番号を読みとり、「〇〇号機離陸しまぁ～す」と、大声で皆に知らせ、側に置かれた黒板に書かれている搭乗割（機番号と搭乗員の名前の書かれた表）の名前（苗字ひと文字）にチョークで斜線を入れた。これが離陸したことを意味し、着陸するとさらに斜線を入れて×印となって着陸したことを意味した。一見単純な仕事だが、これを怠ると、今飛んでいる飛行機を誰が操縦しているかがわからなくなってしまうので、重要な仕事であった。

桜花隊の比島進出は確実となり、零戦での降下訓練を済ませて練度の上がった先着の搭乗員から、次々に桜花K1の投下訓練に出るようになった。

関係者は一様に桜花K1は機体全体が練習機と同じ橙色だったと回想しているが、今日では黄色C1で塗装指定されていたことが判明している。現存する写真や米国に現存する桜花K1の実機を見ると、胴体下面が明るい灰色に塗られているものがある。零戦に塗られた灰色J3のかなり暗い灰色ではなく、桜花一一型と同様、灰青色K4で塗装していたらしい。市街地上空を一式陸攻が飛ぶ以上、一般の目に触れることもあり、見上げた際に全面橙色では飛行機の形が遠目にもはっきり判ってしまうため、防諜対策上、陸攻の胴体下面（桜花攻撃は昼間行動なので、この時期全面暗緑色に塗られた機体は少ない）に溶け込んで判別しにくくなるように対策したとみられる。

このため、運用中の桜花K1の下面のみを灰青色K4で塗装した（塗り分けラインが直線）機体と、生産途中から下面のみ灰青色K4に塗装を変更した（塗り分けラインが波型）機体が存在することが戦後撮影されたカラー写真から確認されている。ただし、この塗り替え作業は完成済みの桜花K1すべてに適用されたわけではなく、戦後横須賀基地で撮影されたカラー写真には上面を暗緑色こと緑色D2で上塗りされ、下面が黄色C1のままとなっている桜花K1が確認されている。ただし、横須賀基地での撮影なので、飛行訓練用ではなく検証試験用の機材であった可能性が高い。

第一飛行場の指揮所からは桜花K1を抱いて発進した陸攻が、高度3000mから南の方角に盛んにぶっ放しては低空に降りてきて、結果を偵察しているのが見える。陸攻1機で午前と午後に各1回の投下を担当した。

鳥がフンを落とすように、ポトリと黒い小さいのが放たれると、しばらくして滑空を始める。小さい機影がくるりと旋回して、彼方の松林の中へ姿を没して見えなくなるまで、指揮所前に陣取った搭乗員達は目で追っていった。

指揮所の脇には救急車代わりのバスが待機しており、普段は中に軍属として雇われている名古屋出身の按摩師がいて、搭乗員達にマッサージを施していた。ただし、これを利用できたのは古参者のみであった。

一方、投下の順番待ちの搭乗員達は、零戦で第一飛行場指揮所脇の掩体壕を目標に高度3000mからの緩降下での突入訓練を行っていた。

離陸すると高度を3000mに上昇しながら、鹿島灘へ出る。そして洋上から角度30度の緩降下接敵のあとにさらに突っ込み、高度100mで引き起こす。高度計の指針はどうしても遅れるので、その分を見込んでその手前で操作を始める。引き起こし時の速度は200ノット近い。

これをやると、引き起こしの際には、強烈なGで全身が押さえつけられる。地上からこの突入訓練を見ていると、それぞれの技量や日頃わからぬ性格が現れて面白かったという。

ある日、凄まじい突っ込みをやって本当にブチ当たるかと、見ている方が思わず肝を冷やすほどの猛烈な突入をした1機がいたので、尾翼の機番号を見て黒板の搭乗割で名前を確かめると、思いがけなく普段はおとなしい一飛曹だったり、また戦闘機出身の老練な搭乗員達は、美しく迫力ある突っ込みぶりを披露し、彼らが機首を引き起こすときは、滑走路上に並んでいる戦闘機の風防すれすれに這い上がるようであった。

昼食をいったん兵舎に戻って済ませると、ほかの分隊と交代して座学などの別科となる。午後の飛行訓練が開始され、日没近くの一六〇〇頃には飛行訓練が終了し、兵舎に戻り入浴や夕食を済ませる。二一〇〇には巡検があり、非番の者は一応就寝の体勢を取り、その後「巡検終わり、タバコ盆出せ」の号令で、二二〇〇の消灯までは自由時間となった。場合によっては「甲板整列」でその日の注意を受けたり、制裁を受けることもあったが、酒を飲む者もいれば、手紙を書いたり日記をつけたり、身繕い等、思い思いのことを行っていた。

味口二飛曹も、日記をつけていた先輩を見習って、ノートに神雷部隊着任からの日々の出来事、心境などを書き溜め始めた。これは結果として、神雷部隊のナマの姿を今日に伝える貴重な資料となった。

ある夜、味口二飛曹がいつものように日記を書いていると、となりから聞こえてくるマンドリンの音にえも言えぬ懐かしさを覚えた。

薄暗い兵舎には吊床ではなく2段ベッドが並べられており、古い下士官達が使用したが、若い下士官達は直接床板の上にゴロ寝していた。ひとり3枚と決められていた毛布では寒くて眠れないのか、仲良しがふたり分を合わせて、一緒にくるまって寝ていた。

天井からは淡い電灯がひとつだけ下がり、そのカサには灯火管制のために黒い遮光用のホロが掛けられて、真下だけを直径30㎝ばかり丸く照らしていた。その灯の下で、誰かひとり侘しくマンドリンをひいていた。その音色が、静かにふけていく神ノ池兵舎の、特攻隊宿舎の一隅から流れでてゆく。時折ごたごたと敷きならべられた毛布の山が動いて、かすかないびきを立てた。もうひとり起きていた。その人はメロディーの主、中島三郎二飛曹（丙飛17期）の手許ばかりをじっと見つめていた。きっと仲良しのひとりだったに違いないと、味口二飛曹は回想している。

また、中には隊門を通らずに松林から基地を抜け出して近所の飲食店に酒を飲みに出かけたりする通称「脱」と呼ばれた無断上陸（海軍では地上勤務でも艦船用語を使っていたので外出を上陸と呼んだ）をする者も少なからずいた。

脱上陸とは別に正規の上陸もあり、隊内での居住の外に士官は2日に1回、下士官は3日に2回の「入湯上陸」（風呂屋に行かせることを名目にした外出）があり、また3日毎の外泊も可能（日数等、この時期必ずしも規則通りではなかったらしい）で、近所の民家に下宿する者も多かった。当時は国民皆兵の時代であり、どこの家でも誰かしら出征していたので、「お互いさま」的な共同意識があり、下宿では厚遇された。海軍、特に搭乗員ともなると食事面での待遇も良かったので、建前上禁じられていた余った菓子や航空増加食のキャラメルやチョコレート等を持ち出し、下宿に持ち込むことも日常的に行われていた。

植木忠治一飛曹（予備練15期）は基地近くの木滝（きたき）集落の農家、山中家に下宿していた。耕運機もトラクターもなかったこの時代、どこの農村でも力仕事用に牛や馬が普通に飼われていた。山中家では牛が飼われており、主人が出征、戦死して未亡人となったお嫁さんの手綱1本で牛が自在に操られるさまを、同じ農家出身で動物好きの植木一飛曹は興味深く眺めていた。

当時神ノ池基地近くの息栖村では牛が多く飼われており、その中の1頭は、荷車を曳いて基地内の便所の汲み取りにしばしば出入りしていた。当時、人糞は「金肥」と呼ばれた貴重な肥料であり、基地には許可を受けた農家が出入りしていた。ある日、いつものようにやって来た牛と動物好きの植木一飛曹は一緒に写真を撮った。結果としてこの写真が牛の遺影となってしまうのであるが、それは後日のこととなる。

息栖村の村長宅には桜花隊第二分隊の先任搭乗員の向島重徳上飛曹（乙飛10期）が下宿していた関係で桜花隊員が度々訪れ、村長の求めに応じて思い思いの言葉を見事な筆跡で芳名帳に残している。

12月初め頃からは出撃が近づいたこともあり、各隊員1回限りながら、家族との面会も許され、指定された旅館で順番に面会を済ませた。

↑汲み取りの荷車を曳いた牛と植木忠治一飛曹（予備練15期）。

この時代、一般庶民の長距離移動の手段はもっぱら鉄道であったが、鉄道輸送は軍需貨物輸送が最優先とされたため、国鉄の旅客列車の運転本数は大幅に削減されていた。乗客も軍務が優先され、一般人の長距離旅行は厳しく規制されていた。昭和19年4月1日付けのダイヤ改正で第一種急行(特急)が全廃されると共に長距離列車が大幅に削減され、一等車、寝台車、食堂車も全廃されていた。このため、限られた割り当て枚数の切符を求めて夜明け前から駅に並んで窓口が開くのを待つ光景が全国で見られた。すでに本土空襲も始まった状況下、ようやく手に入れた切符で満員の三等車に長時間押し込められ、はるばる面会のためにやって来る家族もまさに命がけであった。面会に際しては、その貴重な切符がひとりにつき2枚は部隊で手配された。

第一分隊で真っ先に面会を許された本間榮上飛曹は、両親はじめ8名の親族とつかの間の対面を果たした。翌日は同姓であることを利用（指揮所の搭乗割を書き出した黒板には苗字のひと文字しか書かれない）して本間由照一飛曹（乙飛17期）と飛行訓練の順番を代わってもらい、零練戦で朝一番に離陸し、後席の永野紀明一飛曹（乙飛16期）と謀って訓練空域を離れ、肉親が待つ国鉄佐原駅にダイブを仕掛け、最後の別れとなろう挨拶を済ませた。

植木一飛曹は、年下ながら親分肌の同期生、山田力也一飛

↑神ノ池基地の飛行場で、指揮所のストーブで焼いた焼きイモを頬張る本間上飛曹。うしろのバスには空襲に備え、偽装用のロープが張り巡らされている。

曹に頼まれて鹿島神宮入り口の老舗旅館「がんけ」での母子の別れの場に同席した。父親の赴任先の朝鮮半島の釜山から3日がかりで駆けつけた母親と中学2年生の弟は、昼間に旅館から見た桜花K1投下訓練の様子を不思議に思い、仲居に「あれは何ですか?」と、聞いたところ、「神様です」のひと言ですべてを祭してしまった。

　その日の晩、勝ち気な母親は「力也、お前は特攻で死ぬのだろう、死ぬなら死ぬと言え」と、問いつめられ「俺は長男だ、絶対死ぬようなことはしない。なぁ植木、証明しろよ」と、押し問答を振られた植木一飛曹は答えに窮した。「私達は飛行機乗りですから事故等で死ぬ確率が高いのは確かですが、無駄死はしません」と答えたが、押し問答は収まらず、結局ひと晩明かしてしまった。当人達はもとより、同席した植木一飛曹にも忘れられぬ夜となった。

　山田一飛曹はこの後4月12日の第三次桜花攻撃で出撃、戦死する。今日となっては山田一飛曹がどのような思考の末に志願を決めたのかは判然としない。志願当時在籍していた姫路空では、長男である山田一飛曹が神雷部隊に来ている一方で、長男であるために選考から外された搭乗員も現に存在している。このように長男であっても、家庭の事情や本人の強い意志があった場合は採用される事例があり、通達の適用が絶対のものではなかったことがうかがい知れる。

↑長男でありながら姫路空から志願した山田力也一飛曹（予備練15期）。

味口二飛曹には1月初めに福岡県若松市に勤務していた長兄が遠路面会にやって来た。今まで書きためたノート1冊を託され、会話の内容から特攻隊と察した兄は、「こんなむごいことをさせるとは、神も仏もあったものではない」と、末弟の武運長久を祈る気にもならなくなり、すぐ近くにあるにも関わらず、鹿島神宮の境内に入らずにそのまま帰った。もっとも、味口二飛曹がそのことを知ったのは、戦後復員してからであった。

思い思いの別れを済ませる隊員達がいる一方で、堂本上飛曹は、昭和14年に予科練入隊前に父が亡くなり、病に倒れた母の面倒を、近くに嫁いだ姉が見ている状態だったので知らせなかった。そんな様子を見た面会組が気の毒に思い、差し入れを持ってくるのでかえって恐縮したという。

ところがそれで食べすぎたためか、堂本上飛曹は黄疸にかかってしまった。軍医長は、「飛行作業など無理をするな。下手をすると、喉にホースを入れるようになる」と言われた。小便もだんだんと黄色が濃くなってくる。下着も黄色くなったような気がする。歩くと胸の下辺りが響き痛くて閉口したが、幸いにも、飲み薬だけで1日も休むことなく、徐々に回復し、「搭乗員の精神力には負けたよ」と軍医長が感嘆することとなった。

また、降下訓練中にはこんな事故もあった。

12月半ばのある日、細川中尉が操縦して降下訓練を行っていた。訓練を終えた零戦が降下進入中にエンジンが停止し、推力を失って滑走路のエンド（末端）手前に接地、尾輪を工事用のトロッコに引っかけて転覆する事故があった。指揮所に居合わせた堂本上飛曹以下3名が転覆した零戦に駆けつけると、細川中尉は座席内で逆さになってぶら下がって身動きが取れない状態だった。

堂本上飛曹はその中に潜り込んで座席ベルトを外し、細川中尉を引き出すと右目の下の頬が大きく割れて出血していた。出血量は大したことがなかったが、手足をバタつかせて「飛行機は大丈夫か」と、繰り返している。頭をやられているだけに心配で、若手下士官ふたりに手足を持たせて医務室に運び込んだ。診察台の上に載せても相変わらずバタバタさせているので、軍医長の指示を受け、手足を抑えてハサミで飛行服を切り取り、診察を受けさせた。軍医長は頭を押さえさせながら頬の傷の消毒を始めたが、この間ずっと「飛行機は大丈夫か」を繰り返して、痛いとはひと言も言わなかったことに堂本上飛曹は感心した。

幸い怪我は大したことなく、生命に別状はなかったが、数日間の入室（入院）となった。その日の夜中、顔中包帯でグルグル巻きにされ麻酔が効いて眠っていた細川中尉が、ガバとはね起き「報告しなきゃ」と叫びだし、ひとり付き添っていた鈴木中尉は「もうそのことはわかっているから安心して休め」と、押さえ込みながらもその責任感の強さに驚嘆した。

細川中尉は間もなく飛行作業を再開することができたが、頬に大きな傷跡が残ることとなった。

比島進出計画再開

先述の通り、桜花輸送計画の遅れから、比島での桜花攻撃は、昭和20年1月10日以降に延期されていた。

この間、レイテ島をほぼ制圧した米軍は、12月15日にはミンドロ島へ上陸し、攻勢を進めていた。桜花30機を搭載してマニラに向かっていた雲龍が12月19日に撃沈されたのち、残る桜花58機を搭載した龍鳳は台湾に向かうこととなり、桜花攻撃は台湾南部の高雄基地を起点に作戦計画を立てざるを得なくなった。

その一方で、連合艦隊は参謀長草鹿龍之介中将（海兵41期）以下の一行をクラーク基地群に派遣、到着早々の12月23日、今後の作戦全般を議題に第一連合基地航空隊の首脳部との会議を持ち、台湾を発進した神雷部隊の一式陸攻が、在比の戦闘機隊と合同してレイテ湾の敵艦船攻撃が可能であるか否かを討議した。

しかし、この時期の比島航空戦は末期的状況となっていた。日中のクラーク基地群は米軍機の制圧下にあり、夜間もレーダー搭載の夜戦が哨戒していた。このため、哨戒機の交代する黎明薄暮のわずかな時間に特攻機を主体とした散発的な攻撃隊を繰り出すという、ゲリラ戦法を取らざるを得ない状況となっていた。

そんな中、白昼堂々大編隊の攻撃隊を繰り出す神雷部隊の戦法は、現地の実情を知らぬあまりに現実離れした甘い認識であるとの強い指摘があり、今後の戦局の見通しも含め、会議は悲観的な空気に包まれた。

それでもあきらめ切れない航空本部ではクラーク基地群への桜花搬入計画を改め、12月28日の空輸の可能性を検討した。

高雄からレイテ湾までは約７６０浬。通常装備の一式陸攻であれば届く距離であるが、弾頭を付けた全備状態の桜花を懸吊した過荷重状態では届かない。直掩の零戦五二型丙でも往復は困難である。どうしても事前に桜花の弾頭と零戦隊をクラーク基地に進出させておき、攻撃直前に進出して弾頭を装備してから発進する必要があった。

そこで、重い弾頭部を一般の貨物船より高速（最高速力22ノット）の一等輸送艦に搭載して敵潜水艦が跳梁するバシー海峡を突破してマニラ湾に強行輸送し、桜花の機体本体は一式陸攻で懸吊して空輸することが企画された。実際に弾頭なしの桜花を懸吊しての飛行試験も実施され、運搬可能であることも確認された。輸送機数は30機、実施期日は1月初旬とされる一方で、1月上旬から中旬にかけて内地からマニラに向かう輸送船団5隻に各10機ずつ搭載して輸送する計画も立てられた。

いずれにせよ、桜花が比島に到着しないことにはレイテ湾への攻撃作戦は成立しない。高雄進出が1月10日以降に延期されたこともあって、当時大分基地に進出、訓練中であった神雷部隊は予定通りいったん神ノ池基地に戻って正月を迎えることとなった。

桜花隊の進出準備と攻撃七〇八飛行隊の編入

12月も後半になると、さらに新しい転勤者が飛行場の腰掛けに顔を見せ始め、現在錬成中の搭乗員達の次期の補充が進められていることがうかがわれた。

桜花K1の投下訓練は、天候と機材の手配が許す限り実施されていたが、母機である一式陸攻の方は、装備する機銃が揃わないとか、少し飛ぶと燃料漏れがするなど、工作精度の低下による故障機が多く、比島への進出準備は進んでいなかった。

兵舎内ではどこからか聞きつけてきたのか「桜花隊の前線進出は来年1月10日になるらしい」等と、もっともらしい噂話をする者もいたが、誰も本気にしていなかった。

12月19日、及川古志郎軍令部総長は参内し、昭和天皇にこの日編成された第一一航空戦隊の編成に関し、以下の通り奏上した。


「……七二一空の桜花隊の練度も順調に進みまして、近く作戦地に進出可能の見込みでございますが（中略）七二一、七六二の両航空隊をもちまして第一一航空戦隊を編成し、且つこれを連合艦隊に編入したく存じます」

その夜、神ノ池基地ではにわかに「総員、講堂に集まれ！」の令が響いた。総員集合後、比島進出に備えた発表があり、比島進出は第二、第三、第四の三個分隊が第一陣として進出し、第一分隊は基幹員としてあとから補充される人員の錬成指導を担当する第二陣と発表された。最後に「第一分隊のみは基幹員として残留する。そのほかは総員、直ちに進出できるように準備をせよ。ただし日時は不明。明日にでも進出せよの令あらば、出発である。K1に乗っていない者は、早く乗ってしまえ！」と、檄を飛ばした。

この日、神雷部隊とT攻撃部隊（七六二空陸攻隊および銀河隊と陸軍第七戦隊、第九十八戦隊の四式重爆（海軍名称「靖国」）隊とを合わせて「第一一航空戦隊」を編成し、連合艦隊直属とした。この編成は実質的な日本海軍最後の陸攻隊の航空攻撃兵力であった。

比島への進出にあたり、陸攻隊は従来からの野中少佐率いる攻撃七一一の27機に加え、新たに当時宮崎基地に展開していた足立次郎少佐（海兵60期）率いる攻撃七〇八の27機が加わった。攻撃七〇八は夜間または悪天候下での魚雷攻撃を行うことを主戦法とした「T攻撃隊」の主力として10月12～14

日の台湾沖航空戦に参加し、飛行隊長長井つとむ大尉（海兵64期）以下４名の分隊長を含む多数の戦死者と、未帰還機24機を出して壊滅状態となっていた。後任の足立次郎少佐（海兵60期）の下、生き残ったベテランを基幹員として各所から集めた者を合わせて再編成し錬成中であった。

ペダンチックとも取れる野中少佐のふるまいとは対照的に、派手なセレモニーを好まず「さりげなく出撃する」を信条とした足立少佐の淡々とした統率ぶりは岩城少佐をして「両隊の気風は両極端だな」と、感嘆させるほどの違いがあった。

これら陸攻54機と、戦闘三〇六の零戦60機が直掩隊として共に比島に進出する計画であった。

桜花隊の進出分隊の決定には悶着があった。４名の分隊長の中で海軍兵学校出身期が69期と、ほかの３名より2期古い第一分隊長平野晃大尉は最先任であり、「指揮官先頭」の伝統から第一陣として選ばれるものと思っていたが、岩城少佐は、先に柳沢少佐が桜花隊飛行隊長を辞退した経緯もあり、71期の分隊長３名の中から1名を残すことはできない。結局、平野大尉の第一分隊を後詰めの第二陣とすることに決めた。なおも食い下がる平野大尉に向かって「どうしても出たいのなら、代わりに残る奴を見つけてこい」と言い放ち、百里原空教官時代、甲飛12期の艦爆練習生達から「ブルドック」と呼ばれて恐れられたさすがの平野大尉も諦めるしかなかった。

一方的な決定で後詰めとなった第一分隊の隊員には不満が爆発した。曰く、「最初に出た方が新聞の扱いが大きい」。これは今日もなお続くマスコミの体質であるだけに致し方ない。出撃組の仲間に悪態をつく者、やけ酒をあおる者、共に死のうと誓った仲間に遅れを取ったという隊員の鬱屈した心情は年を越えて残った。１月に撮影された第一分隊の集合写真を見ると、皆一様に憮然とした表情で写っているのが印象的である。

攻撃七〇八飛行隊の編入

台湾沖航空戦で九死に一生を得た田口少尉は10月末に攻撃七〇八に着任していた。12月19日の編成換えで神雷部隊の一員となった攻撃七〇八に桜花母機用の「エムツー改」こと一式陸攻二四型丁が配備され始めた。とはいえ、電信員の菅野善次郎二飛曹（甲飛12期）ら若手搭乗員にはこんな特殊仕様機の配備の意味がわからず、新型機がまたできたのだろう位に話していた。こうした12月のある日、菅野二飛曹ら若い搭乗員は、飛行場の端に引き出された一機のＭ２改を磨きあげるよう指示され、そのあと陸攻の前方に多くの椅子や机が運び出された。

総員集合ののち、足立飛行隊長を中心に各分隊ごと各小隊別、各ペアごとに写真撮影があり、後日、各隊員に配布された。

撮影後、足立隊長から重要な機密事項の訓示があるとの示達があり、搭乗員のみ円陣を組み飛行場の芝生に腰をおろして隊長の訓示が始まった。

隊長から知らされた内容は、「攻撃七〇八飛行隊は夜間雷撃隊から神雷部隊の傘下に入り、当時マル大と呼んでいた桜花特攻作戦の攻撃隊として新しいM2改に特攻機（桜花）を積み、桜花攻撃作戦に参加する」とのことであった。

このときすでに足立少佐は、神ノ池基地に飛んで桜花を見聞しており、桜花特攻作戦のことを宮崎基地に着任した当時から承知していた。足立少佐訓示ののち、全員が格納庫に入り、箱詰めから取りだされた真新しい桜花が披露された。その異様な姿に度肝を抜かれ、やがては生きて還れぬ出撃命令を受けるかと思うと、皆の口は重かった。

とはいえ、すぐに桜花K1の投下訓練が始まったわけではなく、機材の揃った分隊より順次神ノ池基地に進出して訓練を開始した。

田口少尉は昭和20年1月の時点で、小隊4機を率いて別府湾沖を航行する空母鳳翔に対して雷撃訓練を行った時の様子を以下のように語っている。「頭部の赤い演習用魚雷を吊して4機で包囲攻撃をしたのですが、鳳翔は速力が遅いうえにずっと目標艦を務めていたから回避が上手なんです。結局1本が艦尾をかすめただけでした。大分基地に降りたら襲撃結果が先に届いていまして、分隊長に『貴様ら演習用魚雷を回収するのにいくら費用がかかると思ってるんだ、お粗末！』って叱られて上陸（外出）禁止を食らい、別府温泉へ上陸もできずに宮崎基地に戻りました」。同様に湯浅正夫上飛曹（甲飛10期・電信）も桜花K1の投下訓練に参加していない。この時期の攻撃七〇八は、雷撃分隊を一部残すつもりであったらしいことがうかがえる。

大分基地への合同進出訓練

昭和19年も押し詰まった12月25日、出撃予定の桜花第二、第三、第四の各分隊と陸攻隊、戦闘機隊が大分基地での総合訓練に行くことが発表された。桜花隊は三手に分かれ、古参下士官を主体とした訓練用の零戦を空輸する組と、陸攻に便乗して空路を行く組と汽車で行く組とに分かれた。空輸組となった堂本上飛曹は、快晴で富士山の横を飛行中、零戦との見事な構図に思わずカメラのシャッターを切った。一方、丸一昼夜かけて大分駅に降り立った汽車組の隊員達は、迎えのトラックに分乗して大分基地に運ばれた。この時、汽車組となった大阪出身の光斎政太郎二飛曹（丙飛17期）は、列車で通りかかるので大阪駅に来るよう、家族に電報を出したものの配達が翌日となって会えなかった。母親は最後の機会に会えなかったと、生涯悔いておられたとのこと。

もともと大分基地には戦闘機搭乗員の実用機教程を行う練成部隊の大分航空隊があったが、戦闘機の練成部隊はすでに移動し、この時期は対艦攻撃訓練の標的艦が行動する豊後水道や別府湾が近いことから、大分基地には多くの実用機が集結し、各種実験や訓練を行っていた。桜花隊員達は、赤トンボばかりの練習航空隊時代には見たこともなかった「彩雲」「月光」「銀河」「天山」「彗星」に「東海」といった第一線の実用機や二式中練、無線誘導爆弾のイ号一型乙を装備した陸軍の九九式双発軽爆までが訓練を行っているのに目を見張った。

ここ大分基地で桜花隊員達は、道場を宿舎に年末の28日までの間、零戦を操縦して毎日佐田岬沖の豊後水道を航行中の空母鳳翔、標的艦摂津、駆逐艦矢風、最後に油槽船の単縦陣の仮想敵艦隊を目標に、3機編隊で接敵し、単縦陣による突入角度35度～40度での突入訓練を各自1回ずつ実施した。

桜花隊隊員の宿舎となった大分基地の道場には、例の陸軍の九九式双軽の空中勤務者（搭乗員）が5名ほど同居していた。その当時は正体を知らなかった胴体下に取り付けた妙な装置の付いた小型の飛行機のことを質問すると、彼らはふふふと笑って「ロケットですよ」と答えたが、「それ以上の質問はしてくれるな」といった態度を示した。桜花隊員達は内心「陸軍がそんな立派な物を持っているのなら使えば良いじゃないか」と、不満に思う一方で、自分たちが操縦する桜花の方が確実な戦果をあげるだろうと、密かな優越感を味わっていた。実際、敵艦の間近で母機が突入まで目視確認しながら無線操縦することの困難さを克服できず、イ号一型乙は終戦まで実用化されることはなかった。

訓練の終わった29日の晩は別府温泉に泊まり、温泉に入って疲れを癒し、堂本上飛曹らは翌朝陸路で帰隊し、神ノ池基地に着いたのは31日の夕方であった。

戦闘三〇六もこの合同訓練に参加し、12月25日に60機の大編隊で神ノ池基地を出発したが、途中で天候が悪化し、地上は雲に覆われてしまった。これでは地上に降りることができず、練成途上の未熟な編隊はバラバラとなってしまう。と、チモール島クーパン基地に展開していた二〇二空時代にはポートダーウィン空襲で英豪軍のスピットファイアと渡り合った経験を持つ戦地帰りのベテラン津田五郎上飛曹（丙飛2期）が増速して飛行隊長神崎大尉の側にスッと出てバンクすると編隊を離れ、単機で一気に高度を取りだした。津田上飛曹は見通しの利く上空から雲の切れ間を見つけると、編隊を誘導するようにバンクを繰り返しながら雲の切れ間に入った。続行する編隊が雲の切れ間を抜けると、そこは小雨の降る愛媛県の松山基地であった。かくして津田上飛曹の機転により全機落伍せずに着陸できた。一同は松山一泊ののち、翌朝は迷うことなく大分基地に到着した。

直掩隊の戦闘三〇六は、陸攻隊との共同で長距離進出訓練、航法訓練、後上方（うしろ1000m、上空7〜800m）に占位しての直掩訓練を進めると共に、戦闘機隊単独訓練として、緊急発進、空中集合訓練を行っていた。神崎大尉は部下に対し「何としてでも陸攻隊を護れ、腕で護れなかったら身をもって護れ！」と、檄をとばした。

佐藤芳衛少尉はこの訓練の最中、暖機不充分のまま離陸し、高度3000mで潤滑油タンクが破れ、オイルが抜けてエンジンが焼け付いてしまった。プロペラが空転せず、「ナギナタ」と俗称された状態となった機を巧みに操り、佐藤少尉は滑空状態で佐伯基地へ無事に不時着した。やがて、迎えの零戦が来たので佐藤少尉は機体の修理を基地の整備員に任せ、零戦の胴体に入って大分基地に戻った。

一方、後詰めとなり、神ノ池基地の留守番役となった桜花隊第一分隊は面白くないこと甚だしい。このため、実家が熱海の旅館で、周辺に土地勘のある鈴木中尉の提案を受けた平野大尉の配慮により「臨海訓練」の名目で当時熱海一番の旅館「水口園」への2泊3日の温泉旅行が行われた。「一同到着したところ、（水口園の）親父さんは熱海市の市長もやってまして、我々の部屋まで挨拶に来て、しばらく話しこんでいきました」とは鈴木中尉の回想。一同は温泉に浸かり、お宮の松で記念写真を撮ったりと、つかの間の休養を楽しんだ。

この間、12月25日に零観の操縦教員として14期予備学生を教えていた鹿島空から、ただひとりだけ七二一空への転勤命令を受けた杉本正名一飛曹（甲飛11期）は、隊の正門まで両側に総員がずらりと並んで見送る中をひとりで歩いて退隊した。杉本氏は「晴れがましいやら恥ずかしいやら複雑な心境でした」と、この時のことを回想する。ところがその日の晩に神ノ池基地に着いてみると、兵舎はもぬけの殻で、当直の山際直彦一飛曹（乙飛17期）がいるだけだった。杉本一飛曹は半日の差で熱海に行きそびれてしまい、皆が戻るまで留守番となったのであった。

↑鹿島空教員から志願した杉本正名一飛曹（甲飛11期）は半日の差で熱海に行きそびれた。うしろの零戦は使い込まれた機体で上面色がかなり剥げ落ちている。

年始の誓い

年が明け、昭和20年となった。比島進出計画が予定通り進捗していれば、本来ならばとうに敵艦隊に突入していたはずであった。しかし、肝心の桜花が比島に到着しない以上、神雷部隊を展開することはできない。出撃即戦死が前提の桜花隊隊員は一度固めた覚悟をはぐらかされ、出撃命令待ちの状態となった。「宙ぶらりん」で身の置き所に困った桜花隊員の間には、ともすると規律の乱れが生じつつあった。この時期の隊員達の雰囲気を「特に選ばれた特攻隊員として、自分たちの存在を鼻にかけている空気があった」と、着任したての杉本正名一飛曹は感じ取った。

元旦早々、6時前に桜花隊員は全員起床し、身支度を整えたあとに基地内にある龍巻山と称した小高い丘に登り、初日の出を全員で迎えながら、内心これが生涯における最後の元旦なのだと静かな決意を固めた。その後兵舎に戻って酒をくみかわして、万歳を三唱し、大戦果を心より誓った。

1月4日から6日にかけて、出陣予定の第二～四分隊は、分隊別に東京へ行軍することとなった。名目は「行軍」であったが、実態は出陣報告かたがた東京見物させてやろうという、上層部の配慮であり、さらには宙ぶらりん状態の桜花隊員の精神的なケアであったといえる。

一同は宮城（皇居）、靖國神社、明治神宮の三カ所を廻って出陣の報告をすると共に、途中で国会議事堂などを見学した。

1月5日に第三分隊で参加した愛媛県出身の味口二飛曹は東京見物は初めてで、皆珍しいものばかりであった。

↑神ノ池基地第二飛行場の桜花隊指揮所での湯野川大尉（中央）。

特に二重橋の前では分隊長湯野川大尉が、「皆、良く見ておくように。これが最後だぞ」と、しみじみと言ったが、味口二飛曹は当時の日本の家庭で普通に飾られていた、二重橋の写真に両陛下のお写真がはめこまれて中央に金色の菊の御紋章がある例の写真と寸分変わらない光景だなと、妙な感心をした。

昼食は九段の料亭だった。列席した女将以下従業員達の前で、隊員達が『同期の桜』の合唱を披露すると、聞いていた人達は密かに目頭を押さえて泣いていた。

訓練を通じて、人の生死にかなり淡泊な意識（そうでないと自分の飛行作業に影響が出る）を持つようになっていた隊員達は、「お礼のつもりで歌ったのが、かえって悲しませてしまったなぁ」と、恐縮してしまった。

第三分隊が東京に行軍していたこの日、筑波空から第一分隊に新庄浩中尉（海兵72期）が着任し、平野大尉の補佐にあたることとなった。その翌日以降、中間練習機教程を終えたばかりで、実用機操縦の延長教育を済ませていない第14期飛行専修予備学生と、第13期甲種飛行予科練習生らが補充要員として、総計215名が各所より漸次着任してきた。

14期予備学生は例の明治神宮外苑で行われた学徒出陣壮行会を期に海軍に入った者から構成されていた。全員志願の13期と異なり徴兵扱いであったため、水兵服を着せられて二等水兵として海兵団で2ヶ月間の新兵教育を受けた。その間に試験を受け、合格した者のみが候補生として採用され、のちに少尉に任官していた。

また、甲飛13期は各地の航空隊に別れて2万8000名もの多人数が入隊したが、燃料、機材の不足から、飛行機の操縦教育を受けさせることができず、多くは人間魚雷回天や特攻モーターボートの震洋、人間機雷伏龍等の特攻要員に廻された。これら甲飛13期生の中で神雷部隊着任前に実用機の操縦経験を持っていたのは松山空の戦闘機教程の者だけであった。

これら補充要員は実用機の操縦経験の乏しい練度D級と判定され、1月16日の時点で従来の桜花隊員の練度A級190名、B級（桜花K1投下訓練待ち）6名に対し、同数以上の215名がD級となり、極端な不均衡が生じた。

いまだ練成を必要とする練度D級の搭乗員を採用したのは岡村司令のかねてからの腹案であったと伝えられている。現実問題として、この時期に新たにまとまった人数の一定水準を満たす技量の搭乗員を確保するのは無理な相談であり、否応なく神雷部隊の補充要員は錬成途中の搭乗員しか選択の余地がなかった。しかし、そんな台所事情を知らぬ桜花隊員は「選ばれた者」としての誇りを大いに傷つけられたと感じていた。

本来、軍隊という組織は階級順による指揮命令系統が絶対のものとして存在する。英国海軍を範として発足、成長してきた日本海軍は、士官が貴族階級、下士官兵が一般庶民とい

↑筑波空教官から着任した新庄浩中尉（海兵72期）。のちに桜花隊第二陣を率いて鹿屋基地に進出する。

う英国の階級社会の影響を色濃く受けた組織であったため、下士官兵から士官への進級は、陸軍と比較して長い期間がかかっていた。これが艦船勤務だけの時代であればまだしも、飛行機が登場して航空戦力として規模が拡大され、搭乗員の数が増してゆくと、特に単座の戦闘機の場合、操縦技術は当然ながら、空中に上がれば戦闘の術力は階級を問わず要求されるようになり、勢い戦力としての下士官兵の存在は重さを増してきていた。

海軍当局も人事制度の手直しを度々図ったが、完全な是正はなされず、それよりも航空戦力の拡充の方が優先された。このため下士官搭乗員の養成コースだけでも大戦末期のこの時代では①甲種飛行予科練習生（旧制中学4年2学期終了程度の学力を有する者）②乙種飛行予科練習生（高等小学校卒業教育1年以上の学力を有する者）③乙種特飛行予科練習生（乙種対象者の中から18歳以上の者を選抜し、教育年限を2年半に短縮した者、卒業後は同じ）④丙種飛行予科練習生（ほかの兵科として海軍に在籍者から内部選抜した者、旧操縦練習生制度の後身）⑤甲種予備練習生（本来民間航空機操縦者養成を目的とした逓信省管轄の操縦員養成所のうち、海軍系の長崎、愛媛、福山の三養成所卒業者が海軍に入隊した者）と、5系統あり、それぞれが進級の速度に差があったため、あとから入隊した甲飛出身者が海軍の在籍期間の長い乙飛や丙飛出身者よりも階級で上位となることが発生し、お互いに

七二一空搭乗員　練度表

昭和20年1月16日現在

機　種	練度 A	練度 B	練度 C	練度 D	合計
桜花	190	6	0	215	411
彗星	2	2	0	24	28
陸攻	0	0	6	0	6
戦闘三〇六	18	22	27	0	67
攻撃七一一	14	7	12	0	33
攻撃七〇八	12	4	22	0	38

練度
A：作戦可能
B：状況により作戦可能
C：錬成を要するも作戦可能
D：錬成を要す

反目するという不幸な事例が報告された部隊もあった。もちろん、出身期に関係なく、戦地経験や操縦技量といった絶対的な尊重事項があれば、組織の中では一目置かれる存在となったり、出身を問わず平等に接する者も多数存在し、個々人の意識の持ちように依存する部分が大きかった。しかし総じて同じ出身別に集まる傾向があり、これは戦後も永らく続き、今日いまだに尾を引いている。

さらには搭乗員の進級が速いため、ほかの兵科との差が顕著になってしまった。下士官兵には入隊後3年ごとに「善行章」と呼ばれる山型の精勤章が付与され、階級章の上に付けられた。これが何本あるかで海軍に何年在籍しているかの目安となった。しかし、搭乗員の進級があまりに速いため、善行章が付けられる前に一等飛行兵曹となる事例が生じ、「棚から牡丹餅」をもじって（異説あり）、「ボタ下士官」と揶揄されて、それがまた揉めごととなってしまった。このため、昭和20年4月1日付けをもって善行章の制度が廃止された。

一方、士官搭乗員の養成にも2系統があり、①海軍兵学校及び、海軍機関学校出身者の正規将校（その中から適性のあった者を飛行学生として採用し、搭乗員としての教育を実施）②飛行科予備学生（一般の大学、高等専門学校出身者の中から飛行科予備士官として採用した者、神雷部隊には10期と13期と14期の出身者が在籍）と、部隊によっては相手を「本チャン」、「スペ公」と罵って激しく反目したり、逆にお互いを認め合ってうまくまとまったりと様々であった。

航空戦力の急拡大に対応するためのなりふり構わぬ搭乗員の確保は、組織内部に大きな矛盾を抱えたまま大戦に突入する結果を招いた。しかし、戦局の悪化は組織改善を待たず、これに「統率の外道」とまで言われる特攻隊の編成が加わったことで、階級による指揮、命令系は弱体化せざるを得ず、終戦までに善行章の廃止等の改正は行われたものの、抜本的な改善はなされずに終わった。海軍の人事制度上の欠陥に起因する、これらの矛盾点の調整は、現場の当事者達に任されることとなり、これが後述の事件の伏線となったのである。

規律訓練

前年末来、度重なる出撃日程の延期から来る桜花隊隊員達の軍紀（軍隊としての規律）の弛緩を感じた飛行長の岩城少佐は、分隊長抜きで、13期飛行予備学生出身の桜花隊分隊士達を集めた。岩城少佐は軍紀の弛緩の元凶は予備士官達が下士官達を甘やかしているからだと決めつけ、「気合いを入れる」ことを求めた。

13期飛行予備学生出身者は昭和18年9月30日に採用された5200名であるが、昭和19年12月までに神雷部隊に着任していた30名の中で神雷部隊以前に実施（実戦）部隊に在籍していた者は鈴木英男中尉を含め数名しかおらず、下士官兵との接し方を心得ていない者が多かった。何しろ飛行学生の教育資料の中には「下士官とは公務以外は酒を共に飲まない。部下の心情が充分わかるまで共に交わらざる事」とか、「下士官の言うことは、全部信用する必要はないけれども、また一応聞かなくてはならない」等、今日読むと、本当に意志の疎通を図らせようとするつもりがあるのか、疑問に感ずるような項目も存在するのである。

そんなわけで、「気合い」を入れる手段がわからぬまま、宮下良平中尉は、自分たちが基礎教育の際に受けた規律訓練をそのまま下士官隊員に実施した。寒風吹きすさぶ中、下級下士官隊員達は屋外で号令ひとつで行ったり来たり向きを変えたりの分列行進を何度も強いられた。その中で足を引きずって歩いていたひとりを注意し、「怪我をしています」と答えると、「下士官兵の分際でビッコを引くとは何ごとだ！」と、張り飛ばした。

下士官側にしてみれば、海軍の「飯の数（在籍期間）」はこちらの方がよほど長い。彼らが大学を出ているからとの理由で予備士官として1年あまりの短期間に中尉に昇進し、我々の上官となっている。しかも彼ら分隊士の中には、飛行学生時代に操縦教員として飛行機の操縦を文字通り手取り足取り教えた者も少なからずおり、しかも決死部隊に在籍している自分たちは同列の仲間であって、階級だけを盾に締め上げられるのには納得がいかず、結果として下士官兵側に不満ばかりが溜まることとなった。

予備士官のまとめ役である先任分隊士を務めていた第二分隊の細川八朗中尉のもとには、同じ分隊の川口勉上飛曹（丙飛3期）から「桜花隊には問題があります」と、二、三度の苦情が届けられていた。しかし、ここにも階級差は厳然と存在し、言葉を選んだ表現であったため、細川中尉は下士官隊員に不満の蓄積があることを察することができなかった。

↑川口勉上飛曹（丙飛3期）。暴動事件の責任を負わされ、神雷部隊から外されてしまう。

米軍のリンガエン湾上陸と比島進出計画の消滅

その頃の1月5日夕刻、日本軍索敵機はクラーク基地西方海上を北上する米軍の空母11隻、戦艦4隻巡洋艦23隻、駆逐艦74隻余からなる2群に別れた主力艦隊を発見、さらに後方のスルー海には、上陸部隊を乗せた輸送船172隻と護衛の戦艦2隻、巡洋艦16隻、駆逐艦24隻余の大船団を発見した。船団後尾は延々とミンダナオ海まで続く長大なものであった。翌6日、米艦隊はルソン島東北部リンガエン湾に侵入、〇八〇〇を期して艦砲射撃を開始した。3日間の間断ない艦砲射撃ののち、1月9日、米軍はリンガエン湾に上陸を開始した。この上陸船団に対し、在比の日本陸海軍の航空兵力は最後の特攻攻撃を敢行、比島での実質的航空戦は終焉を迎えた。

この戦局急変の最中でも神雷部隊の比島進出計画は進められていた。それを裏付けるものとして、軍機電報に以下のやり取りが残されている。12月25日には1月10日以降に神雷部隊が一式陸攻54機と零戦60機が台湾の台南基地と高雄基地に進出し、比島のクラーク基地群を機動基地として作戦を実施することが通知されている。これにともない、比島側の受け入れ態勢確認の問い合わせがされている(機密第二五〇九一五番電)。この問い合わせに対して、12月27日には比島側の受け入れ態勢として協力可能な整備員が零戦300名、桜花130名(講習中)、陸攻用50名が用意され、進出に際しては各自毛布2枚と食器を持参するよう求めている(機密第二六二三五四番電)。

1月8日には比島の第一連合基地航空隊司令部に対しルソン島北方のツゲガラオやエチアゲに司令部を後退させて航空作戦の指揮を執るよう、準備命令が出されている(機密第〇七一八六番電)。その返信のごとく、桜花隊の台湾進出が何時になるかの問い合わせが連合艦隊に出された(機密第〇七二一二六番電)。折り返して桜花隊の作戦展開として、ラオアグ、アパリ、ツゲガラオを機動基地として使用する可能性があるため各基地、「一、燃料弾薬の保有量」「二、燃料補給能力」「三、所在地上勤務員」「四、滑走路の転圧舗装の状況」「五、通信施設及び人員の現状」を速やかに報告するよう要請されている(機密第〇八一二一〇番電)。さらに桜花隊の進出は1月下旬の見込みであると回答している(機密第〇八一七三六番電)。

しかし、1月9日の米軍リンガエン湾上陸によってルソン島北部からの作戦行動計画は自然消滅した。1月13日には在関東の第一基地連合航空部隊に対し、25日以降に九州方面への進出展開が内示された。神雷部隊の進出に当たっては運用重量が大きいため、現地に派遣された田中参謀により各基地の地盤調査が行われている。14日の報告(機密第一四一五三四番電)では調査の結果、悪天候でも運用可能な滑走路は鹿屋と宮崎に限られたため、桜花を格納する横穴壕を鹿屋に30機分、宮崎に20機分造成することを決めている。

慰問演芸隊の来訪

その最中の1月8日、神ノ池基地には東宝の慰問演芸隊がやって来た。芸能界にコネのあった陸攻隊の甲斐弘之大尉（海兵70期）の仲介によるものであった。当時は映画の制作本数も減少しており、俳優達は各地に展開していた陸海軍の部隊や軍需工場に慰問演芸隊として巡業することが多かった。その背景には兵士や従業員達への娯楽の提供もあったが、民間の食料事情が悪化していたこともあり、軍隊、特に食料事情の良かった海軍航空隊への慰問は人気があった。この後も神ノ池基地には徳川無声や古川ロッパといった、当時一流の芸能人の慰問が続くこととなる。

当初は桜花隊員だけに向けた上演の予定であったが、それを聞いた戦闘三〇六の連中は面白くないこと甚だしく、「我々にも見せろ、見せないと三号爆弾をリヤカーに乗せて庁舎の前で爆発させるぞ」と、ゴネた挙句に観覧を認めさせたという。

この日の演目は大辻司郎の漫談（その中でのネタには当時有名であった作家菊池寛をもじって駆逐艦といったシャレがあったとか）と、それに楽団南十字星の演奏で歌う轟夕起子、三国瑛子らの女優達。寸劇などの上演もあり、隊員達は楽しいひとときを過ごした。

講演終了の際、士官が退場したあとで下士官兵が退場するよう、指示があったが、後方入口にいた下士官隊員がいち早くさっさと出てしまった。さらに、道路でない植え込みの間を通ったと、宮下中尉に見とがめられて殴られる者が出た。

本来、士官が下士官に手を下すのは極めて異例のことである。下士官兵の間で行われていた「罰直」と呼ばれた私的制裁に士官は関与しない不文律があったが（中には制裁を止めさせた士官も存在し、関係者の間で特筆されることとなる）、古参の下士官は、この前まで操縦を教わった教員を殴るとは何ごとか、と日頃からの積もりつもった憤懣もあって、下士官側の怒りはみるみる膨張していった。

暴動の勃発

慰問公演の後、司令以下、分隊長以上の士官達は慰問隊と共に水交社（士官専用クラブ）として使われていた潮来（いたこ）の料亭あやめ荘での慰労会に出かけて行った。

兵舎では一部の者は上陸（外出）したが、残りは4つのテーブルに分かれて呑み始めた。話題は分隊士の予備士官の悪口ばかりである。海兵出の分隊長は流石に鍛えられており、かつ努力もしているので下士官兵の気持ちも理解し、尊敬されるほどの見識を持ち合わせていた。それに引きかえ予備学生は海軍に入って1年足らずで少尉任官（13期の場合）した途端に天下を取ったような態度で鼻息を荒くして、下士官兵など何者かといった横柄な態度を取る者もいた（前述の通り、そもそも下士官兵との接し方を十分に教育されていなかった弊害である）。同じ予備学生でも古い者はちゃんと海軍の気風を理解して行動していたが、少尉になりたての13期生は学生気分が抜けきらなかった。操縦技量の拙い飛行作業ぶりで海兵出の士官にドヤされる一方、与えられた士官の特権を利用して飛行場の危険地帯に立ち入ったりして写真ばかり撮っているのを見た者達は、「学鷲ならぬ笑鷲」「学生は海軍に遊びに来ている」「俸給泥棒」等とひどい陰口をたたいた。

そのうち、運転手の話として、潮来のあやめ荘に酒や羊羹などの嗜好品をたくさん薪の下に隠して運んだという情報が入ってきた。酒や羊羹は別として、薪まで運んでどうするのかと思ったら、航空隊では女優達を入れる風呂がないのであやめ荘で風呂に入ってもらうことにしたとのことであった。

次席下士官の堂本吉春上飛曹は、直接予備士官達からは何も聞くことはなかったが、若手下士官達が聞かされた「お前たちは農家の次男、三男で、口減らしのため、兵学校出の士官は職業として海軍に入った。それに較べ、我々は本当に国のためを思い、学業を捨てて海軍に入ったので、食うに困って海軍に入ったお前達とは違う。古い下士官に教わった者もいるが、卒業すれば中尉は中尉だ。桜花はみんな初めてなんだから、古いも若いもない云々」との、予備士官達の言い分に憤慨した。

そこへ若手下士官が細川八朗中尉、今井遉三中尉（共に予備士官）から1升ずつもらった、と酒を持って帰ってきた。今日のこの空気を察してのことか、ずいぶんタイミングが良すぎると、勘ぐる者まで出る。

酒もだいぶ回ってきて、各テーブルで若手士官がいる士官次室（ガンルーム）に殴り込みをかけるか、という物騒な話が出始めた。どこで工面したのか、軍刀をひと振り持ってきて、やるぞ、と誇示している者もいる。

しばらくして第一分隊の先任下士官の高野弘上飛曹（丙飛3期）が「奴らを呼び出せ！」と言って、飛行服のズボンのポケットにビールビンを各1本入れて出ていった。若手下士官が5、6人後を追って走って出てゆく。堂本上飛曹があとを追うと、士官宿舎の各個室のガラスを、棒でたたいて割りながら「宮下！　出てこい！」と、どなっていたので「細川、今井中尉の個室はやめろ」と、声をかけて引き返した。

しばらくすると騒ぎを聞きつけてきた者達が集まり、兵舎と兵舎の間の広場に3～4ｍの間隔をおいて、予備士官と下士官200人ばかりが横並びで睨み合いとなった。隅の方では多少の殴り合いがあったようで、あとで空手で腹をやられたと痛がっている者もいた。

しかし、先任下士官の高野上飛曹と一緒にいる中央部では、互いに睨み合っているだけである。軍刀を持って、手を出したら叩き切れ、と息巻く士官連中も2、3人いた。中でも騒ぎの元凶となった無精ヒゲを生やした岩下中尉は特に目立った。

高野上飛曹が前の士官を手まねで呼ぶと、「なんだ?」とひとりが前に出てくる。そこをいきなりズボンのポケットに入れたビールビンをとり出し、脳天を一撃する。殴られた士官は、その場にふらふらと座りこんでしまった。

そこへ、部隊の留守を預かる当直将校である、工作長の菅野栄治大尉(2志)が「やめろ!」といいながら人をかき分けて、中央に出てきた。飯田光雄一飛曹(丙13期)がいきなり、「お前の出る幕ではない!」と、鉄拳を一発喰らわせた。

なおも睨み合いが続く中、桜花発案者の大田中尉(11月進級)が号令台に上がり、大声で「下士官退け! 上官抵抗は銃殺だぞ。知っているのか!」と、怒鳴った。皆が「はい」と答えると、「こういう兵器を発案した私が悪かった。まず俺を殺してからやれ」と、体を張って止めに入った。

下士官隊員の間でも、大田中尉が桜花の発案者でありながら、偵察員であるために搭乗できないのは周知のことであった。「あいつがくだらん物を作ったばかりに俺達が死ぬんだ」等といった話は、日常会話の中で大した重みもなく口にされていた。そんな空気は当然ながら大田中尉にも伝わっており、この発言となったとみられる。

「高野兵曹、この辺でやめましょう」と堂本上飛曹が声をかけると、高野上飛曹は無言で引き返していった。それを見て皆ぞろぞろと引き上げにかかった。

この間、鉢巻たすき掛け姿の川口上飛曹は、日本刀を抜いて頭上で振りまわしながら「やっちまえ!」とか、「我々を馬鹿にするな!」とか怒鳴っている。酒が入り、だいぶロレツが回らなくなっているので、心配した堂本上飛曹が「大丈夫か?」と聞くと、「大丈夫」と、答えていた。

そのうち、整備分隊からも20名ほどが2列縦隊で駆けつけ、「応援が要るなら、いくらでも出します」と、引率してきた下士官が言うのを「要らない、我々で充分」と言って加勢を断った。

この後、先任分隊士の責任上、細川中尉は兵舎に出向き、涙声で詰問した。「なんてことをするんだ。これでは軍隊の組織はめちゃめちゃじゃないか」。川口上飛曹は「分隊士、だから問題があると言ってたんです。今さら泣いても遅いですよ」と、にべもなかった。

この日の夜半、潮来から戻った主要幹部は殴られた当直将校から針小棒大な報告を受け、騒然となった。話を聞いた野中少佐は「上官暴行は銃殺」と、容赦なく決めつけた。暴動事件は幹部の留守を狙った計画的犯行と見なされた。訓練は中止され、上陸(外出)は禁止された。

翌9日の朝食時、高野上飛曹が「今日から取り調べが始まるであろうが、絶対個人の名前は出してはいけない」と、きつく釘をさした。その日から訓練は中止となり、隊内軍法会議が開かれることとなり、海軍中央から法務官が出張して、取り調べが始まった。

川口上飛曹は分隊長の三橋大尉から、「ひとことでいい、悪かったと言ってくれ」と、泣いて頼まれたが「悪いことをしたとは思いません。分列行進でビッコを引いてなぜ悪いのですか。犬でも猫でも足が痛ければビッコを引きます」と、突っぱねた。

堂本上飛曹は林大尉から取り調べを受けた。若手下士官達から聞いた話を説明し、「これは（喧嘩）両成敗でしょう」と言って、あとは知らぬ存ぜぬで押し通した。

一方の13期予備士官達は、野中少佐より「貴様らは促成の海軍軍人だ。学生気分が抜けずにいるから下士官連中に馬鹿にされるんだ」と、手厳しく叱責を受けた。この後、細川中尉は13期、14期の予備士官を集め「俺達予備士官は促成軍人かもしれないが、兵学校の連中とは違って、大将や元帥になるつもりで海軍に入ったのではない。俺達が死ねば国が救われると信じて来たんだ。何と言われようと、この気持ちを誇りにしていこう」と、訴えた。細川中尉は川口上飛曹の諫言を聞きながら事態を見抜けなかった不明を悔やむ一方で、当夜の事件を突発的な出来事として処理したい気持ちがあった。

しかし、士官と下士官が表立って衝突した事件とあっては不問にするわけにはいかない。法務官の調書を検討した結果、先任下士官の高野上飛曹は艦攻出身であったが、訓練機材が零戦であることから、先任下士である自分を差し置いて戦闘機搭乗員の方が何かと重宝されているのが気に食わず、しばしば不満を表していた。このため高野上飛曹の言行に疑惑が持たれ、当夜の暴動を裏から扇動した黒幕と見なされた。そして、取り調べ中の心証が特に悪かった川口上飛曹を合わせた2名が横須賀鎮守府軍法会議に送られることとなった。

こと川口上飛曹に関していえば、義侠心が強い反面短絡しやすい性格が災いしてか、事件を落着させるためのスケープゴートとさせられた感が強かった。この件は司令だけが知る了解事項として、表向きにはふたりを桜花隊から外し、転勤命令待ちとさせる形を取った。

1月中旬の隊内軍法会議の終了後、当日酔っぱらって寝てしまっていた者や上陸していて不在だった者など、この騒動に参加しなかった者も含め、主要な桜花隊員が鹿島神宮に駆け足参拝を命ぜられ、岩城少佐自ら先頭に立って往復16㎞近い路を走った。堂本上飛曹の前を、少佐の肩章もまだ新しい柳沢少佐が走っていた。隊員たちはこれで始末がついたと思っていた。隊内の雰囲気からギスギスしたものがなくなった。

この件はその後音沙汰なく、不問に付されたのかと誰もが思っていたが、沖縄戦のさなかの4月13日になって移送命令があり、即日、高野上飛曹と川口上飛曹は用務飛行用の九〇式機上作業練習機に乗せられて慌ただしく横須賀に送られ、横須賀鎮守府軍法会議に廻された。出発に際し、川口上飛曹は「ああ、俺もいよいよ殺されるかぁ。ハッハッハ……」と高笑いしていたが、この上なく淋しい笑いだったと、味口二飛曹は日記に記している。

審判の結果高野上飛曹は無罪となって彩雲の七二五空に転勤した。転勤の際、法務官にあとに残された川口上飛曹の無罪を強く訴えたものの結局有罪となった。陸奥の飛行隊として第二次ソロモン海戦の際には九五式水偵を操縦し、索敵機を務めた経歴も考慮されず、一等兵に降格されると共に恩給も剥奪される処分を受け、終戦まで「大津大学」と俗称された横須賀海軍刑務所に拘留された。

戦後間もなく海軍刑務所から出所した川口氏であったが、戦後の混乱の中定職にも就けず身を持ち崩して自堕落な生活を送っていた。「こんな落ちぶれることになったのも、あいつのせいだ」と、叛乱事件の首謀者、高野元上飛曹を恨むことも多くなっていた。そんなある日、思い詰めた挙句に短刀を懐に高野元上飛曹の住む新潟県某所に赴いた。ところがそこに着いてみると、戦後結婚した新妻と仲睦まじく畑仕事をする元上飛曹の姿があった。その様子を見た川口氏はそのまま黙って引き返したという。その後、妻となる女性との出会いからすっかり更生した川口氏は、天草空の戦友会には参加しても、神雷部隊の戦友会参加は断り続けた。戦史研究者の取材要請も一切受け付けず、海軍の人事制度の矛盾から発生した事件を川口氏はひとりで負ったまま亡くなった。

比島航空戦の終焉と桜花特別戦闘機隊の編成

神ノ池基地で暴動事件があった翌日の1月9日、米軍はルソン島リンガエン湾に上陸を開始した。在比の日本陸海軍航空部隊は、その最後の戦力を特攻機として突入させ、比島における実質的航空戦は終焉を迎えた。

飛行機を失った生き残りの搭乗員達は陸戦隊となり、クラーク基地群守備隊として山籠もりの準備を進めていた所、命によりルソン島北部に転進することになった。徒歩や自動車等、思い思いの手段でツゲガラオやアパリの飛行場に到着し、夜間台湾からの迎えの飛行機に便乗、やせ衰えた身体を新たな戦場となる内地に運んだ。

それに先立つ1月6日には福留繁中将以下第二航空艦隊司令部の転出が決まり、10日キャビテ基地から零式三座水偵3機に分乗、サイゴンに脱出した。本来はその前日に飛来した二式大艇に全員乗り込む手はずであったが、昭和19年3月3日、古賀峯一連合艦隊司令長官遭難の際に二番機としてセブ島沖に不時着水、現地民のゲリラに一時捕虜となった経験を持つ福留中将にとって、あの日と同じ二式大艇に乗るのがためられたのか、「目立ちすぎる」と、わざわざ飛来した機体を追い返したうえで、別に仕立てた零式三座水偵に乗り込むこととなった。当然ながら乗れる人数がごく限られるので、誰が乗るかで幕僚の間で口汚い罵り合いが始まった。その見苦しさは、キャビテ基地に居合わせ、その一部始終を目撃した六三四空瑞雲隊の隊員を呆れさせた。

比島からの司令部の撤退では、陸軍第四航空軍司令官富永恭次中将が陸軍中央の指示なしに無断で台湾へ脱出した「戦場離脱」が、無責任な軍上層部の代表例として広く知られているが、海軍とて決してきれいごとだけではなかった。

一方、あとに残った大西中将以下第一航空艦隊司令部も1月10日、命によりクラーク中基地より迎えの一式陸攻で台湾の高雄基地に移動した。残された陸戦訓練経験のほとんどない海軍地上部隊1万5400名は、第二十六航空戦隊司令官杉本丑衛少将（海兵44期）を総指揮官に海軍防衛部隊に再編され、クラーク平原西側の山地を5つの戦区に分かれて複廓陣地を構築し、米軍のマニラ侵攻を牽制するべく、軽火器すら満足にない乏しい装備と食料で絶望的な戦いに臨んだ。

神雷部隊本隊の進出に先行して比島に到着していた辻巌中尉以下の桜花整備班11名も空しく陸戦隊のひとつに編入され、物資弾薬運搬を担当した。マルコット飛行場に桜花到着に備えて掘られた横穴は、桜花が格納されることなく、陸軍部隊の軍需品倉庫として使われていた。

その頃、戦闘三〇六だけでは自前の直掩戦力としては心もとなく、新たな戦闘機隊の編成は進めていたものの、搭乗員が絶対的に不足している現状から、編成が遅れていた。

ところが、桜花隊員の中には戦闘機の教員を務めた飛行時間豊富な下士官搭乗員がいる。桜花の飛行特性も判明し、戦闘機搭乗員でなくても操縦できることがわかったため、桜花隊員の中から戦闘機隊を編成し、桜花攻撃の掩護に当たらせようといった話が持ち上がった。当面任務は兼任とし、桜花隊員としては岩城少佐の指揮下に入り、戦闘機隊員として行動する際は五十嵐中佐の指揮下に入るという、二足のワラジを履いた変則的なものであった。差し当たり2個中隊24名の搭乗員を集めることとなった。

台南空教員時代の台湾沖航空戦で撃墜1機の記録を持つ第四分隊の先任下士官の山村恵助上飛曹（乙飛12期）は、当然有力候補であったが「そんな怪しげな隊は御免だ。今さら戦闘機に戻るつもりはない。桜花隊から抜けていく奴らは卑怯者だ」と極言して勧誘を固辞し、川上菊臣上飛曹（甲飛10期）も断った。

一方、堂本上飛曹は卑怯かもしれないと感じながらも、多少なりとも生還の道があることから、掩護戦闘機隊に参加することを決めた。先任搭乗員となった第三分隊の大久保理蔵上飛曹（乙飛11期）も、たとえ桜花で突入するまでの間であっても、自分の裁量で操縦できる戦闘機はやはり嬉しかったと述懐する。堂本上飛曹は「一番楽な位置」と、評する次席搭乗員となった。結局、第二分隊から7名、第四分隊から12名の計19名の下士官が応じた。

指揮官は年末に起きた転覆事故の怪我が治って出てきた細川中尉で、その頬には傷痕がはっきりと残っていた。戦闘機の延長教育を終えたばかりの中尉の隊長に、ベテラン下士官ばかりを集めた総勢20名の「桜花戦闘機隊」は、未熟搭乗員が増えていたこの時期、ほかの戦闘機隊と比較しても群を抜く練度の高さであった。裏を返せば、比島戦での戦闘機搭乗員の消耗がそれだけ急激であったのである。

ベテランばかりの下士官を相手に力不足を自覚する細川中尉は五十嵐中佐に隊長役を固辞したが、「空の方は自分が面

↑山村恵助上飛曹（乙飛12期）。ベテラン戦闘機乗りで、台湾沖航空戦でも撃墜記録を持っていたが、桜花特別戦闘機隊参加の勧誘を断り、桜花攻撃に固執した。

神雷桜花特別戦闘機隊　隊員名簿

昭和20年1月編成当時

	搭乗員氏名	階級	出身期	備考
1	**細川　八朗**	中尉	予備13期	
2	**大久保　理蔵**	上飛曹	乙飛11期	7/12付けで722空に異動
3	**堂本　吉春**	上飛曹	乙飛12期	7/1付けで210空に異動
4	**藤城　光治**	上飛曹	乙飛13期	
5	**仲道　渉**	上飛曹	丙飛４期	
6	**内田　豊**	上飛曹	丙飛８期	
7	**大川　潔**	上飛曹	丙飛７期	6/末頃郡山空に異動
8	**小林　章**	上飛曹	乙飛16期	
9	**永野　紀明**	上飛曹	乙飛16期	
10	**藤田　六男**	上飛曹	乙飛16期	
11	**佐藤　憲一**	上飛曹	乙飛16期	
12	**豊島　登洋美**	上飛曹	甲飛９期	
13	**津田　幸四郎**	上飛曹	甲飛９期	6/末頃郡山空に異動
14	**香川　文夫**	上飛曹	甲飛10期	
15	**堀江　真**	上飛曹	甲飛10期	6/22第十次桜花攻撃で特攻戦死
16	**田口　菊巳**	上飛曹	丙飛12期	
17	**磯貝　圭助**	一飛曹	丙飛12期	4/6第三建武隊で特攻戦死
18	**松岡　巌**	一飛曹	丙飛13期	
19	**岡本　耕安**	一飛曹	丙飛15期	4/2第一建武隊で特攻戦死
20	**百々　信夫**	一飛曹	丙飛16期	

倒見るから、陸の方は君がやれ」と、取り合わなかった。

兵学校出身の各分隊長は本来の業務があり、戦闘機隊との兼務は難しく、戦闘機搭乗員でないとほかの者からは批判を受けるし、暴動事件に巻き込まれなかった予備学生の自分が緩衝役を務めろということなのだろうと、細川中尉は自問自答し、納得するしかなかった。

桜花特別戦闘機隊の編成を知った戦闘機出身以外の桜花隊員の反応は様々であったが、一時的にせよ、自分の判断で操縦可能な戦闘機に乗って戦えるということで「長生き」しないまでも、傍目には戦闘機隊員は息の詰まりそうな場所から、広い場所に出ていった観がないでもなかった。味口二飛曹はどのみち、お互いに道はちがっても生命はないのだ、敵機1機墜とすより、自分ひとりで何千人の乗員と、艦内の予備機をふくめて100機ものピカピカの飛行機を巻き添えにして正規空母と心中する方が、どれだけ死にざまとして「割が良いか」と、桜花による大物喰いの威力を語ったところ、麓一飛曹が、「おまえ、ええこと言うぞ」と、ニコニコし始めた。自由機動のできない桜花隊員にとって、大物喰いの1・2tの超大型平徹甲弾がすべての拠り所であった。

野中少佐の言葉

一方、12月19日付けにて七二一空に編入されていた攻撃七〇八は宮崎基地に展開し、一式陸攻二四型丁を受領次第、小隊毎に漸次ペアを神ノ池基地に派遣し、扱ったことのない桜花に接し、その懸吊訓練と桜花K1の投下訓練を経験させていた。

この頃、新任分隊長八木田喜良大尉（海兵68期）は、飛行隊長足立少佐の命を受け、今までの訓練受け入れの礼を含む締めくくりの挨拶をすべく神ノ池基地の指揮所を訪れた。攻撃七一一の野中少佐とはラバウル時代以来の面識があり、懐旧談に花を咲かせていたが、急に「部屋に来い」と、隊長室へ案内された。

そこでふたりきりとなると野中少佐は、しみじみと諭すかのような口調で語った。「俺はたとえ国賊とののしられても、桜花作戦は司令部に断念させたい。もちろん、自分は必死攻撃をおそれるものではない。しかし、攻撃機として敵まで到達することができないことが明瞭な戦法を肯定することは嫌だ。クソの役にも立たない自殺行為に、多数の部下を道連れにすることは堪えられない。司令部では、桜花を投下したら陸攻隊は速やかに帰投し、再び出撃だと言っているが、今日まで起居を共にした部下が肉弾となって敵艦に突入するのを

↑八木田喜良大尉（海兵68期）。ラバウル以来の旧知の仲の野中少佐に桜花攻撃の問題点を指摘され、大いに共感する。のちに攻撃七〇八飛行長となり、陸攻隊としての桜花攻撃の指揮を執った。

見ながら自分らだけが帰投できると思うか。俺が出撃を命ぜられたら、桜花投下と同時に、自分も飛行機諸共別の目標に体当たりを食わせるぞ」。訓練を通じて八木田大尉が感じていた疑問や抵抗感を野中少佐も持っていたことを知った。「オイ、俺達はこの気持ちでやろうぜ」と、野中少佐は締めくくったが、結果としてこれが八木田大尉が聞いた野中少佐の最期の言葉となった。

「脱」での結婚式

暴動事件以来の外出禁止はなお続いていた。軍隊生活の長い下士官たちは適当に「脱」と呼ばれた無断上陸を図って適当に息抜きをしたり、暇を持て余した者達はお寺や空き家に潜り込んでは仲間内での博打にふけっていた。光斎政太郎二飛曹（丙飛17期）は賭けごとに強くオイチョカブの名人だった。地元大阪では「こっちが本職」だったとの言葉に違わず、7000円ほどの賭け金をせしめていたという。

片や予備学生出身の士官達は、「士官」であるがゆえの矜持と高潔さを示さねばならず、「脱」をする発想が浮かばなかった。

寒風の激しいある日の夕方、第四分隊長林大尉の個室に西尾光夫中尉（予備13期）が思いつめた顔でやって来て一礼するなり、特別外出の許可を求めた。行き先は聞くまでもなかった。

西尾中尉が佐原の木内旅館にいるメイド（仲居のことを海軍ではメイドと呼んだ）の妙子と相思相愛の仲であることは、林大尉も知らないではなかった。「何を言うとるか、外出は絶対禁止だぞ」と、ほかの部屋にも聞えるようにわざと怒鳴りつけてから、目で笑って許可を出すと、「ありがとうございます」と、最敬礼して退出した西尾中尉は、親しくしていた出撃組の中根久喜中尉と残留組の安井三男中尉（共に予備13期）に「センチメンタリズムと言われるかもしれないが、俺は妙子と心だけでも契っておきたい。すまんが立ち会ってくれ」と、「脱」の決行を告げた。

3人は自転車で隊の裏門から抜け出すと、一路佐原に向かった。木内旅館に着くと、早速酒の用意をさせて妙子を呼んだ。盃を手にした西尾中尉は後見人となったふたりに三三九度の酌を頼んだ。

妙子は西尾中尉の出陣を察して絶句した。盃がふたりの間を往き来した。妙子の両眼に涙があふれた。

別室に「床入り」の用意が整えられ、西尾中尉が妙子を促すと、妙子は憑かれたように立ちあがった。「貴様達も一緒に来てくれ」。後見人達はうろたえた。「冗談じゃない、俺たちはここで飲んでいる」と、ひるむふたりに「いいから来てくれ」と、無理して連れ出した。

別室には布団がふたつ、寄せ合って敷かれていた。西尾中尉が右側に、妙子が左側に入った。布団の脇からそれぞれ手を差し出し、しっかりと握りあって目を閉じた。しばらくして西尾中尉が目を開き「よし、これで済んだ。安心して征ける」と、納得した口調で呟いた。

後見人達は呆気にとられつつ、「おい西尾、こんなんで本当にいいのか」と問いただしても、「いいんだ、いいんだ」と取り合わなかった。この間、妙子は布団の襟に顔を埋め、嗚咽をこらえていた。

隊に戻った3人は、先任分隊士の細川中尉に「脱」の次第を報告した。後見人ふたりは、三三九度から床入りの場面までを詳しく補足し、最後に「ところで細川、『脱』は規律違反だ。だから俺達を修正してくれ」と、言いだした。「ぜひやってくれ、でないと脱のけじめがつかない」と。細川中尉は渋りながら軽いビンタを1発ずつ食わせて済ませた。

当時の風潮と言ってしまえばそれまでであるが、こと高等教育を受けていた予備学生出身の士官達は、そのスマートな容姿から当時の女性達には憧れの存在であり、ロマンスも決して少なくはなかったのだが、概して恋愛に対し実にプラトニックであった。ましてや明日をも知れぬ命の飛行機乗りとなった身では若い未亡人をわざわざ作るようなものと、結婚した者は少なく、少なからぬ者が女性を知らないまま出撃し、還らなかった。

このため、13期予備学生の戦没者1616名の遺族には未亡人はごく少なく、遺児はさらに少ない。

↑「脱」上陸で結婚式を挙げた西尾光夫中尉（予備13期）。

味口二飛曹のK1事故

この頃になると、第一陣の進出予定者の中で桜花K1にまだ搭乗していない者は6名足らずとなっていた。その投下未了者の中には味口二飛曹もいた。残りの者は一刻もはやく投下訓練をする必要があるのに、天候が不良だったり、陸攻の方の都合が付かなかったりと、延び延びとなっていた。

そうこうするうち、鹿屋基地への進出第一陣として159名が決定されたが、その日どりも間近であるというだけで、やはり日時は判然としなかった。

1月17日、待望のK1搭乗が決まった。だが、8時が過ぎ、9時近くなってもまだ投下の呼び出しがこない。指揮所の裏の小屋で3人でストーブにあたりながらひたすら待機していた。「今日もこれで終わりかもしれないぞ」等と話し合っていると、様子を見に行った久保田久四二飛曹（特乙1期・4月11日第五建武隊で特攻戦死）が戻ってきて、「いよいよやるらしいぞ」と知らせた。

味口二飛曹がガラス越しにK1の格納庫を見るとそこには橙色に塗られたK1が何機も置かれている。見ると、そのうちの1機を大勢で担ぎ上げ、運搬車に乗せ始めていた。いよいよやるらしい。とうとう落とされるのか。そうわかると顔中がやたら火照って心臓はどきどき、耳たぶまでが熱く感じられるほど、味口二飛曹は完全にアガっていた。呼び出しがきた時間も

↑一式陸攻の乗り込み口に腰かける中根久喜中尉（予備13期）。安井中尉と共に西尾中尉の結婚式の後見人を務めた

↑安井三男中尉（予備13期）。中根中尉と共に西尾中尉の結婚式の後見人を務めた。

覚えがないままに、いつのまにか、陸攻に搭乗していた。

搭乗機はチョーク（車輪止め）を外し、機体をびりびりふるわせながら動きだし、発進点へと向かう。

場内を右往左往していた零戦も、滑走路へ向けてタキシングする陸攻に、このときばかりは道をゆずって待っている。

やがて陸攻は、滑走路のコンクリートへと乗りあげると、尾部を少しひねって真正面を向いた。この日は海に向かっての離陸であった。

エンジンの回転数が上がり、滑走を始めた陸攻は、速度を増しながら指揮所前を轟音をあげて通過するとふわりと浮いた。下を見ると砂地も尽きて陸攻は海岸線へ出ていた。鹿島灘である。味口二飛曹には北浦空で九三式水中練で飛行作業をしていた練習生の頃の思い出がちらりと頭をかすめた。

やがて洋上を遠く沖へ出て前後、左右ともすべて海面となった頃、陸攻は大きく右旋回して房総半島東端の犬吠崎へ向首した。

すでにかなり高度も取れたらしい。主操縦員の背中がじゃまになって高度計は見えないが、２０００ｍになったら、肩を叩かれて促される前にＫ１に乗りこもう、そんなことを考えながら味口二飛曹は頬杖をついてぽかんとしていた。

眼下を見やると、ちょうど犬吠埼直上の地点であった。利根川の広い河口が黒ずんで見え、銚子の町が整然と灰色にきれいにならび、雲がその上をかすめている。

いつの間にか陸攻は最後の旋回を終わっていた。ボケーッとしていた味口二飛曹は、突然、ポンと肩を叩かれハッと我に返り、うしろをふり向くと、爆音の中、搭発員（搭乗発動員＝飛行中にエンジンの具合を見る航空機関士のこと）が何かしらさかんに手まねで合図を送っている。「ああ、乗れというんだな」と、すぐ理解したものの、督促されたのが不覚に思えてきた。

陸攻の下部に懸吊されているＫ１に通ずる床にはめてある50㎝角の四角い蓋を外すと、真下にＫ１の座席が見えた。暗かった機内へ急に外光が差し込み、皆の顔を照らすと共に、1月の寒風が猛烈に吹き上げ、思わず身震いした。Ｋ1は、ぴりぴりと全体が振動している。鈎竿で閉じられた風防を開け、移乗を開始する。足先に全神経を集中させる思いで探りながらそろそろと降ろしてゆき、風防の端に続きやっと硬いシートに足がとどき、ようやく両手の力を抜いて下へおりた。

シートに腰を降ろすとまず一番に落下傘のケッチを繋ぎ（これで万一機外に投げ出されても落下傘が自動的に開く）、それから操縦装置の固縛金具を外して上方へ突き出すと、頭の上からニューッと手が伸びて、鷲掴みにして引き取っていった。

頭上の、さっきくぐって来た交通筒を見上げると、ふたつの顔が青い色を見せて心配そうに見下ろしているのが、まるで額縁に収まっている肖像画のように見える。味口二飛曹は努めて平静を装って見上げたが、そのふたつの顔はうなずいたものの、ニコリともせず、緊張しきった表情をくずさなかった。

味口二飛曹は座席の腰バンドを締め、頭に手をやった。と、移乗するときには確かにあった額に付ける防護物（通称エヂソンバンド）がないのに気づいた。そこら中を探すが見当たらない。そんな状態を察して上方から手が降りてきて、何やら指さすが、それでもわからない。もう、探しているゆとりはないと、諦めて風防を閉めにかかる。バックさせて勢いよく引っ張ると、ピチッと閉まった。外からの風圧で開かないように、内側からケッチをかける。

これで支度はできた。用意よろしい。合図のための押しボタンを押して「セ」を打つ。「整備ヨロシイ」の意味である。

今どこを飛んでいるんだろうと、地形を知るために下界を見ようとしてもK1の主翼が邪魔になって、前下方がさっぱり見えない。桜花は重心の関係上、操縦席がうしろに寄っており、このため水平状態での前下方の視界は極めて限られていた。また、周囲も風防全体が母機の爆弾倉に収まっているため、良く見えるとは言い難い。

これでは今、どちらを向いて飛んでいるのか、機位どころか方向感覚さえ掴めない。外ばかり見ていて気が付かなかったが、計器盤にさっきから、チカチカと信号がついたり、消えたりしていた。味口二飛曹は何のことやら読み取れないが、今頃打ってくるのは「投下用意」のことだろうと勝手に理解し、了解を意味する「・ー・」を打った。ところが、その合図は「投下」のそれではなく、陸攻がもうひと回りするとの信号だった。準備作業が手間取ったことで規定の投下地点へ到達したのに投下できず、もう一度回って来るとの意味だった。

味口二飛曹は再び操縦桿を持って身がまえたが、一向に落ちる様子がないので、どうしたのかと上方を見やった。振り仰ぐと、しきりに手を振っている。ダメという意味らしい。とにかく、何か都合の悪いことが起こったらしいことを察した味口二飛曹は、あきらめてホーッと大きなため息を吐くと、操縦桿を離し、飛行手袋のまま両手を重ねて暖めつつ、「ひょっとすると、今日の投下も中止かもしれないぞ、ここまでやって上へあがって来いとなると、また固縛金具を元通りに取り付けるやら何かと面倒だし、落とすなら落とす、中止なら中止と決めれば良いものを……」と、K1の中でひとりイライラしていた。

味口二飛曹のあせりと不安をよそに、陸攻は大きく左旋回を済ませ、投下地点に再び接近していた。陸攻には何の異常も、変化もなかったとはあとで知ったことで、風防の下端からどう覗き込んでも、見慣れた地物発見はできなかった。やっと利根川の一部がわかったので「第二飛行場はその先か……」と、さらに風防に顔をすりつけて探そうと下方に目をやった、その時突然、頭上で「パーン」と竹がはじけるような大きな音がしたかと思うと同時に味口二飛曹の身体はグラリと傾き、頭は風防の天井へ嫌というほど叩きつけられた。腰の座席ベルトはしっかり締めていたが、マイナスGで尻が座席からフワッと浮いて、両方の太股がギュッとバンドで押さえられ、コクピットの中で、急に立ち上がった格好になった。ガツンと打った頭はしばらくの間、ぼうっとなってくらくらした。それでも放していた操縦桿を大急ぎで掴み直したが、身体が宙に浮いたような状態で先端をつまんだにすぎなかった。この間、爆発音に続きK1がグラリと大きく前傾し、そのままスーッと地上に向けて落ち始めた。

既述の通り、一連の動きは桜花K1の特性上正常なものであったが、予期せぬ投下に味口二飛曹はパニック状態に陥っていた。全身が浮き上がるマイナスGを受け、相当機首をアップさせている状態に違いないと錯覚し、失速を恐れて早々に操縦桿を押し込んでしまった。

機首前方を見ると、地平線が機首上方の丸みと一致している。だとするとこれは、水平のはずである。だが、不意を突かれた味口二飛曹は繰り返し学んだ桜花K1の飛行特性がすっかり頭の中から吹き飛んでいた。残っていたのは「この飛行機はやり直しがきかない」ということと、「失速させてはならん。もし失速させると、推進力はないので回復は難しい」こと、そして刈谷大尉の失速墜落事故の話だった。あの二の舞はまっぴら御免とばかりに操縦桿を押し、過度の突っ込み姿勢を取らせた。

やがて尻に感じた吸い込まれるようなマイナスGの不気味な感覚が消えた。ようやく正気を取り戻した味口二飛曹は肩を押さえつけられるような加速感を受け、思わず速度計を見ると指針は250ノット（463㎞／h）を指していた。正規の巡航速度は170ノット（315㎞／h）とされていたから、相当な突っ込みである。当然、高度はグングン下がってゆく。精密高度計を見ると、100m単位と10m単位のふたつある指針のうち、10m単位の指針が、風車のようにクルクルと回って高度がどんどん下がっていることを否応なく知らされた。動力のない桜花K1では一度失った高度は再び取り返すことはできない。とにかく過加速状態の機速を殺さねばと、機首を少し持ち上げてみたつもりが舵が利き過ぎて、グーッと機首が一挙に持ち上がり上昇を始めた。もちろん機首は、水平線をかなり上向きに切って、鯉の滝昇りの状態になってバルーニングの状態だった。今度はプラスGによって味口二飛曹の身体は座席に押さえ込まれて身動きならぬほどとなった。

それでも何とか指針のクルクル舞いは収まり、少しは平静になった。そこで味口二飛曹は地上に目を向け、着陸すべき第二飛行場を探すが見つからない。やっと見つけた時、飛行場は左方の遙か先にあった。味口二飛曹はわけの分からぬまま、正規の滑空コースと正反対に、飛行場から遠ざかる方角へ向かって必死の飛行をしていたのである。「これはいかん、大急ぎで左旋回をして戻らないと」と、いつもの零戦のつもりで操縦しても機首は一向に回ろうとしない。そこでさらに激しい機動を試みると、いつの間にかケッチが外れていたらしく風防が開き、右からビューッと物凄い風圧がきて、顔が歪みそうになった。横すべりであった。仕方なく操縦桿を左手に持ち替えると、右手で力一杯閉めにかかった。その間にも高度は下がり、所定のコースに乗せるのが難しくなってきた。

そこで風防を完全に閉めることを諦め、高度計と速度計に目やると、やっと反時計回りの第一旋回点を過ぎたところで、すでに高度は１５００ｍと、もう半分を降下していた。１０００ｍになったらフラップを降ろすことになっている。まだ５００ｍの余裕があったが、その間にも地面は急速に接近していた。第二飛行場はすぐそこに見えたが、現在の高度が低く、第四旋回点までの正規のコースを回り切らぬうちに、高度を失して途中で接地してしまうおそれがある。

味口二飛曹は咄嗟に第二旋回点からショートカットして反対側から侵入すれば長辺の中央あたりへ着地して、滑走路内で停止するだろうと判断した。その間にも高度は下がり続け、９００ｍとなった。そこでフラップを降ろそうとしたが機速がありすぎて動かない。仕方なく再び機首をあげて機速を殺し、ようやくフラップを降ろすことができた。桜花Ｋ１は三角形の頂点をつくっている北辺から進入、降下を始めた。指揮所の上空を通過する高度は異常に高く、速度も依然としてオーバー気味で、最初の目論見の飛行場中央へ接地することが難しくなり、飛行場の端辺りに接地しそうである。そうすると場外へ飛び出す。場外には松林があり、そこに突っ込めば機体も自分も無事では済まないだろうし、もとよりこの秘密兵器を民間人のいる区域へ降ろしてはならない。

意を決した味口二飛曹は、強引に降下することとし、機速が速くまだ沈み込みが来ないうちに、無理に機首を下げた。結果的に機速がまた上がる。その頃には場内の3分の2を過ぎていた。いくら降ろそうとあせっても地面効果で機体は沈まず、水平飛行のまま先へ先へと低空を飛び続ける。やがて行く手に、木造の格納庫が見えてきた。味口二飛曹は意を決して過速のまま操縦桿を押し、無理矢理機体を地面にすりつけた。そうすれば手荒い衝撃はくるだろうが胴体下の橇が地面をこすって減速し、何とか場内で止まるだろうと判断しての処置だった。

ところがその瞬間、減速どころかものすごいショックとともにバウンドして、また跳び上がった。50ｍばかりの高さに跳ね上げられ、味口二飛曹はびっくりして本能的に操縦桿を押さえた。格納庫の屋根をかすめて飛び越えると、もうそこは場外であった。惰性で飛び上がっただけでＫ１は完全に推進力を失っていた。再び接地したＫ１は場外のバラス（砂利）

の山に突き当たると左右に砂利を蹴散らしながら走り抜けた。やがて前方の視界が再び開けて、前方に冬枯れた木立と畑が見えて来た。木と木の間に一軒の家があった。味口二飛曹の記憶は、ここで途切れた。

飛行場のエンド（末端）には設営隊がいて、毎日忙しげに何かしら工事をしていたが、味口二飛曹の桜花K1は、まず工事用のかなり広い範囲に積み上げられていたバラスの山に突入した。桜花K1は山へ乗りあげると、腹をこすって減速しつつその上を突っ走り、完全に停止しないうちにバラスの山の頂上に達した。向こう側は採取によって急な崖状になっていたため、突き出した機首をコトンと落として逆立ち状態で落下し、転覆した。

ところが、垂直尾翼が2枚ついていたことが幸いして支柱の役を果たし、ひっくり返っても操縦席は潰されず、運よく即死をまぬがれた。しかし風防はショックで潰れてガラスが粉々に砕け、露出部分、特に顔、頭などに無数に突き刺さった。

残された枠だけの風防の中、味口二飛曹は意識不明状態で逆さ吊りとなっていたところを収容された。

終戦までの間、桜花K1による人身事故は4件発生したが、搭乗員が助かったのは味口二飛曹の事故と、その3日前に着陸コースを外れて松林に突入した石渡正義上飛曹（乙飛17期）の2件のみである。石渡上飛曹は左頬に切り傷を負っただけで奇跡的に助かり、予定通り第一陣として鹿屋に進出している。

着陸位置を超えて松林に突入したほかの事故では、搭乗員は風防ごと松の枝になぎ払われて頭部がなくなっていたという。また、立ち入り禁止の第二飛行場にこっそり入りこんで桜花K1の着陸を眺めていた地元の子供が桜花の主翼によって身体を切断されるという、いたましい事故も発生している。

味口二飛曹の傷は両足打撲と頭部裂傷で、頭と顔とで計36針も縫った。この間意識は回復せず、軍医長からはあの出血では到底助からないと宣告されてしまった。部隊の方では慣れたもので、さっそく海軍葬の支度を始めていた。祭壇も作り、通夜の支度も整ったところへ、中止の連絡が来た。味口二飛曹が息を吹き返したからであった。

一命を取り留めた味口二飛曹は、隊の北端にある病室に入室（入院）し、安静を命ぜられ、それから約100日もの間動けなかった。

結果としてこの負傷が、以後の味口二飛曹の運命を変えた。第三分隊員として第一次進出組と決まっていながら、負傷により外され第一分隊の残留組となった。

「味口二飛曹が降下訓練で事故」の情報はすぐに隊内に伝わった。するとその日の夜、第三分隊長湯野川大尉の私室に残留組となっていた第一分隊の藤田幸保二飛曹（丙飛16期）が訪れ、「味口兵曹が入院し、1名欠員となりますので、代わりに私を第三分隊に入れて下さい」と、交代を志願した。この願いは叶えられ、藤田二飛曹は味口二飛曹の代わりに第一次進出要員となった。この後、藤田二飛曹は5月11日の第八次桜花攻撃で戦死するが、これが7回目の出撃であった。

進出準備

味口二飛曹が桜花K1の事故で重傷を負った当日の1月17日、昭和天皇より侍従武官が御差遣された。神雷部隊では「勅使」として扱い、准士官以上の者が集まり記念写真が撮られた。天皇が出陣する部隊の武運を祈念した以上、出撃は間近いものであることは明らかであった。進出予定者達は思い思いに覚悟を決めた。

翌1月18日には最高戦争指導会議が全軍特攻化を決定し、翌19日には陸海軍両総長が列立して、「特に奇襲特攻を作戦上の要素とし、ますます増加する彼我物的相対戦力の隔絶に対処す」との作戦指導大綱を昭和天皇に上奏、允裁を得たのち、翌20日付け大海令37号にてこの大綱を豊田連合艦隊司令長官に示達した。

こうして神雷部隊の九州進出が進められる一方で、巷ではすでに敗戦の予兆を示す噂話が広がっていた。作家・永井荷風の日記『断腸亭日乗』には、1月16日の記事として「巷説によればマニラの陥落も遠きにはあらざるべく戦争も本年八月頃までには終局となるべしといふ」との噂話が記録されている。

スパイがいた

第一陣の進出予定日が近づいたこの頃、隊内でスパイが捕らえられた。当番兵の服装をしたこの男は、ゴミ捨て場で書類を漁っているところを見つかって捕らえられたとの話だった。憲兵隊に引き渡されるまでの間、兵舎脇の通路の1mほどの台の上に見張り付きでうしろ手に縛られて立たされ、首から「これがスパイだ」の札をかけられていた。

この後、5月25日にも隊内でスパイが捕まっている。日本人で番兵と同じ第三種軍装に帯剣姿であった。どうやら警備の手薄な山すそから潜り込んだらしいとのことであった。

日本国内には相当数の諜者がいたらしいことは戦後明らかにされた米軍資料の中からもうかがい知ることができるが、その性格上、詳細が明らかにされることはないであろう。今となっては彼らが何者で、その後どうなったかは知る由もない。

これらの事件があっただけに、のちに長野少尉が桜花二二型の飛行試験中の事故で落下傘が半開きのまま完全に開かずに殉職した際に、スパイの関与が疑われたのも無理ない話である。

九州進出

1月20日、豊田連合艦隊司令長官は、神雷部隊と七六二空とを併せた第一一航空戦隊に南九州への展開を命じた。

あわせてこの日、開戦以来初めて陸海軍共通の次期作戦計画がたてられ、本土周辺での迎撃を第一段階、本土での決戦を第二段階とし、第一段階の地域を東支那海方面、特に台湾あるいは沖縄等の南西諸島と想定し、台湾から比島への桜花攻撃は正式に断念された。しかし、第一段作戦でも台湾は重要な拠点と位置づけられ、戦況の推移によっては沖縄や南九州が基地となることが予測されていた。

この時点での完成機は桜花一一型358機、桜花K1が86機に達していた。運搬台車は台湾の高雄に55台、クラークにも30台が配備されていた。桜花もこれに合わせて広範囲への配備計画が策定された。台湾の高雄に搬入済みの58機に加え、1月中に昭南（シンガポール）へ40機、台湾の新竹に30機、沖縄へ50機、九州の鹿屋、宮崎に各27機の配備が予定された。その後2月、3月には鹿屋、宮崎への配備を毎月27機ずつ積み増しすると共に、南西諸島の宮古島、石垣島に各18機、関東地方の神ノ池と厚木に2ケ月で各81機、八丈島に27機、さらには上海に54機、海南島三亜に27機の総計646機を各地に配備することが決められたが、実際に各地に計画通

桜花配備計画

基地	20年1月	20年2月	20年3月	計
神ノ池	0	27	54	81
厚木	0	54	27	81
八丈	0	0	27	27
高知	0	0	0	0
鹿屋	27	27	27	81
宮崎	27	27	27	81
沖縄	50	0	0	50
宮古	0	18	0	18
石垣	0	18	0	18
新竹	30	0	0	30
高雄	58	0	0	58
上海	0	27	27	54
三亜	0	0	27	27
昭南	40	0	0	40
計	**232**	**198**	**216**	**646**

り到着、配備されたかは判然としない。

進出命令を受けた神雷部隊では、かねて募集していた部隊歌が披露され、桜花隊の「桜花隊の歌」と、整備科の「桜花隊を送る歌」の各1曲ずつが選ばれた。「桜花隊の歌」は児島成雄少尉（予備14期）の作詞作曲で、講堂での発表の際は金原正彦少尉（予備14期）が朗々と独唱し、皆を感激させた。「桜花隊を送る歌」は作山上整曹作詞、小林上整曹作曲とされるが詳細は不明である。

この頃、奥野大尉はいつも使っている陣太鼓を紛失してしまった野中少佐から、直々に代わりの陣太鼓を調達してもらいたいと頼まれた。奥野大尉はあちこち探し回った末に潮来町（現潮来市）の町長に頼みに行ったところ、事情を汲み取って供出してもらった。代金を支払おうとすると、「特攻隊のためだから」と、受け取りを拒まれた。

途中悪天候による出発延期などに遭いながら1月20日から25日にかけての間、野中少佐率いる攻撃七一一の陸攻に岡村司令、五十嵐副長、岩城飛行長以下司令部要員と、桜花隊の第二、第四分隊の隊員を乗せて鹿屋に逐次進出した。この最中の1月23日、神ノ池基地に軍御用の東京帝大の国学者平泉澄教授が訪れ、士官を集めて2時間の講義が行われた。講義は建武の中興を主題に往事の武士の忠義と日本精神を説いたものであった。桜花隊第三分隊は宮崎基地から迎えの攻撃七〇八の陸攻に乗り、編成当初からの古巣の宮崎基地に展開した。戦闘三〇六は陸軍の都城（みやこのじょう）東飛行場に展開し、しばらく居候することとなった。

戦闘三〇六の野口剛上飛曹（乙飛16期）が都城西飛行場に降りると、そこには陸軍の四式重爆「飛龍」の部隊（第七戦隊か？）が展開していた。戦闘機隊は都城の市街地を挟んだ反対側の東飛行場だと教えられ、翌日移動することとなったが、滑走路に勾配があり、地面が柔らかく凹凸がひどく使い難い飛行場であった。

桜花隊の九州進出には三橋大尉の第二分隊が51名、湯野川大尉の第三分隊が53名、林大尉の第四分隊が54名の総計158名で、この中に桜花特別戦闘機隊隊員20名も含まれていた。攻撃七一一は鹿屋基地に進出し、司令部要員と桜花隊隊員を降ろし、野中少佐以下主力は鹿屋基地に残り、あとは一度の空襲での全滅を避けるため、出水、築城、大分の各基地に分散した。

五十嵐副長以下の桜花特別戦闘機隊隊員は、鹿屋で本隊から別れて空路都城東飛行場に移動し、戦闘三〇六に合流した。とはいえ、桜花特別戦闘機隊は搭乗員こそ揃っているものの、肝心の飛行機がなかったため、都城到着早々霞ヶ浦の第一航空廠に出向き、零戦の受領を急いだ。

鹿屋基地に展開した攻撃七一一であったが、その後も訓練の都合で度々神ノ池基地に飛来することがあった。2月2日の晩、神ノ池からそう遠くない千葉県柏市の自宅に帰宅した野中少佐は、妻子と共につかの間の団欒を味わった。

翌朝、第一種軍装にマントを羽織った野中少佐は、妻の力子に「踊ろう」と呼びかけた。玄関の次の間でヨハン・シュトラウスの「春の声」のレコードをかけ、妻の体温を確かめるかのようにダンスを踊った。2月3日節分の日が夫妻の永久の別れとなった。

↑野口剛上飛曹（乙飛16期）。戦闘三〇六飛行隊の一員として九州に進出した。写真は最初に着陸した陸軍の都城西飛行場での撮影。うしろは陸軍の四式重爆。

B-29搭乗員との遭遇

神雷部隊主力が九州に進出して間もない1月27日のこと、テニアン島より中島飛行機武蔵製作所の爆撃に来た第21爆撃機集団第73爆撃団第499爆撃群第878爆撃隊所属のB-29（42-24769号機）は、富士山近くで三〇二空の雷電の迎撃を受けてバッテリーに被弾し、投弾装置が作動せず爆弾を抱えたまま編隊から落伍した。そこに陸軍機が寄ってたかって攻撃した。そのまま機体は東進し、神ノ池基地にさしかかった。ただならぬ爆音に一同空を見上げると、断雲に見え隠れしながら遁走を図る巨大なB-29に、キラリキラリと澄んだ冬空に翼を光らせて小さな陸軍機が執拗な攻撃を加えているのが見えた。その光景を地上員は手に汗握って見上げていた。やがてB-29の右外側エンジンが白煙を曳き始めると、固唾をのんで見守っていた地上員達は一斉に歓声を上げた。「やぁ、落ちる落ちる」「これは面白いぞ」等とてんでにワァワァと騒いでいるうちに、一度消えた煙がまた出てきて、だんだんと高度が下がり始めてきた。と、また高度が上がったかと思うと大きく旋回し、急激に突っ込んできた。一同落ちる落ちると騒いでいると、白い落下傘がパッパッっと5個ばかり開いた。一方で開かずにそのまま落下する者も見えた。

主を失ったB‐29は水平錐もみ、螺旋降下のまま神ノ池基地に隣接した神栖村居切浜（現・茨城県鹿島市居切）海岸の松林の中に轟音と共に墜落した。15時頃のことであった。墜落場所からは真っ赤な火焔と黒煙が立ち上るのが見えた。その一部始終を病室の窓から見ていた味口二飛曹は搭載していた爆弾が誘爆する、腹に堪える音を聞きながら何とも言えぬ敵愾心を湧かせた。

落下傘降下した搭乗員5名は、神ノ池から向かった兵員が身柄を確保するまでの間に地元の漁師たちに捕らえられ、棒や木片でてんでに殴られていた。中には戦死した息子の仇だと「ひとつで良いからこいつを殴らせてくれ」と、懇願するおばさんもいた。捕縛して目隠しされてトラックの荷台に乗せられた搭乗員は、基地に着くなり目隠しされたまま手荒く荷台から蹴り落とされた。味口二飛曹は墜落現場まで見に行った星野實一飛曹（甲12期・8月13日第二神雷爆戦隊で特攻戦死）が拾ってきたB‐29の12・7㎜機銃弾と燃料ポンプの歯車をもらった。ススだらけだったのを拭くとピカピカに光り、実に良い材質を使っていることがうかがえた。墜落現場には機銃弾が散乱し、搭乗員の持ち物であろうバッグにはチョコレートがたくさんあったが、たちまち持ち去られたとのことだった。

連行された搭乗員達は歩哨を付けて当直室に監禁された。それを聞きつけた予備士官達が軍刀を持って押しかけ、血気にはやり憲兵隊に引き渡さずに処刑すると息巻いていた。そこに駆けつけた主計長の奥野大尉は「たとえ捕虜といえども人道に悖る扱いはするな。後日国際法により処断されるぞ！この捕虜に指一本触れることあれば、この奥野が容赦せぬ！」と、啖呵を切った。海軍経理学校で国際法を学び、捕虜の扱いも学んでいた奥野大尉の正論の気迫に押されて、処刑騒ぎは何とか収まった。

憲兵に引き渡されるまでの間、何か情報は得られぬかと居合わせた予備士官達が尋問した。機長の中尉は新婚で、結婚して2ヶ月で転勤を命じられ、マリアナにやってきたのだと言う。尋問内容は各自の官姓名に始まり、マリアナに至る経緯や「マリアナの基地から日本まで何時間かかるか?」とか「マリアナの基地には女はいるのか?」といった他愛もないものばかりであったが、適当な答えが返されると「いい加減なことを言うな！」と、軍刀を引き抜き首筋に裏刃を押し当てて威嚇する者もいた。柴田敬禧中尉（予備13期）は周囲が止めるのも聞かずに将校がはめていた腕時計を取り上げてしまった。その後搭乗員達は間もなくやってきた憲兵に引き渡され、土浦憲兵分隊員の手で東京憲兵隊へ送られて取り調べを受けたあと、4月から大森収容所に収容されて、戦後米国へ帰還した。

このうち航法士のハローラン少尉は１９９８年に体験記『HAP'S WAR』を出版。また２０００年の五度目の来日の際は墜落現場を訪れて戦死した同僚6名を慰霊、2002年の六度目の来日時には東京大空襲戦災資料センターの開所式に出席している。

作詞・作曲　児島成雄少尉

七度生まれ
殉忠の
誠を誓わん
者達が
まなじり高く
血戦の
神機を待ちて
腕を練る
神州男児
ここにあり

※注　昭和20年1月、桜花隊第一陣の出陣に合わせて部隊歌の募集があり、桜花隊の『桜花隊の歌』と整備科の『桜花隊を送る歌』（左ページ）のそれぞれ1曲ずつが選ばれた。『桜花隊の歌』は児島成雄少尉（予備14期）の作詞作曲によるもので、発表の際は金原正彦少尉（予備14期）が朗々と独唱し、皆を感激させた。『桜花隊を送る歌』は作山上整曹作詞、小林上整曹作曲とされるが、詳細は不明である。

桜花隊を送る歌
ゆけとべどうどうと ほうよくつらね みー
よ なんかいの いてきをくーだーきー すすむ
ますらおわが おうかたい ゆけ ゆけ やまとだま
くにのたーめ

神雷特別攻撃隊
桜花隊を送る歌

作詞者 作山上整曹
作曲者 小林上整曹

一、征け飛べ堂々と鵬翼連ね
見よ南海の夷敵をくだき
進む武夫 我が桜花隊
征け〳〵大和魂 國のため

二、いざ征け我が友あゝ桜花隊
兄等の勲 久遠に輝き
青史を飾る 我が桜花隊
征け〳〵大和魂 國のため

三、桜花は香る靖國の
神よ我が友 九段の庭で
共に散ろうよ 我が桜花隊
征け〳〵 大和魂 國のため

昭和20年2月頃〜昭和20年4月頃

訓練中に炎上した一式陸攻
昭和19年11月、小松基地にて定着訓練中の豊橋空の一式陸攻二四型は右エンジンより発火、急ぎ滑走路から外れて停止し、機長の一宮栄一郎少尉（予備13期）以下搭乗員は機外に脱出し全員無事であったが、機体は全焼した。

日の丸と「櫻花」の幟

宮崎基地の指揮所屋上に翻る「櫻花」の幟。

宮崎基地における海軍体操

昭和20年2月初め、宮崎基地で海軍体操をする桜花特別戦闘機隊隊員と戦闘三〇六飛行隊の隊員達。背後の零戦「721-164」、「721-32」（三菱製）はせっかく空輸したものの廃機となった機体。右側の紫電は前年秋に比島進出途中の戦闘四〇一飛行隊が不調のため置き去りにした廃機。

宮崎基地指揮所と神崎大尉

宮崎基地指揮所を背にした戦闘三〇六飛行隊飛行隊長の神崎国雄大尉(海兵68期)。背後に見える1階の看板には「攻撃七〇八飛行隊指揮所」、2階は「神雷戦闘機隊指揮所」と書かれている。

宮崎基地指揮所

宮崎基地指揮所建物の屋上付近。旗竿と一三号電探が見える。

神崎大尉と零戦

宮崎基地で飛行隊長機を示す黄色い2本帯を描いた愛機と共に写真に収まった神崎大尉。残念ながら機番号は画面外となっている。うしろの機体の機番号は「721-68」と判読できる。

戦闘三〇六の零戦

都城東基地での戦闘三〇六飛行隊の零戦の列線。直掩隊識別のための主翼端の白塗装が遠景でも良く目立つ。背中を見せているのは細川中尉。

宮崎基地での細川中尉

宮崎基地で写真に収まる細川八朗中尉（予備13期前期）。うしろには整備中の零戦「721-36」が見える。

松林少尉と零戦

昭和20年2月15日付けで、神ノ池基地において七二二空「龍巻部隊」となった残留部隊が新規着任者に対する訓練を開始していた。写真は爆戦訓練用の零戦二一型と共に写真に収まった松林重雄少尉（予備14期）。

宇佐基地への空襲
昭和20年3月18日1620に撮影された宇佐基地。炎上する機体から黒煙が立ち上っている。

宇佐空指揮所
昭和20年4月に撮影された宇佐空指揮所。指揮所は格納庫に挟まれた位置にあった。湯野川大尉は空襲の最中に正面の階段を駆け上がり、屋上の機銃で応戦した。

第一次桜花攻撃時の桜花隊員達

第一次桜花攻撃隊出撃前に整列した桜花隊員達。左から村井彦四郎中尉（予備13期）、緒方襄中尉（予備13期）、三橋謙太郎大尉（海兵71期）、久保明中尉（予備13期）。

第一次桜花攻撃時の三橋大尉

出撃前の申告をする桜花隊第二分隊長の三橋謙太郎大尉（海兵71期）。首から下げたズダ袋の中には桜花K1の訓練で殉職した刈谷勉大尉の遺骨の一部が収められていた。

第一次桜花攻撃、陸攻隊の発進
（上）昭和20年3月21日、第一次桜花攻撃が実施された。誘導路脇に並んだ人々の見送りを受けながら、18機の一式陸攻は滑走路のエンドに向かう。
（下）エンジンの回転音が上がり、2.2tの桜花を抱いた一式陸攻はゆっくりと離陸を開始した。ここで滑走を開始しているのは第一中隊機で、右の準備中の機体は第二中隊機。

第一次桜花攻撃、進撃開始

（上）陸攻隊の離陸に続き、直掩隊の戦闘三〇六、三〇七の零戦32機が編隊離陸であとを追った。「721-57」、「721-63」等の機番号が見える。

（下）離陸した陸攻隊は基地上空を旋回しながら編隊を整え、都井岬上空で戦闘機隊と合流すると都井岬145度320浬の敵機動部隊に向けて進撃を開始した。

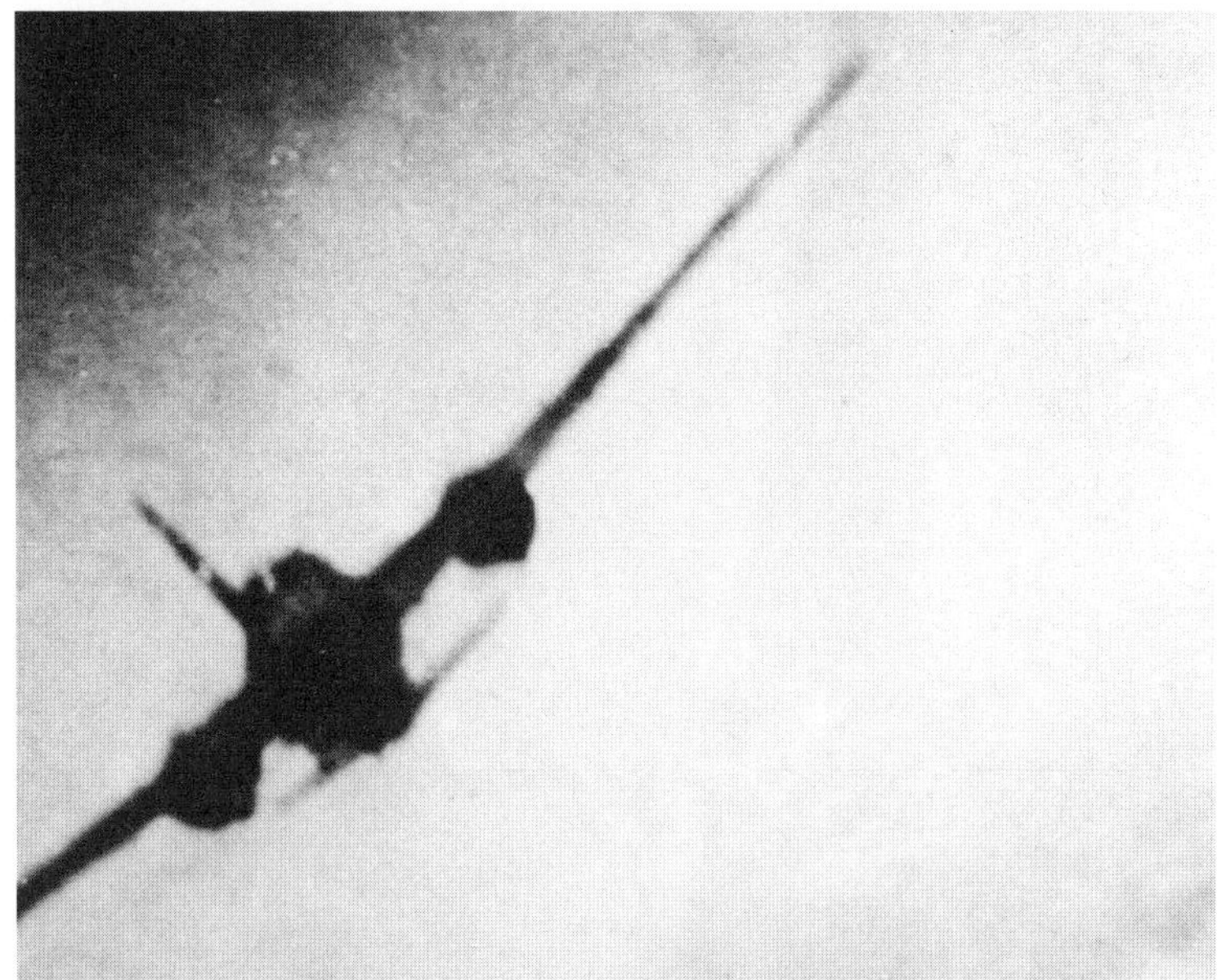

第一次桜花攻撃、野中隊の最期
攻撃隊は昭和20年3月21日1425、敵機動部隊まで推定50〜60浬のところで、レーダー誘導により攻撃隊の後上方に廻り込んで占位していた米戦闘機22機の迎撃を受けた。上空で二手に分かれ直掩隊と陸攻隊に一気に襲いかかって分断し、さらに別の8機が加わった。陸攻隊は左後上方からの第一撃で第二、第三中隊の隊形が乱れ、編隊から脱落したところを襲われ次々と撃墜されていった。写真上はガンカメラに捉えられた第三中隊機。すでにかなり高度が下がっているが、桜花は懸吊したままである。写真下の機体はこの直後右主翼外側が折れ飛ぶが、桜花は最期まで懸吊したままであった。攻撃隊は敵機動部隊に一指も触れることなく1445に全滅した。

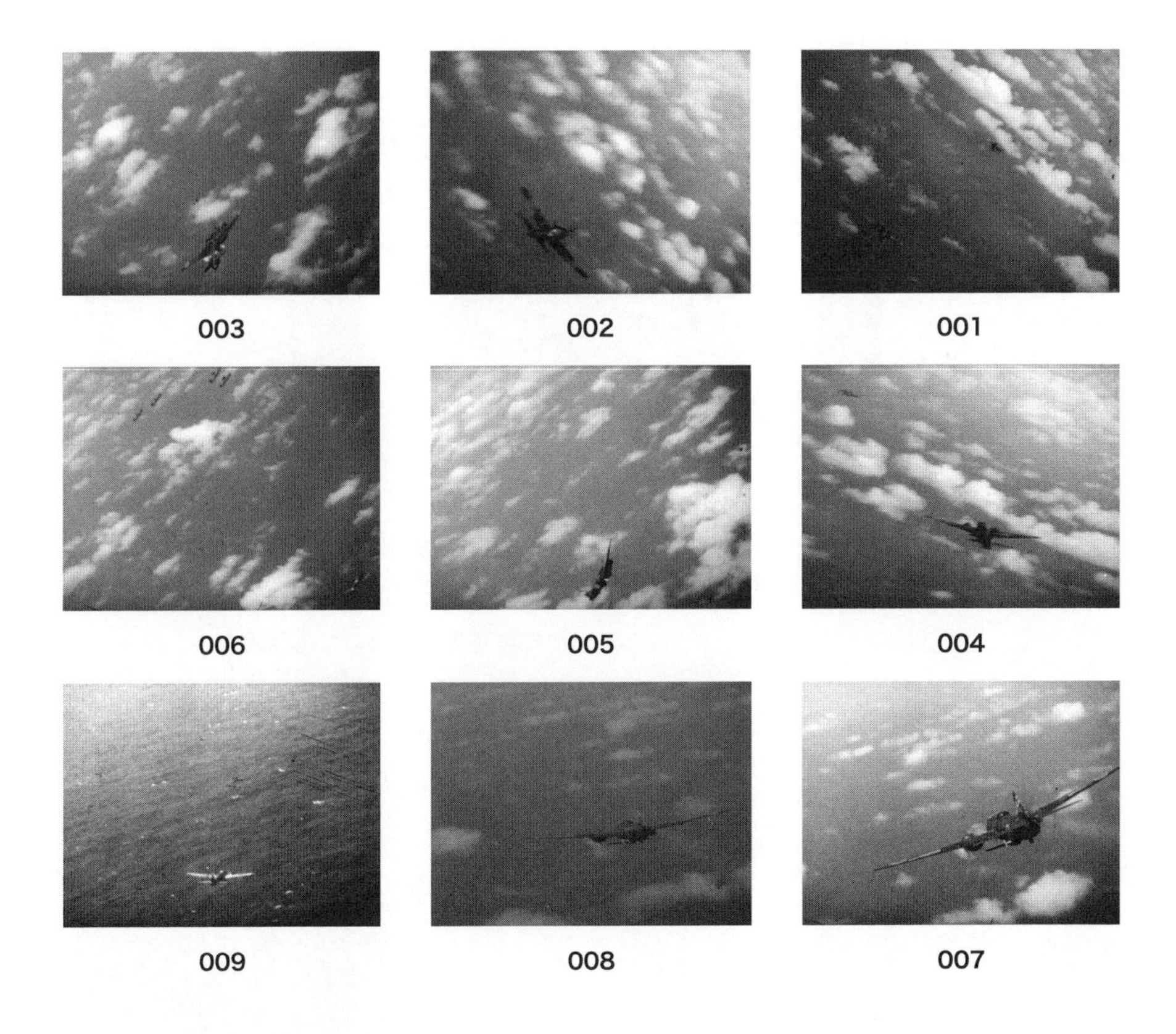

野中隊の最期(モノクロ版ガンカメラ映像)

3月21日の空戦のガンカメラ映像は、オリジナルフィルムはすでに廃棄されているが、編集の異なるカラー版とモノクロ版の2種類が現在確認できる。今日カラー版は容易に各種SNS等を通じて閲覧可能だが、モノクロ版は一般的ではない。そのモノクロ版より一部の映像を抽出し、解析を試みた。

(001) すでに編隊は崩されて単機となっている一式陸に一撃後、引き起こしを掛けるF6Fが見える。
(002) 攻撃を避ける零戦。翼端の白塗りがないので間接援護隊の二〇三空の機体とみられる。
(003) こちらも単機となった第三中隊機。いまだ桜花を懸吊している。被弾して速度が低下した。
(004) 続いて攻撃に入る撮影機前方を横切るのは零戦とみられる。
(005) その第二中隊機に攻撃に入る撮影機。
(006) 被弾して編隊から後落していく第二中隊機。
(007) その第二中隊機に攻撃に入る撮影機。こうして分析するとうしろから順に攻撃して後落させて単機となった所でさらに攻撃している様子がうかがえる。
(008) 被弾して右エンジンから煙を曳きながら高度を下げていく第二中隊機はいまだ桜花を懸吊している。
(009) 海面近くまで高度を下げて避退を続ける一式陸攻。角度的に桜花の有無は確認できない。

野里国民学校の桜花隊員
桜花隊員達は鹿屋基地西側の野里国民学校を宿舎とした。写真は第二陣の下士官隊員達。

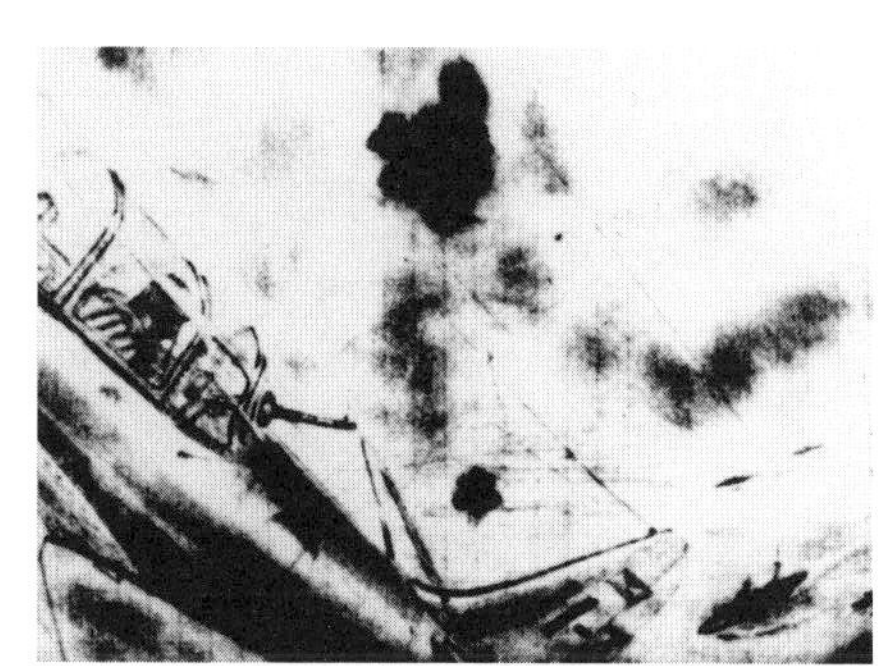

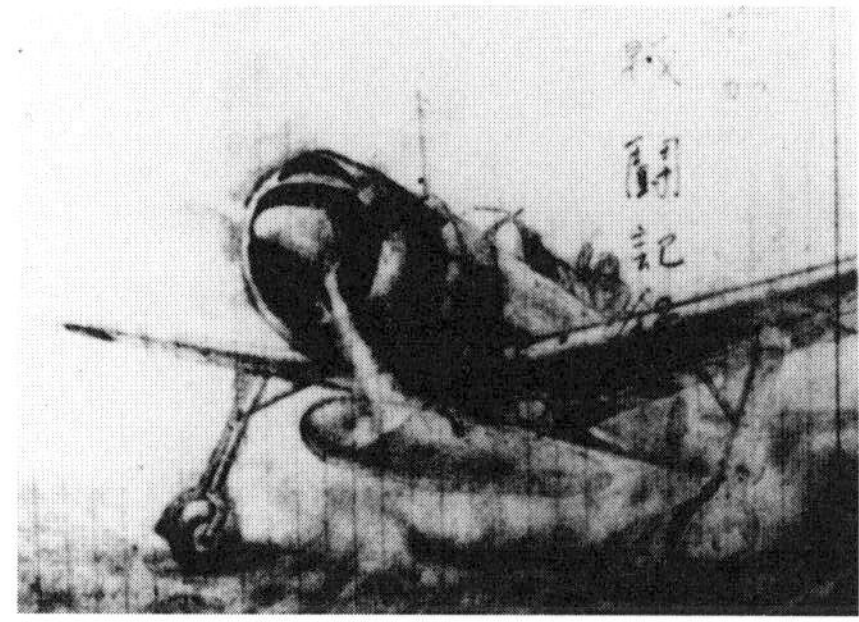

偵察第一一飛行隊の彩雲
偵察第一一飛行隊は毎朝の索敵を日課とし、攻撃隊の連日の出撃に先立つ立役者として活躍した。これらのスケッチは戦後間もなく岩野吉之助上飛曹（甲飛11期・偵察）が当時を回想して描いたもの。胴体と垂直安定板に「Z旗」が描かれている。

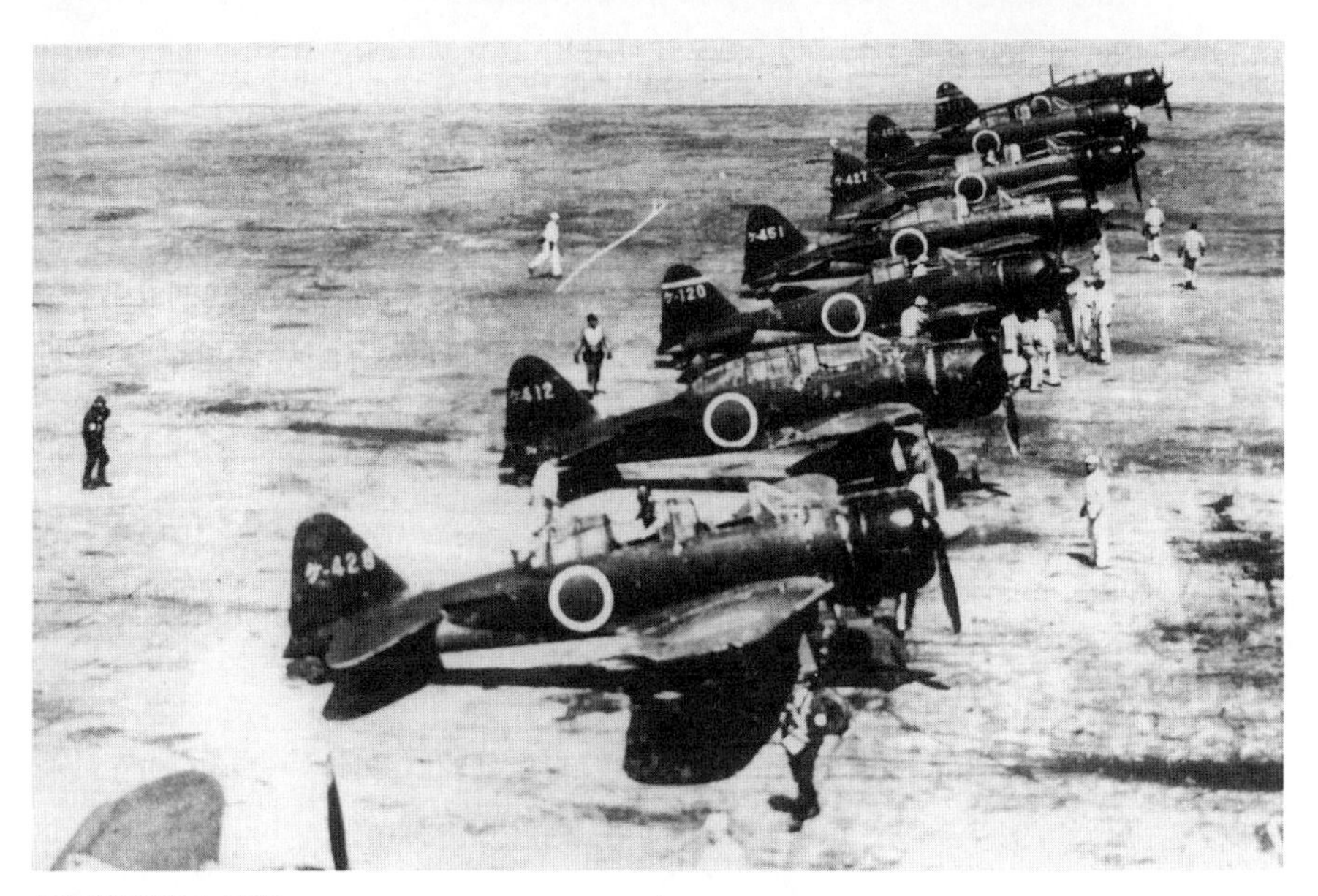

爆戦特攻隊・七生隊

昭和20年2月、戦局の逼迫にともない、搭乗員の操縦教育を行っていた練習航空隊は搭乗員養成を中止し、教官・教員および練習生を戦力化した実戦部隊に改変された。朝鮮半島の元山航空隊では制空隊と爆戦特攻隊・七生隊を編成、4月3日鹿屋に進出した。制空隊は二〇三空の戦闘三〇三飛行隊に編入された。

谷田部空零戦事故2例
上は地上滑走中に他機に衝突したもの。下は脚が出ずに胴体着陸したもの。

杉山幸照少尉
防空部隊用の紫電と共に写真に収まった
杉山幸照少尉（予備14期）

紫電の計器盤
日本側で撮影された紫電の計器盤写真は
極めて珍しい。

防空部隊用雷電二一型
この時期、戦闘機搭乗員の延長教育を行っていた航空
隊に紫電、雷電が少数配備されている。これは単なる
教材としてではなく、教員の技量維持と防空用としての活用を期待しての配備であった。

戦艦ミズーリへの爆戦の攻撃

空母イントレピッドから撮影された映像。

(右) 戦艦ミズーリに肉薄する爆戦 (円内)。

(中段右) 爆戦は阻止されずにさらに肉薄。

(中段左) 突入寸前、爆弾を投下して舷側に水柱が上がるが爆弾は不発だった。

(下段) ミズーリの舷側に突入した爆戦は、残った燃料に引火して爆発。艦に火災が発生した。

建武隊の五十番爆戦による攻撃

桜花攻撃の当初の構想であった「局地的制空権を確保しての編隊攻撃」が野中隊の全滅により潰えたのち、神雷部隊も弾力的運用が可能な五十番爆戦を採用した建武隊での攻撃を開始した。

（上）4月11日に戦艦ミズーリに突入する第五建武隊の五十番爆戦。

（中）昭和20年4月2日、出撃前に桜の小枝を差し合う第一建武隊の矢野中尉（左）と岡本二飛曹（右）。

（下）三菱製の五十番爆戦68号機。建武隊の五十番爆戦はすべて零戦六二型の新造機が充てられた。

爆戦特攻隊・第一昭和隊

(上) 4月1日、谷田部空で撮影された神風特別攻撃隊昭和隊の第14期予備学生と乙飛18期予科練習生卒業記念写真。

(中) 昭和20年4月14日、野里国民学校校庭で行われた神風特別攻撃隊第一昭和隊命名式。中央は第十航空艦隊司令長官前田稔中将（海兵41期）。

(下) 4月14日、谷田部空で撮影された神風特別攻撃隊昭和隊第二次鹿屋進出組の出撃壮行会。左手前は丸茂高男中尉(海兵73期)。

爆戦特攻隊・筑波隊
昭和20年4月初め頃、筑波空で撮影された神風特別攻撃隊筑波隊隊員総員84名の記念写真。

爆戦特攻隊・神剣隊
昭和20年4月初め頃、大村空で撮影された神風特別攻撃隊神剣隊隊員総員51名の記念写真。

桜花07号機
沖縄本島の中飛行場（嘉手納）で米軍に鹵獲された桜花07号機。

桜花I-18号機
（中、下）沖縄本島の北飛行場（読谷）で米軍に鹵獲された桜花I-18号機。すでにに弾頭部は取り外されている。

桜花I-10号機
沖縄本島の北飛行場（読谷）で米軍に鹵獲された桜花I-10号機。機首の桜花マークは工廠であらかじめ描かれたものであるが、機番号は基地内での管理のために、現地で組み立てられたのちに割り振られたものであり、書体や記入方法などは展開した基地によって異なり、機体によってもまちまちである。左写真は桜花の運搬車。油圧ジャッキと一体化している。

弾頭部を露出した桜花
米軍に鹵獲され、機首の先端覆を外し弾頭部（秘匿名称「頭部大金物」）を露出させた状態の桜花。先端の信管はすでに外されている。

桜花I-18号機
米軍に鹵獲された桜花I-18号機。機体上面に引かれた赤線は懸吊時に母機と機軸を合わせるための目安線。これは組み立て完了後に現地で引かれたものである。

『日本ニュース』からの映像

この映像は6月9日封切りの日本ニュース第252号で公開された。昭和20年4月11日か14日に撮影された者とみられる建武隊の五十番爆戦の発進シーン。重量軽減のため、主翼の20mm機銃を撤去している。五十番爆弾は紡錘形の通常爆弾二型で、徹甲弾ではない。

第四章 桜花攻撃開始

［至 昭和20年4月］

総合訓練と第五航空艦隊の編成

神雷部隊が展開を終えた1月25日から30日までの6日間、豊田連合艦隊司令長官が鹿屋に進出、将旗を掲げた。軍令部からは富岡定俊第一部長以下関係者が参加し、第一一航空戦隊の総合訓練を南九州および四国南方海域で実施した。

その内容は第一機動基地航空部隊（第一一航空戦隊）と八〇一空からなる甲軍が、仮想米機動部隊となった第17駆逐隊（雪風）と第41駆逐隊（冬月、涼月）の乙軍に対し、偵察一一飛行隊の昼間と薄暮の索敵と八〇一空の飛行艇と陸攻による夜間索敵による敵艦隊発見後の触接、七六二空の夜間雷撃と七二一空の桜花攻撃を実施するものであった。訓練終了後の2月1日から3日にかけて、軍令部では南西諸島、九州方面に敵機動部隊が来襲した場合の作戦見積もりを行った。「16隻の空母を攻撃するのに、約300機の特攻を要す。

桜花を100機とし、あと200機を銀河特攻、別に艦攻、艦爆約150機を特攻とすれば、確算ある効果を期待し得べし」

草鹿龍之介連合艦隊参謀長はその席上、「二一航戦を正規の作戦に使いたい」と述べた。神重徳連合艦隊参謀は「もう1回やれば機動部隊攻撃に使える見込み」と、述べたが、逼迫する戦局はこれを許さず、そのまま実戦に突入することとなる。

この日、2月1日付けで新たに戦闘三〇七飛行隊が編成され、七二一空に編入された。飛行隊長は神崎大尉が戦闘三〇六と兼任し、分隊長が1月25日付けで柳澤八郎少佐と入れ替わりに着任していた漆山睦夫大尉（海兵70期）となった。柳澤少佐は戦闘三〇四に異動し、飛行隊長としてその後沖縄戦に参加する。

さらに2月10日、軍令部は東シナ海方面に来寇する敵に備え、第五航空艦隊を新たに編成した。基幹兵力は連合艦隊直属だった神雷部隊とT攻撃部隊（七六二空と陸軍の第七戦隊と第九十八戦隊）の第一一航空戦隊と、第三航空艦隊所属の第二六航空戦隊が解隊されて充てられた。

また、鹿屋の東隣の笠ノ原基地に展開していた二〇三空の零戦隊に新たに戦闘三〇五飛行隊が新設され、神雷部隊の直掩にあたることとなった。まずは帳簿上だけではあるものの、編成時より心配されていた援護戦闘機の不足が解消されることとなり、桜花攻撃は一応の形を整えた。

この時点での神雷部隊の定数は、桜花１６２機、一式陸攻2個飛行隊で72機、零戦3個飛行隊で１０８機とされた。

第五航空艦隊の司令長官には宇垣纏中将（海兵40期）が着任、参謀長は横井俊之大佐（海兵46期）が任じられた。これにともない解隊された第一一航空戦隊司令官の山本親雄少将（海兵46期）は、練習航空隊を実戦部隊に改編した第十航空艦隊の参謀長となった。

第五航空艦隊の編成に先立ち、軍令部と連合艦隊司令部の関係者は、宇垣中将と幕僚予定者を海軍省に集め、先の1月19日付けの天皇充裁に基づく全軍特攻化を今後の指導方針として説明した。これにより、今までは実態はともかく、現地部隊の自発的意志という形を採ってきた特攻作戦が、軍中央の意志として明示された。

宇垣長官一行は、2月14日に多数の見送りを受けて一三三〇厚木基地を離陸、曇天の中を西進し、一七五〇に鹿屋に着陸、もとからの本部庁舎ではなく、疎開新築されたバラック庁舎に入り、将旗を掲げた。

神ノ池における龍巻部隊の開隊

桜花隊第一陣を送り出した神ノ池基地の残留部隊は、2月15日付けにて第七二二海軍航空隊として独立し、第三航空艦隊の指揮下となった。残留していた神雷部隊隊員はすべて七二二空附が発令された。

司令兼副長として鈴木正一大佐（海兵52期）が着任、飛行長伊吹正一少佐（海兵62期）、桜花隊飛行隊長兼分隊長に平野大尉、桜花分隊長に新庄中尉、陸攻隊分隊長に田淵勝大尉（予

↑田淵勝大尉（予備10期）。改変された七二二空龍巻部隊の陸攻隊分隊長として着任した。

備10期）といった陣容となり、基地内にあった「龍巻山（たつまき）」と呼んでいた小高い丘から名前を採り「龍巻部隊」と別称した。

2月15日付けの保有機数は一式陸攻10機、零戦12機、零練戦12機、彗星15機、九九式艦爆4機、九〇式機練2機、桜花一一型29機、桜花K1 52機であった。

3月9日付けで渡邊薫雄大佐（海兵50期）が司令として着任し、鈴木大佐は副長職専任となった。

七二二空の開隊にともない、今まで付属して錬成に努めていた彗星隊は3月20日付けにて攻撃第一飛行隊として独立し、元母艦航空隊の六〇一空に編入され、沖縄戦に参加することになる。

龍巻部隊は当初の予定通り、神雷部隊への隊員補充のための錬成部隊の役割を担当し、他隊からの転入者に桜花の投下訓練や爆戦の操縦訓練を実施し、沖縄戦では多くの隊員を神雷部隊に送り出す役割を果たした。

七二二空　保有機材一覧

昭和20年3月1日現在

機種	機数
一式陸攻	10
零戦	12
零練戦	12
彗星	15
九九式艦爆	4
機練（九〇式機作練）	2
桜花一一型	29
桜花K1	52

国内の桜花展開対応

この頃には、第一航空廠での桜花一一型の量産も進み、内地への配備も始まっていた。2月8日には空技廠側からの要請に基づき、基地整備部隊である関東空に対し、桜花整備講習員の派遣を命じている（機密第〇八一七一六番電）。

2月13日には桜花配備が決まった八丈島では設営隊により幅2・5m、高さ2・5m、奥行き50mの格納トンネルを3本、既存施設を改修することで3月末には完成すると報告されている（機密第一三一一一二三番電）。

さらに2月18日付けの通達では、厚木基地に桜花15機を23日までに組み立てて配備することとなり、関東空の10名に加え、七二三空司令に要請があり、七二一空（ママ）からも分隊長以上を含む30名の支援を要請している（機密第一八二二〇二四番電）。

第58任務部隊の日本本土空襲

宇垣長官一行が鹿屋基地に到着したこの日、硫黄島の哨戒機がサイパン島西方海域を北上する米機動部隊を発見し、翌15日には硫黄島南方に発見、16日には硫黄島の視界内に米艦隊が出現し、陸上陣地に艦砲射撃を開始する一方で、第58任務部隊が東京の南東わずか200㎞の海上まで接近し、夜明け前から次々と攻撃隊を発進させた。日本側の電探も有人の監視哨も高度400mの低空で侵入してくる敵艦上機を発見するのが遅れ、ほとんど陸上に達するまで発見されず、朝7時前後から関東地方各地の軍需施設と飛行場に空襲を開始した。これは、硫黄島攻略に際して日本側の航空反撃力を減殺するのが目的であり、この空襲の目標のひとつに神ノ池基地があった。

神ノ池基地では2月12日午後より燃料の都合で飛行訓練を中止していたが、前日情報で空襲の公算大との観測から、兵舎の窓をすべて外して北西の丘（龍巻山）の裾に穴を掘って埋め、訓練機材から燃料をすべて抜き取り、各所の掩体に分散、偽装迷彩を施して収容していた。しかし、前述の通り、超低空で日本側の哨戒線を突破した米艦上機部隊は、〇八〇〇、低い雲に覆われ、すぐに総員退避、第一警戒配備となった神ノ池基地に来襲し、夕刻の一六〇〇まで九波、のべ130機からなる激しい空襲を加えた。

↑松林重雄少尉（予備14期）。うしろの零戦には通信能力強化のためのアンテナ線の折り返しが見られる。

先に述べた空襲対策により、龍巻部隊所属機の被害は零戦と零練戦各1機が被弾炎上したのみで、人員に被害はなかった。しかし、前日より夜間訓練のため神ノ池に飛来していた攻撃七一一の一式陸攻24機は、警報が入り次第避退できるよう、燃料を搭載した〝一時間待機〟状態で滑走路に駐機していたため、真っ先に攻撃され、うち12機が炎上、7機が中破、作戦使用可能は5機となってしまった。敵機は午前中の攻撃で飛行機をあらかた破壊したと見るや、午後の攻撃では兵舎や見張り所などの建物への攻撃に切り替えた。

これは野中少佐の油断であった。前日の機動部隊情報も当然知っていたのだが、「空襲があるのであれば、当然適切な情報が出るはず」と、たかをくくって前夜は士官宿舎となった近所の国民学校に泊まり、遅くまで龍巻部隊の飛行隊長となった平野大尉と話し込んでいた。翌朝起き抜けの空襲情報で基地に駆けつけると、〇八〇〇の第一波の攻撃ですでに8機が被弾、炎上しており、搭載していた機銃弾に着火してそれが四方に飛び散り、とても近づける状態ではなかった。野中少佐は地団駄踏んでくやしがったものの、どうにもならなかった。

この日、防空壕に退避していた松林重雄少尉（予備14期）は、空襲の合間を縫って龍巻山の丘の裾に掘られた防空壕から身を乗り出し、松林上空を飛行するF6Fや、炎上する陸攻から上がった黒煙を格納庫越しに捉えたりと、貴重な光景ををカメラに収めた。

味口二飛曹は病室を出て平田伍三郎一飛曹（甲11期）と共に松林に避難して空襲の様子を見守った。4機ずつの編隊が一番機の合図に続いて地上目標を銃爆撃やロケット攻撃する間、上空にはちゃんと直掩の戦闘機がいて後方を見張っているのが見えた。来襲した敵機は爆弾に加え、ペンによる手描き文字で印刷された伝単（アジビラ）を撒いていた。それに曰く、

「この飛行機は十月に台湾沖で沈めたはずの航空母艦から飛んで来たのです。君達の指導者が台湾沖で沈めたと宣傳した航空母艦がこれによって一隻も沈めて居ないことがわかるでせう。

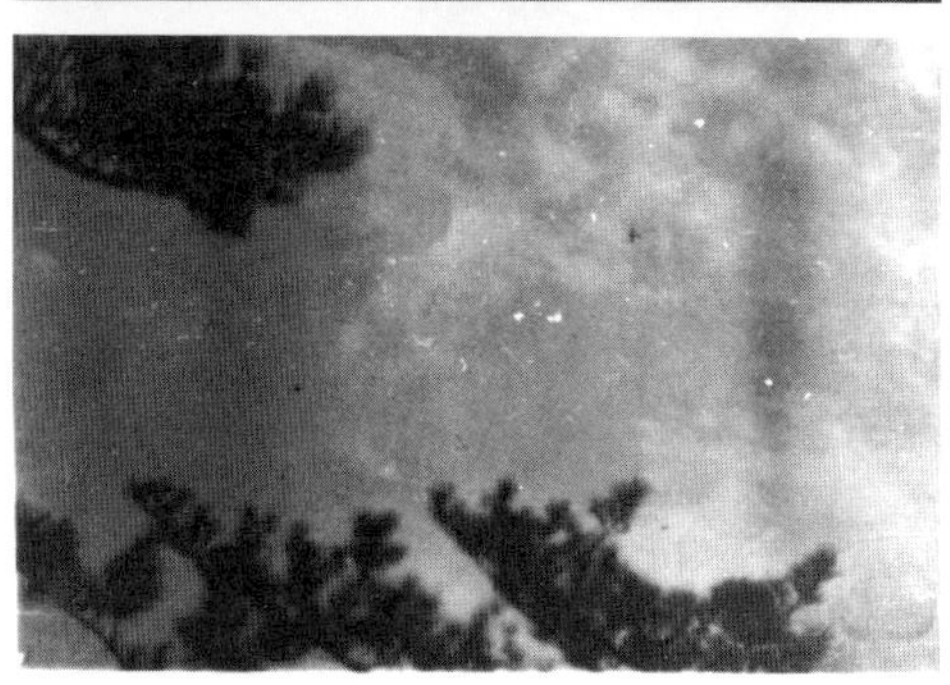

←空襲を受ける神ノ池基地。松林少尉が龍巻山の麓の防空壕から身を乗り出して撮影したもの。上写真では格納庫の向こう側で炎上する攻撃七一一の一式陸攻の煙が周囲に立ち込めている。下写真は上空を圧して飛行している2機のF6F。本土上空を飛行する敵機の姿を捉えた日本側の写真は極めて少ない。

君達は何もできずに死んでゆくのが本當に甲斐のないことである。犬死である。

速やかに戦後の日本を躍進し、よりよき日本の建設に援助せよ」

この伝単を拾った味口二飛曹は「何という笑うべき文であろう。日本は断じて最後まで戦い抜くのだ」と、敵愾心を新たにした。

大きな損害を出した攻撃七一一は、残った作戦使用可能な5機と龍巻部隊の陸攻4機を合わせた計9機で18日早朝、築城基地に向けて飛び立った。

翌18日〇八〇〇にも敵機3機による再度の空襲があり、さらに陸攻1機が炎上した。これらの被害により、攻撃七一一は、大量に失った機材を補充する必要に迫られることとなった。

空襲はこの日の一五〇〇過ぎに終了したが、防空壕から出てきた隊員達は、烹炊所（調理場）と第三兵舎の間の厠（便所）の周辺に投下された250kg（正確には500ポンド）爆弾4発による擂鉢状の爆発跡を見て肝を冷やした。

この2日間の空襲で米軍の来襲機数は16日に七波のべ940機、17日に四波のべ590機の総計1550機（日本側判断）をもって、損失49機で日本機332機を撃墜したとしているが、日本側損害は大本営発表で撃墜275機、損失78機としている。地上撃破を含めれば100機近くの損害であったものとみられる。日本側としてみれば、善戦はしたものの、補充が乏しいだけに関東地区に展開していた陸海軍の機材の約1／3を失ったダメージは大きかった。

空襲を打ち切った第58任務部隊は硫黄島上陸の支援に戻り、2月19日には海兵隊が上陸を開始した。これに対し、関東地区防空の責を負っていた第三航空艦隊は、六〇一空から特攻隊の第二御盾隊を編成した。寺岡謹平中将（海兵40期）の回想録では提案に対し総員が応じたとあるものの、実際に

七二一空　戦力配備状況

昭和20年2月15日現在

飛行隊	機種	数	配備基地
戦闘三〇六、三〇七	零戦	62	宮崎
攻撃七〇八	陸攻	30	宇佐、霞ヶ浦、宮崎
攻撃七一一	陸攻	15	神ノ池
		10	出水、築城
戦闘三〇五	零戦	28	鹿屋

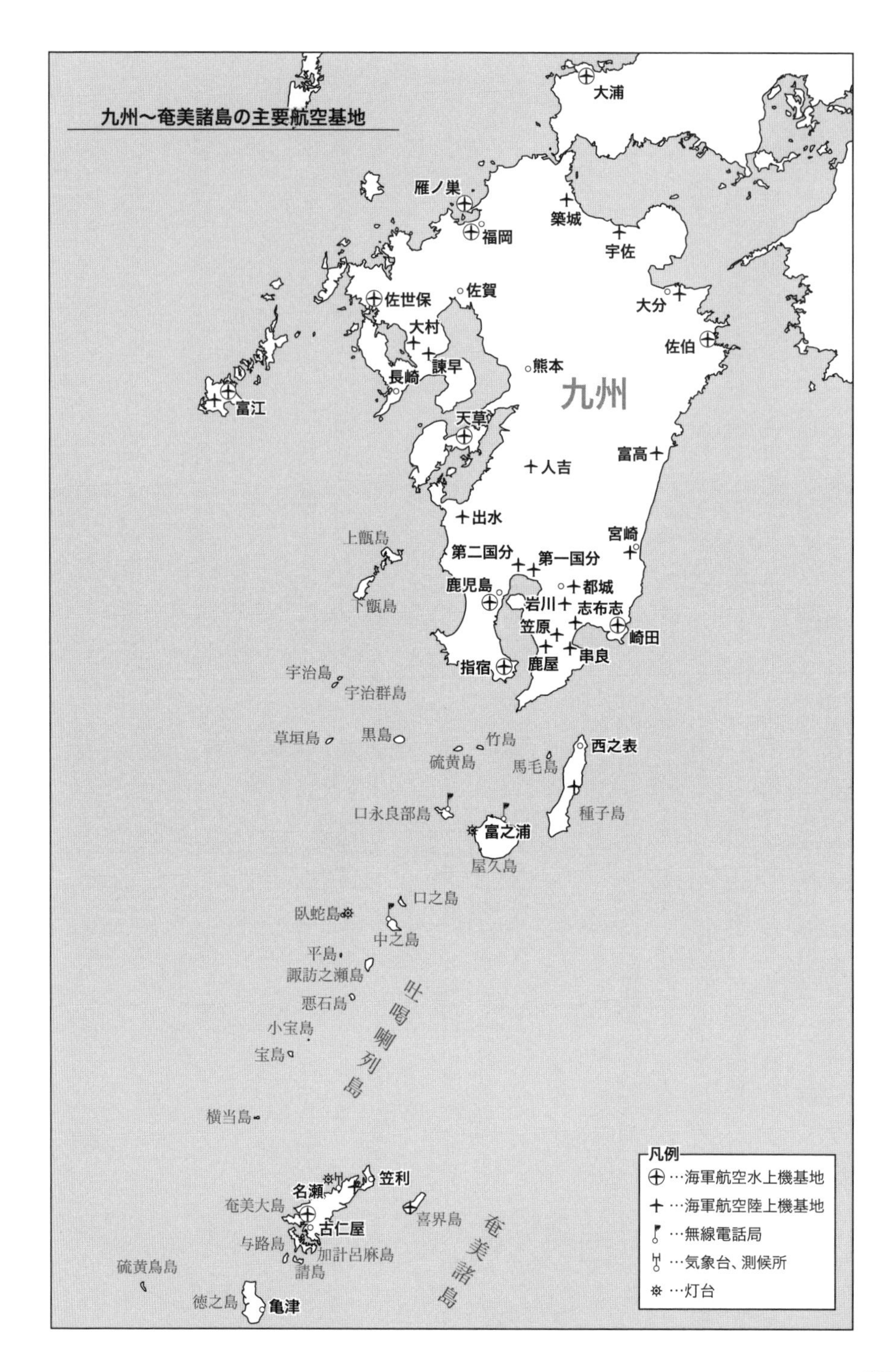

九州〜奄美諸島の主要航空基地
大浦
雁ノ巣
築城
福岡
宇佐
佐世保
佐賀
大分
大村
佐伯
諫早
熊本
長崎
九州
富江
天草
富高
人吉
出水
宮崎
上甑島
第二国分
第一国分
都城
鹿児島
岩川
志布志
下甑島
笠原
崎田
串良
鹿屋
指宿
宇治島
宇治群島
草垣島
黒島
竹島
西之表
硫黄島
馬毛島
口永良部島
種子島
富之浦
屋久島
口之島
臥蛇島
中之島
平島
諏訪之瀬島
悪石島
小宝島
宝島
吐噶喇列島
横当島
凡例
…海軍航空水上機基地
…海軍航空陸上機基地
…無線電話局
…気象台、測候所
…灯台
笠利
名瀬
奄美大島
喜界島
古仁屋
与路島
加計呂麻島
奄美諸島
硫黄鳥島
請島
徳之島
亀津

は戦闘機、艦爆、艦攻の各機種の隊長が列機を指名して編成している。

　隊長の村川弘大尉（海兵70期・操縦）が率いる彗星12機、天山8機、直掩零戦12機からなる第二御盾隊は、2月20日千葉県香取基地を発進、途中八丈島、父島を経由して21日の17時以降、次々と突入し、護衛空母「ビスマーク・シー」1機命中撃沈、護衛空母「ルンガ・ポイント」1機命中撃破、空母「サラトガ」2機命中大破、ほか5隻損傷の大戦果をあげた。サラトガは米本土に回航したが修理に3ヶ月を要し、終戦まで戦線に復帰できなかった。

　これに手を焼いた米軍は、再度日本側の航空反撃力を奪うべく、2月25日、艦上機約600機（日本側判断）をもって雪の積もった関東地方に再び来襲した。神ノ池基地も再度の空襲を受け、前回の被弾損傷を修理中だった陸攻2機が再び被弾し、炎上した。また、マリアナ諸島に展開しているB-29部隊も19日の100機に続き200機以上の大編隊で東京を空襲した。

神雷部隊の再展開

　硫黄島が戦場となり、関東地方が空襲にさらされる一方で、南西諸島方面では敵大型機による偵察飛行が活発化し、潜水艦の動きもより活発化してきていた。これらの情勢から、もはや神雷部隊を台湾に送る状況ではないと判断され、作戦基地は九州、沖縄に絞られ、第五航空艦隊では神雷部隊の配備を見直した。

　これにより、神雷部隊の本部、攻撃七一一飛行隊の主力と桜花第二、第四分隊は従来通り鹿屋基地に展開、宮崎基地の攻撃七〇八飛行隊と桜花第三分隊は北上して大分県の宇佐基地へ移動、陸軍の都城東飛行場に寄宿していた戦闘三〇六、三〇七飛行隊、桜花特別戦闘機隊は宮崎基地にいったん移動ののち、同じ宮崎県の冨高（とみたか）基地（現在の日向（ひゅうが）市）に移動した。

　この移動を受け、鹿屋、宮崎、宇佐の各基地には分解梱包された桜花が横須賀軍需部より貨車で陸続と送られてきた。基地任務を担当する九州航空隊の整備員は組立仕様書を見ながら梱包から現れる人間爆弾の部品に息を呑んだ。これら部品の可動部には、本来であれば潤滑と防錆のためのグリスが塗布されているのに、使い捨ての桜花にはグリスが塗布されていなかったのが印象的であったという。

　この頃日付は明確でないが、桜花特別戦闘機隊の堂本上飛曹は霞ヶ浦の第一航空廠で受領した零戦で離陸したが、脚が入らずに神ノ池基地に引き返し、整備完了後2日遅れで単機で出発して宮崎基地に到着、先着の仲間と合流した。

　数日後、今度は飛行機空輸専門部隊の一〇〇一空が空輸してきた零戦6機が、天候不良のため、陸軍の都城西飛行場に

↑→宮崎基地に展開した神雷部隊。右上の写真では、背後にある戦闘三〇六飛行隊の零戦の主翼端が白く塗られていることが遠目になんとか判別できる。

不時着し、搭乗員は帰ってしまった。そこで堂本上飛曹を空輸隊長にして6名で引き取りに行くことになり、汽車で都城へ向かった。

到着してみると、すでに整備員が先着しており、機体は整備も手続きも終わっていて、乗って帰るだけの状態となっていた。海軍の搭乗員の優秀なところを見せようと、各自慎重に操縦するよう指示して、編隊離陸した。

一番機の堂本上飛曹は先頭なので少しエンジンを絞り加減で離陸する。右に旋回して飛行場の上空を航過しようとした途端に「ガックン」とショックと共に牽引力がなくなった。回転計を見ると、針は振り切れているが、プロペラが回らない。手先信号でエンジン不良を知らせ、「みんな先に帰れ」と合図してから速やかに脚とフラップを出して不時着した。飛ぶように駆けつけた整備員に頼んで修理をしてもらい、約30分遅れて単機で離陸した。

ところが高度３０００ｍで高千穂上空まで達したとき、またショックと共に牽引力がなくなった。前方に宮崎基地が小さく見えたのでエンジンを切って滑空しながら宮崎基地に向かうことにした。しばらくすると、黒くなった潤滑油が風防に飛んできて、前が見えなくなってきた。風防を開けて側面から覗き見る格好で、飛行眼鏡に付着する油をマフラーで拭きながら滑空を続け高度３００ｍでどうにか宮崎基地に進入し、無事に着陸した。

飛行機から降りようとすると、胴体が油まみれになっていた。指揮所では機材故障は報告せず、帰投報告のみで済ませた。帰途、「これぞ昭和の天孫降臨」と、堂本上飛曹はひとりほくそ笑んだ。その日の夕方、整備科の分隊士が来て「よく帰ったものだ」と感心しつつ、上層部に報告せずに済ませてくれたことの礼を言って帰っていった。

宮崎基地に展開した桜花隊員達には飛行訓練はほとんど無く、もっぱら球技などの運動で体力を養っていた。この時期、宮崎基地で神雷部隊の隊員達が体操をしている写真が残っている。そこには隊員越しに零戦五二型2機と紫電一一型1機が写っている。この紫電は前年8月と9月に、三四一空戦闘四〇一飛行隊が台湾に進出する際に機材不良で残された機体であり、零戦の方もせっかくの空輸にも関わらず修理不能となり廃機扱いとなった機体であった。

一方、以前から宮崎基地に展開している攻撃七〇八は、分隊毎の神ノ池基地での桜花の投下訓練を終えると、ふたたび編隊飛行訓練を開始し、1月31日には攻撃七一一と戦闘三〇六飛行隊も加わった当初の運用構想による戦爆連合７２機編隊による堂々の編隊訓練が豊後水道上空で行われ、参加者を感激させた。

編隊訓練が終わると戦闘訓練と直掩隊による掩護訓練が宮崎、大分の海岸上空で実施された。直掩隊が「ツバメ」、攻撃隊が「ハト」の呼び名で、仮想敵機の戦闘三〇六の戦闘機が直上から降下し、応戦する陸攻隊員達は演習弾の20㎜機銃を乱射した。

本来であれば連日でも実施したい合同訓練ではあったが、逼迫した燃料事情がこれを許さず、昼間の編隊訓練が二度行われただけであった。

隊員達は訓練を重ねながら、死が近づいていることをヒシヒシと感じ、基地に帰投後、隊員達は半舷上陸と脱上陸を繰り返し、1日を1年分として過ごした。宮崎の市街で酒と女、そして時には陸軍の憲兵と喧嘩をして用水池に投げ込むなど、すさんだ青春のひとときであった。

そうこうするうちに攻撃七〇八は神雷部隊の再展開にともない、戦力の縦深配備の方針から3月早々に宮崎基地から大分県宇佐基地に移動が決定したため、2月中旬から機銃や予備部品等の基地物件を貨車便にて発送していた。

この方針に従い、澤井正夫中尉（予備13期・偵察）指揮下の第三中隊は2月11日に宇佐基地に移動し、武道場を宿舎にし、玄関には「桜花隊白虎の志士、天誅岡村一家駐屯所」の看板が掲げられた。指揮所の風向きを見る吹き流しの横には桜花ののぼり旗が「非理法権天」の旗と共に掲げられた。

移動して間もない13日のこと、以前から宇佐空で延長教育を受けていた海兵73期が主体の偵察学生42期生が「生活態度がなってない」と、下士官搭乗員に難癖をつけて修正を加えた。既述の通り士官が下士官に制裁を加えるのは暗黙の了解を超えたルール違反である。憤った第三中隊の下士官搭乗員総員で偵察学生の士官舎へストーム（旧制中学の寮等で行われた部屋を荒らしまくる行為）を掛け、偵察学生達を謝罪させたという。しかし、第三者である予備14期の操縦学生の日記では攻撃七〇八の下士官隊員達の生活態度は「死を前にひねくれ根性をさらけだしている」と、酷評されている。13日の晩も、14日の晩も連日酒に酔った姿で甲板棒を持って学生舎に現れ、「我々は明日死ぬんだから、士官はもっと我々を扱うにももうちっと注意してくれ」と言い、偵察学生総員と激論となった。この様子を見て「かかる連中を引き連れて死地につき、使いこなして戦果を挙げる事容易ならず」と記している。

当の殴られた某兵曹は、13日の深夜、場所が良く判らぬまま予備14期生達のいる操縦学生舎に怒鳴り込んできた。「この中に昼間俺を修正した士官がいる。見てくれ、この顔を、こんなに眼が腫れ上がったんじゃ敵艦に突っ込むにも突っ込めねぇ！　そいつを叩っ斬ってやる。出てこい！」と、手にした刀の鞘を払って凄んだ。その瞬間、間髪入れず「斬れ！」と、もろ肌脱いで艦爆分隊の矢谷文雄少尉（予備14期）が立ちふさがった。その気迫で相手の気を削ぐと、「死に奢るなかれ云々」と説教した。もとより理屈に長けている大学生の予備学生にかなうわけもない。感極まった某兵曹は涙声で「分隊士！」と答え、引き下がった。この出来事は同室の者が一部始終を目撃していた。その中のひとりに須崎勝彌少尉(予備14期)がいた。戦後、脚本家となった須崎氏は東宝の戦記映画の脚本を何本も手掛けている。昭和39年公開の『太平洋の翼』の劇中、酔った勢いの桜花隊員が三四三空の士官達にからむ場面があるが、この時の体験がもととなっているのは想像に難くない(この某兵曹は攻撃七〇八の一件とは別件で、桜花第三分隊の隊員であった可能性もあるが、はっきりしない)。

神ノ池基地の一件とは異なり、この件で攻撃七〇八の下士官搭乗員達が咎めを受けることはなかった。しかし、宇佐空の方では分隊長の山下博大尉(海兵68期・操縦)が監督責任を感じて特攻へ志願した(第一八幡護皇隊隊長として4月6日特攻戦死)と伝えられている。

この頃桜花第三分隊は、攻撃七〇八と合同で攻撃時に目標がダブらないよう、それぞれが目標を選んで突入するために講堂に米艦艇の模型を並べて輪形陣を作り、誰がどの艦を狙うかという目標割り当て訓練を行った。この頃の運用方針は当初の計画通り、9機もしくは18機からなる大編隊での集中攻撃であった。また、宇佐基地では飛行訓練も再開されたが、用意された機材は松根油で飛ぶ九三式中練であった。

2月22日になって、いつでも出撃できる態勢である第二警戒配備の命令が下された(機密第二一一五四六番電)。米機動部隊の日本本土接近の気配を察知してのことである。

田口少尉は出撃命令が出た時に宮崎基地に残っている一式陸攻が丸腰のままでは困るため、命を受け折からの豪雨の中、宇佐基地まで機銃を取りに一式陸攻2機で出発した。海岸線がかろうじて見える程度の悪天候の中、2機の一式陸攻は北上を続けた。

航法は部下の偵察員に任せていたが、そのうち田口少尉は不思議な感覚に襲われた。

「目には見えないんですが、何か塊のようなものが前に立ちはだかっているような圧迫感を感じるんです。偵察員に確認しても自信のある答えしか返ってきませんでしたが、咄嗟に『右30度変針』を命じました。変針した直後に視界が開け、山の稜線を擦り抜けていました。あのままだったら間違いなく2機共山に激突していたことでしょう」

この頃、機材の不調や航法支援装置の不備、搭乗員の練度の低下により、作戦行動でない訓練中や移動中の事故による人員、機材の損耗は無視できない数に達している。搭乗員にとって、飛ぶこと自体が命がけだった。

関東地方に米機動部隊の再空襲があったのちの2月26日の晩、宇佐基地では湯野川大尉は夜中寝ているところを副長の五十嵐中佐に起こされ、「これから出撃準備をしてくれ」と指示を受けた。「では私が出ます」と答えると駄目だといわれ、一個中隊9名の選出を命じられた。そこで日吉恒夫中尉(予備13期)率いる第二中隊を出すこととし、八木田大尉が率いる中隊9機に乗り込んで出撃する手はずであったが、朝になって攻撃は取りやめとなった（機密第二七〇一一二番電）。

五航艦司令部はバラックの疎開庁舎からさらに地下壕への生活へと移り、空襲警報のない時だけ地上に出られる生活となった。地下壕は入口こそ狭いものの、内部は縦横に高く広くトンネルが掘られ、作戦室、電信電話室、外信傍受室等の作戦の遂行に必要な中枢部が設けられていた。

第十航空艦隊の編成と予備学生の選抜

3月1日、今まで搭乗員養成を行ってきた練習連合航空総隊は教育を中止、解散した。

これにともない、実用機および中間練習機を保有する第十一、十二、十三連合航空隊を統合して、第十航空艦隊が編成され、連合艦隊に編入された。司令官は前田稔中将（海兵41期）が着任した。

練習連合航空総隊司令官松永貞市中将（海兵41期）は、これより半月前の2月17日付けにて各連空司令官に対し、2月18日以降の教育訓練計画を「主として特攻訓練を実施すべし。本既成期を四月末とす」と命令し、訓練項目（主に航法訓練と突入訓練）や、ひとりあたりの月の飛行時間（小型機20時間、大型機30時間）、航空隊別の特攻要員の割当人数が決められ、人数は教官の1／2～1／3、予備学生からの選抜は各隊最上級の者を選抜する等の基準を示した（機密第一六二二三〇番電）。

資料の確認された谷田部空では、2月時点の燃料保有量は2万リットルしかなかった。この量は零戦二一型23機を満タン（855リットル）にするだけのものでしかないので、訓練は自ずと特攻指名者が優先されることとなったのも無理はない。

この命令に基づき、各練習航空隊では従来の練習教育を停止し、選抜搭乗員（即ち特攻要員）に対し、特攻用の速成訓練を開始した。戦闘機搭乗員の延長教育を行っていた筑波、谷田部、大村、元山の各航空隊では戦況説明のうえで志願を募ったのち、指名された選抜搭乗員への「爆戦特攻」の訓練を開始する一方で、古参の教官や教員を主体とした制空隊も編成され、訓練を開始していた。筑波空や谷田部空、元山空には新鋭機の教材を兼ねた制空隊用の機材として、雷電二一型と紫電一一型が配備された。

筑波空の場合、2月15日に飛行科予備学生出身の教官に総員集合が出され飛行隊長の宮嶋尚義大尉（海兵66期）より特攻隊編成の主旨が伝えられ、志願者を募った。次いで延長教育を受けていた予備14期学生にも同様の募集を行った。これに対し血書で志願する者がいる一方で、14期学生の中にはこれに応じなければ飛行作業から外されて壕掘りや松根油集めの地上作業に回されてしまうと、戦闘機専修学生の誇りから志願した者もいた。

こうして選抜された予備学生ばかり77名がもとの学生舎を「神風舎」と名付けて筑波空から独立して生活しながら、4月末を目標に編隊訓練から突入訓練など、特攻攻撃に必要な技術に絞り込んで錬成が開始された。

その間、他隊の情報が入り、予備学生だけの編成では問題ありと判断されたらしく、沖縄を巡る戦局の逼迫にともない訓練を打ち切り、3月28日の鹿屋基地進出に合わせて編成替えされた際に、新たに海兵73期の中尉2名と下士官5名を増員し、総勢84名を13隊に分けて編成することとなった。

元山空の場合、2月17日の募集後、22日〇八〇〇に搭乗員総員整列があり、司令の青木武大佐（海兵51期）の訓辞に次いで飛行長小川二郎少佐（海兵64期）より分隊の編成替えが発表され、一、二、五、八、九分隊となり、うち第五分隊の24名が特攻隊となった。

あわせて機材の改造も必要となったので、元山空は航空本部に対し、二十五番爆戦への工事訓令を要請し、対象を零戦二一型8機、零練戦40機、九六式艦戦14機、二式練戦4機としている（機密第二一一一〇一番電）。また、いかなる理由からか人事局より予備学生10名が指名で特攻指定から外されている（機密第二二一五〇二番電）。その後鹿屋への進出当日の4月5日になって指揮官の不足からか「是非トモ必要ニ付」と、予備学生2名の追加任命が報告されている（機密第〇四二二一六番電）。

この際に乗機も決められたらしい。残された日記には鷲見敏郎少尉（予備14期）は零戦二一型ケ-115号機、千原達郎少尉（予備13期）は零戦二一型ケ-187号機、岡部平一少尉（予備14期）は練戦ケ-420号機、森岡哲四郎少尉（予備14期）は練戦ケ-430号機（のちに431号機）、鈴木弘少尉（予備14期）は練戦ケ-463号機などの記述がある。

特攻隊選出以後は筑波空と同様の訓練を実施する一方で、3月16日には紫電一一型5機が制空隊用として空輸されている。

谷田部空の場合、2月20日に座学教室で飛行学生を前に飛行隊長の日高守康大尉（海兵66期）から窮迫した日本の戦力の現況について訴えがあり、その帰結として「ただいまより特別攻撃隊員を募る！」と、志望の有無と家庭事情等を記載する用紙が全員に配られた。数時間の猶予を与えられて記入したのち、3月3日に第一次出撃の発表があった。第四格納庫に集まった予備13期、14期の飛行学生と乙飛18期の飛行練習生約600名を前に司令の梅谷薫大佐（海兵46期）の訓辞があり、「ただいまより神風昭和特別攻撃隊を編成する」との宣言ののちに隊員が番号で呼ばれた。呼ばれた者は返事をして前に進み出た。「昭和隊」隊員に選ばれた者は即日待遇が変わり、学生舎から士官舎に移され、滞り気味であった零戦二一型での飛行作業が連日行われるようになった。編隊離着陸訓練も行われ、夜間攻撃を考慮してか夜目が利くような訓練も実施した。

大村空の場合、昭和19年末、司令の寺崎隆治大佐（海兵50期）より全搭乗員に対し特攻募集の訓示があった。この時点で、九三式中練で30～35時間、零戦で20時間程度、つまり100時間に満たない飛行時間の飛行学生と、さらに教官、教員のほとんどが形式的に志願する旨の書類を提出していた。しかし、戦地帰りの実戦経験者の教員の中には「必ずしも特攻のみが報国の途ではない」と、志願しない者もいた。この志願書をもとに人選が進められ、52名の発表がされたのは3月上旬のことであった。大村空では選出条件である「長男、一人息子、妻帯者を除く」は厳格に守られたらしい。このあと、3月末の空襲による被害で隊員に欠員が生じた際に新司令の柴田文三大佐（海兵50期、昭和20年1月1日着任）より4月初めに再募集の訓示が行われた。その際、密かに結婚していたことが発覚したN少尉（予備13期）は人選より外された。

特攻隊は「神剣隊」と命名され、庁舎裏の2階が隊員達の合同宿舎とされ、特攻隊員としての航法訓練や突入訓練などの3～5時間分の追加訓練が行われた。

これら練習航空隊の爆戦隊は、沖縄戦では神雷部隊に編入され、出撃することとなる。

陸海軍中央作戦協定の成立

第十航空艦隊の編成された3月1日、「航空作戦ニ関スル陸海軍中央協定」が結ばれ、沖縄航空戦での基地、燃料、給養等を相互に付与することが確認された。その後、3月19日には陸海軍中央協定により、南西諸島方面作戦に関しては、陸軍の第六航空軍は連合艦隊の指揮下に入ることが承認された。

常識的に見れば、沖縄方面航空戦が主任務となる第五航空艦隊の指揮下に入る方が自然なのであるが、第六航空軍司令官の菅原道大（みちお）中将が宇垣中将より先任であったため、立場上は並列の形で連合艦隊の指揮下に入ることとなった。

とはいうものの、連合艦隊司令部は神奈川県日吉台にあり、第六航空軍司令部は福岡、第五航空艦隊の司令部は鹿屋とバラバラで、日吉台からの作戦命令のみで行動するのは現実的にはできず、統合的作戦運用は困難であった。それでも相互連絡のため、第六航空軍は鹿屋に参謀副長の青木喬少将を派遣していた。

第六航空軍側としてみれば、機動部隊攻撃を最優先とする第五航空艦隊の指揮下に入れば、直接友軍に影響を与える輸送船団攻撃から、陸軍機の性能上（陸軍の空中勤務者は洋上推測航法の訓練がされていないので、島づたいに目視しながらしか洋上飛行ができない）戦果が疑問視される機動部隊攻撃に戦力を抽出されることを恐れていたとの指摘がある。

梓特攻隊の出撃

関東地方から南西諸島にかけて各地を空襲した米機動部隊が後退し、当面の危機が一段落した3月5日、宇垣長官は五航艦着任後初の総合訓練を開始した。2月に実施した神雷部隊の総合訓練と同様、第17駆逐隊の2隻（艦名未詳）を仮想敵機動部隊として土佐沖に進出させ、これに対し、基本となる第一戦法Aの訓練を実施した。

米機動部隊は夜間に急速接近し、黎明と共に攻撃隊を発進させるのが常套手段であった。そこで敵情に応じて銀河による昼間哨戒を連続実施し、敵接近の兆候があれば飛行艇部隊等による夜間電探哨戒を実施する。敵を探知した場合は黎明に至るまで交替機を送って触接を継続し、夜間雷撃隊により黎明前雷撃を決行し、黎明時には銀河による特攻を実施する。さらに黎明から昼間にわたり、彩雲隊による触接でその戦果を偵察すると共に、艦爆隊による特攻を反復して戦果を拡充。さらに好機を捉えて神雷部隊による桜花攻撃を加え、敵を撃滅するというものであった。

この戦法は、戦闘が始まってから各地の部隊に指示していては行き違いや混乱のもととなるため、あらかじめ数種類の戦法を決めて、それだけを指示すれば、各部隊は所定の作戦行動に入ることを可能とするものであった。戦法はほかに第一戦法Bや、第二戦法があったが、これは基本となる第一戦法Aから攻撃機種の増減や攻撃開始時期を修正したものであった。事実、のちの九州沖航空戦での戦闘は第一戦法Aを踏襲した展開となった。

しかし、5日は曇りのち強風雨となり、一五三〇に訓練中止となった。訓練は翌6日一二〇〇より再開されたが、海上の波浪が激しく、駆逐艦の航行に困難を来したうえに、連合艦隊より、米機動部隊の接近の可能性を報じられたので、さらに延期され、代わりに夜間索敵を実施した。しかしながらこの戦法は、日施哨戒を漏れなく実施した場合、1日当たり60機の哨戒機と大量の燃料を必要としており、これは燃料も機材も枯渇しつつあるこの時期においては到底無理な話であった。翌7日、昼間索敵哨戒したものの敵影はなかったので、一四〇〇に訓練を再開した。しかし、夜間の索敵機が、自機の位置を正確に把握するのは極めて困難であった。訓練は翌8日の一一〇〇に終結した。

第一戦法Aは電探哨戒と夜間雷撃と特攻が基礎となるが、肝心の電探の信頼性が乏しく、夜間雷撃も過去の戦訓から期待するほどの戦果は得られておらず、勢い特攻に期待せざるを得なかった。

宇垣長官はこの日の晩、1月末に格納掩体が完成し、先月から鉄道貨物で分解梱包された状態で鹿屋に運び込まれて組立が開始された桜花一一型の装備状態を視察に訪れている。

翌9日の一〇〇〇より二一〇〇まで、鹿屋、出水、種子島各基地等を統括し、防空壕や地下整備施設等の構築に当たっていた九州航空隊で総合訓練研究会が開催された。最後に宇垣長官が「訓練は明らかに失敗。戦法相当困難にして事前摺り合わせ不十分、技倆もまた甚だ拙劣に起因。幾多の欠陥を暴露して却って良かった」と講評し、研究会は散会した。

しかしこの会合の最中、2月にトラック島の第四艦隊東カロリン空に派遣されていた偵察第三及び第一〇二飛行隊の彩雲3機が、米海軍部隊の根拠地となっていたウルシー環礁の偵察に成功し、日本本土を空襲した機動部隊が帰投しているのを発見、報告した。この情報を基に、かねて準備の第二次丹作戦が決行されることとなった（第一次丹作戦は昭和19年9～10月に当時米海軍の根拠地だったクエゼリン環礁への奇襲攻撃計画のことだったが、実行前にウルシー環礁への移転が判明したため、延期ののち中止されていた）。

翌10日、陸爆銀河が鹿屋～ウルシー環礁まで直線距離で1300浬余（約2400㎞）を一気に飛翔し、ウルシー泊地に在泊中の米空母に突入するという、「第二次丹作戦」が発令された。

この作戦は、近く生起するであろう沖縄方面への米機動部隊の出撃を少しでも遅らせて、こちらの戦備を整えるのが目的であった。

出撃する「梓隊（あずさ）」は黒丸直人大尉（海兵67期・偵察）を隊長とする攻撃二六二飛行隊の銀河24機、これに天測による正確な航法が可能な八〇一空の二式大艇3機が先行し、天候偵察と誘導を担当した。

〇八〇〇、銀河一番機離陸開始、続いて4機が離陸したところで「作戦中止、引き返せ」の連絡が入った。全機着陸すると、彩雲の偵察結果に敵情に不明な点があったとのことで、空振りを恐れて攻撃を中止したという。しかしこれは第四艦隊の暗号電文の記述の問題で、敵機動部隊は在泊していた。この日の天候偵察機の実績から、追い風による16ノット（30㎞／h）の増速が期待されたことから、翌11日の再出撃は1時間遅らせることとなった。

3月11日〇八四〇、銀河隊一番機離陸開始。〇九一〇鹿屋基地上空で編隊を整えると佐多岬上空で鹿児島基地から離水してきた二式大艇と合流し、進撃を開始した。しかし、途中発動機不調による脱落機が続出、さらにスコールに遭遇して雲の下を飛行したり、敵輸送船団に遭遇、迂回するなどしてさらに時間を消費。薄暮攻撃の予定が一七五〇の日没を過ぎ、一八三〇にヤップ島に到達。残った銀河12機はウルシーに向かい、一八五六の「全軍突撃セヨ」の打電と共に突入を

↑宇佐神宮参拝の湯野川分隊

開始した。しかし日没後1時間を過ぎたこの時点では周囲は完全に闇に包まれており、島と艦船を区別することは極めて困難であった。銀河は次々と突入し、暗闇に火柱が上がったが、多くは海面か島への突入であった。命中したのは第三小隊長の福田幸悦大尉（海兵70期・操縦）機で、一九〇七に他艦の探照灯の操作で一瞬照らし出された空母ランドルフの艦尾に突入し、同艦は中破した。搭載機15機が全損、要修理が11機、戦死、行方不明者28名、負傷者１０６名であった。

目標が確認できなかった5機はヤップ島に不時着、生存者10名と守備隊人事担当者の計11名は、３月14日〇七〇〇戦死者2名の遺骨と共に、装備品をことごとく取り外し軽量化した、ただ1機飛行可能な落合勝飛曹長（甲飛1期・偵察）機（７６２-24号機。胴体に辞世の句が書かれた有名な機体）に乗り込みヤップ島を離陸、一五一五無事に鹿屋基地に到着した。

1時間出発を遅らせたことが致命的となり、梓隊の特攻は失敗に終わった。黒丸大尉以下が帰投して状況が明らかとなった14日、宇垣長官は日記に失敗原因を書き連ね、最後に「その多くは指導部の至らざるに因る。即ち本職の責任なり」と、結んだ。

そしてこの日、梓隊の被害を修理中のランドルフを除いた第58任務部隊は、沖縄戦に備えて九州地区の特攻基地を制圧するため、ウルシーを抜錨した。

戦機は熟しつつあった。無電傍受により、敵機動部隊出港を察した第五航空艦隊では、神雷部隊に鹿屋の三橋大尉の第二分隊と宇佐の湯野川大尉の第三分隊を桜花攻撃の先陣として準備命令を発し、林大尉の第四分隊を第二次攻撃以降の後詰めとするべく、13日に鹿屋から宇佐に後退させた。

桜花の戦地改修

3月9日深夜から10日未明にかけて、東京の東側に位置する下町にB-29のべ327機が焼夷弾1700tを投下した。この空襲で死者行方不明者約10万人、負傷者約4万5000人、羅災者約100万人、焼失家屋約27万戸の大被害がもたらされた。いわゆる東京大空襲である。

この夜、燃え上がる東京の様子は、遠く離れた茨城県の荒川沖からも東京の方角だけが煌々と明るく、噴き上がる煙が夜目にもはっきりと見えた。

この空襲の直後、第一航空廠の片岡茂寿一等工員を含む6名が急遽呼び出され、南九州に配備済みの桜花の現地改修を命ぜられた。

その改修内容とは、桜花一一型の加速用火薬ロケットの四式一号噴進器の点火時に発生する有毒ガスが操縦席に逆流しないよう、ロケット頭部にお椀状の整流覆いを装着すると共に、胴体座席付近に空気取り入れ口を5、6ヶ所開けるものであった。

工員達は手回しドリルや金切りばさみ、改修用の整流覆い100機分300個とわずかばかりの着替えを持って、航空廠隣接の霞ヶ浦航空隊の滑走路に待機していた零式輸送機に乗り込んで、鹿屋に向かった。

内地といえどもいつ敵機に襲われるやもしれず、操縦士の命により、各自窓に貼り付いて見張りをしながらの飛行であった。途中、雨で天候悪化のため鈴鹿基地に降りると、九州方面空襲中との情報で、兵庫県の伊丹飛行場に着陸し、そこからは陸路で向かうこととなった。差し回しのトラックに乗って大阪駅まで送られると、列車を乗り継いで鹿児島駅に到着、漁船で錦江湾を横断し、また迎えのトラックに乗って、霞ヶ浦出発から2昼夜かかって鹿屋基地に到着した。

鹿屋基地周辺では夜も防空壕掘りが続けられており、否応なく戦地の緊張感が伝わってきた。引率者の先輩工員が到着を岡村司令に申告に行くと、「遠い所ご苦労」とねぎらわれ、ビールや菓子をもらったうえに通常15人前の「飯缶（ばっかん）」の飯を6人で食べさせてもらった。航空廠の粗末な食事を思えば天国であった。

翌朝、桜花が格納されている掩体壕に案内された。そこは神雷部隊隊員の宿舎となっていた野里国民学校からほど近い崖の斜面を利用して掘られた横穴式の壕であった。

壕に入ろうとすると、飛行服姿の少尉に呼び止められた。予備13期と推測されるその少尉は、東京出身らしく「君たちは東京から来たのか。東京は大空襲があったと言うが、被害はどんな具合だ」と、聞いてきた。東京上空は飛んでこなかったので、土浦から望見した光景を伝えると、その少尉はしょんぼりと去っていった。後年、片岡氏はこの少尉を谷田部空か筑波空の出身者ではないかと推測しているが、十航艦の爆戦各隊が鹿屋に進出するのは4月初め以降のことであり、時期的に合致しない。日付が正しいとすれば、攻撃七一一もしくは他部隊の士官であったものと推測される。

壕内には1本につき5、6機の桜花が格納されていた。改修作業は整備兵の立ち会いのもと、ふたりひと組で胴体後部のカバーを外し、装着されているロケットを1本ずつ外しては整流覆いを取り付け、胴体隔壁に換気穴をあけ、完了後にまたもとに戻すものであったが、桜花にはすでに弾頭が装着されており、万一の誘爆を恐れて電動工具の使用は厳禁、すべて手作業で進められるうえに狭い掩体壕には電灯がないので、作業は日中しかできず、捗らなかった。

夕方になると、夜間出撃する機体に配給するため、整備兵が錫箔のテープである電探欺瞞紙（チャフ）を1mほどの長さに切りそろえて束にし、それを担いで飛行場に向かっていった。また、作業中に壕の外での会話を聞くことがあった。「ドンピシャだ云々」との話が、体当たりそのものを意味しているのに気付き、片岡一等工員はぞっとしたという。

毎日の食事は整備科より飯と味噌汁を分けてもらったが、食器がなく、仕方なく持ってきた整流覆いを茶碗代わりとし、箸はその辺の杉の枝で作って代用していた。

連日の改修作業を終えたのは4月に入り、桜も散った頃であった。総計50～60機ほどの改修を終えると、宮崎基地に向かい、次いで宇佐基地の保管分を改修し、すべて終えて宇佐神宮に参拝して霞ヶ浦に戻った時には6月も半ばとなっていた。

戻ってみれば、6月10日の土浦航空隊への空襲で、周辺は惨憺たる有様となっていた。爆撃は土浦航空隊に集中していたのだが、航空廠ではなぜか、桜花を生産していた（3月末で生産終了）建屋だけが被爆し、破壊されていた。片岡氏は「何らかの形で桜花生産場所の情報が漏れたのではないか」と推測している。

桜花攻撃発令

3月14日、ウルシー環礁を抜錨した米第58任務部隊は、沖縄上陸作戦の前哨戦として、日本側の航空反撃能力を奪うべく、3月18日から21日にかけて中国、四国以西の各地に空襲を行い、全力で迎撃する第五航空艦隊と各所で激しい航空戦が展開された。いわゆる九州沖航空戦である。

3月18日の〇五〇〇、鹿屋基地を発進した偵察第一一飛行隊の彩雲6機が、〇六五〇に空母4群15隻からなる敵機動部隊を発見した。

これに先立つ〇五〇〇、冨高基地の戦闘三〇六、三〇七飛行隊は「戦闘機隊全機即時待機別法」の指令により全力出動の状態にあった。この日の戦力は零戦五二型丙68機、搭乗員は66名が二個大隊に編成（一個大隊は二個中隊で編成）され、戦闘可能な状態であった。〇五三〇、漆山睦夫大尉（海兵70期）率いる第二大隊が即時待機となり、〇五五〇に32機が発進した。宮崎、冨高上空６０００ｍと３０００ｍに各中隊毎

大隊	中隊	小隊	区隊	機番	搭乗者紙名	階級	出身期	備考、消息
1 神崎　國雄	1 神崎　國雄	1 神崎　國雄	1 神崎　國雄	1	神崎　圀雄	大尉	海兵 68 期	0743 F4U 1 機撃墜 1535 ~ 1600 F4U 2 機撃墜、2 機撃破、二〇三空異動後、4/6 未帰還
				2	村上　康次郎	上飛曹	乙 11 期	1535 ~ 1600 F6F 2 機撃墜、3/21 空戦で未帰還
				3	田中　繁晴	飛長	特乙 1 期	二〇三空異動後、3/29 未帰還
				4	大川　潔	一飛曹	丙飛 7 期	桜花特別戦闘機隊
			2 浦野　正義	1	浦野　正義	飛曹長	甲飛 5 期	1535 ~ 1600 F6F 1 機撃墜
				2	佐藤　萬吉	上飛曹	乙飛 11 期	空戦により未帰還
				3	徳永　幸雄	一飛曹	丙飛 10 期	0749 F4U 1 機撃墜、3/21 空戦で未帰還
				4	梅之　次雄	二飛曹	丙飛 15 期	空戦により自爆
		2 小林　晃	3 小林　晃	1	小林　晃	中尉	海兵 72 期	
				2	諸藤　大輔	上飛曹	乙飛 16 期	被弾 2 発、3/21 空戦で未帰還
				3	秋山　里馬	一飛曹	甲飛 11 期	空戦により未帰還
				4	戸田　忠義	飛長	特乙 2 期	二〇三空異動後、3/30 未帰還
			4 綿引　敏	1	綿引　敏	少尉	予備 13 期	空戦により未帰還
				2	今村　明	二飛曹	丙飛 16 期	二〇三空異動後、3/29 未帰還
				3	町田　雄	一飛曹	乙飛 17 期	二〇三空異動後、4/6 未帰還
				4	古賀　幸雄	飛長	特乙 2 期	
	2 伊澤　勇一	3 伊澤　勇一	1 伊澤　勇一	1	伊澤　勇一	大尉	海兵 71 期	被弾 1 発、3/21 空戦で未帰還
				2	林　作次	上飛曹	丙飛 2 期	1535 ~ 1600 F4U 1 機撃墜 二〇三空異動後、5/28 未帰還
				3	鏡　清	二飛曹	丙飛 16 期	1535 ~ 1600 F4U 1 機撃墜、1 機不確実
				4	前　道春	二飛曹	丙飛 16 期	0749 F4U 1 機撃墜、午後の空戦で未帰還
			2 津田　五郎	1	津田　五郎	上飛曹	丙飛 2 期	1535 ~ 1600 F4U 1 機撃墜、1 機撃破 3/21 空戦で未帰還
				2	中野　俊一	上飛曹	丙飛 3 期	3/21 空戦で未帰還
				3	浅川　峯男	二飛曹	丙特 11 期	0749 F4U 1 機撃墜 1535 ~ 1600 F4U 1 機撃墜
				4	井口　松一郎	二飛曹	丙飛 10 期	0749 F4U 1 機不確実
		4 宮武　三郎	3 宮武　三郎	1	宮武　三郎	中尉	予備 13 期	空戦により未帰還
				2	小林　一善	上飛曹	甲飛 7 期	0749 F4U 2 機撃墜、1 機不確実 3/21 空戦で未帰還
				3	松本　篤次	一飛曹	丙特 11 期	空戦により未帰還
				4	猿原　巌	二飛曹	丙特 11 期	1535 ~ 1600 F4U 1 機撃墜、空戦で未帰還
			4 佐藤　芳衛	1	佐藤　芳衛	少尉	予備 13 期	0749 F4U 1 機撃墜
				2	村上　武廣	上飛曹	甲飛 10 期	0749 F4U 1 機撃墜、1 機不確実、被弾 1 発 午後の空戦で未帰還
				3	高田　富雄	二飛曹	丙飛 15 期	0749 F4U 1 機撃墜
				4	橋本　通夫	飛長	丙飛 17 期	

戦闘三〇六、三〇七飛行隊飛行隊　3月18日冨高基地上空邀撃戦編成表

発進64機、自爆、未帰還18機

大隊	中隊	小隊	区隊	機番	搭乗者紙名	階級	出身期	備考、消息
2 漆山　睦夫	1 漆山　睦夫	1 漆山　睦夫	1 漆山　睦夫	1	漆山　睦夫	大尉	海兵 70 期	3/21 空戦で未帰還
				2	荒木　茂暢	少尉	予備 13 期	二〇三空異動後、4/12 未帰還
				3	栗原　孝次	上飛曹	出身期不明	
				4	西村　光男	二飛曹	丙飛 17 期	空戦により未帰還
			2 甲藤　謙	1	甲藤　謙	中尉	予備 13 期	1535 ～ 1600 F4U 1 機撃墜 二〇三空異動後、4/17 未帰還
				2	畠山　力	上飛曹	乙飛 16 期	空戦により未帰還
				3	野林　覚	一飛曹	丙飛 16 期	空戦により未帰還
				4	貴島　良成	二飛曹	丙飛 12 期	
		2 堀川　秀彌	3 三上　邦男	1	三上　邦男	上飛曹	甲飛 9 期	
				2	角田　憲司	一飛曹	甲飛 11 期	二〇三空異動後、5/4 未帰還
				3	加納　英吉	二飛曹	丙特 14 期	1535 ～ 1600 F4U 1 機撃墜、1 機不確実 被弾 1 発
				4	渡辺　実	二飛曹	出身期不明	
			4 堀川　秀彌	1	堀川　秀彌	少尉	予備 13 期	1535 ～ 1600 F4U 1 機不確実 3/21 空戦で未帰還
				2	宮原　栄太郎	上飛曹	乙飛 16 期	0850 F4U 1 機撃墜 1535 ～ 1600 F4U 1 機撃墜後、空戦により自爆
				3	平瀬　泰司	二飛曹	丙飛 16 期	
				4	永原　幸男	飛長	特乙 2 期	空戦により未帰還
	2 植田　伸二	3 植田　伸二	1 植田　伸二	1	植田　伸二	中尉	海兵 72 期	空戦により自爆
				2	上村　六男	上飛曹	丙飛 2 期	1535 ～ 1600 F6F 1 機撃墜、被弾 1 発
				3	早坂　友治	上飛曹	出身期不明	
				4	川原　清	飛長	特乙 1 期	二〇三空異動後、6/3 未帰還
			2 津田　五郎	1	西村　南海男	少尉	操練 23 期	
				2	野口　剛	上飛曹	乙飛 16 期	
				3	小須田　彦助	上飛曹	乙飛 16 期	0850 F4U 1 機撃墜
				4	中村　猶安	二飛曹	丙特 14 期	二〇三空異動後、5/14 未帰還
		4 杉下　安佑	3 杉下　安佑	1	杉下　安佑	中尉	予備 13 期	3/21 空戦で未帰還
				2	仁瓶　亨	一飛曹	丙飛 13 期	空戦により未帰還
				3	大久保　藤	二飛曹	丙特 11 期	0850 F4U 1 機不確実
				4	瀬戸　忠雄	二飛曹	丙特 14 期	二〇三空異動後、4/16 未帰還
			4 井幡　秀三	1	井幡　秀三	少尉	予備 13 期	空戦により未帰還
				2	正岡　新	二飛曹	丙飛 15 期	空戦により未帰還
				3	木田　衛	二飛曹	丙飛 16 期	
				4	末吉　克徳	二飛曹	丙飛 16 期	

に別れて上空哨戒を開始し、〇七〇〇に神崎大尉率いる第一大隊32機と交代した。

この日、細川八朗中尉（予備13期）率いる桜花特別戦闘機隊20機は、共に出撃するつもりで準備していたところ、岩城飛行長より発進中止の命令を受けた。直掩戦闘機隊の消耗をおそれたのである。そして細川中尉は戦闘指揮所で岩城飛行長の手伝いをすることとなった（編成表では大川一飛曹のみ搭乗割に編入されている）。

〇七四三、延岡上空を哨戒中の伊澤勇一大尉（海兵71期）率いる第3中隊はＦ４Ｕ、Ｆ６Ｆ混成の16機が延岡上空に侵入するのを発見、空戦を開始した。ほかの諸隊も逐次加わり、味方は約30機となった。約6分間の空戦の末、撃墜8機、不確実3機、撃破1機の戦果を挙げたが、自爆未帰還6機の損害を出した。〇八〇〇、燃料、弾薬補給のため、第二大隊が着陸を開始した。

〇八四〇、地上からＦ４Ｕ約8機を発見、第二大隊の15機が緊急発進し、約10分後、冨高上空４０００ｍで空戦となり、撃墜2機、不確実1機の戦果を挙げた。味方の損害は被弾2機のみであった。

米海軍の記録によると、〇七四五に戦闘三〇六と交戦したのは空母エセックス所属、ＶＢＦ‐83の12機のＦ４Ｕ‐１Ｄであった。この戦闘で未帰還2機、帰投後廃棄1機、被弾3機を記録している。続く〇八五〇の空戦は米軍史料に該当がない。

桜花攻撃発令

この後、前日より冨高基地にいた岡村司令は〇九五八に五航艦司令部に問い合わせ電を発している。「本日桜花作戦可能ナリヤ」。これに対し返電があり、一二四五に桜花攻撃下令（冨高基地機密第一八一二四五電）された。この命令では岡村司令は鹿屋基地の攻撃七一一飛行隊の8機と宇佐基地の攻撃七〇八飛行隊の7機に桜花攻撃準備を命令し、桜花隊の第二、第三分隊にも出撃命令が出された。あわせて戦闘三〇六、三〇七飛行隊各24機に直掩隊として出撃準備を命じた。出撃予定時刻は一五三〇であった。

この命令を受け、当時鹿屋基地に展開していた桜花第二分隊では急遽出撃人員の発表があったらしい。現存する資料には石渡正義一飛曹（乙飛17期）が当日したためた遺書（の写し）が記録されている。

しかし、この時攻撃七一一の一式陸攻は桜花隊を鹿屋基地に残したまま大村基地に避退しており、空襲下の鹿屋基地への進出は不可能であった。このため、急遽命令が変更され、宇佐基地の攻撃七〇八の18機に桜花攻撃命令が下された。

冨高では一二一〇に上空哨戒機のすべてが着陸していた

が、「全機即時待機」でいつでも出撃できる状態としていた。ところが、一三四五、敵機約50機が冨高上空を北上し宇佐方面に向かうのを発見、岡村司令は本日の桜花攻撃を断念し、冨高基地に残っていた零戦を邀撃戦に転用する旨の緊急電(冨高基地機密第一八一三四五電)を五航艦参謀長へ発した。しかし、空襲情報と桜花攻撃中止の連絡は、地上通信網が寸断されていたため、宇佐基地へは届かなかった。

この日、宇佐基地も第一警戒配備となり、宇佐空の艦攻37機、艦爆30機は空襲を避けるため、早朝に島根県の第二美保基地に向け避退した。8時過ぎから3時間ほどの間、断続的な空襲があり、4機のF4Uが対空砲火のまったくない宇佐基地の滑走路周辺に銃撃を続けていた。攻撃七〇八の山本一男一飛曹(甲飛11期・偵察)は宿舎となっていた柳ヶ浦女学校の厠からこの様子を眺めていたが、無性に膝がガクガク震えて困っていたところ、宮里真幸上飛曹(甲飛8期)に、「そりゃー武者震いだよ」と、指摘された。

この日午前の二度の空襲で、陸軍の三式戦闘機「飛燕」がただ1機迎撃に飛来したが、戦果は挙がらなかった。

岡村司令からの桜花攻撃命令を受けた宇佐基地では、折しも空襲が途絶えたのを幸いに、飛行長足立次郎少佐率いる攻撃七〇八飛行隊が湯野川守正大尉率いる桜花第三分隊18名を乗せて出撃すべく準備を進めていた。各所に分散した掩体壕から引き出された一式陸攻18機がエプロンに並べられ、駅館川東岸の崖地に掘られた横穴式格納庫から運搬車に乗せられて引き出されてきた桜花が脇に並べられ、搭載準備が進められていた。エンジン試運転の轟音が轟く中、別杯のテーブルが用意され、足立少佐、湯野川大尉ら主要幹部は桜花懸吊作業完了までの間、鉄筋コンクリート2階建ての指揮所1階の椅子に腰掛けて雑談中であった。

そんな時の一五三〇、西に傾いた太陽を背にしてF4U 4機が銃撃を仕掛けてきた。これは一式陸攻のエンジン音にかき消され、完全な奇襲となった。指揮所内の人々は襲撃を知ると散り散りとなり、一部は鉄筋コンクリート製である指揮所後方に、また一部は指揮所左外側の防空壕に退避したが、指揮所前に集まっていた陸攻隊の搭乗員達は逃げる暇もなくその場に伏せた。

↑湯野川大尉と足立少佐

銃撃はエプロンに駐機中の陸攻に対して行われていた。陸攻隊指揮所の屋上には飛行機から取り外した7・7mm機銃2挺が据え付けられており、宇佐空の教員達が応戦していた。もともとが機上射撃用なので銃身はすぐ過熱する。湯野川大尉は指揮所正面の階段を駆け上り、過熱した銃身を冷やすためバケツで水を運んでくる間交代し、その機銃で自らも射撃して応戦した。咄嗟のことで避難したり身を伏せるのが精一杯で、応戦など思いもよらなかった宇佐空の教員達や陸攻隊の搭乗員達は、湯野川大尉の行動を「さすが海兵出は肝が据わってる」と、沈着な行動に大いに感服した（初版で記述した「射撃を支援しただけ」との表現は湯野川氏の証言に基づいたものである。しかし、湯野川大尉自ら機銃を撃っていたとする目撃証言が複数存在し、今回本来の記述に改めた。湯野川氏はスタンドプレイをしたと思われたくなかったため、意図的に自ら射撃したことを伏せたものとみられる）。

結局、この奇襲攻撃で11機が炎上、残る機体も被弾がひどく、出撃は中止となった。この日出撃予定であった湯浅正夫上飛曹（甲10期・電信）ら陸攻隊のペアは焼け落ちた愛機の前で呆然と立ち尽くすしかなかった。

人員の被害は宇佐基地全体で戦死者14名、負傷者約20名を出した。神雷部隊は戦死者こそなかったものの、桜花隊の梶田道治二飛曹（丙飛17期）、鳥居茂上飛曹（乙飛17期）、大工政行二飛曹（丙飛17期）、山田伊三郎二飛曹（丙飛15期）の4名が負傷、入院した。宇佐基地からの桜花攻撃は出撃前に機材を失ったことで挫折した。

↑佐藤芳衛少尉（予備13期）。新兵器搭乗員に志願したものの選に漏れた佐藤少尉は、戦闘三〇六に着任、別の形で神雷部隊に関わった。写真は都城基地での撮影。

米海軍側の記録によると、この日の空襲は午後に機動部隊第58・4群の戦爆連合の全力出撃で宇佐基地への攻撃を掛ける予定であったが、七〇一空の五月雨式攻撃の応戦によって出撃準備が遅れ、戦闘機のみによる機銃掃射を主とする攻撃となってしまった。

宇佐基地を12時頃に攻撃したのは空母イントレピッド所属のVF-10のF4U-1D10機と、空母エセックス所属のVF-9のF6F-5、8機であった。

16時頃の攻撃は空母ヨークタウン（Ⅱ）所属のCAG-のF6F-5、8機（直ちに発艦準備可能なVF-9とVBF-9+CAG-9の飛行長で編制）、空母イントレピッド所属のCAG-10のF4U-1D、10機（直ちに発艦準備可能なVF-10とVBF-10+CAG-10の飛行長で編制）、軽空母ラングレー所属のＶＦ‐23のＦ６Ｆ‐５、12機、軽空母インディペンデンス所属のＶＦ‐46のＦ６Ｆ‐５、８機であった。これら資料から、湯野川大尉が応戦したＦ４Ｕの４機は、ＣＡＧ‐10の10機の一部と判明した。

冨高基地の午後の戦闘

この間、冨高基地では一五三〇から一六〇〇にかけて敵機約60機と味方59機が空戦を行い、のべ５回の空戦の結果、撃墜14機、不確実３機、撃破３機の戦果に対し、自爆４機、未帰還９機、被弾５機の損害を受けた。

この日の空戦に第一大隊三中隊七小隊二区隊長として参加した佐藤芳衛少尉はこの日が初陣であった。相手は当時「シコルスキー」と呼ばれていたＦ４Ｕコルセアばかりであったという。ところが、肝心の空戦に入った途端に機銃が故障、やむなく空戦場を離脱して混戦の合間を縫って冨高基地に風向きお構いなしで緊急着陸して修理してもらい、また空戦場に戻った。その間彼我の機体の空中衝突が発生したり、離陸直後を上空から襲われて火を噴く零戦もあるといった大混戦であった。

当日体当たりして未帰還となったのはＭ中尉であった。Ｍ中尉は当時「プラム」と俗称された梅毒に罹患しており、病状が進行し口元が崩れはじめていた。梅毒の治療薬ズルフォン剤は副作用として着陸時の高度判定を誤らせる危険があり、そのため治療中は飛行作業停止の身であったが、この日、皆の制止を振り切って離陸し、敵機に体当たりして戦死した。現存する編成表はあとから「メイキング」された物らしい。

この日午後からの３回目の空戦で自爆、未帰還となった第二大隊二中隊の宮原榮太郎上飛曹（乙飛16期）は、被弾により発火し、冨高の市街地に墜落しかけていたところを最期の力を振り絞り間一髪で右に旋回し、民間人への被害が及ばぬよう住宅地を避けて田圃に突入し、戦死したと伝えられている。

この日の空戦に第二大隊四中隊六小隊二区隊の二番機として参加した野口剛上飛曹は、水上機から転科した大ベテランの西村南海男少尉（操練23期）の列機として朝の空戦に参加した。西村少尉は高度３５００〜４０００ｍ位に占位し、味方の後方に付いて攻撃に入ろうとする敵機に上空から襲いかかって一撃しただけで引き上げ、決して深追いして空戦の中には入り込もうとはしなかった。その巧妙かつ効果的な攻撃方法に野口上飛曹は感嘆した。「搭乗員は初陣を乗り切れば、しばらくは大丈夫」との格言がある通り、西村少尉の効果的な攻撃方法を実地で学んだ野口上飛曹は、「その後の空戦にも精神的余裕を持って臨めたので、終戦まで生き残ることができました」と語る。

現存する戦闘詳報によれば、この日の空戦は、地上からの無線電話による管制が行われている。高温多湿の南方と異なり、内地の乾燥した時期であったために、コンデンサの特性劣化が抑えられたことと、2月の関東地区への米機動部隊来襲時の撃墜機体を参考にアースの取り廻しを改善したことで、無線のノイズが減少し使い物となってきた様子がうかがえる。各隊には呼び出し符号が付けられ、第一大隊を「隼（ハヤブサ）」、第二大隊を「虎（トラ）」と呼称し、第一大隊の低位中隊を「千鳥（チドリ）」、高位中隊を「雲雀（ヒバリ）」、第二大隊はそれぞれの中隊を「狼（オオカミ）」「蝎（ウワバミ）」と呼称していた。

　もっとも、「電話」とはいうものの、各中隊でひとつの周波数しかなく、しかもスイッチは自動切り換えではないため、誰かが送信スイッチを切り忘れると部隊全体が通信不能となるという代物であった。電話よりもむしろ「トランシーバー」に近いものであったのだが、手信号しか通信手段がなかったことを思えば格段の進歩であり、有効に使えれば戦闘を優位に進められると考えたらしい。そのためか、戦闘詳報の「戦訓」として、「敵Ｆ６Ｆニ対スル現有零戦ノ性能ハ劣弱ナリトイヘドモ、対勢判断空戦法等ニヨリ、其ノ欠ヲ充分ニ補ヒ得ルモノナレバ、特ニ教育訓練法ヲ修得シ、対敵観念等ニ関シ充分ナル自信ヲ保持サセルコト必要ナリ」と、かなり自信を持った記述が見受けられる。

↑西村南海男少尉（操練23期）。操練23期を主席で卒業した大ベテラン西村少尉は、二座水偵から戦闘機に転科して戦闘三〇六に着任していた。

　米海軍記録によると一五三五〜一六〇〇に交戦したのは、朝と同じＶＢＦ－83の11機のＦ４Ｕ－１Ｄで、対空砲火による未帰還1機と空戦による被弾損傷2機を記録している。一六三〇には空母バンカーヒル所属のＶＭＦ－２２１のＦ４Ｕ－１Ｄ10機が交戦し、空戦による被弾損傷1機を記録している。

　一六〇〇を過ぎ、邀撃戦はようやく終息を迎えた。しかし冨高基地上空での空戦で、被弾や、燃料弾薬の補充のための着陸も難しい状態であったことから、高知、熊本、大分等の各方面に不時着する機体が続出し、戦闘終了後に冨高基地に収容できた機体は、予備機を含めわずか38機であった。

　この日二一〇〇過ぎ、岡村司令と岩城飛行長は手配した一式陸攻で鹿屋基地に向かい、空襲の火災がいまだ収まらぬ中、滑走路に降り立った。

　以上のような戦闘三〇六の強気とも取れる記録の一方、この日、鹿屋基地に展開していた戦闘三〇五は、二〇三空の指揮下で戦闘三〇三と共に敵艦上機多数と交戦した。〇六二五鹿屋基地を発進した25機が2群に分かれて哨戒中、各群とも15～16機のF6Fと交戦し、その3機を撃墜したが、未帰還7機の損害を出した。午後は出水基地から11機が発進、指宿、都城、岩川の上空で敵機10～40機と交戦し、2機を撃墜したが、自爆7機、未帰還4機と、発進した全機が還らなかった。このほか、11機が被弾し、地上で炎上した機体も多数を数え、戦闘三〇五飛行隊はわずか1日の空戦で壊滅した。残存搭乗員は20日付けで二〇三空へ転属命令が出された。この日の空戦で未帰還となった分隊長の永友知義大尉（海兵71期）は、宮崎県の出身で、1月31日に結婚したばかりの新妻を残しての戦死であった。

米海軍記録では、鹿屋基地周辺の〇七一五から〇八一五の空戦でF6F‐5は32機が交戦して未帰還4機、不時着水1機、損傷7機、F4U‐1Dは36機が交戦して未帰還2機が記録されている。一六〇〇の空戦では空母ハンコック所属のVF‐6のF6F‐5、16機が交戦し、1機未帰還が記録されている。これらの部隊のうち、戦闘三〇五と交戦した部隊の特定は難しい。

神雷部隊は、この日の空戦で3飛行隊合わせて24名が戦死するなど人員、機材の損害は甚大であった。桜花攻撃以前に戦闘機隊は直掩隊としての戦闘力をほぼ喪失してしまった。また、陸攻隊は機材を失った攻撃七〇八に代わり、野中五郎少佐率いる攻撃七一一が20日に大村基地から鹿屋基地に展開し、運命の3月21日を迎えることとなる。

3月18日から3月20日の米機動部隊攻撃状況

この日、九州地区南部に襲いかかった米機動部隊に対し、2月の関東空襲での第三航空艦隊とは異なり、第五航空艦隊は劣勢の中でも索敵機を飛ばして機動部隊の位置を把握し、事前の作戦計画の通り終始積極的な攻撃を行っていた。

〇三三〇以降、攻撃五〇一、四〇六の銀河15機、第七、第九十八戦隊の四式重爆24機、攻撃二五一の天山9機が黎明雷撃に出撃する一方、〇四〇〇～〇七〇〇にかけて菊水部隊銀河隊として攻撃五〇一、二六二の銀河8機が築城、大分、鹿屋の各基地から出撃した。

〇五〇五には索敵のため偵察第一一の彩雲6機が鹿屋基地を発進、〇六五〇に敵機動部隊は足摺岬南方30～40浬付近に空母15隻からなる4群であることを確認した。

この間、〇六一三～〇六五八にかけて菊水部隊彗星隊の第一次攻撃隊として攻撃一〇三の彗星10機が直掩の戦闘三一一の零戦2機と共に第一国分基地を出撃。次いで一〇四五～一一五〇にかけて第二次攻撃隊として彗星4機、直掩零戦1機が第一国分基地を出撃した（戦闘三一一の直掩零戦はのべ

13機発進し、未帰還となった5機が特攻布告されている)。一三五〇〜一四二〇にかけて第三次攻撃隊として攻撃一〇五飛行隊の彗星4機が第二国分基地を発進し、米機動部隊に突入した。

これに続くはずの神雷部隊の攻撃は、前述の通り宇佐基地で出撃直前に奇襲されたことで挫折していた。

日没後も陸攻6機と飛行艇5機による夜間索敵と触接を続ける一方で、一九三〇〜二四〇〇にかけて攻撃五〇一の銀河8機、第七、第九十八戦隊の四式重爆15機が発進、触接機の誘導で夜間雷撃を敢行した。

五航艦司令部ではこの日の黎明から白昼の攻撃で、少なくとも正規空母1、戦艦2、巡洋艦1、駆逐艦2を撃沈し、夜間雷撃でさらに正規空母1の撃沈と艦種不詳1の炎上、損傷と判断していたが、実際の米軍の損害は空母エンタープライズ、ヨークタウン、イントレピッドの3隻が損傷したのみであった。

19日、夜間触接は前日に引き続き行われ、陸攻3機と飛行艇5機が零時以降発進した。触接の結果、米機動部隊は北上しており、呉、阪神地区を空襲するものと予測され、これを側面から攻撃すべく作戦計画が立てられた。

〇一三五以降、黎明攻撃として攻撃二五一飛行隊の天山6機、第七、第九十八戦隊の四式重爆4機、攻撃五〇一飛行隊の銀河4機が鹿屋、築城、大分の各基地から出撃した。

〇五〇〇には索敵のため偵察第一一の彩雲6機が鹿屋基地を発進した。〇五四五〜〇七一五にかけて、菊水部隊彗星隊の第四次攻撃隊として攻撃一〇三の彗星8機が第一国分基地を出撃、この間、〇六二五〜〇八四五にかけて攻撃四〇六の銀河4機が出水基地を出撃、次いで〇九二八〜〇九五三にかけて第五次、第六次攻撃隊として攻撃一〇三、一〇五の彗星4機が第一、第二国分基地を出撃、一〇五〇〜一一三五にかけて第七次攻撃隊として攻撃一〇五の彗星2機が第二国分基地を出撃、それぞれ敵機動部隊に突入した(実際に出撃したのは23機で、うち9機が引き返したため、特攻布告されたのは14機)。

一二三〇には第二段索敵として偵察第一一の彩雲2機が鹿屋基地を発進した。

この日の戦果は空母一、巡洋艦一沈没、空母一炎上中と確認された。

この日の米機動部隊の損害は、米海軍記録によると〇七〇七に断雲の間から現れた彗星の急降下爆撃により、爆弾2発が空母フランクリンの飛行甲板に命中した。丁度攻撃隊の発進中の状態であったため、燃料弾薬満載状態の搭載機はたちまち誘爆、大火災となった。彗星は投弾後に雲の中へ逃げ込もうとしたが、空母フランクリン所属VF‐5のパーカー中佐搭乗のF4U‐1D(彗星1機を単独撃墜と認定)および軽空母バターン所属のVF‐47のトリグ中尉搭乗のF6F‐

5（彩雲1機を単独撃墜と認定）の攻撃を受けて〇七〇八フランクリンの南3マイルで撃墜された（2人とも自分が致命傷を与えて撃墜に至ったと申告している）。

攻撃時刻からこの彗星は第一国分基地から発進した攻撃一〇三飛行隊の機体とみられるが、フランクリンの戦闘報告書によると、爆弾2発が艦首尾方向に縦列に命中している。この日出撃した彗星は五十番（500kg爆弾）1発のみの装備である。その直前の〇七〇五に確認された攻撃四〇六飛行隊の銀河が爆弾2発を縦列に投下することは機構的にも合致するため、日本の研究者は銀河と判断しているようである。しかし、〇七〇七の時点で銀河はフランクリン上空に到達していない。合致するのは攻撃一〇三の彗星のみであり、爆弾2発の方が誤認であったとするべきなのだろうか。

フランクリンは大火災となり、弾火薬庫への引火の危険もあり放棄許可も出されたが、応急要員の活躍により誘爆寸前のところで注水に成功した。この間火災の影響で機関科員も退去したため航行不能となり、ようやく火災を消し止めたのち、重巡ピッツバーグに曳航されて戦場を離脱したものの、戦死者724名、負傷者265名を出した。ハワイ経由で米本土に回航されると艦橋構造物基部を除く格納庫甲板から上を丸ごと造り換えるほどの大掛かりな修理によって復旧したが、戦後再就役することなく廃艦となった。

また、空母ワスプ（Ⅱ）に彗星1機が命中し、格納庫下の居住区で爆発、火災により水道管のほとんどが破壊された。炎上する搭載機のガソリンが下層甲板に流れ込んで被害を拡大し、戦死者101名、負傷者269名を出し、修理のため、3ヶ月間戦線を離脱した。

しかし、天候は午後から次第に悪化して雨となり夜間索敵や夜間攻撃は不能の状態となった。

この日、米機動部隊は呉地区を空襲、在泊の艦艇や基地施設に対し、激しい攻撃を行っていた。これに対し、当時第三航空艦隊の指揮下（五航艦編入は4月1日付け）にあった松山基地の三四三空はいまだ練成途中であったが、紫電、紫電改で邀撃することを決し、〇五四五から付属の偵察第四の彩雲3機を発進させ、直接敵艦上機の侵入状況を確認させた。

〇六五〇、高田満少尉（乙飛6期・偵察）を機長とする343‐4号機より「敵機動部隊見ユ、室戸岬ノ南30浬」と入電。「全員即時待機」が下令され、続いて「敵大編隊四国南岸を北上中」の入電により「全機発進」が下令された。これにより紫電改を主力に補助として紫電を加えた63機が出撃、〇七一五～一三〇〇頃にかけてF6F／F4Uを主体とした115機と激しい空戦を行った。その結果、敵機に体当たり、自爆した彩雲4号機を含む16機の未帰還機（うち2名落下傘降下で生還）と引き換えに、F6F／F4Uを48機、SB2Cを4機の計52機を撃墜し、部隊の士気は大いに上がった。

米軍側の記録ではこの日の呉軍港攻撃に出撃したのは総計361機、うち墜落が19機、不時着水が10機、着艦後廃棄が5機の計34機の損失があった。このうち、三四三空の交戦により失ったと判定された損害は墜落8機、不時着水1、落下傘降下1、着艦後廃棄4の総計14機とされている。

20日、夜来の雨も上がった〇七〇〇には、索敵のため偵察第一一の彩雲6機が鹿屋基地を発進した。一〇三〇までに都井岬東方約120浬を南下中の空母6、4、1隻を含む三群からなる敵機動部隊を発見。触接継続のため、彩雲2機を一二五〇に発進させた。

九州沖航空戦も3日目となって、各飛行隊共、無事帰投した機材の原隊への復帰の遅れ等、再整備が進まず、出撃可能な攻撃戦力が底を尽き始めていたが、一二五〇～一五〇五にかけて第八次攻撃隊として攻撃一〇三の彗星3機が第一国分基地を出撃、一四二四から一五〇五にかけて第九次攻撃隊として攻撃五、一〇五の彗星4機が第二国分基地を出撃。戦闘三一一の直掩零戦2機と共に敵機動部隊に突入した(実際に出撃した彗星は17機で、うち10機が引き返したため、特攻布告されたのは7機であった。直掩機の実数は不明)。

さらに薄暮触接に彩雲2機が発進し、夜間雷撃隊として二〇三五以降、攻撃五〇一の銀河3機、第九十八戦隊の四式重爆8機、攻撃二五一の天山3機が築城、大分、鹿屋の各基地から出撃したが、戦果の拡大は得られなかった。

この日の戦果は空母2隻を撃沈確実と判定していた。米軍側の記録では、この日損傷したのは空母ハンコックから燃料補給を終えて離脱しようとしていた駆逐艦ハルゼー・パウエルで、彗星1機がハンコックの飛行甲板をかすめてハルゼー・パウエルの艦尾に突入、戦死者12名、負傷者29名を生じた。空母エンタープライズには味方の対空砲火の流れ弾が飛行甲板上で炸裂して火災を発生させたが、間もなく鎮火した。

赤井大尉と零戦隊

18日の大空戦を富高基地で過ごした戦闘三〇七整備分隊長の赤井千河大尉(海機52期)は、その直後の緊急命令で戦闘三〇六、三〇七の鹿屋基地への移動展開にともなう整備分隊の随伴移転を命じられた。準備のできた零戦4機は胴体後部に整備員を乗せ冨高から飛び立った。翌19日、残る零戦34機と共に鹿屋に進出した戦闘三〇六、三〇七の搭乗員は、20日は終日休養となった。

しかし、整備機材を持ってあとを追う整備分隊の本隊はそうはいかない。この時、赤井大尉のもとにはトラックの手配はなく、空襲直後のズタズタとなった国鉄日豊線と志布志線(現在はほとんどの部分が廃線)と古江線(廃線)を乗り継いで鹿屋に向かうこととなった。

当時の時刻表で検証すると、冨高駅〇五五二の始発列車に乗れば、途中都城と、志布志で乗り換えて鹿屋駅に到着するのが一四〇七。順調に行けば乗車約8時間の道中であり、前後の徒歩行軍を含んでも半日程度で到着する。しかし、これはあくまでも定時運行されていた場合であり、この日は各所で空襲被害復旧のための足止めや空襲警報による一時停車で汽車は遅々として進まなかった。

ようやく鹿屋、笠ノ原の間の整備基地に着いたのは翌20日の夜のこと。出発命令が出てから丸2日が経過していた。しかもまだ全員が揃わぬうちに翌21日の出撃命令が出された。ひと息つく間もなく作業にかかる整備員達。ところが、肝心の零戦は空襲を避けるため飛行場から遠く離れた掩体壕に分散して偽装されていて、初めてやって来た整備員には勝手が分からない。やむなくあちこち聞いて廻ってようやく機体を探し出すと、暗闇の中、懐中電灯だけを頼りに機体の整備に取りかかった。が、移動も含め3日間の不眠不休の整備作業は、増槽の取り付け作業が終わらぬままに夜が明け、機材は充分な吸い込み試験を行えぬまま列線に並べられた。結局整備が完了し準備できたのは移動した38機に対し、32機であった。

本来、消耗品である増槽はどの機体にも合致するように作られている。しかし、当時の工作精度ではそこまでは望めず、機体に合わせた「すり合わせ」が必要だった。増槽に機体番号を記入した写真があるが、これは単なる識別のためだけではなく、その機体に合わせて調整されたことを意味していた。この調整が行えなかったことの影響はこのあとすぐに出ることとなる。

〇七〇〇に神雷攻撃1時間待機が命ぜられた。搭乗員達も整備員と一緒に林の中に隠蔽されていた零戦を押しだして列線に並べ、試運転や出撃準備に取りかかった。あちこちに搭乗員が丸く集まって立ち話をしており、中に報道班員が交じって写真を撮ったり、何やら話し込んでいた。

索敵機発進

20日晩、夜間触接の陸攻4機、飛行艇1機からの情報により、敵の損傷艦隊が南西方向に速力10～12ノットで後退中であることを確認すると、五航艦司令部は4項からなる残敵掃討作戦を立案し、二二四五に各部隊に通達した（機密第二〇二〇一二番電）。

一、偵察第一一飛行隊（彩雲隊）は〇六〇〇にA区（都井岬の70度より155度の間500浬圏内）の索敵触接の実施

二、七六二空攻撃五〇一飛行隊（銀河隊）は〇八〇〇発進、A区索敵攻撃

三、七〇一空攻撃二五二飛行隊（天山隊）は〇七〇〇発進、

B区都井岬の80度より１２０度の間２５０浬圏内）の索敵触接の実施

四、七二一空（神雷部隊）は特令によりA区B区内３００浬圏内の攻撃（陸攻約2個中隊）

この作戦計画を補填するため、明けて21日、〇一三〇には二〇三空の零戦隊が作戦可動機の全力をもって神雷攻撃の間接掩護を行うため、神雷部隊の指揮下に入る旨の命令が出されている。

昨夜来南下中の敵機動部隊はなおも攻撃圏内に留まり南九州方面への再空襲の可能性ありとの情勢判断から、〇五二七には第一警戒配備が発令され、作戦用機材の準備が下令された。

そして、3月21日〇六〇〇、まだ夜明け前の鹿屋基地より偵察第一一の彩雲5機が発進した。進出距離は４００浬、側程50浬の扇型の索敵である。胴体と垂直安定板にZ旗と八咫(やた)烏(がらす)を描いた5機の彩雲は大隅半島を横切り志布志湾に出る。そこで旋回しつつ高度を取り、都井岬の灯台上空３０００mで航法発動し、所定の索敵線に向かった。

〇六二五～〇八〇〇にかけて攻撃四〇六、五〇一の銀河15機が機動部隊への索敵攻撃に出水、鹿屋両基地から発進、うち帰投した3機を除く12機が機動部隊に突入、未帰還となった。

彩雲は〇八一〇に都井岬の１４５度３２０浬、南方に逃走中の2群からなる機動部隊を発見、上空に数機の哨戒機のみとの電文を打ってきた（三番索敵線の彩雲と推測される）。上空は快晴、視界30浬と、桜花攻撃には絶好の条件であった。

この電文を受け、五航艦司令部では損傷艦が避退中であると判断した。

この判断の裏には前述の通り、18日以来の敵機機動部隊攻撃により、少なくとも正規空母5、戦艦2、巡洋艦2、艦種不詳1、駆逐艦2を撃沈したほか、数隻の損傷艦を出しているという戦果見積もりがあった。しかし実際に損傷、後退したのは19日の空母ワスプとフランクリンの2隻であり、いずれも当日のうちに戦場から避退しているので、この時点では攻撃圏内には存在していなかった。

掩護戦闘機が55機しかなく（18日の攻撃計画では48機であったから、まだ多いのであるが……）、当初予定の３００浬に対し３２０浬もあり（のちに３８５浬に拡大）、距離が遠く、攻撃隊が帰投不能に陥るおそれもあった。さらに掩護戦闘機が当初予定の約半数となり、これでは制空権の確保もままならない。

無理に出撃させたくない岡村司令の意向を汲んだ横井参謀長は五航艦司令長官の宇垣纏中将に作戦見送りを進言したが、「今の状況で桜花が使えないのなら、使う時がないよ」と、一蹴し、出撃が決定したのは広く知られるところである。

この宇垣長官の発言の背景には前述の通り、連日の敵機動部隊攻撃で損傷艦がまとまって後退中であるとの認識があり、また多少遠くても帰途に南大東島で燃料補給すれば良いので、上空掩護の戦闘機の少ないこの損傷した艦隊の発見は、作戦計画の通りの展開であり、神雷部隊にとって恰好の獲物であると判断されたのも無理はない。

攻撃には作戦計画通り、二個中隊18機が用意されたが、野中少佐は攻撃七一一飛行隊の固有編成の三個中隊の各3番機を除いた1個中隊6機、計18機の変則編成とした。

この変則編成の理由についてであるが、前夜、野中少佐は司令部の建物の奥の一室で宇佐基地より呼び寄せられた林大尉と、居合わせた通信長の佐伯洋少佐（海兵61期）に「明日はいよいよ桜花攻撃をやる。成功すればめっけ物だが、そう簡単には行くまい。俺は陸攻隊の腕っこきの連中を引き連れていくが、ロクに戦闘機もない状況ではまず成功しないよ。これで駄目なら、もう誰がやっても駄目だ。林よ、特攻なんてブッ潰してくれ」と、精鋭（搭乗割には叩き上げの特務士官8名と、飛曹長10名が見られる）による攻撃隊を編成したことを語り、各小隊の三番機（三番機といえども攻撃七一一の搭乗員の練度は決して低くない）を後日の部隊再建の核として意図的に残したことを暗示していた。

日頃折りに触れ「この槍使い難し」とか、「昔のように雷撃がやりてぇなぁ」と、特攻否定とも取れる発言を重ねていた野中少佐が、正面切って心情を吐露した。林大尉は「ご武運をお祈りします」と、乾いた喉で伝えることしかできなかった。

わざわざ呼び出されたうえに、遺言同然の言葉を聞かされた林大尉は強い衝撃を受け、佐伯少佐と共に退席後、発熱して霧島海軍病院に入室（入院）してしまった。

この日の編成では桜花搭載機は15機で、残る各中隊の1番機は桜花を搭載せず、電探装備とされた。各中隊毎に電探索敵を行いながら進撃し、中隊長機は攻撃の指揮を執るという、桜花攻撃の当初の運用構想に基づく編成であった。もともと、H－6型電探はこの日出撃したほとんどの一式陸攻に搭載されていた。しかし、桜花を搭載した過荷重状態での離陸は困難をきわめ、離陸重量を抑えるために燃料は減らされ、さらに桜花懸吊状態での飛行中の空気抵抗は予想外に大きく、燃料消費もかさみ、結果として航続距離は大幅に減少した。

これらの理由により桜花搭載機からは重量軽減対策として、110kgもあるH－6型電探の本体部分は取り外されていた。出撃写真に残る一式陸攻のH－6型電探はアンテナのみの飾りであった。

さらに当日の掩護戦闘機が55機しか確保できなくなったことが判明した時点で作戦計画が変更され、18機が密集編隊で進撃することとなり、不要となった第二、三中隊長機の電探操作員が急遽搭乗割から外されることとなった。

そのひとり、荒武春美上飛曹（乙飛16期・偵察）は、中隊長樺澤義雄中尉に急遽呼び出された。指揮所に向かうと、そこでは飛行長岩城少佐、飛行隊長野中少佐と各中隊長が集まり、最後の打ち合わせを行っていた。

樺澤中尉の前に立つと、開口一番「搭乗変更、荒武上飛曹は本部附、以上」と、有無を言わさぬ簡潔な命令を受けた。出撃直前のこの命令に面食らった荒武上飛曹は、せっかくの初陣に仲間と離れて置いて行かれるのは嫌だと必死に懇願したものの、樺澤中尉の「楠公親子の故事（南北朝時代の武将、楠正成は全滅覚悟の湊川の合戦に赴くに際し、息子の楠正行を後日のために残すべく奈良県桜井で別れた。この『桜井の別れ』の故事は文部省唱歌にもなり、戦前の教育を受けた者にとって非常に解りやすい比喩であった）を知っているか。この攻撃が終わりではない。次の隊員養成に必要だ。控えろ」と、次第に激しくなる口調で諭されたという。

一方、電探の整備を担当していた兵器分隊長で、日頃から野中少佐に傾倒していた小原正義中尉（海兵72期）は、その責任感から本来搭乗員配置ではないのに野中隊長機に乗り込むこととなった。

この間、〇七〇〇には神雷攻撃一時間待機が発令され、機材が分散隠蔽されていた各所から引き出された。列線に並べられ、一式陸攻には桜花が懸吊されたが、その最中に桜花の加速用ロケットを誤って点火してしまう事故が発生、1機が使用不能となり急ぎ交換された。指揮所前にはあわただしく別杯の支度が整えられた。その支度の最中、桜花隊隊員1名が試運転中の陸攻のプロペラに巻き込まれ殉職するという惨事を生じた。

一方、敵機動部隊発見の第一報を出した第三番索敵線の彩雲に対し一〇三五に「神雷攻撃ヲ決行ス極力接触ヲ持続セヨ」との指令が出されている。その西隣、進路155度の四番索敵線を担当したのが松本良治少尉（操練30期・操縦）、石塚猛上飛曹（乙9期・偵察）、馬渡武男上飛曹（乙飛16期・電信）のペアであった。高度を取りつつ索敵線を進んでゆく。この日の天候は良好で雲量1～2、視界良好で6000mで酸素吸入を開始、進出距離半ばには高度1万2000mに達していた。先端に達し右に90度変針、50浬を進んだ。再度変針し、帰投進路に入って間もない一〇五五、機長の松本少尉が右40度20浬に敵艦隊を発見し、触接を開始した。石塚上飛曹は見張りを怠らぬ中で観察を続け、「敵水上部隊見ユ地点イサ四イ、一〇五五」の第一電、「敵は三群よりなる機動部隊、各群の母艦3、2、2、戦艦または重巡11、駆逐艦その他約30、地点イサ四イ、進路130度、速力18ノット、一一〇〇」の第二電「敵付近天候快晴、雲量1～2、断雲下層にあり風弱し。視界25浬、一一〇三」の第三電までを8分間に打電した。

この艦隊は〇八一〇に最初に発見された都井岬145度320浬にいた敵機動部隊の全容であった。後退中の損傷艦艇群ではなく、戦闘力を持つ機動部隊そのものであった。当初情報より大規模な機動部隊であり、3時間足らずののちに松本少尉機が発見した時点ですでに南西方向に65浬も後退していた。

攻撃隊発進

〇九五〇に五航艦司令部から攻撃命令が出て間もなく総員整列がかかった。飛行場北西側に飛行隊指揮所があり、エプロンを挟んで格納庫があった。一〇〇〇、指揮所の斜め左前に小さな立ち台が用意され、これに向かって格納庫前の辺り右側に桜花第二分隊三橋大尉以下15名、続いて戦闘三〇六、三〇七飛行隊の隊員が並び、90度折れ曲がり立ち台を囲む形で陸攻隊の第一、第二、第三分隊、続いて兵器分隊、整備分隊の順で五百数十名が並んだ。

総員整列が済むと、岡村司令が台に上り、以下の達示を行った。

「敵状を伝える。

味方偵察機の報告によれば、敵機動部隊は航空母艦4隻よりなり、足摺岬南方300浬（556㎞）を南東に向け航行中である。

うち1隻は先日来の我が攻撃により損傷を受けたるものの如く、約50浬（93㎞）遅れて本隊に続行中である。

本日の攻撃目標はこの続行中の1隻である。戦場付近の天候は南西の風、風力3、雲高3000、雲量2、視界は30浬、快晴である。

敵空母上空に援護戦闘機の姿は無い。

諸子の武運を祈る」

司令の言葉が命令形式でないことが攻撃七一一附分隊士の友井達少尉（海兵73期）は奇異に感じられた。これは「特攻は命令で行うものではない」との司令の考えから、達示として示されたのではと、友井氏は推測している。

続いて小柄な野中少佐が台に上がり、攻撃要領の説明を行った。

「ただいまより敵機動部隊撃滅に向かう。敵状及び攻撃目標は、只今の司令の話の通りである。当基地を出たならば中隊ごとの編隊により敵地に向かう。高度は3000（m）、速度120ノット、進路は160度である。

攻撃開始約30分前に桜花隊員は桜花に搭乗する。攻撃開始時刻は14時頃の見込みである。ただいま以降、攻撃開始までは無線封止とする。どんな弱い電波も出しちゃならねぇ（ここだけはいつものベランメェ調であった）。

援護戦闘機は戦闘三〇六（三〇七を含む）の零戦21機が当基地より、同じく11機が冨高より、また鹿児島空（二〇三空）より23機、合わせて55機である（実際の機数や発進基地と異なるが、ここは友井氏の記録のまま）。

攻撃が終われば、当隊は燃料が一杯一杯なので、南大東島

戦闘三〇六、三〇七飛行隊　3月21日第一次桜花攻撃隊　直掩時編成表

中隊	小隊	区隊	機番	搭乗者紙名	階級	出身期	備考、消息
1 神崎　國雄	1 神崎　國雄	1 神崎　國雄	1	神崎　國雄	大尉	海兵68期	二〇三空異動後、4/6未帰還
			2	村上　康次郎	上飛曹	乙飛11期	空戦で未帰還
			3	徳永　幸雄	一飛曹	丙飛10期	空戦で未帰還
			4	浅川　峯男	二飛曹	丙特11期	1428～1445 F4U 1機撃墜、1機撃破
		2 小林　晃	1	小林　晃	中尉	海兵72期	1428～1445 F6 F 1機撃墜、1機撃破 被弾数発
			2	諸藤　大輔	上飛曹	乙飛16期	空戦で未帰還
			3	今村　明	二飛曹	丙飛16期	1428～1445 F4U 1機不確実 二〇三空異動後、 3/29未帰還
			4	町田　雄	一飛曹	乙飛17期	1428～1445 F6 F 1機撃墜 二〇三空異動後、4/6 未帰還
	3 小林　晃	1 伊澤　勇一	1	伊澤　勇一	大尉	海兵71期	空戦で未帰還
			2	津田　五郎	上飛曹	丙飛2期	空戦で未帰還
			3	林　作次	上飛曹	丙飛2期	二〇三空異動後、 5/28未帰還
			4	中野　俊一	上飛曹	丙飛3期	空戦で未帰還
		2 佐藤　芳衛	1	佐藤　芳衛	少尉	予備13期	
			2	小林　一善	上飛曹	甲飛7期	空戦で未帰還
			3	高田　富雄	二飛曹	丙飛15期	
			4	橋本　通夫	飛長	丙飛17期	
2 漆山　睦夫	2 漆山　睦夫	1 漆山　睦夫	1	漆山　睦夫	大尉	海兵70期	空戦で未帰還
			2	堀川　秀彌	少尉	予備13期	空戦で未帰還
			3	栗原　孝次	上飛曹	出身期不明	1428～1445 F6 F 1機撃墜
			4	平瀬　泰司	二飛曹	丙飛16期	空戦で未帰還
		2 甲藤　謙	1	甲藤　謙	中尉	予備13期	二〇三空異動後、 4/17未帰還
			2	角田　憲司	一飛曹	甲飛11期	二〇三空異動後、5/4 未帰還
			3	貴島　良成	二飛曹	丙飛12期	被弾十数発
			4	加納　英吉	二飛曹	丙特14期	1428～1445 F6 F 2機撃墜
	4 宮武　三郎	1 杉下　安佑	1	杉下　安佑	中尉	予備13期	自爆
			2	上村　六男	上飛曹	丙飛2期	
			3	大久保　藤	二飛曹	丙特11期	不時着大破
			4	川原　清	飛長	特乙1期	
		2 西村南海男	1	西村　南海男	少尉	操練23期	
			2	野口　剛	上飛曹	乙飛16期	被弾1発、南大東島に 不時着
			3	小須田　彦助	上飛曹	乙飛16期	
			4	中村　猶安	二飛曹	丙特14期	1428～1445 F6 F 2機撃墜 二〇三空異動後、 5/14未帰還

に向かう。零戦の方は燃料に余裕があるので各基地に戻る。待ちに待った時が来たのである。日頃鍛えに鍛えた訓練の成果を示す時が来たのである。戦わんかな機(とき)到る。我らの血を最後の一滴まで国に捧げる時が来たのである。諸士の健闘を望む」

次いで戦闘機隊の説明で神崎大尉より直掩方法等詳細な説明があり「自分の腕で防げない時は身をもって防げ」と、訓辞し、攻撃終了後燃料不足の場合は南大東島に着陸し、燃料補給の後鹿屋基地に帰投せよと結んだ。

最後に桜花隊第二分隊長の三橋大尉は、桜花K1の事故で殉職した刈谷大尉の遺骨の一部を納めたズダ袋を首に掛け台上に立ち「今更言うことはない。みんな一緒に征こう」と、結んだ。

この日の戦闘の数少ない生存者である佐藤少尉は、神崎大尉直率の第一中隊第三小隊第二区隊長として参加し、野口上飛曹は、漆山大尉直率の第二中隊第二小隊第二区隊の西村南海男少尉の二番機として参加している。

「かかれ」の号令で搭乗員と桜花隊員は一斉に各自の乗機に向かった。その最中、偵察第一一の飛行隊長として、戦果確認用の彩雲2機発進の手配を済ませたばかりの金子義郎少佐(海兵60期)が小走りに野中少佐のそばに近づいた。野中少佐は金子少佐を認めると、「色々お世話になった」と言いたげに右手を差し出して握手すると、「今日は湊川だよ」と、低くひと言漏らした。残留隊員は見送りのため、最寄りの陸攻の近くに行き、「太平洋の甲板掃除を頼むぞ」とか、「どんとやれ!」等と思い思いの言葉で絶叫し、海軍の別れのしるしの「帽振れ」で出撃を見送った。搭乗員達もこれに応じながら、各自の乗機に乗り込んだ。

陸攻隊は第一、第三中隊が前日夕方大村より到着して駐機した指揮所近くから発進し、第二中隊は掩体壕から発進したが、その直前、飛行長岩城少佐が回転する両プロペラを避けるため、陸攻の真正面から近づき、作戦の成功を祈るかのように懸吊されている桜花の弾頭部をしばらく撫でたあとに、うしろに下がり機体から離れた。これを合図のように第一中隊の機体から順に誘導路をタキシングしながら一番長い飛行場南側にある東西方向の１７６０ｍ滑走路の西側のエンド(端)に向かった。その中の1機、関野喜太郎少尉(予備13期)の機体は滑走中に桜花の重みに振られ、見送りの列に尾翼を突っ込み、2名の負傷者を出した。このため、以後の見送りは滑走路から離れて行うこととなった。

一一二〇、発進の合図と共に陸攻隊、零戦隊の順で発進した。桜花を懸吊した過荷重状態の一式陸攻は、滑走路の北側に並んだ基地隊やほかの部隊も加わった文字通りの総員見送りを受けながら第一分隊より順に滑走路をギリギリまで使って雲高１５００の空に重そうに離陸していった。

この出撃の光景は偵察第一一整備分隊長の榎本哲大尉(予

整4期）が、愛用のローライフレックスで撮影しており、今日に伝わっている。榎本大尉は以前より桜花隊のことを見聞しており、1･2ｔの弾頭の破壊力に「桜花が出撃すればアメリカの艦隊はイチコロだ」と、皆で話し合っていた。母機の一式陸攻の脆弱性はすでに承知していたが、敵機動部隊との距離も近く、何機かは強行突破して攻撃できるのではと考えていた。また、陸攻隊の一部には離陸加速用に四式一号噴射器二〇型を胴体後部に装備した機体もあったとする目撃証言もある。

榎本大尉の撮影した画像を見ると、「帽振れ」で見送る隊員達の中に、日章旗や竹竿の先に「非理法権天」や「南無八幡大菩薩」といった文字を記した幟が掲げられている様子や、陸攻の操縦席の天蓋を押し上げて身を乗り出して進路確認している機長と、上部天測窓を開けて身を乗りだして手を振る桜花隊員らしき姿、日の丸の白縁が消されずに残されている陸攻の機体などが目を引く。

続く零戦隊32機は編隊離陸であった。飛行場南側からタキシングしてきた零戦は、滑走路の中央付近で向きを変えると一気に加速し、次々と離陸した。と、突然高度50～60ｍ付近で焔が上がり、地上に墜ちるのが望見された。

これは第四小隊長杉下安祐中尉（予備13期）が離陸直後に編隊を組む機動中に三番機のプロペラに尾翼を引っかけられ、滑走路の外れに墜落、戦死したものであった。このため

二〇三空　戦闘三〇三、三一二飛行隊　3月21日第一次桜花攻撃隊　間接援護編成表

小隊	機番	搭乗員氏名	階級	出身期	備考、消息
1	1	岡島　清熊	少佐	海兵63期	
	2	久角　武	中尉	予備13期	
	3	曽我　辰巳	上飛曹	乙飛11期	5/4戦死
	4	安部　正治	二飛曹	丙飛16期	
2	1	加茂　武一	上飛曹	乙飛13期	被弾　8/7戦死
3	1	新井　今朝男	大尉	海兵71期	
	2	山田　八郎	一飛曹	丙飛16期	3/29戦死
	3	加藤　茂	一飛曹	甲飛11期	不時着　8/12戦死
4	1	浅井　幾造	大尉	海兵71期	
	2	長澤　清	二飛曹	乙飛18期	不時着大破
	3	杉村　賢治	飛長	特乙１期	

戦闘詳報には自爆と明記される一方で、三番機は不時着大破とされている。

残された攻撃七一一飛行隊の各小隊3番機のペアは脱力感の中、鎌田直躬飛曹長（甲飛5期）以下数名が鹿屋基地の地下壕内にある電信室にこもり、攻撃隊からの連絡を待った。電信室には神雷部隊通信分隊の堀内彦男少尉(兵科予備4期)によって4台の受信機を野中隊の波長に固定し、それぞれに当直員1名、補助員1名を張り付かせていた。さらに戦果確認に先行した偵察第一一の彩雲用の受信機1台も別に用意され、万全の体制を整えた。

鹿屋基地を離陸した攻撃隊はその後、間接援護の二〇三空の零戦11機（戦闘三〇三と三一二の混成、出撃予定は23機であったが準備間に合わず）が笠ノ原基地から離陸し、都井岬上空で編隊を組み、進路155度で進撃を開始した。

この日二〇三空の間接援護隊として、岡島清熊少佐（海兵63期）の二番機で参加した久角武中尉（予備13期）によると、「出撃命令は当日朝にありました。『敵はどこにいるかわからん。どこまで進出するかわからないので、帰りは南大東島に降りろ』との隊長の訓辞でしたから、A・C（燃料混合比）を調整して速度を上げずに陸攻隊の後上方を続航していました。それでも陸攻隊は遅かったので遅れることはありませんでした」とのことであった。

片や直掩隊の戦闘三〇六、三〇七両飛行隊は、胴体タンクを使用した離陸を終え、増槽使用に切り換えた途端、密着していない増槽からの燃料吸い込み不良が続出し、神崎大尉を含む11機が引き返してしまった。

残る19機は、戦闘三〇七飛行隊の伊澤勇一大尉（海兵71期）の指揮の下、さらに進撃を進めた。伊澤大尉の機体はエンジンより煙を曳きながらの離陸であったと伝えられ、本来ならば、エンジン不調で引き返すべきところを分隊長の職責からこれ以上の掩護戦闘機の減少を避けるべく、無理をして進撃を続けたと推測される。

祈るような思いで攻撃隊の出撃を見送った赤井大尉がホッとひと息つき、厠に行くと小便は血の色をしていた。そして、30分と経たぬ間に増槽の吸い込み不良を起こした機体が続々と戻ってきた。

神崎大尉の報告を聞きながら「ウーン」と唸ったまま真っ赤な顔になった飛行長の岩城少佐に睨み付けられた赤井大尉は、とっさに「自決」を覚悟した。事実、以後しばらくの間、自決を防ぐため、監視役の従兵が身近に付いて離れなかったという。

松本少尉の彩雲は、さらに敵艦隊直上を通過し、3群からなる機動部隊の全容を写真におさめた。この間、高々度のためか、米機動部隊は1発も撃たず、すれ違ったグラマン9機も500m以上ある高度差に気付かないのか追っては来なかった。

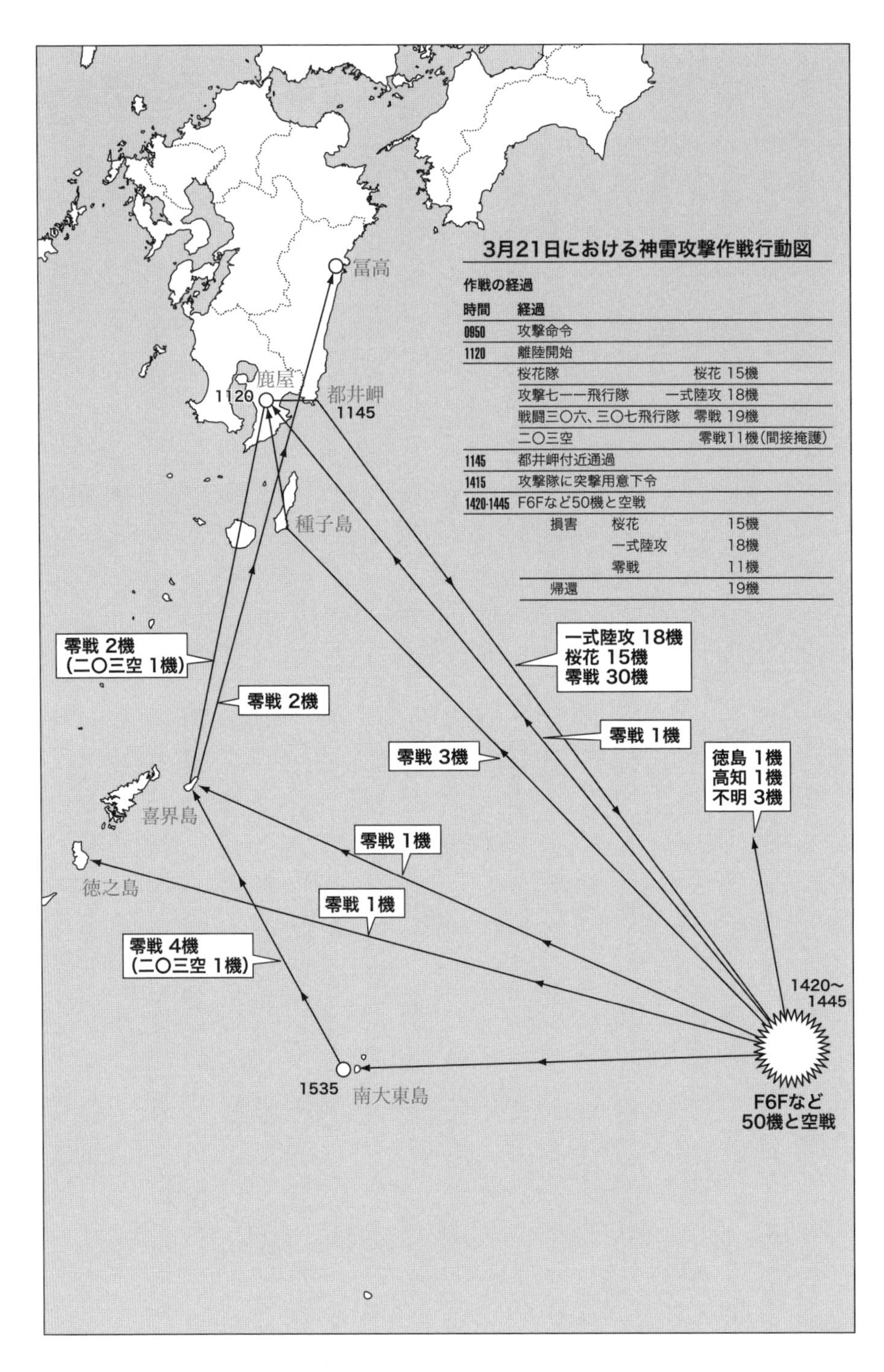
3月21日における神雷攻撃作戦行動図
作戦の経過
時間 経過
0950 攻撃命令
1120 離陸開始
桜花隊 桜花 15機
攻撃七一一飛行隊 一式陸攻 18機
戦闘三〇六、三〇七飛行隊 零戦 19機
二〇三空 零戦11機(間接掩護)
1145 都井岬付近通過
1415 攻撃隊に突撃用意下令
1420-1445 F6Fなど50機と空戦
損害 桜花 15機
一式陸攻 18機
零戦 11機
帰還 19機
冨高
鹿屋
1120
都井岬
1145
種子島
喜界島
徳之島
南大東島
1535
零戦 2機
(二〇三空 1機)
零戦 2機
一式陸攻 18機
桜花 15機
零戦 30機
零戦 1機
零戦 3機
徳島 1機
高知 1機
不明 3機
零戦 1機
零戦 1機
零戦 4機
(二〇三空 1機)
1420～
1445
F6Fなど
50機と空戦

索敵機にとって、敵艦隊発見の電文を打ち、その全容を伝え、さらに写真撮影まで行うのは最高の成功であり、殊勲甲、索敵機冥利に尽きることである。

司令部からは電文受領の了解電があっただけで触接継続の電文は来なかった。そこで触接を打ち切り、機首を進路327度の帰投進路に向けた。途中、酸素が乏しくなり、見張りを厳重にし続けながら徐々に高度を下げ始めた。しばらくすると右前方に一式陸攻18機からなる攻撃隊が見えてきた。

自分達の打った電文を受けて出撃してきた神雷部隊であることはすぐわかった。機長の松本少尉は味方識別のバンクを打つと、石塚上飛曹の提案に従い、旋回して編隊の先頭に立つ形で攻撃隊の誘導を始めた。この彩雲の行動は陸攻隊にはすぐに理解できた。機内からしきりに手を振っているのが見えた。しかし、巡航速力210ノットの俊足の彩雲と、2・2tもの桜花を懸吊した巡航速力170ノット（実際はさらに遅かったはず）の一式陸攻ではどうにも速力が違いすぎる。エンジンを絞ったり、フラップを降ろしてみたりとあれこれ試みていた松本少尉も「石さん、この辺で帰ろう。攻撃隊の速度が遅すぎて誘導が困難だ」と、ついに5分ほどで誘導を断念し、大きいバンクを打って別れを告げ再び旋回し、帰途についた。

直掩隊の戦闘三〇六、三〇七は、高度3000mで進撃する陸攻隊の後方1000m、上方700～800mの辺りに占位した。間接掩護の二〇三空はさらに後上方に占位し、二段重ねの掩護隊形を取りつつ、一式陸攻の進撃速度に合わせるため、左右に蛇行するバリカン運動を繰り返しながら、上方と後方の見張りを特に注意していた。一四一五に雑音だらけの隊内無線電話で「戦場到達15分前」との連絡があり、佐藤少尉も受信した。

野中隊は発進後一切の無電を出さず沈黙したまま全滅したように伝えられているが、少なくとも攻撃隊内部では意図を持って通信を行っていた。

一四二五、敵機動部隊まで推定五、六〇浬のところで、レーダー誘導により攻撃隊の後上方に廻り込んで占位していた米戦闘機22機の迎撃を受けた。敵機は上空で二手に分かれ直掩隊と陸攻隊に一気に襲いかかり、そこにさらに別の8機が加わった。不意を突かれた直掩隊は劣位からの応戦で精一杯で、陸攻隊の援護まで手が回らなかった。

陸攻隊は左後上方からの第一撃で第二、第三中隊の隊形が乱れ、編隊から脱落したところを襲われ次々と撃墜されていった。第一中隊と残る機体は編隊を組んだまま降下しつつ急速離脱を図ったが、重い桜花を抱いたまま回避運動もままならず、高度はみるみる下がり、次々と被弾・発火し、主翼が折れて錐揉みに入る機体や、降下して逃れようとした機体は桜花の重さに引き起こしができず、そのまま海面に突入した。それでもなお各機の無電は沈黙を守ったまま、一四四五に全滅した。

佐藤少尉は上からかぶられた敵機を避けていったん急降下に入った。途中、断雲があり、それを抜けると雨が降っていた。体勢を立て直そうと引き起こしにかかったところに一式陸攻が降下状態のまま、引き起こせずに海面に突入するのを目撃した。巷間伝えられている野中隊長機の最期は、最後に残った3機を率いたまま、断雲に突入し、そのまま消息を絶ったとされているが、被弾、損傷により引き起こしができなかったか、あるいは雲の中で空中衝突した可能性もあるが、今となっては検証は困難である。

この野中隊の最期の様子は米軍のガンカメラによりカラー・ムービー・フィルムに記録されており、一部は戦後TV放映され、今日ではインターネットの動画サイトで閲覧することも可能である。一部文献には敵機遭遇と同時に桜花を投棄したかのように書かれているものがあるが、攻撃される機体にはすべて桜花が懸吊されたまま（中隊長機とおぼしき1機を除く）で、先の「戦場到達15分前」の隊内電話で桜花隊員を移乗させていたとすれば、容易に投下することはできず、最後まで不屈の執念で敵機動部隊に肉薄しようとしたと想像される。

米軍側記録による3月21日の戦闘状況

この戦闘に関する米軍の戦闘詳報を見てみる。

第58・1群の空母ホーネット（Ⅱ）の記録では、一三五〇に方位330度、距離60～70マイルにこちらに向かってくる敵機をレーダーが感知、直ちにVF‐17とVBF‐17のF6F‐5各8機計16機がスクランブル発進した。うち8機が目標に向かい、8機は日本機の突破に備えて空母上空に待機した。一四一八、母艦から50マイルほどの北緯26度17分、東経134度06分の地点、高度1万6000～1万8000フィート（約4800～5400m）を進撃する18～21機のベティ（一式陸攻のコードネーム）のV字形の編隊に遭遇した。米軍機は2000～4000フィート（600～1200m）の高度差をもって優位に接敵した。

VBF‐17のH・E・ミッチェル中尉は、攻撃命令と共に陸攻編隊の右端の機に最初の上側方からの射撃を行って煙を噴かせた。彼が引き起こして再度高度を取った時、陸攻は右の翼の付け根から火を噴き、急に編隊から脱落し、燃えながら急角度で落ちていった。彼の二度目の接敵は陸攻の6時方向（真うしろ）から同高度で行われ、尾部機銃が射撃を止めたあとは狙いを右翼付け根に変えた。弾が当たり、エンジンの外側に恐ろしい爆発が起こり、右の翼を破壊した。このため、彼は破片との衝突を避けるため、急上昇しなければならなかった。

この後、ミッチェル中尉は陸攻に対し、合計12回の射撃行動を行い、うち4機を炎上させている。4回目の射撃行動では、陸攻は7000～8000フィートまで降下を余儀なくされ、基地に向けて180度の旋回を行ったが、その間ずっと米軍機の追跡を受けていた。最後の射撃では、海面まで陸攻を追い詰めたが途中で弾を撃ち尽くしてしまった。彼は陸攻が海に突っ込むのを期待しながら海面から12～15フィート離れて8時方向から擬襲をかけると、陸攻は機首を下げ、海面のうねりに突入した。

ミッチェル中尉の列機のC・V・ストーン中尉が陸攻に射撃を始めた時、味方のF6Fにダイブしてくる零戦1機を発見した。ストーン中尉は1000フィートまで近づいて、零戦に左旋回を強いるように射撃し、彼は零戦の内側に旋回して（と、記録に書かれている）、その胴体に命中するまで長い射撃を行った。零戦は座席の後方で爆発し、パイロットは落下傘で脱出した。

その後、ストーン中尉は陸攻の1000フィート上方に占位し、10回の射撃を行い、2機を撃墜した。いずれの場合も陸攻の尾部に接近して尾部銃手を射殺してからエンジンと胴体の間の弱点部分に銃弾を撃ち込むのに専念し、2機共落ちてゆく時には燃えていた。

同様の戦法でJ・L・パーリス大尉は他隊の応援も得て9機＋2機、G・C・ジョンソン中尉は3機、VF-17のM・ウィンフィールド中尉は5機を撃墜している。この戦闘での未帰還はVBF-17のクリスチン中尉の1機のみであった。

一方、直掩隊には空母ベローウッドのVF-30のF6F5～8機が目標に向かった。

途中、誘導ミスで遅れ、一四三〇、正面に日本の攻撃隊を発見した。攻撃隊は高度1万3000フィートに一式陸攻の24機がV字編隊になって進撃し、その後上方1000フィートに零戦10機か12機が低位をカバーし、うしろの12機がさらに2000フィート上空に占位していた（時間と機数が合わないが、原資料のまま）。

この間、一四三〇に空母イントレピッドのVF-10のF4U8機が増援部隊として途中から参加しているが、一式陸攻3機ずつの撃墜、撃破および未帰還1機の損害を記録している。

指揮官クラーク少佐の編隊は1万6000フィート（約4800m）に上昇し、日本側戦闘機隊に対し8時の位置に占位したが、これは陸攻隊に対し5時方向となり、太陽を背にする位置であった。先行するスターデバント中尉の編隊は高度1万8000フィートでわずかに先行していた。

陸攻と低位直掩隊（戦闘三〇六、三〇七）を攻撃すると、急降下して機首を北に向けた。その間、上位の戦闘機隊（二

○三空）が降りてきた。日本軍戦闘機隊は、攻撃されて間もなく陸攻隊を見捨てた。陸攻隊の掩護が優先順位が高かったにも関わらず、陸攻達を放りだして彼ら自身のやりくりに任せてしまった（言葉が足らず細部の理解困難な箇所があるが、少なくとも彼らからはそう見えたらしい）。

クラーク少佐は列機3機と共にふた手に分かれて陸攻隊を挟み撃ちにしようとしたが、この襲撃隊形が完成する前にクラーク少佐とミラー少尉の2機は、太陽を背にした高位にいた10～12機の零戦に襲われた。それでも味方が陸攻隊への攻撃が可能となるよう、この2機で上昇旋回して立ち向かい、牽制に入った。数分間、12対2の混戦が続いた。この空戦の最中、クラーク少佐は彼の射線から逃れようとする零戦に追いつき、右翼と燃料タンクを撃った。零戦は火を噴き、左旋回ダイブに陥って海に突っ込んだ。その後の格闘戦の最中、前に2機、うしろに1機の零戦に挟まれ、前の1機に射弾を送り煙を曳かせたが、その最後を見届ける前に彼の機体が被弾し、右フラップがバースト、左水平安定板が被弾し、操縦系統もひどくやられたため、クラーク少佐はダイブして空戦場から離れ、ほかの機と編隊を組んで母艦に帰投した。一方2番機のミラー少尉は1機の零戦を捉えて短時間の射撃を行った。零戦は短い爆発ののち、煙を曳いた。この時点で彼は、クラーク少佐のうしろに2機零戦が食いついたのを見た。ミラー少尉は零戦の後方に寄ってエンジンに向かって長い連射を送った。零戦は火炎に包まれて高速スピンに入り、そのまま海に墜ちた。

この間、彼の後方にさらに零戦2機が取り付いていたが、被弾するまで気付かなかった。被弾して初めて気付いた彼は、下方に向け、ロールを打ちながら高速ダイブに入ったところ、零戦はついて来なかった。

クラーク少佐の被弾、離脱により、ミラー少尉は1番機との連絡を失って単機となった。遠くに見える3機と合流しようと近寄ったら、近づいて見ると飛燕（誤認である）だった。彼はその1機のエンジンに連射を浴びせ、ひどく煙を噴かせたが、残る2機に追尾されたのでとどめを諦め、戦場を離れ、ホーネット隊の3機と合流し母艦に帰投した。

クラーク少佐の列機の2区隊長ベーレンド中尉は、2番機のラインズ少尉を率いて陸攻隊の左側から側方攻撃を加え、2機の「スモーカー（被弾発煙機）」を射撃しながら右側の落伍機に取り付き、後尾から右翼～右エンジン付近に長い連射を送ると、陸攻は爆発、墜落した。同様の手段で180度の旋回降下を続ける陸攻隊に追いすがりながらさらに3機爆発、墜落させた。その後は海面近くにまで降下した陸攻隊に攻撃を続け、1機を撃破、1機を撃墜している。その後、陸攻の先を飛んでいた零戦に攻撃を仕掛けた。この時点でこの零戦はまだ増槽を落としておらず、あわてて投下して（装置の不調でそれまで落下しなかった可能性がある）増速し、引き離しにかかった。すかさずベーレンド中尉は緊急パワーのスイッチを入れ、急速に近づいた。零戦はベーレンド中尉機の接近を見て激しい運動を始め、最終的にはF6Fがついて行けないきつい左旋回に入った。追従できないベーレンド中尉は左上方に引き上げた。後続の2機が射弾を送ったが、命中しなかった。そこで入れ替わったベーレンド中尉の射弾を避けるために右旋回に移った瞬間に、長い連射が翼付け根や胴体に命中して発火し、墜落した。

第2小隊のスターデヴァント中尉と2番機のリーバー少尉は、2000フィートの高度差を利用して陸攻隊に直上攻撃をかけ、1機を撃墜後、10時方向の零戦1機を追尾し、爆発して右主翼が吹き飛ぶまで連射を続けた。続いてリーバー少尉が9時方向にもう1機の零戦を見つけ、その尾部に回り込み、胴体とエンジンに短い連射をかけたところ、その零戦は爆発して火炎だけとなり、その中をリーバー少尉機はくぐり抜けたが、エンジンがひどく煙を出し始めたので、彼は母艦に帰投した。

第2小隊第2区隊のウォード少尉とスミス少尉も同様に陸攻隊に直上攻撃を掛け、陸攻1機に命中弾を与えたが、発火しなかった。その後、列機とはぐれてしまったウォード少尉は、上昇したところで陸攻に正面反航攻撃をかけ、右エンジンを射撃したところ、陸攻は海面に突入した。その後、零戦1機の追尾攻撃に入り、主翼燃料タンクに命中弾を与えたが、発火せず、あとで墜落を確認された。

一方、ウォード少尉とはぐれたスミス少尉は、一式陸攻3機を攻撃し、うち2機を撃墜し、弾薬を使い果たして母艦に戻った。

これら記録を読み解くと、レーダー誘導により野中隊の後上方に占位した米軍機は直掩隊と陸攻隊を分断して零戦隊を各個撃破し、孤立した陸攻隊を後尾より攻撃。そして尾部銃座と軸戦を合わさぬよう、同高度の5時から7時方向で射撃して尾部銃座を沈黙させた。そのうえで落伍した機体の右主翼付け根付近に射撃を集中し、発火、炎上させている。戦法がかなり高度にマニュアル化されているのがうかがえ、ほとんど一方的な殺戮戦であったことを裏付けるものとなった。

一四四八戦闘機隊収容完了、一四五七レーダースクリーンはクリアーとなり、戦闘は終了した。

米軍記録では、一連の戦闘が終わった時、一式陸攻29機、零戦12機、雷電2機を撃墜、零戦2機、飛燕1機、一式陸攻4機を撃破、未帰還機3機となっている。が、この戦闘に雷電や飛燕が参加していないのは周知の事実であり、撃墜機数も含め、空戦での戦果確認の困難さがうかがわれる。

空母ホーネット（II）のVF-17とVBF-17の戦闘報告では、「この日遭遇した陸攻のおおむね3分の2は魚雷のような爆弾を機外に吊していた。爆弾は翼幅が15フイートほどの小さな翼を持っていた。これはどうやら週間情報31号Vo

1・1の8ページに掲載されていた日本の空飛ぶ爆弾らしい。だが、これら爆弾は発射される気配も見られなかったし、ひとつとして投棄されることもなかった」と記録し、日本軍の新兵器であることまでは察知していたらしい。

その一方で、空母ベローウッドのVF-30の戦闘報告には「本戦闘の途中でウォード少尉はベティ（一式陸攻のコードネーム）編隊の上方及び後方から降下し、全編隊の約2000フィート下方で飛んだ。同少尉の気付いたところでは胴体の下に吊るしたある物体を運んでいた。その物体は適当な名前がなかったのでGizmo（奇妙な物）と名付けられた。

このGizmoは翼幅からベティの両エンジンの間隔約20フィートで、胴体が翼幅の1と1／3倍の長さの小さな航空機に似ていた。胴体の先端は丸くて、後方に細くなっており、魚雷にしては小さすぎるようだった。プロペラも方向舵も見られなかった。Gizmoの全体的な姿は尾翼のないV1号ロケット爆弾のようであった。

我が方の飛行機から銃撃されたすべてのベティは、炎上するとGizmoを投下し、それは30度の落角で滑空降下していった。これらGizmoは多くの場合に海面への滑空途中に煙を出したが、ジェット推進であるとの証拠はなかった。本飛行隊または航空母艦は、日本軍がそのような兵器の使用を試みたという報告を従来受け取ったことはない」とあり、被弾、炎上してから初めて桜花を投棄したものか、あるいは被弾、炎上により懸吊部の爆管が誘爆して落下したものか判然としないが、最後まで攻撃の意志を捨てなかった様子がうかがえる。この記事からは桜花が有人である旨の記述は見られず、米軍にとってその全容は沖縄で鹵獲されるまで判明しなかった。

3月21日、出撃後の鹿屋基地

鹿屋基地の電信室には鎌田飛曹長達が詰めていたが、離陸後何の無電もないまま、時間だけが過ぎていった。

一五〇〇を過ぎ、攻撃隊の燃料が心配になってきた。もともと予定より65浬以上先の機動部隊に攻撃をかけているのだ。すでに一四〇〇の時点で鹿児島、南大東島、小禄の各基地には一五〇〇以降に神雷部隊が着陸する可能性があるので、速やかに燃料補給ができるよう、準備する旨の電報が出されていた。

夕刻になって鹿屋基地によろめくように零戦4機がばらばらに帰投してきた。機体の各所に残された弾痕に激闘の跡が偲ばれるものもあった。直接帰投した佐藤少尉の報告により、陸攻隊は全滅したことが明らかとなった。

野口上飛曹は発見と同時に高度を取ろうと上昇旋回中に被

弾し、方向舵が利かなくなってしまった。周りは味方が次々と火を噴いて落ちていったり、その場で爆発するもの等、悲惨な戦闘であった。舵の利かない状態では空戦などできるわけもなく、反転急降下で空戦場を離脱し海面スレスレを避退して南大東島に着陸した。

着陸後機体を調べると、方向舵下部の支柱に被弾しており、大きく裂けた破片が垂直安定板に食い込んで動かなくなっていた。応急修理で鹿屋に帰るつもりだったものの、修理に手間取り、翌22日鹿屋基地に帰投した。ここで陸攻隊18機が全滅し、直掩隊11機が自爆、未帰還となり、同期の諸藤大輔上飛曹も未帰還となったことを知った。

結局、戦闘三〇六、三〇七は出撃した32機のうち、離陸時に1機が墜落、1機が不時着大破、その後燃料吸い込み不良で11機が空戦前に引き返し、進撃した19機中9機が未帰還となった。二〇三空の間接援護隊も11機中2機が不時着し、搭乗員のみ後日帰投している。

神雷部隊壊滅の知らせは、当日一九〇〇の戦闘速報として「七二一部隊（神雷）陸攻一八機零戦三二機　一一三五鹿屋基地発進右ノ敵ニ向ヒタルモ一四二〇頃敵空母群ヨリ約五〇浬付近ニ於テ敵F6F　F4U約五〇機ノ邀撃ヲ受　今ノ所陸攻全機未帰還ノ為詳細不明」（機密第電二一二〇〇二番電）と、各部門に報告された。

もとより生還を期待せず、全滅を覚悟での出撃に、楠正成の湊川の合戦に自己を投影した野中少佐の予言は的中した。この戦闘での戦死者は桜花隊15 1名、陸攻隊1 3 5名、戦闘機隊10名の計1 6 0名に達した。

宇垣中将の日記『戦藻録』には「18日来本特攻兵力の使用の機を窺ひ続け、何とかして本法に生命を与えんとしたり。今にして機会を逸せば再び梓隊の遠征を余儀なくせられ、しかも成功の算大ならず、如かず今神雷攻撃を行ふにはと決意し、待機中の桜花隊に決行を命ず。見送りの為飛行場に到りさすがに心配顔なる岡村司令を激励す。〈中略〉その内援護戦闘機の一部帰着し悲痛なる報告を致せり。即一四二〇頃敵艦隊との推定距離五、六十浬に於いて敵グラマン約五十機の邀撃を受け空戦、撃墜数機なりしも我も離散し陸攻は桜花を捨て僅々十数分にして全滅の悲運に会せりと。嗚呼」とある。米機動部隊がウルシー泊地に後退しては、成功の難しい銀河による特攻攻撃しかないことから、あえて桜花を使用したことが記されている。

九州沖航空戦での大損失

全軍の輿望(よぼう)を担って出撃した桜花攻撃隊の全滅の衝撃は大きかった。特に桜花投下後は帰投することが前提の陸攻隊が全機未帰還となったことは、人員、機材の面からも極めて重い損失であった。

　鹿屋基地では九州沖航空戦が終結した3月22日からの2日間、戦訓研究会が開かれ、中央からも軍令部次長小澤治三郎中将、連合艦隊参謀副長高田利種少将（海兵46期）など18名が出席した。

　第五航空艦隊の当初の稼働機は、指揮下に入っていた陸軍の飛行第七、第九十八戦隊の四式重爆も含めて348機あったものが、3月18日からの4日間の九州沖航空戦で、昼夜を問わず攻撃隊193機（うち特攻機が128機）、索敵隊53機を投入し、未帰還機161機（地上被害含まず）を出した結果、地上撃破された機体まで含めると稼働機は110機に減少していた。

　一方で敵機動部隊には空母7~8隻を撃沈したものと判断していたが、実際には沈没艦艇はなく、19日に空母フランクリンと空母ワスプを大破させて、戦列外に後退させたほか、18日には空母エンタープライズ、ヨークタウン、イントレピッドの3隻が損傷した。20日には空母エンタープライズが味方の対空砲火の流れ弾で再度損傷したほか、駆逐艦ハルゼー・パウエルが損傷したにとどまった。

　会議はまず、戦闘経過、各隊の戦訓要望等の陳述があった。

　神雷部隊の岡村司令も当然この会議に出席しているが、今となっては具体的な発言内容は知る由もない。ただ、現存する「戦闘三〇六、三〇七飛行隊戦闘詳報第二号」には、「戦訓」として、

（イ）神雷攻撃の戦機ヲ得ザリシコト並ニ、直掩戦闘機ノ出動率僅少ナリシコトガ、此ノ作戦ヲ不成功ナラシメタル原因ニテ、次回作戦ニ対シ大イニ研究ノ余地アリ。
（ロ）直掩隊制空隊ノ連携緊密ナラザリシ為意志ノ疎通ヲ欠キ、為ニ共同支援ニ困難ヲ感ジタリ。事前ノ打チ合ワセハ極メテ必要ナリ。

と血を吐くような言葉が並んでいることから、相当激しい発言があったことをうかがい知ることができる。結局、この会議で桜花攻撃は従来の白昼編隊強襲攻撃から、黎明薄暮時の単機での奇襲攻撃に転換することが決まった。

　この後、翌23日の午前中に総括として司令部の意見、派遣諸官の所見施策が述べられたのち、宇垣中将の訓辞があり、「（戦闘は）形通りに行かぬもの、兵に常道なし。変通の策なかるべからず」と、訓示し、あわせて桜花攻撃に関する所見が述べられた。

部隊再編

　神雷部隊では野中少佐の戦死にともない、幹部の異動と再編が行われた。

攻撃七一一は飛行隊長に二階堂麓夫少佐（海兵63期）が着任して再建が始まる一方、攻撃七〇八飛行隊は飛行隊長に八木田大尉が昇格し、足立少佐は「連隊長」の肩書きで両飛行隊を統轄指揮することとなり、あわせて神雷部隊の飛行長を兼務することとなった。これにともない岩城少佐は副長に昇格し（5月1日付けにて中佐に進級）、九州沖航空戦の前から病気療養中であった五十嵐副長は神ノ池基地の龍巻部隊に転出した。

生き残った戦闘三〇六、三〇七の搭乗員は主としてもともと通常の人事異動にて集められた者が大半であった。先の作戦方針の転換にともない、3月26日付けで笠野原基地の二〇三空戦闘三一二に機材ごと異動し、続く沖縄戦では連日の邀撃戦や制空戦闘に参加することとなる。異動した21名中、消息が判明している者だけでも7名が戦死している。

野口上飛曹の回想では、「笠野原基地に着任すると、建物はすべて空襲で破壊されておりまして、崖に掘られた横穴が防空壕兼宿舎となっておりました。しかし、横穴は湿気がひどくてとても寝られたものでなく、畳が恋しくて連日のように部隊差し回しのバスで串良の街に出掛けてました」という。

戦闘三一二に異動した搭乗員は、機材が揃うと邀撃戦闘に参加した。3月29日頃、錦江湾上空の邀撃戦に参加した野口上飛曹は、桜島上空でエンジン不調となって編隊より遅れ、単機で高度3000m付近を先行する編隊を追っていた。その時上空からF4U 4機が被ってきて、野口上飛曹の「56号機」はたちまち被弾、発火した。咄嗟に風防を開いて機体を背面状態にすると、落下傘で離脱した。落下傘は無事開き、野口上飛曹は錦江湾に着水したが、いざ降りてみると、いつも狭く感じていた錦江湾は思いのほか広かった。胴体に締めたライフジャケットの浮力のおかげで労せずして海面に浮かんでいることができたが、当初は肩まで出ていたものの、時間の経過と共に段々と水がしみ込んで浮力が低下し、首が辛うじて浮く程度となり、首の火傷が海水にしみた。錦江湾内を3時間半漂流の末、ようやく漁船に救助されたが、すっかり体力を消耗し、自力で船に這い上がることができなくなっていた。

笠野原基地に戻ると神崎大尉が待っていた。撃墜されたのち、漂流して漁船に救助されるまでをひと通り報告すると、神崎大尉は「ご苦労だったな」と、野口上飛曹を労った。

また、桜花特別戦闘機隊もその任を解かれ、もとの桜花隊本隊に復帰した。

爆戦隊の導入

野中隊全滅による戦力の低下、とりわけ直掩戦闘機隊の壊滅の影響は大きく、当初構想していた局所的な制空権を確保しての桜花攻撃は困難となってしまった。結局、戦力の乏しい側の常道であるゲリラ戦法を否応なく選択することとなった。一式陸攻に較べて軽快で、敵の哨戒圏の突破が容易で成功の可能性が高いことから、神雷部隊でも零戦による爆戦特攻を採用することとなった。幸い、桜花隊員は零戦による突入訓練を積んでいるので、機材さえあればすぐにでも出撃できるはずである。岡村司令は従来の二十五番（２５０kg）爆弾ではなく、倍の五十番（５００kg）爆弾を積むことを計画した。

会議が終わった翌24日、桜花隊員総員が富高基地に集められた。九州に進出したのは１５８名であったが、第一次桜花攻撃で三橋大尉以下15名が戦死し、１名が殉職、宇佐基地の空襲で４名が入院し、野中少佐の遺言を聞かされた林大尉は高熱を発して人事不省となって入室（入院）中であったので差し引くと１３７名となる。

日没後、空襲の被害のなかった兵舎前に集まった桜花隊隊員１３７名を前に、岡村司令は現下の戦況と、桜花攻撃の困難な実情を説明し、爆戦攻撃を桜花隊がやらざるを得ない状況となったことを説明した。爆戦特攻はすでに比島戦でも行われており、いわば二番煎じの戦法であった。

司令のあとを継いだ分隊長湯野川大尉が「爆戦を希望する者は手を挙げよ」と、言うと、手を挙げた者はわずか４人であった。桜花隊員達は今まで「新型機」桜花の１・２ｔの弾頭という「槍」の力を信じ、そのために生命をかけて訓練してきたという自負があった。それゆえにいきなり爆戦の話を持ち出されて当惑したのも無理はない。

そこでさらに詳しく爆戦攻撃の意義を説明した。母機の一式陸攻を大量に失い、直掩隊の零戦も壊滅してしまった今となっては、従来の大編隊による正攻法は困難となってしまい、黎明薄暮時の単機による奇襲攻撃で行くしかない。桜花攻撃を成功させるためにはまず敵機動部隊の邀撃能力を減殺しなければならず、そのために爆戦隊が先行して敵空母の飛行甲板を破壊して上空直衛戦闘機の離着艦ができないようにしてから、陸攻隊による桜花攻撃をするのであるから立派な支援作戦である旨、説明すると、中根久喜中尉が「桜花でも爆戦でも、俺たちの命が必要だと言うのなら死のうじゃないか」と呻くように言った。結局、大半が中根中尉の意見に従い、最後にはほとんど爆戦攻撃やむなしとの認識ができあがり、大半が爆戦での出撃に同意した。艦爆専修の中根中尉は神ノ池基地での訓練中、比島戦線での特攻攻撃に触れ「弾は煙突に機体は艦橋にとなぜ別々に突っ込まないのですか」と湯野川大尉に質問してきた。真の特攻を決心した搭乗員にのみ言い得る快心の鋭い反問であった」と湯野川大尉は回想している。

最後まで桜花に固執したのは山村恵助上飛曹を始めとする５名ほどであった。せめて必死の形だけは好きにさせてくれと、「俺はあくまでも桜花で死ぬ」と、鳩胸をさらにそらせてこだわった。

翌25日、桜花特別戦闘機隊の先任下士官の大久保上飛曹が五十番爆戦の試飛行のため、鹿屋基地に出向いた。鹿屋では、赤井大尉率いる整備分隊が零戦五二型丙にダミーの五十番を装着し、大久保上飛曹を待っていた。

五十番爆戦に乗り込んだ大久保上飛曹は、滑走路の端からエンジン全開で滑走を開始したが、500kgの爆弾を抱いた機体は容易に浮き上がらず、操縦桿を力一杯に押し下げても機首は下がらない。どうにか水平姿勢となったものの、なかなか加速せず、滑走路もあと少しという所でようやく機体が浮き、離陸した。

あえぐように高度を取り、3000mから緩降下に入ってみると、速度計はみるみる上がり300ノット（556km／h）を軽く超え、水平全速では220ノット（407km／h）を記録した。

この性能であれば、敵戦闘機に捕捉されなければ充分な攻撃戦力となる。捕捉されても爆弾を捨てれば空戦も可能であり、生還の可能性も絶無ではない。五十番爆戦は神雷部隊の新戦力となり、後醍醐天皇の「建武（けんむ）の中興」から名を採り、傾いた戦局の立て直しの期待を込めて「建武隊」と名付けられた。

特攻隊に限らないが、この時期は当時の学校教育や軍御用の東京帝大の国学者平泉澄教授の影響（前述の通り神雷部隊でも神ノ池基地に展開していた頃、士官を集めて講義があった）もあって、部隊の名称を始めとして野中少佐の「湊川だよ」発言など、南北朝時代の故事の引用、影響が多く見られる。結果として滅亡してしまう南朝方のことをことさらに称揚していた。

大久保上飛曹による試験飛行の数日後、今度は林大尉が五十番爆戦の試験飛行を実施した。ただし、今回はダミーの五十番爆弾だけではなく、操縦席の後部に180リットルの燃料タンクを増設し、主翼下左右に加速用のロケット、四式一号噴射器一〇型が装備された。500kg＋180kg＋150kgの計830kgもの超過荷重であり、しかも、これらの装備により重心が大きく後退した状態での離陸であった（林大尉の回想では零戦五二型としているが、原型となった

↑大久保理蔵上飛曹（乙飛11期）。戦闘機乗りとしての腕と経歴を買われ、桜花特別戦闘機隊の先任下士官を務め、建武隊用の五十番爆戦の成否を決める試験飛行も担当した。

のは仕様からしてこの年2月から生産が開始された六二型と推測される)。これは岡村司令が「敵に遭遇したらロケットを吹かして振り切る。ロケット装着で抵抗が増えるから高出力が必要、燃費も増える。このため胴体内に燃料タンクを増設する」とのアイデアで横空実験部に提案したものの「危険すぎる」と、断られた曰く付きの実験であり、事前の試算もほとんどされていないヤマ勘的な発案であった。

滑走路の端へのタキシング中、重心が後退し超過荷重の機体は尾輪のオレオがへたり込み、地表の凹凸の感覚が操縦席の林大尉の尻に直接伝わってきた。いつまでも放置しておくと尾輪が折れる危険があり、フラップ15度、エンジンを全開にして1200mの滑走路を一杯に使って辛うじて離陸した。あえぐように高度を取り、2000mでの水平最大速度は計器速度で195ノット(361km/h)、主翼両下面に装備した加速ロケット6秒噴射終了時の最大速度は同225ノット(417km/h)、連続ダイブ角度最大20度と計測した。

1本45kgと重いロケットを噴射してみると吹けは良好で、左右の推力バランスの狂いも感じられなかったが、空身の状態と5ノットしか増速しておらず、懸吊したままであれば15ノットも遅くなることが判明した。推力の増大よりも自重と空気抵抗の増大の方が多く、思うような効果が得られなかったことから岡村司令は「ロケットに効果なし」と判断し、以後の使用を断念した。

この間、3月22日には硫黄島が玉砕、翌23日は朝8時頃から終日沖縄と南大東島がのべ281機の敵艦上機の空襲を受け、沖縄本島の南東50~100浬付近に2、3群の敵機動部隊が確認された。大本営海軍部では一連の九州沖航空戦の撃沈戦果を空母5、戦艦2、重巡1、軽巡1、艦種不詳1と判定していたのに対し、沖縄方面の空襲はあまりにも早く、攻略部隊をともなう事前攻撃とは見ていなかったが、翌24日には沖縄空襲は一挙に激しさを増し、来襲機数はのべ1200機を超え、沖縄本島の南部地区や西南部の中城湾には戦艦、駆逐艦等35隻による艦砲射撃が始まった。25日には艦砲射撃に加え、沖縄本島西方海面の掃海作業が開始された。これは上陸用艦船が侵入する前にあらかじめ機雷や障害物等を除去するもので、まさに上陸の事前準備であった。

「天一号作戦」の開始

ことここに到り、豊田連合艦隊司令長官は「天一号作戦警戒」を発令した。翌26日には米軍攻略部隊が沖縄本島の南西にある慶良間(けらま)列島に上陸した。大輸送船団が安心して碇泊可能な泊地を確保したかったためとみられる。ここには船団攻撃用の海上特攻部隊が300隻の特攻艇「震洋」を有していたのみで、小火器類はほとんどなく、上陸軍に対抗できる装備を持った地上部隊が配備されていなかった。このためやむなく各島の隊員は山中に後退し、慶良間列島は1日で制圧された。

慶良間列島敵上陸の報を受け、連合艦隊は南西諸島方面に来寇する米艦隊に対する航空作戦を意味する「天一号作戦発動」を下令した。これにより、第三航空艦隊はかねての打ち合わせに従い、第五航空艦隊と合同し、隷下部隊を九州に展開しはじめた。練習航空隊を実施（実戦）部隊として改編した第十航空艦隊も第五航空艦隊に編入される準備を進めた。この作戦には台湾に展開していた第一航空艦隊と、先述の通り3月19日付けの陸海軍中央作戦協定に基づいて連合艦隊の指揮下に入った陸軍の第六航空軍と第八飛行師団が参加し、陸軍側は「航空総攻撃」と呼称した。

3月25日、岡村司令は鹿屋に戻り、続いて27日には冨高基地から桜花隊員約30名が鹿屋基地に進出した。うち爆戦隊4機は、翌28日に最前線となった喜界島（きかいがしま）基地に進出した。

鹿屋基地の地上施設は3月18日の空襲でそのほとんどが破壊されてしまい、兵舎は付近の民家や学校等を接収して代用していた。神雷部隊の宿舎は飛行場西側の崖下にある野里（のざと）国民学校（当時の小学校の名称）があてられた。鹿屋の市街地とは基地を挟んだ反対側で、基地の南側を走る国鉄古江線（現在は廃線）の鹿屋駅の次の大隅野里駅から徒歩10分ばかりのところであった。シラス台地の上にある飛行場からつづら折りの急坂を下った崖下の平地には竹藪の中に農家が点在し、小川に沿った道を渡ると野里国民学校の校舎が校庭を囲んで逆L字形に建ち、渡り廊下で結ばれていた。校庭の真ん中には梅檀（せんだん）の大木とチャチな防空壕が設けられていた。野里国民学校は明治時代に建てられ、築40年ばかり経過した木造平屋の古い校舎だった。学校の周辺は一面の田んぼで、この時期れんげの花が満開で、校庭の桜も咲き始めていた。

野里国民学校近くの山下集落は戸数30余戸の純農村であったが、住民は昭和20年3月、家ぐるみで５００ｍほど離れた高須川の向こう岸に強制疎開を命ぜられた。これはかなり大

↑野里国民学校の校舎。日記にあるように、屋根に大きな穴が空いている。

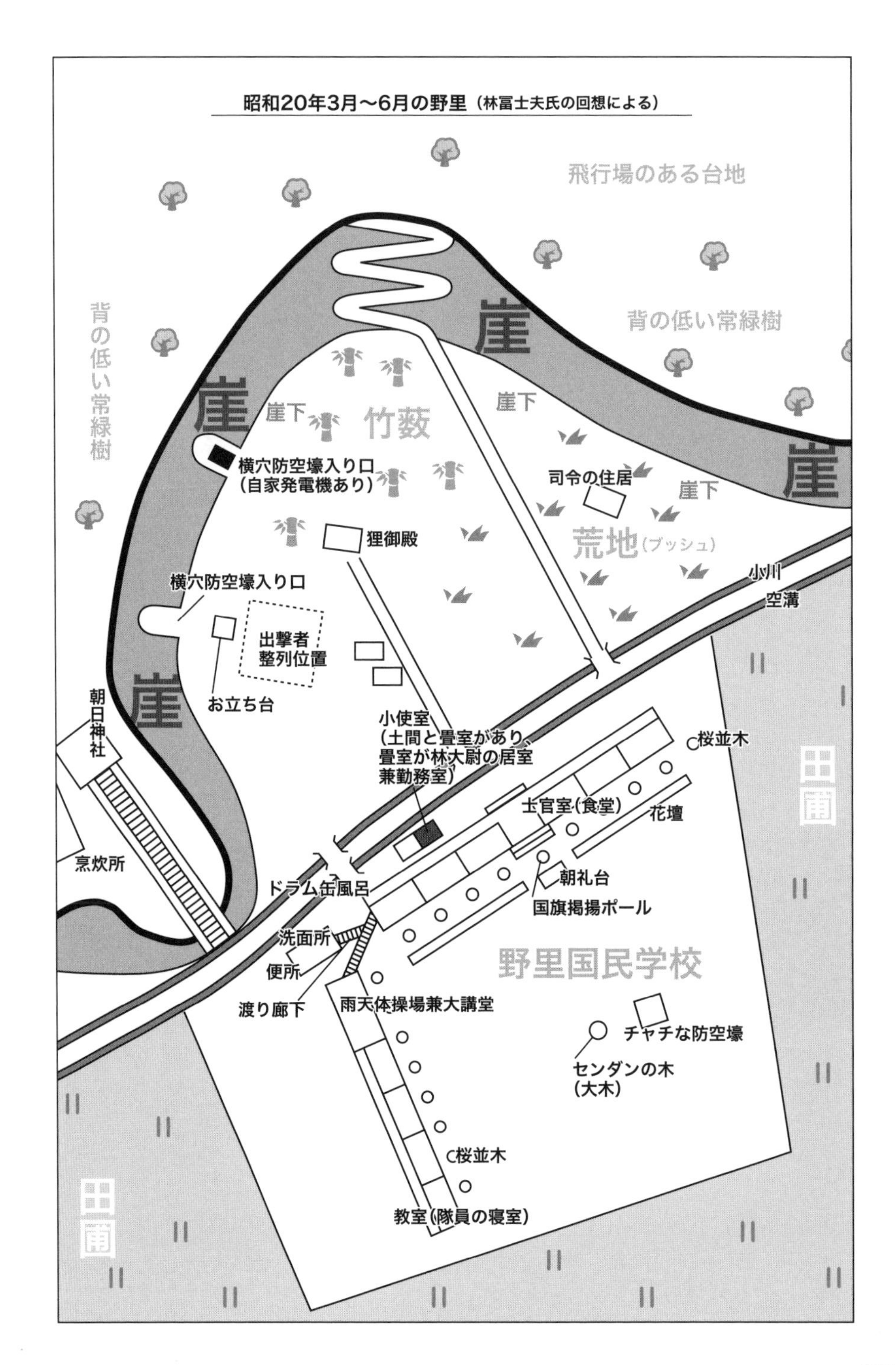
昭和20年3月〜6月の野里（林冨士夫氏の回想による）
飛行場のある台地
背の低い常緑樹
背の低い常緑樹
崖
崖
崖
崖
崖下
竹薮
崖下
横穴防空壕入り口
（自家発電機あり）
司令の住居
崖下
狸御殿
荒地（ブッシュ）
小川
空溝
横穴防空壕入り口
出撃者
整列位置
お立ち台
朝日神社
小使室
（土間と畳室があり、
畳室が林大尉の居室
兼勤務室）
桜並木
士官室（食堂）
花壇
田圃
烹炊所
朝礼台
ドラム缶風呂
国旗掲揚ポール
洗面所
便所
渡り廊下
野里国民学校
雨天体操場兼大講堂
チャチな防空壕
センダンの木
（大木）
桜並木
教室（隊員の寝室）
田圃

変な移転で、住家、厩(うまや)、物置、倉庫などの一切であったが、戦時中であり補償はほとんどが国債で代用され、あってないようなものだったらしい（現在は元に戻った）。野里国民学校に進出してきた神雷部隊が入ることで、400名足らずの学童たちは神社とか地区集会所等に分散して授業を受けるようになった。当時は何事も軍事優先だから文句はいえない。また、強制疎開により無人となった付近の民家数軒もあわせて接収されていた。

3月18日の米艦上機による空襲では野里国民学校の校庭には校舎を狙った爆弾がそれて数発落下、そのため古い建物は大被害を受けた。校舎は傾き屋根瓦は吹きとばされ、大穴が3個ばかりあき、教室のガラス窓などはほとんど砕け、実に殺風景な宿舎となった。西側の小川寄りの校舎は隊員の食堂、集会所、士官室、寝室に割り振られ、北側の校舎は雨天体操場（体育館）兼講堂があり、その先の教室は後続組のための宿舎とされた。校舎の裏手、道路側には小使い（現在の用務員）が使った土間と畳部屋のふた間の小屋があり、林大尉の私室兼執務室となった。

崖下の民家で中央の1軒が司令の宿舎となり、前庭が出撃隊員の整列場所となった。ここで別杯を済ませた出撃隊員達は背後のつづら折りの坂道を脇に生えた篠竹を掴みながら上っていくか、迎えのトラックの荷台に乗って飛行場に向かった。

↑野里国民学校での昭和隊隊員達。私物といえば、筆記具とわずかばかりの着替え程度しか持たず、着の身着のままに近い状態で鹿屋に進出した彼らは、出撃までの残された日々を宿舎となった野里国民学校の教室で過ごした。

整列場所の背後の崖には横穴式の防空壕がいくつか掘られ、1t爆弾に耐える強度を持つといわれていた。防空壕はそれぞれが奥で結ばれており、司令公室、幹部執務室、通信室、自家発電機の置かれた発電室等があったが、湿気が多く、積極的に使う気の起きるものではなかった。

隊員達は板張りの教室にアンペラ（敷物。日よけを指すポルトガル語が語源ともいわれる）やゴザを敷き、その上に着の身着のままで毛布を被ってゴロ寝するだけの味気ない暮らしであった。幸いに気候は陽春に向かいつつある折柄だったから幾分は助かっていたものの、空襲であちこちに穴があいた教室では雨風の防ぎようもなく、低地でもあり湿気はかなり酷かった。教室うしろのロッカー代わりの仕切り棚に救命胴衣を置いた渡部亨一飛曹は、1日と経たずにシラミがたかって真っ白となったのを見てゾッとした。

この時期、燃料となる薪炭の不足から都市部では銭湯の利用も制限され、石鹸も不足した民間の衛生状態悪化は著しく、シラミが蔓延しており、応召の者が持ち込んだシラミが軍隊内部にも蔓延しつつあった。

これに閉口した下士官達は、接収されたまま使われていない民家2軒を司令の黙認の下で宿舎とし、入口には「憂国ノ志士天誅岡村一家駐屯所」と大きく墨書した看板を掲げた。このある種気ままな民家での生活ぶりに、後日4月14日に第二陣でやって来た先任下士官の市川元二上飛曹（丙飛3期）が、当時のオペレッタ喜劇映画から「狸御殿」と命名した。

一方、冨高基地には岩城副長と湯野川大尉が残り、後続の隊員の訓練と鹿屋基地への送り込み態勢を整えた。元桜花特別戦闘機隊の隊員達は、戦闘機搭乗員としての腕を見込まれて、整備科と協力しながら新たに空輸されて来る爆戦用の零戦の受け入れと試験飛行、弾道、軸線の整合、磁気コンパスの自差修正を担当した。

陸攻隊はいったん宇佐基地に集結したのち、攻撃七〇八の第一中隊が八木田大尉に率いられて鹿屋に進出し、残る第二、第三中隊は足立連隊長に率いられ、石川県小松基地まで後退した。ここで空襲を避けながら訓練を重ね、作戦命令に応じて作戦前日に必要機数を鹿屋基地に送り込むこととした。攻撃七一一の二階堂少佐は岡村司令を補佐して鹿屋に残り、小松基地の足立連隊長との連絡役となった。

従来、基地が定まらなかったことから部隊毎に行動することが多かった神雷部隊は、これら各部隊と人員の再配置によって、鹿屋基地を攻撃拠点として腰を据え、桜花と爆戦の2本立ての攻撃戦力で沖縄を睨んだ戦闘態勢を整えることとなった。

連日の空襲により、鹿屋基地の地上施設は見る影もなく破壊され、周辺の地下壕に移転を済ませていた本部庁舎は鉄筋コンクリートの外壁だけとなり、格納庫は鉄骨だけの廃墟と化していた。爆撃により各所に擂鉢状の破口だらけとなったが、滑走路と誘導路は飛行機の発着に支障が出るため、真っ先に埋め戻された。

沖縄本島の中西部の北飛行場（読谷）と中飛行場（嘉手納）は3月23日以来「鉄の暴風雨」と評される猛烈な攻撃を受け、来襲機数のべ３０９５機、25日からの艦砲射撃では31日までに総計５１６２ｔに達する砲弾が撃ち込まれた。

神雷部隊再編成中の3月26日、第五航空艦隊参謀長より、七二一空の一式陸攻2ないし3機を以て月明期を利用して東シナ海を迂回して慶良間列島の仮泊地付近を遊弋中の戦艦に黎明攻撃を実施するよう、計画手配されたしとの命令が入った（機密第二六一一〇八番電）。桜花攻撃専用となった一式陸攻二四型丁では魚雷を吊るせないので、当然雷撃はできない。そのような基本的なことも理解されずに参謀長名で命令が出されている様子に当時の混乱がうかがえる。当然ながら神雷部隊からの雷装出撃はなかった。

この間、3月29日、制圧されたばかりの慶良間諸島に上陸部隊を満載した輸送船団が到着して沖を埋め尽くした。その光景は「船が多くて海が黒く見えるほど」とたとえられた。

米軍側作戦名「アイスバーグ（氷山）作戦」と名付けられた沖縄攻略戦は、艦船１２１３、上陸用舟艇５６４、陸軍と海兵隊を含む18万３０００名の兵士が参加する太平洋方面最大規模の水陸両用作戦であり、上陸部隊を支援する艦砲射撃専門の旧式戦艦10、重巡9、軽巡4、駆逐艦23があり、さらに第58任務部隊の空母18、戦艦8、重巡4、軽巡11、駆逐艦48、艦載機９１９機と、初めて太平洋方面に進出してきた英太平洋艦隊の空母4、戦艦2、軽巡4、駆逐艦12、艦載機２４４機に加え、陸軍第20、第21爆撃部隊と極東航空軍が直接支援していた。

31日には那覇の西10㎞にある神山島を制圧し、歩兵二個大隊が展開した。装備していた16門の１５５㎜加農砲は第三十二軍司令部のある首里城までも射程範囲に置き、攪乱射撃を加えた。沖縄本島への上陸は時間の問題となった。

もはや彼我の戦力差は比較にならないほど隔絶したものとなっていた。それでも機材、練度に劣る練習航空隊まで根こそぎ動員し、「一撃講和」のきっかけを作るべく沖縄戦を「最後の決戦」とみなす海軍に対し、広い日本本土での決戦を念頭に、沖縄を「時間稼ぎ」の戦場と見ていた陸軍とは、否応なく戦況に対する「温度差」があった。

この時、米軍を迎え撃つ沖縄本島の陸軍の第三十二軍は、大本営陸軍部の決定により昭和20年1月に台湾防衛に第九師団を引き抜かれ、穴埋めとなるべき姫路の第八十四師団の派遣が見送られたことで手薄となった戦力を再配置していた。主力を、米軍の進攻方向に対し直角に交差する丘陵が多く防御に有利な首里城を中核とした南部に集めた結果、北飛行場と中飛行場は主陣地の外となり、寡兵しか置かず事実上放棄されることとなった。北、中飛行場に搬入されていた桜花各10機は使う見込みも立たず、米軍上陸の際には即時爆破処分されることと決定された。比島同様、桜花隊進出に先立って大和上整曹を隊長とする整備班11名が派遣されていたが、彼らがその後どのような運命を辿ったかはまったく記録がなく、うかがい知るすべがない。

飛行場放棄の方針と共に、「東洋一の規模」と自称した伊江島の飛行場は完成した途端に守り通すことが困難となり、3月10日より上陸後に米軍に使われるのを防ぐため、建設に携わった飛行場大隊の手で50㎏爆弾百数十発、黄色火薬十数ｔを用いて、のべ５０００名で十数日かけて破壊した。この背景には沖縄本島以北を担当した第六航空軍が指揮する即時対応可能な特攻隊3隊の展開が間に合わなかったことも大きく影響しており、事実、4月1日の米軍の上陸時には1機の攻撃も行えなかった。

その一方で、海軍側は小禄（おろく）基地より3月24、25日の両日、攻撃一〇三の彗星各1機による特攻攻撃（小禄彗星隊）を実施しているほか、4月1日には台湾から石垣島に展開した二〇五空から第一大義隊の爆戦2機と直掩1機が発進、全機突入している。

第十航空艦隊の展開

3月31日、第三航空艦隊の九州展開がようやく完了した。これを受けて第五航空艦隊はさっそく打ち合わせ会議を開催し、今後の作戦方針を決定した。

「先ず敵機動部隊ヲ撃滅シタル後、敵（輸送）船団ヲ覆滅シ、其ノ進攻企画ヲ挫折セシム」との「一KFGB天信伝令作第一号」が発された。これに基づき、各航空隊の兵力区分が決められ、第三、第五航空艦隊は敵機動部隊、第十航空艦隊と第三、第五航空艦隊の一部とで敵船団攻撃に当たることとなった。これら攻撃の主力は特攻攻撃であったが、陸攻や銀河、天山等は夜間雷撃を主たる戦法とし、「芙蓉（ふよう）部隊」の零戦や彗星は夜間地上目標に対する銃爆撃を実施した。これらと呼応する形で六三四空の水爆瑞雲も地上目標や泊地艦船に対する夜間銃爆撃を実施している。

第五航空艦隊に所属する神雷部隊は五十番爆戦を主として機動部隊攻撃とし、桜花は沖縄周辺の艦船を攻撃目標とすることとなった。

展開が完了したばかりの第三航空艦隊と、九州沖航空戦の損失を補充中の第五航空艦隊では、即座に大規模攻撃をかけるにはまだ準備が完了しておらず、第十航空艦隊が展開を完了するまでにはいましばらくの時間を要した。

この日、進出命令を受けた元山基地の様子を、のちに第五七生隊で特攻戦死する森丘哲四郎少尉（予備14期）は、日記に以下の通り記している。

「午後、休養の予定たりしため昼食後、長いすの上に寝入りぬ。突然、拡声伝達器の声『13時、飛行整備作業。第一中隊飛行機、第三格納庫前集合。増槽をつけよ』

小雨勝ちとなり、晴れたるころ全機集合せり。出撃の時は来たれりと予感す。区隊長より明4月1日9時、発進と聞く。胸は躍る。

分隊長『発進の命ありぬ。即刻試運転、試飛行をなせ』

試飛行をする。脚関係電路系統不良。修正舵右なし。フラップ30度戻る。あまり芳しからず。帰投、整備。野田、山藤少尉と最期の撮影を行う。

17時15分司令と会食。壮行の宴。かなり酒を飲む。終わりて土方中尉、軍医長と茶の湯を行う。最期の陣中点前にて候。酒が再び出る。野田、山藤をデッキから呼びて別杯を交わす。23時30分デッキに帰る。身の回り整理を山藤少尉に手助けして貰う。1時終了。最後の酒を林整曹長と、我が愛機の受け持ち班吉山兵曹と交わし、2時、吊り床の中に入る」

当時元山空の教官で、編成換えによって制空隊に編入され、のちに戦闘三〇三で沖縄戦の制空戦闘に参加する土方敏夫中尉（予備13期）にこの森丘少尉の日記を読んでいただいたのち、当時の様子をうかがった。

「元山空はこの頃特攻隊と、制空隊にはっきり二分されていました。教員、教官達で編成された制空隊には予備13期生は私（土方中尉）だけでした。制空隊は新鋭の零戦五二型丙で、毎日空戦の訓練に明け暮れていました。特攻隊は、もっぱら編隊・急降下の練習でした。

この日3月31日は、特攻隊がいよいよ出撃ということで隊内は異様な雰囲気でした。特攻隊員は愛機の試飛行をし、整備員も眼の色を変えて整備に取り組んでいました。

日記の中で『司令と会食』、とあるのは特攻隊員との別杯の宴です。この会のあとで、13期の同期生T少尉が、大荒れに荒れて、『俺は特攻なんて嫌だ。どこかの島に不時着して生きて帰ってくるんだ！』と絶叫しながら、廊下を走り回っていました。私たちは、それを制止しようか、どうしようかと、相談しましたが、彼の本音の叫びを制止することはできないという結論で、ジッとこらえていました。

私は小林軍医長と、私の私室で茶の湯を楽しんでおりましたが、その時に、森丘少尉が私の部屋に来て、3人で静かにお茶を楽しんだことを思い出しました。彼は酔ってはいましたが、物静かに、旨そうにお抹茶の味を楽しんでくれました」

各員の出撃に際しての心の葛藤がそのまま現れている貴重な証言である。

七生隊の鹿屋進出は、天候不良による数度の引き返しと延期を繰り返し、4月3日となった。

桜花攻撃ふたたび

いまだ大規模航空攻撃の準備が整わないとはいえ、沖縄近海に敵艦船がひしめいているのを知りながら、黙って上陸するのを待つ手はない。少しでも沖縄本島に上陸するまでの時間を稼がねばならず、宇垣長官は機動部隊攻撃戦力を残して、そのほかの戦力で沖縄周辺の艦艇攻撃に向かわせることを決断し、先の雷撃命令を改め、3月30日に神雷部隊に桜花8機による黎明攻撃の準備を命じた（機密第三〇一一四二番電）。

五航艦司令部から命令を受けた岡村司令は、第四分隊長の林大尉に出撃搭乗員の選定を命じた。司令部は出撃人数を示すだけであるが、何しろ出撃したら生還しないのが前提の特攻隊員である。その数字を特定の個人とするため、部下の中から選び出すのである。それが任務とはいえ、担当者である分隊長の苦悩は筆舌に尽くしがたいものであったろう。

感情を抑え、原理原則に則って決められる隊員達の選出基準は以下の通りであった。

一、鹿屋基地に到着してからの日数の長い者

二、精神的、肉体的に健全な者

三、編成時の建制（分隊別、編隊別等の従来からの関係）の重視

この日の午後、林大尉は指揮官先頭の原則通り、自分の名前を最初に書いた6名の名簿を岡村司令に提出した。すると、岡村司令は名簿を見るなり即座に林大尉の名前を消した。「君は最後だ。その時はわしも行く」この発言の背後には既述の通り、特攻隊ならではのジレンマ、すなわち分隊長を務める中堅士官の絶対的不足があった。林大尉は崩れそうになる気持ちを抑え、士官食堂の黒板に出撃隊員の氏名を書き並べた。書き出された名簿を見て隊員達が自分の名前の有無を確かめてゆく。この光景は沖縄戦の間、日常的な光景と化していった。林氏は出撃隊員の人選は自分が行ったように回想しているが、建武隊での特攻出撃の順番は3月末の時点ですでに岡村司令と岩城副長の間で決めた名簿があった。林大尉が提出した名簿は、岡村司令の手許の名簿と照合され、最終的に決済されたらしい。

当初予定の31日の8機出撃は準備が間に合わず、この日の黎明攻撃は見送られ、攻撃は4月1日となった。鹿屋基地を薄い靄が立ちこめ、月がにじんで見える中、あちこちにレンゲの花が咲く野里の司令宿舎前の広場に山村恵助上飛曹を含む6名の桜花隊員が整列した。各自は豊田連合艦隊司令長官から拝領した長い神雷鉢巻を締め、左右の端には自分の氏名と思い思いの言葉を書き込んでいた。慰問袋に入っていたのか、あるいは親しい者のプレゼントか、人形を腰にぶら下げる者、プロマイドを背中に貼り付ける者、ライフジャケットの背中には満開の桜の小枝を差している者もいる。彼らを運ぶ母機の一式陸攻は、攻撃七〇八飛行隊の6機が澤本良夫中尉（海兵72期・操縦）が指揮官となり、空襲による破壊を避けるため前日に宇佐基地より飛来していた。進出に際しては都度命令が出されている。湯浅正夫上飛曹（甲10期・電信）は、本来澤本機のペアであったが、出撃直前に命を受け倉持薫上飛曹（乙11期・電信）と、交代している。

澤本中尉は出撃直前に潰えた3月18日の仇討とばかりに張り切っていた。搭乗員は野里国民学校ではなく、兵舎として接収されていた付近の民家に宿泊して出撃準備を整える一方で、機材は掩体壕の中で整備を終え、燃料３２００リットルを搭載し、エンジンの暖気運転を開始しつつあった。３月21

日に続く第二神風桜花特別攻撃隊である。

お立ち台に立った岡村司令は、「攻撃の機会を得ずに帰投することは恥ではない」と、くどいほどに念を押して訓辞し、出撃命令を下した。かたわらのテーブルに用意された別杯を済ませ、桜花隊員6名は敬礼で応えると一団となって司令部背後のつづら折りの坂道を篠竹に掴まりながらよじ登ってゆく。出撃隊員を指名した林大尉は別杯までは同席したものの、彼らが坂を登ってゆくうしろ姿を見送るといたたまれず、飛行場に向かうことはできなかった。坂をよじ登った桜花隊員達は迎えのトラックの荷台に乗り、「空ゆかば」（作詞・西條八十、作曲・細川潤一、昭和16年10月発売）を歌いながら指定された陸攻に運ばれて行った。

○二二一、攻撃隊指揮官澤本良夫中尉を機長とする一番機が離陸。この後約2～3分間隔で各機が離陸、編隊を組まずにそれぞれ単機で沖縄周辺の敵艦船を目指した。

山村上飛曹は指揮官機に同乗、偵察員席うしろの指揮官席に座った。陸攻のペア達とはこの日が初めての顔合わせである。副操縦員の門田千年一飛曹（丙飛16期）は濃度を増した霧の中、計器離陸を決意し、ブーストレバーを引き、踏み込んでいたフットペダルを離すと、桜花を懸吊した身重の陸攻は滑走路を一杯に使って滑走路端の桑畑すれすれに離陸した。この時点でスロットルレバーは全開、ブースト計はレッドソーンに入ったまま、少しでも緩めると機速が落ちてしまう。門田一飛曹が何とか旋回しながら高度を取って行く最中、指揮官席の山村上飛曹の眼下には咲き始めた桜が夜目にも白く見え、この世の見納めかと思うと目頭が熱くなった。「俺は死ぬんだ、俺は死ぬんだぞ。」と、自分に言い聞かせながら、武者震いするのを覚えた。

上空は霧が深まり、視界が利かない。ようやく鹿児島湾まで出たものの前方の深い霧を避けようと降下し、高度20mまで下りたところで翼端が海面に接触し、母機は２２０ノットの速度のまま、真っ黒い海面に突っ込んでしまった。桜花は離陸時に信管の風車のピンを抜いていたにも関わらず、なぜか爆発しなかった。

山村上飛曹は一瞬気を失ったものの、水圧で鼓膜が押された痛みで気がついた。何m沈んだのか、陸攻の折れた胴体から脱出し、3回ほど海水を飲んでようやく海面に出た。あたりは漏れた燃料に引火して一面火の海となっていた。機銃弾が誘爆し、照明弾が破裂し、顔も上げられない。幸い桜花乗り込みの準備で救命胴衣を脱いでいたので慌てて海中に潜り、何度か繰り返してようやく燃えていない海面に顔を出した。

流れてきた座席マットを拾って浮き輪代わりに抱えて漂っていると、叫び声が聞こえてきた。互いに呼び合って4人が燃える海面に集まった。皆顔はススと油で真っ黒で目だけをギョロつかせている。

そのうち、うつぶせの死体が流れてきた。救命胴衣の背中には久野飛行兵曹長と書かれており（久野重信飛曹長［甲5期・偵察］）、額に穴が空いていた。山村上飛曹は拝むようにして救命胴衣をはぎ取ると、死体は海中に沈んでいった（翌日浜に漂着して荼毘に付されたが、残る3名は遺体も見つからなかった）。

陸攻に備えられていた救命ボートが機体から外れて流れてきた。ふいごが失われていたので皆で代わる代わる息を吹き込んだが、上にはい上がれたのは山村上飛曹だけだった。残る陸攻のペア達3人はボートにしがみついていた。

この頃、門田一飛曹は東の方でパッと炎が上がるのを見た。のちに知ったことであるが、二小隊一番機の澤田清彦中尉（予備13期・偵察）機が芝ノ山の山頂に衝突炎上した際の炎であった。

山村上飛曹は、海中に潜れた顔には火傷を負わなかったものの、衣服は破れて胸は赤くすりむけ、両足は打撲で腫れ上がり、右手の親指と小指の付け根が裂け、小指が落ちそうになっていた。傷口に冷たい海水がしみた。首から掛けた航法時計は2時30分を少し廻ったところで止まっていた。

冷たい海水は体力を急速に奪っていく。睡魔に襲われる陸攻のペア達は励まし合い、同じ境遇に置かれた者の団結心から生き残ることができた。

霧の中からかすかな呼び声が聞こえてくると思ったら漁船であった。そして山村上飛曹達の4名はこの船に収容された。漁船は鹿児島県佐多岬黒須村の船だった。

船に収容された山村上飛曹はそのまま気を失った。気がついてみると布団の中に真っ裸で寝かされ、ちぎれそうな小指には添え木が当てられ、海難者の体温回復に効果的とされた女性の添い寝による人肌で温められていた。山村上飛曹は恥ずかしいと思いつつも、傷口の疼痛に生きている自分を実感していた。

残る5機のうち、第一小隊二番機の大ベテラン神戸義信少尉（操練33期）機の372号機は敵艦隊を発見できずに引き返し、途中エンジン不調となりながらも〇八一五、宇佐基地に着陸した。エンジン整備ののち、一八四五に鹿屋基地に帰投している。

第一小隊三番機の宮原正少尉（予備13期・偵察）機と第二小隊三番機の後藤文衛上飛曹（偵練46期）機の2機は、桜花搭乗員として麓岩男一飛曹（乙17期）と峯苫五雄二飛曹（丙16期）と共に離陸後一切の連絡のないまま未帰還となった。

麓一飛曹はまだ19歳であったが結婚しており、それを隠して桜花に志願していた。出撃の5、6日前に郷里の熊本の天草から17～18歳ぐらいの若い女性が野里に訪れ、対応した者に「麓の家内です」と告げたので一同仰天、ここで初めて麓一飛曹が妻帯していたことを知った。目の前の若妻が間もなく確実に未亡人となるかと思うと皆いたたまれず、ふたりに毛布を持たせ、有無を言わせず無理矢理掩体壕に押し込んだ。翌日、麓一飛曹は故郷に帰る若妻の背中を見送ったと伝えられている。

第二小隊一番機の澤田清彦中尉（予備13期・偵察）は既述の通り、大隅半島南部の鹿児島県肝属郡根占町芝ノ山の山頂に衝突、大破炎上して桜花搭乗員、山内義夫一飛曹（丙11期）を含む総員が戦死した。

第二小隊二番機の緒方正義中尉（予備13期・偵察）機は敵艦隊を発見できずに天候不良のため沖縄を飛び越して、台湾の新竹基地に不時着した。新竹基地には3月24日時点で桜花22機が搬入されており、その組み立て指示が残されている（機密第二四一四一三番電）。台湾側からの反復攻撃も想定していたようにうかがえる。緒方中尉機は4月3日に新竹を出発し鹿屋に向かったものの、徳之島沖に不時着、機体は海没したが搭乗員は全員救助され、後日帰投した。

日本側記録では多くは離陸直後に敵夜戦に遭遇し、その追従を受けて撃墜とされているが、米海軍記録には該当する夜戦の交戦記録がなく、機材の不調や悪天候に阻まれたものとみられる。桜花攻撃を報じた機体は1機もなく、当然戦果は皆無であり、攻撃七〇八飛行隊の戦闘行動調書の効果欄は空白のままとされた、桜花の3名と未帰還となった後藤上飛曹機のペアは特攻布告されたが、澤本中尉機と澤田中尉機の戦死者は特攻布告されなかった。

米海軍記録によると、空母バンカーヒルのVF‐84のF6F‐5N、2機が哨戒行動中の〇四四〇、そのうちの1機に搭乗するR・A・パーデュー中尉機は残波岬の西方にて旋回待機中、戦闘機誘導士官から敵機を迎撃するため北上するように指示を受けた。〇四四五、南へ飛行する敵機を発見し、接近したところ百式輸送機と判明。距離150ヤードまで接近して射撃を開始した。百式輸送機は発火するとロケット爆弾を投棄し、それは滑空しつつ視界外へ消えた。ロケット爆弾からガス、もしくはジェット推進の様子はまったく認められなかった。この機は撃墜確実と記録された。

敵機が急降下に移ったところ、パーデュー中尉機はもう1機が北にいるので向かえという指示を受けた。少し経ってから、西へ飛行するもう1機の百式輸送機を捕捉した。その敵機はまったく回避機動を取ることなく、近距離からの銃撃を受けて発火しつつ海面に激突した。2機とも爆弾を搭載していた。

機種の識別が違っているのは置くとして、これら2機の状況を照合すると、連絡なく未帰還となった第一小隊二番機の宮原正少尉（予備13期・偵察）機と、第二小隊三番機の後藤文衛上飛曹（偵練46期）機が該当するが、個々の最期までは特定できない。

野中隊全滅に続く第二次桜花攻撃の悲惨な結果は、野里の神雷部隊を落ちこませた。

この日、執務室の林大尉のもとに思いつめた表情の西尾光夫中尉がやってきた。神ノ池で脱上陸してメイドの妙子の手を握るだけで訣別した彼である。

「私たちは陛下の赤子と言われてきました。それをこんな調子で殺し続けるなんて、まったく馬鹿げていますよ。もしも私が天皇だったら、すぐさま降伏します」。当時、こんなことを一般社会で言えば憲兵隊が黙っていない。しかし、高等小学校卒業と同時あるいは旧制中学の途中から予科練に入り、海軍以外の世界を知らず、また自己表現の自由もなかった下士官とは異なり、大学に進み、一般社会との接点を持ち、独自の価値観や表現力を持っていた予備学生出身士官の場合、少尉に任官し飛行学生を終えたあとは、まがりなりにも一人前として遇されていた。俸給（給料）も高く、カメラを持つことは偵察術の一環として奨励されており、マミヤシックスが120円で斡旋され、士官であればほぼ自由に撮影できた。昭和19年後半以降の日本海軍機の写真が比較的多く現存しているのは彼らの功績である。また、その気があれば日記も自由に綴ることができたので、当時の状況を知る貴重な資料となったものも多い。西尾中尉の発言は、兵学校出身の現役将校とは異なる視点での率直な意見の披露だった。

「議論は良いが不平は言うな」と、兵学校で仕込まれた規範に縛られる林大尉には、思ったことを自由に言える西尾中尉がうらやましかったという。

米軍の沖縄本島上陸

山村上飛曹がようやく脹らませたボートに乗り込んだ頃の○五三○、大小艦艇170隻からの艦砲により、沖縄本島西部嘉手納海岸に対する艦砲射撃の火ぶたが切られた。水際陣地の完全なる破壊、制圧を意図して海岸線100m毎に25発の砲弾が着弾するよう、あらかじめ決められた砲撃計画に従い、艦砲4万5000発、ロケット弾3万3000発、迫撃砲弾2万3000発が撃ち込まれた。○七四五には艦上機も攻撃に加わり、爆撃や機銃掃射を繰り返す中で掃海が行われた。機雷は除去され、邪魔な岩礁も爆破されたり砲撃によって破壊された。

中飛行場南方の平安山海軍砲台は、たちまち沈黙。北・中飛行場に配備されていた、少数の陸軍部隊は作戦計画に従い飛行場を放棄する。北飛行場から3㎞ばかり離れた読谷山に特設第一連隊、中飛行場南3㎞の桃原から南西3㎞の島袋にかけて第62師団から分派された賀谷支隊を配備し、米軍との正面切っての戦闘を避け、鼻面を攻撃する少数の遅滞防御部隊と後方からの砲撃で、米軍の飛行場使用を妨害する体制を整えた。○八○○、第一波の上陸用舟艇と水陸両用戦車が海岸から360mに集結、進撃を開始し、攻撃部隊の第一波が海岸にとりついた。兵士達は当然生き残った日本軍の攻撃を受けるものと覚悟し、砂浜に身を伏せ周囲を油断なく見回したが1発の銃弾も飛んで来ない。攻撃波はつぎっぎに勢いを増し、1時間足らずで第一波の海兵隊と陸軍部隊各二個師団計1万6000名余が上陸を終え、所定位置に展開を進めた。

攻撃部隊に続き、戦車部隊や砲兵も上陸した。気負いこんでいた米兵達は「まさしくエイプリル・フールだ」と、ささやき合いながら、昼頃までに北・中飛行場を占領し、夕方までに縦横5㎞にわたる橋頭堡を確保した。

両飛行場には各所に空襲で破壊されたり、機材故障で飛行不能のまま放置された日本機の残骸が散在していた。竹の骨組にムシロをかけて作った囮(おとり)飛行機が兵士達の失笑を買った。北飛行場では北東側の斜面に掘られた掩体壕に収められた小型飛行機の「Gizmo」が10機発見され、うち4機は無傷であった。

技術航空情報部隊（TAIU）の調査により、間もなく「Gizmo」が人間が操縦するロケット爆弾であることが判明した。自殺を禁じられているキリスト教徒の彼らにとって、このような自殺攻撃は理解不能なものであった。このため、謎の飛行機は自殺する愚か者が乗るという発想から、「BAKA」と命名された。

米国民のこの時の思考は、9・11テロ以降のイスラム世界に向けられる視線と一脈通じるものを感じる。ただし、桜花登場の背景にある戦争は、れっきとした正規軍同士の衝突であり、特攻は見境なく民間人まで巻き添えにする自爆テロと同列に扱えるものではない。

後日「BAKA」はアメリカ本国に送られ、ワシントンDCの技術航空情報センター（TAIC）の手で徹底的に調査された。6月27日付の極秘総合報告書は、戦後30年ほどのちにこの報告書を見た設計主務の三木忠直技術少佐が「我々の設計書よりも詳しい」と驚嘆したほど、詳細かつ正鵠を得た内容であった。

曰く、「BAKAは日本のロケット推進式自殺飛行爆弾であり、親飛行機から発進する。2465ポンドSAP（特殊徹甲弾）の爆弾を頭部に装着。最高水平速度は落角ゼロにて毎時540マイル（ロケット噴進）。2万7000フィートから投下した場合の水平飛行距離は55マイル。当該高度は母機ベティ（一式陸攻）の有効上昇限度である」

冒頭の「梗概」に続き、構造、性能が20ページあまりにわたって分析された結果が記載され、末尾の「備考」で将来の発展型の可能性が的確に予想されており、米国の技術者は、エンジンジェット装備の桜花二二型から、さらにより高性能のターボジェットエンジン装備の四三型へと進む開発過程をほぼ正確に見抜いていた。

この頃、本土決戦に突入せざるを得ない事態に備え、陸上基地から射出する桜花四三乙型を重点的に開発することとされていた。三木技術少佐の基本設計によれば、その航続距離

沖縄本島への米軍上陸（日付は米軍前線の位置を示す）
残波岬
読谷山
金武湾
4.1
第6海兵師団
北飛行場
第1海兵師団
嘉手納
伊計
平安座島
宮城
4.1上陸
第7師団
中飛行場
4.2
4.3
神山島
第96師団
藪地島
浜比嘉島
4.1
4.2
4.3
勝連岬
浮原島
4.8
4.3
4.24
牧港
南飛行場
4.5
6.4
6.3
上原
4.8～4.23
津堅島
5.21
5.31
52高地
4.24
中城湾
那覇
首里
5.3
小禄飛行場
小禄
5.21
運玉森
南風原
5.31
6.11
知念岬
6.3
東風平
久高島
伊保島
糸満
與座岳
八重洲岳
湊川
4.1～2陽動
6.11
第2海兵師団
6.17
6.20
摩文仁
喜屋武岬

は桜花一一型の7倍半、桜花二二型の約2倍と推測され、弾頭重量800kg、最高速度は300ノット、桜花一一型の350ノットに匹敵する機体であった。

桜花四三乙型の機体は、桜花二二型の量産を担当する愛知航空機が三木技術少佐と協力して設計にあたることとなり、3月26日、「流星」の設計で知られる尾崎紀男技師以下の設計班が第一技術廠に出向き、和田操廠長の訓示を受けた。

「いまや敵は本土の一角、沖縄に迫り、事態はまさに急を告げている。今回、計画設計する桜花四三乙型こそは、日本帝国に最後の勝利をもたらす決戦兵器である。すなわち、敵が日本の航空機、艦船はもちろん、あらゆる防衛兵器を覆滅したと判断して、本土周辺に大艦隊を集結、最後の上陸作戦に移らんとするとき、沿岸各地に秘匿した本機が一斉にカタパルトより射ち出され、一瞬にして敵の大攻略部隊を海の藻屑とするものにほかならない」

機体の設計が開始される一方、原動機のネ-二〇は種子島時休機関大佐グループの努力が実り、ちょうど廠長訓示の当日、試作第一号機の実験運転を開始していた。

射出用カタパルトは発着機部の千葉宗三郎技術中佐が主幹となって、有効長100mの軌道上に機体を乗せた滑走台車を置き、桜花一一型の尾部に搭載したものと同型の火薬ロケット四式一号噴進器二〇型2本で加速、突進させる案をとりまとめた。

米軍側が「BAKA」と名付けた機体は、彼らが見通した通り、桜花一一型から桜花二二型へ、さらに桜花四三乙型へと進化していた。全体の開発を所管した三木技術少佐は、人命を兵器とする特攻一辺倒の作戦に抵抗を感じる自分と、その兵器の開発に力をつくしている自分と、ふたりの自分が同じ肉体の中に共存していることが空恐ろしかったという。

建武隊出撃と「菊水一号作戦」計画

米軍の沖縄本島上陸2日目以降も、沖縄周辺艦船や、ようやく捕捉された第58任務部隊に対し、本格攻撃に先んじて台湾や九州各地より少数機の攻撃が反覆された。

準備が進められていた神雷部隊の五十番爆戦「建武隊」に出撃命令が出された。神雷部隊の隊員は夜間計器飛行の訓練を受けていない。このため進撃が夜間となる黎明攻撃はできず、邀撃戦闘機が収容されて攻撃が比較的容易となる薄暮攻撃を選択した。

用意されたのはいずれも零戦六二型の新造機であった。これは建武隊全期を通じて一貫している。赤井大尉によると、機材だけでなく、保守用の部品も神雷部隊には優先的に配備されていたとのことである。五十番を搭載することから重量軽減のため、主翼の20㎜機銃と胴体の13㎜機銃は撤去され、主翼の13㎜機銃2挺のみとなり、機銃弾は各100発とされた。この機銃弾は空戦のためではなく、突入の際の進路確認と目標付近の銃座を制圧するためのものであり、米海軍資料にも突入前に銃撃された記録が複数確認されている。一方、燃料は満載である。俗に「特攻機は片道燃料」と言われるが、決められた直線距離を飛行するわけではなく、定められた目標の敵艦船は索敵機が発見したのちも常時移動しているので、目的地点にいるとは限らず、見つからない場合は、周辺海域を捜索しながら攻撃することとなる。このため、少しでも長い時間捜索できるよう、また、状況に変化が生じた時はいつでも引き返せるよう、建武隊五十番爆戦の燃料は91オクタンの燃料満載であった。

岡村司令に指示された分隊長の林大尉は、野里国民学校裏の崖に掘られた横穴防空壕の、裸電球の下で同時異方向から突入可能とする各機の飛行コースを引いた。それぞれに5分・10分ごとの区切りをつけ、各搭乗員毎に専用のコースを引き、特攻隊員が自分の時計で現在位置を簡単に確認可能とした。

搭乗員個別に4枚を作成するのは時間がかかる。すでに身支度を整えた第一建武隊隊長の矢野欣之中尉（予備13期）が心配して時々壕に覗きに来ては「まだですか？」「もうちょっと」を何度か繰り返した。ようやく仕上げて壕から出ると春の日射しがまぶしかった。矢野中尉と岡本耕安二飛曹（丙飛15期）が互いの胸元に桜の小枝を差し合っていた。

岡村司令は爆戦による攻撃方法の講義で、「他所では『爆弾を命中させて帰ってきた』と嘘をつく者がいると言って、爆弾を固縛するところがある。だがウチは固縛はしない。固縛するより(突入前に)放して別々に当てる方が貫徹力があって効果が大きいからだ。体当たり直前に爆弾を放せ。遠くからでも『これなら当たる』と思ったら爆弾を当てて帰って来い。敵(機)に捕まったら爆弾捨てて空戦やって帰って来い。ワシは君たちを信用する。目的は死ぬことじゃない。戦果だ。戦果をあげて帰って来い。何遍でも行ってもらう」と繰り返し、また、航法指導では単座で未熟な搭乗員の技倆に合わせ「計器速力180ノットであれば1分間に3浬進むことになり、計算が容易である。燃料はおおむね1リットル／分の消費と見ると良い。電探に捕まらぬよう、できるだけ低空を飛ぶことで計器速度が真機速となる。波頭を見て風向風速の判断もつく」と、指導した。

岡村司令は出撃に際しての訓辞の中でこのことを繰り返し述べると、別盃を交わし出撃となった。

4月2日晴れ。一六一三に矢野欣之中尉（予備13期）を隊長とする第一建武隊の五十番爆戦4機が鹿屋基地を発進、沖縄周辺艦船を薄暮攻撃すべく、2機ずつ2区隊に分かれ、最終的には単機となって進撃し、うち3機が一八三二から一八四七にかけて敵艦突入を打電した。建武隊を始めとする爆戦各隊の報告も、モールス符号によるものであった。あらかじめ決められた自機の発信符号のあとで自分の航空時計を確認しての発信時刻に次いで、「敵戦闘機見ユ」「敵艦隊見ユ」等、あらかじめ決められた符号で状況を報告している。
「必中突入中」は、右手側にある電鍵を押しっ放しにした長符である。これがツーっとしばらく続き、不意に途絶える。途絶えた時が彼らの最期である。「必中突入中」の長符途絶は突入成功と見なされ、その機数を未帰還数で割って突入成功率とされた。「第一建武隊」は発進した4機中3機が「必中突入中」を報じ、突入成功率75％と見なされた。

この日の米軍の記録では、第58任務部隊上空の戦闘空中哨戒に発艦した空母ホーネット（Ⅱ）のVF-17のF6F-5Nの2機が粟国島上空で旋回待機中、戦闘機誘導士官の報告を受けて北東方向へ向かうと、一八四〇に高度500フィートを南へ飛行するジョージ（紫電の米側呼称）2機を発見し、まず2番機のトーマス少尉が紫電の2番機の後方から攻撃して撃墜した。紫電の1番機は2機のF6F-5Nに追撃されながらも超低空で南へ飛行し続けたが、F6F-5Nは水メタノール噴射を使用して急速に距離を縮め、最終的にその紫電は2機のF6F-5Nから攻撃を受けて空中で爆発した。

紫電は2機とも増槽を懸吊しており、2機ともF6F-5Nと空戦をしようとはしなかった。と記録されている。この日紫電の出撃はなく、時間的に該当するのが神雷部隊の爆戦であり、矢野中尉と岡本耕安二飛曹（丙飛15期）の第一区隊と推測される。

一八三六、歩兵上陸用艇LCI(G)-465は、LCI(G)-568と共に方位281度へ向けて航行中、左舷後方の距離5000ヤード、高度2500フィートに零戦1機を発見した。対空射撃を開始すると同時にその敵機は突入を開始した。対空砲火で被弾した敵機は本艦の左舷から20フィートの地点に墜落して残骸の雨を降らせた。その直後、もう1機の同型機がLCI(G)-568に機銃掃射しつつ突入を開始した。一八四六、敵機は両翼の機銃を発射しつつ突入してきたので、甲板上に軽微な損傷を被った。爆弾を搭載していたが、投下することはなかった。敵機が突入する前に被弾によって傾いたために直撃は避けられたが、左主翼が艇尾に落下して20㎜機銃2基を射撃不能にし、戦死1名、負傷者4名の損害を受けた。この2機が時間的に米田豊中尉(予学13期)と佐々木忠夫二飛曹（特乙1期）の第二区隊と推測される。

翌4月3日曇りのち半晴。一五〇〇に西伊和男中尉（予備13期）を隊長とする第二建武隊の五十番爆戦8機（うち2機は発動機不調のため帰投）が一斉に発進、奄美大島南方の機動部隊を薄暮攻撃し、未帰還となった6機全機が「必中突入中」を打電した。

米軍記録では、この日一八二四～一八二八の間に本来の攻撃目標である第58任務部隊は攻撃を受けていない。おそらく

第58任務部隊を発見できず、第二目標である沖縄本島周辺の艦船を攻撃したものと推測される。この日、護衛空母ルディヤード・ベイのFM－2が一八五〇頃に沖縄本島東方にて零戦1機撃墜を報告しているが、建武隊の機体と特定はされていない。

「第一建武隊」は75％、「第二建武隊」は100％であった。二度の桜花攻撃の失敗で沈みきっていた野里は、続く突入成功の報に歓声に湧き士気は大いに上がった。

海が黒く見えるほど圧倒的な泊地艦船の数は一向に減らなかった。数百隻の大小の艦船が海面を覆い、後続部隊の到着によりむしろ数を増しているように思われた。

米侵攻部隊は比島特攻の戦訓を分析して、5層の防御網をめぐらせていた。最初の網は哨戒艦のレーダー波、第2の網は邀撃戦闘機、第3の網はレーダー哨戒艦の対空砲火、第4の網は機動部隊の上空哨戒戦闘機、第5の網は機動部隊の対空砲火である。

上陸軍は着々と地歩を固め、上陸2日目には、早くも北・中飛行場に小型機を発着させ始めた。米軍の設営能力からすれば、飛行場の完全整備も遠くない。そうなっては、上陸軍の追い落しはさらに困難となり、機動部隊が沖縄周辺に行動する必要もなくなり、これを撃滅する機会は失われる。

宿敵の機動部隊を第一目標とする「天一号作戦」の原則論はさておき、攻略部隊を徹底的に叩くことが当面の急務となってきた。攻略部隊を痛めつければ、当然、機動部隊は沖縄周辺に拘束され、これを撃滅する機会は自ずと到来する。

先の第三航空艦隊に続いて、第十航空艦隊も4月1日付けで第五航空艦隊と合同し、準備の遅れていた陸軍の第六航空軍もようやく本腰を入れ始めた。

戦機は占領された飛行場が使われるまでの旬日のうちにしかない。大本営海軍部と連合艦隊司令部とは、急遽参謀長草鹿龍之介中将と、作戦甲参謀の三上作夫中佐（海兵56期）を鹿屋基地に派遣した。

4月3日、晴れのち曇り。この日第三、第五、第十航空艦隊を第一機動基地航空部隊としてまとめ、沖縄に来寇した米艦隊に対し、航空特攻を主力とした航空総攻撃の「菊水一号作戦」が計画された。

この日、神雷部隊に出撃命令はなかったが、沖縄への特攻攻撃は引き続き行われていた。戦闘三一〇飛行隊の一員として第一国分基地より発進し、沖縄方面への特攻機の進路啓開のための制空戦闘に参加、喜界島上空の空戦で被弾して、喜界島の飛行場に不時着した梅林義輝上飛曹（甲飛10期）は、不時着した愛機に駆け寄ってきた同期の堀江真上飛曹（6月22日第十次桜花攻撃で特攻戦死）と出会った。堀江真上飛曹は梅林上飛曹の顔を見るなり「やられたなア。まだやっているじゃないか、危いぞ」と言って防空壕に入ることを勧めた。梅林上飛曹はちょうど降下してきたグラマンに気付き、あわてて藪の中に逃れた。神雷部隊の堀江上飛曹が喜界島にいたことから、3月28日に進出した4機の内の1名と判断するが、編成表が失われたため、のちに第三建武隊で喜界島から出撃した記録が残る指田良男一飛曹（乙飛17期）を除く残る2名が誰であったかは判然としない。また、発進直前の空襲により機材を失ったことで出撃できなかった3名がいつ鹿屋に帰還したのか、日付は明確ではない。

4月4日〇九一八、豊田連合艦隊司令長官は航空総攻撃の決行日を4月5日に予定して、諸準備を宇垣長官に命じた。

「連合艦隊ハ好機ニ乗ズル敵機動部隊及攻略部隊ニ対スル攻撃ヲ続行シツツX日（五日ト予定ス）ヲ期シ航空攻撃ヲ沖縄泊地ニ指向ス　敵増援攻略船団（支援空母及戦艦等ヲ含ム）ヲ覆滅スルト共ニあわせて敵機動部隊ヲ捕捉撃滅セントス」（GF電命作第六〇一号）

X日は4日午後になってから、機材準備の都合で6日に変更された。

作戦準備命令が次々と発せられ、組織的特攻を主体とする航空総攻撃の態勢が整えられていった。台湾方面の陸海軍航空部隊も共同作戦の準備を進めた。

特攻機には爆戦のほかに基地航空隊の攻撃飛行隊が装備した彗星、天山、銀河等に加え、第十航空艦隊を編成した練習航空隊が練習機として用いていた旧式の零戦二一型や零練戦、九九式艦爆、九七式一号艦攻までも駆り出された。

神雷部隊では、従来の桜花攻撃、五十番爆戦攻撃に加え、各地から鹿屋基地に進出してくる第十航空艦隊の戦闘機航空隊を作戦指揮下に入れ、人員の給養、人事面等の事務処理を担当すると共に、持ち込まれた中古機材の零戦と零練戦を改修し、二十五番（250kg爆弾）を抱かせて二十五番爆戦隊とした。長崎県大村航空隊「神剣隊」、朝鮮元山航空隊「七生隊」、茨城県筑波航空隊「筑波隊」、茨城県谷田部航空隊「昭和隊」の4隊である。既述の通り、隊員は各隊内部で選抜され、2月下旬より特攻突入を前提とした訓練を積んできた教官・教員および戦闘機搭乗員として延長教育の途中であった第14期飛行予備学生や第1期予備生徒、第18期乙種予科練、第12期甲種予科練の出身者等、実用機に搭乗した最終クラスの搭乗員が主力であった。

各隊には原隊より統率の幹部も鹿屋に進出し、大村空神剣隊は中島大八大尉（海兵68期）、元山空七生隊は小川二郎少佐（海兵64期）、筑波空筑波隊は吉松正博大尉（海兵71期）、谷田部空昭和隊は森田平太郎大尉（操練12期）がそれぞれの隊を統率、作戦命令等は各隊の幹部を通じて伝えられ、出撃の人選も彼らが行った。

これら機材は原隊出発前に爆戦として必要な内部艤装が追加され、元山空や谷田部空など「亜号燃料」（エチル／メチルアルコール混合燃料）使用機は、気化器を通常のガソリン対応用に再交換していた。鹿屋基地での各隊が持ち込んだ機材の整備は、原隊より整備兵が共に進出して整備にあたり、二十五番を搭載するための爆弾架が取り付けられると共に、零練戦の後席には航続力増大のため増槽が搭載され、爆戦への最終改装を終えた。

爆戦各隊の進出と共に、これら練習航空隊の教官、教員から別途編成された制空隊は、元山空は二〇三空の戦闘三〇三に編入されて笠野原基地に展開し、筑波空と谷田部空は派遣隊として出水基地に展開するなど、特攻機の突入進路啓開のための制空隊となった。

神雷部隊が爆戦特攻の規模を拡大するに及び、三四三空副長の中島正中佐が「作戦主任」の肩書で着任した（3月21日付発令、所属は十航艦司令部附）。比島戦では二一〇空飛行長として敷島隊編成当時からの爆戦特攻を指導した人物であり、その経験を神雷部隊に教示するための着任であった。

戦艦大和の出撃計画

前年10月のレイテ沖海戦とそれに続くオルモック輸送作戦の結果、連合艦隊水上部隊は壊滅的損害を受け、組織的戦闘力を喪失していた。また、開戦時約600万tを有していた重油も、南方油田地帯からの還送が絶たれた結果加速度的に減少し、この頃にはほとんど枯渇状態となっていた。このためわずかに残った大型艦艇のほとんどが昭和20年3月1日付けにて予備艦となり、作戦行動は断念され、軍港の浮き砲台となってしまった。残存する駆逐艦以下の小型艦艇のほとんどは海上輸送の護衛に振り向けられていた。このため、内地に組織的水上戦力として残されたのは戦艦大和と軽巡矢矧以

↑筑波空の特攻隊員用宿舎「神風舎」の前で撮影された第一、第二筑波隊隊員と司令部の記念写真。

下の第二水雷戦隊だけで編成された第二艦隊のみであり、それとて燃料の枯渇で出動もままならぬ状態であった。

このような情勢であったため、「天一号作戦」で沖縄を決戦場とした海軍も、手持ち航空戦力の集中投入を決意したものの、当初の作戦計画では水上艦隊の投入計画はなかった。しかし、作戦計画が動き始めた3月下旬に至り、「航空部隊が全力で体当たり攻撃を行おうというのに、水上部隊が何もしないわけにはいかない」との雰囲気が生まれていた。瀬戸内海に碇泊している第二艦隊を九州の佐世保に回航する示威行動により、米機動部隊を北上させ、基地航空隊でこれを攻撃するという、囮作戦も検討され、3月26日には佐世保回航の命令も出された。これを反映して27日には急速出撃準備として大和に燃料３０００ｔ、矢矧に１０００ｔ、各駆逐艦は燃料満載の指示と共に残工事の促進と未了工事の打ち切り復旧、と諸物件搭載が指示されている（この時点での燃料搭載なし）。しかし、この作戦案には軍令部や連合艦隊内部にも反対意見が多く、しかも誘い出すより先に九州地区への空襲が始まったことで28日に計画は頓挫した。第二艦隊は29日に三田尻沖に進出仮泊した。ここで駆逐艦響が機雷に触れて損傷し、呉に後退した。

この間、第二艦隊司令部で情勢を検討した結果、多くの大型艦艇同様に陸揚げ可能な兵器と弾薬、人員を揚陸し、艦自体は浮き砲台として運用するのが最も有利な案であるとの結論に達し、4月3日には連合艦隊司令部に意見具申することが決まった。しかし翌4日、既述の通り、沖縄に対する航空総攻撃に関するGF電命作第六〇一号が発令されたため、意見具申が延期された。

意見具申の延期が決まった翌日の4月5日の午前、連合艦隊司令部の作戦会議の席上で先任参謀の神重徳大佐（海兵48期）が、まったく唐突に大和を中心とする第二艦隊を沖縄上陸地点に突入させて海上砲台とする非情の作戦案を提示した。

「もし大和を柱島辺りに繋いだままで、大和が生き残ったままで戦争に敗けたとしたら、何と国民に説明するのか。沖縄のあの浅瀬に大和がのし上げて、18インチ（46㎝）砲を1発でも撃ってごらんなさい。日本軍の士気は上がり、米軍の士気は落ちる。どうしてもやらなくてはいかん。もしこれをやらないで大和がどこかの軍港に繋留されたまま野垂れ死にしたらどうなるか。非常な税金を使って、世界無敵の大和、武蔵を作った。無敵だ無敵だと宣伝した。それを何だ、無用の長物だと言われる。そうしたら、今後の日本は成り立たない。大和特攻作戦をやらにゃならん。成功の算は五分五分です。成功率は絶無じゃあない。いやしくも五分の成算がある限りはやるべきじゃあないか。いくさと言うものはそんなものじゃあないですか」と、発言した。先の軍令部内部で出された水上部隊の有効活用意見の具現化であった。

神先任参謀は、昭和17年8月8日の第一次ソロモン海戦での第八艦隊の夜間泊地殴り込み作戦を立案、成功させた人物であった。また、結果として失敗した（当時は一定の戦果を収めたと思われていた）レイテ湾への水上艦隊の突入作戦を立案したのも彼であり、部内で「神さん神懸かり」と、揶揄されていた。同じ手は二度と使わないから成功するのであるが、日本海軍はえてしてこの禁を破り、しばしば手痛い損害を受けていた。にもかかわらず、神先任参謀はまた水上艦隊の泊地突入を起案したのだった。それまで沖縄戦には第二艦隊は使わない方針であったので、その研究、準備はまったくされていなかった。

この日、水上部隊の沖縄戦投入に反対の態度を取っていた参謀長草鹿中将と作戦甲参謀三上中佐は先述の通り鹿屋基地に出張で不在であった。とはいえ、燃料がなくては作戦が始まらない。作戦乙参謀の千早正隆中佐（海兵58期）が整備参謀関政市大佐（海機38期）に「燃料は?」と尋ねると、「約3000t」と答えた。それでは作戦部隊の片道分しかない。千早中佐は「いかに九死に一生のない作戦でも、片道分の燃料で作戦を命ずることはできないと考えます」と、意見を述べたうえで、作戦室に下がって急いで作戦計画を立てる猶予を申し出て、会議は行き詰まった。

水上部隊出身の豊田司令長官にとって、自分の手で海軍の象徴を還らぬものとするのであるから、意を決しかねたのも無理はない。千早中佐が作戦室で海図を出して線引きをする間、関参謀は呉に出張していた機関参謀小林儀作大佐（海機33期）に電話で連絡した。小林参謀は軍需部などを駆けずりまわって、いわゆる帳簿外の燃料をかき集めた結果、合わせて約5万t余の在庫を確認していた。千早中佐の回想では5日のごく短時間で燃料在庫を調べたことになっているが、小林大佐の回想では出張したのは3月末であり、当初の目的は3月27日予定の燃料補給のための調査と推測される。「帳簿外」の燃料の把握が、ものの数時間でできたとは不自然で、あらかじめ時間をかけて調査していたデータを集計して報告したのではなかろうか。

現有在庫量に新規供給として1万500tを搭載すると、作戦部隊の沖縄往復を賄うのに充分であった。それまで躊躇していた豊田司令長官も、燃料問題を確認したうえで突入の決断を下した。戦後の回想では「（沖縄突入の）成功率は50％は無いだろう、五分五分の勝算は難しい、成功の算絶無だとは勿論考えないが、うまくいったらむしろ奇跡だ、という位に判断した」と、もとより成功の見込みの低いことは承知していた。この出撃命令は5日一三五九に発令（GF電令作第六〇三号）されている。この作戦の実態は、大和が撃沈されるまでの間、敵機動部隊の艦上機を引きつけ、特攻機の沖縄突入を間接的に支援するための囮役であった。

事前準備がまったくない中で、いきなり明日の出撃命令を受けた第二艦隊側では当然困惑した。第二艦隊司令長官伊藤整一中将（海兵39期）は、成功の見込みのまったくないこの作戦に疑念を抱いたが、鹿屋の第五航空艦隊に打ち合せ出張に出ていて作戦会議に出ないまま意に反する大和出撃の決定を下され、揚げ句にその伝達役にされた連合艦隊参謀長草鹿中将の「第二艦隊には一億総特攻の魁になっていただきたい」の言葉に「それなら良く分かった」と応じた。今日の常識的には理解し難い「大和に死に場所を与える」という、戦術的合理性の欠けた、極めて政治的な理由で、あたら将兵と艦艇を死地に投じるだけの作戦は実施されることとなった。

この合意の背景には、B-29により内地が空襲され、多くの民間人が犠牲となり、練度の低い若い搭乗員が爆弾を抱いた特攻機として出撃している現在の戦況下で、自分達だけが瀬戸内海で出撃のあてもなく訓練だけ続けていて良いのかという、作戦部隊の焦燥感があったと指摘する関係者もいる。

戦後制作された映画やＴＶドラマでは沖縄出撃は前々から決まっていたかのように描かれていることが多いが、事実はこのような経緯で前日にいきなり決まっているのである。

第二艦隊への最後の燃料補給は5日夕方から晩にかけて実施された。戦闘詳報に記載された「ＧＦヨリ指示アリ徳山に於ケル補給量２０００トン以内トス」の一文が戦後長く「片道燃料の特攻」の根拠となり、現在もなお、安易に大和片道燃料説を記述する者がいる。しかし、立場の異なる関係者の複数の証言があり、実際の燃料搭載は片道分ではなかったことは間違いない。

経緯はともあれ、実際は小林大佐以下の尽力により大和に４０００ｔ、矢矧に１２５０ｔ、各駆逐艦は燃料満載となり、沖縄への往復には充分な燃料が搭載されていた。とはいえ、駆逐艦の一部は重油搭載が間に合わず、代わりに満州産の大豆油を搭載して出撃したとの証言がある。熱量の低い大豆油では馬力が出ず、煙突からは豆の香ばしい匂いを漂わせながら30ノットを出すのが精一杯であったと伝えられている。

一方、「菊水一号作戦」発動を明日に控えた4月5日、小磯内閣が総辞職し、鈴木貫太郎退役海軍大将（海兵14期）に組閣の大命が降下した。79歳の高齢を理由に一度は拝辞したものの、結局は拝受することとなった。鈴木は侍従長時代には二・二六事件の襲撃目標のひとりとされ、反乱将校に襲撃され銃弾を受け重傷を負ったものの辛くも死をまぬがれていた。

組閣にあたって鈴木は、陸軍側の反対から内閣が成立しなくなる（陸軍側から陸軍大臣となる現役の陸軍将校の推薦がないと総理による兼務が憲法上できないため、内閣は崩壊する）のを避けるため、陸軍側が提示した3条件を呑んで組閣にあたることとなった。その3つの条件とは、

一、飽く迄大東亜戦争を完遂する事

二、勉めて陸海軍一体化の実現化期し得る如き内閣を組織す

る事

三、本土決戦必勝の為の陸軍の企図する諸施策を具体的に躊躇なく実行する事

であり、政治的に邪魔者の海軍を併呑することで国内に対抗勢力をなくし、陸軍の思うままに戦争を継続しようとする意図が露骨に見えるものであった。

表向きはあくまで戦争完遂内閣であったが、岡田啓介大将（海兵15期）とその娘婿の迫水久恒内閣書記官長らの協力により、海相米内光政、陸相阿南惟幾大将（陸士18期）、外相東郷茂徳などの閣僚人事を進めていた。

「菊水一号作戦」発動

4月6日、曇り。「菊水一号作戦」が発動された。

この日の南九州上空は雲が多く、海上の視界は良くなかったが、沖縄方面は晴れていた。各基地には未明から爆音が轟き、指揮所の電話が鳴りつづけた。

〇八〇〇、野里国民学校の神雷部隊隊員全員が雨天体操場に集合した。進出時の158名から半数近くに減った桜花隊に加え、増勢の十航艦からの二十五番爆戦隊員が各隊毎に整列した。

着任したばかりの作戦主任中島中佐が壇上に上がり、比島での経験だという爆戦特攻の突入要領を教示した。「なるべく大編隊で高々度をゆけ。突入角度は45度から60度。目標が空母なら飛行甲板を狙え。戦艦なら煙突ないし艦橋を狙え。いずれも相手の弱点」。その場にいた分隊長の林大尉は耳を疑った。大編隊の高々度飛行などレーダーに見つけてくれと言わんばかりの行為であり、零戦がこんな角度で突入したらダイブブレーキがないため過速に陥り、操縦桿が重すぎて引き起こしができず、狙ったところへの突入などとてもできるものではない。必死要員をひとりひとり指名しなければならない林大尉にとって、彼らに効果ある死を与えることが、せめてもの償いであった。中島中佐が退席するのを待って、中佐の示した突入要領を全面的に訂正した。

「高々度など論外。海面スレスレに飛んでレーダー波をかわせ。45度から60度の突入角度も絶対に不可能。私の試験飛行によれば、せいぜい20度から30度。突入点の指示にも問題がある。舷側の水線付近を狙え。もともと船というものは、浸水させなければ、沈没も傾斜もしない。少なくとも空母を傾斜させれば、搭戦機は発着できなくなる。一時的でも、制空権を奪える。欲を言えば、艦尾に突っこめ。舵をこわせば、航行不能に陥る。わが潜水艦が止めを刺してくれるだろう」

一〇二〇、九州からのこの日最初の攻撃隊として第一国分基地からの二一〇空の彗星隊13機が発進、10分後に制空隊として同じく二一〇空の零戦12機、紫電10機が後を追った。進

撃途上、徳之島南方80浬で敵艦載機40機と空戦、卯滝重雄中尉（予備13期）機以下6機が突入した。

一一三〇、森忠司中尉（予備13期）を隊長とする第三建武隊の五十番爆戦18機も鹿屋基地よりこれに加わった。さらに喜界島に進出していた4機中の1機指田良男一飛曹（乙飛17期）も出撃（残る3機は発進直前に空襲により地上大破）、計19機が喜界島の190度76浬の敵機動部隊に突入し、エンジン不調で引き返した1機を除く18機が未帰還となった。敵機動部隊の防空体制は堅く、中島作戦主任の指示に従った高々度飛行が最初の防御網レーダーに捕らえられ、早い段階での戦闘機の邀撃を受けたらしく、第三建武隊未帰還18機のうち、必中突入中を打電してきたものは4機にすぎなかった。

この日出撃した森中尉と金子保中尉（予備13期・第一筑波隊）は、非番の時は連れだって野里国民学校近くの浅井与吉氏宅をしばしば訪れ、何かと家の仕事を手伝っていた。

出撃前日の5日の夕方、ふたりがひょっこりやって来た。時間的に出撃の搭乗割が発表された直後であろう。いつもと変わった様子もなく冗談など言って「おじさん頑張ってくださいよ」と、軽く挨拶して帰っていった。浅井氏はふたりが帰ったあとで出撃の挨拶だったことに気付き、子供に当時貴重な鶏2羽を持たせて届けさせると、大変喜んで受け取った、と伝えられている。

一二〇〇、第五航空艦隊は「菊水一号作戦」発動により沖縄、南西諸島列島線の制空権確保のため、制空戦闘機隊を発進させた。また、陸軍第一〇〇飛行団隷下の飛行第一〇一戦隊、飛行第一〇二戦隊の四式戦闘機48機が発進、また同部隊の百式司偵は電探欺瞞紙を撒布して敵機動部隊の陽動に成功し、敵艦載機の一部は釘づけにされた。制空隊の活躍と相まって、沖縄周辺泊地への血路が開かれた。

一二三〇、円並地正壮中尉（予備13期）を隊長とする第一八幡護皇隊（宇佐空艦爆隊）の九九式艦爆14機が第一国分基地を発進。同じく山下博大尉（海兵68期）を隊長とする第一八幡護皇隊（宇佐空艦攻隊）の九七式艦攻13機が串良基地を発進した。続いて一二四五、佐藤清大尉（操練15期）を隊長とする第一護皇白鷺隊（姫路空）の九七式艦攻12機が串良基地を発進、一三〇〇には高橋義郎中尉（海兵72期）を隊長

↑森忠司中尉（予備13期）。4月6日、第三建武隊隊長として爆戦で敵機動部隊に突入し、特攻戦死。

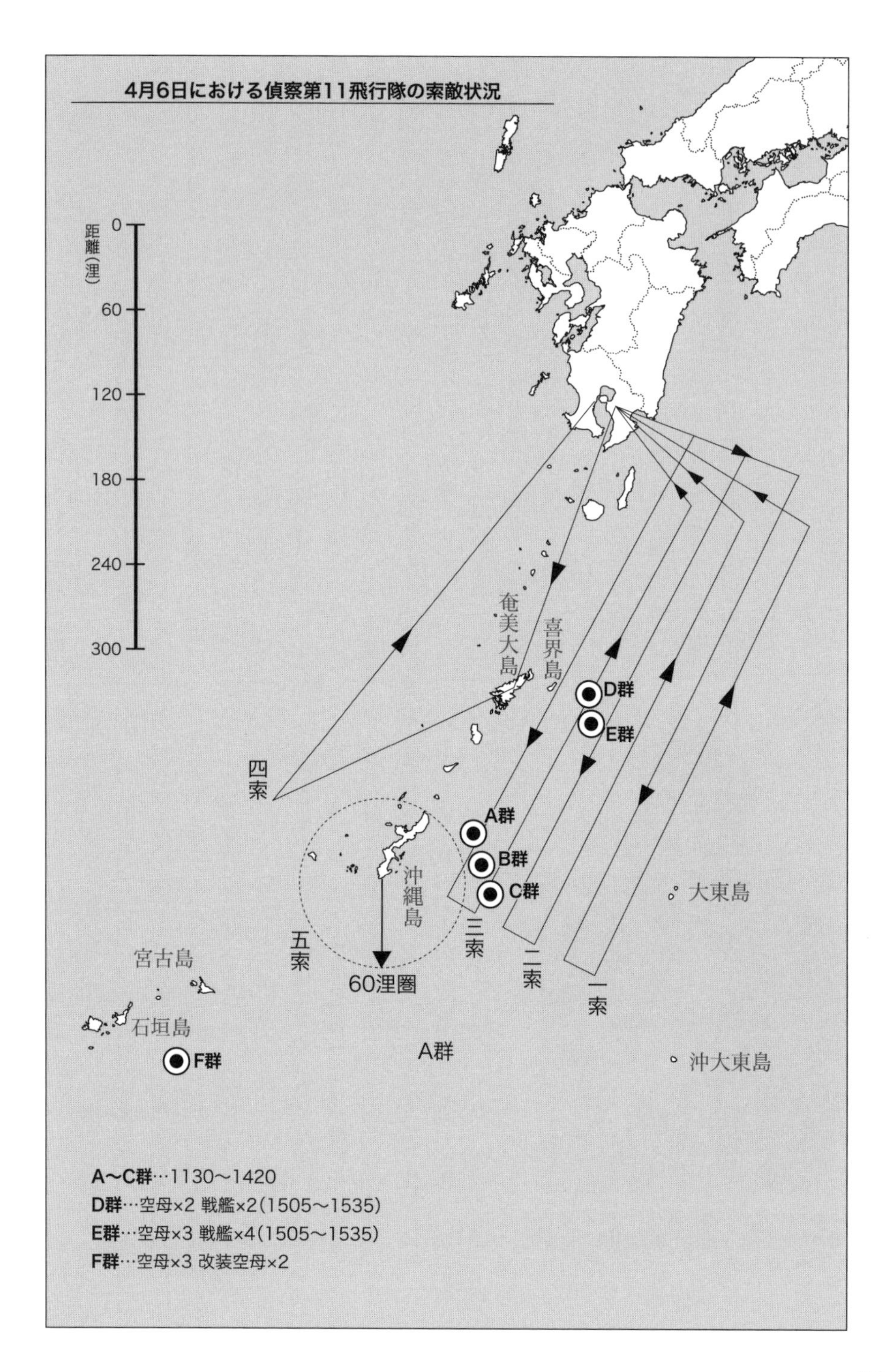
4月6日における偵察第11飛行隊の索敵状況
距離(浬)
0
60
120
180
240
300
奄美大島
喜界島
D群
E群
四索
A群
B群
C群
沖縄島
大東島
五索
三索
二索
一索
60浬圏
宮古島
石垣島
F群
A群
沖大東島
A～C群…1130～1420
D群…空母×2 戦艦×2(1505～1535)
E群…空母×3 戦艦×4(1505～1535)
F群…空母×3 改装空母×2

とする第一草薙隊（名古屋空）の九九式艦爆12機、および桑原知大尉（海兵71期）を隊長とする第一正統隊（百里原空）の九九式艦爆９機が第二国分基地を発進した。機材は旧式であるものの、洋上航法可能な多座機の特性を活かして散開し、多方向同時攻撃を企図して沖縄北、中飛行場沖の敵輸送船団や沖縄周辺の敵艦船群に突入した。

比島戦の戦訓から、早期警報態勢を取ることが日本軍の特攻戦術に対し効果的と判断した米軍は、沖縄戦では日本機の進出が最も予想される接近路をカバーするため、沖縄周辺に駆逐艦と護衛駆逐艦からなる、レーダー哨戒艦15隻を配備した。これらのレーダー哨戒艦は、敵機との触接を失うことなく、一艦から他艦へ目標がパスされるように配備されたので、邀撃戦闘機の指揮統制がはるかに容易となった。

最も優秀な戦闘機隊指揮管制将校たちの一部が駆逐艦に配置され、彼らの指揮下に、機動部隊上空の戦闘空中哨戒機隊のほかに、別に８機の戦闘機が追加された。レーダー哨戒艦艇は沖縄の中心から約１２０㎞前方の海域に配備された。それらの艦艇は通常、速力15ノットで哨戒しながら、常時レーダーと目視による対空および対水上の見張りを続け、１万ｍ以内に接近する敵味方不明機に対しては、すべて発砲するよう指示されていた。これらの艦艇は、戦闘機の邀撃を振り切り、ようやく出会った敵艦なので、真っ先に突入の標的とされた。この日展開していた哨戒艦のうち、特攻機に突入されたものは８隻に達し、うち３隻が沈没している。

日本軍の特攻作戦を阻止させるために最も役立ったレーダー哨戒艦は、のべ33隻が任務に就いたが、沖縄戦の最後まで日本軍特攻機の攻撃の重要目標とされ、結果的に機動部隊やほかの艦船への攻撃を吸収する役目を負うこととなった。度々集中攻撃を受けて５隻が沈没、18隻が損傷し、その被害率は69％に達した。

哨戒艦の対空砲火に特攻機が撃墜されても、次の特攻機が続いた。特攻機のあとに特攻機が続き、弾薬や補給物資を満載した慶良間列島泊地艦船の頭上に殺到した。狭い泊地では回避運動もままならない。泊地艦船は煙幕を張り、対空砲火の弾幕によって特攻機の突入を懸命に回避した。その濃密な弾幕に阻まれ、特攻機は空中で四散し、火だるまとなって海面に落ちる一方、体当りされた艦船は、炎のかたまりを噴きあげ、非装甲の船体を引き裂き、上部構造を屑鉄にし、白熱の弾片が四方に散った。戦闘の混乱から同士討ちが頻発し、６隻が損傷した。

各所で損傷した艦艇は慶良間列島泊地に集められ、応急修理を施されたが、後日その数が増えるに従い、米艦隊乗組員からは「墓場」と、俗称されるに至った。

鹿屋基地ではこの間も敵戦闘機が断続的に上空に現れ、特攻機の発進を妨害した。岡村司令に発進管制を命じられた林大尉は、見通しの利く掩体壕に上がり、ままよと折りたたみ

爆戦各隊兵力表

		月日	4/2	4/6	4/7	4/11	4/12	4/14
神雷部隊 爆戦隊		零戦五二型 五十番爆装	24	18	17	6	19	16
		零戦二一型 二十五番爆装	6	6	7	8	7	7
第十航空艦隊	十航艦総合	零戦五二型 五十番爆装						4
		零戦二一型 二十五番爆装		4				35
		零戦三二型 二十五番爆装						5
		零練戦 二十五番爆装						15
	元山空	零戦五二型 二十五番爆装			17	1		
		零戦五二型 五十番爆装					3	
		零戦三二型 二十五番爆装				1		
		零戦二一型 二十五番爆装			6	9	9	
		零練戦 二十五番爆装					6	
	筑波空	零戦二一型 二十五番爆装			4	4	6	
	谷田部空	零戦二一型 二十五番爆装				16	21	
		零戦五二型 五十番爆装					3	
	大村空	零戦二一型 二十五番爆装					4	
		零練戦 二十五番爆装					5	
		計	**30**	**28**	**51**	**45**	**83**	**82**

＊4/15以降の資料は発見されず

椅子に腰を下ろした。敵機が見えると、近くの高いポールに赤旗掲揚を指示、特攻機を掩体壕にもどす。敵機が去ると白旗掲揚を指示、急いで特攻機を発進させた。

神雷部隊からは午前に続き一三三九には松林平岩中尉（予備13期）を隊長とする第一神剣隊（大村空）二十五番爆戦15機、一三五五に宮武信夫大尉（海兵71期）を隊長とする第一七生隊（元山空）の11機、一四五五に石田寛中尉（予備13期）を隊長とする第一筑波隊（筑波空）の二十五番爆戦16機が鹿屋基地を発進、総計46機の二十五番爆戦（未帰還45機）が鹿屋基地を出撃した。この日の二十五爆戦は戦闘詳報ではすべて零戦二一型と記録されている。

現存する神雷部隊の兵力表は零戦二一型の保有数が優先的に増加している。作戦投入を急ぐため、零戦の整備が優先されたとみられる。また、零錬戦には航続力確保のため、後席に燃料タンクを増設したとの記録がある。兵力表に零練戦が登場するのは4月12日以降のことであることから、零練戦の改修は大がかりとなったか、あと回しとされた可能性が高い。また、戦闘詳報では出撃した二十五番爆戦は零戦二一型もしくは零練戦とされているが、兵力表には零戦三二型や零戦五二型の旧機材も二十五番爆戦用に準備されていることが明記されているので、これら機材も実際は出撃している可能性があるとみられる。

十航艦の二十五番爆戦（含零練戦）は無線器を搭載しない機体が多く、無線機は各区隊長機程度にしか搭載されていなかった。このため、全機搭載していた建武隊の五十番爆戦と異なり、突入の実態は判然としない。

第一七生隊の森丘哲四郎少尉（予備14期）はエンジン不調により奄美大島に不時着、その後佐世保経由で鹿屋に戻り、4月29日の第五七生隊で再出撃し、特攻戦死している。

第一筑波隊は小隊（4機編成）毎に白、赤、黄、紫、青などの色とりどりのマフラーで各自の小隊の団結を示していたが、当初18機の出撃予定が、爆弾投下器の不調で滑走中に脱落する事故が発生し、発進したのは16機にとどまった。

この時の状況を発進できなかった熊倉高敬中尉(予備13期)は、陣中日誌に「自分の小隊の番も遂に回ってきた。中島中佐に届けて出発。飛行機を壕内より引き出し、全列機を率いて滑走路上に上り、離陸せんとせし刹那、何と投下器より爆弾投下す。残念ながら機を外に引き出して、もう一度爆弾を吊らんとするに、全然故障して吊ることができず。残念と後を振り返り見れば、四番機も落として停止しおるを発見。夕刻せまり攻撃が夜となるを直感、急いで二、三番機を離陸せしめんと離陸位置に走りゆけば、二、三番機心配さうに吾が顔を眺むる如し。手旗にて『ユケ』と信号す。機に戻りて爆弾を見れば、整備員汗を流して努力すれど、遂に投下器を交換せねばならなくなってしまった。

ああ、何たることであらふ。後れをとった！」

と、記している。飛行機のみならず、関連機材も材質劣化に工作不良が加わった動作不良が多発していたことをうかがわせる記録である。

熊倉中尉は同じく発進を止められた四番機の新井利夫二飛曹（甲飛12期）と共に、4月14日の第二筑波隊で出撃、戦死している。

一五三五には吉田信太郎少尉（予備13期・偵察）の第三御盾隊天山隊の天山1機が串良基地より発進し、沖縄周辺の敵艦船群に突入した。

一三一〇、第三御盾隊（二五二部隊）の村井末吉少尉（予備13期・偵察）の彗星1機、宮本十三中尉（予備13期）以下二十五番爆戦3機が第一国分基地を発進、奄美大島の１４２度70浬の敵機動部隊に突入。さらに一五三五に吉岡久雄中尉（海兵73期・操縦）を隊長とする菊水部隊天山隊八十番爆装の天山8機が串良基地を発進し、沖縄本島周辺敵機動部隊に、一五五五、荒木孝中尉（予備13期・操縦）を隊長とする第三御盾隊（二五二部隊）の彗星3機、一六四五には百瀬甚吾中尉（海兵72期・偵察）を隊長とする第三御盾隊（六〇一部隊）の彗星2機が第一国分基地を発進し、沖縄本島北端の90度85浬の敵機動部隊に突入した。

これら第58任務部隊に対する攻撃は、事前に雷爆撃機の燃料を抜いて格納庫に収容する一方で全戦闘機を邀撃に上げて特攻機を迎え撃った結果、その厚い防御網に阻止されて軽空母サンジャシントに1機命中、軽空母ベローウッドに1機至近弾となった以外、目立った戦果は得られなかった。

また、この日は台湾からも、根本道雄中尉（予備13期・操縦）を隊長とする勇武隊の銀河3機が沖縄周辺の敵艦船群に突入。さらに一五〇〇には忠誠隊の南義雄一飛曹（丙飛15期・操縦）以下の彗星3機が、新竹基地を発進して、石垣島南方の英第57任務部隊に突入し、1機が空母イラストリアスに突入、小破させた。

この日海軍は３９１機（うち特攻機２１５機）が出撃し、特攻機を主として１７８機が未帰還となった。陸軍は第一次航空総攻撃として１３３機（うち特攻機62機）が出撃し、総計５２４機であった。

飽和攻撃をかけた特攻機は兵器の次元を越え、自己の身体生命を賭して刺し違え覚悟で挑む生身の人間そのものであった。連合軍側が半年もの間、特攻攻撃の事実を伏せていたのは、銃後の市民に与える影響はもとより、これから戦場に出る兵士の士気を阻喪してはならぬと考慮した結果にほかならない。

この日の攻撃により、駆逐艦2隻、掃海駆逐艦1隻、弾薬輸送船2隻、戦車揚陸艦1隻の計6隻沈没、駆逐艦3隻、護衛駆逐艦1隻、掃海駆逐艦1隻計5隻は被害甚大のため以後戦列に復帰せず、駆逐艦11隻損傷（内5隻大破）、軽空母サンジャシント損傷など、連合軍艦船27隻を撃沈破した。弾薬輸送船2隻の沈没により、上陸地点の米軍は一時的に弾薬不足に陥った。これらの物質的損害は物量を誇る米軍にとって、決して甚大ではないものの、米政府に沖縄攻略の困難さを強烈に印象付けることとなった。

一六三〇、豊田副武連合艦隊司令長官が鹿屋基地に飛来、陣頭指揮に立った。

戦艦大和の沈没

この日、一五二〇に戦艦大和及び第二水雷戦隊9隻からなる第二艦隊海上特攻隊（第一遊撃部隊と呼称した）が徳山沖を抜錨し、沖縄に向けて出撃した。沖縄の泊地突入予定は8日黎明である。二〇〇〇には豊後水道を通過し、潜水艦からの魚雷攻撃を避けるため、一定時間で一斉に進路を変える「之字運動」を開始し、翌4月7日大隅海峡を抜けたあとの〇三四五には佐多岬沖で進路280度に変針し、佐世保に向かうような偽装航路を取った。

夜明け近い〇六〇〇、今までの対潜警戒序列から対空用の第三警戒序列（輪形陣）に転換。大和と矢矧から射出された水偵による対潜警戒を実施すると共に、〇六三〇からは第五航空艦隊より差し向けられた、なけなしの戦力である三五二空の零戦隊が笠野原基地より5機から10機の規模で入れ替わりに上空直掩にあたり、9時過ぎには零戦16機と交代した。

一〇〇〇、連合艦隊司令部より、九州各地からの攻撃隊の第一波の出撃が報じられた。翼を振って最後の零戦隊が引き揚げると、一〇一四、入れ替わりのようにPBMマリナー飛行艇2機が上空に張りついた。雲は1000〜2000m付近に低く垂れ込め、雲間を縫って第二艦隊の行動を監視している。途中、180度変針等、大角度一斉回頭と之字運動を繰り返したり、主砲と副砲を斉射して追い払おうとしたが、敵飛行艇は付かず離れず相変わらず触接を続け、第一遊撃部隊の行動を逐一報告していた。マーク・ミッチャー中将率いる第58任務部隊はこの報告を受け、補給中の第2群を除いた作戦可能な第1、3、4群より、総計367機（これは第58任務部隊の艦載機の4割に相当する）の攻撃隊を発進させた。

この攻撃隊は途中、喜界島上空を通過したが、この光景を町谷昇次飛曹長が目撃していた。町谷飛曹長は前日の6日に攻撃二五六飛行隊の天山で薄暮雷撃のため、飛行隊長の長曾我部明大尉機の操縦員として喜界島に進出。離陸寸前のところを上空哨戒中の敵機に発見され、後上方からエンジンを射抜かれて離陸できなくなり、島での滞在を余儀なくされていた。「私らはお昼に敵艦上機の大編隊が大和攻撃のために北上していくのを島で目撃したんです。もちろんその時は大和出撃のことなんか知りませんから、『まだ沖縄に掛かったばかりなのに、もう九州に行くのはおかしいなぁ』なんて、思いながら眺めてました」

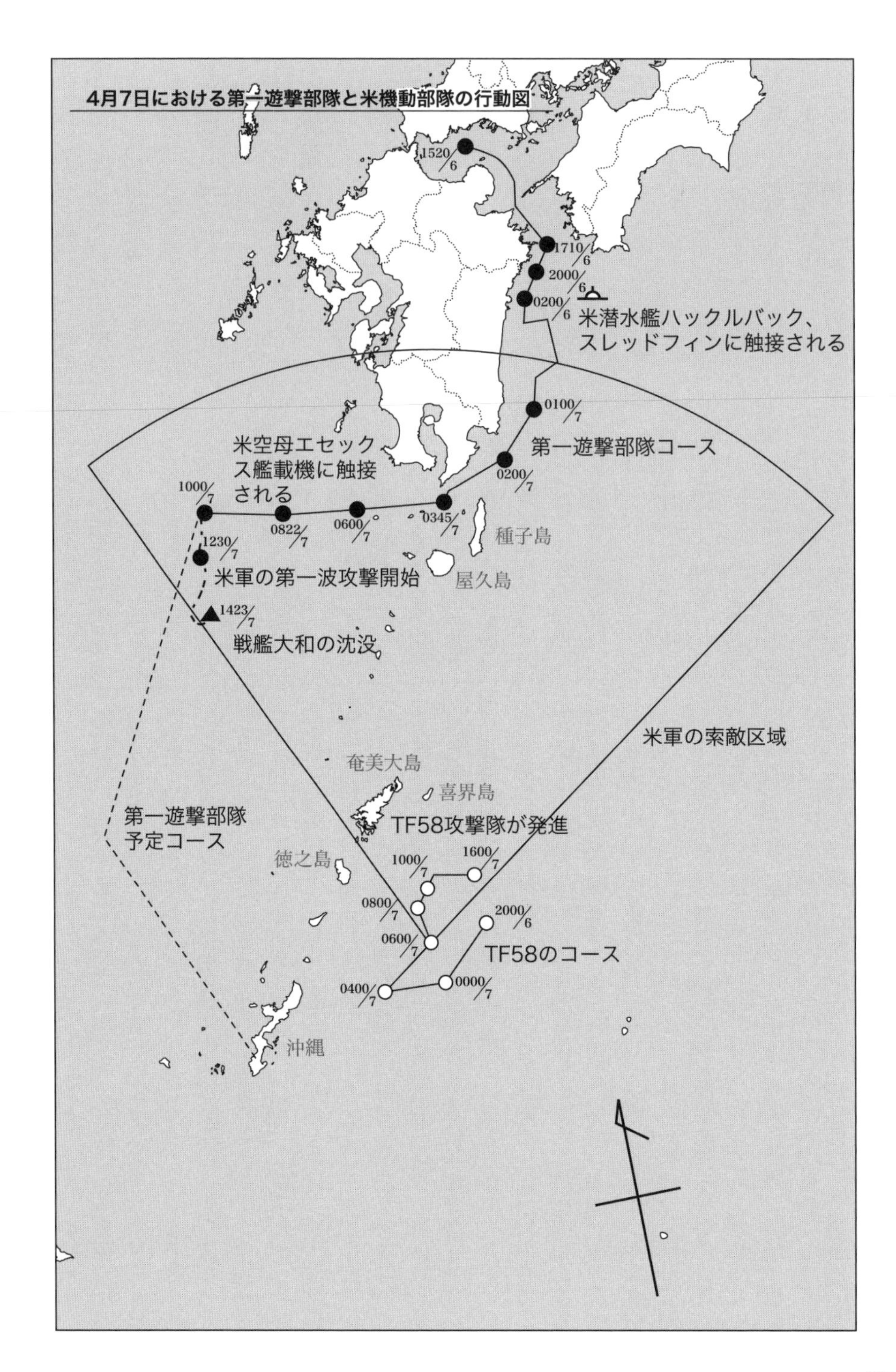
4月7日における第一遊撃部隊と米機動部隊の行動図
1520/6
1710/6
2000/6
0200/6
米潜水艦ハックルバック、スレッドフィンに触接される
0100/7
第一遊撃部隊コース
0200/7
米空母エセックス艦載機に触接される
1000/7
0822/7
0600/7
0345/7
種子島
屋久島
1230/7
米軍の第一波攻撃開始
1423/7
戦艦大和の沈没
米軍の索敵区域
奄美大島
喜界島
第一遊撃部隊予定コース
TF58攻撃隊が発進
徳之島
1000/7
1600/7
0800/7
2000/6
0600/7
TF58のコース
0400/7
0000/7
沖縄

一一二九に偽装航路から205度に一斉回頭し、沖縄に向かう航路に転じた。一一〇七、大和の対空一三号電探が180度方向に敵大編隊を探知し、一二三二、小雨まじりの悪天候下、敵艦載機101機からなる第一波が雲間から現れると、速力を22ノットから24ノットへと増速し、対空戦闘態勢を開始した。

攻撃側に優位な天候と、今までの対艦戦闘で得た経験と多少の被弾には動じない頑丈な機体に裏打ちされた米軍側搭乗員の士気は高く、米攻撃隊は主として左舷中央部の高角砲群と機銃群に爆撃とロケット弾攻撃と銃撃を集中した。対空砲火が弱った頃を見計らって雷撃を加え、回避運動をするとそれを見越して艦尾方向から正確な急降下爆撃を加えるという、優秀な無線通信能力を利用して高度に統制された攻撃を加え、大和の対空能力を奪って一方的な攻撃を加えた。

約20分続いた第一波攻撃では大和は爆弾1発と左舷に魚雷1本が命中。後部副砲に火災が発生し、対空電探と高角砲数器と多数の機銃座が破壊され左舷に5度傾いたものの、右舷区画への注水により、傾斜を復旧し致命的損傷には至っていなかった。しかし、直衛部隊の方は機関故障で後落していた朝霜が集中攻撃を受け沈没。輪形陣の前方に占位していた矢矧が爆弾と魚雷数発を受け航行不能。浜風が爆弾1発命中直後に魚雷1本が命中し、艦体が切断され数分で沈没。防空能力の高い涼月は右舷前方に直撃弾を受け浸水、後進9ノットで戦列から離れてしまった。

一二五〇、続いて第二波169機が来襲した。米軍は攻撃隊を小隊毎に振り分け、その大部分を大和に集中した。この戦闘で霞が爆弾2発の命中と至近弾で行動不能となった。大和は爆弾3発と左舷に魚雷3本が相次いで命中、生き残った冬月、雪風、初霜は左舷に傾き速力の落ちた大和の周りを旋回しつつ必死の阻止弾幕を上げたが、約30分の戦闘ののち、大和は被雷による浸水で左に15度傾き、速力は18ノットに低下していた。

その直後の一三三〇、第三波107機がほとんど間を置かずに来襲。航行不能となって大和から約20㎞落伍していた矢矧に第二水雷戦隊の旗艦変更の命を受けた磯風が接近中、さらなる攻撃を受け多数の命中弾と魚雷により一四〇五矢矧沈没。磯風も艦尾に至近弾を受け航行不能となった。

その後攻撃隊は残った駆逐艦には目もくれず、大和だけを狙って一方的に襲いかかった。浸水により傾斜した状態では揚弾器が動かず、残存の対空砲火もほとんど沈黙状態となっていた。傾斜復元の最後の手段として、いまだ稼働し機関科員が勤務している右舷機関室への大規模注水を試みたが、その結果、大幅な出力低下となり、速力は10ノットとなって、取り舵一杯の左回頭による遠心力でようやく姿勢を保つ状態であった。もはや回避行動もままならず、一四一〇、右舷に1本、左舷に5本の魚雷が命中、左舷への傾斜は急速に深まってゆく一方で、一三〇〇に艦橋左前方付近に命中した爆弾により発生していた火災が消火できず、副砲火薬庫から二番主砲の火薬庫に延焼、防空指揮所では火薬庫の温度上昇を知らせるアラームが点滅していた。

一四二〇、左舷への傾斜はますます深まり、ほとんど横倒しとなった。参謀長森下信衛少将（海兵45期）の「もうこの辺で良いと思います」との上申に、それまで戦闘にはまったく関与しなかったものの、もはやこれまでと判断した伊藤中将は「そうか、残念だったな」と答えた。参謀長を通じて艦長の有賀幸作大佐（海兵45期）に沖縄突入作戦の中止と総員最上甲板の退艦命令を出すと、生き残った幕僚達と握手を交わし、長官休憩室に入って中から鍵を掛け、再び現れることはなかった。退艦命令は、艦内の通信手段が寸断された状態では隅々まで伝えることは困難であった。

一四二三、左舷への傾斜を深めた大和の艦体はついに横倒しとなり、そのまま転覆し、約20秒後に延焼の続いていた二番砲塔と三番砲塔の弾薬庫が誘爆。二番砲塔の誘爆は被雷により損傷していた艦体を切断し、爆風は艦橋を破壊し、砲塔を脱落させた。その後、機関部への浸水によりボイラーが水蒸気爆発を起こし、北緯30度43分東経１２８度4分の東支那海水深３４５ｍの海底にその姿を没した。大和の被弾数は日本側記録の魚雷10～12本、爆弾3～5発に対し、米軍側記録では混戦の中の重複確認もあるのだろうが、魚雷33～35本、爆弾38発命中とある。沖縄はまだ遠く、残り丸1日の距離にあった。

生き残った冬月、雪風、初霜は沖縄突入を断念して生存者を救助し、航行不能となった霞と浜風を処分し、翌8日午前中に佐世保に帰投した。涼月も後進のまま午後に帰投。係留直前に浸水が増大し、緊急にドック入りしたがドックの排水が完了しないうちに着底した。

この戦闘で大和以下6隻を失い、戦死者は大和が伊藤中将以下２７４０名、第二水雷戦隊全体で９８１名、総計３７２１名に達し、以後日本海軍水上部隊の出撃は絶えた。

現存する「第二水雷戦隊戦闘詳報」の戦訓の項には「特攻部隊ノ使用ニ当リテハ（中略）極力成算アル作戦ヲ実施スル要アリ、思ヒ附キ的作戦ハ政略的作戦ニ堕シ、貴重ナル作戦部隊ヲ犬死セシメザルコト特ニ肝要ナリ（後略）」と、この出撃を急遽決めた連合艦隊司令部への怨嗟の言葉が綴られている。

対する米軍は損失航空機6機、損傷52機、うち1機が着水、5機が修理不能で廃棄処分となり、搭乗員14名が戦死または行方不明、負傷者4名であった。

この戦闘で、米機動部隊の艦載機約４００機を拘束したことで、基地航空隊の特攻攻撃の支援にはわずかばかりの効果があったものの、さらに米軍は沖縄戦に約１０００機もの航空機を投入していた。結局、沖縄戦の戦局全般に対し、何ら寄与するものはなかった。大和を巨大な人柱にしたその行動は、結果として日本海軍の終焉を象徴する役割を果たし、70余年経た今日も多く者の興味を引いて止まないが、代償は余りにも大きく、そして重かった。

航空特攻続く

「菊水一号作戦」に基づく組織的特攻はこの日も続行された。まず〇六四〇、富岡崇吉中尉（海兵73期）を隊長とする第三御盾隊（二五二部隊）二十五番爆戦4機が第一国分基地を発進、奄美大島の132度90浬の敵機動部隊に突入した。

一〇二〇には日吉恒夫中尉（予備13期）を隊長とする、第四建武隊の五十番爆戦12機が鹿屋基地から発進、3機が機材の不調や敵を発見できなかったことから引き返し、残る9機が喜界島南方の敵機動部隊に突入した。

隊長の日吉中尉は第三分隊所属であり、宇佐基地に展開していた2月末～3月半ば頃、第三建武隊で出撃・戦死した森忠司中尉と共に同じ予備13期出身ということから、攻撃七〇八の坂本進中尉と3人でしばしばレス（海軍用語でレストラン＝料亭のこと）に出かけて歓談していた。酔うと哀愁を帯びた『緑の地平線』（作詩／佐藤惣之助、作曲／古賀政男、歌／谷真酉美／昭和10年）を好んで良く歌い、また同席の者に歌わせていた。3月上旬のある日、いつものレスで支払いの際、坂本中尉はたまたま手持ちの金が2円ばかり足りず、日吉中尉から借りて支払いを済ませた。その直後桜花隊隊員は鹿屋に進出してしまい、坂本中尉が借金を返す機会は永遠に失われてしまった。坂本氏は60余年経たのち、借金を返せぬままでいることを気にかけたまま亡くなった。

また、もうひとりの士官は、林大尉を相手に天皇批判を開陳したあの西尾光夫中尉であった。林大尉と仲が良いのは周知のことであり、情をかけたと見られたくないために、あえて早く指名した。その決定に西尾中尉は「光栄です。ところで今夜一杯飲みませんか」と、酒の余り飲めぬ林大尉を誘って鹿屋市内の行きつけの飲み屋で忌憚ない会話を楽しんだ。

下士官隊員のうち、浅田晃一一飛曹（乙飛17期）は、前日の第三建武隊の帰還者であり、連日の出撃であった。この日帰還した3名も、4日後に次の出撃が待っていた。

木口久一飛曹（甲飛11期）は、両親が出稼ぎに渡っていた米国シアトルで生まれ、7歳まで現地で育った。国籍も学校教育も日本であったが、「互いに納得しないことはやらない。できないならノーと言う」との物の考え方に米国の影響が残った。日米開戦と共に6人兄妹の上3人は相次いで軍隊に入り、次々兄の久は海軍の搭乗員となった。次兄の木口勝氏は「アメリカ生まれと、うしろ指さされたくなかったから日本人になりきりたかったのではないか」と回想する。4月8日のこの日、中国大陸の陸軍当陽飛行場で通信傍受を担当していた次兄は、たまたまこの日、木口久一飛曹の突入を知らせる通信連絡を傍受し、次弟の戦死を知ったという。

一一二〇には国安昇大尉（海機51期・操縦）を隊長とする、第三御盾隊（六〇一部隊）の彗星11機が第一国分基地から沖縄本島北端90度１１０浬の敵機動部隊に突入。一二三〇には堀越治飛曹長（乙飛6期・偵察）を隊長とする第三御盾隊（七〇六部隊）の爆装銀河5機が宮崎基地から沖縄本島西方の敵艦船群に突入した。次いで一二四二には松浪武正上飛曹（丙飛10期・操縦）ら第四銀河隊の爆装銀河4機が、宮崎基地から南西諸島方面の敵艦船群に突入した。

この日海軍は１５６機（うち特攻機53機）が出撃し、特攻機を主に40機が未帰還となった。陸軍は55機（うち特攻機22機）が出撃し、総計２１１機。前日に比べ半分以下の出撃機数であった。

↑日吉恒夫中尉（予備13期）。4月7日、第四建武隊隊長として爆戦で敵機動部隊に突入、特攻戦死。

この日の攻撃による米軍の損害は空母ハンコックに1機突入し中破。駆逐艦ベネットが大破、戦艦メリーランドほか、駆逐艦1隻、護衛駆逐艦1隻、掃海特務艇1隻が特攻機の攻撃を受けて損傷している。

第58任務部隊の1群に所属するハンコックが攻撃を受けたのは一二一二頃、時間的には第四建武隊9機が空母に対する突入を報じて来たのが一三一〇以降なので、その前に出撃した第三御盾隊（二五二部隊）の二十五番爆戦4機の中の1機の可能性が高いが、特定は困難である。

米軍は緊急を要する場合、いちいち暗号を組まず、平文の電報を良く打った。このため、組織的大規模特攻によって敵が動揺していることは、傍受した通信状況からも推察された。沖縄本島の陸軍第三十二軍からは撃沈破合計約七〇隻という、陸上からの観測報告がもたらされた。南西諸島方面に

↑浅田晃一上飛曹（乙飛17期）。4月7日、第四建武隊隊員として爆戦で敵機動部隊に突入、特攻戦死。写真は神ノ池基地での撮影である。

来襲する敵艦載機も激減した。

大本営は4月8日、5日夜以来の戦果をまとめて、撃沈15隻（特設空母2隻、戦艦1隻、艦種不詳6隻、駆逐艦1隻、輸送船5隻）、撃破19隻（戦艦3隻、巡洋艦3隻、艦種不詳6隻、輸送船7隻）と発表した。実際は既述の通りであるが、艦種や撃沈破を問わずに隻数だけを合算すれば、無線での突入報告のみに頼った日本側の判定に大きな狂いはなかった。

この戦果判定により、宇垣長官は、あと一、二撃で敵攻略部隊を壊滅できると判断した。「菊水一号作戦」の開始直前まで「第二、第三と繰り返すものでない」としていた考えを改め、組織特攻の続行を鹿屋基地で指揮中の豊田司令長官に具申した。

軍令部次長から豊田司令長官あての機密電も、「万難ヲ排シ戦機ヲ失セズ総追撃ニ転移スルヲ適当ト認メアリ　機材ノ補充　特攻装備等ニ就テハ極力促進中」（大海機密第〇九一一〇六番電）と、伝えてきた。

豊田司令長官は「諸情況ヲ綜合スルニ敵ハ動揺ノ兆アリテ戦機ハ正ニ七分三分ノ兼合ニアリ」との判断に基づき、4月9日、「菊水二号作戦」の決行を命じた。

一号が二号になれば、あとは兵力が尽きるまで終止符を打てない。比島での特攻でもそうであった。宇垣長官は軍令部、連合艦隊の支持を得て、結局十号にもおよぶこととなる、根こそぎ動員の大量特攻へ踏み出した。

これを受けて岡村司令は足立少佐と二階堂少佐に対し、4月10日付けで今後の訓練方針を指示している（機密第一〇二〇四六番電）。

イ．全機昼間雷爆攻撃　ロ．一部夜間基地爆撃　ハ．一部夜間雷撃

これだけを読むと、爆戦攻撃へのシフトによって手空きとなろう陸攻隊を本来の攻務に就かせようとの意図がうかがえるが、桜花攻撃での消耗が激しい陸攻隊には難しいものであった。

野里での生活

海上特攻隊壊滅の日から崩れ始めた天候は、3日連続の雨となって作戦行動ができなかった。ただし、陸軍ではこの間も連日特攻機を出撃させており、一概に天候不良だけが理由ではなく、機材準備の問題も関わっていたものとみられる。

4月に神雷部隊に着任した作戦主任の中島中佐は戦後間もない昭和26年に猪口（詫間）力平大佐（海兵52期）と共著した『神風特別攻撃隊』の中で、当時の野里国民学校を評して「明治時代に建てられた小学校が彼らの宿舎になっていた。教室の窓という窓は三月の空襲を受けガラスは一枚もなく、天井から屋根を通して空の見えるところが多かった。その学

校の古釘の頭を出した真黒な床板が、彼らの休憩所であり、また夜の寝床でもあったのである。

私はラバウル、ニューギニア、フィリッピン等、沢山の戦場の（生活）経験を持っていたが、こんなに荒れている搭乗員宿舎は見たことがなかった。（中略）校庭には桜の大樹があるのか、ガランとした南の破れ窓からおびただしい山桜の花びらが粉々として舞こんできた。本来なら風流なこの風情も、今は風流どころではなく、肌寒い夜風に吹きさらされて、毛布をかぶってもなかなか眠れなかった」

これは多分に誇張がみられるようである。確かに爆撃の影響で破損はしており、また戦地の搭乗員宿舎がほかの宿舎に較べて比較的良い条件であったのは確かだが、ひどいとはいえ、この時期の最前線宿舎として野里国民学校がここまで酷評されるべきものなのか、疑問が残る。

4月8日谷田部空より鹿屋に進出し、4月16日の第四昭和隊として出撃、戦死した佐藤光男少尉（予備14期）の日記には「小学校宿舎に入る。梁山泊の如し、手荒く不自由なるも、また楽し」と、最前線基地での不自由な宿舎生活をキャンプ生活のようにある種楽しんでいる風でもある。確かに寝ていて屋根の穴から春の夜の星が見えるのは風流であったかもしれないが、一度雨ともなれば風流どころではない。屋根の穴から遠慮なく降ってくる雨には閉口したのは言うまでもない。田んぼに面した低地で湿気もひどかった。

昭和隊隊員に割り当てられた教室も雨漏りがひどく、雨の日は片隅に寄り添って寝たが、それでも頬に当たるしぶきを遮ることはできず、朝には足下に水たまりができていた。

中島中佐は野里国民学校での甲板士官（部隊の風紀、規律の取締役）である桜花隊の土肥三郎中尉（予備13期）を呼び、宿舎の生活環境改善を命じた。土肥中尉は設営隊や基地隊と交渉し、畳を少しずつ集めては床に敷き、士官室には小さいながらも竹製のベッドが用意された。そのうち土肥中尉は予備学生出身の少尉中尉達を指揮して、汚れ放題となっていた各部屋の掃除にも取りかかり、殺風景な宿舎も少しずつではあるが整い始めた。

その効果は4月29日に第五昭和隊で出撃する市島保男少尉（予備14期）の23日付け日記に「教室の中に机と竹のベットが置いてあるだけである。机の上には誰が挿したか、バラとカタバミ、矢車草が飾ってあり、殺風景な中に一脈の可憐さを漂わせている」との記述があるように、殺風景な中にもささやかな潤いのあるものとなっていたようである。

宿舎となった教室にはオルガンが残されていた。演奏の心得のある者が折りを見て弾いてはほかの者が加わり唱和した。曲目は『影を慕いて』『誰か故郷を思わざる』といった流行歌から、『あめふり』や文部省唱歌等から英、仏、独に満州国の国歌まで、敵性曲であろうと何であろうとお構いなしに歌った。

特筆されることとして、クリスチャンの隊員は仲間と賛美歌を歌っている。また、野里を訪れたシスターが一心に祈っているのを興味なさげに眺めている昭和隊隊員の写真も現存している。近年の特攻隊芝居にある「聖書を持っているだけで迫害される」ような出来事は、少なくとも神雷部隊にはなかった。

野里国民学校の背後の道路に沿って用水路となる小川が流れていた。水道のなかった江戸時代からこの用水路は農家の大切な使い水であり、泥足など洗うこと等は不文律として禁じられていたという。この習慣は戦争の頃も続いていた。佐藤少尉の日記に、「朝、附近の小川にて顔を洗う」と出ているのは、この用水路のことであり、多くの隊員達がこの水の世話になった。

朝、小川で洗面を済ませた隊員達は、朝食までの短い時間を草むらに坐って雑談にふけるのが習慣であった。ひとりひとりは短い日数ではあったが、入れ替わり、立ち替わり野里国民学校にやって来た隊員達は、先輩を見習い、朝は必ずここに坐って雑談した。

小川の水音と青草の土の匂いは周囲を満たし、朝の新鮮な空気は、寝不足の彼らの鼻をくすぐった。草むらの上に、大の字になって、空を仰ぐものもいる。「たまには、濃い味噌汁が飲みたいなあ」。誰言うとなく、食べ物の話になると、「豆腐の味噌汁が一番うまいなあ」と、生まれ育ちが皆異なるのに軍隊暮らしが続くと食べ物の好みまで一致するのがまた不

↑佐藤光男少尉（予備14期）。4月16日、第四昭和隊隊員として爆戦で敵機動部隊に突入、特攻戦死。操縦席横の「アルコール50%」の表示は谷田部空時代の名残りである。この出撃の際には91オクタンのガソリンが使えるよう、気化器が交換されていた。

↑土肥三郎中尉（予備13期）。4月12日、第三次桜花攻撃で駆逐艦マンナート・L・エーブルに突入、轟沈させて特攻戦死となった。宿舎としていた野里国民学校では甲板士官を務め、隊員達の生活環境改善に努力した。

↑野里を訪れたシスターと昭和隊隊員

思議であった。

特攻隊員は航空食ではなく、色々な家庭料理を欲した。それは刺身、すき焼き等、当時は夢のような食べ物ばかりである。食料不足の民間では米の配給も滞りがちで、大豆やコウリャンが代わりに配給され、カボチャや芋の蔓を親子兄弟わかちあって食べているこの時代に、途方もない贅沢を話し合っていた。

野里での食事は、学校の裏手の道を挟んだ左側に朝日神社という小さな神社があり、そこの境内に釜を置いて烹炊所としていた。隊員達の食事もここで作られていた。

死刑囚ばりに出撃の朝だけでも御馳走をするような特別扱いは野里ではしなかった。できなかったと言うのが正しい。切迫する食料事情では特別扱いも難しくなっていた。

朝食の知らせで、士官食堂（といっても隣の教室）にガヤガヤ一団になって行けば、塩ぬきの精進料理のように薄い桜島大根の味噌汁が待っていた。妄想が膨らみすぎて外れたものの、諦めている隊員達は文句も言わずに薄い味噌汁をすすった。

隊員用ドラム缶風呂は用水路近くの松林の中にいくつかすえられてあった。川水はきれいなのでそのまま風呂水に使えた。後日進出した細川八朗中尉は「分隊士、風呂がわいたから、入ってください」と、声をかけられ、しばしば勝村幸治二飛曹（特乙1期）の湧かした風呂に入った。

↑勝村幸治二飛曹（特乙1期）不可抗力の機材故障や天候不良等で突入を果たせず、終戦を迎えた。

「神雷モンキー」昭男のこと

先述の通り、野里国民学校の周辺の山下集落では強制移転が行われたため、生活が困窮する家庭も出てきた。もともと焼酎好きで酒グセが悪く、地元の人からも煙たがられていたある老人は、4歳位の孫とふたり、リヤカーを曳いて神雷部隊の残飯をもらって何とか生活していた。この頃はだいぶ貧しくなったとはいえ、一般社会から見れば航空隊、しかも特攻隊の食事はかなり上等なものに見えたのは想像に難くない。老人の孫に対する態度は、はた目に見ても厄介者扱いしているのがありありと分かるものであった。

ある日、老人は自分と残飯を乗せたボロリヤカーを孫に曳かせて帰る途中、田村万策上飛曹（丙飛3期）に見つかった。「こらっ、こんな子供に車を曳かせ、自分が乗るとは何ごとだ、降りろ！」と怒鳴られ、文句を言おうとしたらさらに田村上飛曹にひどく叱られ、「お前が面倒見るのがいやなら、俺が引きとってやる」と、売り言葉に買い言葉、このようないきさつで孫は神雷部隊に引き取られることとなった。孫の名は瀬戸口昭男と言った。

世の中因果なもので、昭男を手放した老人は間もなく空襲の爆弾にやられて死んでしまい、昭男は本当に孤児となってしまった。絵が上手で小さくてすばしっこい昭男は「神雷モンキー」のあだ名をもらい、小林常信中尉（予備13期）や高野次郎中尉（予備13期）達に可愛がられ、母親の弟の叔父が大阪から引き取りにくるまでの間、部隊で面倒を見られていた。

学童と隊員達

今まで通っていた学校が特攻隊員の宿舎となり、当時小国民と呼ばれた学童達は神社や地区集会所等に分散して授業を受けるようになったが、実際のところその仮設教室に行く子供は少なかった。自分達のために子供達が満足な教育を受けられなくなっている有様は、教員養成の高等師範学校出身者も多かった予備学生達には身を切られるようにつらかった。

ある日、子供達と何とかして仲良くなろうと皆で相談して

↑孤児の昭男

勉強を教えることとなった。予備学生にとって学問が本来の専門であって、飛行機乗りは専門ではない。予備学生達による家庭教師の効果は絶大であった。

評判は親達から近所においおい伝わって、「特攻隊に選ばれて、さぞかし親御さんは案じておられるでしょう」と心から言ってくれる人達が増え、周辺の人達と付き合いが増えるようにもなった。

隊員達は遠く故郷にいる弟妹の代わりに基地の子供を愛し、母親を慕う気持ちを住民の厚意に甘えることに代えて秘かに喜んだ。

周辺の住民達は無謀な特攻出撃を気の毒がり、それに笑って参加している大学生である予備学生を勇気の象徴であると褒めたたえた。隊員は子供達と勉強する時幸せを感じ、学業半ばで奪われたペンを折れた短い鉛筆に代えて、想いを込めて一生懸命教えた。

6年生だというある子供は、4年生位の実力しかなく、ずいぶん学力は落ちており、このまま戦争が続けば、物事を知らない子供ばかりになるのではないかと隊員達は暗澹とした。漢字などはさらに酷く、自分の名前しか書けない学童もたくさんいたことも事実である。

戦後70余年、死んだ特攻隊員に字を習い、数学を教わった子供達も今では80歳代となっている。死んだ特攻隊員達は、今でも彼らの中に生きているのではないだろうか。

一方、子供達との交流に腐心した予備学生出身の士官に比べ、子供達と年齢的に10歳と離れていない下士官搭乗員達はもっと自然に交流できたようである。5月11日に第六神剣隊で戦死する淡路義二一飛曹（乙飛18期）は、その日記に「一八〇〇整列後、付近の小川に子供達と魚取りに行く。戦果は戦艦（コイ）なし、巡洋艦（フナ）六、駆逐艦（ハヤ）四なり。父と共に川辺に立ちて何事か叫ぶ、幼きわれを夢に見し」と、書き記し、地元の子供達と童心に返って遊んだ様子がうかがえる。また、桜花隊の小城久作上飛曹は、烹炊所の置かれた朝日神社の境内で子供達と合唱したと回想している。

神雷風雲荘

菊水作戦開始にともない、十航艦の爆戦隊隊員まで受け入れた神雷部隊では、宿舎が野里国民学校だけでは手狭となっていた。このため、近くの林の中に木造のバラック小屋が建てられ、「神雷風雲荘」の看板を掲げた。ここを宿舎としたのはあとから着任した爆戦隊隊員であった。

3月半ばから桜花の現地改修にあたっていた第一航空廠の片岡一等工員ら6名は、4月半ば過ぎ頃にようやく鹿屋展開の50〜60機分の改修作業を終えた。

次の宮崎基地へ移動するため、引率者の先輩工員が神雷部隊に報告に行くと、岡村司令に「最後に神雷部隊の宿舎を見ていってくれ」と言われて帰ってきた。

そこで一同は近くの神雷風雲荘に行ってみると、「無断立入禁止」の看板と共に番兵が立っていた。建物の屋根は杉皮葺きで竹釘で押さえられており、窓にはガラスはなく、戸板の押し開き式のごく粗末なものであった。（この造りは写真が現存する偵察第一一の宿舎と共通であり、基地隊が一括施工したものとみられる）番兵に事情を説明し、中に入ると、薄暗い室内には誰もいなかった。整理整頓された室内は部屋の右側に布団がきちんと畳まれて積まれ、左側には寄せ書きの書かれた軍艦旗を背に、食卓を利用して二段に積み上げられた祭壇が設けられ、祭壇の上には出撃した隊員の物らしき遺品が置かれていた。

祭壇の前にぽつんと手袋が落ちていたので片岡一等工員が拾い上げて置こうとすると、「こら、まだ死んだと決まったわけではない。そのままにしておけ」と、番兵に怒鳴られた。先に戦死して祭壇に祀られた隊員と明日は我が身と思っている隊員が同居している有様が片岡一等工員には理解しがたく、早々に外に出たという。

第五建武隊の出撃

3日間降り続いた雨もようやく4月11日に上がると、この日が最終日となる「菊水一号作戦」が再開された。とはいえ鹿屋基地上空は雲量10の曇りで雲高700～1000mと、かなり視界が悪いものであった。

まだ夜明け前の〇三〇〇に彩雲と彗星夜戦4機が黎明索敵に出発。〇六四五から〇七〇〇にかけて第二段索敵としてさらに彩雲6機、彗星夜戦3機が出発した。

〇九三〇、第二段の索敵機より「喜界島南方70浬の沖縄海域で空母2隻、特空母1隻、戦艦3隻を含む大機動部隊」発見（位置的に第58・4任務部隊とみられる）の無電があり、次いで一〇二二には別の索敵線を飛んだ索敵機より「大型空母2隻、特空母1隻、戦艦3隻、巡洋艦3隻、駆逐艦7隻、地点メツニキ進行方向南西、速力20ノット」との報告（位置的に第58・3任務部隊とみられる）が入った。

この報告を受け、第五航空艦隊司令部は作戦を立案、一一〇〇発進の制空隊60機と呼応した爆戦16機からなる攻撃隊の編成を命じ、発進を一一一五、攻撃予定を一三〇〇とした。

それでも発見してから4時間半を経過しており、仮に20ノットで航行していたとしても、単純計算でも直線で90浬（167㎞）は移動することを意味していた。まして複雑な行動を取る敵機動部隊の未来位置を推測して攻撃するのは至難の業であり、洋上航法の可能な海軍機でなければ務まらず、それでも捕捉は困難であった。

検討の結果、奄美大島１５５度60浬の機動部隊を第一目標とし、喜界島１４０度45浬の機動部隊を第二目標として、待機中の各部隊に出撃を命じた。

この日神雷部隊の出撃は、矢口重寿中尉（予備13期）を隊長とする五十番爆戦第五建武隊16機で、1時間以上遅れた一二一五から一二二四にかけて鹿屋基地を出撃、第一目標の喜界島南方の機動部隊に向かった。

この第五建武隊の行動に関しては、すでに複数の研究者によって詳細な調査と検証がなされており、『戦艦ミズーリに突入した零戦』（光人社）が出版されている。しかし、この著者の可知晃氏は、編隊は奇数番と偶数番どうしで組まれる（一番機と三番機、二番機と四番機）という基本的な原則をなぜか見落としており、このため、氏の推測された機体と搭乗員の照合に一部錯誤が生じている。ここで、改めて再照合を試みてみた。

鹿屋基地を発進した重い五十番を抱いた爆戦は滑走路を一杯に使って離陸し、鹿児島湾上空で2機毎の編隊を組んで進路１９３度で進撃を開始。間もなくエンジン不調で3機が引き返した。この3機のうち、久保田久四二飛曹（特乙1期）は故障修理後30分遅れで単機発進し、あとを追った（その後消息を絶ち、突入戦死と認定）。

進撃を続けた各機は、制空隊によって敵機が牽制されている隙を突く形で喜界島を一三三〇に通過後、８本の扇状に散開し索敵攻撃を実施した。目標とする米機動部隊は2群が東西に並んだ形で予想よりも遅い速度で北上中であった。米機動部隊側では、特攻機の接近を感知し、邀撃戦闘機を向かわせると共に、レーダー哨戒艦として展開していた駆逐艦4隻を上空直衛機を特攻機の邀撃に向かわせたため、一時的に哨戒艦の任務を解き、最寄りの南東20㎞の第58・3群に合流するよう指示が出され、高速で南下させていた。

この間、米軍のレーダースクリーンは特攻機とそれに向かわせた邀撃機と、空戦を終えて母艦に戻る機体が錯綜し、邀撃相手を誘導したら味方だったり、識別できなくなった艦艇から味方撃ちが発生したりと、画面が飽和状態となって敵味

↑矢口重久中尉（予備13期）。4月11日、第五建武隊隊長として爆戦で敵機動部隊に突入、特攻戦死。

方の識別が困難となった。

このため、一時邀撃戦闘機を機動部隊上空から移動させ、識別の整理を行った。その隙を突いて第五建武隊の15機が突入した。

最初に襲われたのが合流中の哨戒艦4隻であった。一三五〇、駆逐艦ブラックが機銃掃射をしながら突入してきた特攻機1機を撃墜した。一三三五に「我敵空母ニ必中突入中」を打電した不明機が撃墜されたとすれば、市毛夫司一飛曹（乙飛17期）の可能性が高い。

一三五七駆逐艦ブラードに対し、1機が太陽を背にして機銃掃射をしながら突入してきたが、同艦の対空砲火が命中し、特攻機は燃えながら左翼をブラードの艦尾に接触させたのち、後方50ヤード（45ｍ）の海中に突入。同艦に死傷者はなく、航行に支障はなかった。これは一三五三に「我敵艦ニ必中突入中」を打電した西本政弘一飛曹（甲11期）、もしくは一三五七に「我敵空母ニ必中突入中」を打電した不明機（八幡高明上飛曹（乙飛16期）か）であったとも推察される。

一四一二には駆逐艦キッドの左舷５０００ヤード（４５００ｍ）に特攻機2機がドッグファイト（格闘戦）を偽装しながら西側から接近した。その様子がまるで特攻機を攻撃している味方機のように見えた（実際には緊密な編隊を組んでいる様子が追従攻撃のように見えたのではないかとの意見がある）ため、各艦は味方撃ちを避けて、発砲を差し控えた。2機はキッドの左舷１５００ヤード（１２００ｍ）まで来ると急に格闘戦を止め、急降下しながらキッドの対空火器が指向できない低空に降下。手前にいたブラックを飛び越し、機銃を掃射しながらキッドの後部ボイラー室に突入した。爆弾は舷側を突き抜けて右舷側で爆発、38名が戦死、ムーア艦長以下55名が負傷した。この機体は一四一〇に「我敵艦ニ必中突入中」と打電した矢口重寿中尉（予備13期）と見られる。その後共に行動していた1機は同じ区隊と見られ、一五〇〇諏訪瀬島南方海上に不時着し、搭乗員大田義彰一飛曹（乙飛17期）は諏訪瀬島に漂着、その後駆潜艇に収容されて6月14日に鹿屋基地に戻るまで同島で生活することとなる。

一方、第58・3群の機動部隊本隊は、西側に索敵攻撃に展開していた機体の攻撃を受け、一四一〇に第58・3群の空母エンタープライズ左舷舷側に1機が突入、至近弾となった。状況から一四〇五「我敵空母ニ必中突入中」を打電した曽我部隆二飛曹（丙16期）か、一三五三・五に「我敵空母ニ必中突入中」と打電した竹野弁治一飛曹（乙飛17期）のいずれかとみられる。

区隊の編成上不自然であるが、これら消去法により索敵線の最西端を飛んだと推測されている石井謙吉二飛曹（丙飛17期）と、石野節男二飛曹（特乙1期）の2機は目標を発見できず、二度の変針により北上中に第58・4群の機動部隊を発見。一四三九石野二飛曹が「敵機動部隊見ユ」の電文を打電

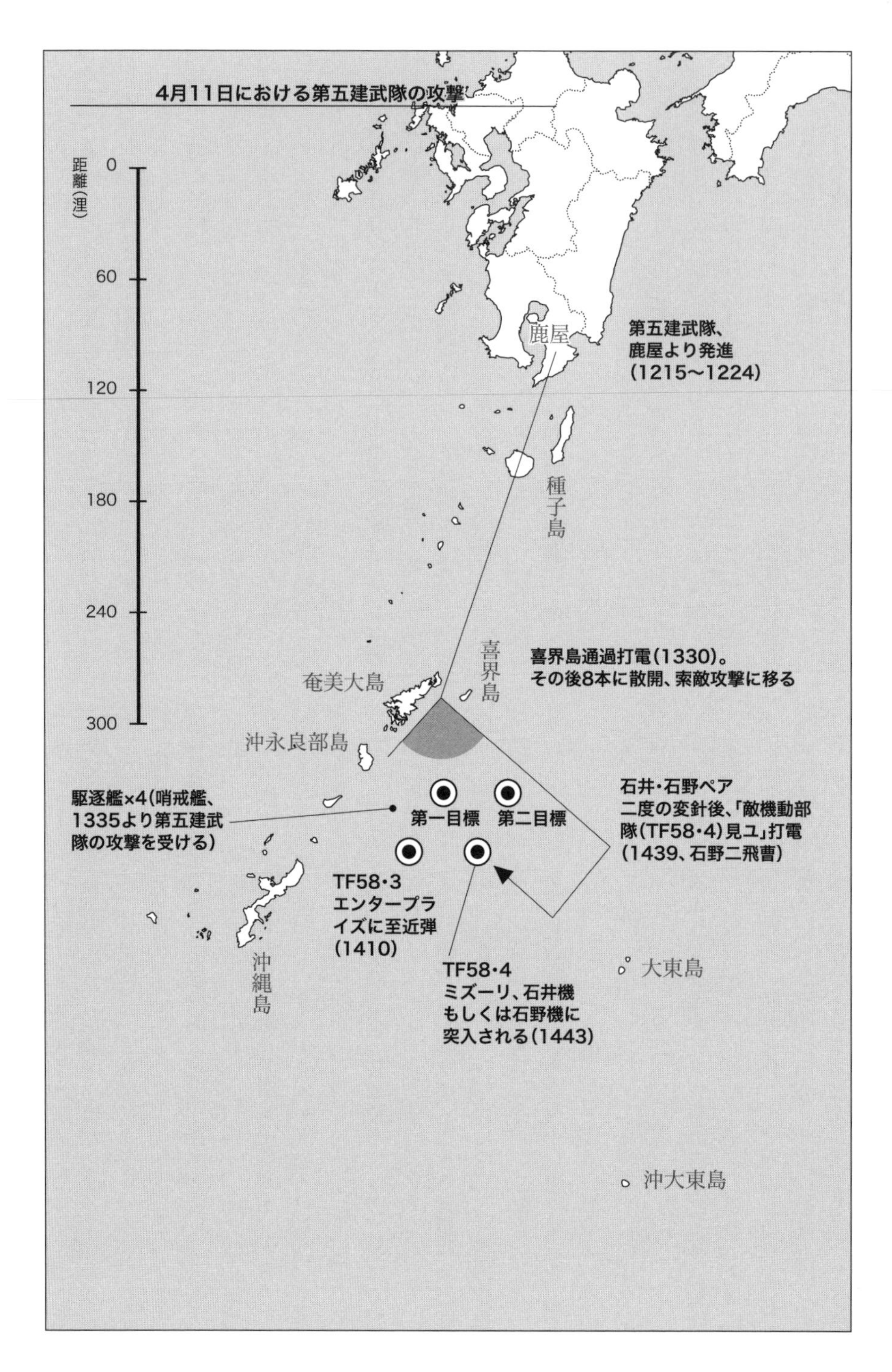
4月11日における第五建武隊の攻撃
距離(浬)
0
60
120
180
240
300
鹿屋
第五建武隊、
鹿屋より発進
(1215〜1224)
種子島
喜界島
喜界島通過打電(1330)。
その後8本に散開、索敵攻撃に移る
奄美大島
沖永良部島
駆逐艦×4(哨戒艦、
1335より第五建武
隊の攻撃を受ける)
第一目標
第二目標
石井・石野ペア
二度の変針後、「敵機動部
隊(TF58・4)見ユ」打電
(1439、石野二飛曹)
TF58・3
エンタープラ
イズに至近弾
(1410)
TF58・4
ミズーリ、石井機
もしくは石野機に
突入される(1443)
沖縄島
大東島
沖大東島

し、一四四三に特攻機1機が戦艦ミズーリの右舷後方に突入する。突入直前に投下した爆弾により巨大な水柱が生じたが、艦体に影響なく、艦橋を狙ったか、あるいは前航する空母イントレピッドを狙ったのか、海面スレスレの状態から機首を上げたものの間に合わず、左翼先端が舷側に接触したことで急激に振られて機首が甲板に激突、その衝撃で千切れた右翼を甲板上に叩きつけた。この時漏れ出たガソリンに引火したが、間もなく消し止められた。また、その衝撃で両翼に搭載されていた13㎜機銃は機体から脱落し、1挺は近くのボフォース40㎜機銃の銃身に突き刺さった。発生した火災は間もなく消し止められたが、胴体と左翼は海中に没し、甲板には千切れて裏返しとなった右主翼と、エンジンの一部と、衝撃で上半身だけが投げ出された搭乗員の遺体が残った。

艦長のウィリアム・キャラハン大佐は乗組員の反対を押し切り、この搭乗員の遺体を医務室に収容し、身の回りの品を拾い集めて遺体と共に水葬用の帆布の袋に収め、シーツに描いた日の丸で遺体を覆い、翌朝、艦長以下多数の乗組員が参列して水葬に付したとされている。しかし、当日の写真を見る限り、明らかに「日の丸」と認識できるような状態ではない。このエピソードが米海軍部内の雑誌に掲載されたのは2000年頃のことで、それまでまったく記録に登場していないことから、後世の研究者がにじみ出た血液を日の丸と評して、戦場美談として尾ひれが付いた可能性が捨てきれない。

とはいえ、艦内で見つけた特攻隊員の足の骨を記念品として指輪やペンダントに加工したり、戦後返還されて身元を特定する証拠となった遺品が、明らかに「スーベニア」として遺体から剥ぎ取られたものであったりする事例に較べれば、はるかに「人道的な扱い」であったのは確かである。

残る1機も対空砲火により一四四七には撃墜され、近くの海面に没したが、この搭乗員がふたりのうちどちらであったのかは判然としない。ミズーリに突入した搭乗員が石野二飛曹である根拠は突入の無電連絡を発していた以外に根拠がないため、石井二飛曹である可能性も捨てきれない。

ミズーリは右舷後部169番フレーム付近にこの時の突入痕の凹みを残したまま作戦を継続し、結果としてこの凹みは修理されぬままに退役した。1999年よりハワイ真珠湾で記念艦として展示公開されているミズーリの艦内見学では、その箇所は必ず通る場所とされており、有名な突入寸前の写真が飾られ、その展示解説には顔写真付きで石野二飛曹による突入であったと説明されている。

この日は第五建武隊に続き、一二四五に川原忠美中尉（予備13期）を隊長とする二一〇部隊の二十五番爆戦2機が第一国分基地から発進、次いで彗星2機も続いた（これら2隊の攻撃目標は「徳之島南方の敵機動部隊」および「沖縄東方洋上の敵機動部隊」と記録されており、詳細は判然としない）。

この間、一二四三～一二四八にかけ山本裕之大尉（海兵70

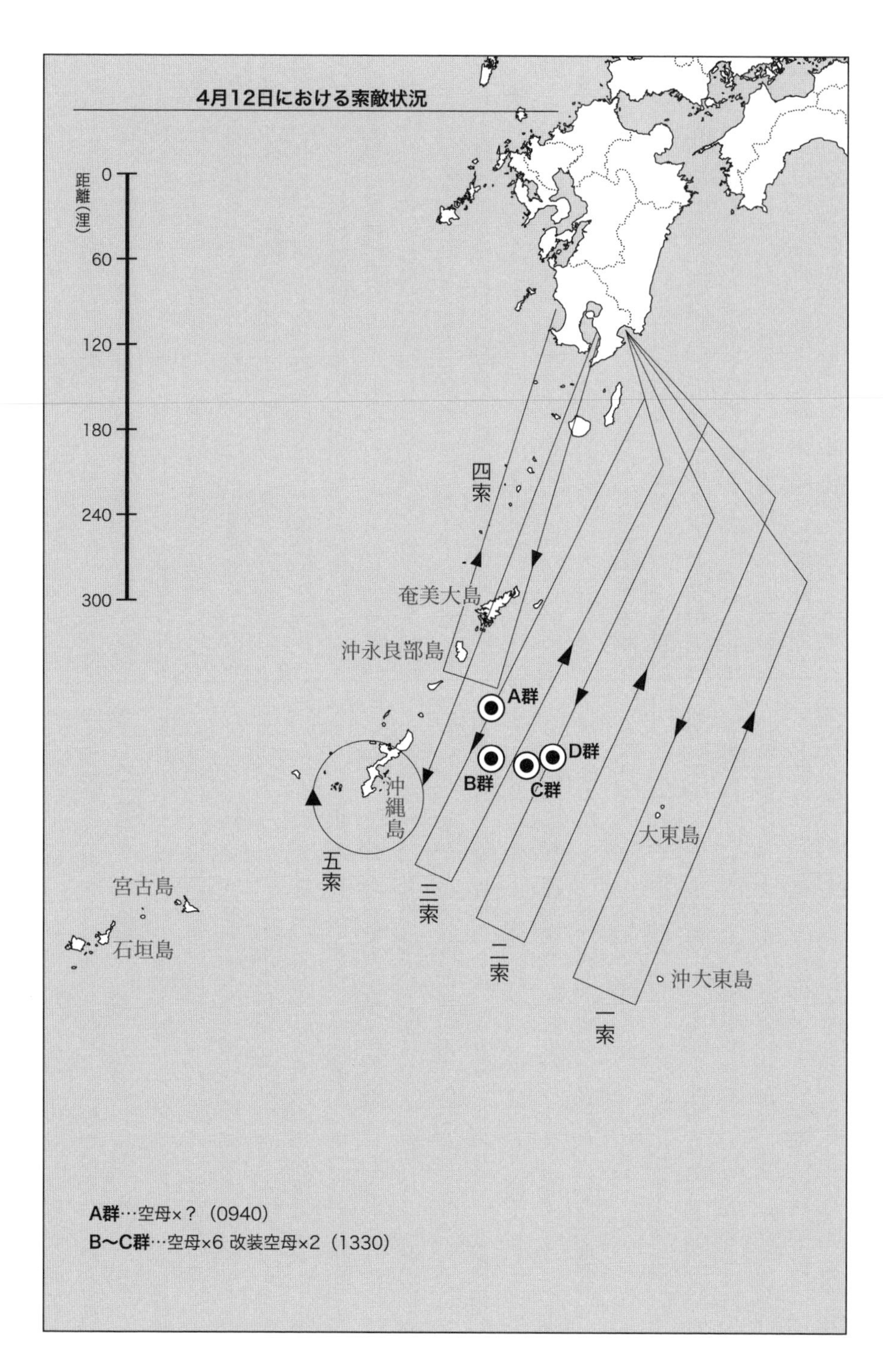
4月12日における索敵状況
距離（浬）
0
60
120
180
240
300
四索
奄美大島
沖永良部島
A群
B群
C群
D群
沖縄島
五索
三索
二索
一索
大東島
沖大東島
宮古島
石垣島
A群…空母×？（0940）
B〜C群…空母×6 改装空母×2（1330）

期）を隊長とする第五銀河隊の銀河5機が宮崎基地を発進、喜界島南方海上の機動部隊に突入している。これら機体の撃墜記録が第五建武隊と混同されている可能性もある。

一三三〇には本田実大尉（海兵71期・操縦）を隊長とする第三御盾隊二五二部隊の彗星3機と二十五番爆戦の零戦2機が第一国分基地を発進、第一目標の敵機動部隊に突入した。一四五八には本田大尉と塩見委彦少尉（予備13期・偵察）のペアが先に第五建武隊に攻撃されたばかりの第58・3群の空母エンタープライズに突入。同艦は3日間にわたり作戦行動不能となった。

この日の海軍の総出撃機数は２０４機（うち特攻機78機）、特攻機を主として30機の未帰還機を出した。陸軍は23機（うち特攻機7機）が出撃した。

この日の米軍の損害は空母エンタープライズに1機突入、1機至近弾で中破、戦艦ミズーリに1機突入、駆逐艦キッドに1機突入、大破、大型上陸支援艇36号大破のほか、駆逐艦3隻、護衛駆逐艦1隻が損傷を受けた。

「菊水二号作戦」

4月12日晴れ。なおも猛威をふるう米機動部隊を主目標に、引き続き「菊水二号作戦」が発動された。

一一〇五、西森秀夫大尉（予備9期・操縦）を隊長とする常盤忠華隊（百里原空）の九七式艦攻5機、一一二四、芳井輝夫中尉（海兵73期・操縦）を隊長とする第二八幡護皇隊（宇佐空・艦攻隊）の九七式艦攻9機、一一五一に野元純候補生（予備生1期・操縦）を隊長とする第二護皇白鷺隊（姫路空）の九七式艦攻2機がそれぞれ串良基地から発進、東シナ海を大きく迂回するコースで沖縄周辺の敵艦船群に突入した。また、この最中の一一三〇、対潜哨戒部隊の九五一空より編成された津久井正夫少尉（予備13期・操縦）の第二至誠隊の九九式艦爆1機も串良基地から沖縄西方海上の敵艦船に突入した。

この間、第二国分基地からは、一一三〇～一一五〇にかけて西川博少尉（予備14期・操縦）を隊長とする第二八幡護皇隊（宇佐空・艦爆隊）の九九式艦爆15機と、高橋渡少尉（予備13期・操縦）を隊長とする第二草薙隊（名古屋空）の九九式艦爆2機が発進し、沖縄北、中飛行場沖の敵艦船に突入した。

これらに加え、第二次航空総攻撃として陸軍特攻機53機も発進、突入している。

この日制空隊として四波計87機が発進しており、出撃した戦闘三一二の零戦隊には、先の3月21日の野中隊の出撃で壊滅した戦闘三〇六生き残りの佐藤芳衛少尉と野口剛上飛曹も参加していた。しかし、制空戦闘を終えて帰投中、佐藤少尉機のエンジンが不調となった。二番機の野口上飛曹に合図して不時着を知らせると翼を振って別れ、近くの中之島に向かったが、途中でグラマンF6Fに襲われ、島上空を1周半旋回して逃げた後に谷間に不時着して難を逃れた。中之島では国民学校の分校に身を寄せていたが、1ヶ月ほど暮らしたあとで小舟を使って島を脱出。口之島に到着し、さらに1ヶ月近く暮らしたあとに迎えの駆潜艇でほかの不時着搭乗員達と共に救出され、6月14日に鹿屋に帰還した。

前回の菊水一号作戦では出撃のなかった桜花攻撃が実施されることとなり、鹿屋基地では第三次桜花攻撃隊の一式陸攻9機が発進準備を整えた。

一二一九、第三小隊二番機の佐藤正人少尉（予備13期・偵察）の機より離陸開始、佐藤少尉機の桜花搭乗員は、潮来の旅館で母親と口論した山田力也一飛曹（予備練15期）であった。この日見送りにいた愛媛乗員養成所以来の同期、富内敬二一飛曹と「俺も行くぞ、しっかりやれよ」と、握手を交わして乗機に向かった。このころ、日本映画社の撮影班が鹿屋基地に来ており、この光景が撮影されていた。現存する映像には山田一飛曹が戦友に笑顔を見せながら一式陸攻に向かう姿越しに陸攻胴体下に懸吊された桜花の尾翼が捉えられている。

この映像は前後して撮影された建武隊の五十番爆戦の発進シーンと共に、6月9日封切りの『日本ニュース第252号』で公開された。映像に息子の最後の姿を見た母親の心境はいかばかりか、今となっては知る由もない。佐藤機は一五一〇に桜花発進の打電の後消息を絶ち、未帰還となった。

↑冨内敬二一飛曹（予備練15期）。山田力也一飛曹の出撃を見送った2日後の4月14日、第四次桜花攻撃に出撃、母機共に未帰還となる。

鹿屋に進出してからの山田一飛曹は、飲みに行くにも単独で行動することが多かったらしい。たまたま知り合いとなった市内の吉本ハルさん宅に招かれると、朝鮮半島の釜山にいる両親宛の手紙の投函を託したり、吉本家の子供達とも兄弟のように親しくしていた。

出撃当日の晩、見送った富内一飛曹が吉本家を訪れ、出撃の様子を報告し、自分の代わりに両親に送って欲しいと、形見として託されたマフラーと小さな日の丸を持ってきた。その日のうちに帰るという富内一飛曹を無理に引き留め、戦時下のわずかな食料で歓待して翌朝出立を見送った。

この日書かれた山田一飛曹の両親に宛てた手紙には、「編成が異なり一日遅れましたが明日は小生もいきます」とつづられている。すでに出撃が確定していた富内一飛曹は、4月

14日の第四次桜花攻撃に出撃し、母機と共に未帰還となり、特攻戦死と布告された。

次いで一二二〇第三小隊一番機の三浦北太郎少尉（予備13期・偵察）機が離陸、三浦少尉機の桜花搭乗員は、桜花隊の宿舎となった野里国民学校で甲板士官を務めていた土肥三郎中尉（予備13期）であった。土肥中尉は、出撃直前まで中島作戦主任に命じられた宿舎の生活環境の整備改善に取り組み、設営隊や警備隊交渉して畳や士官用の竹製ベッドを調達してきては、野里小学校に運び入れていた。「今日は設営隊から畳15枚、警備隊からベッド6つです。忘れないで受け取っておいてください。願います」というのが、中島作戦主任に残した最後の言葉であった。

三浦機は鹿屋基地を離陸したのち、敵戦闘機が常時警戒している列島線を避けて東シナ海へ向けて進路をとり、沖縄本島の北西から艦船泊地へ廻り込むコースを取った。

離陸してから約1時間ばかり経過する頃、他隊の出撃機の無電がつぎつぎに傍受されはじめた。「ワレ敵戦闘機ト交戦中」や「ワレ只今より自爆ス」など、それに「敵戦闘機の攻撃を受ク」などが入り出し、無電は混線気味となってきた。

三浦少尉が双眼鏡で沖縄列島方面を見ると、奄美大島を過ぎたあたりで火柱が何本も上がるのが望見された。

機長兼主偵察員の三浦少尉より総員見張りを厳重にせよとの指示があった。指揮官席には土肥中尉が腕組みの姿で目を閉じたまま座っており、眠っているようにも見えた。

一四四五、高度約5000mで右前方に白い航跡の尾が認められた。三浦少尉は双眼鏡で確認し、7隻からなる単縦陣、沖縄本島に向け航行中と判定。三浦少尉は桜花攻撃を決断し、土肥中尉の移乗を指示した。空はよく晴れて雲はほとんどなく、視界きわめて良好で、海上は鏡のように静かであった。

桜花移乗用の床板を外し、桜花に乗り込む前に土肥中尉は飛行帽と救命胴衣を脱ぎ、神雷鉢巻を締め直すと、肩から紐で吊っていた拳銃を搭乗整備員に渡し、「もう、これはいらない。宮下良平中尉に渡してくれ。俺からの遺品だとな……」

搭乗整備員が連絡孔から鍵竿を使って真下に吊られた桜花の風防を開けると土肥中尉は軽くうなずきながら桜花に移乗し、搭乗整備員に固縛金具を手渡すと風防を閉めた。床板を閉じると間もなく、準備完了を意味する「セ（・―――・）」、すなわち「整備ヨロシイ」のモールス符号が打たれた

母機は桜花搭載状態での限界に近い高度6000mから降下を開始し目標に接近した。高角砲弾が前後左右に炸裂し、紫色の弾幕がいくつも散らばり、視界を遮り機体は爆風で煽られ激しく揺れた。その距離18000m。桜花が発進すると一瞬、機体が浮きあがった。高度は4000m近くまで下がっていた。機は右一杯に旋回、高度をさらに下げつつ危険

空域から懸命に避退した。

旋回を終えると主翼に遮られていた目標付近から天に沖する黒煙が上がっているのが見えた。その根元の海面は油が盛りあがり、西日に光っていた。油の中に点々と、乗組員の頭らしい影があったという。一五一五、主電信員の菅野善次郎二飛曹（甲飛12期）は「戦艦一隻轟沈」を鹿屋基地に打電した。

被弾の影響か、左側のエンジンが煙を吐き始めた。主操縦員千葉芳雄上飛曹（丙飛10期）が機を上昇させ、急降下しながら火を消しとめた。機首を針路45度、鹿児島湾方面に向け、低空５００ｍで敵レーダーの目をかすめながら、一七四五燃料ほぼゼロの状態で鹿屋基地に帰投した。

その後調べると被弾数10発。直径70㎝の弾痕もあって、夢中で退避してきた搭乗員達を身ぶるいさせた。

この三浦少尉機内での出来事は、唯一の生存者である菅野氏の回想記に拠っているが、記述を検証するとほかに操作できる要員がいるにも関わらず、作戦行動中の機体の中で主電信員が頻繁に持ち場を離れることは不自然である。しかも桜花の投下装置は正副共に操縦席にあるので電信員がわざわざ出向く必要はない。さらに操縦席より一段低い電信員席からは外の様子はほとんど見えない。実際は複数の搭乗員の言行や見聞をまとめたとするのが妥当ではないだろうか。

残る7機も一二四〇までに離陸し、東シナ海側を進撃し、一五三〇までにうち5機が桜花発進を報じている。桜花発進の連絡のなかった2機のうち、この日の隊長である野上祝男中尉（海兵72期・操縦）機は、桜花隊員の今井遉三中尉（予備13期）と共に一切の連絡がないまま未帰還となった。

一二二五に鹿屋基地を発進した第二小隊二番機の佐藤哲也少尉（予備13期・偵察）の11号機には桜花隊員の渡部亨一飛曹（甲11期）が搭乗した。基礎資料となる攻撃七〇八の戦闘行動調書では「渡邊亨」となっているが、これは書類作成時の誤記である。例により、前日に出撃の指名を受けた渡部一飛曹は「この世の名残りに」と、脱上陸（外出）して鹿屋市街に出かけ、ほとんど徹夜状態であった。〇五〇〇に起床し、岡村司令の訓辞を受け、別杯を済ませると背後の斜面をよじ登り、台地の上で待機するトラックに乗って飛行場に向かった。

母機の一式陸攻のペアとはこの場が初対面（桜花隊員の名簿は前夜に陸攻隊に渡っている）であった。「皆様よろしく願います」と、挨拶を済ませ、陸攻の8人目のペアとなった。

離陸の際、西本一飛曹が自転車に乗って滑走路脇を手を振りながら一生懸命追いすがっているのが印象的であった。当初は見張りを手伝っていたものの、徹夜の影響で次第に眠くなり、いつしか眠っていた。起こされた時は「攻撃15分前です」とのことであった。身支度を整え、桜花に乗り移るために床板を上げると、高度５０００ｍの冷気が吹き上がり眠気も一気に吹き飛び、覚悟を決めた。

連絡孔から桜花に移乗し、固縛金具を搭乗整備員に渡し、「セ」のモールス符号を打って待機する。いつ目の前の懸吊ワイヤの爆管が破裂して桜花が投下されるかと待っていると、そのうち爆弾倉と桜花の胴体の隙間から、右エンジンの方から何かが流れるのが見え、高度が下がり始めた。

間もなく頭上を叩く気配があり、見上げれば先の搭乗整備員が「上がってこい」と、合図をしていた。いぶかりながら母機に戻ると、「右エンジン不調、オイルが漏れだしたので桜花攻撃を中止し、帰投する」との説明であった。

母機は桜花を投棄して帰投コースを取り始めたが、高度はどんどん下がっていく、やがて宝島が見えてきた。「万一不時着水しても島があれば何とかなるだろう」と、ペアの中に安心感が広まった。母機はなおも帰投コースを取るものの、高度は下がり続け、口之島の沖に達するころにはほとんど高度ゼロとなり、一五〇〇、そのまま着水した。二〇〇〇、ペア8名は口之島に漂着し、先述の佐藤少尉達と共に5月下旬に迎えの駆潜艇が来るまでの2ケ月近くを島で生活することとなるが、以後のことは別項に譲る。

一二二三、鹿屋基地を発進した第二小隊一番機の小島博中尉（予備13期・偵察）機は一五〇五に岩下英三中尉（予備13期）の乗る桜花の発進を報じ、敵戦艦1隻轟沈を報じたものの、その後敵戦闘機の追撃を受け、小島機長と電信員増田弘一飛長が機上戦死。一五二七、機体は不時着水炎上したが残る5名は救命ボートに移乗し、約23時間漂流ののち、沖永良部島の舟に救助されたが、末永二整曹は間もなく死亡し、残る4名のみが後日帰投している。

一二三四に鹿屋基地を発進した第二小隊三番機の稲ケ瀬隆治少尉（予備13期・偵察）機は、一五三〇に光斎正太郎二飛曹（丙17期）の乗る桜花の発進を報じたものの、敵艦艇からの弾幕と邀撃戦闘機の攻撃を回避するうちに桜花を見失い、戦果未確認のまま鹿屋基地に帰投している。

残る2機はいずれも桜花発進を報じたあとに消息を絶ち、未帰還となっており、状況から対空砲火もしくは迎撃戦闘機に撃墜されたものとみられる。

ともあれ、制空隊、先行特攻隊の協力を得て、第三次桜花攻撃は過去2回の失敗を埋める戦果と判定された。三浦少尉機のほかにも、先述の通り、未帰還5機のうち1機が「戦艦1隻に命中」、不時着水2機のうち1機が「戦艦1隻轟沈」を打電している。総計6機の桜花発進が記録されたことから、五航艦側では相応の戦果を挙げたものと判断していた。

実のところ、三浦少尉機が戦艦と判定したものは、第14哨戒区の駆逐艦マンナート・L・エーブルであった。同艦は一三四五から断続的に特攻機の攻撃を受けており、一四四五に第二七生隊の二十五番爆戦2機の攻撃を受け1機は撃墜したものの、残る1機が機関室に突入し、行き足が止まりかけたわずか1分後の一四四六に土肥機に狙われた。桜花は前部煙突付近の右舷水線部に突入し貫通せずに第一機関室で大爆発を起こし、船体は折れ曲がり、わずか3分で沈没した。死傷者114名。破壊力に関するかぎり、1・2tの弾頭を持つ桜花は一般特攻機の比ではなかった。

同艦の戦闘記録には副長および砲術長からの証言として、次の通りの記述がある。

「特攻機の二番機が右舷真横、海面スレスレを猛烈な速度で飛んでいるのを見つけた。この飛行機は中翼の小型機で、突起物がなく、大きな機体にずんぐりした翼がついており、機体は灰色がかった紺色に塗られていたか、それともアルミニウムで出来ていた……それは私がこれまで目にしたどの飛行機よりも速かった。煙やジェット・エンジンの排気は認められなかったが、プロペラやエンジンがみかけられなかったので、この爆弾はジェットかロケットが推力として使用されていると考えられた。パイロットの操縦席はみかけなかったが、何分にもほんのチラリと見ただけなので、操縦席は見落としたかもしれない」

同艦の生存者は90分ほどの漂流ののちに救助されたが、2機の突入とその後の漂流の結果、戦死および行方不明者は79名、重傷者35名であった。

50年以上昔からマンナート・L・エーブル轟沈は土肥三郎中尉の桜花による戦果とされているが、三浦少尉機が一四四五に発見した「7隻からなる単縦陣の敵艦隊」は、米海軍記録ではマンナート・L・エーブル轟沈後の一四五〇に命を受けて救援に向かう艦艇群であることが判明している。このため、時系列からすると土肥機の実際の戦果は後述のスタンリーへ突入した2機目、あるいはジェファースを狙った機体であった可能性もある。

この日、米海軍は土肥機のほか、さらに3機の桜花突入を確認している。

2機は、第一哨戒区の駆逐艦スタンリーに向かって放たれた。

一四四九、最初の1機は右舷艦首の喫水線から5フィート上方に命中して貫通し、左舷側で大爆発を起こした。大型艦の外板をつらぬいて艦内で爆発するように設計された遅動動信管を搭載した半徹甲弾にとって、駆逐艦の艦首部は薄すぎた。損傷部の調査では機体の一部と搭乗員の上半身だけが発見されている。

一四五八、次の1機は右舷側の低空に現れ、急速に接近してきたため、機銃でしか応戦できなかった。機銃弾が命中し、主翼の一部を破壊した。桜花は二番煙突の上をかすって軍艦旗が引きちぎったあとに右旋回を試みたが、左舷前方2000ヤードの海面で跳躍してから分解、なぜか爆発しなかった。

攻撃された両艦の艦長の見解として、彼らの艦に命中した武器を「ロボット爆弾」と記述している。例の体当たり攻撃があった時、艦橋にいたマンナート・L・エーブルの艦長と航海長は、このミサイルはいかなるタイプの航空機でもないとの見解を示し、艦を撃沈したのは午後早く艦に接近した、九九式艦爆グループの中の1機から発射されたものであろうと信じていた。「ミサイル」は高速で飛翔し、恐るべき打撃力を持っているという点については、全員の意見が一致していた。

一四五三、もう1機はマンナート・L・エーブルの乗組員救助に北上中であった掃海駆逐艦ジェファースを狙ったが、命中せずに左舷50ヤードの海面に突入し、爆発しなかった。不発だった2機は、機首と弾底部に計5個取り付けられた信管が作動しなかったらしい。林大尉は、桜花は高速域での昇降舵の利きが重くなる傾向があり、ロケットにより加速した桜花は突入角度の微調整ができなかったのではないかと推測している。また、火薬の燃焼により尾部が急速に軽くなることは重心位置が後退して頭が重くなることを意味し、このため目標より手前に落下する。その修正ができないと狙った所に命中しない。

日本側で記録されている桜花6機との発進時刻との差が大きく、記録からこれら4機の桜花搭乗員を特定するのは困難である。

米軍記録には以下の通り一式陸攻6機の撃墜が記録されており、日本側未帰還6機と一致するが、完全な照合は困難である。一四三〇、空母バンカーヒルのVF‐84のF4U‐1Dコルセアが奄美大島南端付近で一式陸攻を撃墜した記録があり、桜花発進の連絡のないまま未帰還となった第一小隊一番機の野上祝男中尉機か、三番機の菊池辰男飛曹長（偵練26期）機のいずれかとみられるが特定は困難である。

一四三〇、護衛空母サギノー・ベイのVC‐88のFM‐2、4機は一式陸攻を沖永良部島の北5マイルの海上に撃墜している。状況から沖永良部島沖で撃墜されて23時間の漂流の後に救助された第二小隊一番機の小島中尉機とみられる。

一五〇〇、空母ホーネット（Ⅱ）のVF‐17のF6F‐5、8機が与論島の西10マイルの地点にて一式陸攻を攻撃し、右主翼を吹き飛ばして海上に撃墜した。2機目の一式陸攻は海面に向かって激しい回避機動を取りつつ降下し、海面に激突してバラバラになった。この2機目の一式陸攻は、翼の付いた銀色の物体を投下し、それは黒煙を吐きながら高速で飛び去っていった。状況から2機目の一式陸攻は、駆逐艦スタンリーに突入した1機目の桜花母機とみられる。

一五一五、嘉手納基地に展開していた海兵隊のVFM‐323のF4U‐1D、16機は、伊江島の北西79マイルの地点で一式陸攻を攻撃し、最初の一撃で尾部銃座を沈黙させ、左エンジンから発火させた。その後、右エンジンからも発火させ、一式陸攻は炎上しつつ海面に激突して爆発した。米軍記録にはこうあるが、該当機の特定は困難である。

一六三〇、空母イントレピッドのVF-10のF4U-1D、4機は伊江島の北20マイルの地点にて一式陸攻を発見し、攻撃を実施した。その一式陸攻は降下して離脱を試みたものの、右エンジンに被弾して発火し、海面に激突して爆発した。記録にはこうあるが、これも該当機の特定は困難である。

桜花隊出撃に次いで、一三〇四には田中杼（たくみ）中尉（海兵72期）を隊長とする第二七生隊（元山空）の二十五番爆戦19機が鹿屋基地より発進（うち2機引き返す）、与論島東方の敵機動部隊に突入したが、七生隊に機動部隊の壁は厚く、突入を報じたのは2区隊のみであった。

第二七生隊の進撃し未帰還となった17機のうち、一五二五に田中公三少尉（予備14期）の第四区隊より「必中突入中」の打電があった。米軍記録では一五二五頃に第58・1任務群の戦艦インディアナ等からの対空射撃を受けて零戦3機が撃墜されており、第四区隊の3機と合致する。また、突入の報告が記録されていないものの、前述の通り、駆逐艦マンナート・L・エーブルに対し一四四五に2機が攻撃に入り、1機は撃墜されたたものの残る1機が機関室に突入し航行不能としている。

この日の海軍の総出撃機数は354機（うち特攻機103機）、特攻機を主として69機の未帰還機を出した。陸軍も124機（うち特攻機72機）が出撃した。

この日の米軍の損害は駆逐艦マンナート・L・エーブルと上陸支援艇33号の2隻が沈没、戦艦3隻、駆逐艦10隻、そのほか3隻が損傷を受けたにとどまった。

米軍の特攻報道解除

この日、約半年間続いた特攻攻撃に関する報道禁止の解除が行われたが、偶然にもこの日はジョージア州ウォーム・スプリングスでのルーズベルト大統領の急死と重なったため、連合国の新聞はアメリカ大統領の死で紙面を埋められた。このため、ニューヨーク・タイムズ紙が日本軍が沖縄海域の艦船と乗組員に対して〝死に物狂いの航空自殺攻撃〟を開始したという、その日の公式発表に基づく短い記事を掲載した程度で、特攻攻撃に関するニュースはかすんだ存在となった。

ルーズベルト大統領の急死は日本国内にも伝えられたが、鈴木首相は、「アメリカを今日の優越した地位」に導く責任を負っていた人物を失ったことに対して、米国民に哀悼の辞を送った。だが、鈴木首相の哀悼の辞は、日本の新聞では報道されず、毎日新聞は社説の中で、ルーズベルトの死を〝天罰〟であると述べていた。

しかし、この鈴木首相の対外声明が連合国側に、「日本にも話の分かる良識的な人物がいたのだ」との認識を与え、この後の対日政策に影響を及ぼすこととなった。

第一次桜花攻撃　桜花搭乗員

三橋謙太郎大尉

服部吉春一飛曹

村井彦四郎中尉

野口喜良一飛曹

清水昇二飛曹

久保明中尉

島村中一飛曹

杉本仁兵上飛曹

重松義市一飛曹

矢萩達雄二飛曹

緒方襄中尉

江上元治一飛曹

山崎重仁上飛曹

豊田義輝二飛曹

軽石正治二飛曹

第二次桜花攻撃　桜花搭乗員

山村恵助上飛曹

麓岩男一飛曹

町田満穂一飛曹

山内義夫一飛曹

藤田幸保二飛曹

峯苫五雄二飛曹

第三次桜花攻撃　桜花搭乗員

今井遉三中尉

鈴木武司一飛曹

飯塚正巳二飛曹

岩下栄三中尉

第三次桜花攻撃　桜花搭乗員

渡部亨一飛曹

光斎政太郎二飛曹

土肥三郎中尉

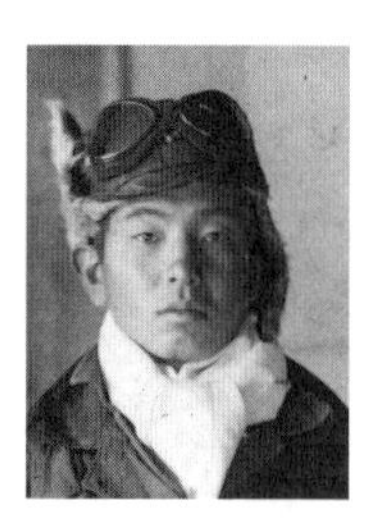

山田力也一飛曹

朝霧二郎二飛曹

第一建武隊　搭乗員

矢野欣之中尉

岡本耕安二飛曹

米田豊中尉

佐々木忠夫二飛曹

第二建武隊　搭乗員

西伊和男中尉

木村元一一飛曹

村田玉男二飛曹

磯貝圭助一飛曹

伊藤庄春二飛曹

篠崎実一飛曹

杉本徳義一飛曹

※写真が入手できなかった人物は掲載していない。また、出撃回数が複数次にわたる人物は初回のみの掲載とした。

第三建武隊　搭乗員

森忠司中尉

蛭田八郎一飛曹

造酒康義上飛曹

唐沢高雄一飛曹

海野晃一飛曹

斉藤清勝二飛曹

甲斐孝喜一飛曹

船越治二飛曹

浅田晃一一飛曹

梅寿秀行二飛曹

藤坂昇中尉

桃谷正好二飛曹

山田見日一飛曹

桜井光治二飛曹

宮川成人一飛曹

福岡彪治二飛曹

第三建武隊　搭乗員

指田良男一飛曹

第四建武隊　搭乗員

日吉恒夫中尉

大森省三二飛曹

木口久一飛曹

石井兼吉二飛曹

西尾光夫中尉

山田恵太郎一飛曹

竹野弁治一飛曹

長谷川久栄二飛曹

第四建武隊　搭乗員

林清一飛曹

石野節男二飛曹

第五建武隊　搭乗員

矢口重寿中尉

市毛夫司一飛曹

中川利春二飛曹

西本政弘一飛曹

久保田久四二飛曹

横尾佐資郎中尉

布施正治一飛曹

宮崎久夫一飛曹

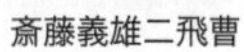

斎藤義雄二飛曹

曽我部隆二飛曹

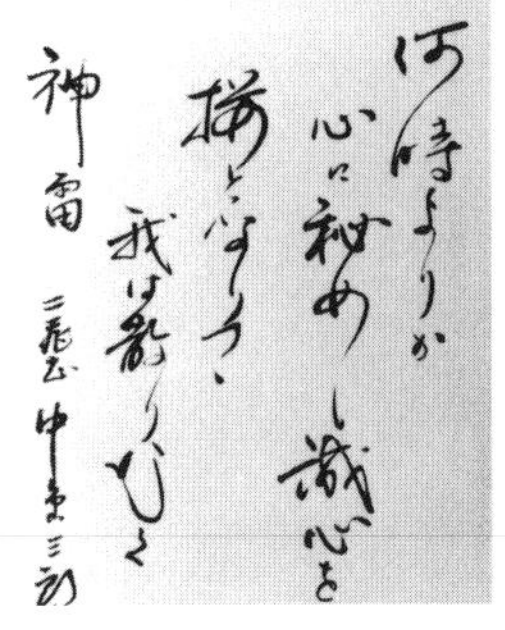
中島三郎二飛曹

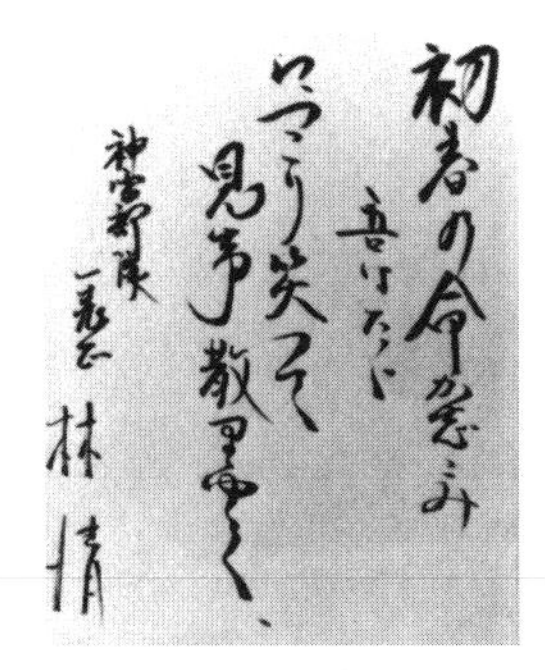
林清一飛曹

神雷

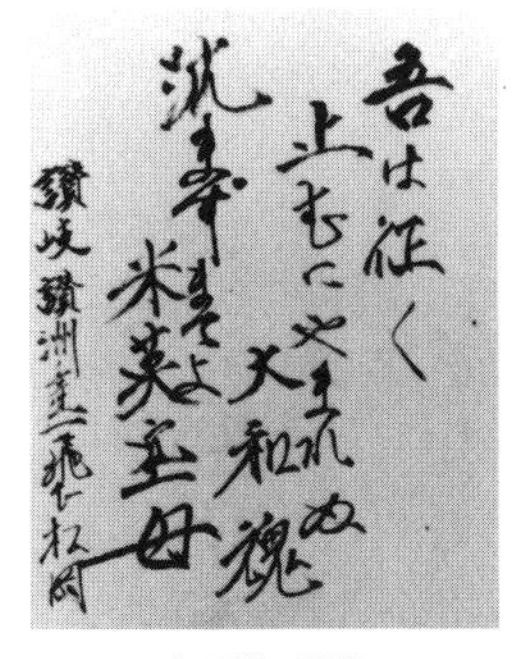
松岡巌一飛曹

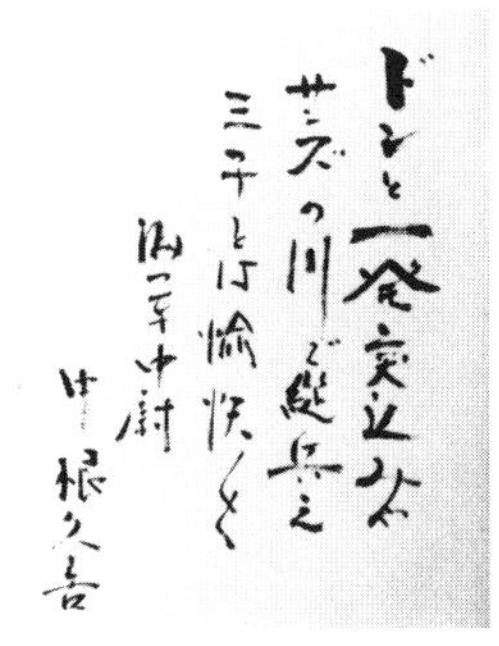
中根久喜中尉

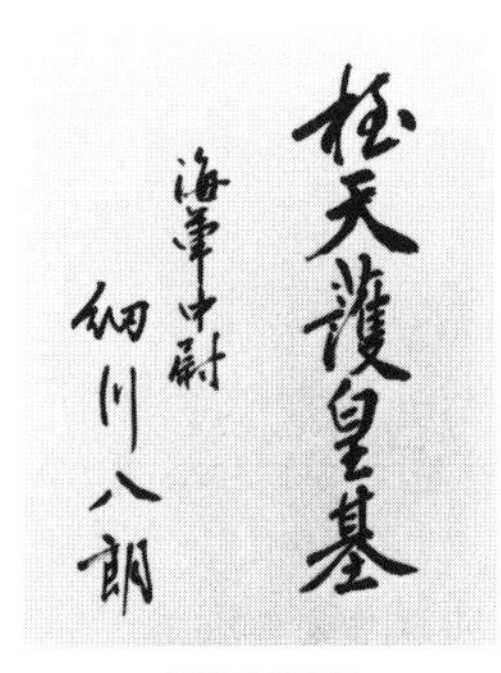

細川八朗中尉

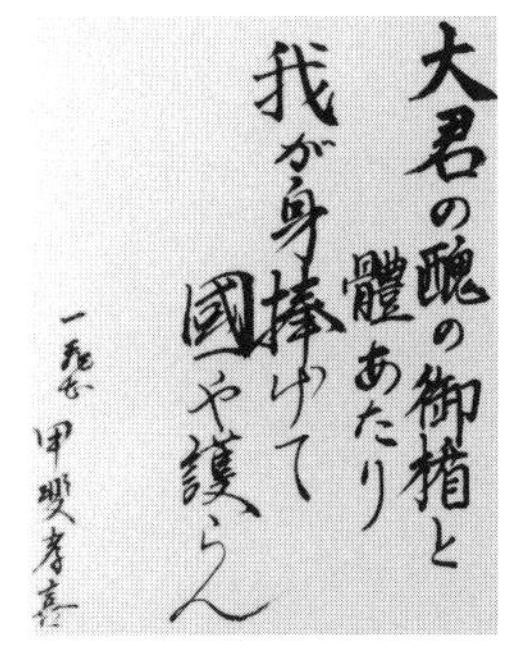
甲斐孝善一飛曹

川上菊臣上飛曹

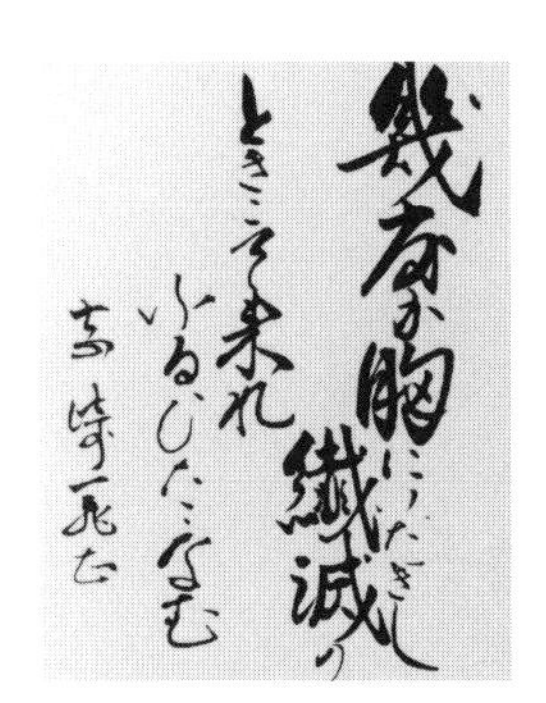
宮崎久夫一飛曹

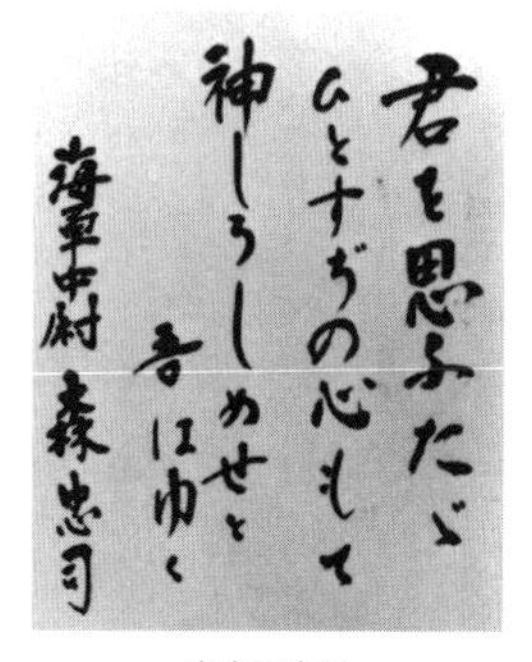

森忠司中尉

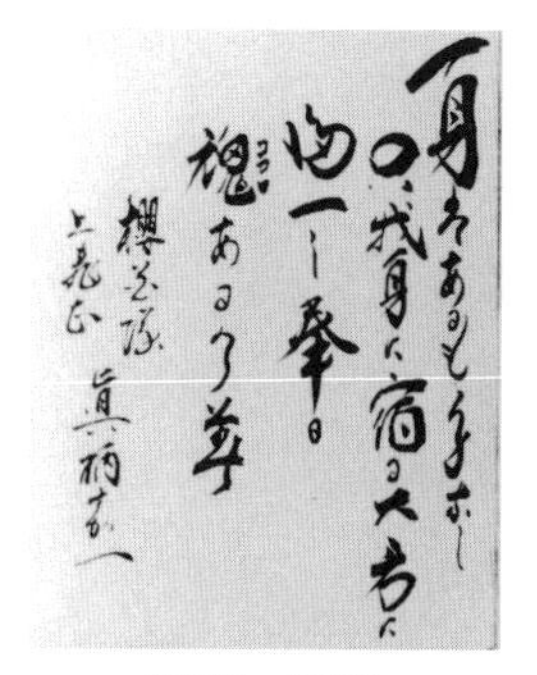
真柄嘉一上飛曹

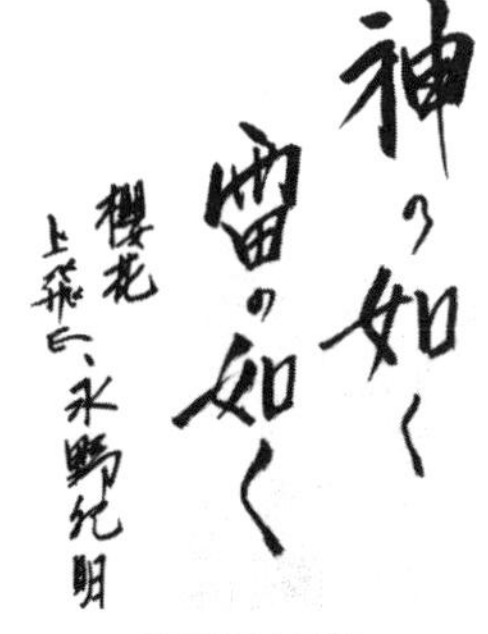

永野紀明上飛曹

造酒康義上飛曹

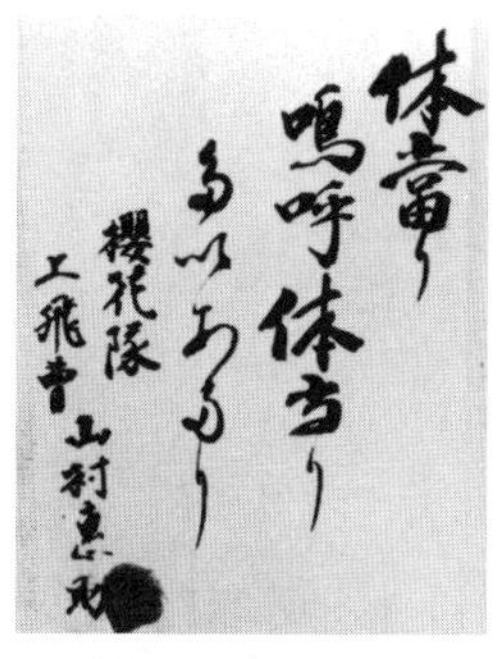
山村恵助上飛曹

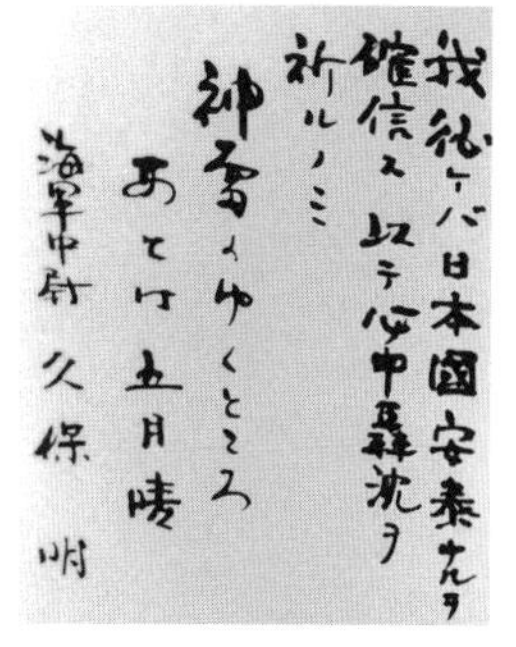
久保明中尉

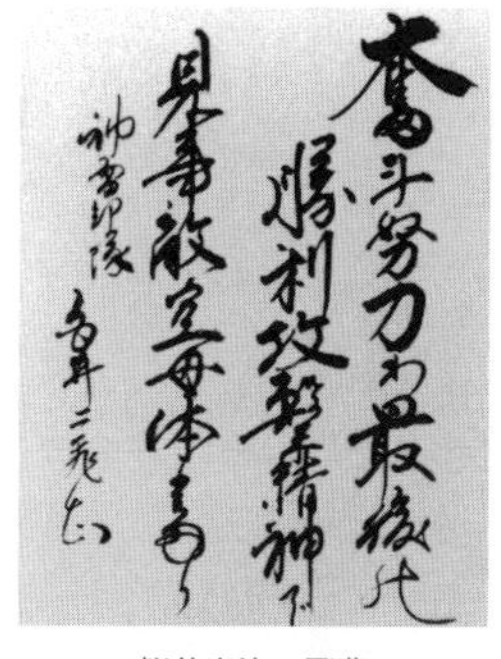
桜井光治二飛曹

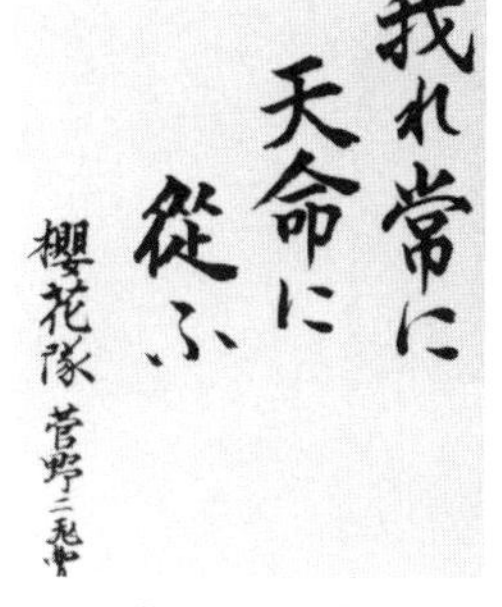

菅野利平二飛曹

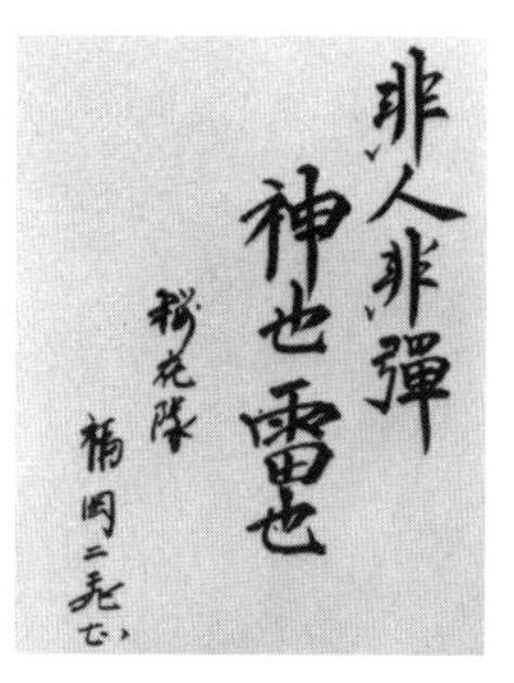

福岡彪治二飛曹

磯部正勇喜上飛曹

佐々木忠夫二飛曹

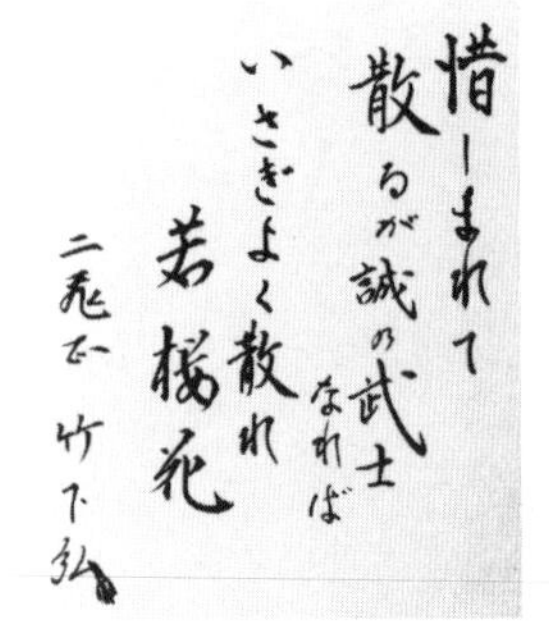

竹下弘二飛曹

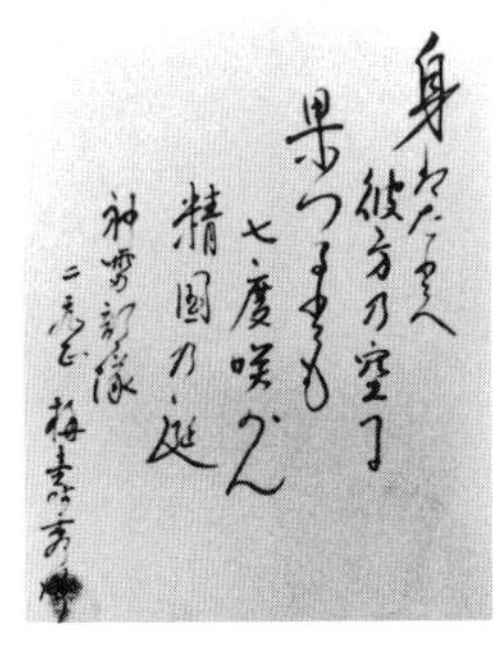

梅寿秀行二飛曹

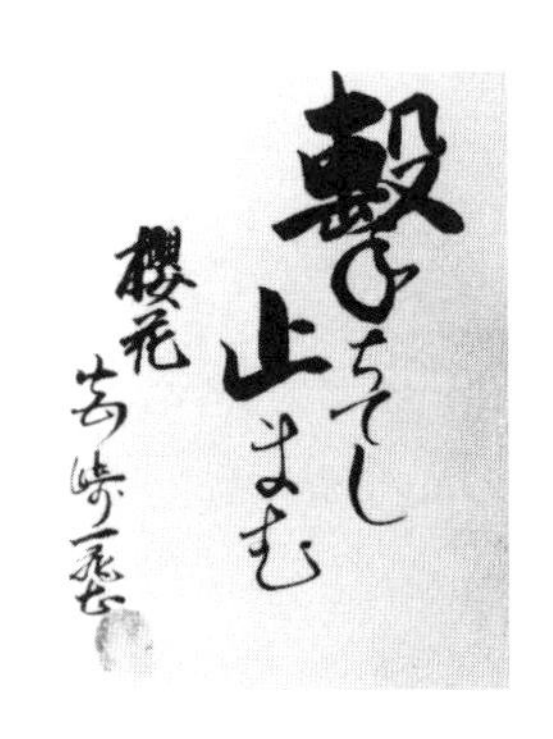

宮崎久夫一飛曹

松浦繁樹二飛曹

森茂士一飛曹

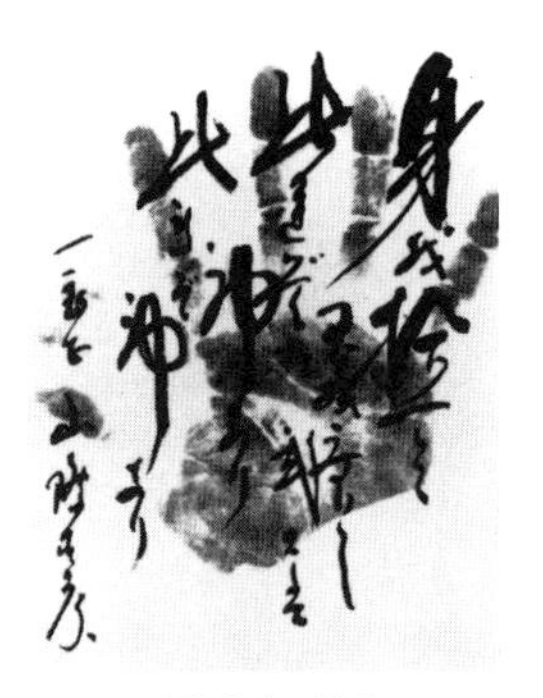

山際直彦一飛曹

市川元二上飛曹

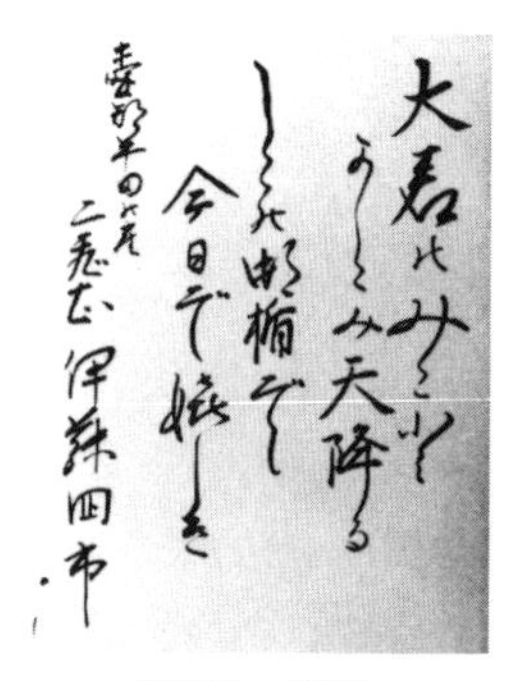
伊藤四市二飛曹

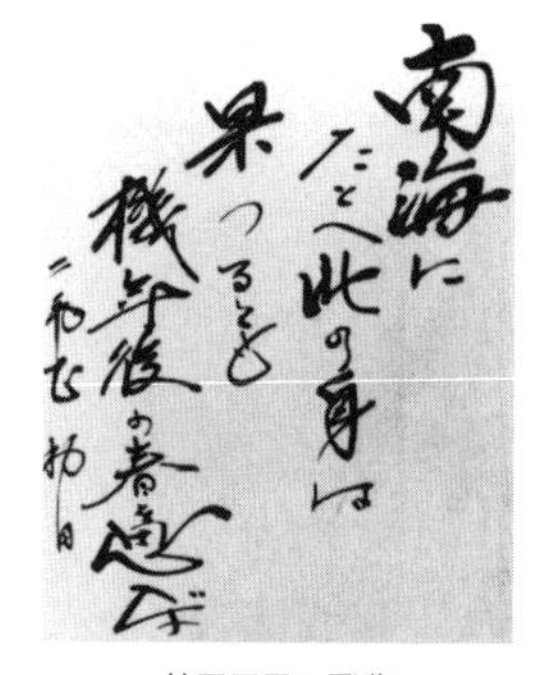
林田玉男二飛曹

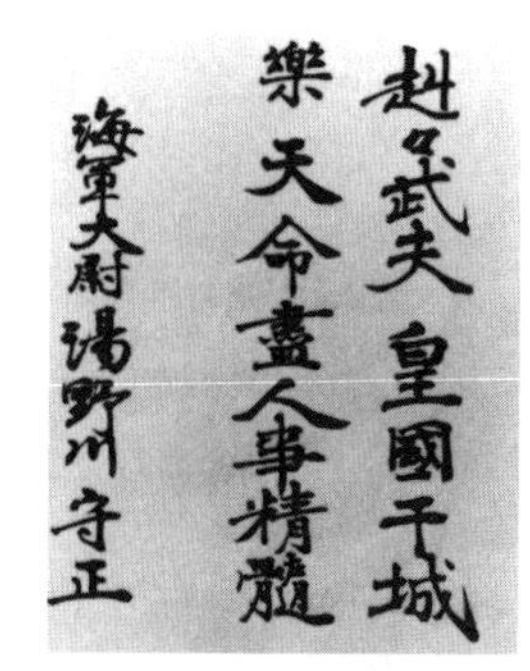

湯野川守正大尉

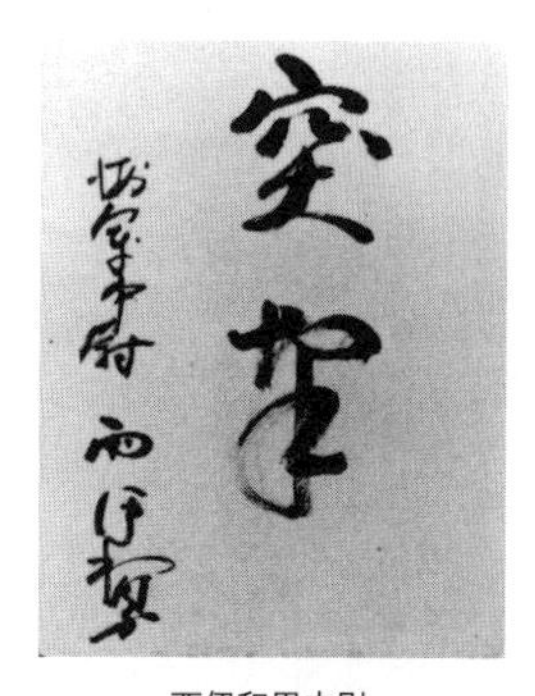
西伊和男中尉

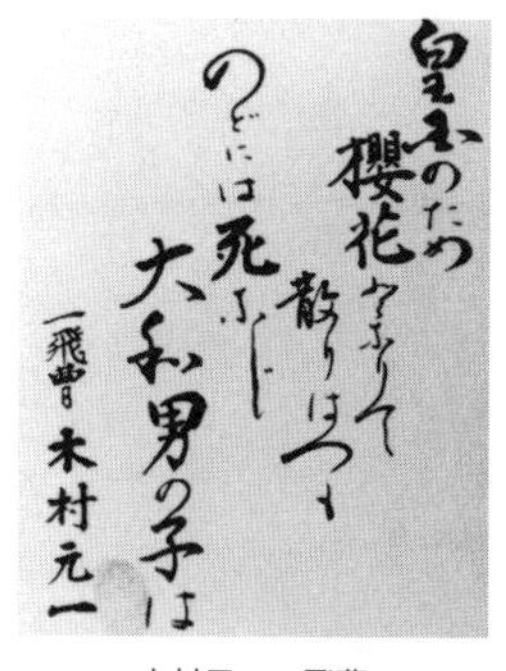
木村元一一飛曹

磯貝圭助上飛曹

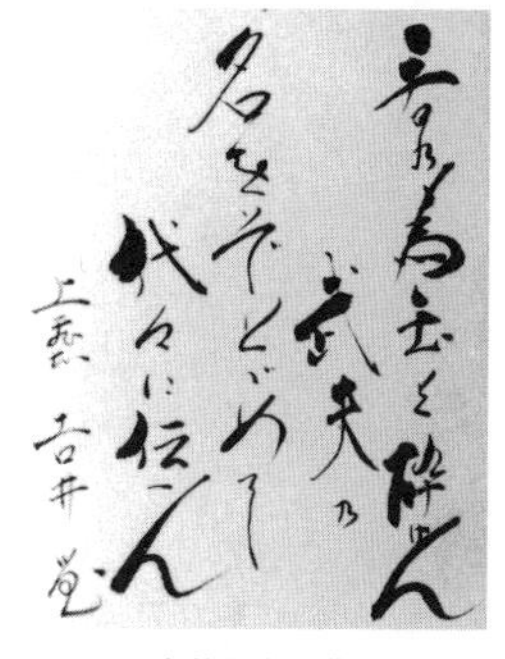
吉井覚上飛曹

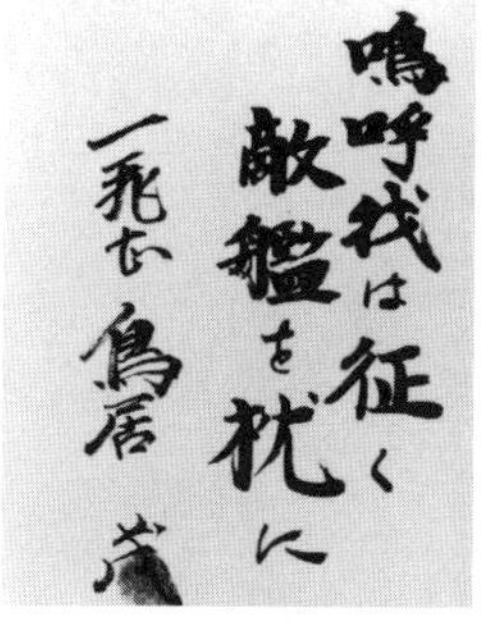

鳥居茂一飛曹

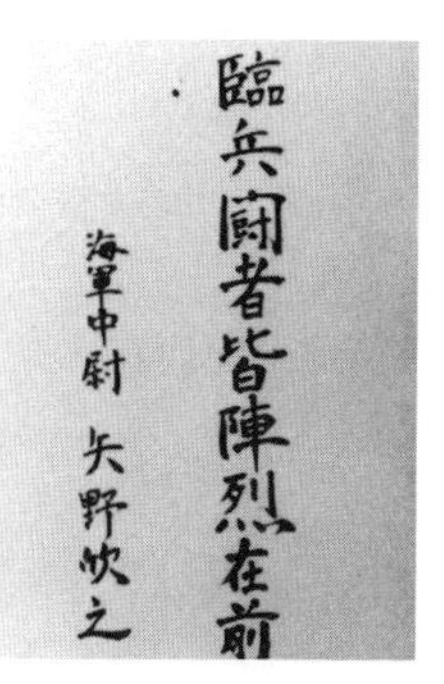

矢野欣之中尉

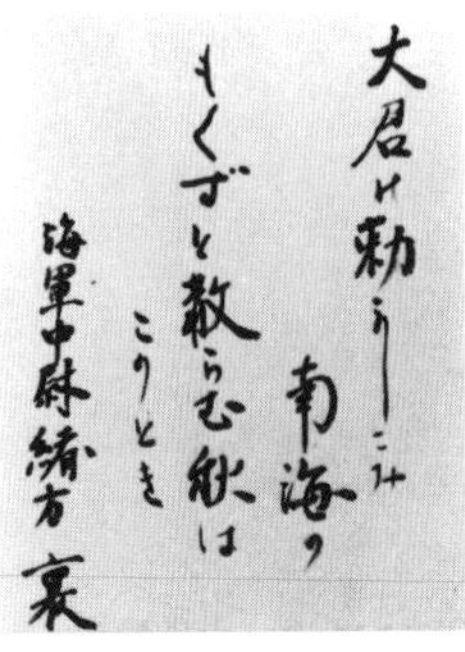

緒方襄中尉

内田豊上飛曹

佐藤憲一上飛曹

土肥三郎中尉

神ノ池基地近くの息栖村の村長宅には、桜花隊第二分隊の先任搭乗員の向島重徳上飛曹（乙飛10期）が下宿していた関係で、桜花隊員が度々訪れ、村長の求めに応じて思い思いの言葉を見事な筆跡で芳名帳に残している。署名者はいずれも第一次募集での着任者であり、進級した昭和19年12月から昭和20年1月初め位までに署名したものとみられる。現存する芳名帳は、階級の同じ者か、海軍に入隊した時期が同格の者同士が見開きで対になるようにページ構成されている。このため、湯野川大尉の対となるページが空いたままとなっている。このようなところにも、当時階級による序列が厳然と存在していたことが表れている。また、宮崎久夫一飛曹（乙飛17期）が二度署名しているが、下宿人の向島上飛曹本人の署名はない。

署名帳データ

ページ	署名	出身	消息
1	**神　雷**		
2	**林　清　一飛曹**	乙飛17期	20.4.7第四建武隊にて戦死
3	**中島　三郎　二飛曹**		戦後没
4	**細川　八朗　中尉**	予学13期	戦後没
5	**中根　久喜　中尉**	予学13期	20.4.14第四次桜花攻撃にて戦死
6	**松岡　巌　一飛曹**	丙飛13期	戦後没
7	**宮崎　久夫一飛曹**	乙飛17期	20.4.11第五建武隊にて戦死
8	**川上　菊臣　上飛曹**	甲飛10期	20.4.14第四次桜花攻撃にて戦死
9	**甲斐　孝善　一飛曹**	乙飛17期	20.4.6第三建武隊にて戦死
10	**永野　紀明　上飛曹**	乙飛16期	戦後没
11	**真柄　嘉一　上飛曹**	甲飛9期	20.4.14第四次桜花攻撃にて戦死
12	**森　忠司　中尉**	予学13期	20.4.6第三建武隊にて戦死
13	**久保　明　中尉**	予学13期	20.3.21第一次桜花攻撃にて戦死
14	**山村　恵助　上飛曹**	乙飛12期	戦後没
15	**造酒　康義　上飛曹**	予備練14期	20.4.6第三建武隊にて戦死
16	**福岡　彪治　二飛曹**	丙飛17期	20.4.6第三建武隊にて戦死
17	**菅野　利平　二飛曹**	丙飛15期	戦後没
18	**桜井　光治　二飛曹**	丙飛17期	20.4.6第三建武隊にて戦死
19	**竹下　弘　二飛曹**	特乙1期	20.4.14第六建武隊にて戦死
20	**佐々木　忠夫　二飛曹**	特乙1期	20.4.2第一建武隊にて戦死
21	**磯部　正勇喜　上飛曹**	丙飛1期	20.5.25第九次桜花攻撃にて戦死
22	**松浦　繁樹　二飛曹**	丙飛出身	消息不明
23	**宮崎　久夫　一飛曹**	乙飛17期	20.4.11第五建武隊にて戦死（P7と重複）
24	**梅寿　秀行　二飛曹**	丙飛15期	20.4.6第三建武隊にて戦死
25	**市川　元二　上飛曹**	丙飛3期	戦後没
26	**山際　直彦　一飛曹**	乙飛17期	20.4.28第六次桜花攻撃にて戦死
27	**森　茂士　一飛曹**	乙飛17期	20.4.16第七建武隊にて戦死
28	**湯野川　守正　大尉**	海兵71期	戦後没
29	空　欄		
30	**林田　玉男　二飛曹**	特乙1期	20.4.3第二建武隊にて戦死
31	**伊藤　四市　二飛曹**	丙飛15期	戦後没（改姓・日比四市）
32	**磯貝　圭助　上飛曹**	丙飛12期	20.4.6第三建武隊にて戦死
33	**木村　元一　一飛曹**	乙飛17期	20.4.3第二建武隊にて戦死
34	**西 伊和男　中尉**	予学13期	20.4.3第二建武隊にて戦死
35	**矢野　欣之　中尉**	予学13期	20.4.2第一建武隊にて戦死
36	**鳥居　茂　一飛曹**	乙飛17期	戦後没（改姓・鈴木茂）
37	**吉井　覚上飛曹**	乙飛15期	消息不明
38	**佐藤　憲一　上飛曹**	乙飛16期	戦後没
39	**内田　豊　上飛曹**	丙飛8期	戦後没
40	**緒方　襄　中尉**	予学13期	20.3.21第一次桜花攻撃にて戦死
41	**土肥　三郎　中尉**	予学13期	20.4.12第三次桜花攻撃にて戦死

（令和2年12月現在）

昭和20年4月頃〜昭和20年8月頃

慰問団と龍巻部隊幹部
昭和20年4月頃、神ノ池基地を訪れた慰問団と龍巻部隊幹部の記念写真。

鹿屋への進出
昭和20年4月12日、「菊水二号作戦」発動にともない、冨高基地にいた桜花隊隊員総員が鹿屋基地に進出することになった。写真は鹿屋基地進出前に、副長岩城中佐（手前うしろ向き）と水杯を交わす桜花隊隊員。

森田大尉と第一昭和隊隊員
昭和20年4月14日、命名式直後の谷田部空より進出した第一昭和隊隊員達。背後の建物は宿舎としていた野里国民学校。前列右側から2番目が引率責任者の森田平太郎大尉（操練12期）。

第七、第八建武隊の進出

昭和20年4月8日、冨高基地から鹿屋基地に進出する第七、第八建武隊隊員達と別杯を交わす岩城副長（手前）。前列中央は第八建武隊隊長の牛久保博一中尉（予備13期）。第七、第八建武隊は「菊水三号作戦」に参加し、4月16日に敵機動部隊に突入した。

五十番爆戦出撃

4月14日の第六建武隊と推測される五十番爆戦の発進時の写真。当時の公表写真のため、画面に人を多く入れている。実際には滑走方向に人が立つのは極めて危険なことである。

第三昭和隊の爆戦

4月16日0810、胴体下に二十五番（250kg爆弾）を懸吊した零戦二一型爆戦で鹿屋基地を出撃する第三昭和隊の中村榮三少尉（予備14期）。

野里国民学校の教室

宿舎としていた野里国民学校の教室に唯一残されていた児童の習字「科学技術生産」。高等科1年とは現在の中学1年生に相当する。左隣に掛けられているのは第一昭和隊小野寺少尉のライフジャケット。

第一昭和隊命名式

隊名拝受を終えた隊員達が挙手の礼をしている。背後には栴檀の大木と野里国民学校の校舎が見えるが、校舎の窓ガラスが爆風によりほとんど割れてしまっているのがわかる。

鎌田飛曹長と白菊

ベテラン偵察員の鎌田直躬飛曹長（甲飛5期）。写真は鈴鹿空時代のもの。背後は白菊「ス-773」。

桜花に搭乗した上田一飛曹

4月初めに桜の小枝を持って桜花の操縦席に座った上田兵二一飛曹（乙飛17期）。上田一飛曹は4月16日の第八建武隊で出撃、戦死する。

第二昭和隊隊員記念写真

4月14日、命名式直後の第二昭和隊隊員達。背後の野里国民学校の窓ガラスは大半が失われている。

攻撃七〇八の一式陸攻

（上、左上）昭和20年4月12日の第三次桜花攻撃に出撃する攻撃七〇八飛行隊の一式陸攻「721-K05」。この日出撃した9機中、桜花発進の報告があったのは3機、鹿屋基地に帰投したのは2機で、2機が帰途不時着水し、5機が未帰還となった。

（左下）出撃する攻撃七〇八飛行隊の一式陸攻「721-K63」。これは当時の公表写真であり、胴体下の桜花が修正されているが、時期的には第三次、もしくは4月16日の第四次桜花攻撃の際の撮影と推測される。

桜花隊第二陣の出陣・その1

昭和20年4月14日、桜花隊第二陣として新庄浩中尉（海兵72期）が指揮する43名が神ノ池基地より2機の輸送機に分乗して、基地隊員総員が見送る中、鹿屋基地に向かった。上写真の中央、笑顔で一升ビンを持っているのは内藤徳治中尉（予備13期）。

桜花隊第二陣の出陣・その2

出陣式ののち、新庄中尉以下、士官隊員20名は第三航空艦隊司令部用の一式陸攻改造輸送機「3-11」に搭乗した。飛行服姿の隊員は第二陣隊員、三種軍装姿の者は見送りの残留隊員である。

桜花隊第二陣の出陣・その3

一式陸攻改造輸送機の離陸に続いて、下士官隊員23名は戦友達と思い思いの記念写真を撮ったのち、煙草を吸ってたかぶる気分を鎮めて、一〇八一空の零式輸送機「81-978」に搭乗した。

桜花隊第二陣の出陣・その4

この零式輸送機「81-978」は座席のない貨物機であった。隊員達は座布団代わりにライフジャケットを脱いで尻に敷き、飛行中は交代で見張りに立つこととなった。

桜花隊第二陣の出陣・その5
下士官隊員23名を乗せた零式輸送機「81-978」は、残留隊員に見送られながら、鹿屋基地に向けて飛び立った。

鹿屋への第二陣見送り
写真は鹿屋へ向けた第二陣の出発直前、見送りの横尾少尉（予備14期・左）と新庄中尉。ふたりは幼なじみであった。背後には下士官隊員用の一〇八一空の零式輸送機「81-978」の尾部が見える。ツバメのマークは一〇八一空の別名「燕部隊」からつけられたもの。

第一昭和隊出撃

昭和20年4月14日、第一昭和隊隊員が隊長の鈴木典信中尉（海兵73期）を先頭に乗機に向かう最後の姿。

二十五番爆戦の離陸

桜花隊第二陣が鹿屋基地に到着した直後の4月14日1130、第一昭和隊隊長の鈴木典信中尉(海兵73期)の二十五番爆戦が離陸を開始した。

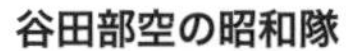

谷田部空の昭和隊

4月25日、谷田部空にて編成された昭和隊第四次編成直後の格納庫前エプロンで行われた別杯の様子。背後には制空隊用の紫電一一型甲「ヤ-1155」が駐機している。

菊水マークの零式輸送機

谷田部空では4月下旬には特攻隊用の機材が底を尽き、昭和隊隊員は編成を谷田部基地で済ませると、筑波空から派遣された菊水マークの付いた零式輸送機「ツ-901」に乗り込み、冨高基地に進出、各地から集められた空輸機材を受領して鹿屋基地に進出し、出撃した。

出撃姿の本間一飛曹

出撃装束に身を固めた第二陣の本間榮一飛曹（丙特11期）。遺影用に撮影したものである。

出撃姿の山村上飛曹

5月25日、再出撃時の山村恵助上飛曹（乙飛12期）。4月1日の不時着水の際に負傷した右手には、添え木と包帯が巻かれたままなのが痛々しい。

筑波隊出撃

「非理法権天」の幟を立てたトラックに乗り込み、飛行場に向かう筑波隊隊員。

麦畑の昭和隊隊員

麦畑で憩う昭和隊の隊員達。この頃ほとんどの家庭は男の働き手を戦場に送り、農作業は老人や女性の受け持ちになっていた。非力な娘とふたりだけで麦刈りをしていた主婦を見かねて、20名あまりの隊員達が手伝いをしたこともあったという。

「忙中閑あり」

龍巻部隊の士官室で囲碁に興じる松林少尉（左）と金安少尉。

龍巻部隊陸攻隊の香取神宮参拝

野中隊全滅の結果、桜花攻撃は大規模編隊攻撃から、黎明薄暮を狙った単機のゲリラ攻撃に移行した。爆戦訓練が優先されたため、桜花K1の投下訓練は2月下旬より5月初めまで中断とな った。手持ち無沙汰の龍巻部隊の陸攻隊隊員達は5月初めに香取神宮を参拝している。写真はその際撮影された准士官以上隊員の集合写真である。

龍巻部隊基幹員

5月頃に撮影された龍巻部隊桜花隊基幹員集合写真。前列中央が平野晃大尉（海兵69期）、左端が長野一敏飛曹長（乙飛7期）。

龍巻部隊の一式陸攻と桜花K1

桜花K1を懸吊した龍巻部隊の一式陸攻「722-13」。本機は元攻撃七一一飛行隊第二中隊の所属であったらしく、垂直尾翼に2本の稲妻マークがうっすらと残っている。一宮栄一郎中尉（予備13期・操縦）が5月3日に搭乗した「313号機」は本機と推測される。

冨高における零戦の試飛行・その1

冨高基地では空輸された機材を再整備し、元桜花特別戦闘機隊や桜花隊隊員達によって試験飛行を行っていた。操縦席で立ち上が っているのは勝村幸治二飛曹、主翼上は野俣正蔵二飛曹（共に特乙1期）。重量軽減のため、主翼の20mm機銃は取り外されている。

冨高における零戦の試飛行・その2

冨高基地で試験飛行中の野俣二飛曹。上写真と同じ機体であるが、操縦席後方の防弾ガラスが装備されていない。胴体の13mm機銃は取り外されているらしく見当たらない。

第六、第七昭和隊出撃時の記念写真
昭和20年5月11日、出撃準備を済ませ、野里国民学校で記念撮影する森田大尉と第六、第七昭和隊の隊員達。手には航空地図(チャート)、膝には紙挟みを装備している。

第七昭和隊出撃
昭和20年5月11日、野里での別杯ののち、迎えのトラックで飛行場に向かう第六、第七昭和隊の隊員達。トラックの運転台は木製である。

空母バンカーヒルへの突入
昭和20年5月11日1005、第58・3機動部隊旗艦の空母バンカーヒルに特攻機2機が後部エレベーター付近と艦橋基部に相次いで突入、飛行甲板上と格納庫内に駐機されていた艦上機に引火して大火災となり、機動部隊旗艦としての機能を失った。指揮官ミッチャー中将は将旗を空母エンタープライズに移したが、彼の幕僚13名を含む396名が戦死または行方不明となり、264名が負傷した。バンカーヒルは修理のため米本土に回航されたが、損傷は甚大で終戦までに戦列には復帰できなかった。

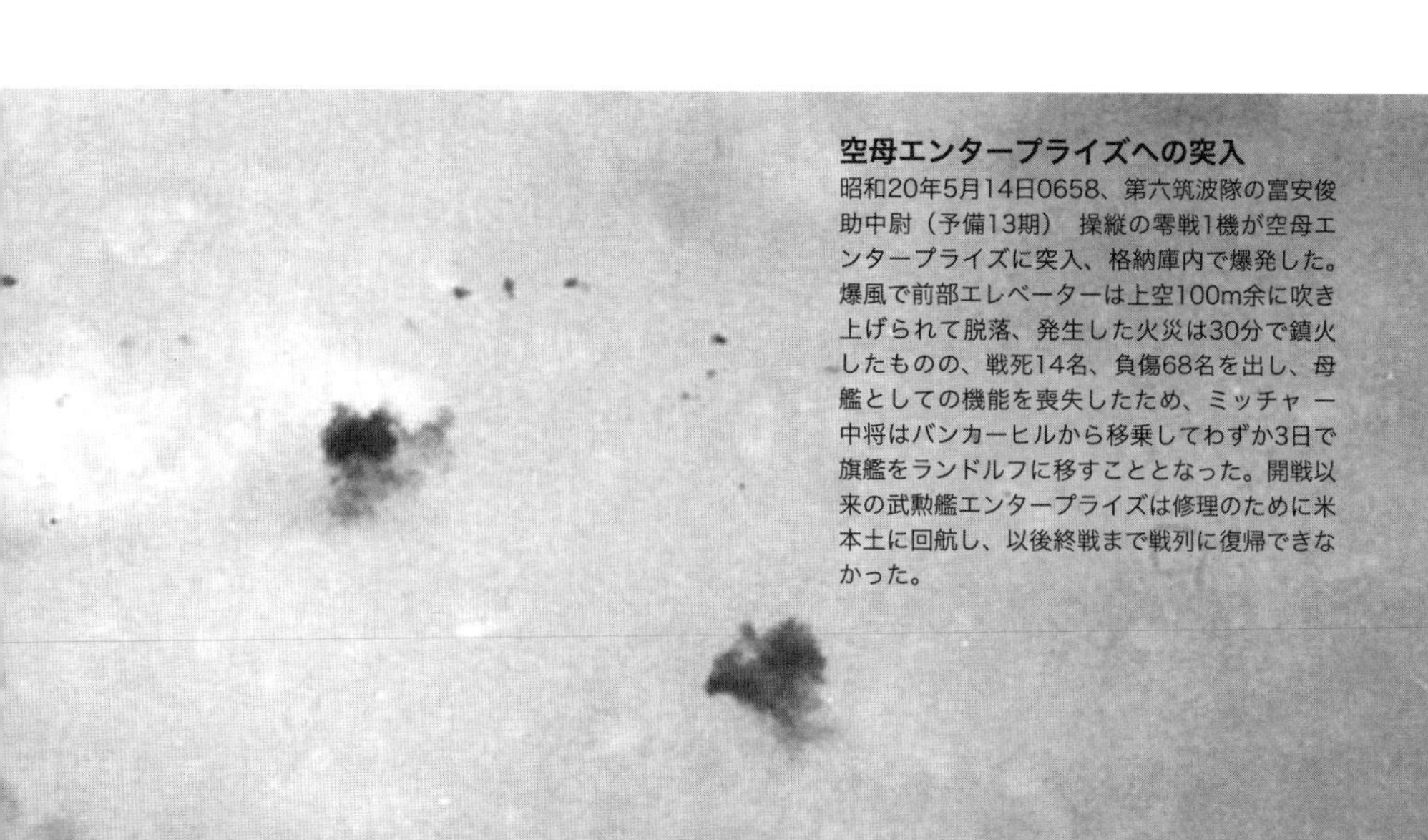

空母エンタープライズへの突入

昭和20年5月14日0658、第六筑波隊の富安俊助中尉（予備13期） 操縦の零戦1機が空母エンタープライズに突入、格納庫内で爆発した。爆風で前部エレベーターは上空100m余に吹き上げられて脱落、発生した火災は30分で鎮火したものの、戦死14名、負傷68名を出し、母艦としての機能を喪失したため、ミッチャー 中将はバンカーヒルから移乗してわずか3日で旗艦をランドルフに移すこととなった。開戦以来の武勲艦エンタープライズは修理のために米本土に回航し、以後終戦まで戦列に復帰できなかった。

突入寸前

5月14日、空母エンタープライズに突入寸前の富安俊助中尉（予備13期）機。零戦は高速突入時の浮き上がりを押さえるため背面姿勢となり、前部エレベーター直後に突入した。スピナーは無塗装、主翼前縁の味方識別帯は塗られていないように見える。

被弾した零戦

5月14日、空母エセックスに突入を試みたが、対空砲火に被弾して墜落する第六筑波隊の零戦六二型。右主翼後縁、左主翼日の丸付近に被弾による破口が見られ、右水平尾翼が折れ飛ぶ寸前で、完全に制御を失っている。機体番号の有無は判然としない。また、日の丸に白縁はなく、味方識別帯もない。この機体も20㎜機銃は外されており、神雷部隊における爆戦の標準仕様となっている。

攻撃七〇八と慰問団、小松にて
小松基地に展開していた攻撃七〇八飛行隊幹部と慰問団の記念写真。

指揮所前の岡村司令
6月頃、要務で出張してきた神ノ池基地で撮影された岡村司令。うしろの建物には「第七二二空戦闘指揮所」と「戦闘第三一三飛行隊指揮所」の札が掛けられており、第一飛行場での撮影とみられる。

大分基地の湯野川大尉ら
大分基地での訓練中、湯野川守正大尉（海兵71期）を囲んだ古参隊員。左から佐藤憲一上飛曹（乙飛16期）、堂本吉春上飛曹（乙飛12期）、湯野川大尉、藤城光治上飛曹（乙飛13期）、百々信夫一飛曹（丙飛16期）。

大分基地の桜花隊員
昭和20年6月上旬から7月上旬にかけて桜花隊や戦闘三〇六飛行隊の練度向上のため、数班に分かれて洋上航法の訓練を兼ねて、零戦で冨高基地から大分基地に移動し、別府湾を航行する空母海鷹を目標に突入訓練を実施した。写真はその際の大分基地における撮影。

桜花K1訓練再開

神ノ池基地での桜花K1訓練は昭和20年5月6日頃より再開された。写真は桜花K1「722-53」を懸吊した一式陸攻。カウリング部の斜めの塗り分けが印象的である。三菱大江工場製の機体ではないかとの説がある。

第十桜花根本中尉ペア

6月22日、第十次桜花攻撃に出撃した根本次男中尉（予備13期）のペア。根本中尉機は桜花隊員の藤崎俊英中尉（予備13期）と共に出撃、未帰還となった。

小松少尉と零戦

神ノ池基地に展開した戦闘第三一三飛行隊の零戦五二型丙／六二型を背に写真に収まった小松恒吉少尉（予備14期）。戦闘第三一三の零戦は重量軽減のため、13mm機銃を取り外し、主翼前縁の孔を金属板で塞いでいるのがわかる。

小松における「岡村一家」

沖縄戦終結後、7月初めに神雷部隊の桜花隊総員は陸攻隊が展開していた石川県小松基地に移動した。写真は小松の宿舎にて、「岡村一家」の看板と共に写真に収まった古参隊員達。左から藤城光治上飛曹（乙飛13期）、内田豊上飛曹（丙飛8期）、市川元二上飛曹（丙飛3期）、仲道渉上飛曹（丙飛4期）。

延暦寺における七二五空幹部

昭和20年7月1日に滋賀県比叡山基地に開隊した七二五空は、陸上基地に設けられたカタパルトから発進する桜花四三乙型装備の部隊であったが、実機も練習機も間に合わず終戦までに本格訓練を行えぬままであった。写真は延暦寺根本中堂で撮影された七二五空幹部集合写真。

「剣号作戦」への参加

昭和20年6月より、マリアナ方面の米軍飛行場への片道挺身攻撃をかける「剣号作戦」参加のため、陸攻隊各隊より搭乗員と機材が集められた。写真は小松基地を離れる際に撮影された攻撃七〇八飛行隊の記念写真。

終戦後

比叡山基地のカタパルト

七二五空の比叡山基地のカタパルト運用は、比叡山鉄道（ケーブルカー）の山上の終点延暦寺駅から伸びたレールによって機体をカタパルトに運び、ターンテーブルで方向転換を行うことになっていた。カタパルトの先端からは眼下に琵琶湖と湖岸の滋賀空の滑走路が見える。左手に突出しているのは裳立山。写真は戦後進駐した米軍によってカタパルトが破壊されたのちに撮影された。レールの右側には台車に装備する加速用ロケットが置かれている（下写真参照）。浅野昭典二飛曹（甲飛13期）らは左側の土嚢の陰からカタパルト台車の動作試験を見学した。

改造されたケーブルカー

比叡山鉄道は昭和20年6月には不要不急線に指定されて旅客営業を休止し、海軍に接収された。2輛あるケーブルカーは前後の運転台部を残して無蓋貨車のように天蓋と側板と座席の大部分が外されて資材運搬用に改造された。これに合わせ、駅には荷物積み込み用のガントリークレーンが設けられた。

神ノ池基地格納庫
終戦直後の神ノ池基地格納庫。奥にはほとんど残骸状態の一式陸攻がある。

神ノ池に残された一式陸攻
神ノ池基地格納庫内の一式陸攻。両外翼は外され、両エンジンも支持架ごと取り外されている。部品取りに使われた廃機であろうか。

終戦直後、鹿屋基地の桜花一一型

昭和20年9月22日に米軍が記録用に撮影した鹿屋基地の桜花格納状況。入口は樹木で厳重に隠蔽されており、それをどけると横穴壕があり、複数の桜花一一型が格納されていた。機体は風防後部が金属化された第一航空廠製の後期型で、機体の中心線を示す赤線はすでに引かれていることが分かる。現地改修を命じられた第一航空廠の片岡一等工員らは、この横穴壕の中で改修作業を行った。

終戦直後、神ノ池の桜花一一型
終戦時神ノ池基地に引き出された桜花一一型。風防後端が金属製になっている第一航空廠製の後期型である。

終戦直後の桜花K1
終戦時、桜花K1は相当数が木更津の第二航空廠に集められていた。桜花四三型練習機こと桜花K2への改造用であったとみられる。胴体側面の塗り分けから、後期生産型と判断する。

終戦直後の桜花二二型
桜花に自力飛行能力を持たせた桜花二二型は、終戦時までエンジンの振動問題が解決せず、実用化されずに終わった。写真は後方から撮影した桜花二二型、胴体中心線の赤線や、エンジンロケットのツ-11のノズルが見える。

終戦直後の桜花二二型
終戦直後に撮影された桜花二二型。ツ-11を装備した機体は3機しか完成しなかった。

米国に運ばれた桜花二二型
戦後米国に運ばれた桜花二二型。現在は復元され、国立航空宇宙博物館ウドヴァーヘイジ・センターに展示されている。

終戦直後の天山と彗星

(上) プロペラとタイヤが外された天山。手前に取り外された操縦席がある。

(下) 彗星三三型、ウサ-268号機と見えるが、一度塗りつぶされた上から乱雑に描き込んでいるため、オリジナルの機番号か否か、判断しがたい。

終戦直後、宇佐基地の一式陸攻

終戦直後に宇佐基地で撮影された一式陸攻　721-302号機。稲妻マークがあることから攻撃711飛行隊のものと推測される。攻撃711が宇佐基地に展開した記録は明確ではないが、3月21日以降、5月5日付けで攻撃708に吸収編入されるまでの間に飛来し、飛行不能となった機体の可能性が高い。4ヶ月以上放置されている割には塗装の傷みが少ない。

米国に運ばれた桜花一一型

戦後米国で展示された桜花一一型。沖縄で鹵獲された空技廠製の前期型である。

米国に運ばれた桜花K2

戦後米国に運ばれた桜花K2。二座化された機体の方向安定性を強化するため、垂直安定板が上側に増積されているのがわかる。

ジョンソン基地の桜花一一型
終戦直後、ジョンソン基地（現在の航空自衛隊入間基地）に展示された桜花一一型。現存する唯一の桜花一一型後期型である。その後基地が日本側に返還された際に桜花も共に返還され、現在も資料館に展示されている。

桜花K1展示風景
戦後米国で展示された桜花K1。ソリと翼端の保護枠が外されている。

靖國神社の「神雷桜」

昭和32年に靖國神社に神雷部隊戦友会が献木したソメイヨシノは「神雷桜」と命名され、東京の桜の標準木の1本となった。

遊就館の一一型復元模型

昭和54年には戦友会により実物大の桜花の複製模型と桜花攻撃隊の進撃ジオラマが靖國神社に奉納された。写真は現在遊就館に展示されている桜花一一型の複製模型。

第五章 必死攻撃のさらなる継続とその終焉

【至 昭和20年6月】

冨高基地からの増援

連日の出撃で神雷部隊の隊員は急速に消耗していった。野中隊全滅で１６０名の戦死者を出してから20日足らずの戦闘で、桜花攻撃によって桜花隊員11名、陸攻隊員49名、建武隊爆戦特攻で桜花隊員50名の合わせて１１０名がさらに戦死していた。これに作戦指揮下に加わった十航艦の二十五番爆戦隊を加えると戦死者は１７２名に達した。

4月12日、冨高基地に残っていた桜花隊主力は第三分隊長湯野川大尉以下28名全員が鹿屋に進出、合流することとなった。

冨高基地からの出発は普段の出撃と同様、岩城飛行長の戦況報告に引き続き別杯が行われ、迎えにきた一式陸攻に乗り込み、基地の人々に見送られ冨高基地を飛び立った。

飛行機は速い。先日の赤井大尉達の苦労などいざ知らず、間もなく夕刻の鹿屋基地に到着した。この時間、飛行機の発着もなく、何ごともなかったかのように静かだったが、爆撃の跡が生々しかった。

着陸すると、先任下士官の山村上飛曹ら先住の隊員達が迎えに来ていた。堂本上飛曹の顔を見るなり、同期生の気安さで、「とうとう来たか」「お前、まだ生きていたのか？」「今晩、一杯やろう」と、すぐに話がはずんだ。一緒に迎えに来ていた若い搭乗員達も神ノ池以来の顔馴染みなので、やあやあと声をかけ合いながら崖下の宿舎である野里国民学校に案内された。中に入ると教室の黒板にこの日の朝、午後の出撃者の名前が列記してあり、その前に誰がさしたのか、野花が2、3輪、無造作にコップに投げこまれていた。

堂本上飛曹は先に進出していた者から「下士官用には別に民家が1軒割り当てられているから、その方に移っても良い」と聞かされた。その民家に行くと、入口に「憂国ノ志士天誅岡村一家駐屯所」と筆太に書かれた看板がかけてあった。

中は薄暗く、六畳間には日本酒の一升瓶がたくさん置かれていた。聞けば地元の婦人会が都度補充してくれるのだという。障子をあけ座敷に座って外を見ると、畑一面に菜の花が咲いている。軒先では若い搭乗員がドラム缶風呂を煙らせながらわかしていた。

進出した隊員数に較べてここではさすがに手狭と感じた堂本上飛曹は、隣にいた山村上飛曹に「少し狭いのではないか？」と言うと、「夜はほとんど脱上陸するし、2、3日もすれば、すぐ広くなるよ」と、大して気にしていなかった。そこへ「風呂に入りませんか？」と若い搭乗員が聞きに来た。山村上飛曹が小声でその若い者のことを、「彼も今日爆戦で出撃して帰ってきたひとりだ」と説明した。桜花攻撃で帰投は、本人の判断ではなく母機の機長の判断なのでさしたる問題はないが、爆戦の場合はひとり乗りであり、本人の判断だけで帰投を決めるため、帰ってきた者に対し周囲は相当気を使っていた。「発動機不調により引き返す」とだけある記録の裏には、そこに至る決断の葛藤が含まれている。

その日の晩の宴会が終わりに近づいた頃、先ほどの爆戦で帰ってきたという若い搭乗員が、「僕は命が惜しくて帰ったのではない。天候が悪く、僕の腕では飛べなかったからだ」と言って、相当荒れていた。教員も務めたベテランの堂本上飛曹にはもとより事情は分かるので、白眼視するつもりは毛頭なかった。若い連中も、「堂本兵曹、靖国神社は先着順ですから、今度は堂本兵曹が我々の食卓番です」とか、「良い席を取っておきます」等と屈託のない話ぶりだった。また、ドラム缶風呂に入れなかった連中が、「明日は三途の川で行水して征きます」とか、「エンマ大王が野郎共汚い、臭いといって怒るぞ」等と、誰も知らない世界のことを、まるで修学旅行にでも行くように愉快に話していた。

そのうち、「靖国神社には女性がいないから、ただいまから青木町（鹿屋の遊郭街）へ出撃します」と言って出ていく者もいる。山村上飛曹が軍紀を取り締まるべき先任下士官だが、本人みずから率先して脱上陸（外出）するといった有様で、堂本上飛曹にも軍紀は相当乱れているように感じられた。

それもそのはずで、鹿屋にいた岡村司令も林分隊長も「任務以外は放任していても彼らはやってくれる」と、桜花隊員の行動をほぼ黙認していたからなのであるが、それが規律重視の中島作戦主任には軍紀の弛緩と映り、「比島の特攻隊はこんな有様ではありませんでした」と、岡村司令に度々苦言を呈していた。この衝突は、のちにある事件となって表面化することとなる。

「脱」する隊員は慣れたもので、毛布の中にもう1枚毛布を丸めて中に入れて人が寝ている格好を作っていた。これが宿舎の窓越しに見ると、寝ているように見えるのである。歩いて10分ほどの所に国鉄の大隅野里駅があり、そこから汽車に乗るとひと駅10分ほどで鹿屋市街に出られた。堂本上飛曹も鹿屋基地に進出していた8日ほどの間に2回誘われて鹿屋市街に出掛け、宴会に加わった。そこで仲居の立ち居振る舞いを見ていると、それぞれ馴染みができているらしいのが良くわかった。

彼氏が戦死した女は、すぐにわかり、中には冨高から慕ってあとを追ってきた女もいた。戦いは女性にも相当の犠牲を強いていた。

しかし、朝食時までには皆どこからともなく集まってくる。食事が終わると、校庭に整列して戦況報告を聞き、本日の出撃が発表され、残りの者は待機に入るのが鹿屋基地での日常であった。

翌4月13日、曇り。海軍の総出撃機数は87機（うち特攻機40機）、特攻機を含む4機の未帰還機を出した。陸軍も49機（うち特攻機18機）が出撃した。

この日神雷部隊に出撃命令はなかったが、鹿屋基地に集結した桜花隊は、分隊長2名、分隊士5名、下士官63名の計70名で、進出時の158名の半分以下に減っていた。このため、後詰めに残していた龍巻部隊や十航艦各航空隊への補充要請が急遽なされた。

その後の神ノ池

1月下旬に第一陣を送り出した神ノ池基地では、残った第一分隊員が基幹員として新たに配属された予備14期士官と、甲飛13期予科練習生に対し、練成訓練を実施していた。この頃、神ノ池基地では、指揮所の前に電柱位の丸太を2本深く埋め、それを桜花一一型の主翼前縁に当たるようにワイヤーで固縛し、隊員全員が見守る中で尾部ロケットへの点火実験が行われていた。その激しい噴射の様子に一同大いに驚き、「これに乗るのか」と、緊張と覚悟を新たにしていた。

前述したように、2月15日付けにて神ノ池基地残留隊は第七二二海軍航空隊として独立し、第三航空艦隊の指揮下となり、あわせて「龍巻部隊」と名乗った。旧神雷部隊隊員はすべて七二一空附が発令された。龍巻部隊は当初の予定通り、神雷部隊への隊員補充のための錬成部隊の役割を担当し、他隊からの転入者に桜花の投下訓練を実施していたが、機材と燃料の不足から、桜花K1の投下訓練はなかなか進まなかった。

2月2日に豊橋空から七二一空付属陸攻隊に着任した一宮栄一郎少尉（予備13期・操縦）は、「豊橋空時代に九六式陸攻から一式陸攻へ転換した際に機体の重さに驚きましたが、二四型はさらに重かったです。また、桜花K1を懸吊すると機体は重いし、スピードは出ないし参りました。桜花K1を投下すると身軽になった機体は一気に浮き上がりました。魚雷投下時の浮き上がりの比じゃなかったですね」と、回想する。

　現存する一宮少尉の航空記録は、2月は飛行作業は3日間のみ、うち桜花K1の投下訓練が2回と記録されている。

　先述の通り2月17日の空襲によって機材を大量に失った攻撃七一一飛行隊へ機材を融通したこともあり（このため2月に搭乗した機番は3月以降の記録に見られない）、11日以降3月2日まで飛行作業そのものがなく、宿舎の分散作業や移転作業に追われる日々を過ごした。

　3月3日以降は新機材補充のため、陸路岩国基地に向かい、三菱水島工場より空輸される新造機の受領に努めた。七二二空の陸攻の保有数は10機であったので、短期間で215名もの桜花未経験者全員に投下訓練を実施するのは困難であった。事実、終戦までに桜花の投下訓練を済ませた者は全体の1／4程度に留まっている。

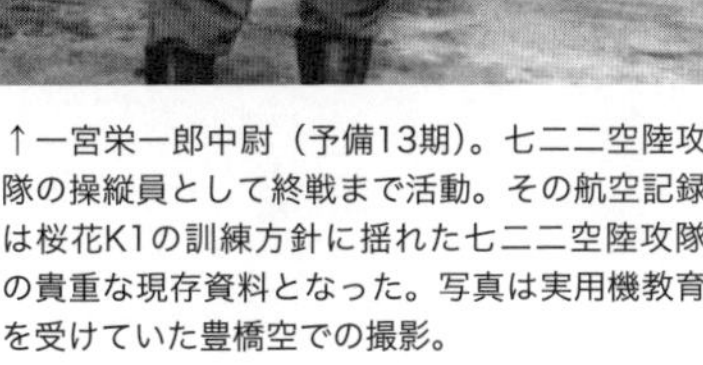
↑一宮栄一郎中尉（予備13期）。七二二空陸攻隊の操縦員として終戦まで活動。その航空記録は桜花K1の訓練方針に揺れた七二二空陸攻隊の貴重な現存資料となった。写真は実用機教育を受けていた豊橋空での撮影。

　さらに桜花K1の投下訓練が滞った理由のひとつに、野中隊の全滅に端を発した桜花攻撃の有効性への疑問があった。野中隊全滅の情報は神ノ池基地では公にされることはなかったが、電報が傍受されており、人伝てに話は広まっていた。

　事実、神雷部隊本隊が爆戦攻撃に主戦術を転換した3月下旬から、龍巻部隊でも爆戦の操縦訓練が主となり、零戦での突入訓練や航法訓練に重点が置かれた。現存する小泉龍朗二飛曹（甲飛13期）の航空記録によると、大村空済州分遣隊で九三式中練による飛行練習生教程を終え（この時点での飛行時間は48時間50分）、1月15日付けで七二二空に着任すると、まずは零練戦による離着陸訓練から始まり、ひと通りできるようになった3月下旬より滑空定着訓練が開始され、桜花／爆戦での突入訓練に移行している。

　航空記録にはこの後も滑空定着訓練ばかりで、航法訓練や空戦訓練の記録はなく、特攻攻撃に特化した訓練が行われていたことが伺われる。結局、小泉二飛曹は桜花K1の投下訓練は介添え役を2回務めたものの機材繰りが合わず、自身の桜花K1への搭乗は叶わぬままに終わった。総飛行時間は129時間ちょうどであった。第二陣は進出直前の4月に入ってから、零戦での突入訓練を再度実施している。この間、

小泉龍朗二飛曹（甲飛13期）航空記録

大村空済州島分遣隊〜七二一空〜七二二空

年	月	日	機種	機番号	飛行時間		摘要
					時間	分	
20	1	11					大村空済州島分遣隊 飛行練習生終了
							この間の飛行時間118回 48時間50分
		15					七二一空桜花隊着任
		26	零練戦	617	0	30	離着陸
		29	零練戦	615	0	30	離着陸
		31	零練戦	615	0	30	離着陸
1月計					**1**	**30**	**3回　1時間30分 累計　50時間20分**
	2	1	零練戦	608	0	30	離着陸
		4	零練戦	612	0	30	離着陸
		7	零練戦	608	0	30	離着陸
		10	零練戦	615	0	30	離着陸
		11	零練戦	612	0	30	離着陸
		12	零練戦	610	0	30	離着陸
2月計							**6回　3時間00分 累計　53時間20分**
	3	4	零練戦	614	1	0	離着陸　2回 2回目離陸の際、車輪を指揮所前のドラム缶に引っ掛けて機体大破、右目負傷する。後席奥園國義一飛曹無事。事故調書提出、罰金ギザ20枚(10円)
		7	零練戦	615	0	30	離着陸
		10	零練戦	615	0	30	離着陸
		11	零練戦	602	0	30	離着陸
		12	零練戦	615	0	30	離着陸
		13	零練戦	602	1	0	離着陸　2回
		17	零練戦	602	0	30	離着陸
		19	零練戦	617	0	30	離着陸
		20	零練戦	617	0	40	滑空定着
		21	零練戦	605	1	20	滑空定着　2回
		24	零練戦	609	0	40	滑空定着
		24	中練	03	1	0	特殊飛行　2回
		25	零練戦	615	0	40	滑空定着
		27	零練戦	608	0	40	滑空定着
		27	零練戦	615	0	40	滑空定着　2回 横滑りのまま着陸した所廻されて主脚折損、機体転覆するも搭乗員(後席内藤徳治中尉)共に無事。罰金ギザ20枚(10円)
		28	中練	01	1	0	特殊飛行　2回
		28	零練戦	615	0	40	滑空定着
		29	零練戦	605	1	20	滑空定着　2回
		31	零練戦	607	0	40	滑空定着
		31	中練	03	0	40	編隊飛行
3月計							**25回　15時間00分 累計　68時間20分**
	4	1	零練戦	606	1	20	滑空定着　2回
		2	零練戦	615	0	40	滑空定着
		5	零練戦	608	0	40	滑空定着
		6	中練	08			
		7	零練戦	615	0	40	滑空定着
		8	零練戦	606	0	40	滑空定着
		9	零練戦	612	0	40	滑空定着
		12	零練戦	612	0	30	滑空定着
		12	中練	07	1	20	編隊飛行
	4	13	中練	12	1	20	編隊飛行
		13	零練戦	608	1	0	離着陸　2回
		15	零練戦	612	0	30	離着陸
		15	中練	14	1	20	編隊飛行
		16	零練戦	620	1	0	離着陸　2回
		24	零練戦	615	1	20	滑空定着　2回
		25	零練戦	621	0	40	滑空定着
		27	零練戦	612	1	20	滑空定着　2回
		28	零練戦	612	1	20	滑空定着　2回
4月計							**28回　17時間40分 累計　86時間00分**
	5	1	零練戦	612	1	20	滑空定着　2回
		3	零練戦	608	1	20	滑空定着　2回
		4	零練戦	615	1	30	滑空定着　2回
		4	零練戦	615	0	40	滑空定着
		5	零練戦	608	1	30	滑空定着　2回
		6	零練戦	618	1	30	滑空定着　2回
		18	零練戦	620	0	45	滑空定着
		19	零練戦	606	0	45	滑空定着
		21	零練戦	617	1	30	滑空定着　2回
		24	零練戦	612	0	45	滑空定着
		24	零練戦	620	0	45	滑空定着
		24	零練戦	617	0	45	滑空定着
		25	零練戦	620	0	45	滑空定着
		25	零練戦	621	0	45	滑空定着
		26	零練戦	601	0	45	滑空定着
		26	零練戦	603	1	30	滑空定着　2回
		26	零練戦	612	0	45	滑空定着
		27	零戦	54	0	45	滑空定着
		30	零戦	53	1	20	擬接地
		30	零戦	65	1	20	擬接地
		31	零戦	54	1	20	擬接地
		31	零戦	111	0	45	滑空定着
5月計							**29回　23時間05分 累計　109時間05分**
	6	3	零戦	51	1	20	擬接地
		4	零戦	57	1	20	擬接地
		7	零戦	57	1	20	擬接地
		11	零戦	65	2	40	擬接地　2回
		17	零戦	18	1	20	擬接地
		20	零戦	53	2	40	擬接地　2回
		21	零戦	69	1	20	擬接地
		23	零戦	57	0	45	緩降下突進
		28	一式陸攻	05	1	0	桜花訓練支援
		28	一式陸攻	10	1	0	桜花訓練支援
		29	零戦	53	0	40	緩降下接敵
6月計							**13回　15時間30分 累計　124時間35分**
	7	2	零戦	60	0	45	緩降下突進
		25	零戦	62	2	40	擬接地　2回
7月計							**3回　3時間25分 累計　128時間00分**
	8	12	零戦	51	1	0	緩降下接敵
8月計							**1回　1時間00分 累計　129時間00分**

陸攻隊は桜花Ｋ１の投下訓練から外され、夜間定着訓練と編隊航法訓練ばかりの日々となり、第二陣、第三陣、第四陣が出発した後の5月4日まで一宮中尉（3月進級）の航空記録には桜花Ｋ１の投下訓練の記録がない。

このため、手持ち不沙汰の龍巻部隊陸攻隊搭乗員総員は、5月に千葉県佐原市（現香取市）の香取神宮に参拝している。

この頃（3月末～4月初め頃）、元第一分隊先任下士官の向島重徳上飛曹（乙飛10期）は、数少ない艦爆乗りのベテランとして、発足したてで基幹搭乗員不足に悩む流星装備の攻撃第五飛行隊に異動している。その後進級した向島飛曹長は、7月25日に第七御盾隊第一次流星隊の隊長森正一大尉（海兵70期・偵察）機の操縦員として流星４機で大王崎135度200浬の敵機動部隊攻撃に出撃、未帰還となり特攻戦死として布告された。

龍巻部隊から鹿屋への増援

4月13日に、1月17日の桜花Ｋ１の投下訓練で重傷を負い、入院していた味口二飛曹が3ヶ月ぶりに退院を許され、兵舎に戻った。兵舎への道すがら、外はすっかり暖かい春の陽気となっていたのに驚いた。

その日の晩、21時頃になって「総員講堂に集まれ」の号令

↑桜花K1の訓練が中断されていた5月、七二二空陸攻隊の搭乗員総員で香取神宮を参拝した。

↑向島重徳上飛曹（乙飛10期）。桜花第一分隊の先任下士官にしてベテラン艦爆乗りの向島上飛曹は、基幹員不足に悩む新鋭機流星改装備の攻撃第五飛行隊に転出した。その後、7月25日に第七御盾隊として敵機動部隊に突入、特攻戦死。

がかかり、「すわ出撃か?」と、皆の足並みが乱れ、兵舎内は騒然とした。

講堂に集まると第二陣指揮官の新庄浩中尉から鹿屋への進出予定者43名の氏名の発表があり、味口二飛曹もその中にあった。しかし桜花K1着陸事故の際に受けた左足の打撲傷がいまだ完治せず、方向舵を操作するフットバーが踏めない状態であった。このため、班長の飯田光雄上飛曹（丙飛13期）がその旨申告すると、「何? 使えんか?」と、あっさりと交代者が指名され、味口二飛曹は鹿屋行きから再度外された。

味口二飛曹はこの日の日記に「桜花隊解散す」と、題して、桜花の運用実績に鑑み、今後は爆戦特攻が主力となったこと、第二陣は爆戦と桜花を状況により使い分ける方針となったこと、この結果、桜花特攻は二次的な扱いとなったため、龍巻部隊での桜花K1の投下訓練が中止となったことなどを書いている。これは一宮中尉の航空記録とも一致している。

翌4月14日朝、第三航空艦隊司令部用の一式陸攻改造の輸送機1機と、一〇八一空の零式輸送機1機が飛来し、鈴木司令の訓辞、別杯を受け、いまだ蕾の桜の小枝を手にする者などもいる中で皆思い思いに仲間との記念写真を撮影し、新庄中尉以下の士官20名は一式陸輸に、下士官隊員23名は当時ダグラスと俗称された零式輸送機に乗り込み、総員の見送りを受けながら鹿屋基地に向かった。

司令部附輸送機の一式陸攻は快適であったが、下士官用の零式輸送機は座席のない貨物機であった。それでも満員の汽車に揺られていくよりは遥かにマシであり、隊員達は座布団代わりにライフジャケットを脱いで尻に敷き、すでに制空権の失われた内地の空では何時敵機が襲ってくるやもしれぬため、交代で見張りに立った。

神ノ池基地から飛び立った第二陣が鹿屋基地に着陸したのは午前11時頃であった。晴れた鹿屋の空は青く所々に白雲が散り、飛行場は緑一色で芝は若芽を出し、後方の神ノ池基地から来た者の目には、とても最前線の戦場とは思われなかった。先着した一式陸攻から降り立った新庄中尉が指揮所に着任の申告に行っている間、士官達は機の廻りで車座で待機していた。そこにに少し遅れて下士官隊員達を乗せた零式輸送機が到着した。

零式輸送機より降り立った下士官隊員達は、その場で「総員見送りの位置に着け」の号令を聞き、急いで滑走路の端に並び、桜花隊と爆戦隊の出撃を見送った。

彼らの出撃の様子はといえば、はた目にはちょっと隣村の祭か、楽しい二、三泊の旅行にでも行くように、また移動訓練飛行に飛び立つように、声高らかに「それではお先にありがとう。さようなら」と手を打ち振って機上の人となり、何の気負いも感じられない雰囲気であった。

第六建武隊の隊長の中根久喜中尉（予備13期）以下、前田善光上飛曹（乙飛16期）や布施一飛曹（乙飛17期）等零戦8機が五十番を腹にして砂煙を上げて離陸となった。時々見送りの桜花隊員の方を振り向き、頭を下げにっこりする顔が見える。それもつかの間、滑走路一杯で離陸するとゆるゆると高度を取り飛行場上空で最後の別れのバンクを打ち振り、南の空へと飛び去った。

爆戦隊の見送りが済むと桜花の出撃である。直前に発生した昭和隊の二十五番爆戦の離陸時の自爆事故（後述）の際に飛び散った弾片によって損傷し、出撃不能となった2機を除いた7機が出撃した。タキシングする一式陸攻の天蓋から彼らは上半身を乗り出し、首の白いマフラーをなびかせ大きく手を振って周囲の者に今生の別れを告げた。微笑を浮かべ、エンジンの轟音の中で時々なにか大声を出しては手を振る姿

（左）3ヶ月振りに退院した味口正明二飛曹（特乙1期）。膝に乗せている犬は、陸攻隊からもらい受けて桜花隊で飼われていた「シロ」（上写真も）。シロはこの写真の時点で飛行時間4時間、さらに桜花隊員達から葡萄酒を飲まされたり、防火用水に投げ込まれたりと「手荒く」可愛がられていた。

は、小城久作一飛曹（丙飛10期）には「先に行って待っているぞ。ありがとう。では靖國神社での再会を」と言っているように思えた。母機が滑走路のエンドに着くと彼らの姿が機内に消え、機は離陸して南の空に消えていった。

この時の様子を本間榮上飛曹は「こりゃ〜戦場だ」と、最前線の空気に触れて身震いする思いであったと回想している。小城一飛曹は、戦友の必死の出撃を初めて見送った感激よりも、むしろ己れの心が彼らの境地にまで達しておらず、まだ精神修養ができていない自分を知り、驚いたという。

これは士官達とて同様であった。引率の新庄中尉が指揮所に着任の申告に行ったところ、その場で即時待機を命ぜられ、面食らった。「即時待機」とは、命令があり次第いつでも出撃できる状態で待機するという意味であり、特攻隊である神雷部隊では死を意味するのは言うまでもない。思わず「ちょっと待って下さい。着いたばかりで状況も分からないのでは話になりません、ひと息だけでも入れさせて下さい」と、抗議した。

このことは同様に見送りに行って強烈な印象を受けて輸送機の側に戻ったばかりの士官達にすぐ知らされた。鈴木英男中尉はそれを聞いて顔面蒼白となり、全身から冷や汗が出た。「いくら覚悟の上で特攻隊に志願したとはいうものの、日々の生活、訓練の中で知らず知らずのうちに気が弛んでいたんでしょうね」とは鈴木氏の弁。また、内藤徳治中尉（予備13期）は「その時全身に衝撃が走りました。今出撃する戦友を見送り『あとから俺も行くぞ』の心境でありましたが、即時待機とは考え及びませんでした。衝撃と共に戦場の厳しい現実を受け止めました。私は覚悟を新たにしまして、心の中で家族らに別れを告げました」と、述懐している。

しかし、神雷部隊第二陣に出された即時待機命令は1時間足らずの間に解除された。

その理由を鈴木英男氏は、「あとで思えば第二陣は全員が桜花K1の投下経験者でしたから、爆戦特攻に投入するのをためらったのではないかって思うんです」と分析している。既述の通り、この頃神ノ池基地での桜花K1投下訓練は中断されており、開発が進められていた桜花二二型のためにも桜

↑小城久作一飛曹（丙飛10期）。4月14日、桜花隊第二陣として鹿屋基地に進出。回想録に野里での出来事を詳細に記録し、戦後野里と神ノ池に桜花隊の記念碑を自費で建立した。

花搭乗経験者は温存する必要に迫られていた。

　この裏付けとして直後の4月18日に桜花K1の投下経験のない多木稔中尉（予備13期）以下13名の第三陣が補充されている。

　見送りを終えた第二陣は、当面の宿舎となる野里国民学校に向かった。中に入ると、教室の黒板に本日の英霊と書かれ、朝の出撃者と午後の出撃者の名が列記してあった。その横に誰か書いたのか「我明日は無き数に入らん」と書き添えられ、黒板の前には誰が挿したのか野花が2、3輪コップに投げ込まれていた。

　小城一飛曹は「ああ来るべき所まで来たなあ。自分の出撃はいつ頃だろう。先ほど会った連中は無事に飛んでいるだろうか」等と、いろいろ思案しながら故郷やお世話になった方、親友に遺書を書くべきかなと思いながらぶらぶら仮寝の宿を下見して歩いてみた。所々教室の中から破れた天井越しに青空が見える。やっぱり戦争は内地までやって来たのか、九州までが戦場になったかと再度思いを新たにした。

　いつの間に付いてきたのか、小川逸雄二飛曹（丙飛14期）と「小城兵曹、敵さん近いんですね。私達はどこに荷物を置けばよいのですかね」等と話していると、先住者である第一陣の中尾正海二飛曹（特乙1期・4月16日第七建武隊で戦死）と江原次郎二飛曹（特乙1期・4月16日第五次桜花攻撃で戦死）が来て「荷物は雨のかからない空いた場所を選んで置いて下さい。2、3日すれば空き家のようになりますから」と笑って説明していった。

　志願して入った部隊とはいえ、「死出の旅路の仮寝の宿なのになぁ」と思っていると、今度は白井貞吉二飛曹（特乙1期・4月16日第七建武隊で戦死）が「先輩ご苦労さんです。来ましたね。私は明日か明後日あたりですかな。お世話になりました。先に行って先輩の道案内しますから、あとから来て下さいよ。夕食の準備ができています。食事に行きましょう。早いところ食事をしないと取り残されますよ。さあ行きましょう」と、せかすように隣の教室に案内された。この日、小城一飛曹は夕食をとった記憶はない。

　その夜、汚れた畳の上に毛布を拾い集めて着替えもせずに横になり、屋根の穴から星を眺めながらあれこれ考えている間にうとうとと浅い眠りに入っていた。と、急に「小城兵曹、小城兵曹！」と呼ぶ大声に起こされた。

　てっきり出撃の呼び出しかと思いながら「ハイ」と遅れぎみに返事をすると、「小城兵曹おるか！」と大声で怒鳴りながら飛行練習生の頃の第二美保空時代に仲の良かった陸攻隊の於方熊雄上飛曹（丙飛7期・操縦）がやって来た。「あっ於方！　ここだ」と大声で答えると小城一飛曹は靴もはかずに走り寄って互いに手を握り、言葉もなく、ただ目と目を合わせた。

「二次進出の隊員が着くと聞いたので君がその中にいないかと聞き回っていたら、先ほど、白井に会ってな、君が今日の便で着いたと教えてくれた。俺も明日か明後日には出撃だ。その前に君に会って田中（晃上飛曹、丙飛7期・操縦）との約束を果たす必要があってのぅ。田中の引き合わせかな」と、言うとポケットから大切そうに1個の財布を取り出した。それは青紫の地に青のビーズで麻模様の刺繍がしてある女性用の財布だった。「おい小城、この財布に見覚えはないか。田中君の奥さんの手編みの財布でどこに行くにも持って歩いてたのだよ。彼が3月21日に出撃する時、『於方、今度は帰れないだろうから君に預けるよ。必ず小城に渡して、男になってから三途の川に来るように言ってくれ』と渡して行ったんだよ」と、於方上飛曹は約束が叶えられたと涙を流して喜んだ。彼は自分の財布から小銭など合わせて20円ばかりその財布に入れて帰って行った。

於方上飛曹はこの2日後（4月16日）の第五次桜花攻撃に出撃、二度と鹿屋基地には帰らなかった。

第一陣の搭乗員は、沖縄戦の序盤から中盤にかけてほとんどが出撃し、還らぬ身となったため、戦地での彼らの言行記録は極めて限られている。第二陣として到着した小城一飛曹は、中盤から終盤にかけての神雷部隊の記録に度々登場するが、遺された手記には到着当日の野里国民学校の様子と、そこで接した第一陣の隊員達の貴重な言行が記録されている。

4月14日の戦闘経過

4月14日〇六〇〇、台湾から進出した第十大義隊の二十五番爆戦三浦義信二飛曹（丙飛13期）と直掩機粕谷仁司中尉（海兵72期）の2機が石垣島飛行場を発進、沖縄周辺の敵艦船に突入した。

この日鹿屋の天候は晴。この日の攻撃目標は徳之島からの方位125度80浬の空母を含む機動部隊であった。

一一三〇、鈴木典昭中尉（海兵73期）を隊長とする第一昭和隊（谷田部空）二十五番爆戦11機、熊倉高敬中尉（予備13期）を隊長とする第二筑波隊の二十五番爆戦3機の総計13機と、中根久喜中尉を隊長とする第六建武隊の五十番爆戦8機が相次いで出撃した。

第一昭和隊隊長となった鈴木典昭中尉は、出撃間近、自ら号令を掛けながら列機の隊員と共に海軍体操で身体をほぐしていたが、はた目には地に足が着かぬかのような、フワフワとした身体の動きであり、心ここにあらずの風で、しばしば海軍体操にない動きとなっていた。この様子を一緒に谷田部空から進出していた杉山幸照少尉（予備14期）が「鈴木中尉、ずいぶん新しい海軍体操を考案しましたねぇ。我々が今まで習ったことのない体操がたくさんありましたね」と、いつもの付き合いの気安さから声を掛けると、「ホント！」と答え、そのとぼけた言葉に一同大笑いした。

この後、一同乗機に向かったが、交わす言葉は取りとめなく、時折笑いもあったが、うしろから見たその足取りは重く、歩調は乱れ軍人の行進にはおよそ縁遠い隊列に見えた。

この出撃の際、篠崎俊二少尉（予備14期）の二十五番爆戦は離陸直後に爆弾が落下して炸裂、人機共に木っ端みじんとなった。出撃前夜、生真面目な彼が興奮しながら「俺は離陸だけはどの教官よりも上手いが、どうも着陸が下手でいかんかった。特攻隊に選ばれて幸運だった」と、下手な冗談を飛ばして周りの不興を買っていたが、その上手いはずの離陸の際に爆弾が脱落して爆発し、特攻戦死から外されてしまった。このため、第一昭和隊の特攻布告者は10名のみである。さらに篠崎機爆発の破片により、一式陸攻2機が損傷し、発進を中止している。

第六建武隊隊長の中根久喜中尉は、神ノ池時代に疲労から黄疸となった湯野川大尉を心配して、手足も凍りつきそうな真冬時に基地内の小川に入り寒蜆を採って蜆汁にして飲ませてくれたという。現存する中根中尉のアルバムの湯野川大尉と共に写った写真の裏には、「私が死ぬ時までかわいがっていただきました」と書かれている。

中根中尉には婚約者がいたらしいものの、その人は3月10日の東京大空襲で亡くなった。中根中尉は湯野川大尉に、「もう思い残すことは何もなくなりました、分隊長(湯野川大尉)と共に死ねることは私の喜びです」と語ったという。

この日第四次桜花攻撃隊の一式陸攻9機が準備され、昭和隊爆戦自爆事故の影響で発進不能となった2機を除く澤柳彦士大尉（海兵71期・偵察）率いる7機が一一三〇〜一一五三

↑野里国民学校の校庭で海軍体操する昭和隊隊員。

にかけ発進した。前年の台湾沖航空戦の戦果で感状をもらった澤柳大尉ではあるが、「発表された戦果は真実ではない」と、湯野川大尉に明言していた。

澤柳隊発進を見送った湯野川大尉は、攻撃の経過を知るために通信室に入り、要務士の鳥居達也少尉等と共に澤柳隊の通信を待ち受けた。

やがて「ワレ戦場に到達セルモ敵ノ目標ナシ、指示ヲ乞ウ」との主旨の電信を受信。すぐに調べてみると、五航艦司令部が発令した地点の指示に誤りがあったことが判明した。航空甲参謀田中正臣少佐（海兵59期）がすぐに澤柳隊に訂正の電信を発したが、それは当初の位置から60浬も離れていた。このため、訂正位置を受信した澤柳隊はそちらに向かった途中で敵戦闘機に迎撃されたらしく、その後戦果報告を伝える発信はなく、全機未帰還となった。湯野川大尉はその場で田中参謀に強く抗議をしたが、その結果は空しいものとなった。

研究家秋山克次氏の調査によると、この日敵機動部隊を発見したのは第四索敵線の陸軍独立飛行第一九中隊の百式司偵であった。陸軍は地文航法のため、距離はメートル法を用いており、発見地点を「徳之島一二五度一五〇km（＝約80浬）」と打電していた。これを田中少佐が１５０浬と感違いして指示したものと秋山氏は推測している。

偵察第一一飛行隊の飛行隊長としてのちに彩雲で偵察に出た金子義郎少佐（海兵60期）からの電報では、該当海面に敵艦の油紋が見えたとのことであった。

この日の攻撃七〇八の戦闘行動調書には、敵艦位置の間違いに触れることに支障があったためか、まったくの空白となっている。

このため、日本側での戦果確認は皆無であるが、米軍戦闘記録では一三一〇〜一四一〇の間に一式陸攻のべ12機の撃墜記録がある。しかし前述の通り、この日の出撃は7機であり、誤認や重複確認があるものとみられる。

この日出撃した桜花隊員7名の中に、孤児の昭男を引き取るきっかけを作った田村万策上飛曹（丙飛３期）がいた。出撃が決まった前日の夕方、田村上飛曹は世話になった近所の農家を訪れていた。主婦の柿元フキさんは乏しい配給品を割いて歓待を尽くし、女学生の娘のさち子さんは桃色のネル地で桜の造花を作り、飛行服の袖に縫いつけ、マスコットにと手製の小さな人形を贈ったが、それを見る田村上飛曹の目の奥は潤んでいた。

フキさんは義理にも「お国のために」とは言えなかった。別れ際、田村上飛曹はポケットから封筒を取り出し、「おばさん、これは置いていきます。持って行ったって仕方ありませんから」と、言いつつフキさんに渡した。

中には10円札の束と遺詠を記した紙1枚があった。現金の力がなくなってきていた時代とはいえ大金である。驚いたフキさんは札束を戻そうとしたが、ぜひにと押しつけられた。

田村上飛曹は冨高基地に待機していた頃、体調不良を理由に昼間は医務室に通うだけで休んでいたが、実はそこまでの不調ではなく、どこかに愛する者ができて「脱」しては会いに行っていた。出撃したくないと、ごく親しい者には告白していたそうであるが、そうは言ってもここは軍隊であり、その所行は堂本上飛曹に見とがめられていた。

その一方、遺詠は「数ならぬ草場の陰の露の身は　死なばや死なん　大君の辺に」とあり、愛する者に対する想いの片鱗も見られなかった。

戦後、堂本氏はある宴席で田村上飛曹が思いを寄せていた件の女性と偶然同席したことがあった。彼女が「田村さんはねぇ、特攻隊で戦死しちゃってね」としんみりと語るのを、堂本氏はどう返したものか困惑して聞いたという。

米海軍戦闘記録では、以下のように実際の未帰還機7機に対し、一式陸攻10機の撃墜を記録しており、機種の誤認が含まれているとみられる。いずれも機動部隊攻撃に向かう途中で迎撃されている。

「一三一〇、VF-17のF6F-5、20機は喜界島の北50マイルの地点で南へ向かって飛行するロケット爆弾を搭載した一式陸攻1機を発見して攻撃した。

1撃目の攻撃を受けて右エンジンが発火したのち、ロケット爆弾は投棄された。2撃目でエンジンを吹き飛ばされ、3撃目で降下を開始した一式陸攻は海面に激突すると同時に炎上した。この交戦の直後、南へ飛行する2機目の一式陸攻を発見し攻撃した。一式陸攻は搭載していたロケット爆弾を投棄し、右エンジンから発火し緩降下で海面に激突して炎上した。

一三三〇、VF-12のF6F-5、4機は母艦近くで一式陸攻1機を発見して攻撃するとスピンに陥って海面に激突したが、その前に搭載していた爆弾を投棄した。

一三四五、VF-9の8機のF6F-5は、母艦上空から北約56マイルに一式陸攻1機を発見した。攻撃を受けた一式陸攻は海面に向けて緩降下を始め、海面に激突した。

彼らは1機目の一式陸攻を撃墜した直後、方位90度へ向かうように指示を受け、10マイル先に2機目の一式陸攻を発見した。攻撃を受けた一式陸攻は発火しつつ墜落した。この一式陸攻の胴体下には沖縄で鹵獲された日本版V-1飛行爆弾らしきものが搭載されていた。ガンカメラ映像から1機目に撃墜した一式陸攻にも同様のものが搭載されていた。

この直後の一四一五、7マイル先に3機目の一式陸攻を認めたが、その敵機はVF-10のF4Uによって撃墜された。一式陸攻は発煙しつつ海面に激突した際、大爆発をしたので多量の爆発物を搭載していたものと思われる。

ほぼ同時に9000フィート先に4機目一式陸攻を発見し攻撃した。その一式陸攻は180度旋回して回避行動を取ったが、被弾して海面に墜落した。

一四一〇、VF‐30の4機のF6F‐5は、第58・8任務群（3月17日から5月12日まで臨時に編成された第58任務部隊向けのレーダーピケット部隊）の北西約20マイルの地点にて敵機の迎撃を指示された。高度8000フィートを飛行する一式陸攻2機と高度4000フィートで飛行する一式陸攻1機、高度1900フィートで飛行する零戦1機を発見した。これらの敵機を全機撃墜したが、一式陸攻は攻撃を受けた際に銀色に塗装された有翼爆弾1発を投棄した」

白昼攻撃の成否は制空隊の活躍にかかっている。この日は第一国分基地から六〇一空の零戦20機と紫電6機、二一〇空の紫電6機が一一四五に発進したが、「敵を見ず」とのことで全機帰着した。

この日の宇垣長官の日記では、戦闘機125機の完全な制空の下に特攻隊を発進させたものの、喜界島付近で紫電隊が零戦隊に攻撃行動を取り、零戦隊が増槽を捨てたため予定地点まで進出できず、特攻機は「食ワレタル算多シ」と記し、戦闘機隊が制空任務を果たせなかったことを「遺憾」としている。

このため、この記述を基にした戦後の書物では三四三空の紫電改が、六〇一空の零戦隊に誤襲したかのように記述しているものもある。しかしこの日三四三空は制空任務に出動していない。誤襲は六〇一空か二一〇空の紫電隊との間に生じたものと推測されるが、決定的な証拠は発見されていない。

ともあれ、制空隊が効果を発揮しないまま防空網の中に裸で飛び込んだ特攻機は、ほとんどが敵戦闘機に捕捉され、エンジン不調で引き返した第六建武隊の五十番爆戦2機を除き、全機が消息を絶った。

一四一〇～一四三八の間、合原直中尉（海兵72期）を隊長とする第二神剣隊（大村空）の二十五番爆戦15機が鹿屋基地から慶良間列島在泊の特設空母2隻を目標に発進した。うち6機がエンジン不調で引き返し、9機が突入、未帰還となったが戦果は明確ではない。帰投した6機のうち、吉田敏夫二飛曹（乙飛18期）の機体は爆弾投下不能に加え、脚が出なくなり、やむなく機体を捨て脱出し落下傘降下した。

この日、午前中の神雷部隊の出撃見送りのために、隊員のほとんどが飛行場に来ていたが、堂本上飛曹は、整列している爆戦隊員の中に高等小学校の1年先輩だった合原直中尉を見つけた。堂本上飛曹とは郷土の先輩というだけでなく、兵学校時代の合原生徒が岩国航空隊で搭乗員への適性を見る試験飛行の際、偶然練習機の操縦員として再会し、こっそりと適性試験に受かるコツを伝授していた。いわば堂本上飛曹は搭乗員としての道を拓いてくれた恩人であった。そんな堂本上飛曹を認めた合原中尉は居並ぶ部下達を示しながら「ワシもこれから行くから……」と、ごく短い挨拶を交わした。

今回、関係者への取材から限定的に判明した神剣隊の合原中尉の行動は、以下のようなものであったという。当初第二神剣隊の隊長ではなかった合原中尉は、大村空飛行隊長の中島大八大尉（海兵68期）が、練度未熟の予備生徒1期生や乙飛18期生達ばかりを抽出、指名するのに立腹し、「航法を満足にできぬ者ばかりを集めても戦果はあがりません。教官である私が連れて行きます」と、出発前夜に急遽志願した。このため、事前に航法研究もしていなかった合原中尉は前夜午前1時過ぎまでかかって航法を研究した。このことは士官室の同室の者は皆知っていたのだが、戦後、誰も書き残さぬまま沈黙を守っていたようだ。

しかし、この中島大尉と合原中尉のやり取りは部屋に茶を運んだ従兵が一部始終を聞いており、予備生徒達に伝えていた。その後この話は練習生の間に広がったため、取材を行っていた筆者の耳にまで届くこととなった。

この頃大村空にいた練習生達の平均飛行時間は、九三式中練で30～35時間、零戦で20時間程度、これに特攻要員として選抜された者はさらに3～5時間程度の追加訓練があったものの、総飛行時間は１００時間に達せず、60～70時間程度であった。これは建武隊として出撃した桜花隊隊員達の４割以下の飛行時間であった。

中島大尉は練度を上げたくても燃料も機材も不足した状況を棚に上げて「貴様等を特攻に出すのは操縦が下手だからだ、上手い奴らは制空隊だ」と言い放つ一方で、中古機材ばかりで故障続発の訓練機材には乗りたがらず、練習生達の反感を買っていた。その反面、予備学生や予備生徒達よりも２、３歳年下ではあったが、教官であった合原中尉の高潔な人柄は多くの者から慕われ、60余年経た取材時でも予備生徒の同期生達は「合原さん」と、さん付けで呼んでいた。

これらは大村空での特攻隊員の選出に公正ではないものがあったことをうかがわせる話ではあるが、関係者が揃って鬼籍に入った今となっては全容を知ることは困難である。

結局、この日の海軍の総出撃機数は２２９機（うち特攻機52機）、特攻機を主として44機の未帰還機を出した。陸軍では55機が出撃し、特攻機19機が突入している。

この日の攻撃で米軍は駆逐艦シグスビーに爆戦1機が突入して22名が戦死し、74名が負傷すると共に、５番砲塔直後からの艦尾切断、航行不能となり、慶良間泊地まで曳航された。そのほか、戦艦1隻、駆逐艦２隻が損傷している。

戦地の運動会

「菊水二号作戦」の最終日である4月15日、この日は米機動部隊の動静が判明せず、特攻攻撃は停頓した。

神雷部隊にも出撃命令はなかった。神ノ池基地からの第二陣である新庄分隊が加わっていた神雷部隊ではこの日、一四〇〇から歓迎も兼ねて地元の学童も交え、野里国民学校の校庭で運動会が開かれた。その競技種目は「轟沈」「ビッコ」

等具体的内容は不明のものから、ムカデ競争、煙草の火付け、自転車の遅乗り、瓶釣り競争等々多彩なものであった。岡村司令も自慢の居合抜きを披露し、翌日に予定された「菊水三号作戦」出撃予定者も一緒になって久しぶりに楽しいひと時を過ごした。

谷田部空から進出してきた昭和隊佐藤光男少尉の組は「轟沈」で、同じく中村榮三少尉の組は「瓶釣り」で、それぞれビール2本の賞品をせしめたことを日記に書き残している。日頃隊員達を厳しく指導している岩城副長がこの日ばかりは相好を崩して笑っていたのが周囲にいた者には強烈な印象として残った。鹿屋基地に貼り付いていた報道班員(従軍記者)も久しぶりの明るい話題の撮影に大忙しであった。

その運動会が終わった途端、「総員退避」の命令が発せられた。間もなく敵戦闘機約80機が南九州各地に空襲に現れ、鹿屋基地にも銃撃を加えてきた。死ぬのは覚悟の桜花隊員であっても、銃撃で死ぬのはまっぴら御免である。校庭にはもともとチャチな防空壕が設けられていたが、とても全員を収容できる代物ではなく、各員思い思いの場所に避退した。佐藤少尉は田んぼの溝に張り付き、鈴木中尉は付近の竹藪に避難したが、竹では機銃弾に対し盾にはならないため、ひどく心細い思いをした。

その頃、崖の上の飛行場では一四五〇に即時待機の命令を受けた制空隊の三四三空が緊急発進準備をしていた。しかし、離陸前に上空に敵機が現れたため発進中止を命じたものの間に合わず、滑走を開始した紫電改2機が離陸直後を襲われ、杉田庄一上飛曹（丙飛3期）と、宮沢豊美二飛曹（丙飛

↑4月15日、桜花隊第二陣の進出を受けて野里国民学校の校庭で運動会が開かれ、隊員達はつかの間の楽しいひと時を過ごした。写真は瓶釣り競争の様子。

14期）が撃墜され、戦死した。

この空襲は第58・1群の機動部隊より発進したものであったが、第五航空艦隊側では敵機が増槽を懸吊していたため、整備成った沖縄の嘉手納飛行場から飛来したものと判断し、明日の「菊水三号作戦」の支援のため、嘉手納飛行場への薄暮銃撃が計画された。

これにより、六〇一空戦闘三一〇より岸忍中尉（予備13期）を隊長とする第三御盾隊（六〇一部隊）零戦4機が一六二五に第一国分基地を発進した。しかし、進撃途中の一七五〇に沖縄本島名護上空付近で上空哨戒中の敵機と遭遇し、一番機の岸中尉と二番機の田中克次郎飛長（特乙1期）が撃墜され、三番機の梅林義輝上飛曹（甲飛10期）は被弾して四番機の浪松次郎飛長（特乙2期）と共に徳之島に不時着し（2名共後日帰還）、銃撃作戦は失敗に終わった。

「菊水三号作戦」

4月16日、晴れ。「菊水二号作戦」から休むことなく、「菊水三号作戦」が発動された。

〇六〇〇、第三八幡護皇隊（宇佐空）艦攻隊の石見文男中尉（予備13期・操縦）を隊長とする九七艦攻2機、第三護皇白鷺隊（姫路空）の栗村敏夫候補生（予備生1期・偵察）を隊長とする九七艦攻2機、〇六二〇に皇花隊（百里原空）の畑岩治中尉（海兵72期・偵察）を隊長とする九七式艦攻4機、〇六三八から〇七〇四にかけて菊水部隊天桜隊（攻撃二五一飛行隊）の村岡茂樹中尉（海兵73期・操縦）を隊長とする天山艦攻7機が串良基地を発進して沖縄周辺の敵艦船群に突入した。

また、第一国分基地からも〇六三〇から〇六五〇にかけて第三八幡護皇隊（宇佐空）艦爆隊の松場進少尉（予備13期・操縦）を隊長とする九九式艦爆18機が発進した。

これら特攻機のほとんどがレーダー哨戒の駆逐艦に突入している。米軍上陸地点の真北約80㎞の地点で哨戒にあたっていた駆逐艦ラフェイは〇八二七から約80分間に22回の特攻攻撃を受け、特攻機8機と爆弾4発が命中、同艦は航行不能となり、曳航されて波具志湾に後退したが、103名の戦死傷者を出した。また、駆逐艦プリングルは九九式艦爆1機の体当たりを第一煙突直後に受け、艦体はふたつに裂けて5分足らずで沈没し、行方不明者62名、負傷者42名を出した。さらに伊江島北方で対潜哨戒に就いていた駆逐艦ボウアーズは艦橋に1機が突入、艦長、副長以下48名が戦死、56名が負傷した。

鹿屋基地からは澤井正夫中尉（予備13期・偵察）を隊長とする第五次桜花攻撃隊の一式陸攻6機が〇六〇五から〇七二二にかけて発進、沖縄周辺艦船を目標に進撃した。

〇七〇八に発進の83号機澤井中尉機は、桜花搭乗員に神ノ池基地の暴動事件の一因を作った宮下良平中尉（予備13期）を乗せていた。沖縄東方で友軍機が敵戦闘機に遭遇している経験から機長判断で進路を規定コースのさらに西に取り、約40分飛行ののちに沖縄に進路を向けた。〇九二五に沖縄の島影を発見すると共に12隻からなる敵艦隊を発見した。徹夜のためか離陸直後から居眠りをしていた宮下中尉を起こし、「おっ、そうか」と応じる中尉に手短に敵状を説明し、桜花に移乗させた。

〇九四五に高度３５００ｍ、距離８０００ｍで桜花を発進、その時主操縦員の酒井啓一上飛曹（15徴）が桜花の離脱を助けるため、握る操縦桿を少し引くと、桜花の離れた母機がフワッと軽くなるのが身体で感じられた。３分後に桜花は敵戦艦に突入、大爆発と大水柱により轟沈を確認したのち、高度を下げて敵艦の間をくぐり抜け、左右の横滑りを繰り返しながら弾幕を避けつつ高度50ｍを全速で避退し、一二三〇に鹿屋基地に帰投した。宮下中尉の座っていた座席には万年筆と手帳が残されていた。

宮下中尉の桜花爆発の瞬間は避退する母機からは確認できなかったが、沖永良部島の日本軍見張所からも確認されたと記録され、「戦艦１隻轟沈確実」と判定されたが、当日の米軍の記録に該当する艦船の記録はなかった。

第二小隊一番機の鎌田直躬飛曹長（甲飛5期・偵察）機は、〇七〇七に鹿屋基地を発進、約２時間半ののちに高度４０００ｍで戦艦１隻、駆逐艦２隻の敵艦隊を発見、幸いにも付近に敵戦闘機はいなかったが、激しい弾幕を打ち上げてきた。直ちに山際直彦一飛曹（乙飛17期）を桜花に移乗させ、「・・・ー・」の発進合図のブザーののち、機長である鎌田飛曹長の「目標、右前方の敵戦艦、発射用意、撃ぇ！」の号令で副操縦士の小西勉二飛曹（甲飛12期）が投下の爆管を作動させた。しかし桜花は落ちず、さらに手動による投下器も作動せず、操縦桿を上下して機体を揺さぶっても、落ちなかった。やむなく山際一飛曹を母機に収容し、桜花を懸吊したまま避退した。

鎌田氏は筆者取材の折り、この際の状況を「敵艦の三連装砲塔がはっきりと見えました」と語っていたことから、巡洋艦クラス以上の目標があったのは間違いない。

この時、搭乗整備員（飛行機に搭乗してエンジンを担当する整備員）の伊藤博三二飛曹が「このまま突っ込みましょう！」と、進言するのを抑え、鎌田飛曹長は帰投を決断し、電信員の田中福壽一飛曹に帰投する旨の電文を打たせ、進路を九州に向けた。

しかし、重い桜花を懸吊したまま海面スレスレの飛行を続ける状態では抵抗が増え、燃料を食う。燃料計の目盛りがゼロを指しても九州は見えない。小西二飛曹が内心不時着を覚悟した頃、機長の鎌田飛曹長が「出水に行ける」と、言い出した。甲飛5期の鎌田飛曹長は昭和17年6月高雄空に着任、ポートダーウィン攻撃の初陣以来南西方面の戦闘に従事し、その後は偵察員養成の鈴鹿航空隊で教員を務めていたベテランだけあって、航法は確かであった。

鎌田機が向かった出水基地は空襲を受けた直後であちこちで火災が発生していた。滑走路も爆撃で穴だらけとなり、復旧のために大勢の人員が出て穴埋め作業をしていた。そこに翼を振りながら桜花を付けたままの一式陸攻が降りてきたのだから一同びっくり、1・2tの弾頭のことは周知であったから、皆一目散に逃げ出した。陸攻からは文字通り蜘蛛の子を散らすように逃げていくのが良く見えた。

無事着陸し、空襲を避けるためいったん山の中に逃げ込んで、落ち着いてから指揮所に申告に行くと司令部は機嫌を悪くしており、「こんな物騒なものをなぜ持ってきた。燃料やるからすぐ帰れ」と、追い立てられた。魚雷運搬台車を利用して桜花を降ろす際に調べると、本来投下試験の時に使ったあとは新しい物に交換すべき爆管が、使用済みの物がそのまま取り付けられていた。これではいくらやっても爆管が破裂するわけがない。

↑鎌田直躬飛曹長（甲飛5期・後列中央）。ベテラン偵察員の鎌田飛曹長は桜花攻撃に3回出撃し、不時着水も経験した。

鹿屋基地に戻った鎌田機長と主操の岡田元一飛曹（丙飛10期）と山際一飛曹は中島作戦主任に呼ばれ、「敵艦が見える所まで行きながら、なぜ突入せずに帰ってきたのか！」と、かなり激しく叱責された。

野里国民学校に戻った山際一飛曹は「三連装の砲塔が見えたのに残念なことをしたのう」と、言葉少なく語ると、以後誰とも口をきかなくなってしまった。

この日、残る4機のうち、第二小隊二番機の佐藤純上飛曹（偵練51期）機は〇七一〇に鹿屋基地を発進。〇九三〇に「敵見ユ」と打電後、2分後には「マルダイ突撃用意」を打電し、城森美成一飛曹（乙飛17期）の桜花移乗準備を知らせてきたものの、〇九五五に「我敵4機ノ追躡ヲ受ク」と打電後消息を絶ち、未帰還となった。残る3機はいずれも鹿屋基地を発進後、一切の連絡がないまま消息を絶ち、未帰還となった。

米軍の記録では実際の未帰還機4機に対し、一式陸攻らしき5機の撃墜を記録しているが、機種誤認も含まれているものとみられる。また、沖縄の飛行場の整備が進み、海兵隊の戦闘機が防空戦闘に加わったことがうかがえる。
○九〇〇、VF‐47の20機のF6F‐5は第58任務部隊の近くにて高度3万フィートを任務部隊へ向かって飛行する銀河1機を発見した。その銀河は長い白煙を引く物体を投下した。1名の搭乗員が水メタノール噴射を利用してその物体に接近したところ、低翼でロケットブースターの推進で飛行する物体であった。銀河は1個小隊のF6F‐5による攻撃を受けて撃墜された。
○九〇〇、嘉手納基地に展開していた海兵隊VFM‐312のF4U‐1D、2機は与論島の北40マイルの地点で一式陸攻1機を撃墜した。
○九二五、VF‐9F6F‐5、12機は伊是名島の北方53マイルで一式陸攻1機を発見し、直ちに攻撃した。一式陸攻は桜花を投棄して離脱を図ったが、最終的に不時着水に追い込まれた。
○九三〇、嘉手納基地に展開していた海兵隊VFM‐323のF4U‐1D、4機は与論島の西30マイルの地点で高度8000フィートを飛行する百式重爆1機を発見し、攻撃を行った。百式重爆は機体下部に搭載していた滑空爆弾を投棄して離脱を図った。百式重爆は左エンジンの爆発によって左主翼が吹き飛び、海面に墜落して炎上した。
○九四五、読谷基地に展開していた海兵隊VFM‐441の16機のF4U‐1Dは、ポイントアンクルの西15マイルの地点で一式陸攻1機を撃墜した。
○七〇一、第三神剣隊（大村空）の林田貞一郎飛曹長（甲飛4期）を隊長とする二十五番爆戦3機、第二昭和隊（谷田部空）の草村昌直少尉（予備13期）を隊長とする二十五番練戦（布告資料には零戦二一型とあるものの、昭和隊隊員の日記に練戦と明記されている）4機が鹿屋基地を発進。○七〇三には第三七生隊（元山空）の新沼正喜中尉（予備13期）を隊長とする二十五番爆戦4機が那覇湾の敵艦船を目標に発進。3機が突入を報じ、全機未帰還となった（記録上、この3隊として実際に発進したのは総計20機、うち9機が引き返しているが、隊毎の内訳は不明である）。
新沼中尉は進撃途中に敵戦闘機の邀撃を受け、岡村司令の出撃前の訓辞通り爆弾を投棄して空戦に入ったものの被弾し、硫黄鳥島に不時着した。この状況から、共に行動していた奥田良雄少尉（予備14期）は、撃墜されたものとみられる。

島に降りた新沼中尉のもとに長老がやって来て曰く、「あんたはやるべきことはやった。義務は果たした。もうどうやっても戦争は負ける。帰ってもしょうがない。男達は皆兵隊に取られ、島には老人と女子供しかいない。若い女はたくさんいる。よりどりみどりだ」。要は島に残って種馬になれと言うのであった。しかし、新沼中尉は長老の申し出を丁重に断って村人に手伝ってもらい筏を組み上げると、敷布で作ってもらった帆を掛け、風の良い日を選んで出帆した。西風に吹かれて奄美大島に到着すると、そこから海軍の便船に乗って鹿屋まで帰還した。

同日〇七四八には第七建武隊の森茂士上飛曹（乙飛16期）以下五十番爆戦12機が発進（3機が引き返す）、〇七五八には第四七生隊の西川要三少尉（予備13期）を隊長とする二十五番爆戦12機が発進（3機が引き返す）、〇八一〇には第三昭和隊の西田肇少尉（予備13期）を隊長とする二十五番爆戦4機が発進したが、隊長の西田少尉は離陸前に彩雲と接触事故を起こして死亡（作戦中の事故のため戦死扱い）、残る中村栄三少尉（予備14期）ら3機が喜界島南東の敵機動部隊に突入し、全機未帰還となった。

〇九二〇には菊水部隊第二彗星隊の外山正司少尉（予備13期・偵察）を隊長とする3機が第一国分基地を発進、一〇二六には第六銀河隊の橋本誠也中尉（予備13期・偵察）を隊長とする爆装銀河8機が宮崎基地を発進し、中村少尉らが突入したのと同じ機動部隊に突入した。

これら各隊が出撃するのと入れ替わるかのように、一〇三〇から敵機動部隊からの艦載機の空襲が始まり、各基地は約1時間制圧された。この空襲により出撃準備中の第四昭和隊は8機が出撃準備中攻撃を受け、1機が被弾炎上により二十五番が誘爆し、計6機が破壊され発進不能となった。

空襲の収まった一二〇〇、第四神剣隊の二十五番爆戦長谷部寅祐二飛曹（乙飛18期）、一二〇一に第八建武隊の上田兵二一飛曹（乙飛17期）以下爆戦12機（うち1機離陸時自爆、6機引き返す）、一二〇六には第三筑波隊の中村秀正中尉（海兵73期）を隊長とする二十五番爆戦10機（3機が引き返す）、一二二〇には第四昭和隊の有村泰岳少尉（予備13期）、佐藤光男少尉（予備14期）の二十五番爆戦2機が発進、それぞれ喜界島南東の敵機動部隊に突入し、8機が突入を報じた。

本来、第八建武隊の隊長は牛久保博一中尉（予備13期）であった。残留隊員達の中で非番の者は、朝夕の食事は宿舎で済ませるものの、出撃時間になると見送りのため弁当を持って飛行場へ向かうのが連日の日課となっていた。この日も宿舎を出ると途中にある指揮所前では、出撃する者が司令から訓辞と戦況を聞き、別杯が交わされていた。

それが済むと、彼らはトラックで各搭乗機のところに運ばれるので、見送りの者達は急ぎ宿舎裏手の崖の坂道をよじ登り、飛行場の一角に出て思い思いの場所で仲間達を見送った。この時、鈴木英男中尉は手近な掩体壕の上に登った。堂本上飛曹は機銃の弾道調整に使用する壕の上に登り、それぞれ見晴らしの良い場所に陣取った。位置的には目の前数十mを通って離陸していく場所で、飛行機が良く見えた。

やがて牛久保中尉の操縦する一番機が滑走してきたが、なかなか離陸しない。その爆音から、堂本上飛曹は離陸する時は推進力を上げるためにプロペラ角度を浅くするはずのプロペラピッチが正反対の深い状態となっていると直感した。これでは推力が上がらず五十番を吊るした身重な零戦はとても離陸できない。すでに気付いた滑走路脇で見送っていた者は口々に「離陸を止めろ！」と、叫んでいるが、当の牛久保中尉には聞こえようもない。必死に操縦桿を引いている姿は遠目に見えるが、なかなか離陸できずにいる。危険を感じた堂本上飛曹が壕の上から退避しようと転んで降りた瞬間、滑走路末端手前でようやく離陸したもののエンドの土手を越えた途端に失速して茶畑に突入、信管押さえの風車が外れて大爆発し、50m以上の火柱が上がった。

堂本上飛曹の伏せている周辺に巻き上げられた土砂が落下する。目の前に小腸の一部と思われる小指ほどの管状の肉が落ちてきた。掩体壕の上で見ていた鈴木中尉は逃げ場を失い、咄嗟にその場に伏せて泥だらけとなった。この時、これら見送りの人々に被害がなかったのがせめてもの幸いであった。

後続の爆戦は一番機の爆発を乗り越えて次々と離陸してゆく。一度は避難した人々も気を取り直して見送りを続けた。爆戦隊員の中には鉢巻をはためかせながら手を振っていく者、翼をバンクさせて別れを告げる者など、いずれも錦江湾上空へと消えていった。

攻撃隊発進終了後に皆で牛久保中尉の身体を集めたが、ほんのひと握りしか集まらなかった。辛うじて片足首だけがきれいな形で発見されたので、衛生兵がその片足首だけを担架に乗せて運んでいった。

↑牛久保博一中尉（予備13期）。4月16日、第八建武隊隊長として爆戦で離陸直後に失速し、自爆戦死。

零戦のプロペラピッチの可変レバーはスロットルレバーのそばにあり、離陸時にはスロットルレバーと共に押し入れて、ピッチを浅くしてプロペラの回転数を上げ、推進力を充分に得て離陸する。牛久保中尉はなぜかこのピッチ変更をしなかったため推進力が不足し、さらに五十番の重量と抵抗も加わり速力が上がらず失速したものと判明した。

この事故は衆人環視の中で発生したため、第一昭和隊の篠崎少尉と同様、牛久保中尉も特攻戦死扱いとはならずに通常の戦死とされ、第八建武隊の特攻戦死布告から外されてしまった。

爆発の威力はすさまじく、茶畑には溜池になりそうな直径20m以上もある大きな穴があいていた。今後は自爆事故に巻き込まれるのを避けるため、高い所から見送らないことを申し合わせた。

また、第八建武隊で出撃した上田兵二二飛曹（乙飛17期）は、桜花の操縦席に座った唯一の写真の被撮影者として知られている。4月初めに物資空輸で第二鈴鹿基地から飛来した一〇〇一空の池谷淳少尉（予備13期）が上田一飛曹から「分隊士、写真を1枚撮って下さい。そして死んだら写真を遺族に送って下さい」と、頼まれて撮影したものであった。当時桜花は軍極秘の存在であり、撮影は禁止されていたが、池谷少尉はためらわずカメラを取り出し、2枚撮影した。この写真は戦後間もなくネガと共に上田一飛曹の実家に送られ、今日に伝わっている。この写真により、当時鹿屋基地に配備されていた桜花は風防後部が金属製の第一航空廠製の後期生産型であったことがわかる。

一方、鹿屋基地進出以来、連日出撃待機の状態を続ける鈴木中尉らは、忸怩たる思いを抱きながら日々を送らざるを得なかった。

「第一陣で来た者はどんどん出撃していくし、練習航空隊からやって来た爆戦特攻の連中なんかは、着いて2、3日でどんどん出撃していくんですよ。まるで自分が取り残されてるようでね。ある日、湯野川大尉に『あとから来た者がどんどん出撃していくのは耐えられません、私も出して下さい』って、直訴したんですよ。そうしたら『残される者の方がつらいのだ、耐えろ！』と叱られました」と回想する。上層部が桜花K1経験者を温存し始めた傾向が裏付けられる挿話である。

一三二〇には第三御盾隊（六〇一部隊）青木牧夫中尉（予備13期）を隊長とする二十五番爆戦2機が第一国分基地から、喜界島140度60浬の敵機動部隊に、また、一六五〇には第七銀河隊の延沢慶太郎少尉（予備13期・偵察）を隊長とする爆装「銀河」4機は出水基地から、喜界島155度50浬の敵機動部隊に、それぞれ突入した。

これら二波にわたる特攻機群の攻撃を受けたのは第58・4群の任務部隊であり、沖縄のレーダー哨戒圏外を行動していたため、特攻機の早期発見ができず、苦戦を強いられた。このため作戦中だった九州南部の航空基地への空襲を午前中で切り上げ、戦闘機を艦隊防空に集中せざるを得なかった。

一三三〇過ぎ、爆戦1機が空母イントレピッドの艦橋をかすめて右舷海面に至近弾として突入。一三三六、さらに爆戦1機が後部エレベーター直後に突入、格納庫内で火災を生じた。優秀なダメージコントロールにより1時間ほどで鎮火したものの、10名が戦死、87名が負傷し、米本土への回航を余儀なくされた。このほか戦艦ミズーリと駆逐艦ウィルソンに各1機が至近弾となり、損傷を与えており、かなりの機体が目標至近まで突入したことがうかがえる。

また、この日は台湾の新竹基地からも一五三〇に忠誠隊の宮崎富男大尉（海兵69期・操縦）の彗星1機が発進、石垣島南方の機動部隊に突入している。宮崎大尉は攻撃一〇二飛行隊の飛行隊長であった。

この日の海軍の総出撃機数は415機（うち特攻機176機）特攻機を主として106機の未帰還機を出した。この日、陸軍機も90機（うち50機が特攻機）が出撃した。

この日の攻撃で米軍は駆逐艦1隻沈没、5隻が損傷、空母1隻、戦艦1隻、給油艦1隻、そのほか2隻が損傷し、慶良間泊地はレーダー哨戒駆逐艦を主とする損傷艦艇で再び一杯となった。

4月17日の戦闘経過

4月17日、晴れ。「菊水三号作戦」2日目のこの日、神雷部隊の出撃はなかったが、他隊からは早朝より特攻機の出撃が行われた。〇七〇〇、第三御盾隊（六〇一部隊）の天谷英郎中尉（予備13期・操縦）を隊長とする彗星4機と佐藤一志二飛曹（甲飛12期）の二十五番爆戦が第一国分基地から発進、喜界島155度80浬の敵機動部隊に突入した。

〇七一五には第三御盾隊（252部隊）の福元猛寛少尉（予備13期・偵察）を隊長とする彗星4機が第一国分基地から発進、奄美大島132度100浬の機動部隊に突入した。

一一三〇、第八銀河隊の吉川功二飛曹機が出水基地から喜界島沖の機動部隊に、一三一〇には第三御盾隊（六〇一部隊）の唐渡賀雄二飛曹（甲飛12期）、木内美秀二飛曹（甲飛12期）の二十五番爆戦2機が第一国分基地から喜界島140度60浬の機動部隊に突入した。

また、前日に続きこの日も台湾から〇五四五に第十二大義隊として斎藤信雄飛曹長（操練42期）、一六二〇には同じく文谷良明一飛曹（甲飛11期）の各二十五番爆戦が石垣島飛行場を発進して台湾東方の機動部隊に突入し、「菊水三号作戦」は終わった。

またこの日の〇六四五、制空戦闘に戦闘三一〇の零戦16機と戦闘三〇四飛行隊の零戦10機が第一国分基地を出撃（途中で3機引き返す）。〇八一〇奄美大島付近でF4UとF6Fの合同の十数機と空戦となった。未帰還となった3機の中に、かつて司令部に指揮官先頭を拒否されたがゆえに桜花隊飛行隊長を固辞して戦闘三〇四の飛行隊長に異動した柳澤八郎少佐の名があった。

林大尉の転勤志願

4月半ば過ぎのある日のこと、連日の特攻出撃者の指名役に感覚が麻痺した林大尉は執務室で「さて、今日は誰を殺そうかな」と、独り言をつぶやいた。が、その独り言をたまたま戸口にいた下士官隊員に聞かれてしまった。ただでさえ特攻出撃の指名役で煙たがられる存在であったのに、不用意に漏らしたひと言はたちまち隊内に広まって、林大尉の分隊長としての信頼はガタ落ちとなってしまった。

新たに到着した新庄中尉の分隊からも出撃者を出すこととなり、新庄中尉は兵学校以来の教育である指揮官先頭を実践して、自分の名前を最初に書いた名簿を岡村司令に提出したが、例によって却下された。

この扱いに反発した新庄中尉は林大尉を誘って再度岡村司令のもとに押しかけ「なぜ指揮官先頭で行かせないのですか。残されるのはたまりません」と抗議した。

しかし、岡村司令はたまたま冨高基地から来ていた岩城副長と一緒になって「そんなことに堪えられぬようなヤワな男を兵学校で養った覚えはない」と、一言のもとにはねつけた。序列の厳しい軍隊、特に兵学校出身者の間では先輩の言葉は絶対である。

林大尉にとっては沖縄戦開始以来、連日の様に行われて来たことの繰り返しであったが、やはり指名役ではなく、筑波空時代に想像した圧倒的な高速体当たり機に自らを託してみたいと思い立った。そこで、岡村司令に自らの構想を説明したが、「うんうん」と頷くばかりで要領を得なかった。空技廠（当時は第一技術廠と改称）のような研究機関であれば自分の構想を実現してくれるかもしれないと、林大尉は岡村司令に改めて転勤を願い出たが、林大尉の転勤願いは受け入れられなかった。

時期は判然としないが、沖縄戦の間に林大尉は喜界島への進出命令を二度受けている。しかし、事情は定かでないが、二度とも実現しなかった。林大尉が桜花二二型装備を予定していた龍巻部隊の七二二空に転勤となるのは、沖縄戦も終わった後の7月12日のことである。

戦後、マスコミに対しことさらに指名役の苦悩を公表していた林氏は、戦友会で正面切って非難されることはなかったものの、戦中の発言との乖離が変節とみなされ、一種浮いた存在のままであった。

B-29の戦術爆撃の本格化

4月1日の沖縄本島への米軍上陸から17日の「菊水三号作戦」の終了までの17日間の戦闘で、日本側の投入した航空機数は、陸海軍合わせてのべ3479機、うち特攻機は1124機、特攻機も含めた未帰還機は1340機に達している。「戦闘は七分三分の兼ね合い」とはいうものの、日本側の戦力は底を尽き、あとひと押しが続かず、人員機材の補給が必要であった。

これら組織的特攻を主体とした航空攻撃による連合軍側の

損害は沈没12隻（駆逐艦6、そのほか6）、損傷94隻（空母10、戦艦8、駆逐艦48、そのほか28）、計106隻（1日平均6隻）。一概に損傷といっても約半数のそれは深刻で、戦列に復帰できずに終わったもの17隻（駆逐艦13、そのほか4）、大損害を受けたもの28隻（空母4、戦艦3、駆逐艦14、そのほか7）に達した。

物理的損害に加え、艦船乗組員の疲労は深刻なものであった。頬はこけ、目は血走っていた。神経を休める間もない。戦闘配置の砲の照準器の上に頭をぐったりと垂らした兵員を、代わりのいない艦長が目を真っ赤に血走らせてこけ落ちた頬で怒鳴りつけている。日本側の暗号が解読され、カミカゼ来襲が予告される。艦内拡声器が戦闘準備を発令する。今まで何度も目撃してきた恐怖の情景が脳裏を走り、夢中で十字を切らせた。

カミカゼは、物質的にも精神的にも、沖縄攻略戦を大幅に狂わせた。

たまりかねた沖縄攻略軍の総指揮官スプルーアンス中将は、「菊水三号作戦」最終日の4月17日、当時グアム島に進出していた太平洋艦隊司令長官チェスター・W・ニミッツ元帥に全面的支援を求めた。

「自殺攻撃は技倆、成果とも刮目すべきものあり。味方艦船の損耗も甚大にして、容易ならぬ危機を招く恐れあり。自殺攻撃の阻止を図るべく、所在の航空兵力を挙げて投入されたし」

事態を重く見たニミッツ元帥は、マリアナ基地に展開していたB‐29部隊の第21爆撃機軍団に沖縄攻略軍を援助するよう、改めて要請した。司令のカーチス・E・ルメイ少将は、3月10日の東京空襲から開始された夜間無差別焼夷弾空襲を、3月下旬に焼夷弾を使い果たしたため中断。沖縄戦開始にともなう九州地区の飛行場への戦術爆撃を一時的に行ったのち、焼夷弾の蓄積が進んだことで再開していた。ニミッツ元帥の要請を受け、無差別焼夷弾空襲作戦を再び一時中断し、直ちに主戦術を九州各地の特攻基地への爆撃に転じた。4月17日の出水、大刀洗、都城、知覧、指宿等の陸海軍航空基地への爆撃を皮切りに、1ヶ所に20機程度の規模の白昼爆撃を5月中旬まで連日のように繰り返した。

この空襲では通常の陸用爆弾に加え、接地した瞬間に破裂する瞬発信管を備えた対人殺傷爆弾が投下され、整備科を主とした地上要員にしばしば被害が出た。

鹿屋基地も激しい爆撃を受け、赤井大尉率いる整備分隊でも戦死者や負傷者が度々発生したが、日々の機材整備を優先し、戦死者の葬儀や手続き等は特務出身のベテラン分隊士に任せてしまっていたため、戦後自分の部下が何人戦死したのかを把握できなくなってしまい、そのことを今でも残念と語っている。

飛行場に大量に投下された260ポンド（118kg）爆弾

は地表で炸裂し、大量の鉄片を周囲にまき散らした。直径6m、深さ1・2mの破口を各所に開け、航空機の離着陸を阻害したが、中には時限爆弾も混ぜられており、飛行場の復旧作業を阻害した。

時限爆弾が埋まっている箇所には危険を示す赤旗が立てられ、たとえば投下後15分で1発爆発があると、その直後にほかの不発弾の孔に飛び込み、急いで時限装置を外し、その後は20分経過するまで退避して待つ。20分後に爆発があればその直後にまたほかの不発弾を処置する。30分、45分、1時間、1時間半と同じことを繰り返し、全部の爆弾を処理するのであるが、夜間は作業ができず、そのまま放置された。野里国民学校で寝ている神雷部隊隊員には、時々時限爆弾の爆発が遠雷のように轟いた。

この結果、陸海軍航空隊は沖縄戦に専念するわけにはいかなくなり、乏しい制空戦力を割いて邀撃に都度上がることとなった。鹿屋基地から第一国分基地を経て4月下旬に大村基地に展開した三四三空は、北九州や豊後水道上空でしばしばB－29に対し、直上方攻撃をかけた。

この攻撃方法は高度差約1000mでB－29の真正面から近づき、主翼の前縁が相手のエンジン辺りに達した所で切り返して浮き上がらないように飛行機を背面にし、300ノット超えの速力でB－29の前部を目掛けて突っ込んでゆき、機首かエンジンに一撃したあとは主翼と尾翼の間をすり抜けるものであった。20㎜機銃4門を持つ紫電改でも射撃可能な時間はほんの一瞬、しかも無事にすり抜けてもこれを引き起こすのがまた大変で、片手では操縦桿は絶対に動かず、補助昇降舵を動かしてやっと引き上げるのであった。その時には3～4Gがかかって凄い力で身体全体が下方に押し付けられるように感じ、鼻汁が飛び出し、頬が引っ張られ、目が眩んだ。これほどの激しい機動で確かに命中弾を得られても、防弾装備に優れたB－29を落とすのは至難の業であった。

しかも速力があるため、第一撃を北九州で加えて再度上昇すると第二撃は鹿児島辺りまで来てしまい、反復攻撃は困難であった。

このため、4月23日に対B－29用として三〇二空、三三二空、三五二空の各局地防空部隊から雷電計43機を鹿屋基地に派遣した。雷電隊は「龍巻部隊」と自称し、邀撃空域が狭く実稼働機の少ない中、稼働機がひと桁となるまで奮戦し、5月10日までの間に撃墜確実4機、ほぼ確実4機、撃破46機の戦果を挙げ、残存搭乗員は5月中旬に元隊に復帰した。

この間、B－29の損失は毎回ほとんどゼロ、多くても2機というものであった。さらに4月下旬からは硫黄島に進出していたP－51をともなうようになった。しかし、遠距離からの飛来のため、特設監視艇や電探によって事前に察知され、日本機は早朝に避退して基地はもぬけの殻、地上施設を爆撃されてもすぐに埋め戻すため、米軍は最長36時間に達する時限爆弾を混ぜて制圧を図った。しかしこれも前述のような手段で日本軍の基地隊員や飛行場大隊が命がけで処理したため、なかなか飛行場の完全制圧はできなかった。

その一方で、沖縄の読谷や破壊された伊江島飛行場の復旧、整備が進んだことで第5、第7航空軍のB‐24、B‐25、P‐47が進出し、沖縄から南九州への戦爆連合での攻撃が可能となり、効率の悪いB‐29の戦術爆撃は5月11日をもって終了した。

この間のB‐29ののべ出撃機数は２１０４機、損失25機、被弾損傷２３３機であった。

4月18日、保田一飛曹の回想

4月18日、曇りのち雨。記録では〇六〇〇に発進した彩雲3機は敵機動部隊を発見できず、〇九〇〇に発進した彩雲2機と百式司偵1機は天候不良で引き返しており、積極的攻撃は行われなかった。以下は第二陣で鹿屋基地に進出した保田基一一飛曹の記憶をもとにした、この日の神雷部隊の様子である。

この日朝食後〇八〇〇に爆戦特攻の指名があり、宿舎にしていた「狸御殿」の壁に「左の者は爆装戦闘機ニヨリ敵機動部隊ヲ殲滅スベシ」で始まる20余名ほどを墨書した紙が貼り出された。その中に保田一飛曹の名前もあった。「いよいよ来たか」等と考えつつ、あらかじめしたためておいた遺書に日付を入れて副官部に届けた。

この日のために取っておいた新しい下着に替え、古い下着を庭のたき火に投じ、司令宿舎前の庭に整列した。岡村司令の訓辞に加え、五航艦司令部から来た将官級の幹部や参謀飾章をつけた人物が次々と激励の言葉をかけた。その中のひとりが「今日は4月18日、山本元帥の戦死された日であり、諸子の活躍によってぜひとも仇を取ってもらいたい云々」とか、「諸子は神である、云々」と、盛んに持ち上げた言葉をおくった。整列しながら拝聴する保田一飛曹は「死んだら神様になるんだろうけど、まだ生きてるのになぁ」と、他人事のようで、ピンと来ていなかった。この頃、野里国民学校の教室の黒板に「特攻隊　神よ神よと　おだてられ」との落書きがあった。桜花隊の誰かがこうした光景を皮肉って書いたものであろう。

訓辞に続き宮城遙拝、伊勢神宮遙拝、各自の故郷に向かって別れの黙祷と続く間に、別杯の準備がされ、各自士官用の湯呑みに一級酒の「白鹿」が注がれ、岡村司令の合図で別杯を挙げた。

その後いったん教室に戻り、黒板に敵機動部隊の位置に対し、各区隊（2機編成）毎の索敵攻撃線が引かれているのを各自記録した。保田一飛曹の記憶では、鹿屋基地を発進後、喜界島上空で各区隊毎に散開して索敵攻撃にあたるといった内容であった。散開地点までは巡航速力150ノットで1時間半が目安と、分かりやすく教えられ、航空図に10分間隔で印を入れた。

敵状の説明が終わると、宿舎の前にはトラックが待機していた。荷台に乗り込もうとするところで、同じ愛媛県宇和島市吉田町出身の木村茂二飛曹（丙飛16期）に会った。木村二飛曹は攻撃七〇八の一式陸攻の主操縦員であり、4月12日の第三次桜花攻撃では稲ヶ瀬少尉機の主操縦員として光斎正太郎二飛曹の乗る桜花の発進に成功し、無事帰投して野里地区の民家に分宿していた。出撃であることを察し「何か言い残すことは？」と、聞かれ、「元気で征ったと伝えてくれ」と言い残し、トラックに乗り込んだ。

保田一飛曹達出撃隊員を乗せたトラックは飛行場に向かい、列線に直行した。胴体に五十番爆弾を懸吊した爆戦約20機が用意されていた。主翼の20㎜機銃は外され、13㎜が2挺だけ残されていた。それぞれに5名の整備兵が付いて最後の調整を行っていた。

トラックを降りた保田一飛曹は指定された機体に向かう途中で、「この世の名残に」と、二、三度地面を強く踏みつけ、その感触を脳裏に刻んだ。

操縦席にいた整備兵に礼を言って交代すると、入れ替わりに説明を受けた。曰く、「13㎜機銃は各100発あり、装填済みです」。また、計器盤左下には直径1㎝ほどの棒にピアノ線を巻き付けた特設の取手があり、これが500㎏爆弾の信管の風車押さえであった。「これを5㎝引けば風車の固定は解除されますが、用心のため、10㎝は引いて下さい」等と説明を受けていると、スルスルと発煙筒のような狼煙が上がった。空襲警報の合図であった。

そのうちに伝令が来て、「敵機接近中、出撃中止」の命令が伝えられ、保田一飛曹は翼に整備兵を乗せたまま滑走し、列線から掩体壕に直行した。機体を掩体壕まで運んだところで、先ほどのトラックが搭乗員を集めに回ってきた。保田一飛曹がトラックの荷台に乗り込んだ時、笠野原の制空隊（二〇三空等）が離陸していくのが見えた。トラックが野里国民学校に戻ったところで空襲が始まり、昼近くまで防空壕に避難していたが、この空襲のせいで、いつまで経っても昼飯が来なかった。ようやく来たのが大豆混じりの飯で、文句を言いながら食べたという。

宇垣長官の日記では、この日〇七三〇～〇八三〇の間にB-29約60機が九州南部の各飛行場を爆撃、炎上二十数機を含む50機が地上で損傷を受けている。保田一飛曹の記憶にある空襲がこのB-29のことであれば、記録と一致し、さらに「参謀の訓辞の中で、今日は山本元帥戦死の日である云々とのくだりがあった」とのはっきりした記憶があることから、筆者はこの日に出撃寸前まで行った「第九建武隊」（実際の命名は出撃後にされるのだが……）が存在したと判断した。

　また、この日は神ノ池基地の龍巻部隊から、多木稔中尉（予備13期）以下、士官4名、下士官9名の計13名からなる第三陣の増援を受けている。第三陣は前述の通り、桜花K1の投下訓練を受けておらず、純然たる爆戦要員としての増援であった。

　鹿屋基地進出の前夜、鎌田教一一飛曹（特乙1期・5月14日第十一建武隊で特攻戦死）は、負傷が完治せず、進出から外れた同期の味口一飛曹に会うと「味口、長生きするのう、お前がうらやましい」と言いながら、形見としてセルロイド製の裁縫箱を託した。

　負傷が癒えて味口一飛曹が飛行訓練を再開したのはさらに2週間後の4月30日であった。その前夜、いまだに左足を少し引きずりながら平野大尉の私室を訪れ、飛行訓練可能な身となったことを申告し、長らくの休養を詫びた。すると平野大尉は「そうか、明日から乗れるか。これで日本海軍の航空戦力がひとり分増加したぞ！」と喜色満面で答えた。その言葉が負傷明けの味口一飛曹には嬉しく、身震いするほどの感激であった。

↑森田大尉と昭和隊爆戦

森田大尉と床屋さん

　この頃、野里国民学校に遠い鹿屋市の自宅から、毎日のように歩いてきては無料奉仕で特攻隊員の頭を刈り続けていた、春田ハナという当時30歳ぐらいの美貌の女性がいた。

　いつもハナさんは散髪道具を入れた小さな風呂敷包みを提げてやってきた。風呂敷包みの中は、バリカンとかみそりと石鹸、そして必ず半紙が何帖も入れてあった。当時貴重品であった石鹸で彼女は惜しげもなく泡をたて、ヒゲを剃ってくれた。顔をひとりひとり覚えるように、彼女は、大きな眼を開いて、隊員の頬にカミソリをあてた。また、隊員の頭にバリカンをいれると、まず持参の半紙にこれを包んで「家へ送ってやんなさい」と、毎回涙をいっぱい浮かべて渡していた。

まだ10代後半の若い下士官達は、ろくに生えていないヒゲにカミソリをあてるようハナさんに駄々をこねた。予科練生ばかりではなく、予備学生達の話題も彼女が中心であった。「ハイ、つぎは誰？」ハナさんの声に誰もが我に返った。はた目にほほえましい光景であった。

実はハナさんは、昔想いを寄せていた長身美男の搭乗員の面影を追っていたのであった。その搭乗員が昭和隊の統率責任者の森田平太郎大尉であることを杉山照幸少尉は知った。

↑森田大尉と杉山少尉

二〇四空分隊長時代の昭和18年11月11日に、ラバウルでの邀撃戦において被弾、空中火災となり落下傘降下して一命は取り留めたものの、顔面に大火傷を負い、それ以後はいつも黒眼鏡をかけていた。杉山少尉はハナさんのことを森田大尉に伝えると、「こんな顔で会えるか！」と一喝された。

しかし、しばらくしたある日、森田大尉が「ハナさんに会う」と言いだしたので、杉山少尉は夕方近くに連れだって鹿屋市内にあるハナさんの床屋に出かけ、森田大尉は大火傷を負った現在の自分の姿を隠さずに晒した。

森田大尉にしてみれば、遠からず自分も昭和隊を率いて沖縄に出撃するものと予測されたので、ここらで現世の未練を断ち切っておく気になったのかもしれない。その後、ハナさんの散髪奉仕は途絶えた。

その後、図らずも昭和隊で出撃の機会を得られずに終戦を迎えた森田大尉は、戦後は人との接触を避けるように山中にこもり、炭焼きをしてその生涯を終えたと伝えられている。

本土決戦に向けた戦力再編成

B-29を戦術爆撃に投入してまで、特攻機の活動を封じ込めようとする米軍に対抗すべき日本の航空兵力は、「菊水一号作戦」以来の大量特攻で底が見えはじめていた。

ことに日本本土の東半分を担当する第三航空艦隊麾下の各部隊は、基幹搭乗員や飛行機のほとんどを沖縄戦に投入してしまったことで再編成と練成が急務となっていた。

沖縄本島では、兵力を補充した米軍が北部と本部半島の制圧を終え、第三十二軍の司令部のある首里に向け、南進を開始していたが、第三十二軍は島を東西に横切る丘陵地帯を利用した縦深陣地による頑強な遅滞戦闘を続けていた。それでも次第に兵力と火力に圧倒され、４月19日の嘉数でのＭ４戦車22輌撃破等の局地的な戦闘の勝利も、数次にわたる逆襲も戦局全般を押し返す勢いとはならなかった。沖縄決戦で終戦の端緒を掴もうという「一撃講和」を目指した中央の思惑は怪しくなり、なし崩し的に本土決戦である「決号作戦」を考慮せざるを得ない情勢となってきた。

このような情勢から、豊田連合艦隊司令長官は、Ｂ‐29部隊が九州各地の特攻基地の制圧に転じた4月17日付けで第十航空艦隊に対する宇垣長官の指揮権を外した。さらに現在進出している部隊と進出予定の部隊以外は五航艦の指揮下から外し、本土決戦に備えさせた。沖縄航空決戦に全力を傾けてきた五航艦側にしてみれば、二階に上げて梯子を外されたような仕打ちであった。五航艦司令部幕僚の多くは、海軍が陸軍の本土決戦論に押しきられたと解釈した。

翌4月18日、第十航空艦隊司令部は、九州に進出済みの部隊及び進出準備中の部隊を第五航空艦隊に移籍し、霞ケ浦基地へ引き揚げていった。また、第三航空艦隊から派遣された主要な部隊も、戦力再建のため南九州を離れた。

本土決戦を考慮せざるを得ないのであれば、なおさら沖縄航空決戦は大事となってくる。第五航空艦隊としては、作戦指導方針がどう変わろうとも、６００機余（うち可動機３５０機）の現有兵力を少しでも強化することが当面の急務となった。

第十航空艦隊から第五航空艦隊に移籍した部隊のうち、「筑波隊」「昭和隊」「七生隊」「神剣隊」の二十五番爆戦四隊は正式に神雷部隊に編入された。筑波空と谷田部空からの進出準備中の搭乗員は戦闘三〇六に編入され、各原隊より到着次第慣熟飛行訓練を実施して、練度を上げることとなった。4月下旬の時点で各原隊からの機材持ち込みは底を尽き、搭乗員のみが赴任するようになっていた。筑波空では4月26日に搭乗員48名が輸送機3機に分乗して冨高基地に到着している。

また、元山空と大村空は自隊での制空戦闘機隊編成の必要が生じたことから、進出済みの搭乗員をもって神雷部隊への異動を打ち切った。

戦闘三〇六はかつての桜花攻撃掩護戦闘機隊である。3月21日の第一次桜花攻撃で野中隊と共に壊滅したのち、生き残り搭乗員と機材は戦闘三一二飛行隊に異動し、隊名だけが残っていた。この二代目戦闘三〇六に5月5日付けで大村空の中島大八大尉が飛行隊長として着任（実際の着任は5月下旬とのこと）し、隊名こそ戦闘機隊のままだが、実態は爆戦特攻専門部隊となった。

戦闘三〇六に編入された搭乗員は、この後もしばらく出撃には従来通りの隊名を継承していた。このため、戦後20年を経て鎌倉の建長寺に慰霊碑が建立されるまで、編入されたことを知らなかった十航艦関係者も少なからず存在した。

この再編成にともない、桜花隊は当面の作戦に必要な要員だけを鹿屋基地に残して冨高基地へ後退することとなり、その責任者に岩城副長、補佐役に湯野川大尉と新庄中尉の両分隊長があてられた。この後退決定の背景には18日の空襲で食料庫が被爆し、以後鹿屋基地の食料事情が悪化したことが一因ではないかと指摘する意見もある。

一方、最前線の鹿屋基地には従来通り岡村司令と、補佐役として分隊長林大尉が残り、日々の作戦に対応することとなった。

この時点で桜花隊第一陣の１５８名は37名に減り、23名いた士官は分隊長の湯野川大尉、林大尉を除くと細川八朗中尉と大橋進中尉（予備13期）のわずか2名となっていた。

湯野川大尉は共に鹿屋に進出してきた部下の第三分隊員から切り離され、新庄分隊と共に冨高基地に後退を命じられた。無念極まりないものの命令では致し方ない。現在の激戦下では戦闘が最優先であり、信頼する大橋中尉に先任下士官の秋吉武昭上飛曹（乙飛12期）以下7名を託すしか選択の余地はなかった。また、新庄分隊の中からも内藤徳治中尉ほか士官、下士官隊員15～16名程度が残留したとみられるが、一次記録が現存せず、元隊員達の記憶は混乱が多く判然としない。

ここで従来の分隊編成は実質的に解体され、湯野川大尉は冨高に待機する新編の戦闘三〇六の分隊長代理として搭乗員の練成を任された。前述の通り、飛行時間が１００時間足ら

↑沖縄北飛行場（読谷）で鹵獲された桜花I-18号機。手前に置かれているのは破壊された機体から取り出された、主桁に結合される懸吊金具。

↑大橋進中尉（予備13期）。第三分隊最後の分隊士として鹿屋に残り、作戦を支援した。5月4日、第七次桜花攻撃で敷設駆逐艦シューの艦橋右舷に突入、特攻戦死。

ずである戦闘三〇六の搭乗員の練度は低く、旧桜花特別戦闘機隊の搭乗員が教員となって操縦訓練や航法教育を施す必要があった。そのためには分隊士として彼ら下士官を掌握していた細川中尉はどうしても必要な人材であった。

これらの経緯から、冨高基地への後退にあたり、湯野川大尉は細川中尉に冨高基地への後退を命じ、大橋中尉は鹿屋に残留と決めた。

4月20日晴れ、湯野川大尉以下の旧桜花特別戦闘機隊の搭乗員と、新庄中尉以下の第二陣からなる桜花隊主力の大半は、雨上がりの空に黄砂がけむる中を冨高基地へ下がり、野里国民学校はひと頃の喧騒がなくなった。

本格化したB-29の戦術爆撃のおかげで、神雷部隊の野里国民学校や狸御殿も安息の場所ではなくなった。残留隊員達は、爆撃を避けて背後の崖に掘りめぐらした横穴壕を非常用の寝所とした。持ちこんだ毛布はたちまちカビ臭い湿気を吸い、巣くったシラミが眠りをさまたげた。

これら一連の第五航空艦隊内部の編成換えは戦力の蓄積を遅らせ、4月22日の特攻作戦は陸軍では第四次航空総攻撃と呼称され、各機種合計41機が出撃したのに対し、海軍側からは第一国分基地より〇六四〇に第三御盾隊（二五二部隊）の堀賢治二飛曹（甲飛12期）が二十五番爆戦で発進、一四三〇に金山英敏上飛曹（乙飛13期）ら2機の彗星と二十五番爆戦1機が発進、奄美大島145度100浬の米機動部隊に突入しただけに終わった。

宇垣長官の日記にはこれに続き神雷部隊の爆戦隊も出撃予定であったが、空襲による通信連絡の途絶により、出撃できなかったことが記載されている。保田一飛曹の出撃中止がこの日であった可能性も捨てきれない。

米機動部隊に損害はなく、当日の米軍被害は機雷掃海母艦スワロウに1機命中し、同艦は転覆沈没、機雷掃海母艦ランソンも1機命中沈没、上陸支援艇15号沈没のほか、駆逐艦4隻、機雷掃海母艦1隻、機雷敷設艦1隻にそれぞれ損傷があった。いずれも陸軍の特攻機による戦果とみられる。

4月25日付けで、大本営海軍部は外戦部隊である連合艦隊と、内地の各鎮守府や警備部等の内戦部隊の指揮権を統合し、全海軍部隊を統轄する海軍総隊司令部を設け、その司令長官を豊田連合艦隊司令長官に兼務させた。陸軍ではすでに4月8日付けで総軍制度を敷き、本土防衛の指揮統帥組織を一体化しており、海軍の総隊制度もこれに倣った本土決戦への準備であった。

前日鹿屋基地から東京に戻った豊田長官は、この日、日吉台の連合艦隊司令部に軍全部との情況判断会議を開かせ、現状分析を聴取したが、B‐29の九州地区への戦術爆撃は敵がかなりの痛手を蒙った証拠とされ、「現態勢ハ戦略的ニハ進撃態勢ニアリ」とする強弁する者まで出る有様で、まともな分析会議とはいえない状態であった。

桜花四三乙型の開発開始

乏しい具体策の中で開発中の桜花二二型に期待が寄せられ、その登場を待って一挙に敵を追い落すという案が示された。軽快な銀河を母機とする桜花二二型はツ‐一一エンジンジェットにより自力飛行が可能とされたが、肝心のツ‐一一の動作が安定せず、開発が遅れていた。

これに較べ、ジェットエンジン・ネ‐二〇を搭載し、本土決戦に用いる陸上射出式の桜花四三乙型は、比較的順調に開発が進んでいた。

ドイツのユンカース　ユモ004を参考に開発された軸流式ジェットエンジン（当時はタービンロケットと呼称した）のネ‐二〇は、3月26日の一号機試運転からまもなく、試験運転場を神奈川県秦野に疎開させ、圧縮機、燃焼室、タービン、推力軸受などの改良に取り組んだ。機体関係の設計は、愛知航空機設計班の突貫工事が実り、海軍総隊司令部設置の翌4月26日には、「計画要領書」が完成するに至った。

射出用火薬ロケット式カタパルトの試作も終わり、これを三浦半島西岸の武山海兵団に設置して、搭乗員に射出発進時の加速状況を体得させることとなった。

射出後の操縦訓練については、射出位置ができるだけ高く、しかも練習機を簡単に反覆使用できるよう、以下の条件を満たす場所が望ましかった。

1. 飛行訓練が実施できる高度であること
2. 射出高度から7倍以内に着陸場があること
3. 着陸場より射出場まで訓練機を運搬可能
4. 約60mの直線軌道を設置可能

その検討を命じられた航空本部の永石正孝大佐はケーブルカーのある観光地に目をつけ、山上に設置したカタパルトから射出し、山麓に滑空降下させ、その後練習機をケーブルカーで運び上げることを考えた。全国のケーブルカー施設は、ほとんどが資材回収のために撤去されていたが、幸い生駒山（大阪府）と比叡山（滋賀県）の2ヶ所はもとのままであるとの情報が入った。さっそく現地調査に赴き、永石大佐は春頃に滋賀空を訪問した。

永石正孝大佐の回想記には、軌道途中のトンネルの有無が基地決定を左右した旨の記述があるが、実は生駒山ケーブルカーにはトンネルはなく、逆に比叡山鉄道の方にトンネルがふたつ存在するので、これが決定理由とはならない。

記録を調べると、生駒山上はこの時すでに陸軍のキ-200（秋水）の実用化を担当する審査部特兵隊がグライダーによる滑空訓練を開始しており、さらに着陸予定地の八尾市の大正飛行場は陸軍の管轄であった。また、生駒山頂から滑空して大正飛行場に着陸した桜花は、途中険しい峠越えの道を通って奈良県側に出ないとケーブルカーの駅に着かないので効率が良いとは言い難い。

一方の比叡山は、麓の琵琶湖岸に水上機を運用する大津航空隊に隣接する滋賀航空隊が開隊（7月1日付け）され、当時800mの滑走路が工事中であり、滋賀空からケーブルカーの坂本駅まではなだらかな坂道で、滑空距離は短いものの、生駒の峠越えよりははるかに容易に着陸した機体を回収し、運び上げることが可能であった。これらの周辺条件が、永石大佐に生駒山を断念させた真因ではないかと推測される。

永石大佐が滋賀空を訪れた際、第二十三連合航空隊司令官兼滋賀空司令の別府明朋少将（海兵38期）は、事前に航空本部より操縦訓練に滑空機を大幅に取り入れる方針を受けており、あらかじめ検討が行われていた。それもあって比叡山・滋賀空が最適地と主張したのだった。曰く、

1．高度は約700mで飛行訓練可能
2．比叡山から滋賀空まで3000m（高度の7倍以内）
3．訓練機の運搬はケーブルカーを使用可能
4．約60mの直線軌道を設置可能

とのことで、比叡山は前述の条件をすべて満たしていた。永石大佐は比叡山に訓練場を設けることを決め、比叡山鉄道のケーブルカーを利用して桜花四三型乙用の訓練基地を設置することとなった。

比叡山基地の建設にあたり、滋賀空は建設工事の一切を引き受け、工事隊を編成し工事に取り掛かる一方で、航空本部を含む関係各部との折衝や地権者との交渉窓口となった。

比叡山基地のカタパルトは火薬の節約のため機械式とし、第一技術廠発着機部では、台車の前端から鋼索を伸ばし、その先につけた重錘を落として軌道を走らせるという、きわめて原始的な装置（ただし、台車本体に加速ロケットを1本搭載）の設計に着手した。

当時、比叡山鉄道は利用客の減少による営業不振に加え、3月19日には不要不急線に指定されて旅客営業を休止し、売却のためケーブルを取り外して施設を解体中であった。しかしこの決定により解体は取りやめとなり、施設は海軍に接収され、職員は海軍に徴用された。

2輌あるケーブルカーは前後の運転台部を残して無蓋貨車のように天蓋と側板と座席の大部分が外されて資材運搬用に改造される一方、麓の坂本駅と頂上の比叡山駅には資材と桜花の積み下ろしが可能なガントリークレーンが設置された。

攻撃七〇八の遭難

既述の通り、神雷部隊の陸攻隊は空襲による損耗を避けるため、石川県小松基地に展開し、日常の訓練を実施していた。作戦の都度、進出命令を受けた機だけが前日までに鹿屋基地に進出する手順を確立していた。

4月19日〇六〇〇、21日に予定されていた第六次桜花攻撃に対応するため、小松基地から攻撃七〇八の荒木信正中尉（海兵72期・偵察）が隊長となり、8機の一式陸攻が宇佐基地目指して雨の中離陸した。8機の陸攻は編隊を整え、山陰の海岸沿いに西進を続けた。しかし、天候は西進するにつれてますますひどくなり、やがて山口県萩市上空付近から豪雨となって雲の中に突入した。この雲は菜種梅雨の前線であった。雲に突入すると、僚機はまったく見えず、視界不良の中で8機は空中接触を避けるため、散り散りとなった。結局、土砂降りの中で宇佐基地に着陸できたのは隊長の荒木中尉機と三番機の甲斐元二郎上飛曹（甲飛10期・偵察）機の2機のみであった。残る6機のうち2機は美保基地に、1機は下関の少し北側にある小串の川棚海岸に不時着、1機は築城基地に不時着中破、1機は福岡市に墜落、1機は福岡県行橋市近くの山に激突と、惨憺たる有様となった。

川棚海岸に不時着したのは、長沼武治一飛曹（丙14期）の操縦する23号機であった。

この日、長沼一飛曹は副操縦員（サブ）であった。雲中飛行を続けるうちに、機速を維持するため知らず知らずに主操縦員（メイン）が操縦桿を押し込んで降下姿勢となっていたため過速となり、雲が切れると目の前に山肌が見え衝突寸前の有様であった。急いでふたりがかりで上昇姿勢に戻した。主操縦員は座席を下げて計器飛行態勢に入り、衝突の恐れのない高度４５００ｍまで上昇してから水平飛行に移った。

列機として行動していたので航法が不十分で、しかもこの混乱で完全に機位を失って迷子状態だった。飛び続けること1時間、意を決して降下すると雲の切れ間から海を見つけ、さらに島と海岸線を見つけた。海岸線伝いに高度５００ｍで航法発動のため現在地の手がかりを探していると、長めの砂浜を見つけた。折しも燃料切れとなり、長浜一飛曹らはその砂浜に胴体着陸した。10時過ぎであった。

駆けつけた地元の消防団員や国防婦人会にここはどこかと尋ねると、山口県下関市の小串という所であった。近くの療養所で炊き出しの食事をご馳走になり、汽車で下関に出て憲兵隊に不時着の件を説明して旅館で一泊し、翌日船で関門海峡を渡って門司から宇佐に到着した。

最後の1機の生存者である山本一男一飛曹（甲飛11期・偵察）の証言は以下のようなものであった。

「雲中飛行で機位不明となり、高度を下げて雲の下に出て、日本海で手近な島を見つけて航法を再発動しました。雨雲は相変わらず低く垂れ込めていまして、下関を高度100m位で飛び抜けた時、対岸の門司が見えませんでした。そんな状態では宇佐基地まで行けそうにないので、不時着場所として手近な陸軍の雁ノ巣飛行場を探したんですが。見つかりませんでした。

そうこうするうちに操縦員が空間識失調になっちゃいましてね、もう、水平に飛んでられないんですよ。前方に山が見えてきまして、山と言っても300m位の低いものですが、この時の計器高度は120m、気圧が下がっていたから、実際はもっと低かったんでしょうけど。何とか操縦桿を引いて高度を取り、この山はスレスレに飛び抜けたんですが、すぐに次の山がありまして。これが越せなかったんです。上げ舵状態で腹から接地しまして、陸攻はバラバラになりながら山の斜面を滑り登って、機体は炎上しました。

山に衝突したのが〇七三〇頃。この時間帯はちょうど国民学校の登校時間で、学童が事故の瞬間を目撃していたんですね。それで地元の人々による救出作業が迅速に行われました。私は気絶していませんでしたから、救助の人達の声や気配を感じると叫びました。自分では大声で叫んでいたつもりでしたが、あとで聞くと、かすかなものだったそうです。で、何とか救出されまして、ムシロにくるまれて下山しました。最初に着いたのが、福岡県京都（みやこ）郡小波瀬村（現在は苅田町の一部）森口さんという方の家の土間でした。あとで聞きましたが、ペア8名と便乗の整備員3名の中で、私と山田公平二飛曹（甲飛12期）の2名だけが重傷を負いながらも救出、残る9名は全員戦死しました。

私は行橋の安部病院に運び込まれて診察をうけましたが、顔面挫傷、下顎複雑骨折、左上膊大腿骨単純骨折、右臀部挫傷という重傷で、翌20日の午後には別府の海軍病院に転院しまして、その後終戦まで退院できませんでした」

↑山本一男一飛曹（甲飛11期）。攻撃七〇八の陸攻偵察員として小松から宇佐に進出途中に山に接触、遭難した。

この負傷が山本上飛曹(後進級)の命運を分けるものとなったが、無事宇佐基地に進出していた場合、21日の攻撃は続く悪天候のため離陸できず中止となり、さらに翌22日にはB-29、30機からなる宇佐基地の大空襲があり、進出したペアの中からも橿原一三飛長(特乙1期)が弾片を受け戦死しているので、どうなっていたかは知る由もない。つくづく、「軍隊は運隊」とは良く言ったものである。

当時の冨高基地の風景

この頃、冨高基地では、鹿屋基地から移動してきた桜花隊主力が、午前中に決まって来襲するB-29を絹島岬の根もとにある櫛山の横穴壕でしのぎながら、第十航空艦隊から移籍した戦闘三〇六の搭乗員と共に鹿屋進出の命令を待っていた。

龍巻部隊からの補充も追加され、4月26日には、楠本二三夫中尉(予備13期)以下26名(士官6、下士官20)からなる第四陣が春雨にぬれて神ノ池基地から到着した。第四陣も桜花降下訓練を経験した者はごく少数で、主として五十番爆戦の要員であった。

機材は連日のように一〇〇一空によって各地の航空廠から冨高に空輸された。この頃になると各部材の材質劣化がひどくなり、軽負荷であるにも関わらず空輸機が着陸する際に尾

↑事故から1年経った戦後に撮影された山本機の残骸。現在は樹木が成長し、場所がわからなくなってしまっている。

輪を折損する事故が多発した。整備科と共に受け入れた機材は旧桜花特別戦闘機隊員らにより試験飛行が実施され、軸線整合、磁気コンパスの自差修正、機銃の弾道調整を行い出撃可能な状態に仕上げた。あわせて練度不足の戦闘三〇六の飛行隊搭乗員に対する操縦訓練も実施された。

4月29日、冨高基地はB‐29による激しい爆撃を受けた。その直後、桑原孝中尉（予備13期）の側で埋まっていた時限爆弾が爆発。その爆風に吹き飛ばされた桑原中尉は、思わず当時軍人の最高の美徳と呼ばれた末期の言葉として「天皇陛下万歳」と叫んだが、吹き飛ばされただけで無傷であったので、居合わせた細川中尉からのちのちまで笑い話としてからかわれる始末となった。

当時の映画や小説では瀕死の重傷を負った軍人が「天皇陛下万歳」を叫んでこと切れるという描写があまたあり、実際の戦場を知らぬ人々には「そうするものだ」と潜在意識として植え付けられていた。しかし、実際の戦場でそこまで言える者は極めて稀であり、瀕死の重傷を負った者の多くは母親や肉親の名を呼んで息絶えたという。

戦闘三〇六の小林金十郎中尉（予備13期）は、5月に仲間4名と共に筑波空より冨高基地に進出し、桜花隊隊員と同居（食卓は別）したが、その時の印象を「桜花隊の人達は兄貴然として静かで肝がすわっているのに対し、戦闘三〇六は寄り合い所帯で雑然としてガサツな感じでした」と評している。

整備された機材は、その仕上げに機銃の弾道整合（通常150m先で交差する）のために海上に向けて機銃の一斉射撃を実施するのであるが、その光景がいつしか地元の人々の間に「特攻隊員がこの世のお別れの挨拶をしている」との風評が立ち、ニワトリや卵、餅、小豆、時にはリヤカーに積まれた豚までもが慰問品として差し入れられるようになった。

軍に対する献納であるので、単に「ありがとうございました」と口頭のお礼で済ませるわけにはいかず、献納者に対しては受領証を兼ねて毎回律儀にお礼状をしたためていた。本来は湯野川大尉の仕事であるが、分隊長としての任務に追われなかなか手が回らなかった。このため、細川中尉が代筆を務めることが多かったという。

「菊水四号作戦」

4月27日、晴れ。数日来の雨があがった。

18日の到着後、共に冨高基地に後退して待機していた第三陣の多木中尉以下12名が、五十番爆戦「第九建武隊」として鹿屋基地への進出を命じられた。

先に第二陣を率いて来ていた新庄中尉がこれを知り、「副長、出撃の人選は進出してきた順序にして下さい」と、岩城副長に抗議すると、「堅いことを言うな。いずれ出してやる。

それまで腕を磨いておけ」といなされた。

軍隊は序列を重視する。それゆえに第一陣の搭乗員が優先的に出撃し、そのほとんどが還らなかった。それなのに第二陣を差し置いて第三陣を出すという、岩城副長の決定はその序列を崩すものであり、士気に関わるものと思われた。

新庄中尉は引き下がらず、「いずれでは困ります。いますぐ、多木中尉と代えて下さい。それが筋です」と、抗議した。「何！　筋だと。筋はこっちでつける」。岩城副長の目が光り、太い眉毛が震えていた。

第二陣までは全員が桜花K1降下訓練を経験している。前述の通り神ノ池基地での桜花K1降下訓練は2月下旬より中断されているので、桜花K1経験者は貴重な存在となりつつあった。上層部の、桜花二二型以降の搭乗員確保のために温存する意向が徐々に明らかとなってきた。また、比島戦に参加しなかったがゆえに消耗せず、他所の戦闘機隊隊員よりも練度が高く飛行時間も長い、旧桜花特別戦闘機隊員を始めとする戦闘機出身者も貴重な存在となっていたため、これらの者も温存する傾向がうかがわれた。

4月28日、晴れ。「菊水四号作戦」が発動された。

戦力の枯渇とB‐29の戦術爆撃に対抗するために制空隊が邀撃戦闘に割かれたことから、今までの大規模飽和攻撃の続行は困難となり、薄暮攻撃を主体とする戦法がとられ、ゲリラ戦法が色濃くなってきた。

これにともない、27日夜から28日未明にかけて芙蓉部隊の25機が沖縄北、中飛行場に対し、六波にわたり銃爆撃を敢行、陸攻、天山、瑞雲等16機も夜間艦船攻撃を実施している。

一五一四～一五四三にかけ、熊井常郎少尉（予備14期・操縦）を隊長とする第二正統隊（百里原空）の九九式艦爆5機と、関島進中尉（予備13期・偵察）を隊長とする第三草薙隊（名古屋空）の九九式艦爆2機が第二国分基地を発進、沖縄本島周辺艦船を目指した。

この間一五三五～一六〇五にかけて岩崎久豊少尉（予備14期・偵察）を隊長とする第一正気隊（百里原空）の爆装九七式艦攻2機、清水吉一（予備13期・偵察）を隊長とする八幡神忠隊（宇佐空）爆装九七式艦攻3機、一六三五には山田又一候補生（予備生徒1期・偵察）を機長とする白鷺赤忠隊（姫路空）の爆装九七式艦攻1機が串良基地を発進、那覇沖艦船を目標とした。

神雷部隊は第六次桜花攻撃隊として一六二五～一六三四にかけて4機が鹿屋基地を発進、沖縄周辺艦船を目標に薄暮攻撃をかけるべく各個進撃した。帰途は夜間飛行となることから、練度の高いペアが選ばれた。

荒木信正中尉（海兵72期・偵察）を機長とする一番機は一九〇〇に「片舷エンジン故障、桜花投棄シ帰途ニツク」と打電したまま消息を絶ち、「戦闘行動調書」に「攻撃セズ未帰還」と記載された。桜花攻撃の消息不明機の中で「攻撃セ

桜花隊　九州展開以後の戦死状況

分類	出身区分	第1陣 1月下旬	第2陣 4月14日	第3陣 4月18日	第4陣 4月26日	計
桜花攻撃	海軍兵学校	1	0	0	0	**1**
	予備学生	8	3	0	0	**11**
	下士官	41	0	0	2	**43**
	小計	**50**	**3**	**0**	**2**	**55**
建武隊	海軍兵学校	0	0	0	0	**0**
	予備学生	10	0	3	3	**16**
	下士官	59	0	7	6	**72**
	小計	**70**	**0**	**10**	**9**	**89**
神雷爆戦	海軍兵学校	0	0	0	0	**0**
	予備学生	0	0	0	1	**1**
	下士官	0	0	0	1	**1**
	小計	**0**	**0**	**0**	**2**	**2**
戦死殉職	海軍兵学校	0	0	0	0	**0**
	予備学生	1	1	0	0	**2**
	下士官	9	0	0	2	**11**
	小計	**10**	**1**	**0**	**2**	**13**
戦没合計	海軍兵学校	1	0	0	0	**1**
	予備学生	19	4	3	4	**30**
	下士官	109	0	7	10	**126**
	小計	**130**	**4**	**10**	**14**	**158**
生存者	海軍兵学校	2	1	0	0	**3**
	予備学生	1	15	1	2	**19**
	下士官	26	23	2	8	**59**
	小計	**29**	**39**	**3**	**10**	**81**
総員数	海軍兵学校	3	1	0	0	**4**
	予備学生	21	19	4	6	**50**
	下士官	135	23	9	20	**187**
	総計	**159**	**43**	**13**	**26**	**241**

海軍神雷部隊戦友会調べ

ズ」と明記されたのは、この1機だけであり、正直すぎる一語が影響したのか、荒木中尉以下陸攻搭乗員7名と桜花搭乗員の和田俊次上飛曹（乙飛16期）は特攻戦死の連合艦隊布告から外され、二階級特進が適用されなかった。

澤井正夫中尉（予備13期・偵察）を機長とする二番機は、桜花搭乗員に前回鎌田飛曹長機に乗り込み、敵艦を見ながら投下できずに戻ってきた山際一飛曹を乗せ、前回4月16日の出撃の経験を活かして西回りに大きく迂回して沖縄に接近した。

一九三〇、すでに日没から30分以上経過し、高度３５００ｍの機内も薄暗くなってきた。

断雲の下の海面はさらに暗く、敵艦を目視して桜花が突入するのは困難となっており、澤井中尉と主操縦員の酒井上飛曹が引き返すことを相談し始めた時、機体は下から撃ち上げられてきた激しい対空砲火に包まれた。

この時海面は一面の薄雲に覆われ、敵艦船は全く視認できる状態ではなかった。

この状況下で山際一飛曹は素早く桜花に乗り込んだ。伝声管で状況に関する数度のやり取りののち、思い詰めた山際一飛曹は「酒井兵曹、落として下さい。あの対空砲火を目標に突入して行きます！」と訴えた。酒井上飛曹は覚悟を決めて機体を降下させ、一九三三、対空砲火の根元を目標に高度３０００ｍ、距離６０００ｍで桜花を投下、これは桜花にとって非常に厳しい条件である。澤井機はすぐに右旋回し、離脱を図った。桜花はすぐに雲に突入し、母機からは確認できなくなったが、一九四〇に後方海面に雲を貫く紅蓮の炎が上がり、3分以上続いた。これを搭乗整備員の山崎亜具利一整曹が確認した。「酒井兵曹、命中しました！」との報告を受けると酒井兵曹は後方を振り向き、その最期の火柱を確認した。酒井氏は「落としてくれと言われるままに落としてしまった自分がおぞましかった」と、戦後回想している。

澤井中尉は「敵大型艦轟沈確実」と報告した。帰途、二一〇〇から11分あまりの間、敵夜戦に追われて逃げるうちに機位を失し、燃料切れで天草の牛深市魚貫崎沖の海上に不時着水し、漂流中を漁船に救助されて全員基地に戻った。

大ベテラン渋谷晴三郎飛曹長（偵練34期）を機長とする三番機は、一九四〇に目標海面に到着したものの、敵戦闘機の邀撃を受け、攻撃を断念して桜花を投棄し二二四五に鹿屋基地に帰投した。

残る鎌田飛曹長を機長とする四番機は一九三〇に目標海面に到着したものの、視界不良で攻撃を断念、この際山際一飛曹の桜花の爆発を目撃している。

前述の通り、陸攻隊には桜花搭乗員の名簿が前日のうちに渡される。前回一緒だった山際一飛曹が澤井中尉機に乗ることを知った鎌田飛曹長が当日飛行場で声をかけると、前回の帰投以来、誰とも口をきかなくなっていた山際一飛曹が「鎌田兵曹と行くと、また戻って来そうだから代えてもらいまし

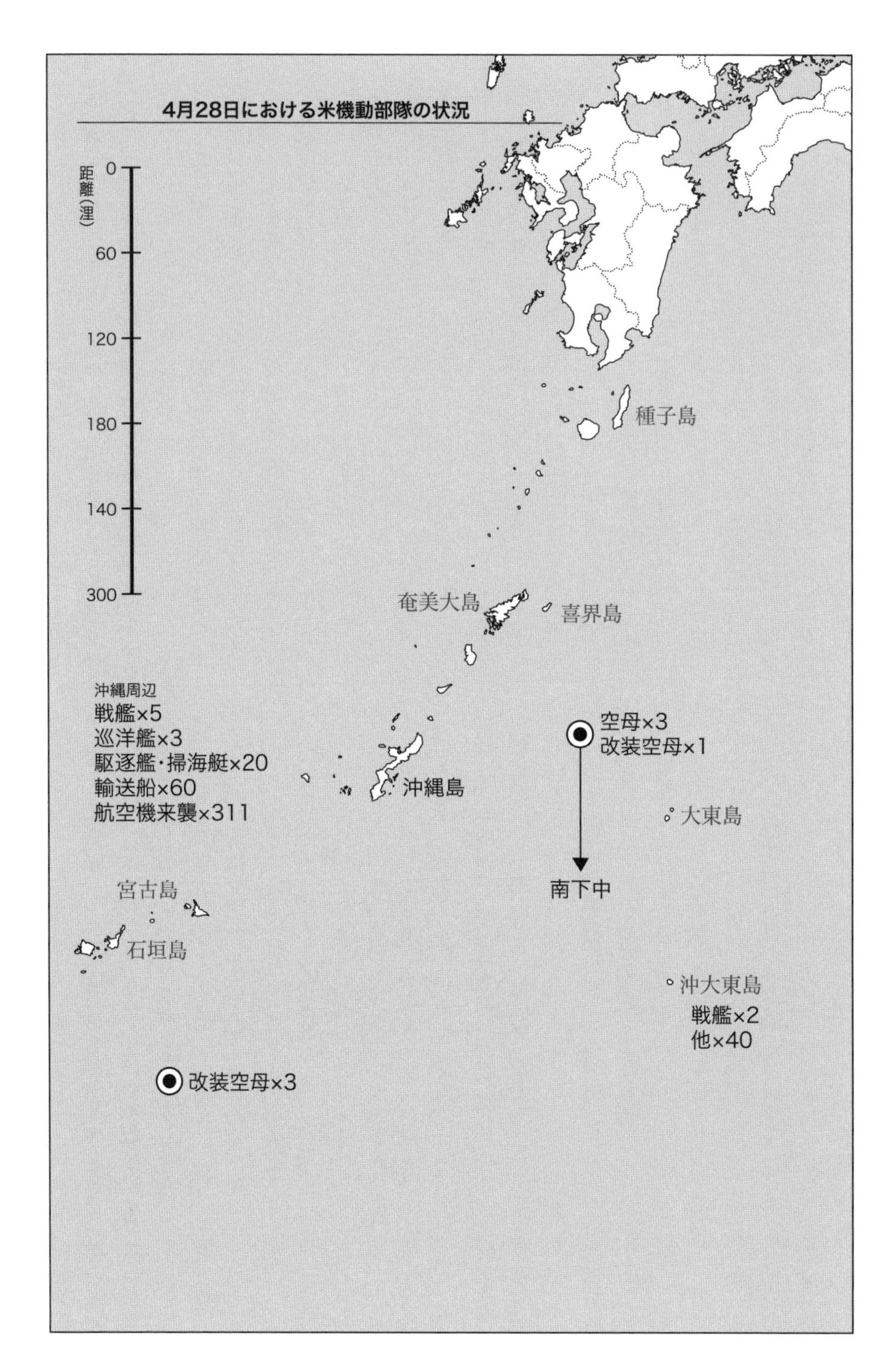
4月28日における米機動部隊の状況
距離（浬）
0
60
120
180
140
300
種子島
奄美大島
喜界島
沖縄周辺
戦艦×5
巡洋艦×3
駆逐艦・掃海艇×20
輸送船×60
航空機来襲×311
空母×3
改装空母×1
沖縄島
大東島
南下中
宮古島
石垣島
沖大東島
戦艦×2
他×40
改装空母×3

た」と、笑って答えたとのこと。

この笑顔の裏には、前回の攻撃失敗を中島作戦主任から激しく責められたことがあった。さらに、愛知県武豊町の製材所に勤労動員に行っている妹が桜花の部品製造に関わっているのを知り、兄の棺桶となる桜花を妹が作るという因縁に覚悟を決めたのでは、との証言もある。これを裏付けるように、遺書には「貴様（妹のこと）が作っているものが俺だと思って心を込めて作ってくれ。それが何よりも兄をなぐさめると信じてくれ」との一節があった。

山際一飛曹の桜花の爆発を目撃した鎌田飛曹長機のペアは「山際さんもとうとう行ったなぁ」と、機内で話し合ったという。

彼らの機体は引き返す途中でエンジン不調となり、桜花を投棄して不時着水する。ゴムボートで2時間あまり漂流したところで、着水前に投下した航法目標弾（マグネシウム製で海面で発火する）を見た鹿児島県甑島の島民が出した漁船に8名全員が救助された。そして島民より温かいもてなしを受け、桜花搭乗員の中川利春一飛曹（特乙1期）共々翌日一四〇〇に鹿屋基地に帰投した。

戦後の昭和49年、副操縦員だった小西勉氏は上甑村役場を訪れ、当時救助にあたってくれた警防団長の東武一氏を探し出してもらい、久闊を叙し合った。その際、当日漕いでいたゴムボートの櫂の寄贈を受け、一生の宝物と喜んで受け取ったとのことである。

米軍資料のうち、在沖縄の海兵戦闘飛行隊及び第58任務部隊所属の戦闘飛行隊の戦闘報告書にはこの日、日本軍双発機との空戦は記録されていない。護衛空母所属の飛行隊による撃墜と推測されるが未検証である。

この日、台湾方面からは一一五五に第十五大義隊の和田文蔵二飛曹（丙飛16期）が二十五番爆戦で石垣基地を発進、一六三〇には第十六大義隊の今野惣助中尉（予備13期）が二十五番爆戦で宜蘭基地を発進、一六五〇には忠誠隊の国房大丈夫中尉（予備13期・操縦）と大平歳澄上飛曹（甲飛10期・偵察）の彗星が新竹基地を発進、宮古島東方の機動部隊に突入している。

この日の海軍の総出撃機数は194機（うち特攻機20機）で、特攻機を主として17機の未帰還機を出した。陸軍においては第五次航空総攻撃として75機（うち特攻機36機）が出撃している。

この日の米軍側の損害に沈没艦船はなく、駆逐艦6隻とそのほか3隻が損傷したにとどまっている。

4月29日の戦闘

翌4月29日の天長節（昭和天皇誕生日）も晴れ。春の不連続線が近づいていた。

この日の鹿屋基地は朝7時から9時半頃にかけてB-29約50機の爆撃を受けており、滑走路は時限爆弾を示す赤旗が林立し、処理に手間取りながら滑走路を確保した。

この日〇六〇〇に発進した彩雲は、〇八三〇に沖縄本島北端の東方70浬に二群からなる敵機動部隊を発見、北上しつつあることを報じてきた。

この敵機動部隊に対し、神雷部隊に出撃命令が下された。一四一三に米加田節男中尉（海兵73期）を隊長とする第四筑波隊の二十五番爆戦1機と練戦4機、次いで一四一七に晦日進少尉（予備14期）を隊長とする第五七生隊の二十五番爆戦7機（2機引き返す）、一四二〇には木部崎登少尉（予備14期）を隊長とする第五昭和隊の練戦8機が相次いで発進した。これに続き、一四四二〜一四五九にかけて前日冨高基地から進出し、野里国民学校で一夜をすごしただけの西口徳次中尉を隊長とする第九建武隊の五十番爆戦13機が発進（2機引き返す）、総計30機が敵機動部隊に向かった。うち艦船突入と判定されたものは12機（うち8機が第九建武隊であり、先行した諸隊が邀撃戦闘機を牽制した隙を突いた様子がうかがえる）あったが、米軍の損害は駆逐艦2隻大破、敷設駆逐艦2隻損傷にとどまった。

第九建武隊の山本英司二飛曹（甲飛12期）は、当時19歳で神雷部隊の九州進出組では一番の若手であった。神ノ池時代から新庄中尉を兄のように慕い、バレーや野球のあと片付けも率先してやる等、まめまめしくよく働き可愛がられていた。

4月27日に冨高基地で多木中尉と共に出撃指名を受け、28日には鹿屋基地進出のため、別杯を交わした。岩城副長に対し隊長の多木中尉が「第九建武隊出発します。敬礼」と発した。答礼ののち、各自思い思いの最後の言葉を発して搭乗機に向かったが、答礼側に立っていた新庄中尉がふと山本二飛曹を見ると、彼は目に一杯の涙をうかべていた。一般的に出撃前の整列の時には、出撃隊員は涙など見せず、かえって快活にふるまっているのが常であったので、山本二飛曹の涙に新庄中尉は胸の詰まる思いであった。それでも「お世話になりました」と、ひと言いうとほかの隊員達と共に乗機に向かって走っていった。

分隊長である新庄中尉もあとを追って見送りの位置に向かった。隊員達はすでに乗り込んで試運転をしていた。心配になって山本二飛曹の所に行ってみると、もう涙など消えて、実に真剣に試運転に取り組んでいた。新庄中尉が近づく気配に気付いてヒョイと上げた顔はいかにも嬉しそうにニコニコしており、新庄中尉をほっとさせた。この出来事は新庄中尉にとって強烈な思い出として残った。

第四筑波隊の米加田中尉は、先に第三筑波隊で戦死した中村中尉と筑波空では同室で、先述の通り、筑波隊の鹿屋進出直前に追加された7名のうちの2名である。その選抜は、8

名いた海兵73期士官の中から2名の特攻指揮官を選出するのにあたり、「全員熱望」した中から司令の中野忠二郎大佐（海兵51期）から指名されたものであった。同期生の加藤清中尉の回想では「当初は誰も言い出さず、先任の賀茂良夫中尉（後殉職）が「誰もなければ俺が行く」と、言い出したのにつられ、皆が志願した」とのことである。実際、当人達は本心から志願したのかはわからない。加藤氏自身も臆病者、不忠者と思われるのが嫌で、内心とは裏腹の志願を口にしたと回想している（筑波隊の生き証人である木名瀬信也中尉［予備13期］によると、指名された海兵73期の2名は成績下位の者であったとのこと。予備学生の場合は成績優秀者より選抜されており、兵学校出身者の身内贔屓がうかがえる）。

　第二陣で到着していた内藤徳治中尉は、各隊の見送りを終えたのち、電信報告を直接聞いてみたいと思い立ち、鹿屋基地の地下壕内の通信室に入って進撃中の各機からの連絡を待っていた。やがて、一六三三に西口徳次中尉（予備13期）から「喜界島通過ミストアリ」との無電が入った。この電文はあらかじめ決められた地点の略号に文章を補足して打たれたものであったが、これを受信していた通信兵が「こういうのは打たない方が良いんですがねぇ」と、呟いた。戦場での気象情報は立派な軍事情報であり、敵に傍受されるおそれのある簡単な電文で知らせるべきものではなく、また、解読されなくとも方位測定で機位を割り出されてしまうことなどを危惧しての発言とみられる。

　やがて一七〇〇近くなり、突入予定時刻が近づくと、敵戦闘機との遭遇を知らせる複数の「・・・・・」との単符連送（「敵戦闘機見ユ」）が入り始めた。その中からやがて艦船突入を知らせる長符三連送「－－－」が入り始め、各機からの電信の錯綜状態がしばらく続いたが、やがてピタリと途絶えた。周囲の動きも静まり通信室が厳粛な雰囲気に包まれる中、内藤中尉は戦友達の最期の武運を念じて退出した。

　第四筑波隊の第一区隊の片山秀雄少尉（予備14期）は一六五八に「我敵艦船ニ必中突入中」と打電し、突入と判定されたが、米軍記録と照合するとVBF-9に駆逐艦ハガード近くで撃墜され、彗星と識別された機体と推測される。また、第二区隊3機は一七〇〇頃喜界島上空においてVF-23のF6F、6機と交戦して撃墜された零戦2機が該当し、これを裏付けるものとして喜界島派遣の南西諸島空の戦時日誌には「一七〇〇零戦三機上空旋回中F6F六機の攻撃を受け二機自爆一機海中に不時着」との記述がある。

　第五七生隊の第一区隊の土井定義少尉（予備14期）は一六二六に「我敵艦船ニ必中突入中」と打電し、突入と判定されたが、米軍記録でVBF-9に喜界島沖で撃墜された機体に該当する可能性がある。

　晦日少尉率いる第二区隊の4機は、一七〇〇頃、「グラマン街道」と呼ばれた奄美大島北端付近、高度800mを進撃

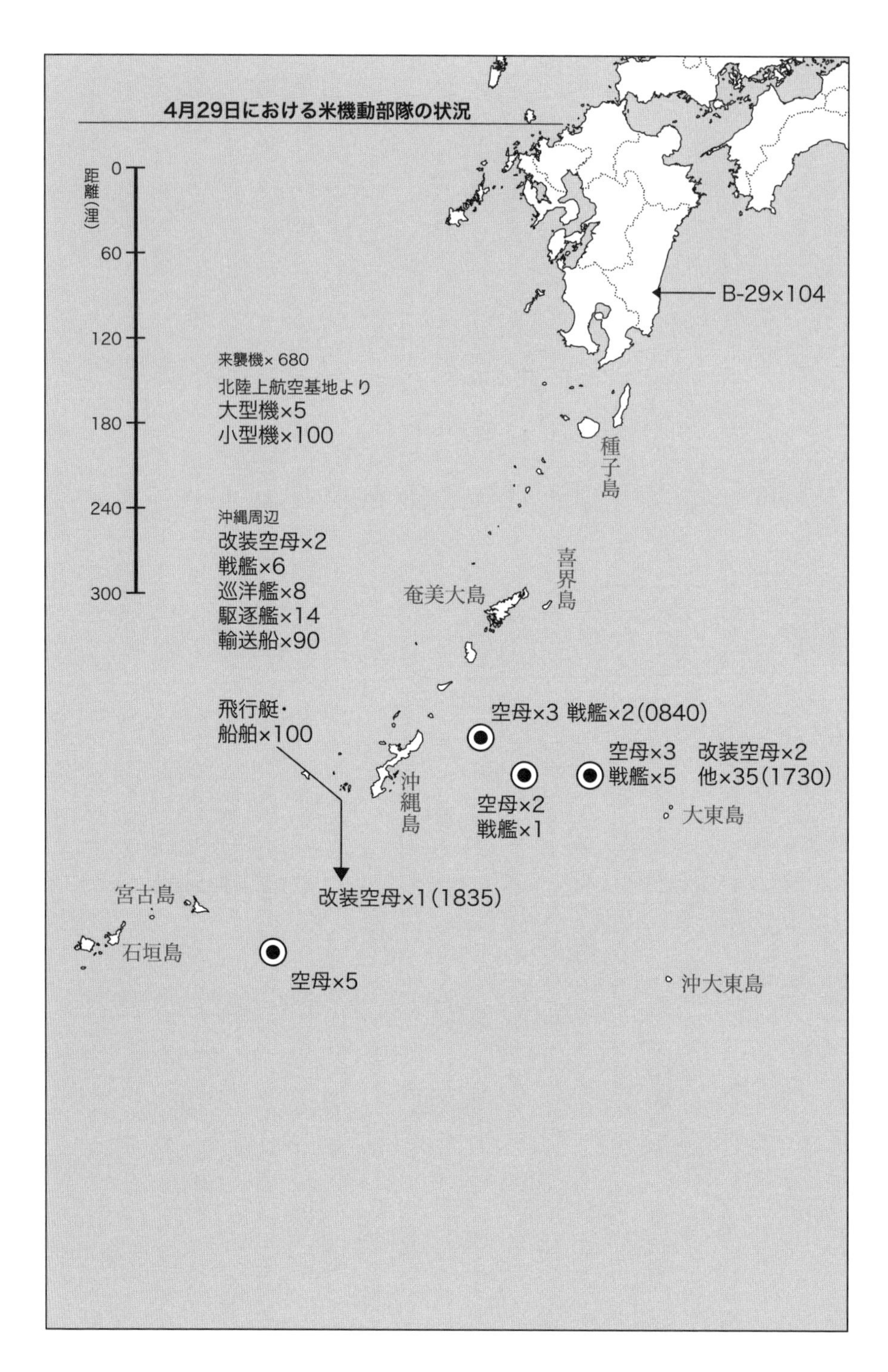
4月29日における米機動部隊の状況
距離(浬)
0
60
120
180
240
300
B-29×104
来襲機× 680
北陸上航空基地より
大型機×5
小型機×100
種子島
沖縄周辺
改装空母×2
戦艦×6
巡洋艦×8
駆逐艦×14
輸送船×90
喜界島
奄美大島
飛行艇・
船舶×100
空母×3 戦艦×2(0840)
空母×3 改装空母×2
戦艦×5 他×35(1730)
沖縄島
空母×2
戦艦×1
大東島
宮古島
改装空母×1(1835)
石垣島
空母×5
沖大東島

中にF6Fの奇襲を受け、全機撃墜された。四番機の片岡良吉少尉（予備14期）は被弾した機体より落下傘降下し、後日帰還したがすでに戦死扱いとなっており、戸籍が回復したのは戦後もしばらく経ってからだったとのこと。米海軍の記録ではこの日、一七〇〇頃に奄美大島北端付近で空戦を行った米艦上機の戦闘報告書は確認されていないが、全滅した第2区隊は、CAP（戦闘空中哨戒）の戦闘機によって撃墜された3機編隊のひとつの可能性がある。

第五昭和隊は、木部崎少尉率いる第一区隊の2機から（2番機と4番機は無線機なし）安田弘道（予備14期）が一七〇七、木部崎少尉が一七〇九にそれぞれ「我敵艦船ニ必中突入中」を打電し、突入と判定された。

米海軍記録では敷設駆逐艦ハリー・F・バウアーは一七〇六、方位120度、距離4000ヤードに零戦1機を発見して対空射撃を開始した。この零戦は、高度3000フィートから時速150ノットで緩降下してきた。しかしこの零戦は命中弾を受け、艦橋右舷側から25ヤードの地点に墜落し、搭載していた爆弾が炸裂して本艦に衝撃を与えた。

さらに一七〇八、零戦2機が現れたので対空射撃を行なって2機とも撃墜したが、その内の1機は左舷から75ヤードの地点に墜落した。これらは第一区隊の打電と一致しているが、無線機を搭載していない藪田博二飛曹（乙18期）の最期は判然としない。連絡なく未帰還となった第二区隊の3機は、戦闘空中哨戒の戦闘機によって撃墜された3機編隊のひとつの可能性がある。残る第三区隊の吉永光雄二飛曹（乙18期）は一七〇二、「我敵艦船ニ必中突入中」の打電があり、突入と判定された。米軍記録によると、一七〇〇過ぎに上空哨戒中の戦闘機4機を振り切った零戦が、駆逐艦コーウェルの1000ヤード以内に接近したため40㎜機銃で射撃した。この機は艦の左舷艦首から300ヤードの地点で撃墜された。この機体が吉永二飛曹機であると推測される。

第九建武隊は米軍記録によると、一六五七に空母ヨークタウン（Ⅱ）が方位270度、距離18マイルに敵機を探知した。2機が駆逐艦ハガードを攻撃し、1機が第58・4任務群へ向かってきた。一六五九、この機体は太陽を背に突入を開始したが、一七〇〇、各艦からの対空砲火により爆弾投下前に発火し、戦艦ウィスコンシンの艦尾から1500ヤード離れた地点に墜落した。この撃墜された機体は、一六五五に「我敵空母ニ必中突入中」を報じ、突入と判定とされた中西斎李中尉（予備13期）と推測される。

駆逐艦ハガードは一六五七に零戦1機が突入し、缶室と機械室に浸水して11名が戦死、40名が負傷し、艦は大破した。続く1機は撃墜した。艦内から発見された遺体の中尉の階級章と突入時刻から、突入したのは一六五七に「我敵空母ニ必中突入中」を報じた多木稔中尉（予備13期）であったとみられる。撃墜された1機は一六五九に「我敵空母ニ必中突入中」

を報じた曽根信二飛曹（丙16期）と推測される。

さらにハガードの救援に駆逐艦ヘーゼルウッドが接近してきた。一七二〇に右舷前方7マイルに敵機を発見、1分後に対空戦闘を開始、一七二八に1機を撃墜し、4番砲塔をかすめて左舷海面に突入した。この機体は一七二五に「我敵艦船ニ必中突入中」を報じた高瀬丁二飛曹（丙飛12期）とみられる。その直後の一七三〇、機銃掃射をしながら1機が艦橋に突入し、搭載爆弾が炸裂して火災が発生し艦長含む46名が戦死、艦は大破した。この記録に合致するのは一七三四、「我敵艦船ニ必中突入中」を報じた西口中尉とみられる。

喜界島派遣の南西諸島空の戦時日誌には一八一八爆戦1機の不時着が記録されており、氏名不詳の途中引き返し機の2機のうちのいずれかであったとみられる。この機体は5月4日〇四一三に鹿屋に向け発進したとあり、いったん帰投したものとみられる。

この日、内藤中尉が鹿屋基地での電文受信に関する強烈な記憶を持つことから、20日に新庄中尉以下第二陣が冨高基地に後退したあとも残留していた第二陣の桜花隊員がいたものと推測できる。

この直後の一七四〇頃、内藤中尉以下15～16名の桜花隊第二陣の鹿屋基地残留者は冨高基地に後退を命じられ、零式輸送機に便乗し鹿屋基地を離れた。しかし、冨高基地は空襲の直後で滑走路は穴だらけのため着陸できる状態になく、やむなく手前の陸軍の新田原飛行場に不時着（目的地以外の場所に着陸することは機材故障でなくても不時着となる）した。

この時共に行動していた保田上飛曹の証言によると、「冨高基地の滑走路の穴埋め工事完了を待っていたら日没となってしまうので、我々は列車で冨高に向かうことにしたんです。それで駅に向かおうと、陸軍の基地の中を内藤中尉を指揮官にして、隊門に向けて皆ぶらぶらと歩き始めたんですが、陸軍さんの視線を感じ、改めて隊伍を組んで行進しながら出ることにしたんです。そうしたら陸軍さん慌てましてね、着剣した衛兵を並べて、隊門では捧げ銃して我々を見送ってくれました」。このため、内藤中尉には現場に居合わせなかった前述の桑原中尉の「天皇陛下万歳」騒動の記憶がない。

後日、内藤中尉は再度進出命令を受けて鹿屋基地に向かう。このように何度かの後退と進出命令が第二陣の隊員にも出されているが、今となっては実態は判然としない。

この日出撃した第五七生隊のうち、晦日少尉率いる第2区隊の4機は一七〇〇頃、「グラマン街道」と呼ばれた奄美大島北端付近を高度８００ｍで進撃中にＦ６Ｆの奇襲を受け、全機撃墜された。4番機の片岡良吉少尉（予備14期）は被弾した機体より落下傘降下し、後日帰還したがすでに戦死扱いとなっており、戸籍が回復したのは戦後もしばらく経ってからだったという。

さらに夜間二二三〇には水偵特攻のさきがけとして安田友

彦少尉（予備13期・操縦）を隊長とする琴平水心隊（詫間空）の八十番爆装の零式三座水偵2機が指宿基地を発進し、○二○四沖縄周辺の艦船に突入した。

この日の海軍の総出撃機数は１７５機（うち特攻機33機）、特攻機を主として28機の未帰還機を出した。陸軍は19機（うち特攻機15機）が出撃している。

また、この日ルソン島では、クラーク地区の西方ピナツボ山中に潜伏していた桜花整備班の辻巖中尉（予備整6期）が、極度の栄養失調で戦病死している。共に行動していた整備班下士官10名の行方は現在でも杳として知れない。昭和20年1月時点でクラーク地区に展開した日本軍は約4万名であったが、戦後日本に帰還できた者はわずか千数百名に過ぎない。

野里の報道班員

4月29日には野里国民学校に当時報道班員と呼ばれた従軍作家として、山岡荘八とのちのノーベル文学賞作家の川端康成が訪れ、岡村司令の宿舎の隣家を宿舎にして以後、川端は5月末まで、山岡は終戦まで神雷部隊と行動を共にした。また、新田潤も短期間ではあるが神雷部隊を訪れている。

作家出身の報道班員は、現地で見聞取材したことを記事にまとめ、新聞、雑誌に発表して一般国民に戦地の状況を知らしめるのが役目であった。

山岡は訪れた初日に爆戦各隊の出撃前の打ち合わせから飛行場に出かけるところに居合わせた。別れ際、第五昭和隊の市島保男少尉（予備14期）から「報道班員、これをお願いします。あなたが最も適当と思う方法で処理して下さい」と、１３０円20銭と、少尉の1ヶ月分の俸給（給料）に近い額の現金の入った封筒を託された。

昭和隊の生き証人、杉山幸照少尉の回想では、この日出撃した小泉宏三少尉（予備14期）、安田弘道少尉、市島少尉の3名はいたって真面目で、娑婆っ気が抜けないといつも叱られる予備学生風のところはなく、軍人らしい雰囲気を漂わせていたという。山岡に「必死部隊に漂う底抜けの明るさ」を伝えた市島少尉は零練戦ヤ－４０６号で出撃、未帰還となり特攻戦死と認定された。

その後、山岡は鹿屋市内で入手した和綴じの署名帳を持って隊員達に揮毫を求めたりしながら積極的に話しかけ、隊員達の行動や考えを知ろうと努めた。

その中で出会った西田高光中尉（予備13期・5月11日の第五筑波隊で戦死）から得た言葉として「学鷲は一応インテリです。そう簡単に勝てるなどとは思っていません。しかし負けたとしても、その後はどうなるのです……お分かりでしょう。我々の生命は講和の条件にも、その後の日本人の運命にも繋がっていますよ。そう、民族の誇りに……」と、記して

↑市島保男少尉（予備14期）。4月29日、第五昭和隊隊員として爆戦で敵機動部隊に突入、特攻戦死。出撃直前に報道班員として野里を訪れていた山岡荘八に所持金のすべてを託した。

↑小泉宏三少尉（予備14期）。4月29日、第五昭和隊隊員として爆戦で敵機動部隊に突入、特攻戦死。

いる。

西田中尉の言葉は、比島戦で戦局維持の時間稼ぎとして緊急避難的に始まったはずの特攻攻撃が、戦局の極端な悪化から沖縄戦ではもはや戦術的勝利のための常套戦法となり、さらには講和のための条件闘争の手段としての性格を帯び始めたこの時期の特攻隊の使命を実に簡潔に言い表したものとなっている。

山岡は野里での体験を戦後の昭和37年に『最後の従軍』として朝日新聞に発表し、大きな反響を呼んだ。さらに取材を進めて神雷部隊のことをまとまった1冊として書くべく、テレビ番組の中で生存隊員達に当時のことをテープに吹き込んで送って欲しいと呼びかけたが、戦後わずか17年、社会の現役として生活していた元隊員達には神雷部隊の体験はあまりに重く、誰ひとりとして求めに応じる者はなかった。

仕方なく山岡は恒久平和を念じて戦死した特攻隊員達の心情を思い、大作『徳川家康』を上梓したという。

一方、川端康成は背が小さくて痩せ型、スポーツ選手でもないのに色黒で無口。山岡のように積極的に隊員達と交わることはなく、いつも少し離れた場所から上目遣いで隊員達の挙措を観察していた。林大尉は「とてもこちらから話しかける気分にはなれなかった」と、回想する。

川端は5月末に鹿屋から鎌倉に戻るが、その際、彼の作品の信奉者であった要務士の鳥居達也候補生（予備生1期）に「生の狭間でゆれた特攻隊員の心のきらめきをいつか必ず私は書きます」と約束した。

その約束はほどなく実行された。終戦翌年の昭和21年7月『婦人文庫』に発表された小説『生命の樹』である。南九州の海軍基地のある街で、海軍士官の集会所である水交社で働いていた啓子という女性がいた。戦後生き残り復員した幸村という特攻隊員植木の戦友が、啓子の元を訪れた際、彼女が想いを寄せた植木との淡い交流の思い出を、回想するという物語である。

作品中には鹿屋と地名は明示されないが、雷電隊が集められたが消耗してしまったこと、飛行機がなくて搭乗員が出撃待ちをしていること、練習機を集めて特攻作戦を行うことなど、4月下旬から5月末まで実際に川端が見聞したとみられる断片情報が、そのまま啓子が水交社で見聞した話として登場し、予備14期らしき植木らの宿舎が「庭に栴檀の木がある学校」と、野里国民学校を知る者にはすぐにそれとわかる描写がある。

「五月の基地には雨が多かった。作戦は妨げられ、特攻隊員は気を腐らせたが、雨がやむと『だんだん、きれいになって来やがるなぁ』と道に立ちどまって紫紺に洗い出された緑の山を特攻隊員は眺めていることもあった」など、その場にいなければわからない繊細な描写も多い。

その一方で啓子の言葉を借りて特攻を評し

「強いられた死、作られた死、演じられた死ではあったろうが、ほんとうはあれは死というものではなかったようにも思う。ただ、行為の結果が死となるのであった。行為が同時に死なのであった。しかし、死は目的ではなかった。自殺とはちがっていた。

植木さんたちは、死を望んでいらした訳でも死を知っていらしたわけでもなかった。死を主にして御自分たちをお考えになりたくないようだった。飛行機に乗ってしまえば、まして突入の時には死など念頭にないとは、皆さんのおっしゃることだ」と語らせている。

隊員達と交わらず、ひたすら客観的に観察していた川端の立ち位置が、山岡とは異なっていたことが良くわかる。

『生命の樹』は終戦後間もない時期の女性誌への発表作であったが、昭和23年には現代小説代表選集の中に収録されて単行本化されており、この後、昭和40年には単行本『片腕』の中にも収録されている。この年の3月21日に落成した鎌倉市建長寺の「神雷戦士の碑」除幕式に出席した川端は開場前から来場し、式辞も述べてこの日は最後まで同席していた。川端の特攻隊員に対する姿勢は、一部関係者が糾弾するほど冷淡ではなかった。

当時、文学の持つ文化的重みは今日の比ではなかったので、神雷部隊関係者の目に触れる機会があったと思う方が自然なのだが、日々の生活に追われて見落とされていた。神雷部隊関係者がこの作品の存在を知ったのは21世紀になってからであり、永らく川端は特攻隊を扱った作品を書いていないと思いこまれていた。

桜花の外電報道

翌4月30日の午後から天気は再び崩れ、特攻攻撃は陸軍機1機のみにとどまり、5月1日は土砂降りの雨となったが、B-29は相変わらず昼には飛来し、雲の上を飛び回っていた。5月2日雨のち曇り。この日の新聞で桜花の存在を初めて明らかにする敵側情報が伝えられた。

「(リスボン4月27日発同盟)大宮島(グアム島)からのエー・ピー電によれば太平洋艦隊司令長官ニミッツは日本軍が沖縄方面で飛行士により操縦されるロケット爆弾を使用してゐる旨27日言明したといはれるが、同通信沖縄特派員ホークランドも同日日本軍が去る12日沖縄周辺の米艦隊に対する総攻撃において初めてこのロケット爆弾を使用したと伝へてゐる。右爆弾は爆撃機の胴体の下部から飛び出す仕掛で、翼も尾翼もあり、一見小型の単座飛行機と似てをり、飛行士は小さな天蓋の下に座ってこれを操縦するといはれる」

いまだ軍部からの公式発表がないにも関わらず、この外電の新聞への掲載を許可した当局は、人間爆弾の至誠をいち早く世に知らしめるつもりであったのだろうか。

このほか、この日の外電は、4月28日にイタリアからスイスに逃亡しようとしたムッソリーニ一行がパルチザンに処刑され、29日に遺体がミラノで曝されたことを伝えた。また、翌5月3日にはヒトラーの死亡を伝えている。欧州でのドイツの勝利を期待して開戦に踏み切った日本は、ドイツの敗北により世界で孤立無援の戦闘を続けることとなった。

「菊水五号作戦」

沖縄南部の首里手前の丘陵地帯に追いつめられた第三十二軍が最初で最後となる総攻撃を企画し、5月3日夜から舟艇と小舟による逆上陸部隊と夜間斬り込み隊を送り込み、4日払暁から初の昼間攻勢を開始した。

3日、晴れ。陸軍の総攻撃に呼応する「菊水五号作戦」が発動された。

まず台湾から一六〇〇に堀家晃中尉（予備11期・操縦）振天隊の九七式艦攻1機、一六二〇には村上勝己大尉（海兵71期・操縦）の九九式艦爆4機、次いで土山忠英中尉（予備13期・偵察）の爆装天山が悪天候を衝いて新竹基地を発進、沖縄周辺艦船に突入した。この日陸軍も台湾から15機が発進した。

米軍の損害は機雷敷設駆逐艦アーロンワードに振天隊の九九式艦爆5機が命中し1番煙突以後の上部構造物のほとんどを失い、沈没は免れたものの全損と判定、駆逐艦リトルに3機命中し沈没、中型揚陸艦1隻沈没、このほかに、駆逐艦2隻損傷、そのほか1隻が損傷している。

日没後、九州各地に展開していた夜間通常攻撃の各部隊が発進し、日付が変わった4日夜間から黎明にかけて芙蓉部隊の零戦、彗星、六三四空の瑞雲など約40機が北、中飛行場や各地の物資集積所を攻撃し、北飛行場炎上等の戦果をあげた。あわせて泊地艦船への夜間雷撃に銀河や陸軍の第七戦隊の四式重爆、天山等37機が投入された。

4日朝、天候は晴れ。空が白み始めた〇五一五〜〇五五〇に八幡振武隊（宇佐空）の鯉田登少尉（予備13期・偵察）の九七式艦攻3機、白鷺揚武隊（姫路空）の白鳥鈴雄候補生（予備1期）の九七式艦攻1機、第二正気隊（百里原空）の五十嵐正栄中尉（予備13期・偵察）九九式艦爆2機がそれぞれ串良基地を発進、沖縄周辺敵艦船に突入した。

次いで〇五三〇〜〇六〇〇にかけて第一魁隊（北浦空）の野美山俊輔少尉（予備13期・偵察）以下の八十番爆装の零式三座水偵2機、五十番爆装の九四式水偵6機、琴平水心隊（詫間空）の碓本守少尉（予備13期・操縦）以下の九四式水偵9機と八十番爆装の零式三座水偵1機が指宿基地を発進、沖縄周辺敵艦船に突入した。

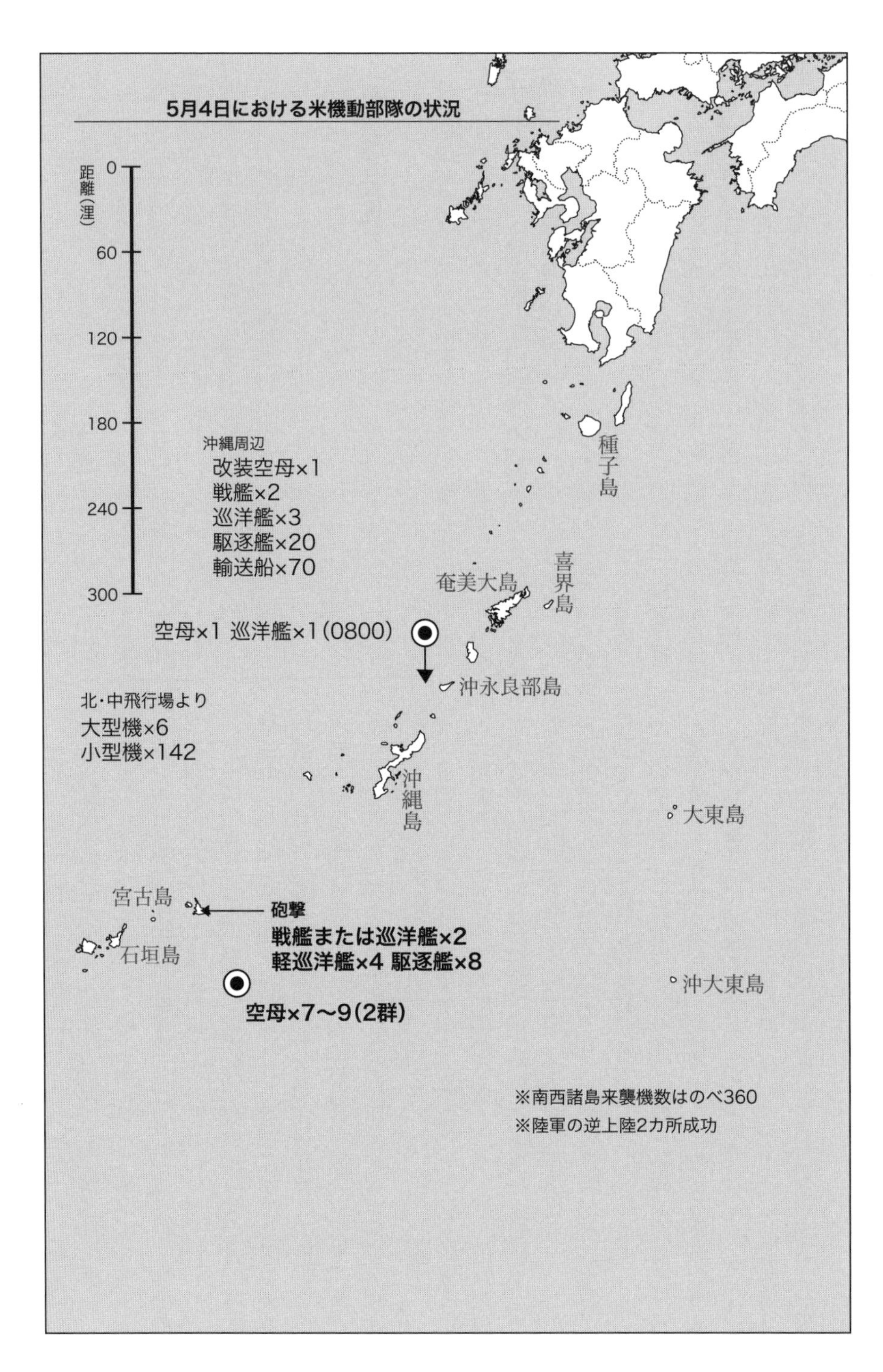
5月4日における米機動部隊の状況
距離(浬)
0
60
120
180
240
300
沖縄周辺
改装空母×1
戦艦×2
巡洋艦×3
駆逐艦×20
輸送船×70
空母×1 巡洋艦×1(0800)
北・中飛行場より
大型機×6
小型機×142
種子島
喜界島
奄美大島
沖永良部島
沖縄島
大東島
宮古島
石垣島
砲撃
戦艦または巡洋艦×2
軽巡洋艦×4 駆逐艦×8
空母×7〜9(2群)
沖大東島
※南西諸島来襲機数はのべ360
※陸軍の逆上陸2カ所成功

この日の神雷部隊は、〇五四五～〇六二〇にかけて磯貝巌中尉（予備13期）を隊長とする第五神剣隊の練戦15機が鹿屋基地を発進、沖縄方面哨戒艦艇を目標とした。戦闘詳報ではうち4機が突入を打電しているが、この日は送信した飛行機は相当あったものの、感度が悪く、受信困難をきたしたため、実際はこれ以上の突入報告があったものと見なされている。

この間、〇五五二～〇六三〇にかけて第七次桜花攻撃隊の一式陸攻7機が鹿屋基地を発進、沖縄泊地敵艦船を目指した。この日の攻撃隊の消息は、日米の資料の照合によりかなりの部分が解明された。

〇五五二に発進した菊池弘少尉（予備13期・偵察）を機長とする第一小隊一番機は、〇八五〇に沖縄本島中部の伊江島西方海上に到着し、敵艦隊発見を打電、直ちに大橋進中尉が搭乗した桜花を〇八五五に発進、戦艦轟沈を打電したが、その後戦闘機の追蹤を受け、未帰還となった。米海軍記録と照合すると桜花発進直後の〇八五八に敷設駆逐艦ヘンリー・A・ワイリーの対空砲火によって撃墜された一式陸攻とみられる。

大橋中尉と湯野川大尉とは、大橋中尉の方が歳上ながら分隊長である湯野川大尉のことを兄のように慕っていた。多くを語らずともお互いの気持ちがよくわかる間柄だったそうで、それゆえ湯野川大尉が冨高に後退する際に鹿屋の残留隊員のまとめ役を託していた。大橋中尉は出撃時、小さな紙に走り書きをして湯野川大尉に渡してくれるよう人に託した。その紙片には「兄貴、今から征きます」と書かれていたという。

〇六二四に発進した勝又武彦少尉（予備13期・偵察）を機長とする第一小隊二番機は、〇九一〇に「桜花発進用意」を打電ののち、消息を絶っている。米海軍記録によると、シェイの北西10㎞を行動していた掃海艇ゲイティが〇九三五、護衛空母スティーマー・ベイ所属のＶＣ－90のＦＭ－２に追われている一式陸攻を発見、やがて被弾した機体から黒煙が噴き出したのを見て致命傷を与えたと判断したところ、胴体下より桜花が離脱し、その直後に一式陸攻は友軍戦闘機によって撃墜された。〇九四七、墜落直前に離脱した桜花がゲイティの左舷後方から突入してきたので、ゲイティは射撃を開始、５００ヤードで機首に命中弾を受けた桜花はふたつに折れ、ゲイティの左舷後方15ヤードの海中に墜落し、爆発はしなかったものの、飛び散った破片で右舷の40㎜機銃が破壊され、３名が負傷した。

記録を照合すると、発進時の状況から勝又少尉機より発進した内藤卯吉上飛曹（乙17期）が操縦していた桜花とみられる。

〇六〇三に発進した寶満克夫少尉（予備13期・偵察）を機長とする第一小隊三番機は、〇九〇〇頃、目標地点付近で「敵戦闘機の追蹤を受く」の無電を発したのちに連絡ないまま未帰還となった。米海軍記録と照合すると〇九〇〇に海兵隊のＶＭＦ－３１１の４機のＦ４Ｕ－１Ｃ、もしくはＶＦ－９のＦ６Ｆ－５、11機によって撃墜された機体とみられる。

〇五五三に発進した足立安行少尉（予備13期・偵察）を機長とする第二小隊一番機は、連絡ないまま未帰還となった。米海軍記録と照合すると〇八五〇、敷設駆逐艦シェイが方位３３０度、距離22マイルに接近中の不明機を発見、〇八五〇、指揮下の戦闘哨戒中の戦闘機を向かわせた。〇八五四、方位２７５度距離６マイルに接近中の一式陸攻を発見し、対空射撃開始すると一式陸攻は距離を取り始めた。〇八五八、その一式陸攻は差し向けた戦闘機により撃墜されたが、〇八五九、右舷方向距離１０００ヤードの撃墜機の煙の中から桜花が出現した。桜花は本艦に向かって高速で緩降下してきた。直ちに対空射撃を開始し、命中弾を認めた。視認から3～5秒後に桜花が右舷艦橋構造物に命中した。桜花機首の1・2tの超大型平徹甲弾は、空母の格納庫を貫通（戦艦の舷側装甲を貫くには弾体の強度が足りない）して爆発するよう、0・2秒の遅動信管が装備されていたが、シェイの艦橋右舷に突入した桜花は、駆逐艦の薄い外板では命中しても炸裂せず、艦橋を貫通して左舷に飛び出してから喫水線付近で炸裂した。この攻撃で27名が戦死し、91名が負傷した。ただし、この攻撃は同じく連絡ないまま未帰還となった第三小隊一番機の可能性もあり、特定は困難である。

〇六〇一に発進した川原勇少尉（予備13期・偵察）を機長とする第一小隊二番機は、目標地点に到達したが敵艦隊を発見できず引き返し、一一〇〇に鹿屋基地に帰投した。

〇六〇三に発進した甲斐元二郎上飛曹を機長とする第二小隊三番機は、東シナ海を大きく迂回して西側より伊江島西方海上に向かった。〇八二五高度２５００ｍで桜花搭乗員石渡正義上飛曹（乙17期）を移乗させる際、甲斐上飛曹はしっかりと握手をして肩を叩き、「しっかりやってきてくれ」と、送り出した。桜花Ｋ１降下訓練の際、松林に突入して作った左頬の切り傷を残し、ピンクのマフラーを顎が隠れるほどに巻いた石渡上飛曹は「お世話になりました。では征きます」と、型通りの挨拶のあとに桜花に移乗した。〇八五〇に伊江島西方海上に到着、高度３２００ｍで三群からなる大小約70隻の敵艦隊を発見した。ブザーのモールス信号で目標とした右前方の大型巡洋艦の位置や発進用意の信号を送り、母機は緩降下姿勢に入った。

高度２９００ｍで最後の合図「・・・ー・」を打ち終えて副操縦士の室原知末飛長（特乙2期）が投下ボタンを押すと、〇八五五に桜花は無事離脱、石渡上飛曹の操縦する桜花は発進後ロケットを噴射して目標に突入した。母機は左旋回で離脱を図りながら後方に盛大な黒煙が上がるのをペアの４名が確認し、甲斐上飛曹の判断で大型巡洋艦撃沈確実と打電、雲の中に飛び込んで敵機の追躡を振り切って一一〇〇に鹿屋基地に帰投した。

米海軍の記録を照合すると、石渡上飛曹の桜花は〇九〇四に敷設駆逐艦ヘンリー・A・ワイリーに突入直前に撃墜された2機目とみられる。距離2マイルで降下中の桜花を発見し、対空射撃を開始。桜花の上方で5インチ砲弾が炸裂し、桜花は艦から1200ヤードの地点に墜落した。胴体から離れた弾頭が跳飛して艦尾を飛び越えてから炸裂した。

〇六〇〇に発進した、池永建治上飛曹（丙飛7期・偵察）を機長とする第三小隊一番機は、連絡ないまま未帰還となった。これを米海軍記録と照合すると、敷設駆逐艦シェイに突入した桜花母機である可能性がある。このため、シェイに突入した桜花の搭乗員が永田吉春一飛曹（特乙1期）か、中川利春一飛曹（特乙1期）かの特定は困難である。

↑石渡正義上飛曹（乙飛17期）。5月4日、第七次桜花攻撃で敷設駆逐艦ヘンリ・A・ワイリーに突入、特攻戦死。写真は予科練時代のもの。

この日、台湾からも特攻隊が発進しており、新竹基地からは〇九四五に忠誠隊の南純之助上飛曹（甲飛11期・偵察）の彗星、一〇五〇に振天隊の清岡寛上飛曹（丙飛11期・操縦）の九九式艦爆が発進、沖縄周辺敵艦船群に突入した。また、宜蘭基地からは〇五四〇に第十七大義隊として田中勇上飛曹（丙飛4期）の直掩零戦が発進、〇九四五には谷本逸司中尉（予備13期）以下二十五番爆戦4機が発進、一六三〇には細川孜中尉（海兵72期）以下二十五番爆戦2機が発進、一八〇〇には母艦航空隊も経験したベテラン大石芳男飛曹長（乙飛9期）の直掩零戦が発進、宮古島南方の敵機動部隊に突入し、全機未帰還となった。

第十七大義隊が突入したのは、英軍の第57任務部隊であった。一一三一、空母フォーミダブルの艦橋付近に谷本中尉とみられる爆戦1機が突入、戦死8名と負傷47名を生じ、衝撃で抜け落ちたリベットが中部缶室の蒸気管を破壊、速力が一時18ノットまで低下したものの、搭載機の減少を忍んで設けられた厚さ3インチの装甲飛行甲板の効果は大きく、幅3m深さ60㎝の凹みを生じたが、致命傷には至らず、凹みには速乾性セメントを注入し、レーダーや発着艦装置の損傷も急速修理の結果、17時には作戦可能状態に復旧した。

次いで一一三四には空母インドミタブルの飛行甲板後部に突入したが、装甲飛行甲板に跳ね返され、甲板上を滑走して艦首から9m離れた海面に突入し、大爆発を起こしたが、人的被害は記録されていない。

この日、陸軍は第六次航空総攻撃として15機が嘉手納沖に突入している。〇八四一には一式戦1機が軽巡バーミンガムに突入、51名が戦死、81名が負傷したほか、日没直後の一九三三、二式双襲1機が護衛空母サンガモンに突入、37名の戦死・行方不明者と誘爆と大火災を生じた。翌朝までに鎮火したものの、飛行甲板が盛り上がって歪むなど大損傷を受け、同艦は米本土回航後本格修理されずに放棄され、廃艦処分となった。

以上損害のほか、この日の米軍の損害は駆逐艦モリソン沈没、中型揚陸艦2隻沈没、駆逐艦4隻損傷、敷設駆逐艦1隻損傷、掃海駆逐艦1隻損傷、そのほか損傷3隻となっている。

肝心の第三十二軍の総攻撃は、早朝こそ順調に進撃の報告が上がったものの、日の出と共に米軍に押し返された。5日一八〇〇に作戦中止が伝達されるまでの一昼夜で主力の第二十四師団の五割、第四十四旅団の2割にあたる戦死傷者5００名を出した。1万発以上の砲弾を使った砲兵団は手持ち弾薬のほとんどを使い尽くし、以後各門1日10発に制限される結果となって、第三十二軍を著しく消耗させただけの失敗に終わった。

この3日間の作戦で海軍は４４9機(うち特攻機１６０機)が出撃し、特攻機を主に65機が未帰還となった。陸軍は１３6機（うち特攻機80機）が出撃した。

5月5日から8日にかけては海軍の特攻機は出撃しておらず、陸軍は6日に8機が出撃し、測量艦1隻に損傷を与えている。

沖縄は6日から梅雨入りした。地下壕には雨水が侵入し、将兵の隠れ場所が圧迫される一方で、未舗装の道路は絶え間ない軍用車両の通行でひどいぬかるみとなり、重装備の米軍の進撃を遅らせるものであったが、北部を制圧した海兵隊を転用し、首里城攻略戦に投入した。この時点での米軍の正面戦力は五個師団8万5０００名に達している。

部隊再編成

この間、5日付けにて神雷部隊では組織の整理が再度行われ、名前だけの存在となっていた戦闘三〇七が解散して、戦闘三〇六に編入されると共に、前述の通り、大村空の中島大八大尉（海兵68期）が飛行隊長として鹿屋基地に着任し、分隊長に栢木(かやき)一男大尉（予備10期）が発令され、戦闘三〇六の訓練基地となっていた冨高基地に着任した。これにより、湯野川大尉は今まで代行していた分隊長の任務を栢木大尉に引き継ぐと共に戦闘三〇六隊員の訓練に協力していた桜花隊隊員は、本来の任務である桜花及び五十番爆戦要員に戻った。

また、消耗の激しい攻撃七一一も解隊され、残存搭乗員18名は攻撃七〇八に編入された。これにより、二階堂少佐は七二一空附となって小松基地に後退した。

5月9日の戦闘

5月9日、久しぶりの晴天に台湾からの特攻出撃が続いた。一〇二五、忠誠隊中田良蔵上飛曹（乙飛16期・偵察）の彗星1機が新竹基地を発進、嘉手納沖艦船に突入。一五〇〇には第十八大義隊の黒瀬順齋少尉（予備13期）以下二十五番爆戦4機と直掩零戦1機が宜蘭基地を発進、宮古島南方の敵機動部隊に突入。さらに一五三〇には久保良介中尉（予備13期・操縦）を隊長とする忠誠隊の九六式艦爆2機が宜蘭基地を発進、慶良間列島付近の敵機動部隊に突入した。次いで一六三〇には片山崇（予備13期・操縦）を隊長とする振天隊の九九式艦爆3機が宜蘭基地を発進、沖縄周辺艦船群に突入した。機材補給の乏しい台湾では実用機が底を尽き、訓練用に使用していた二世代前の複葉艦爆まで特攻に駆り出していた。

この日海軍は60機（うち特攻機17機）が出撃、特攻機を主に17機が未帰還となった。陸軍は16機（うち特攻機5機）が出撃している。

米軍記録では、この日護衛駆逐艦2隻が損傷を受けている。

「菊水六号作戦」

「菊水五号作戦」が終結した9日、早くも次回「菊水六号作戦」の作戦計画が立案されたが、第五航空艦隊には、もはやまとまった実用機の特攻部隊は神雷部隊しかなかった。旧十航艦の各航空隊では練戦や訓練用の零戦二一型等の二十五番爆戦用の機材が底を尽き、搭乗員だけが冨高基地に着任していた。このため、戦闘三〇六も、建武隊と同様、一〇〇一空によって空輸される零戦六二型の新機材による五十番爆戦に移行しつつあった。これら空輸機は冨高基地で整備、調整のうえ、各隊の進出にあわせて鹿屋基地に隊員自らが空輸していた。

この作戦計画の中で、北および中飛行場滑走路を破壊して一時的に制空権を掴むため、桜花による滑走路破壊が計画された。

この桜花攻撃に2機があてられ、10日、山崎三夫上飛曹（乙飛17期）と勝村幸治一飛曹（特乙1期、進級）が指名された。

勝村一飛曹は4月16日の第七建武隊の1機として出撃したが、離陸直後に脚が引き込まず、攻撃を断念して引き返している（手記によれば、その前にも4月1日の第二次桜花攻撃にも出撃したとのことであるが、現存する行動調書には勝村一飛曹の名前は確認されない。勝村氏が亡くなった現在では検証が困難である）。

分隊長林大尉から作戦計画を聞かされた勝村一飛曹は「飛行場に体当たりしろなんて、ひどいですよ。地面と心中なんてまっぴら御免です」と反発し、飛行場破壊による制空権確保の意義を説いても納得しなかった。なおも渋る勝村一飛曹に林大尉が「それなら、わしが行く」と、言い出すと、さすがの勝村一飛曹も「分隊長が？　とんでもない、私が行きます」と、収まった。

明けて5月11日、曇後雨の悪天候の中、「菊水六号作戦」が発動した。

夜半の出撃に際し、整列した陸攻隊ペアを前にして五航艦から参謀飾章を付けた幕僚がやって来て、訓辞して曰く「諸子は日本海軍における攻撃戦力のすべてであり、しっかり任務を果たしてもらいたい云々」。わずか2機の攻撃隊をおだて上げる言葉は、初陣で高雄空の27機でのダーウィン空襲における一方的な戦闘を経験した鎌田飛曹長には空虚なものとしか感じられなかった。ましてや今回は大艦を1機で屠るために生命をかけている桜花搭乗員を飛行場に突入させると言う。「はなから乗り気ではありませんでした」と鎌田氏は筆者の取材の際に答えている。

○一五六～○二○六、第八次桜花攻撃隊として北、中飛行場攻撃の任務を帯びた一式陸航2機が相次いで鹿屋基地を発進した。

特A級のベテランの宮崎昇少尉（操練42期・操縦）を機長とする一番機は山崎上飛曹を乗せ、北飛行場滑走路破壊に向かったが、沖縄上空でいきなり電探射撃を受けエンジン不調となった。「自爆する」と言い出した宮崎少尉を、同じ昭和10年度志願で同年兵の関係にある偵察員の中村豊弘飛曹長（偵練44期）が「犬死はせん、（台湾の）新竹に行こう」と言って諌め、桜花を投棄して帰途についた。しばらくして片方のエンジンが爆発音と共に停止し、機銃や電探まで捨てて身軽になってやっと鹿屋に帰投した。

鎌田飛曹長の二番機は勝村一飛曹を乗せ天候が悪化する中をそれでも進撃し、○五二○に中飛行場上空に達したものの、雲高厚く高度3000m位に達していた。主操縦員の岡田上飛曹が「雲の下に出ましょう」と進言すると、「バカ、出たらすぐにやられる。桜花を捨てて帰る」と、引き返し、○七一○に鹿屋基地に帰投した。

帰投後、2機の主、副操縦員と偵察員は中島作戦主任に呼ばれ「なぜそばまで行って落としてこなかったか！」と、激しく叱責された。この作戦に懐疑的であった鎌田氏は筆者の取材に「中島中佐に叱られる位で桜花隊員を無駄死にさせずに済むのなら、いくらでも叱られてやろうと思いました」と、当時の状況下でできる限りのことをしたと語った。

○四○○、第二魁隊（鹿島空）の四方巌中尉（予備13期・操縦）の八十番爆装の零式三座水偵1機と山崎誠一少尉（予備14期・偵察）の五十番爆装の九四式水偵1機が指宿基地を発進、○五○○には菊水雷桜隊の梅谷三郎中尉（予備13期・操縦）を隊長とする八十番爆装の天山9機が串良基地を発進、それぞれ沖縄周辺の艦船に突入した。

○五○四、第六神剣隊の牧野竑少尉（予備14期）以下二十五番爆戦6機（うち2機発進せず）、○五一九に第六昭和隊の根本宏少尉（予備14期）以下二十五番爆戦1機、練戦1機、○五三○に第六七生隊の松橋泰夫一飛曹（丙飛16期）の二十五番爆戦3機（うち2機発進せず）が鹿屋基地を発進し、沖縄周辺の艦艇に突入した。

進撃した7機のうち、突入を報じたのは2機のみであったが、第六七生隊の松橋一飛曹は特攻戦死と認定されたものの戦後生還したため、現在は特攻戦死者より外されている。

○五五六～○七一二にかけて古谷眞二中尉（予備13期・操縦）を隊長とする第八次桜花攻撃隊の一式陸攻4機が鹿屋基地を発進した。

○五五六に発進した古谷中尉機は○八五○頃目標地点に到達し、邀撃戦闘機の攻撃の中○九○○に高野次郎中尉（予備13期）搭乗の桜花を発進、駆逐艦ヒュー・ハドリの右舷中央部海面に至近弾となって突入したが、撃墜され、自爆、未帰還と認定された。この時点で爆弾1発と特攻機2機に体当たりされていた同艦は、この衝撃で前部機関室と缶室に浸水、傾斜が始まると共に、各所に火災が発生し艦全体が猛火に包まれ、各所で誘爆が発生した。総員退艦用意が発せられ措置対応の士官、下士官50名を除いた総員が救命筏や救命ブイに移乗した。残った乗組員は15分で魚雷を投棄のうえ鎮火させ、艦を沈没の危機から救ったが、戦死者28名、艦長以下67名が負傷した。

米軍記録では○九一五、残波岬の西15～20マイルの地点にて北に向かっていた一式陸攻は海兵隊のＶＦＭ‐４４１のＦ４Ｕ‐１Ｄ、Ｆ４Ｕ‐１Ｃ各2機により撃墜されており、この機が古谷中尉機とみられる。

古谷中尉は出撃に際し両親宛の遺書を残しており、後年それは江田島の海上自衛隊第一術科学校の教育参考館に展示されたが、作家・三島由紀夫が昭和45年10月、割腹自殺を図る1ヶ月前にこれを読み、「すごい名文だ。命がかかっているのだからかなわない。俺は命をかけて書いていない」と言って声を上げて泣いたと伝えられている。

「御両親はもとより小生が大なる武勇を為すより身体を毀傷せずして無事帰還の誉を担はんこと、朝な夕なに神仏に懇願すべくは之親子の情にして当然也。然し時局は総てを超越せる如く重大にして徒に一命を計らん事を望むを許されざる現状に在り。

大君に対して奉り忠義の誠を至さんことこそ、正にそれ孝なりと決し、すべて一身上のことを忘れ、後顧の憂なく干戈執らんの覚悟なり」

○六二〇に発進した廣瀬正雄少尉（予備13期・偵察）を機長とする第一小隊二番機は進撃途中でエンジン不調となり、鹿屋基地に引き返した。着陸時に大破したものの、搭乗員は桜花の堀江真上飛曹も含め全員無事であった。

○六〇三に発進した宮崎文雄少尉（予備13期・偵察）を機長とする第一小隊三番機は連絡なく未帰還となった。宮崎少尉機の桜花搭乗員、藤田幸保一飛曹（丙16期）も特攻戦死と認定された。藤田一飛曹は当初基幹員の第一分隊であったが、進出直前の味口二飛曹の桜花K1の事故の報を聞いて自ら交代を湯野川大尉に申し入れて第一陣となった経緯があった。桜花3回、爆戦3回の出撃中止や引き返しののち、この日が7回目、桜花では4度目の出撃であった。

○七一二に発進した鱸敬蔵少尉（予備13期・偵察）を機長とする第二小隊一番機は連絡なく未帰還となった。鱸少尉機の桜花搭乗員小林常信中尉（予備13期）も特攻戦死と認定された。

この日の米軍記録には先のVFM－441の撃墜記録を含め一式陸攻3機の撃墜が記録されており、これはこの日の未帰還機と一致している。

○八五五、特攻機対策として海兵隊から空母バンカー・ヒルに派遣されたVFM－221の5機のF4U－1Dと、2機のF4U－1Cは、沖縄本島北東にて桜花を搭載した一式陸攻1機を発見し、4機で攻撃を実施した。その一式陸攻は右主翼付け根から発火し、操縦不能となって海面に激突した際、桜花に起因すると思われる大爆発を起こした。状況から第一小隊三番機もしくは第二小隊一番機とみられる。

○九〇〇、沖縄本島北方にて戦闘空中哨戒に当たっていた米軍の小隊が桜花を搭載した一式陸攻1機を発見し、VF－47のF6F－5、4機は攻撃を行った。その一式陸攻は雲の中に逃げ込もうと直線飛行したため攻撃は容易で、この機は最終的に左主翼を吹き飛ばされて桜花を搭載したまま墜落して爆発した。状況から第一小隊三番機もしくは第二小隊一番機とみられる。

○五一五～○五二五にかけて九七式艦攻各隊計7機が沖縄周辺艦船に向け串良基地を発進したが、八幡至忠隊1機は口之島に不時着した。白鷺誠忠隊3機は一番機が潤滑油漏れで種子島に不時着し、二番機が発動機不良で串良基地に帰投した。同隊の三番機は離陸時に爆弾が外れたものの、気付かずに進撃し、黒島付近で気が付いて引き返して陸軍万世飛行場に不時着していた。第三正気隊3機は一番機が戦艦に突入し、二番機が種子島に不時着、三番機が黒島に不時着した。戦艦に突入を報じた第三正気隊のうち、一番機（小田切徳一少尉［予備14期・操縦］、堀江荘次少尉［予備13期・偵察・機長］、村田正作二飛曹［特乙1期・電信］）のペアのみ布告

（二〇六号）されている。

〇五二一〜〇六二四にかけては深井良中尉（海兵72期・操縦）を隊長とする第九銀河隊の銀河6機が宮崎基地を発進、沖縄周辺艦船に突入した。

さらに〇六一〇〜〇六四三に柴田敬禧中尉（予備13期）を隊長とする第十建武隊の五十番爆戦4機、〇六四〇〜〇七〇三に安則盛三中尉（予備13期）を隊長とする第七昭和隊の五十番爆戦8機（1機発進取りやめ、1機喜界島に不時着）、〇六五〇〜〇七〇三に岡部幸雄中尉（予備13期）を隊長とする第五筑波隊の五十番爆戦9機、〇七〇三に上月寅男飛長（特乙3期）の第七七生隊の五十番爆戦2機が鹿屋基地を発進、沖縄周辺の敵機動部隊に突入した。

上記部隊が鹿屋離陸直後、辛うじて保っていた天候が崩れ、大雨となった。

米軍記録では一〇〇五頃第58・3任務部隊旗艦の空母バンカーヒルに対して特攻機2機が後部エレベーター付近と艦橋基部に相次いで突入、飛行甲板上と格納庫内に駐機されていた艦上機に引火して大火災となった。あまりの火勢に随伴駆逐艦2隻も近寄ることができず、艦は一時操艦不能となったが、何とか艦を風上に保針し、右に傾けて格納庫内のガソリンを海水と共に押し流し、ようやく危機を脱した。機動部隊旗艦としての機能を失ったことから、指揮官ミッチャー中将は将旗を空母エンタープライズに移したが、彼の幕僚13名を含む396名が戦死または行方不明となり、264名が負傷した。バンカーヒルは修理のため米本土に回航されたが、損傷は甚大で終戦までに戦列には復帰できなかった。

空母突入の報告は、隊長の安則中尉（一〇一〇突入）と小川少尉（一〇〇四突入）の第一区隊の2機（101号機と33号機）が報じている。艦橋付近に突入した2機目が小川清少尉（予備14期）であることは回収された遺品により判明しており、突入報告が裏付けられている。

また、第十建武隊の柴田中尉は宿舎である野里国民学校での当直を「すまん、代わってくれ」と、鈴木中尉を拝み倒してちゃっかりと鹿屋市街に遊びに行くなど、要領の良い一方、日頃から「俺は海面スレスレを飛んで行って、敵の土手っ腹に穴を開けてやる」と攻撃精神旺盛な面も見せていた。

柴田中尉は出撃当日、神ノ池基地でB-29の搭乗員より奪った例の腕時計をはめて、「アメリカに返してくる」と語り、別杯を済ませて飛行場へと向かうトラックの荷台に仁王立ちとなって「おっかぁ〜、海軍は俺を殺すぞ〜」と叫び、周囲の度肝を抜いた。だが彼の残された遺書はそのような茶目っ気あふれる性格はどこかに置いてきたような、しごく真面目な筆致で綴られている。出撃した柴田中尉は、日頃の言動通りの徹底した接敵ぶりで、〇九四〇の「敵部隊見ユ」の打電から〇九五〇の敵空母必中突入中までの10分間に4通の無電を発し、突入と認定された。空母バンカー・ヒルに突入した1

機目が時間的には柴田中尉機に該当するが、発信時刻は本人の航空時計が基準であり、小川中尉機との巧みな連携攻撃ぶりを見ると安則中尉機の可能性も高い。空母バンカー・ヒル周辺では6機ほどの特攻機が撃墜されたとの証言があり、特定は難しい。

またこの日、第五筑波隊として出撃した石丸進一少尉（予備14期）は、当時職業野球と呼ばれていたプロ野球の名古屋軍（現中日ドラゴンズ）で投手として活躍していたという異色の経歴を持っていた。彼は昭和16年に野手として入団、2年目からは投手として出場し、17勝19敗防御率1・71と活躍。3年目の昭和18年10月2日の対大和戦で戦前最後となるノーヒットノーランを達成していた。選手ながら日本大学専門部夜間部に在籍していたため、昭和18年秋に学徒動員令により海軍に入隊、第14期飛行科予備学生となり、実用機教程の筑波空時代に特攻志願し、鹿屋基地に進出していた。この頃、野球生活中に一番嬉しかったことは何かと聞かれ、「巨人のスタルヒンと投げ合って勝ったこと」と、目を輝かせて答えたという。

さかのぼって4月下旬のある日、野里国民学校の校庭で岡村司令や美田村正美中尉（予備13期）が居合抜きの稽古をしていた。それを桜花隊員や爆戦隊員が見物していたが、そのうち軟球でキャッチボールが始まり、石丸少尉が投球を始めた。最初は肩慣らしから始まったが、暖まるにつれ、球速が増してきた。キャッチャー役の同期生本田耕一少尉（法政大学出身内野手）が「怖いよ」と訴えたが、石丸少尉は「心配ない。構えたところに入れてやるから。だが動くなよ」と言うと、宣言通り構えたミットに次々と収まった。捕球する本田少尉はしきりと痛い痛いと悲鳴を上げていた。居合抜きの手を休めて、この光景を見ていた岡村司令が「特攻もこうドンピシャリと行けばのう」と、感嘆して言葉をかけると、石丸少尉は「いやぁ、これ（野球）は経験が長いですから。でも飛行機はこうは行きませんよ。何しろまだそれほど乗せてもらっていませんので……」と正直に答えた。

その後もことあるごとに石丸少尉は本田少尉とキャッチボールをしていた。5月11日の出撃当日、岡村司令の訓辞が

↑柴田敬禧中尉（予備13期）。5月11日、第十建武隊隊長として爆戦で敵機動部隊に突入、特攻戦死。

終わると野里国民学校の校庭に出て「さっ、名残に一丁、元気でいこうぜ」と、本田少尉を相手に10球続けてストライクを投げた。「よーし、これで思い残すことはない」と、躍り上がるようにミットとグローブを校舎の中に投げ込んで、報道班員として共に生活していた山岡荘八に笑顔を向け、手を振りながら飛行場へ駆け去った。

発進後の石丸少尉は一切の音信のないまま未帰還となり、特攻戦死と認定された。本田少尉もあとを追うように14日の第六筑波隊で出撃、特攻戦死と認定された。

石丸少尉は澤村栄治を始めとする戦没プロ野球選手67名の中で唯一の海軍特攻戦死者であり、現在その名前は東京ドームの入口の鎮魂の碑に刻まれている。

↑小川清少尉（予備14期）。5月11日、第七昭和隊隊員として爆戦で空母バンカーヒルに突入、特攻戦死。

後年、石丸少尉のことを従兄弟の牛島秀彦氏が小説『消えた春』としてまとめ、この本を基にして映画『人間の翼　最後のキャッチボール』が制作されている。

この日の海軍の総出撃機数は１７５機（うち特攻機69機）、特攻機を主として53機の未帰還機を出した。

この日の米軍の損害は、空母バンカーヒル大破、駆逐艦ヒュー・ハドリ大破、駆逐艦エバンス大破、オランダ貨物船ジスタン損傷が判明している。米軍記録には民間徴用船の損害記録がなく、連日のように実施された上陸支援部隊への攻撃ではこれら民間徴用船に突入した可能性も高いが、その実態は今なお明らかではない。

5月12日から13日の戦闘

5月12日、晴れ。この日、神雷部隊の出撃はなかったが、○五一五に堀江荘二中尉（予備13期・偵察）を機長とする第三正気隊（百里原空）の九七式艦攻が串良基地を発進、沖縄周辺艦船に突入したほか、陸軍機3機も出撃しており、うち、戦艦ニューメキシコの煙突基部に誠第百二十飛行隊の四式戦1機が突入、一部の缶が破壊され、周辺の弾薬に引火誘爆し、戦死54名、負傷者１１９名の被害を生じた。

また、この日、海軍総隊司令部は第五航空艦隊と第三航空

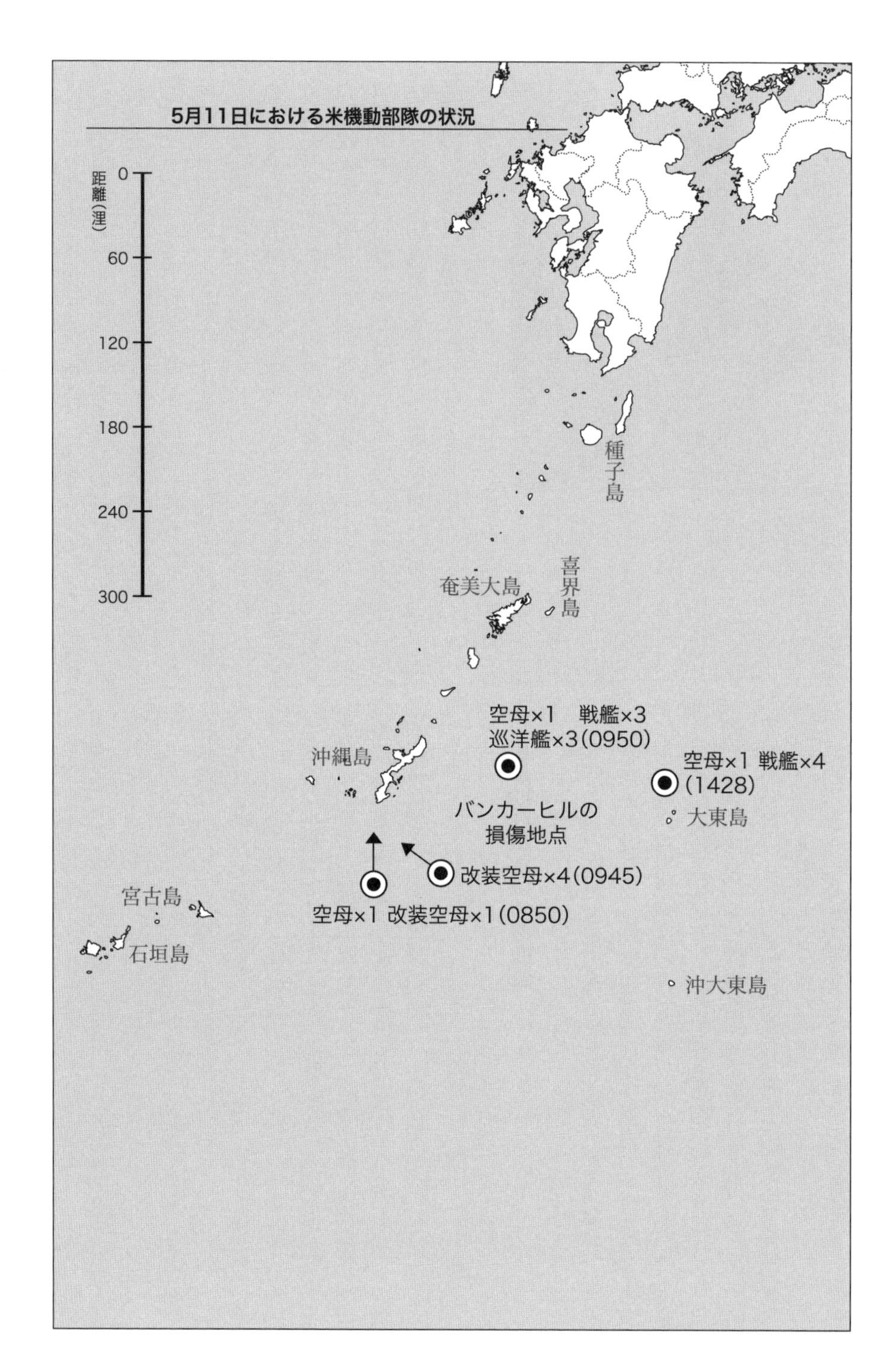
5月11日における米機動部隊の状況
距離（浬）
0
60
120
180
240
300
種子島
奄美大島
喜界島
空母×1　戦艦×3
巡洋艦×3(0950)
沖縄島
空母×1 戦艦×4
(1428)
バンカーヒルの
損傷地点
大東島
改装空母×4(0945)
宮古島
空母×1 改装空母×1(0850)
石垣島
沖大東島

艦隊を統合運用する「天航空部隊」を創設。その運用を宇垣長官に任せたが、実質的な戦力増強とはならず、沖縄航空決戦継続のために、夜間攻撃を前提として、従来の水上偵察機に加え偵察員養成用練習機の白菊まで動員する。

白菊は沖縄までの航続力が足りず、旋回機銃や練習生用の座席、偵察員席までも取り外して自重を軽減する一方で、偵察員席の跡に零戦用の木製320リットル増槽やドラム缶を床に置いてバンドで固縛し、航続距離の延長を図った。この工事の結果、航法を担当する偵察員は増槽やドラム缶に馬乗りになって出撃することとなった。装備するのは主翼下面に二十五番2発。見事突入できればそれなりの爆発力は期待できるが、この状態での速力は85〜90ノット（時速160km程度、新幹線より遅い）しかもほとんどの機体からは無線機が外され、残されたのは4〜5機に1台のみ。これでは突入の最後の無電すら打つこともできない。

宇垣長官の日記には「数はあれども之に大なる期待はかけ難し」と記されていることからも、さしたる攻撃戦力とは見なされていなかったことがわかる。

このように特攻兵力が日を追って激減している現在、たとえ「使い難い槍」の桜花でも貴重な戦力であった。第五航空艦隊司令部は、桜花攻撃の困難さを承知しながらも、1・2tの弾頭の威力に固執した。

それを裏付けるかのように、桜花K1経験者である渡辺卓夫中尉（予備13期）以下9名が桜花要員として零戦9機の空輸を兼ねて12日に冨高から鹿屋に進出している。この日、内藤徳治中尉の機体はエンジン調整に手間取り、20分以上出発が遅れて単機で離陸した。この間、見送りに集まった者はその場で待機を続け、整備完了後単機発進すると改めて「帽振れ」で送り、内藤中尉機を感激させた。内藤中尉機が遅れて鹿屋基地に着陸すると、この日要務で鹿屋基地にいた岩城副長が、心配顔で空を見上げながら待っていたと伝えられた。冨高基地からの増援と後退は数度にわたって行われたらしいが、一次資料が失われたため、詳細は不明である。

しかし、進出した渡辺中尉らを待っていたのは桜花でなく爆戦での出撃命令であった。野里国民学校で1泊の翌13日、鹿屋の天候は晴れ。空母バンカーヒルを戦列外に失った米軍は、日本側にいまだ余力があると見て夜の間に機動部隊を北上させ、空母より発進した敵機は明け方6時過ぎから2時間の間にのべ300機で鹿屋基地等に激しい空襲を加えた。この敵機動部隊を攻撃すべく9名は待機していたが、しばらくして出撃とりやめとなった。

宇垣長官の日記では索敵に出た彩雲が、被害または故障で索敵できず敵艦隊の所在が掴めなかった旨の記述があり、偵察第一一飛行隊の戦闘詳報でもこの日の第一段索敵に出発した彩雲2機は自爆と未帰還と記録されており、第三索敵線の百式司偵のみが帰投している。さらに第二段索敵に出た彩雲

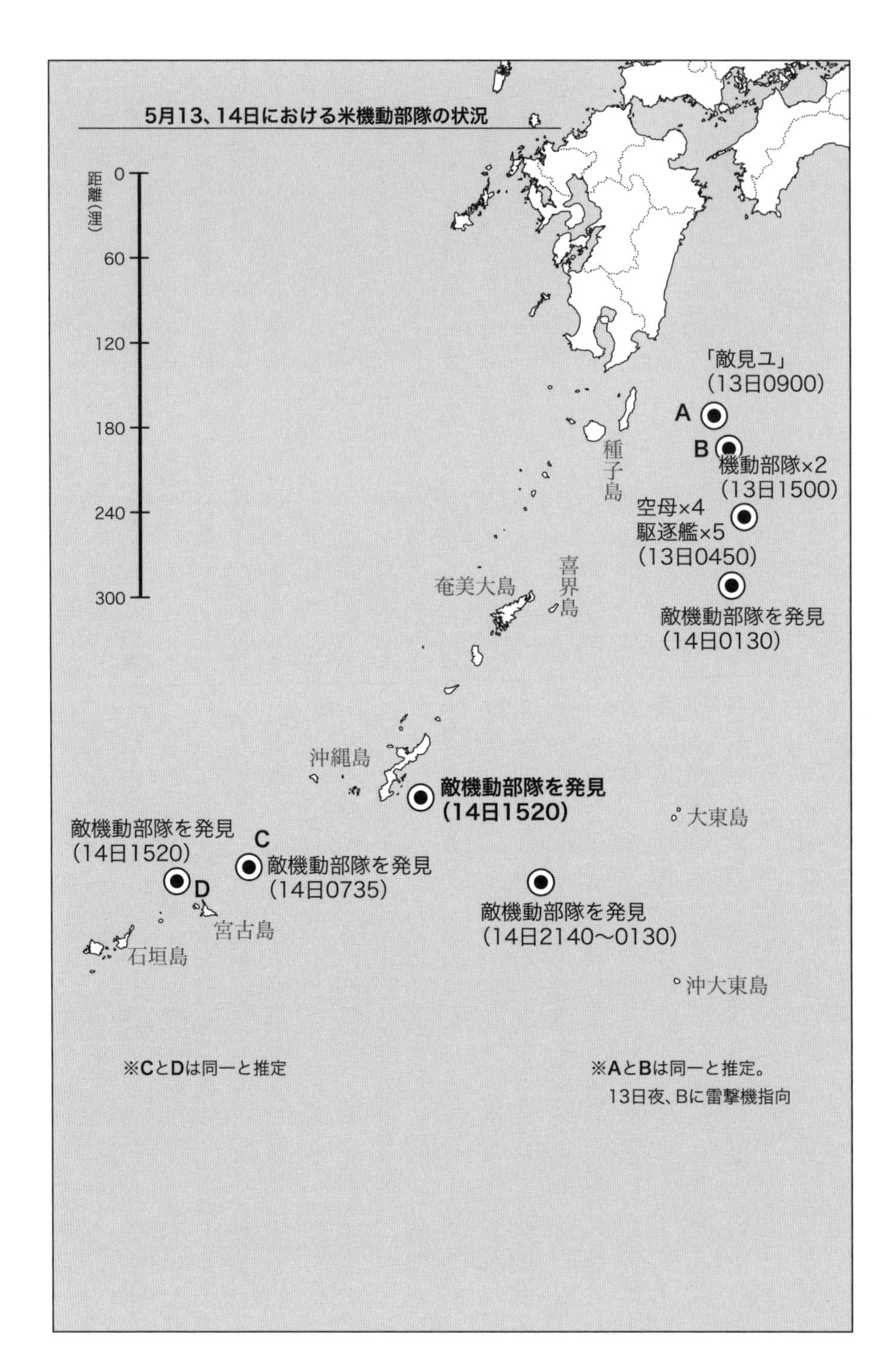

5月13、14日における米機動部隊の状況
距離(浬)
0
60
120
180
240
300
種子島
喜界島
奄美大島
沖縄島
大東島
沖大東島
宮古島
石垣島
「敵見ユ」
(13日0900)
A
B
機動部隊×2
(13日1500)
空母×4
駆逐艦×5
(13日0450)
敵機動部隊を発見
(14日0130)
敵機動部隊を発見
(14日1520)
敵機動部隊を発見
(14日1520)
C
D
敵機動部隊を発見
(14日0735)
敵機動部隊を発見
(14日2140〜0130)
※CとDは同一と推定
※AとBは同一と推定。
13日夜、Bに雷撃機指向

1機も機材故障で引き返しており、日記の記述を裏付けるものとなっている。

一方の台湾は曇りであった。天候不良の中、一五〇〇に植竹静男中尉（予備13期・偵察）を機長とする振天隊の九七式艦攻が新竹基地を発進、沖縄方面の敵艦船に突入し、一五三〇には元木恒夫中尉（海兵72期・操縦）を隊長とする忠誠隊の九六式艦爆6機が宜蘭基地を発進、慶良間列島付近の敵機動部隊に突入した。

この日、海軍は73機（うち特攻機28機）が出撃し、特攻機を主に25機の未帰還機を出した。陸軍は29機（うち特攻機12機）が出撃している。

米軍記録では、この日は駆逐艦と護衛駆逐艦各1隻が損傷している。

5月14日から17日の戦闘

5月14日晴れのち曇り。この日の特攻出撃は神雷部隊のみであった。〇五二五～〇五三七に、楠本二三夫中尉（予備13期）を隊長とする第十一建武隊の五十番爆戦5機、〇五二七～〇六三一に本田耕一少尉（予備14期）を隊長とする第六筑波隊の五十番爆戦14機、〇六二五～〇六二八に藤田卓郎中尉（予備13期）を隊長とする第八七生隊の五十番爆戦3機が鹿屋基地を発進、この日も空襲を続ける種子島東方の敵機動部隊に突入した。

前日、整列までしながら出撃中止となった内藤中尉は、この日出撃指名を受けなかった。第四陣としてあとから進出したのに先に出撃することになった楠本中尉らを見送りに、飛行場に出向いた内藤中尉は、楠本中尉機の爆戦の機番（現在は失念）を見て、冨高から自分が操縦してきた零戦であったことを知り、まるで身代わりのように出撃していく楠本中尉を格別の思いで見送った。

現存する五十番爆戦の写真には方向舵に大きく「68」とだけ描いた三菱製零戦が写ったものがある。多くの爆戦が空輸時の仮機番と覚しき番号を付けたままの機体で出撃したとみられる。

この日の海軍の総出撃機数は88機（うち特攻機28機）、特攻機を主として25機の未帰還機を出した。陸軍も25機（うち特攻機3機）が出撃した。

第十一建武隊の第二区隊の日裏啓次郎中尉（予備13期）は〇七〇五に「我敵空母ニ必中突入中」を報じ、突入と判定されたが、米軍記録では〇七〇九に第58・1任務群の空母ホーネット（II）への突入を試みて対空砲火で撃墜された零戦がこの機に相当するとみられる。

〇六五八に零戦1機が第58・3任務群の空母エンタープライズに突入、零戦は高速突入時の浮き上がりを押さえるため背面姿勢となり、前部エレベーター直後に突入して格納庫内で爆発した。爆風で前部エレベーターは上空100m余に吹き上げられて脱落、発生した火災は30分で鎮火したものの、戦死14名、負傷68名を出し、母艦としての機能を喪失した。ミッチャー中将はバンカーヒルから移乗してわずか3日で旗艦をランドルフに移すこととなった。

開戦以来の武勲艦エンタープライズは修理のために米本土に回航し、以後終戦まで戦列に復帰できなかった。

戦後、元乗組員が所持していた遺品から、エンタープライズに突入した爆戦は第六筑波隊の富安俊助中尉（予備13期）と判明した。富安中尉の乗機の破片は現在、筑波空のあった茨城県友部町の郷土資料館に展示されている。

このほか、同じ第58・3任務群の空母エセックスに突入寸前で撃墜された爆戦の写真が現存しているが、撃墜時刻が〇八〇五と判明したことから、〇八〇一と〇八〇四に「我敵空母ニ必中突入中」と報じ、突入と判定された第六筑波隊の第八区隊の荒木弘少尉（予備13期）もしくは大喜田久男少尉（予備13期）の乗機であるとみられる。富安中尉機と同様、主翼前縁の味方識別帯と主翼と胴体の日の丸の白縁がなく、4月までの機材と較べて工程の簡略化が進んでいることが伺われ、非常に地味な姿となっているのが印象的である。

第八七生隊は隊長の藤田中尉が〇八一〇「敵部隊見ユ」を報じて以後連絡なく、未帰還と判定されているが、時刻から第58・3任務群の対空砲火によって撃墜された零戦が該当するとみられる。

空母2隻を戦列外とされる損害を受けたものの、圧倒的な戦力を蓄えた米軍にとっては補填が可能なものであった。この2日間の空襲で特攻機の激減を確認した米軍は、機動部隊を南下させた。南九州地区の飛行場への戦術爆撃に駆り出されていたマリアナ基地のB‐29は、もとの都市空爆と機雷敷設作戦に戻り、沖縄に展開した米陸軍の航空部隊が代わって戦術爆撃を引き継いだ。

5月15日、雨のち晴れ。午後の索敵の結果、敵機動部隊が鹿屋基地の250浬圏内から後退したことが判明したため、この日は神雷部隊の出撃はなかった。

その一方で晴天の台湾からは一六二〇に岸圭武中尉（予備13期・操縦）を隊長とする、振天隊の九七式艦攻2機が新竹基地を発進。一六四五には岩熊唯明中尉（予備13期・偵察）を隊長とする九六式艦爆2機が宜蘭基地を発進、慶良間列島付近の敵機動部隊に突入した。

16日、晴れ。彩雲の機材故障により索敵できず、出撃もなし。

17日、晴れ。九州からの特攻機の出撃はなく、〇四一五に柿本茂少尉（予備13期・操縦）の九六式艦爆が宜蘭基地を発進、慶良間列島付近の敵機動部隊に突入した。

この3日間の海軍の総出撃機数は125機（うち特攻機21

機）、特攻機を主として14機の未帰還機を出した。陸軍は17日に8機（うち特攻機7機）が出撃したのみである。

この間、米軍の損害記録は17日に駆逐艦ダグラス・H・フォックスが陸軍特攻誠第二十六戦隊とみられる特攻機4機の攻撃を受け、前部砲塔に突入、44名が死傷する損害を与えている。

状況を見ると、天候不順はもとより、攻撃戦力としての飛行機が底をついてきているのが如実に表れている。

この頃野里では

沖縄戦の進行と共に季節も移ろい、野里国民学校周辺も桜や菜の花が散り、れんげが咲き乱れ、麦の穂が伸びて黄金色に色づき麦刈りが始まった。陽射しが目に見えて強くなり、新緑が日に日に濃くなってゆく。裏作の麦刈りを終えた畑は水田となり、田には水が引かれて田植えの支度が始まる。渡ってきた燕が飛び交い、家の軒下に巣を作る。毎年繰り返される初夏の風景である。

だが、連日のように特攻出撃を続ける神雷部隊の隊員には、来年はおろか、明日の生命の保証もない。曇ったり小雨が降ったりする「（出撃命令の出ない）良い天気」の日は、今日は生きたが明日はどうだろうかと心配し、作戦があれば誰までだろうか、自分は何人目になるだろうかと、野里国民学校の林大尉の執務する小使室に掛けてある名札の順番を覗き見ては、気を揉む毎日であった。

記録には登場しないものの、出撃記録のない日であっても攻撃準備命令が出されていれば2時間待機もしくは3時間待機は必須である。整備員は使用機材を準備し、指名を受けている者は待機している数時間のうちに航法計画を立て、規約信号、天候気象情報の入手、列機との打ち合わせ等を済ませ、命令あり次第発進できるように準備を整えて待機を続けていた。

5月上旬のこと、「神雷モンキー」のあだ名をもらって部隊で面倒を見ていた孤児の昭男を、部隊からの連絡で、母親の弟にあたる叔父が大阪から引き取りにやってきた。小林常信中尉（予備13期）や高野次郎中尉（予備13期）らに可愛がられ、すっかり隊員達になついていた昭男は、中尉達と一緒に飛行機で戦いに行くのだとダダをこねて大人達を困らせた。しかし「帰らないと連れていってアメリカの上に落としてやる」と言われて渋々納得した。新しい大人用のダブダブのシャツを着せられ、中尉たちの集めてくれた彼にとっては大金をポケットに納め、当時貴重品だった羊羹を背負わされ、叔父に連れられてベソをかきながら「神雷モンキー」は野里国民学校を去った。

5月11日、昭男を見送った小林中尉と高野中尉にも出撃命令が出た。ふたりは桜花で一緒に出てゆく前に、近くの麦畑でせっせと麦刈りを手伝っていた。が、いよいよ時間となり「さて、あちらで結婚式場の用意がよろしいそうで」と山岡の肩を軽くたたいて出撃していった。

この頃、ほとんどの家庭は主人や息子など男の働き手を戦場に送り、農作業はもっぱら主婦の受け持ちになっていた。肥料も乏しく、化学的農薬もなく、耕運機もトラクターもコンバインもないこの時代である。労働力の低下は収穫量に如実に反映した。そんなわけで、非力な娘とふたりだけで麦刈りをしていた主婦を見かねて、20名あまりの隊員達が手伝いをしたこともあった。

特攻隊への慰問として、5月9日には大崎町から慰問文と共に鶏85羽と卵3000個が届けられた。このほか、B-29の爆撃で爆死した牛1頭を始め豚3頭、鶏は総計百数十羽、卵も数千個に達した。5月の収穫時期には枇杷が連日大きな籠で届けられた。この時期、鉄道輸送において軍需物資が優先された結果、国内物流がマヒしつつあり、産地で取れた果物は梱包資材も輸送手段もなく、都市部に送ることができなかったのである。

野里国民学校にも、横穴壕にも風呂がなく、限られたドラム缶風呂では入れる人数も限られ、不潔にしているとたちまち部隊内に繁殖していたシラミが皆に取り付いた。このため、士官も下士官も日だまりに並んで衣類に付いたシラミを潰す光景が良く見られた。業を煮やして衣類をまとめてドラム缶で煮沸消毒し、卵の撲滅を図ったが根絶はできなかった。中には「自分の血を分けた仲間ですから、むげに殺すのも可哀想になりまして」と、あえてシラミを付けたまま出撃した隊員もいたと伝えられている。

5月16日にはNHKが来訪し、校庭にて在鹿屋桜花隊全員が『同期の桜』を斉唱し、レコードに録音した。

また、この集まった機会を利用して岡村司令の訓辞があり、「勝つも負け、負くるも負けてその後に、神は勝たさむ辛き負け勝ち」と、吉川英治の歌を紹介し、「最後まで頑張ろう」と結んだ。その後、横穴防空壕にて各個人毎の「家族への言葉」が録音された。

鹿屋における民間との交流

沖縄戦の開始と共に航空戦の最前線と化した鹿屋基地ではあるが、まがりなりにも内地であり、鉄道を通じて隊員達の故郷につながっていた。

前述の通り、一般人の長距離旅行が厳しく規制されている状況下、何とか切符を工面してはるばる鹿屋までやってくる家族は少なくなかった。しかし、訪ねてきた当日の朝に当人が出撃したり、未帰還が確定したりする悲劇が繰り広げられた。

この頃、小城上飛曹（進級）と勝村一飛曹が、近くの小川で洗濯をしていると、「神雷部隊の兵隊さんですか？」と若い女性に声を掛けられた。顔を上げると、二十歳前後のモンペ姿の若い女性17、8名が小川の脇の道に立っていた。彼女達は手に手に何か小さな風呂敷包みや花束を持っていて、洗濯をしているふたりを不思議そうに見つめていたが、しばらくして意を決したように「私達は鹿屋市の女子青年団です。ここに特攻隊の兵隊さんがおられると聞いて慰問に来たのですが、どこでしょうか？」と聞いた。小城上飛曹は「横の国民学校ですよ」と答えて勝村一飛曹に教室を案内させた。その間に林大尉の所に女子青年団が慰問に来てくれたことを報告に行き、急いで洗濯物を1ヶ所にまとめると、あとを追って教室に行った。

小城上飛曹達は慰問に来てくれた、妙齢の彼女達にどんなことを話せばよいか、また、適当な応待の仕方も分からず困っていた。そこに話を聞いた林大尉、藤崎俊英中尉、美田村正美中尉、桑原孝中尉、堤英夫中尉、秋吉武昭上飛曹（乙飛12期）、磯辺正勇喜上飛曹（丙飛1期）、徳安春海一飛曹、山崎三夫上飛曹（乙飛17期）、本間榮上飛曹（進級）等がぞろぞろと集まってきた。車座になって彼女達の持ってきた心づくしの御馳走を頬ばりながら、たわいのない話に時を忘れていたが、そのうちバレーボールの話が出たので、女性慰問隊対特攻隊員の試合をしてはということになった。

「賞品もいるぞ」ということになり、林大尉を口説いて主計科への交渉役となってもらい、ミカン、桃缶詰、羊羹、ビール等を賞品として用意すると、さっそく雨上がりの校庭にネットを張って試合は開始された。その試合では、小城上飛曹は相手側前衛センターの女性とネット越しにたわいないやじり合いをした。試合の結果は関係者の記憶にないが、賞品は当然のごとく彼女達に手渡された。

試合後、時間の都合の付いたその女性のほか4、5人と輪を作り、缶詰や菓子等を食べながら楽しい語らいをした。

その時ひとりの女性が「特攻隊員の方々の明日の命は……」と、何か問いかけようとした時、例のセンターをやっていた女性が大声で急に別の話に切り替えてくれた。小城一飛曹はその心配りがうれしかった。その後、彼女達は鹿屋市の女子望楼隊員で作っている女子青年団の一分会であるとか、自分達の勤務内容や特産物、同級生の話など語り、やがて別れを惜しみながら帰って行った。

それから3、4日過ぎた日の昼前、例のセンターをやっていた女性と、その母親が野里にやってきた。先日のバレーボール試合の賞品に対する御礼であった。たまたま居合わせた小城上飛曹がまた対応することとなった。

母親曰く、「慰問に行って御土産をもらって帰る人達がありますかと、叱ったのですが、娘は『お母さん、明日にも死が待っている特攻隊員の人々が子供のように明るく元気一杯飛び回って遊んで下さったり、御菓子を食べておられまし

→磯辺正勇喜上飛曹（丙飛1期）。5月25日、第九次桜花攻撃に出撃、母機共に未帰還となる。写真は妙高型重巡（艦名不詳）艦上での撮影。

←藤崎俊英中尉（予備13期・右）と松林重雄少尉（予備14期）。藤崎中尉は6月22日、第十次桜花攻撃に出撃、母機共に未帰還となる。

→山崎三夫上飛曹（乙飛17期）。6月22日、第十次桜花攻撃に出撃、母機共に未帰還となる。写真は神ノ池基地での撮影。

た。また、特攻に出撃するのをまるで遠い所に遊びに行くのか、修学旅行にでも行くように言って笑っておられました。隊員の皆さんのことを家族の方々に知らせて上げたり、遺書や送る物があれば預かって御送りして上げたら……。1日も早く行かないとあの隊員さん達は出撃してしまうかもしれない。私は今度の非番の日には野里に行くからお母さんも行って』と言うので伺いました。来る道すがら、娘の話によると特攻隊員さんは敵の機動部隊が北上して来ると仲間のうちから数名は出撃して行くとのこと。昨日など敵の戦闘機が何回もたくさん空襲に飛んで来ましたから、野里に行っても会えるかどうかと言いながら不安な気持でやって来たのですよ。お会いできて本当によかった。先日は洗濯をされていたのでしょう。今日は洗濯物はありませんか……」

母親の話を聞くと、小城上飛曹は教室に案内した。特攻隊員になってはや7ヶ月以上も過ぎていることを話し、「御心配ありがとうございます。しかし、身の回りの整理もできていますから大丈夫です」と答えた。戦友達も交え、自分の田舎の話や鹿屋と田舎の違いなど語りながら、母娘の持参してくれた御馳走をいただいた。その中に大好物のボタ餅があったのが小城上飛曹にはうれしかった。バレーボールの試合後の話の中で、「ボタ餅をもう一度腹一杯食べてみたい」と言ったのを娘さんが憶えていて、1日も早く作って食べてもらいたいと、前夜から仕込んだものであった。その心遣いに小城上飛曹は皆を代表して改めて深く感謝した。

その後も、小城上飛曹は鹿屋市役所の近くで自転車店を経営していた母娘宅を訪ねたり、再度母娘で野里に来てもらうなど、交流は続いた。

渡部上飛曹のサバイバル生活

渡部亨上飛曹は、4月12日の第三次桜花攻撃に出撃したものの、母機のエンジン不調からいったん桜花に乗り込みながらも呼び戻され、機長の佐藤哲也少尉（予備13期・偵察）以下母機のペア共々口之島沖に不時着水、一同口之島に上陸したことは先述の通りである。

口之島には気象観測を主任務とした海軍の見張所があり、そこの隊長である兵曹長に不時着のことを基地に打電してもらった。口之島の海岸には瑞雲が1機不時着しており、搭乗員2名が先住者として島の民家に身を寄せていた。この瑞雲は3月31日に不時着した偵察三〇一飛行隊の機体で、桜井三男少尉（予備13期・偵察）のペアであったが、操縦員は判然としない。

渡部上飛曹ら8名も見張所では食料に余裕がなかったため、瑞雲搭乗員と同じように、島の民家の永田寅吉氏宅に寄宿して畑仕事の手伝いや、磯で漁をしながら生活することとなった。

渡部上飛曹らが母機のペアと共に口之島に不時着したとの情報は4月13日付け機密第一二一〇三〇電で報告されており、皆が知るところとなった。4月14日に第二陣で進出した同郷の保田上飛曹も「どうやら不時着して生きているらしい」との話は耳にしていた。しかし、制空権が敵に握られており、物資補給の船も次々と沈められてしまう状況下、なかなか迎えの船は来なかった。4月30日付けの口之島見張所からの電文では「糧食ノ関係モアリ不時着搭乗員は一五名ノ救出方取計ヲ得度（機密第二七一三三五番電）」と、早急なる救出を求めている。

ある日のこと、渡部上飛曹が磯に出て仕掛けた海老の罠の確認をしていると、たまたま掛けっぱなしの飛行帽の飛行眼鏡が光を反射したらしく、沖合を飛んでいたPBYカタリナ飛行艇が渡部上飛曹を見つけて接近してきた。辺りは岩場といっても身を隠すほどの大きな岩はなく、慌てて森の方に逃げ込んだ。諦めきれないカタリナは側面銃座を開き、機銃を構えながらしばらく執拗に辺りを旋回していた。渡部上飛曹は森の木陰に身を隠しながら敵機が飛び去るのを待っている己の境遇がいかにもみじめで、情けなく感じた。

口之島は洋上航法の苦手な単座機や、地文航法しかできない陸軍機にはかっこうの航法目標であり、上空をしばしば特攻機が通った。

ある日上空を眺めていると、索敵中の彩雲のうしろに敵機が接近しているのが見えた。ハラハラしながら見ていると、敵機の追従に気付いた彩雲はブーッと煙を吐いて増速したかと思うと、みるみる敵機を引き離していった。

5月に入った頃には上空を通る特攻機もめっきり減って、飛行機がなくなってきたことが渡部上飛曹にも察しがついた。この頃、島の上空を単機でふらふら飛ぶ特攻機がいた。機種ははっきりしない。そこに10機ばかりの敵機がやって来て、後上方に占位した。特攻機の方は回避運動もできず、ひたすらまっすぐ飛ぶだけであった。この様子を見た敵機は単縦陣となり、1機ずつその特攻機に近づいては1連射しては次の機体と交代するという、一方的なぶり殺しを繰り返した。身動きできぬ搭乗員のことを思うと、はらわたが煮える思いであったが、地上からではどうしようもなく、特攻機が撃墜されてゆくさまを見守るしかなかった。

5月11日〇七三〇、島の沖合に九七式艦攻が1機不時着した。串良基地を出発した八幡至忠隊（宇佐空）の機体（尾澤正久少尉［予備14期・操縦］、坂田義章少尉［予備13期・偵察・機長］、佐藤方生二飛曹［乙18期・電信］）であった。脱出する搭乗員を助けようとして、陸攻のペアのひとりが溺死してしまった。

結局、あとから加わった佐藤芳衛中尉らも含めた生存搭乗員17名は6月上旬にやって来た駆潜艇に収容された。艇内には4月11日の第五建武隊で出撃し、諏訪瀬島に不時着していた大田義彰上飛曹（乙飛17期、5月1日進級）が先に収容されていた。

彼らは指宿基地に上陸して内地の土を踏み、6月14日に鹿屋基地に帰投したのちに、冨高基地に移動した。この時、渡部上飛曹に再会した保田上飛曹は開口一番感極まって「貴様生きとったんか～！」と叫んだ。

戻ってみれば、渡部上飛曹が島で生活していた2ヶ月の間に、出撃する時に見送ってくれた第一陣の仲間は皆特攻戦死してしまっていた。自分ひとりが生き残ってしまったとの自責の念からか、戦後半世紀近くの間「見送ってくれた仲間の顔が部屋の鴨居に浮かんでこちらを見ている」幻影に悩まされ続けた。戦後60余年経過し、筆者が取材した時点で桜花に乗って出撃した隊員で生存していたのは渡部上飛曹ただひとりだけであった。

「義号作戦」と「菊水七号作戦」

「菊水六号作戦」開始初日の5月11日、米第10軍の司令官バックナー中将は首里城攻略のため、8万5000名の兵力をもって三方から包囲する総攻撃を開始した。東西幅13㎞しかない第三十二軍の防衛線は、乏しい兵力と火力しかない中、地形を巧みに利用してこれを良く持ちこたえていた。正面は21日まで持ちこたえたものの、18日に西翼の要の五二高地が1日に四度も占領と奪還を繰り返す激戦の末に制圧され、次いで20日には東翼の要の運玉森が占領されて首里の命運も定まった。22日に第三十二軍は検討の結果、沖縄南端の喜屋武半島への撤退を決めた。すぐさま負傷者と物資の後送を開始したが、第一線部隊の後退は29日と通達し、その間米軍の進撃を食い止めるべく、各所で防御戦闘が続いた。

このような情勢の下、陸軍は最後の積極攻勢作戦として、「義烈空挺部隊」一個中隊による飛行場突入作戦を企図した。本来サイパン島のB‐29基地攻撃用に編成、訓練されていたものであるが、米軍の硫黄島上陸により実行の機会を失っていた。それがここに至って、沖縄の北、中両飛行場に突入して飛行場を制圧し、軍需物資を焼却して在地の航空機を爆破する任務を与えられ、任務達成後は山中に潜んでゲリラ活動を行うこととなった。

空挺隊突入の支援のため、事前に北、中両飛行場及び伊江島飛行場に爆撃を行い、空挺隊突入後の混乱に乗じて間髪入れずに艦船攻撃が実施されることになった。これらを総称して「義号作戦」と呼称し、作戦計画は5月18日に認可された。

しかし、翌19日以降天候が悪化し、決行はようやく天候が回復した24日となった。

「義号作戦」参加予定兵力は以下の通りであったが、23日に

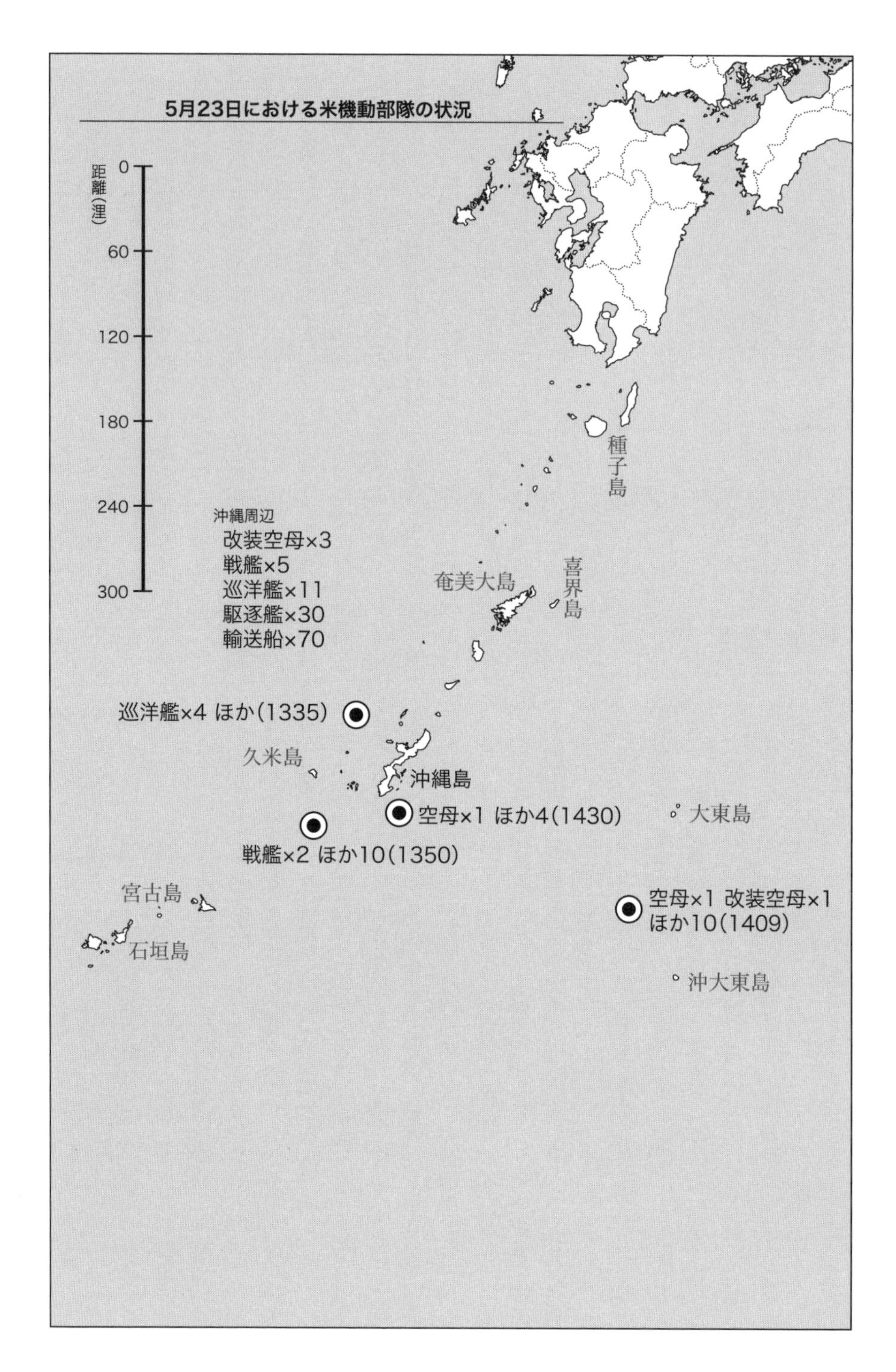
5月23日における米機動部隊の状況
距離(浬)
0
60
120
180
240
300
種子島
喜界島
奄美大島
沖縄周辺
改装空母×3
戦艦×5
巡洋艦×11
駆逐艦×30
輸送船×70
巡洋艦×4 ほか(1335)
久米島
沖縄島
空母×1 ほか4(1430)
大東島
戦艦×2 ほか10(1350)
宮古島
石垣島
空母×1 改装空母×1
ほか10(1409)
沖大東島

なって北上中の機動部隊を発見した海軍は、そちらへの対応を優先し、「義号作戦」への海軍部隊の参加は消極的なものとなった。

義号部隊参加予定兵力

　挺身第一連隊第四中隊　136名

　九七式重爆　12機

飛行場攻撃部隊

　第六航空軍　四式重爆　12機

　第五航空軍　九九式双軽　10機

　海軍　戦闘機　12機

　海軍　爆撃機　12機

艦船攻撃部隊

　海軍　雷撃機　約30機

　第六航空軍　特攻機　100機

　海軍　特攻機　80機

　　　桜花　10機

5月24日晴れ。陸軍側では、飛行場攻撃部隊の出発後の一八四〇に第六航空軍司令官菅原道大（みちお）中将の見送りを受けながら義烈空挺隊員を乗せた九七式重爆12機が熊本県の建軍飛行場を発進。間もなくエンジン不調となった1機が引き返し、予備機に乗り換えて1時間遅れであとを追った。計4機が機材不調等で引き返し、進撃したのは8機であった。

飛行場突入予定の二二〇〇から約10分遅れで唯一無線連絡を行うことになっていた隊長の奥山道郎大尉機より「オクオクオクツイタツイタツイタ」の信号があったが、その後一切の連絡はなかった。

米軍戦史によると、北飛行場に突入したのは5機で、うち4機が対空砲火に撃墜され、残る1機が胴体着陸に成功した。着陸と同時に10名前後の日本兵が飛行場に乱入、2、3名がひと組となって飛行機や物資集積場所を機銃や手榴弾により破壊攻撃し、飛行機9機が破壊炎上、29機が損害を受け、7万ガロンに及ぶガソリンを炎上焼失させた。義烈空挺隊員の戦死者は69名、ほとんどは撃墜された機内から発見されたが、最後の1名は残波岬で射殺されたという。この攻撃で米軍は20名の死傷者を出し、飛行場は翌25日朝8時頃まで使用不能となった。

北飛行場が大混乱となる一方で、中飛行場に突入したとみられる2～3機は、米軍記録に見当たらず、途中撃墜されたものとみられる。

この日海軍側では、一九二六～一九五〇にかけて小堀淳三郎少尉（予備13期・偵察）を隊長とする菊水部隊白菊隊（高知空）の白菊7機が鹿屋基地を発進、二〇五〇～二二一〇にかけて須田治少尉（予備13期・操縦）以下徳島第一白菊隊（徳島空）の白菊14機が串良基地を発進した。途中3機が引き返し、さらに2機が硫黄鳥島に不時着、残る9機が沖縄周辺艦船に突入した。とはいえ、先述の通り無線機を装備していない機体ばかりで、突入の実態は皆目わからない（特攻布告は11機となっている）。宇垣長官の日記には「85〜90ノットの日本機を駆逐艦が追いかけた」との電話を傍受し、幕僚の中には笑う者まで出たと記録されている。成算の低い機材での特攻を強要されたあげく、幕僚に笑いの種とされてしまったのでは白菊隊の隊員は浮かばれない。

二三〇〇には第十二航空戦隊二座水偵隊（天草空）から檜和田直成中尉（予備13期・偵察）を隊長とする零式観測機2機が指宿基地を発進、沖縄周辺艦船に突入した。零式観測機は主フロートが1本しかなく、特攻用として、フロート付け根に二十五番の爆弾架を無理矢理特設しての出撃であった。

翌25日、曇り。〇四三五に第十銀河隊の越野時貞二飛曹（乙飛18期・操縦）機、〇四四〇に小口博造中尉（予備13期・偵察）機が宮崎基地を発進し、沖縄周辺艦船に突入した。

〇四五〇には長谷川薫中尉（海兵73期・偵察）を隊長とする銀河12機が島根県第二美保基地を発進、沖縄東方海上艦船を目指した。途中悪天候や機材故障により長谷川中尉機を除く11機は引き返したが、この日が四度目の出撃であった長谷川中尉は引き返さずに雨の中低空で進撃。一〇〇〇に雲の切れ間から敵戦艦（のちにウエストバージニアと判明）を発見、第一目標の空母を求めて北上中に駆逐艦キャラハンの対空砲火を浴びて撃墜された。操縦員の小山秀一一飛曹（丙飛14期）は機と運命を共にし、長谷川中尉と電信員吉田湊飛曹長（偵練出身）は海上に投げ出されて意識不明状態のところを同艦に収容され、捕虜となった。吉田飛曹長は5時間後に死亡したが、長谷川中尉は右足骨折等の重傷であったものの一命を取り止めて戦後帰国し、のちにレンゴー（株）の社長から会長となり、同社をダンボールのトップメーカーにすると共に、日米交流のために尽力した（2001年1月9日逝去）。

〇五〇〇、第三正統隊（百里原空）の安斉岩男上飛曹（乙飛17期・操縦）の九九式艦爆が単機第二国分基地を発進、〇五〇七には菊水部隊白菊隊（高知空）の西久道二飛曹（特乙1期・操縦）機が鹿屋基地を単機発進、沖縄周辺艦船に突入した。

第九次桜花攻撃

この日、神雷部隊にも出撃命令が下り、〇五〇〇に永吉晃中尉（海兵73期・偵察）を隊長とする第九次桜花攻撃隊の一式陸攻12機が準備された。この日用意された機材はいずれも被弾跡の修理だらけのつぎはぎ機ばかりであった。すでに昭和20年1月で一式陸攻二四型丁の新造は打ち切られており、その後は航空廠でほかの部隊からの還納機や新造機からの改修による供給となっていたので、中古機ばかりの出撃となったのも無理はない。

そのためか、うち1機はエンジン不調で出撃取りやめとなり、残る11機が鹿屋基地を発進、沖縄周辺艦船を目指した。途中天候が急激に悪化（この日は低気圧が東支那海を南東に進んでおり、沖縄方面は雨で視界不良の状態だった）し、攻撃不能と判断した第二小隊以下8機は途中から引き返し、鹿屋基地に帰投したが、永吉中尉率いる第一小隊のみは「視界悪クいまだ敵ヲ発見セズ燃料ツキルマデ索敵攻撃ヲ続行セントス」と打電後消息を絶ち、各機に搭乗した桜花搭乗員の秋吉武昭上飛曹（乙飛12期）、磯部正勇喜上飛曹（丙飛1期）の2名も特攻戦死と認定された。

残る第一小隊三番機の工藤正典少尉（予備13期・偵察）機は、〇八三四に「桜花発進用意」の打電後消息を絶ち、桜花搭乗員の徳安春海一飛曹（丙飛14期）と共に特攻戦死と認定された。

この日の攻撃は編成表が現存しておらず、未帰還の第一小隊と第二小隊のペア計6機分は判明したものの、第三小隊のペアが誰であったのか、断片的な情報しか存在しない。引き返した8機のうち、第二小隊一番機の廣瀬正雄少尉（予備13期・偵察）機は、東支那海を迂回して沖縄本島に向けて変針した直後にエアポケットに突入し、機体は失速、桜花を投棄してようやく帰投したが、機体は皺だらけで「よくぞ分解しなかったものだ」と、整備分隊長に感心されるほどであった。

第二小隊三番機の上田輝幸上飛曹（甲10期・偵察）の82号機は高度４０００ｍで進撃、目標地点が近くなると徐々に高度を下げたが分厚い雲に覆われて視界ゼロ、高度１０００ｍまで下げても海面は見えず、いきなり対空砲火に狙われた。これでは桜花攻撃は不可能なので、すでに乗り込んでいた搭乗員（氏名不詳）を呼び戻し、鹿屋基地に向かった。雲は種子島上空でようやく切れた。鹿屋上空まで戻ってから桜花を投棄していなかったことに気付いたが、すでに燃料計はゼロを示している。「ままよ」とばかりに着陸態勢に入ると吹き流しに空襲警報中を示す赤旗が上がっていた。一気に着陸すると機体を飛行場の端に運び、ペアは近くの防空壕に飛び込んだ。桜花付きの着陸は4月16日の第五次攻撃での鎌田飛曹長以来2例目であった。しばらくして空襲警報が解除され、次いで警戒警報も解除されたところで指揮所に行って報告すると、「なぜ桜花を投棄せずに帰投した、着陸時に爆発したらどうなる」と、頭ごなしに叱られた。以後帰投時は必ず桜花は投棄するよう、厳しい注意を受けた。

第三小隊二番機の長沼武治一飛曹（丙飛14期）の操縦する27号機には桜花搭乗員として岡本実上飛曹（丙飛特11期）が乗り込んでいた。

前夜整備班長に航空増加食を持って頼み込んだおかげで、規定の3200リットルに加えドラム缶3本分（600リットル）の燃料を余分に積み、超過荷重状態でよろめくように離陸した。この時の上昇率は150ノットで毎秒1m程度、300m上昇するのに5分位かかる有様であった。長沼一飛曹はのろのろと4000mまで上昇しながら多めの燃料を利用し、東支那海を大きく迂回するコースを選んだ。敵機を避けるため雲の中に入った途端、横殴りの猛烈な雨となり、機は猛烈に揺さぶられた。やむを得ず日頃使わないオートパイロット（自動操縦装置）を入れ、エンジンを同調させると機体は嘘のように安定した。その後2時間ほどして、沖縄本島東方海上の目的地点に到達したものの、周囲は激しいスコールで何も見えない。

仕方なく高度を下げ始めると、1800m付近でレーダーによる猛烈な対空砲火を浴びた。周囲で炸裂する砲弾の音で、エンジン音がかき消されてしまうほどの連続した炸裂であった。爆風に煽られ、機体は激しく揺れ、機体を安定させることもできない。殺気立つ機内で戦死後の二階級特進を先取りして少尉の階級章をつけた岡本上飛曹は「おい、操縦士！　早く飛行機を安定させんか、桜花の投下準備をしろよ！」と叫び、床板を上げさせ雨交じりの風が吹き上げる中を桜花に移乗した。

とはいっても高度1300mまで下がっても視界ゼロの状態は変わらず、ますます雨脚は強くなるばかり。桜花からは決断をせかすように準備完了を示す「セ」の信号が送られてきた。

このまま桜花を投下してもまず目標を見つけることはできない。ひとつしかない命を今散らさなくても、次の機会にご奉公してもらうのが筋ではないかと判断した長沼一飛曹は、待機中の岡本上飛曹を呼び戻すと桜花を投棄した。母機は一気に身軽となり、数百mも浮かび上がった。その後、電探欺瞞紙を撒きながら海面スレスレを跳び続け、燃料切れ寸前で陸軍の知覧飛行場に着陸後、燃料補給を受け鹿屋基地に帰投した。

第九次桜花攻撃の編成表はいまだ不明な部分があり、この日、4月1日の第二次桜花攻撃以来二度目の出撃となった山村恵助上飛曹と、武井信平上飛曹（丙飛11期）の母機が誰であったのか判然としない。

米軍記録にはこの日一式陸攻1機の撃墜が記録されている。

○八四五、海兵隊VFM‐332の4機のF4U‐1Dは、戦闘機誘導士官からの指示で小雨が降り雲量10／10の状態を飛行中、残波岬からの方位305度、距離17マイルにて雲の下を高度1000フィートで北へ向かう一式陸攻1機を発見し、撃墜した。一式陸攻はF4Uの攻撃を受ける直前に爆弾を投棄した。この機体が未帰還となった第一小隊3機のどの機であるかは判然としない。

この日陸軍は第八次航空総攻撃として特攻機120機を用意したが、発進できたものは約70機、うち突入を報じたのは24機に過ぎなかった。

結果として義烈空挺隊が多大な犠牲を払って北飛行場を一時的に使用不能状態に陥れたにも関わらず、天候不良に妨げられ、それ以上の戦果拡大に繋げることができなかった。

米軍記録によると、この2日間の戦闘では輸送駆逐艦ベイツと中型揚陸艦135号が沈没し、駆逐艦5隻、掃海艇1隻が大損傷、駆逐艦2隻が軽微な損傷を受けたにとどまった。

「菊水八号作戦」

「菊水七号作戦」から中1日置いた5月27日の海軍記念日より「菊水八号作戦」が開始されたが、五航艦は神雷部隊に出撃命令を出さず、白菊と水偵主体の夜間作戦となった。

一八〇一～一九三七にかけて、菊水部隊白菊隊（高知空）の川田茂中尉（予備13期・操縦）以下15機が鹿屋基地を発進、途中3機が機材不調で引き返し、3機が不時着、9機が沖縄周辺艦艇に突入した。

二〇四〇～二一二〇にかけて徳島第二白菊隊の田中正喜中尉（予備13期・操縦）以下16機中13機串良基地を発進、途中6機が機材不調や燃料不足で引き返したり不時着し、7機が沖縄周辺艦艇に突入している。

海軍記念日のこの日、出撃命令のなかった神雷部隊では、剣道好きの岡村司令の発案で剣道有段者による模範試合が開催された。筑波空からの転入組の河晴彦少尉（予備14期・6月22日第一神雷爆戦隊で戦死）は、四段3名を軽く斬って捨てて優勝し、司令から賞品のビール2本をいただき、大いに面目を施した。

翌28日、晴れのち曇り。〇六〇〇、琴平水心隊の山口平少尉（予備14期・操縦）の零式水偵と櫻井武少尉（予備13期・操縦）以下2機の九四式水偵が指宿基地を発進。沖縄周辺艦艇に突入した。

一九一三～一九一九にかけて、徳島第三白菊隊は15機中天候悪化で最後の4機が出撃中止となる中、11機が発進。途中天候が悪化し、激しい雨の中8機が引き返すか各地に不時着し、3機が沖縄周辺艦艇に突入と判定された。

29日の一六一〇には振天隊の笠井至中尉（予備13期・操縦）以下2機の九七式艦攻が台湾の新竹基地を発進、沖縄周辺艦艇に突入した。

この3日間で海軍は223機（うち特攻機53機）が出撃、特攻機を主に48機が未帰還となった。陸軍は第九次航空総攻撃として27日からの3日間で75機（うち特攻機49機）が発進している。

米軍記録によると、この3日間で駆逐艦ドレックスラーが陸軍機2機の突入を受け沈没、ほか駆逐艦3隻、兵員輸送艦1隻が大損傷、駆逐艦5隻、掃海艇1隻、商船3隻が損傷している。

第六航空軍の離脱

陸軍は28日に沖縄戦開始以来連合艦隊の指揮下にあった第六航空軍を離脱させ、航空総軍に復帰させた。表向きの理由は翌29日付けで連合艦隊司令長官兼海軍総隊司令長官となる小澤治三郎中将（海兵37期）が、第六航空軍の菅原中将より後任であるためとされていたが、首里の放棄を決めた第三十二軍と沖縄を陸軍は見放し、本土決戦体制へと軸足を移すための布石であった。

海軍は豊田大将を作戦の最高責任部署である軍令部総長に据える一方で、すでに軍令部次長に台湾の第一航空艦隊司令長官だった大西瀧次郎中将を呼び戻して5月19日付けで就任させていた。徹底抗戦を主張するふたりを軍令部に迎え、早期講和を強硬に主張して陸軍との間に摩擦を起こしかねない海軍次官の井上成美中将を5月15日付けで大将に進級させ、軍事参議官という名誉職にして実務から外してしまった。

これら一連の人事により、一見海軍も本土決戦体制に移行したかに見えた。実際中央在勤の将官佐官クラスにはこの人事を理解し難いものと感じた者が多かった。

しかし実態は、小澤中将は米内、井上の意を汲む早期和平に理解がある一方で海軍随一の統率力があり、講和にともなう混乱を収めるものと期待されての異動であった。かたや徹底抗戦を主張する豊田大将、大西中将のふたりから直接指揮できる部隊を取り上げて暴発を防ぎ、暗殺のおそれと健康不安がある海軍大臣米内大将に万一のことがあった際の代役である井上大将を一緒に災難に遭わぬよう閑職に置く、といった実に巧妙なものであった。

とはいえ、このような上層部の動きとは無関係に沖縄戦は破断界を超えていた。5月29日、一部の残置部隊が絶望的な遅滞戦闘を続ける中、第三十二軍の主力は首里を放棄し、降り続いた雨で泥濘と化した道を伝って喜屋武半島への撤退を開始した。撤退にあたり県民には知念半島への疎開を勧めたが、すでに首里からの道は米軍に制圧されていたため、人々は軍と共に南下するのを望み、あるいはそうせざるを得なかった。しかし、天然洞窟や壕の多い南部地区ではあったが、ガマと呼ばれた共同墓地まで含めても収容人数を超えていた。米軍の包囲網はさらに狭まり、軍民の死傷者は急増し、後年語り継がれる数々の惨劇が発生することとなる。

神雷部隊の公表

第六航空軍が連合艦隊の指揮下から離脱した28日、神雷部隊の存在が公表された。

「海軍省公表（昭和二十年五月廿八日）

昭和廿年三月下旬以降累次にわたり本土南方ならびに沖縄方面海面に出撃、その壮烈なる戦意と一発轟沈の恐るべき威力とを以て敵陣営を震撼せしめたる神雷特別攻撃隊員の殊勲を認め、連合艦隊司令長官は之を夫々全軍に布告せり」で始まる布告文により、第四次桜花攻撃（4月14日）までの特攻戦死者と、第六建武隊（4月14日）までの爆戦による特攻戦死者、総勢332名の氏名が公示された。これは連合艦隊布告の第97、98、99、100号に該当する。

この日は野中少佐夫妻の7回目の結婚記念日であった。千葉県柏市の野中少佐の留守宅では第二子を身籠っていた妻の力子が母親が近所からもらったグリーンピースで豆ごはんを作り、家族でひっそりと祝おうと夕食の食卓についた。午後7時、ラジオから軍艦マーチが流れると神雷部隊の存在が公表された。その放送の中で特攻戦死者として「海軍大佐野中五郎」と、二階級特進した名前が読み上げられた。悲しみに浸る間もなく、近所の人や知り合いが弔問に訪れ大騒ぎとなった。後年、この時のことを力子は「五郎さんの戦死ということは、びっくりしましたが、前々から覚悟しておりましたので、仕方のないことだと受け入れました」と語っている。

戦後、残されたふたりの子供を育てるため、力子は東京の有楽町に勤めに出た。ある年の春先、仕事帰りに銀座の百貨店に寄ると店内ＢＧＭにヨハン・シュトラウスの「春の声」がかかっており、思わずその場に立ち尽くしたという。

翌5月29日の新聞各紙は一面（当時は用紙不足により夕刊は廃止され、朝刊も現在の1ページ分の表裏1枚のみ）冒頭に紙面の約半分を割いてこの海軍省公表を掲げ、「ロケット弾に乗って敵艦船群に体当たり」「一発轟沈神雷特攻隊」等の見出しと共に、朝日新聞では第一次桜花攻撃隊出撃時の三橋大尉以下の写真も大きく掲載された。

釜山日報にはこれら連合艦隊布告と共に「超高速ロケット機俄然沖縄戦に出現」の見出しでストックホルム26日発同盟電として、週刊誌『タイム』の記事からの引用が掲載されていた。ここでは、寸法や重量、高度５０００mで親飛行機の底から射出され、機首は1tの爆薬からできており、目標に突っ込んでゆくだけの日本軍の爆弾飛行機と、かなり具体的な数値まで紹介されていた。この記事は、見方を変えれば桜花が敵の手に渡ったことを半ば認めるようなものであった。

また、この前々日、27日付けの各新聞には前夜の東京空襲を報じると共に、陸軍の義烈空挺隊の沖縄突入が発表されており、海軍側ではこれに対抗する話題として、神雷部隊の公表に踏み切ったとみられる。事実、この時期の戦況報道は陸海軍の記事がちょうど半々となるようにバランスが取られているのがわかる。

30日以降の新聞にも野中少佐以下第一次攻撃隊の出撃の模様が紹介されたが、敵に一指も触れずに全滅したことは当然ながら伏せられていた。また、「翼下から飛び出す『神雷』皇軍独特の新兵器」「眼のあるロケット機神雷兵器」等の解説と共に、地名は伏せられているものの神ノ池基地での訓練の模様や第三次攻撃での土肥中尉の突入の状況、第四次攻撃の澤柳大尉隊が全機未帰還となったこと等も随時公表されている。

味口一飛曹は日記に「負傷なく征けたら今ここ（新聞紙上）に出ているのになぁ、惜しいことをした」と悔しがる一方で、野中少佐と一緒の部隊にいたことが誇らしく、「こんないい部隊がどこにあるか、俺は幸福者だ。俺が新聞に出るときは感激して（郷里の）今治は沸くだろう。征きたい！　ドンとやりたい！　この発表を見て益々たまらなくなった。早く征って亡き戦友に応えるのだ」と、はやる気持ちを綴っている。

31日付け朝日新聞には「歴戦の海鷲が苦心の創案」の見出しで桜花発案者の大田中尉が紹介され、開発の経緯が公表された。記事には「部下の若い搭乗員達に兵器の内容を明かさず、一人一空母を屠る必死滅敵の特徴と作戦を説くと部下達は目を輝かせて賛同し血書をまとめ」と、一〇八一空時代に堀江一飛曹が取り集めた署名のことが紹介されている。さらには試作機の試飛行には長野少尉が担当し「日本的な一発必中の武器としては上々だ」と講評したとまで記されている。

また、大田中尉の言葉として「科学者は特攻兵器の原理とかそのほかの概念とかいったものは、とっくの昔に分かっている。ただ自分がその兵器の実施者ではないということに躊躇を感じ、将兵を必ず死につかせることに気後れを感じていた迄だと思います。だが戦局は最早かかる躊躇等している秋（とき）ではないと考えます。将兵を殺す等という事を考えてはいけない、そういう時代ではない」と、特攻兵器開発に人命の配慮は無用といった風な極端な発言をしている。事実、桜花以降に開発された特攻機には、攻撃威力以前に航空機としての性能に問題があるキ‐115「剣」や、どう見てもハリボテにしか見えない組立式飛行機の「タ号」等、技術者の良心を捨てたと言われかねない代物も多い。

6月1日付け朝日新聞には、「霹靂の如き一瞬／敵艦ただ死のみ／川端康成氏〝神雷兵器〟語る」との見出しで、当時鎌倉に戻ったばかりの川端康成が桜花に関する談話を寄せている。「親飛行機の胴体に抱かれて行く、いわば子飛行機のこの神雷兵器は小さな飛行機の型をしていて色彩も優美で全く可愛い」という談話には、「ロケット推進」「人間の身体が耐えうる極限に近いといわれる快速力」「強力な炸薬量をもってかならず撃沈させてしまう」「護衛戦闘機が少数のために敵機の蝟集を受け神雷を抱いたまま親飛行機が万哭の恨みをのんで散ったこともある」等と、今日伝えられる桜花（終戦まで桜花の名前は公表されず「神雷」であった）のイメージがこの時点ですでに簡潔に説明されているのには驚かされる。
また、6月5日付け朝日新聞には、小説『土と兵隊』で知られる作家火野葦平が神雷部隊を詠んだ「あゝ火箭の神々」という題の詩が掲載されている。
NHKも新聞報道に合わせるようにこれまで九州各地に派遣していた「前線録音隊」の取材をまとめてラジオ放送に乗せ、神雷部隊隊員達の様子を全国に伝えた。
『神風神雷特攻隊総攻撃』（6月13日午後6時放送）
『神雷特攻隊総攻撃』（6月17日午前10時放送）
この時も野里に居留し、神雷部隊隊員達の日常を良く知る報道班員の山岡荘八は神雷部隊に関する解説役を買って出ている。
山岡荘八解説『特攻隊員の面目』（6月18日午後7時放送）
山岡荘八司会『特攻隊員の面目―学鷲座談会』（6月24日午前10時放送）
山岡荘八解説『人に非ず弾に非ず神雷なり』（6月26日午後7時放送）
残念ながらこれらの放送に関する具体的な内容をうかがい知ることができる資料を筆者は入手できなかった。当時のことゆえ、レコードによる録音以外はすべて生放送であったと推測される。

冨高基地の桜花隊員

5月末には九州地区も本格的な梅雨入りとなり、連日の悪天候に次に予定されていた「菊水九号作戦」は順延を重ねていた。

沖縄に地歩を固めた米陸軍は天候に左右されずに連日のように「定期便」による九州各地の爆撃を続けており、この頃までに沖縄本島の残波岬を始めとする各地にレーダーサイトを設置し、ピケット艦と共に特攻機に対する有効な阻止網を形成していた。

6月2日には第5艦隊の指揮官がスプルーアンス中将からハルゼー大将に代わり、名称も第3艦隊と改称された。「猛牛」の別称を持つハルゼーは改称された第38任務部隊を北上させ、翌3日まで九州南部の各地を空襲した。これに対抗する日本機はほとんどなく、わずかに三四三空の紫電改21機が2日一〇〇五、鹿児島湾上空で空母シャングリラのVF-85のF4Uコルセア16機と空戦、2機の未帰還と引き換えに、1機を撃墜、2機帰途不時着、1機着艦後廃棄、2機被弾要修理の戦果を挙げた。

この日の午後、この空戦とその前の地上攻撃で被弾、墜落して鹿児島湾内を漂流中の米軍機の搭乗員を救出するため、グラマンF6F十数機の護衛を付けたマーチン飛行艇が飛来し、搭乗員を拾い上げると悠々と飛び去った。持てる者の余裕と言えばそれまでであるが、敵地に不時着、漂流中の者も決して見捨てずに収容に向かう姿勢をつらぬく米軍の搭乗員の士気はおのずと高いレベルに保たれた。

日本側は目の前で鈍足の飛行艇が着水しているのにこちらは完全に制圧され、これを攻撃できる戦闘機を上げられる状態ではなかった。一方的な攻撃を受けながら防空壕に入ったり出たりの繰り返しは、戦う者の誇りを傷つけずにおかなかった。

冨高基地でも桜花隊員達の退避行動は緩慢となっていた。5月下旬頃のある日、総員退避の命令が何度も出る中、敵機の黒点がいくつか日向灘上空から追ってくるにも関わらず空襲慣れしてしまった湯野川大尉を始めとする桜花隊員達は、川沿いの土手の上にいた。艦載機の攻撃であれば軸線さえ合わなければ大丈夫とタカをくくり、避退もせずに敵機の様子を眺めていた。すると突然うしろから機銃弾がバリバリッと足もとに射ち込まれ、土煙が舞った。びっくりして振り返ると十数mある川向こうで岩城副長が真っ赤な顔をして7・7㎜機銃をぶっ放していた。さすがの桜花隊員達も、「こりゃかなわん」と、防空壕に避退した。

海軍広しといえども、部下に対し機銃弾を見舞ったのは、冨高基地の岩城中佐と茂原基地の「シンゴー機銃」こと戦闘三一六飛行隊の飛行長、新郷英城少佐（海兵59期）だけであろう。

その日の夕方、機銃の一件に腹を据えかねた湯野川大尉は岩城副長を訪れて「なぜ我々を撃ったのですか」と、文句を言うと「君はわからんのか！」と逆に怒られた。「海軍では敵前における命令違反は銃殺だ。空襲警報、総員退避という命令が出ているのに君たちは退避せんじゃないか！」と、やり込められた。

激しい気性の中にも温情のある「頑徹」ぶりを示すエピソードであるが、このほか、「脱」ばかり繰り返す桜花隊員達を反省させるべく、宿舎のフスマに火をつけ、慌てて集まった桜花隊員達を叱ったこともあるという。

戦後会社勤めとなり、部下を持つ身となってから今さらのように、当時三十代半ばで数百名の血気にはやる特攻隊員達を統率していた岩城副長の苦労と偉さを思い知ったという元隊員も多い。

6月1日付けで新庄中尉は大尉に進級したが、特段の感慨はなかった。

ぜんざい整列

一方、鹿屋基地の下士官隊員達は、岡村司令や林分隊長の放任主義に羽を伸ばしていた。彼らは天候不順で作戦遅滞の日々で待機を続けるうちに自分の身の回りや私物等の整理、遺書作りも済ませて余暇を持て余し、あげくに「本日作戦なし」と勝手に決め込み、集団的「脱」を繰り返していた。

　5月下旬頃のある日の晩。夕食後いつものように隊員達は「脱」して各自思い思いの方面に遊びに散っていった。野里国民学校の宿舎には酒も女も苦手な小城久作上飛曹がひとり残って暗い裸電燈の下でトランプ遊びをしていた。小城上飛曹はいったん冨高に後退したのち、桜花要員として再進出していた。

　そこに「小城兵曹、司令がお呼びです」の声がするので顔を上げてみると、司令の従兵をしている応召の年老いた兵隊が横で敬礼をしたまま立っていた。日頃、下士官兵が司令に直接呼ばれることはないので不思議に思いながら「従兵、司令はどこだ?」と大声で問い返すと、従兵は静かに「司令宿舎です」と答え、背を向けるとすたすたと去っていった。

　わけの分からぬまま、何はともあれ身繕いをして、小道を挟んだ竹林の中にある一軒屋を借りた司令宿舎の玄関先まで行き「司令、小城兵曹参りました」と大声で申告した。

　静かに上がり框（かまち）の戸が開かれて岡村司令が現れ、「小城兵曹、夜も遅いが桜花隊員全員整列するように」と小さな優しい声で命令し、そして小城上飛曹の顔をじっと見つめて独り言のように「全員連絡が取れるかな」と言った。反射的に「ハイ、今から連絡を取ります」と答えて走り帰って来たものの、宿舎にいるのは小城上飛曹ただひとり。どこから連絡を取れば良いのか。

　とにかくひとりでも多く早く見つけ出して全員集合の連絡を取らねばならない。しかし、誰にも行き先を聞いてない。まず近くに宿舎を持っていた整備分隊に行って、自転車を借りた。宿舎近くにある隊員達が遊びやお風呂を借りに行く民家に向かい「桜花隊員は来ていませんか?」と1軒1軒声を掛けて回ってみたが、誰もいなかった。

　そこで、自転車を飛ばし基地を挟んで向かい側にある鹿屋市街の青木町方面の飲み屋や色町をかけ廻り、22時前になってやっと8名の隊員を呼び出すことに成功した。しかし、宿舎の野里国民学校までは約6㎞もあり、酒をたらふく飲んで足腰立たない隊員を連れて歩くことは困難だった。鹿屋駅の時刻表を見ると次の列車は約2時間後でないと来ないし、それも確実とはいいがたい。

　思案にくれている所たまたまやって来た憲兵にことの次第を説明して、トラックを持っている材木店を聞き出して主人をたたき起こし、理由を明かして一同を荷台に載せて野里まで送ってもらった。帰りには整備分隊に頼んでガソリンをタンク一杯にして帰ってもらった。野里に帰り着いた時は、23時頃になっていた。整備科の先任下士官に頼み込んで整備科の兵隊を10名ばかり借り受け、司令宿舎前のいつも出撃前の別杯を交わす空き地に隊員と共に整列してもらい、見かけの人数を揃えた。

司令宿舎に行き玄関先で「司令、小城兵曹参りました。桜花隊員総員整列致しました」と、一気に報告して立っていると再び戸が静かに開かれた。「小城兵曹ご苦労。烹炊所にぜんざいが作ってあるからもらって行き、隊員に食べさせてくれ。食べたら解散、休め」と言って司令は小城上飛曹に背を向け、戸を閉めようとした。「ありがとうございます。司令、ほかに御用は？」と問い掛けると、「今日少し砂糖が入ったので君達に食べさせようと思って……。食べたら休めよ」

岡村司令は小さな声でさも独り言のように言うと、整列している隊員達を確かめようともせずに静かに戸を閉めてしまった。司令が下士官に直接総員集合をかけることは、今までに例のないことであり、不思議なこともあるなあと思いながら、ことの次第を説明し、宿舎に戻り桜花隊員と整列してくれた整備科の兵隊達と共に久しぶりのぜんざいを腹一杯に食べた。解散したのは1時半頃となっていた。

翌朝、中島作戦主任が不機嫌そうな顔で宿舎に現れ、「貴様ら何だ。脱をしすぎるぞ。いい加減にしろ！」と、桜花隊の下士官達をなじった。小城上飛曹はこの中島作戦主任の言葉が岡村司令の整列命令と関連していたことに気づかなかった。

その後、桜花隊員の間では司令の夜間搭乗員整列は深い謎として残った。それが戦後数年を過ぎてから小城氏が山岡荘八氏のもとを訪れた際、ぜんざい整列の真相を知らされた。

中島中佐は比島戦での特攻作戦の推進に大きく関わっていただけに、桜花隊隊員の規律の乱れが容認できるものには見えなかった。中島中佐が言うには、「宿舎にしている野里国民学校には衛兵も外出制限もなく、自由に誰でもいつでも出入りができる。そのうえ隊員には毎日の作業日課もなく、これでは軍紀は乱れっ放しである。このような航空隊は日本海軍にはない」と、詰め寄って司令を困らせていた。

岡村司令は日頃山岡氏に「当基地ではこれで良い。部下を信じている。私の指導指揮は間違っていない。いざという時は全隊員黙って命令に従って征ってくれるよ」と語っていたが、あの日の前夜、酒席で岡村司令に「事故があった時にはどうしてくれるか」と中島中佐が執拗に絡んだ。今日では具体的な件数や内容を検証するのは困難であるが、厳しい訓練を積んだ搭乗員であっても大戦末期に逃亡して、戦後戦友会より除名されている者や、主計科少尉が行方不明となった事件もある。中島中佐の指摘も根拠のない話ではない。その結果、翌日の夜、下士官総員集合をかけ、全隊員に連絡を取らせて無事集まることを証明してみせた——というのが真相であった。

中島中佐は戦後間もない昭和26年に猪口（詫間）力平大佐（海兵52期）と共著で『神風特別攻撃隊』を上梓し、海軍特攻隊の基礎資料となる1冊を世に送ったが、執筆にあたり新名丈夫氏など関係者から借り受けた資料を退蔵して一切返却しなかった。このため、この本に書かれなかった真相はさらに25年余もの間、世に出ることを阻まれた。

この後、航空自衛隊に入った中島氏は、のちに同じく航空自衛隊に入った林氏と浜松基地で勤務を共にした時期があった。昭和40年の神雷部隊慰霊祭の前日、幕僚である林一佐が「明日は靖国神社に行ってきます」と、第一航空団司令となっていた中島空将に声をかけたが、「ああ」と応えるだけで、まったく興味を示さなかった。出られないのであればいくばくか包んで渡すのが元上官としての務めであったはずなのに、その配慮もなかったという。

中島氏の冷淡な態度は桜花隊員のみならず、元特攻隊員全般に対してこの調子であり、関係者の評価は実に厳しいものがある。中島氏は平成9年に亡くなるまで一度も靖国神社の神雷部隊慰霊祭には出席しなかった。

桜花K1の降下訓練再開

桜花一一型の性能的限界から、建武隊の爆戦特攻が主力となったこともあり、神ノ池基地での龍巻部隊の訓練が桜花K1の降下訓練ではなく、爆戦主体の訓練となったのは先述の通りである。

しかし、沖縄戦での神雷部隊隊員の急激な消耗は、桜花経験者の消耗を意味していた。開発が進められていた桜花二二型への期待もあり、進出第二陣は桜花経験者であるがゆえに、その多くは爆戦での出撃が控えられた。

5月に入り、細々ではあるが、桜花K1の降下訓練が再開された。桜花の実戦での不振は人づてに神ノ池基地にも伝わり、「桜花はアテにならん、やっぱり爆戦だ」との認識が高まっていたため、零戦による突入訓練の方が活気があった。その一方で空襲が頻繁となり、龍巻部隊でも飛行訓練がしばしば中断され、訓練は進捗しなかった。

甲飛13期生の中ではごく少数派だった松山空での実用機の延長教育まで進んで零戦の操縦経験を持つ浅野昭典二飛曹は、この再開された桜花K1の降下訓練を5月下旬に受けたひとりであった。浅野二飛曹はのちにその経験を買われて地

↑浅野昭典二飛曹（甲飛13期）。甲飛13期ではごく少ない桜花K1の降下訓練を受けた。この当時16歳であった。

上発進型の桜花四三型乙装備部隊として発足した七二五空の基幹員として比叡山基地に転出することとなる。

　そんな状況で行われていた7月26日の降下訓練で事故が起こる。うまく機体が離脱しない桜花K1にGをかけて離脱させようと、母機は通常の高度3000mからかなり降下して右旋回で引き上げた。それで桜花K1は振り落とされるように離脱したものの、搭乗員の中根敏夫二飛曹（甲飛13期）は、横滑りする機体を直す間もなく第二飛行場東側の松林に突入し、殉職した。この事故により、この日の飛行作業は取りやめとなった。

　先任分隊士から事故調査担当を命じられた平井浩少尉（予備14期）は、陸攻隊の兵舎に出向き、主操縦員の若い二飛曹に事情聴取を行ったが、ベテランにあらかじめリハーサルを受けていたらしく、当たり障りのない模範解答をしている。聴取する平井少尉はこの時点で桜花K1の搭乗経験もなく、ましてや陸攻の操縦についての知識もなかったので、突っ込んだ質問ができるわけもなく、要領を得ぬまま引き下がるしかなかった。

　事故原因調査に行き詰まった頃、平井少尉は従兵に呼ばれて大田中尉の部屋に行った。予備学生の平井少尉にとっては大田中尉は兵からの叩き上げの特務士官（この時期この名称は廃止されているが、意識の上では厳然と存在していた）であり、しかも桜花の発案者とあっては雲の上的な存在であった。

　平井少尉がドアを開けると、大田中尉は脚を組んで肘掛け椅子に腰掛け、タイピストの女性に肩をもませていた。部屋に入ると、さすがに肩もみは止めさせたが、平井少尉が正直に原因調査に行き詰まっている旨の報告をそのままの姿勢で聞き、「ウン、これはなかなか難しい問題だ。この調査は俺の方でやるから桜花隊は手を引いて宜しい」と言って平井少尉の任を解いた。正直肩の荷が下りた感の平井少尉であったが、その後事故原因の調査結果が発表されることはなく、事故はうやむやのうちに片付けられてしまった。

　神雷／龍巻部隊での大田中尉の行動に関する元隊員の証言は極めて少ない。大田中尉は自らが発案した桜花を操縦するため、用務飛行用に持っていた九三式中練や零練戦で下士官搭乗員から操縦を習ったが、結果は「適正なし」と判定され、桜花操縦者への途は絶たれていた。

　桜花K1の降下訓練を再開したものの、一式陸攻は燃料を食う。二四型丁の燃料搭載量は5710リットルであり、零戦二一型の6・7倍、桜花K1の降下訓練には一回約60分の飛行であり、1機で実施できるのは多くて1日に2、3回が限度であった。燃料カツカツで訓練するため、訓練中は機銃を全部下ろし、少しでも機体の軽量化を図ったが、それでも燃料切れでの不時着等のアクシデントが発生した。

　そこで、航法訓練も兼ねて、南方進出の中継地点として、用意された燃料が大量に残されていた八丈島への飛行訓練が行われた。

これは八丈島までの片道燃料（龍巻部隊の一式陸攻の場合2300リットル）で出発、八丈島で燃料を満タンにして、帰途は航法訓練や電探索敵訓練を実施しながら基地に帰投し、タンク内に残った燃料で別の訓練に使うという苦肉の策であった。八丈島行きは当時南関東地区に展開していた部隊では広く試みられており、香取基地の攻撃二五六（天山）、横芝基地の攻撃二五四（天山）飛行隊等でも実際に行われ、八丈島で欠乏していたタバコや飛行中食べなかった航空弁当を土産に渡すと、御礼にバターや牛乳をもらって帰ったとの話が残っている。また、茂原基地の攻撃三（彗星）は、機材の関係で試験飛行のみに終わっている。

龍巻部隊付属陸攻隊の一宮栄一郎中尉は、この燃料確保の飛行に3回参加した。この飛行ではいつ敵機に遭遇するかもしれないので、機銃は装備していた。5月26日の1回目は303号機の日帰りで、出発した5機共無事帰投した。5月31日の2回目も303号機に搭乗、田淵勝大尉（予備10期・偵察）搭乗の指揮官機として夕刻に5機で出発し、無事八丈島に到着して給油できた。しかし、翌6月1日の早朝に八丈島を出発しての帰途、千葉県勝浦海岸付近で雲中に突入し、編隊は解散し単機行動となって機位不明となり、一宮少尉は陸軍の相模飛行場を発見して機位を確認したのちに厚木基地に不時着した。しかし、三番機の306号機は勝浦沖の海面に突入、機長の本郷定雄上飛曹（乙飛16期・操縦）を含む8名全員が殉職してしまう。6月9日の3回目は310号機に搭乗し、出発した4機共無事帰投した。

飛行作業止めの合間には基地施設の分散疎開作業が進められていた。神ノ池から4～5km離れた根三田地区の斜面を利用し、直径3m総延長数kmに及ぶ横穴式の防空壕兼兵舎が完成、7月10日から隊員達はそこに設けられた2段ベッドで寝起きするようになった。しかし、横穴壕の居住性の悪さはいずこも同じで、換気の悪い横穴は空気が澱み、湿気ってカビ臭く隊員達は閉口した。夜になると「脱」して潮来や息栖の街に出掛ける者も少なくなかった。

6月7日、神ノ池基地に漫談家の徳川夢声が慰問に来た。

↑七二二空桜花隊隊長兼分隊長時代の「髭の大尉」こと平野晃大尉（海兵69期）。

一宮栄一郎中尉(予備13期)航空記録

年	月	日	機番号	飛行時間		摘要
				時間	分	
20	2	7	376	6	0	神ノ池基地～鹿児島空行き引き返し
	2	9	385	1	30	桜花訓練
	2	10	383	1	0	桜花訓練
2月計				3回	8時間30分	
	3	3	311	1	0	試験飛行
	3	6	345	1	0	試験飛行
	3	8	309	2	0	岩国基地～豊橋空
	3	8	309	2	0	豊橋空～木更津基地
	3	9	325	0	50	木更津基地～神ノ池基地
	3	10	311	1	40	定着訓練
	3	11	311	0	55	定着訓練
	3	11	303	1	20	夜間定着訓練
	3	13	303	1	0	定着訓練
	3	13	303	1	20	夜間定着訓練
	3	17	303	0	40	定着訓練
	3	18	305	1	30	薄暮定着訓練
	3	19	303	0	40	編隊航法訓練
	3	19	305	1	30	神ノ池基地～松島空
	3	20	305	2	0	松島空～三沢空
	3	21	305	2	10	三沢空～神ノ池基地
	3	25	306	1	0	編隊航法訓練
	3	26	303	1	0	編隊航法訓練
	3	26	305	1	0	薄暮定着訓練
	3	27	306	1	0	編隊航法訓練
	3	28	305	1	0	定着訓練
	3	29	315	1	20	編隊航法訓練
	3	29	306	0	35	定着訓練
3月計				23回	28時間40分	
	4	1	305	1	0	編隊航法訓練
	4	1	305	1	0	夜間定着訓練
	4	2	308	1	0	編隊航法訓練
	4	2	305	1	0	夜間定着訓練
	4	5	303	1	0	編隊航法訓練
	4	5	303	1	0	夜間定着訓練
	4	6	301	1	20	編隊航法訓練
	4	8	305	1	30	夜間定着訓練
	4	12	306	1	0	編隊航法訓練
	4	14	302	1	30	夜間定着訓練
	4	15	310	1	0	編隊航法訓練
	4	16	306	1	0	編隊航法訓練
	4	17	302	1	0	編隊航法訓練
	4	18	309	1	0	編隊航法訓練
	4	24	307	1	30	夜間定着訓練
4月計				15回	17時間50分	

年	月	日	機番号	飛行時間		摘要
				時間	分	
20	5	3	313	1	50	編隊航法訓練
	5	4	303	1	0	航法訓練
	5	6	307	0	30	桜花訓練
	5	7	316	0	40	神ノ池基地～木更津空
	5	17	310	0	30	編隊航法訓練
	5	19	303	1	0	定着訓練
	5	21	303	1	0	桜花訓練
	5	21	305	1	0	桜花訓練
	5	25	307	1	30	夜間定着訓練
	5	26	303	2	0	神ノ池基地～八丈島
	5	26	303	1	30	八丈島～神ノ池基地
	5	31	303	2	0	神ノ池基地～八丈島
5月計				12回	14時間30分	
	6	1	303	2	30	八丈島～相模空
	6	1	303	0	30	相模空～厚木空
	6	3	303	0	40	厚木空～神ノ池基地
	6	9	310	1	30	神ノ池基地～八丈島
	6	9	310	2	0	八丈島～神ノ池基地
	6	18	303	1	30	夜間定着訓練
	6	19	303	1	30	夜間定着訓練
	6	20	303	0	30	夜間定着訓練
	6	21	303	1	30	夜間定着訓練
	6	22	303	1	0	桜花訓練
	6	22	305	1	0	夜間定着訓練
	6	28	307	1	0	桜花訓練
	6	28	316	1	0	桜花訓練
	6	28	316	1	0	桜花訓練
6月計				14回	17時間10分	
	7	8	316	1	30	神ノ池基地～松島空
	7	26	307	1	0	桜花訓練
	7	27	305	1	0	桜花訓練
	7	28	307	0	30	定着訓練
7月計				4回	4時間00分	
	8	1	305	1	0	桜花訓練
8月計				1回	1時間00分	

その日の晩には、士官クラブとして使われていた潮来の料亭「あやめ荘」で返礼の宴がひらかれ、さらに当日開業の「海軍寮」で二次会となった。

席上、酒の勢いもあり、夢声が「髭の大尉」と日記に記す桜花隊長兼分隊長の平野晃大尉が、後詰の訓練だけの毎日の不満を「部下がどんどん死んでしまうのに、自分だけが生きているのは、どうも具合が悪い。だから、どうか私を出して下さい」と、五十嵐副長に直訴したが、やんわりと「まあ待て、そう急ぐな」と諭されていた。

ふたりともひどく酔っていた。しかし肉体は酔っていても、精神はこれ以上なしの素面と観察していた夢声はふたりと共に酔いつぶれた。

「翌朝、私は三階の寝室から二階に降りた時、髭の大尉が畳の上にゴロ寝しているのを見た。何かしらこの大尉が子供の泣寝入りみたいな、気の毒な姿にも見えたのであった」と、夢声は日記に書き残している。

「菊水九号作戦」

梅雨時の天候不順により、順延を重ねた「菊水九号作戦」は、天候が回復した6月3日に開始された。一〇四〇〜一〇五五に関島進中尉（予備13期・偵察）を隊長とする第四正統隊の九九式艦爆6機が第二国分基地を発進、うち3機が沖縄周辺艦船に突入した。

天候は翌4日から再び悪化し、ようやく回復した6月7日、〇五二〇橋爪和美一飛曹（丙飛16期）以下第二十一大義隊の二十五番爆戦7機と直掩2機が石垣島基地を発進、うち進撃した爆戦2機が宮古島東方の敵機動部隊に突入した。

今回も神雷部隊の出番はなく、本土決戦用に温存される傾向が強まってきていた。

この5日間に海軍は245機（うち特攻機23機）が出撃、特攻機を主に18機の未帰還機を出した。陸軍は202機（うち特攻機86機）が出撃している。

米軍の損害は、敷設駆逐艦ウィリアム・ディッターが大損傷を受けたほか、護衛空母1、戦艦1、重巡1、駆逐艦1、敷設駆逐艦1が損傷したにとどまった。

菊水八号、九号と、出撃命令を受けなかった神雷部隊は、これを利用して冨高基地に残置した桜花隊や戦闘三〇六の練度向上を目論み、大分基地への派遣を命じた。

戦闘三〇六には従来の筑波空、谷田部空からの異動者に加え、6月1日付けで元山空から10名の異動と、水上機出身の甲飛12期、乙飛18期の下士官搭乗員達が新たに加わっていた。予備13期、14期の士官にしても若手下士官にしても、海軍とはいうものの、教育期間短縮で乗ったのはカッターだけ、乗艦実習すらしてなかった。これは、甲飛11期の土浦航空隊の偵察専修組が乗艦実習中に戦艦陸奥の爆沈（昭和18年6月8日）に巻き込まれ、134名中124名が殉職して以後、訓練期間短縮の名目で乗艦実習が削減されてしまった影響であった。

少尉候補生時代に軽巡洋艦阿賀野の水雷士として昭和18年初めのガダルカナル島撤退作戦の支援に当たったり、転勤途中に空母瑞鶴に便乗した経験を持つ湯野川大尉にしてみれば、この状況は大きな驚きであった。突入すべき相手を理解していなくては、効果的な攻撃など期待できるものではない。

桜花隊にしても、前年末の対艦攻撃訓練に参加し損なった元第一分隊やその後に着任した者がほとんどなので、この機会に再度対艦攻撃訓練を実施する必要があった。

大分基地からほど近い別府湾では、5月下旬から空母鳳翔に代わって空母海鷹が特攻機の標的艦として各種の訓練に応じていた。

部隊は6月上旬から7月上旬にかけて数班に分かれて洋上航法の訓練を兼ね零戦で冨高基地から大分基地に移動した。豊後水道を挟んだ対岸の愛媛県宇和島市吉田町出身の保田上飛曹（進級）は、この移動が単機であったため、5月10日に空襲に遭ったという宇和島に向かい、どの程度焼けたのだろうと、確認に寄ったがわからなかった。この途中「後輩達にちょっと挨拶」と、寄り道した予科練の宇和島空（昭和20年3月1日付け松山空分遣隊より独立）では、時ならぬ爆音に「空襲だ！」と、あわてた分隊士の教官が真っ先に防空壕に飛び込んで甲飛14期の予科練生達の失笑を買ったことを保田氏は戦後になって聞かされたという。

ともあれ大分基地に進出した各隊は、別府湾を航行する海鷹を敵空母に見立てて擬襲したのち、体験乗艦も兼ねて海鷹に移乗し飛行甲板に上がり、後続班の擬襲の様子に勝手な品評を加えながら、艦側から見た場合のイメージを養った。

この時、海鷹に乗艦した鈴木英男中尉達は招かれて乗り組みの士官達と会食したが、艦内の各所に前身である貨客船時代の「あるぜんちな丸」の表示が残っていたのが印象的であったという。

「菊水九号作戦」が終わった6月8日の昼過ぎには、ふたたび敵艦載機約270機が飛来、掩体壕をシラミ潰しに攻撃し、鹿屋基地でも炎上数機、被弾40余機の無視できぬ被害をうけた。宇垣長官は、索敵結果から沖縄南端の東方位から遠距離攻撃をかけてきたものと判断、喜界島からの攻撃を神雷部隊に命じた。これを受けた神雷部隊は温存している五十番爆戦隊を分派させることを決め、6月10日、第三陣残員の岡本鼎中尉（予備13期）と第四陣残員の岡嶋四郎中尉（予備13期）らからなる6機を喜界島に進出させた。

ところが入れ違いのように、肝心の敵機動部隊は、連続93日間に及んだ沖縄攻略支援作戦を打ち切り、補給と休養のためレイテ湾へ向けて南下していた。このため、進出した爆戦なる。

隊は出撃命令を待ちながら喜界島で2ヶ月余を過ごすこととなる。

本土決戦準備への動き

この頃、沖縄本島の第三十二軍は、5月29日に首里城址の陣地から後退、南端の喜屋武半島に追いつめられていた。弾薬食料は底を尽き、夜間に1機2機と飛来してはわずかばかりの弾薬を空中投下するものの、焼け石に水の状態であった。また、徳之島守備隊からはなけなしの弾薬を割いて漁船5隻に満載し、夜陰に乗じて届けようとしたものの、荷揚げ直前に発見され撃沈されてしまった。

取り残された小禄地区海軍部隊司令官大田実少将（海兵41期）は、6月6日夜、海軍次官に宛て沖縄県民の献身的協力の様子を詳述し、「沖縄県民斯ク戦ヘリ県民ニ対シ後世特別ノ御高配ヲ賜ランコトヲ」と結んだ決別電を送信した。その後6月11日夜、最後の斬り込みをかけ、13日に至り幕僚らと共に壕内で自決した。

6月12日、軍令部は本土決戦の作戦計画「決号作戦ニ於ケル海軍作戦計画大綱」をとりまとめ、「爾他一切ヲ顧ミルコトナク　航空及水上水中特攻ノ集中可能全力ヲ以テ当面ノ撃滅戦ヲ展開スルモノトシ　凡百ノ戦闘ハ特攻ヲ基調トシテ之ヲ遂行ス」と、全面的特攻方針を打ちだした。

この頃、新型の動力飛行能力を持つ桜花二二型の実用実験が6月14日、15日の両日に実施されるとの連絡が神雷部隊に入った。これに先んじて桜花二二型の要目を入手していた湯野川大尉は内容を検討し、思いのほか低い最高速度を勘案して、海面近くの低空から接敵、突入するという内容の「桜花二二型戦闘準則案」としてレポートにまとめ、6月初旬に岩城副長に提出している。

試験立ち会いを命ぜられた岩城副長と湯野川、林両分隊長の3名は、冨高基地で合流したのちに零練戦に湯野川大尉と岩城副長、零戦五二型に林大尉が搭乗し、硫黄島から飛来するP‐51の不意打ちを警戒しながら2機編隊で横須賀基地に出向いた。

ところが、改修を加えたという初風ロケットは、相変わらず出力が安定せず、横須賀基地での地上予備実験でも激しい振動を起こして停止する始末。とても空中試験ができる状態でなく、実用実験は延期された。

神雷部隊からの3名は出張の目的を失ってしまったが、情報交換のため神ノ池基地に飛び平野大尉を訪れた。その日の晩は例によって「あやめ荘」での懇親会となったが、その席上この時期珍しい肉料理が出た。ささみのような淡泊な味わいに何の鳥かと聞けば、食用蛙であった。

「菊水十号作戦」

第三十二軍は喜屋武半島南端に追い込まれていた。6月15、16日頃には全戦線が崩壊して乱戦状態となり、武器弾薬の欠乏から一方的な殺戮戦に陥っていた。沖縄の陥落は一両日のうちに迫っていた。

沖縄航空決戦をついに断念した大本営海軍部は、組織的特攻を「菊水十号作戦」をもって打ち切り、あとは少数機による夜間ゲリラ攻撃で牽制しながら時間を稼ぎ、本土決戦準備を促進する方針への転換を決めた。

今回の特攻主力には、本土決戦に向け温存しようとしていた神雷部隊を投入することとなり、第十次桜花攻撃隊6機と、戦闘三〇六の五十番爆戦隊8機とが出撃を命じられた。五十番爆戦隊は名称を改め、「第一神雷爆戦隊」と称した。

これら攻撃部隊支援として、三四三空の紫電改40機が喜界島上空の制圧と攻撃部隊の収容を行い、さらに二〇三空の零戦66機が桜花隊の直掩となり、第一次攻撃以来の桜花の集団運用を企図していた。

当初は6月14日作戦開始を予定していたが、悪天候が続き、作戦は連日延期を重ねた。

6月21日、ようやくの晴天に「菊水十号作戦」が発動された。一九〇〇〜一九三〇にかけて針生房吉中尉（予備13期・操縦）を隊長とする菊水部隊第二白菊隊（高知空）の白菊5機が鹿屋基地を発進する一方で一九二七には萩原満三少尉（予備14期・偵察）を隊長とする徳島第四白菊隊の白菊8機が発進、うち5機が機材不調等で引き返したり不時着し、3機が進撃した。二二三〇には野路井正造中尉（予備13期・偵察）を隊長とする第十二航戦二座水偵隊（天草空）の零式観測機4機が指宿基地から発進、それぞれ沖縄周辺艦船に突入した。

6月22日、半晴。午前三時、出撃搭乗員が横穴壕前の広場に整列した。夜明けにはまだ早く、暗がりの中に照明灯がつけられた。

整列した桜花搭乗員の中には隊長の藤崎俊英中尉（予備13期）以下、前回悪天候のために引き返し、今回が三度目の出撃になる山村上飛曹の姿もあった。ところが6名並ぶはずの桜花隊員が5名しかおらず、やはり今回が三度目の出撃となる片桐清美一飛曹（丙飛15期）の姿がなかった。司令訓示、別盃の時間が迫っていた。

分隊長林大尉は野里国民学校に駆けこみ、今夜も留守番役にまわってひとり寝ていた小城上飛曹を叩き起すなり、「小城兵曹（下士官を呼ぶ際の階級は「兵曹」でひと括りにされる）、すぐ出撃してくれ。片桐が見えないんだ。その代りを頼む」。寝ぼけまなこの小城上飛曹は身辺整理をしていないことを愚痴りながら身仕度を整えた。

一緒についてきた報道班員の山岡荘八は、林大尉と別れ、片桐一飛曹が「脱」で帰りが遅くなったり朝帰りをした時、良く防空壕で寝ると言っていたことを思い出し、野里国民学校から大隅野里駅への間、真ん中辺りの崖にある神雷部隊用の防空壕にいないだろうかと目星を付け走った。

壕内に2、3歩足を踏み入れた時、何かにつまずき、足もとから「あっ遅れた」との声がした。懐中電灯を向けると、飛行服姿に身を固め、飛行帽を被って鉢巻を締め、首にマフラーを巻き、出撃支度を整えたまま寝入っていた片桐一飛曹の姿があった。

がばと跳ね起きた片桐一飛曹は、「報道班員、ありがとう。さようなら」と大声でわめきながら、別杯の行われる広場に向がうゆるい下り道を第五筑波隊で戦死した西田中尉からもらった形見の真新しい飛行靴で駆けていった。腰に吊ったマスコットの人形がゆれ、ライフジャケットの背中に白ペンキで書かれた「三途の川原で鬼を集めておけさ踊らん」の辞世も揺れていた。

その頃、横穴壕前の広場では「フィリピン決戦は決戦であったが、絶対ではなかった。しかし、今や絶対の決戦である」という司令訓示が済み、別盃の儀式も終わって出撃搭乗員が飛行場へ向かうトラックの荷台に乗り始めていた。

小城上飛曹も乗り込もうとトラックに片足をかけた途端、いきなり飛行服のバンドをつかまれ、無理矢理引きずり下ろされた。振り向けば「小城兵曹、俺の番だ、俺の番だ」と、水盃までの代役をさせた当の本人がいた。片桐一飛曹は動きだしたトラックの上から「あばよ、あばよ!」と、叫びながら舌を出していた。

○五四〇~○六〇〇にかけて、伊藤正一中尉(海兵73期・操縦)を隊長とする第十次桜花攻撃隊の一式陸攻6機と、川口光男中尉(予備13期)を隊長とする第一神雷爆戦隊8機が次々と発進、笠ノ原基地上空で同基地から発進した二〇三空の掩護戦闘機隊66機と合同した。

直掩戦闘機の数だけは格好がついたものの、直掩隊は日頃制空戦闘ばかりしているので攻撃隊の直掩などは訓練すらしていなかった。定石通りに後上方に占位して続行するが、巡航速度が違いすぎて右に左にバリカン運動しないと追い抜いてしまう。そうこうするうちに66機中25機が、発動機不調等で引き返してしまった。残る41機も陸攻隊とはぐれてしまったり、敵戦闘機群に遭遇したりと、攻撃隊と密着できなかった。

三四三空の紫電改31機は、一〇一五に喜界島上空で伊江島基地から発進した海兵隊戦闘機隊VFM-314のF4Uコルセア9機と交戦し、7機撃墜(米軍記録は2機未帰還、3機被弾損傷)したものの、戦闘四〇七の飛行隊長林啓次郎大尉(海兵70期)を含む4機が未帰還となった。

この間、神雷部隊攻撃隊は各個ばらばらに沖縄本島伊江島付近の敵艦に向かい、桜花攻撃隊は西方から、爆戦隊は東方から、それぞれ目標海域への侵入を図ったとされるが、当日直掩隊として参加した戦闘三〇三の搭乗員に、桜花が母機から発進するまで見ていたとの証言が複数あり、また米軍の記録にも戦闘機を伴っていたとの記述が確認される。

この日の桜花攻撃の詳細は戦闘経過概要が現存し、「桜花那覇上空ニテ発進概ネ成功セルモノ一機、伊江（島）上空ニ到達セルモノ二機（内一機ハ空戦ノ為状況不明、他一機ハ連絡上攻撃態勢ヲトルモ爾後空戦ニ入リ不明）」と記録されている。これと当事者の回想から以下のような状況がある程度判明している。

第一小隊一番機の伊藤中尉の52号機は〇八一〇に「我空戦中」の打電を最後に消息を絶ち、桜花搭乗員の山崎三夫上飛曹と共に未帰還となった。

第一小隊二番機の稲ヶ瀬隆治中尉（予備13期・偵察）の53号機は、笠ノ原上空にて直掩戦闘機7機と合同、〇八二〇に「我敵戦闘機の追従を受ク」の打電を最後に消息を絶ったが、直掩戦闘機の報告によると、伊江島泊地上空で敵巡洋艦3隻を発見。攻撃態勢を取ったものの桜花は投下せず、雲中より降下のF6F、2機の銃撃を受け、火災自爆したものと判明した。稲ヶ瀬中尉を含む陸攻ペア7名と、出撃前に遅刻騒動のあった桜花搭乗員片桐一飛曹の8名は、全員特攻戦死と判定された。

本機の主操の木村茂一飛曹（進級）は、4月18日先述の通り同郷の保田基一一飛曹に、爆戦での出撃前に最後の言葉を託されていたのであるが、逆にその木村一飛曹の方が戦死してしまった。戦後郷里に復員した保田氏は、まだ公報が届かず息子の戦死を知らない木村一飛曹の両親に、いつ帰ってくるかと聞かれるのがつらくて、なるべく顔を合わさぬよう、避けて暮らした。その後、戦死公報が入ったのちに木村家を訪れ、戦地での様子を報告したという。保田氏は２０１５年に亡くなるまで6月22日の命日の墓参は欠かさず行っていた。

また、片桐一飛曹の出撃時の騒動は先述の通りだが、彼は第一陣として早い時期から野里の住民となっていただけに、近所に知り合いも多かった。先に田村上飛曹が遺書とポケットマネーを置いていった柿元フキさん宅に、出撃前日の6月21日に片桐一飛曹が訪れた。

「おばさん、お世話になりましたな。生き残りも、いよいよ出かける番になってね。これで気が晴々した」と言うと大きく笑い、「戦友の皆は死んでしまったし、私がそのしんがり役をやりますか」と、ニコニコしながら淡々と語った。「おばさん、羊羹を持って来ました。これでお茶を飲みましょうや、さち子さんあんたも一緒に」と、ポケットの中から数本の羊羹を取り出し、それから1時間ばかり3人でいつもと変わらない冗談を言ったりして過ごした。「おばさん、記念にこんな歌を書いてきました。よかったら置いとって下さい」と、「身はたとえ何処の果てに散ろうとも七度咲かん靖国の庭」半紙に書かれた辞世の句を渡した。

別れ際に娘のさち子は手造りのキューピット人形を贈った。片桐一飛曹は「ありがたいな、これを桜花のマスコットにして行くよ」と、喜んでいた。これが腰に吊されていたマスコットであったのは想像に難くない。

第一小隊三番機の根本次男中尉（予備13期・偵察）の02号機は、「ワレ突撃ス」の打電を残しただけで消息を絶った。この電文は鹿屋基地の電信室で田口清中尉が確認している。桜花搭乗員の藤崎俊英中尉が桜花に移乗したかどうかは判然としない。

藤崎中尉は出撃前夜、海軍罫紙15枚に短歌50首、和歌67首を一気に綴り「藤崎中尉遺詠遺句」と表装した遺書を残した。その中の一首「沖縄の細道小道知る吾の再びゆかむと心おどらす」と、神雷部隊着任前に沖縄空で対潜哨戒にあたっていた藤崎中尉らしい句がある一方、終わり近くには「試運転の音こだまして山々へ」と、徹夜で綴っていることをうかがわせる内容となっている。

第二小隊一番機の三浦北太郎中尉の303号機は、笠ノ原上空にて直掩戦闘機7機と合同、〇八〇五に「我空戦中」の打電を最後に消息を絶ち、桜花搭乗員の堀江真上飛曹と共に未帰還となった。

三浦中尉機のペアは4月12日の第三次桜花攻撃で土肥中尉の桜花攻撃を成功させているが、この出撃前にトラックの荷台から落ちて鎖骨を骨折、ペアから外されていた下川勝一飛曹（甲飛11期・偵察）は、小松基地から鹿屋へ再進出するのが決まったことを聞くと同行を志願した。「戦いはまだ続く。万全の体調になったら一緒に行こう」と、諫められ、同行させてもらえなかった。

第二小隊二番機の坂本進中尉（予備13期・偵察）機は無事に進撃し、伊江島を遠望して間もなく敵艦船の航跡を発見した。坂本中尉は簡潔な打ち合せののち、桜花搭乗員の山村恵助上飛曹に桜花移乗を命じた。

山村上飛曹は「いよいよ時が来た」と、緊張しながら桜花に移乗し、「用意よろしい」の信号を母機に送った。前回は悪天候のため攻撃断念となり、投下信号の赤ランプが点かぬまま呼び戻されたが、その赤ランプが今度は点滅を始めた。山村上飛曹は操縦桿を握りしめ、目をこらした。「・・・ー」と続き、最後の短譜「・」が点いた。目の前の懸吊金具を押さえた爆管が破裂すれば桜花は落ちる。しかし、待っても爆管は破裂せず、桜花降下訓練で経験した落下の感覚はやってこなかった。それが投下機構の故障と分かり、山村上飛曹はうなり声を上げながら桜花をゆさぶりをかけたが空しかった。母機からの再三の呼びかけで山村上飛曹がようやく上に戻ると、母機は機体を前後左右に揺さぶったあげくにようやく桜花の投棄に成功し、鹿屋基地に帰投した。

第二小隊三番機の上田照行上飛曹（甲10期・偵察）機は、出陣式の直前に兄から届いた日の丸のハチマキを締めての出撃であった。伊江島泊地が近づき勝村幸治一飛曹（特乙1期）は待ちきれず上田上飛曹の指示を待たずに桜花に乗り込んだ。しかし戦場到達15分前になって、燃料パイプに異常発生、2番タンクの燃料が供給されなくなった。しかも天候が悪く桜花攻撃はできない。これでは帰途の燃料が無いと、一時は桜花もろとも敵艦突入を覚悟したが、なんとか奄美大島までの燃料があることが判明し、勝村一飛曹を呼び戻し桜花を投棄した。

帰途は雲の中を見え隠れしながら敵戦闘機の迎撃をかわしたが、途中爆戦隊やほかの一式陸攻が襲われて空戦する様子を垣間見つつ、辛うじて埋められていた滑走路の一部を狙って着陸し、喜界島に不時着した。急いで燃料系の修理を済ませ、一六〇〇鹿屋基地に帰投した。

米軍の記録によると、未帰還4機に対し、この日は一式陸攻14機撃墜と記録されている。混戦の中でかなりの誤認があったことがうかがわれ、個々の機体の照合は困難である。

○七四一、伊江島西方にてレーダーピケット任務に当たっていた駆逐艦アムメンのレーダーが方位335度、距離75マイルにて日本軍機の編隊を探知し、同艦に乗艦していた戦闘機誘導士官がＶＦＭ‐３１４に邀撃を指示。○七五八に敵編隊を目視し、零戦9機の上空援護を受けた一式陸攻10機の計19機からなる編隊と確認した。一式陸攻はいずれも魚雷を搭載しており、墜落時に大爆発を起こした。なお、空戦にはあとからほかの戦闘機隊も加わった

○七四五から○八三○にかけ、海兵隊ＶＦＭ‐３１４のＦＧ‐1Ｄ、1機とＦ４Ｕ‐1Ｃ、7機は伊江島飛行場からの方位２９０度、距離40マイルの地点にて、一式陸攻３機とそれを護衛する日本軍戦闘機（雷電6機、零戦15機、一式戦6機）と交戦、一式陸攻２機、零戦３機を撃墜、一式陸攻１機を撃破した。

一式陸攻は桜花を搭載しており、1機につき3～4機の戦闘機に護衛され、その上空にも戦闘機が控えていた。1機が体当たりで零戦1機を撃墜。搭乗員は落下傘降下して駆逐艦アムメンに救助された。

○八○五から○八一○にかけ、海兵隊ＶＦＭ‐２２４のＦ４Ｕ‐1Ｄ、4機はポイントアンクルの北西15～20マイルの地点で零戦4機、一式陸攻1機からなる編隊と空戦を行い、一式陸攻1機、零戦2機を撃墜。零戦1機を不確実撃墜した。

一式陸攻は胴体下部に桜花を搭載しており、それを投棄して雲の中に逃げ込もうとしたが、その前に撃墜した。陸攻の反撃により1機が被弾し、1機が原因不明で未帰還となった。

○八三○から○八四五にかけ、海兵隊ＶＦＭ‐１１３のＦ４Ｕ‐1Ｄ、ＦＧ‐1Ｄ各2機は粟国島近くで空戦を行い、レー

ダーピケット艦上空で一式陸攻1機、零戦1機を撃墜した。

また、第一神雷爆戦隊に関しては作戦行動に関する資料がまったく見当たらない。判明しているのは発進した8機のうち、1機が不時着し、進撃した7機中2機が突入を報じて未帰還となり、特攻戦死と認定されたことだけである。

この日出撃した高橋英生中尉（予備13期）が、離陸前に引火のおそれがあるため禁止されている煙草を操縦席内で吸っているのを整備科の赤井大尉が目撃している。これは高橋中尉の末期（まつご）の煙草であった。

この2日間の攻撃で255機（うち特攻機67機）が出撃、特攻機を主に53機が未帰還となった。陸軍は第六航空軍から特攻機15機を出撃させている。

この間米軍の損害は、中型揚陸艦LSM59号と、以前被害を受け廃艦となったLSMを海上に浮かべた囮船の2隻が沈没、2名が戦死したほか、水上機母艦カーチスに四式戦1機が命中炎上、同艦は15時間にわたり炎上して、戦死41名、負傷28名を出した。このほか中型揚陸艦1隻と掃海駆逐艦1隻が損傷した。

「菊水十号作戦」が終わった6月22日、沖縄本島の陸上戦も最終局面を迎え、米軍は摩文仁にある第三十二軍司令部洞窟の頭上を占領し、垂直坑道から手榴弾を投げ入れ始めた。翌6月23日未明、司令官牛島満中将、参謀長長勇中将が自刃。沖縄本島地上戦における日本軍の組織的戦闘は終わった。

第四次桜花攻撃　桜花搭乗員

川上菊臣上飛曹

真柄嘉一上飛曹

山崎敏郎二飛曹

佐藤忠二飛曹

冨内敬二一飛曹

田村萬策上飛曹

第五次桜花攻撃　桜花搭乗員

宮下良平中尉

折出政次一飛曹

江原次郎二飛曹

山際直彦一飛曹

城森美成一飛曹

高田虎男二飛曹

※写真が入手できなかった人物は掲載していない。また、出撃回数が複数次にわたる人物は初回のみの掲載とした。

大橋進中尉

上田英二上飛曹

内藤卯吉上飛曹

永田吉春一飛曹

秋吉武昭上飛曹

石渡正義上飛曹

第八次桜花攻撃　桜花搭乗員

堀江真上飛曹

山崎三夫上飛曹

勝村幸治一飛曹

第九次桜花攻撃　桜花搭乗員

岡本正明上飛曹

徳安晴海一飛曹

第十次桜花攻撃　桜花搭乗員

藤崎俊英中尉

片桐清美一飛曹

第六建武隊　搭乗員

中根久喜中尉

鈴木才司上飛曹

蓼川茂一飛曹

竹下弘二飛曹

第七建武隊　搭乗員

大谷正行一飛曹

尾中健喜二飛曹

新井春男二飛曹

本間由照一飛曹

中原正義一飛曹

白井貞吉二飛曹

中別府重信二飛曹

森茂士上飛曹

第七建武隊　搭乗員

中尾正海二飛曹

第八建武隊　搭乗員

上田岳二一飛曹

栗山虎男二飛曹

石田三郎一飛曹

岩本五郎二飛曹

佐藤善之助二飛曹

牛久保博一中尉

第六章　桜花の派生型開発と本土決戦準備【至　昭和20年8月】

沖縄戦の終焉

3月18日の九州沖航空戦開始から6月22日の「菊水十号作戦」終了までの約100日間、海軍の作戦機数はのべ約9140機で、未帰還は約1320機に達した。うち特攻出撃はのべ約1840機で、未帰還機は約980機に上った。

特攻の中でも、特に神雷部隊の犠牲は大きく、桜花攻撃が十次174機出撃（桜花76機、陸攻79機、掩護戦闘機19機）のうち未帰還123機440名（桜花58機58名、陸攻55機372名、掩護戦闘機10機10名）。爆戦攻撃が39隊373機のうち未帰還287機287名と、未帰還の合計は410機727名を数え、この数は海軍航空特攻戦死者の4割を占めている。

特攻機の命中率は通常の雷爆撃を圧倒的に上回り、米戦略爆撃調査団「太平洋戦争報告書」によれば、被害艦のべ404隻（沈没36、損傷368）のうち190隻（沈没26、損傷164）が特攻機によるものであった。また、この数字には徴用された民間船の被害に関する数字が抜けており、現在も公表されていないため、実際の損害はより大きいと推測されるが、実態は明らかではない。

確かに空中特攻は敵に対して物理的被害にとどまらず、精神的な面でも大きな動揺を与えたが、損傷艦艇の被害状況を見ると、ほとんど水上部にしか被害を与えられず、また機体ごとの体当たりであるために突入時の撃速が低いこともあって、撃沈は26隻にとどまり、しかもその中には駆逐艦より大きな艦艇はなかった。

さらに桜花の場合は、当初危惧された通り、母機である一式陸攻の飛行性能が極度に低下することや、桜花一一型自体の航続距離の極端な短さが致命的欠陥となり、巨大な弾頭を持ちながらも多大な犠牲に見合うだけの戦果は挙がらず、ピケットラインの駆逐艦1隻撃沈、5隻撃破にとどまった。桜花は「使い難い槍」として終始した。

桜花派生型の開発

航続距離の極めて短い桜花一一型の欠点を補うため、自力での動力飛行能力を持たせた様々な派生型が開発、試作されていた。以下、試作・計画されていた派生型についてひと通り触れておく。

●桜花二二型

弾頭重量を600kgに減らして母機を軽快な銀河とし、エンジンにツ‐一一エンジン・ロケット（静止推力200kg）を搭載して動力飛行能力を与えた型。各派生型の中でも最も早い時期に着手されたことで試作機は完成したものの、ツ‐一一の燃焼不安定問題を解決できず、実用化は間に合わずに終わった。

●桜花二一型

桜花二二型を一一型と同じロケット推進の機体としたのが桜花二一型である。

桜花二二型計画要領にツ‐一一不採用の際は一一型と同じ火薬ロケット装備を装備できるよう考慮する旨の記述がある。

●桜花三三型

「橘花」と同じネ‐20ジェットエンジン（当時はタービンロケットと呼称。静止推力475kg）を搭載し、新型陸攻連山を母機としたものが桜花三三型である。最高速度350ノット以上、航続力は150浬と、二二型に較べさらなる速度と航続距離の増大を図った。機体は強度確保のため全金属製となり、弾頭重量も800kgと二二型より強化された。

愛知航空機で具体的な設計まで進んでいたが、逼迫する戦況から連山の開発が中止された結果、設計図面が80％完成したところで開発計画は中止され、設計はのちの四三型に引き継がれた。

●桜花四三甲型

三三型を潜水艦のカタパルトから射出可能とした型で、潜水艦の格納筒に収めるため主翼を脱着式とし、カタパルト射出用に各部の強化や艤装を改めたもの。

しかし、この時期カタパルトを持つ巡潜型の大型潜水艦はすべてカタパルトを撤去し、人間魚雷「回天」の母艦となっており、残るは特型潜水艦の伊400型と伊13型だけであったので、完成しても、運用できる機体はおのずと限られていたため、具体的な設計には入らず計画のみで終わった。

●桜花四三乙型

こちらは陸上に設けられたカタパルトから発進し、沿岸部に接近してきた敵艦船を攻撃する目的で開発された。今日的分類をすれば「地対艦有人巡航ミサイル」であるが、自力飛行能力を有する「飛行機」に進化したともいえる。このため、無線兵装として試製秋水用電話機1基と、落下傘の装備も予定されていた。

カタパルトの性能上、翼面荷重を下げる必要から機体は全金属製となり、全長8・164m、全幅8・927mと大型化した。トンネル式格納庫に収めるため主翼は折り畳み式とし、突入時には速度を上げられるよう、火薬により翼端を切り離せる構造となっていた。この構造の検証のため、空技廠飛行実験部の高岡迪少佐（海兵60期）により、飛行中の九九式艦爆の翼端切り離し実験が行われたが、のちに急速量産に間に合わせるため取りやめられた。昭和20年4月25日に実物木型審査を修了。細部製作図も完了し、5月上旬には一技廠と愛知航空機で量産準備をするところまで進捗したが、終戦により実機完成には至らなかった。

また、必要に応じて自力で飛行して基地移動が可能なように、機首には桜花K1に似た橇が脱着可能とされていた。計画値は最大速度300ノット（555・6㎞／h）、航続距離150浬（277㎞）で、本土決戦時の有力な攻撃兵器として期待された。このため、実機完成を待たずに各地に発進基地の建設が進められ、射出訓練用の二座練習機の生産や装備部隊七二五空も編成された。

●桜花五三型

三三型を飛行機曳航式に改修したもので、四三乙型と同様の大型の主翼を持ち、離脱後に翼端を切り離して速度を上げる計画だったが、課題点が多く、計画のみに終わった。

桜花二二型の開発と試験の開始

航続距離の極めて短い桜花一一型で空母を狙うには、敵戦闘機の迎撃を振り切り、さらに弾幕を張っている輪形陣の最外周の駆逐艦群を突破してから投下しないと目標に到達することさえできない。しかも桜花懸吊により母機の一式陸攻は飛行性能が大幅に低下していることから、それが極めて困難であることは当初より予想されていた。

そこで、爆発威力の低下を忍んで弾頭を軽量小型化し、母機を軽快な陸爆銀河に変更して、ツ‐一一エンジンロケットで自力飛行可能とした桜花二二型が開発されることになった。

ツ‐一一はイタリアの実験機「カプロニ・カンピーニCC‐1」に搭載されたターボファン・ジェットをモデルとして開発されたもので、圧縮機駆動用に「初風」エンジン（空冷倒立4気筒105hp）を搭載していた。開発自体は昭和18年2月から進められた。昭和19年11月11日から銀河試作3号機を改造して空中試験も進められ、12月26日までに計19回行われた。しかし倒立式エンジンのため点火プラグの汚損がひどく、始動に時間がかかった。特に空中での始動は困難であったことから、あらかじめ地上で始動させ、突入時まで母機から燃料の供給を受けながらアイドリング状態を維持する機構となった。

桜花二二型の機体設計は昭和20年2月から着手し、約1ヶ月で完了していた。主要部品は一一型のものを極力流用し、主翼幅は銀河の主脚幅に合わせ1m詰めた4・00mとなった一方で、全長はツ－一一の装備のため長くなり7・00mとなった。最高速力245ノット（453・7km／h）、航続距離65浬（120km）。主翼内には目標艦が発するレーダー波を受信し、その位置を知る逆探の二式空七号無線電話機二型のアンテナが内蔵され、本体は操縦席正面の計器盤の下に装備されるようになるなどの新たな工夫も見られた。

しかし、肝心のツ－一一が、高度が上がるとエンジンの異常燃焼や振動などが発生する等の問題を抱え、地上運転中も突然停止する有様で、低圧実験室での再現実験の結果、燃料ポンプそのものの特性不良が判明し、実用化は思うように進まなかった。

昭和20年4月初め頃、第一海軍技術廠（昭和20年2月15日付で旧航空技術廠を改編）審査部より、当時厚木基地から銀河の空輸任務に当たっていた一〇八一空に、桜花搭載母機に改装した銀河の飛行試験のために銀河1機と搭乗員をひと組（3名）派遣してほしいとの打診があった。

あちこちの基地を渡り歩く搭乗員の耳は早い。秘密兵器とはいえ、この時点で桜花が人間爆弾であり、その機首には1・2tの弾頭が取り付けられていることも一同承知していた。てっきり実用頭部付きの実戦機の実験をやらされると思いこんだことから皆尻込みしてしまい、結局、一番若い堀江良二一飛曹のペアに白羽の矢が立てられた。

渋々横空に出向いた堀江一飛曹らペア3名を待っていたのは、桜花二二型用母機に改装された一〇八一空の銀河と、水バラストタンクを積んだダミーの桜花二二型だった。実験の目的は桜花二二型を懸吊した銀河が本当に飛行できるのか、その検証であった。

改装された銀河は胴体下面の爆弾倉扉を撤去して、主桁である10番肋材に懸吊金具を取り付け、胴体両側面から桜花の押さえ金具も設けられた。電信員席では正面の二式空三号電信機改一を撤去して新たに電信員の座席を設け、本来の電信員席に桜花搭乗員が待機する形となった。撤去した電信機の代わりには、戦闘機用の小型軽量の三式空一号無線電話機改三が右側に設置された。実戦では、桜花搭乗員は機首の偵察員の指示があるまで電信員と向かい合わせの状態で待機し、搭乗指示を受けてから元の電信員席を180度回し、直後にある12～13番肋材間に設けられた開口部を通って桜花に移乗し、電信員はその介添え役として手伝うこととなっていた。

実験初日は、一技廠の技術者を始めとする陸海軍の高官が多数見学する中で行われた。滑走路の片側には一技廠の職員とおぼしき人々がストップウォッチ片手に100m位の間隔で並んでいた。試験は実機重量に合わせて水バラストを搭載した桜花二二型（のダミー）を懸吊し、重くなった分だけ銀河から燃料を減らした状態で行われた。懸吊した桜花の抵抗があって、銀河は横空の1500m滑走路を一杯に使ってようやく離陸したが、機首の偵察員席に座っている堀江一飛曹が今にも海中に突入するのではないかと思ったほど、危険なものであった。

試験飛行の内容は、桜花を懸吊した状態での銀河の離陸滑走距離、高度5000mまでの到達時間、エンジンの油温、排気温、燃料圧、油圧、スロットルレバーを一杯に押し込んだ（全開）状態での最高速度、巡航速度等の実測で、母機となった銀河にかかる負荷の測定が主目的であった。これらの測定項目は操縦員の担当（そこにしか計器がない）で、機長ながら偵察員であった堀江一飛曹はほとんどする仕事はなかった。

実験が終了すると、空中で機内から紐を引いてタンクのバラスト水を放出、身軽になった銀河は無事着陸し、大勢の審査官を安心させた。堀江一飛曹は着陸後機長として「試飛行終了しました」と、報告するだけで、測定結果はすべて操縦員が直接報告していたとのこと。

検討の結果、以後の飛行実験は2000mの滑走路がある厚木基地で行われ、海に突入する恐怖からは解放された。飛行実験は数回行われたが、大きなトラブルもなく終了した。結局、桜花二二型を懸吊した状態の銀河は重量と抵抗が増えた分だけ約20ノット（37㎞／h）の減速となり、また具体的な数値は不明であるが、燃費も非常に悪化したと堀江一飛曹は記憶している。

試験の結果は以上のようなものであったが、桜花二二型を懸吊しても銀河の飛行には問題なしと判定され、難航する桜花二二型本体の開発に先行して銀河母機の改装作業が進められ、6月には10機が完成した（当初計画は6月以降月産50機）。当時島根県の大社基地に展開していた七六二空攻撃四〇六飛行隊が桜花二二型用の部隊に予定され、機材が集められた（攻撃四〇六は6月5日付けにて攻撃二六二と共に解隊され、七六二空所属の飛行隊は攻撃五〇一だけとなり、7月5日に大社基地に展開していた）。

そのうちの5機の空輸を堀江上飛曹（5月に進級）のペアが担当した。通常、厚木からの空輸の場合、太平洋岸を西航して神戸市上空で変針し、中国山脈を通過して大社基地に到着する。しかし桜花母機に改装された銀河の場合、一緒に桜花二二型（弾頭、エンジンを搭載していない空身の機体）を懸吊したまま飛行するので、地上からの人目を避けるため、伊豆半島上空で変針し、日本アルプスを抜け、金沢市付近で再び変針して、日本海上空から大社基地に到着するコースで空輸されたという。攻撃四〇六の平野茂上飛曹（甲飛11期・偵察）は、「4月末か5月初め頃に掩体壕の側に4機ほど駐機されているのを見た」と証言している。

再編成されて大社基地に展開していた七六二空（攻撃五〇一）に対し、7月7日付けで新規編入の搭乗員12組をもって銀河による神雷攻撃隊を編成すべしとの指令が出されている（機密第〇七一七四〇号電）。機材は空輸された桜花を搭載可能な銀河9機とされ、配備基地は小松基地と指定されている。8月には攻撃五〇一自体が神雷部隊に編入されたが、具体的な訓練は行われないままに終戦を迎えた。

空輸されたものとは別に、愛知航空機で生産された桜花二二型は分解され、貨車に積まれて大社基地に運び込まれており、大社基地には専用の掩体壕の建設も進められていた。

桜花二二型の有人飛行試験

ここで再び話を試験飛行に戻す。6月下旬、燃料ポンプの応急対策により、高度４０００ｍ以下であれば何とか使用に耐えうると判断されたことで、いよいよ桜花二二型の飛行実験が行われることとなった。搭乗員は桜花開発時から担当の長野一敏少尉（進級）。桜花二二型はそのあまりに高い翼面荷重（４２５㎏／㎡）から着陸は不可能であった。

6月21日、まずは滑空性能を判定するため、無人での投下試験が行われた。試製桜花二二型は滑空のブレも見せずに鹿島灘にまっすぐ突入した。

この結果を受け、有人の飛行試験が実施されることとなった。実験手順は燃料コックを母機から桜花側のタンクに切り換えたうえであらかじめツ-一一を全開にし、高度４０００ｍで投下後、２５０ノット（４６３㎞／ｈ）で降下しながら高度３０００ｍで胴体下の加速ロケットに点火。３２０ノット（５９２.６㎞／ｈ）に加速しながらさらに降下し、飛行特性の確認後、機首を鹿島灘に向け、高度１０００ｍで搭乗員は背面状態にした桜花から離脱、落下傘降下するものだった。

これらの実験と確認をわずか数分間で実施することは、極めて危険なものであったが、長野少尉の技量をもってすれば問題ないと見なされていた。

当初、事故防止のため搭乗員は高度５００ｍに上昇してから桜花に移乗する手はずであったが、長野少尉は持ち前の責任感から離陸前から桜花に乗り込み、計器類には一切触れずに計器の監視を行っていた。長野少尉が乗り込んだ桜花を懸吊した銀河は横空の格納庫を離れ離陸すべく滑走路に向かった。ところが、滑走路のエンドに向かって誘導路をタキシング中、急に桜花二二型が懸吊金具からポトリと脱落し尾輪に接触、桜花は誘導路上で横転し破損した。長野少尉は怪我はなかったものの、もともと遅れていたスケジュールが事故によりさらに遅延することとなった。一技廠の技術者から散々質問攻めにあい、嫌みまで言われたと、後日平野晃大尉（海兵69期）に語っている。

その数日後の26日、今度は無事離陸した桜花二二型を懸吊した銀河は、飛行実験が行われる神ノ池基地上空に達した。梅雨の中休みで晴れた空の下の一〇〇〇頃、桜花二二型の空中発進の状態をムービー・フィルムに撮影するために横空から流星が飛来し、神ノ池基地上空でランデブーした。地上では龍巻部隊の隊員達と、神雷部隊から林大尉と新庄大尉が出張してきており、一同固唾を呑んで銀河の行方を追った。銀河が上昇して高度４０００ｍに達し、桜花二二型を切り離す瞬間、事故は起こった。

横空の深田秀明中尉（海兵73期）は流星の操縦員としてすぐそばで事故の一部始終を目撃した。「母機の銀河が桜花を投下した途端、ロケット噴射で桜花が機首をキュッと上げ、銀河の腹をこすって上に出たんです。この時桜花は尾翼を破損しまして（銀河の胴体に接触して垂直安定板が2枚とも飛散）、不規則な飛び方をするんです。操縦していた長野少尉はすぐ落下傘で降下したんですが、半開のままスーッと落ちて行きまして、飛行場の端に落ちました。無人になった桜花が無茶苦茶な運動で飛び回るもんですから、ぶつけられないように逃げ回るのに苦労しました」という。一方で銀河の機長の河内邦介大尉（予備5期）は、「突然突き上げるような衝撃を感じ、ガリガリという接触音がして離脱していった」と証言している。

地上からは桜花から脱出した長野少尉が、からまった落下傘の索を直そうと手足をばたつかせながら落下していくのがはっきりと見えた。

事故後、銀河と流星は直ちに神ノ池基地に着陸したが、銀河は胴体下面が爆弾倉前端付近から機首まで引きちぎられたように大きく破損し、「良く無事だったものだ」と、関係者を驚かせた。

この日の銀河の機番は不明であるが、この頃の横空第二飛行隊の銀河は231、232、233号機の3機のみであったので、この中のいずれかであったものと推測される。

半開状態の落下傘で飛行場端の砂地に落下した長野少尉は両耳から出血していたものの、意識は当初明瞭であった。応急処置にあたった軍医長の春日正信軍医少佐に「2ヶ月位の打撲傷」との診断を受け、隊長の平野大尉が病室に見舞いに行き、以下のような会話を交わした。「良く脱出できたね」「激しい機動でバンドがちぎれて（破れた風防から）放り出されたんです」「まさかロケットのボタンを押したんじゃないだろうね」。すると長野少尉は憤然として「隊長、私がそんな馬鹿なことをするはずがないではありませんか」「分かった。しばらく療養してくれ、その間の実験は俺がやるから」
しかし、バンドがちぎれるほどの激しいGを受けていた長野少尉は腸内に出血しており、それが致命傷となり、結局殉職してしまう。症状から、頭蓋骨骨折を起こしていた疑いもある。平野大尉は「前の事故で散々嫌みを言われている以上、長野少尉が勝手にボタンを押したとは考えられない」と語る。

機体の残骸を調べると、ロケット点火への準備段階である、電気系統の配電盤スイッチは接続状態とされていたものの、操縦桿頂部の点火スイッチに押された形跡はなかった。この当時、電線の被覆の絶縁材は天然ゴムの上に絶縁紙を巻き、不燃性のアセチルセルロース塗料を塗って布で覆ったもので、見かけは現在のコタツ用の電線に類似しているが、耐湿性等環境の変化に対し充分な絶縁が確保されていたとはいいがたいものだった。加速用ロケットの不時点火による事故は攻撃第三の彗星でも発生しており、絶縁不良から来る回路ショートが原因であった可能性が高い。

落下傘が開かなかった原因に関しても明確にはならなかった。落下傘の折り畳みには製造元の藤倉製作所から、傘体を15年間畳んでいる熟練者2名を呼んで長野少尉立ち会いの下で作業したのであったが、それが開かなかったので、スパイにより開かないように索が縛られていたというような噂まで流れ、調査も行われたが、はっきりしないまま終戦を迎えてしまった。平野大尉は、「バンドがちぎれて投げ出されてしまうほどの激しいGで落下傘がねじれてしまったからではないか」と、推測している。

桜花K2の射出試験

長野少尉殉職ののち、平野大尉は約束を守り、桜花二二型の飛行実験を引き継ぐこととなった。大戦末期の危険度の高い飛行実験に関しては、海兵出身者は指揮するのみで、操練や予科練出身者ばかりが担当したとのちのちまで言われた中で、平野大尉の行動は特筆すべきことである。この日の夕方、平野大尉は渡辺藤十郎上飛曹（丙飛・17志）の操縦する白菊で横須賀に飛んだ。

平野大尉は翌日の6月27日には、三浦半島西岸にある武山海兵団に設置されたカタパルトから射出される、桜花四三乙型訓練用の機体を使用する試験に参加した。これは桜花K1をベースに胴体前部に座席を追加して二座とし、垂直安定板を大型化し、尾部に加速用の四式一号噴進器二〇型を1本装備するように改造した、通称桜花K２（当時の資料で「桜花四三型練習機」と呼ばれる機体は主翼幅７ｍとされており、当初は別々の機体として計画されたが、途中で一本化されたようにうかがえる）と呼ばれるものであった。この時の試験では、前席の奥山穂少尉（甲飛5期）が操縦し、平野大尉が後席に同乗することとなった。

渡辺上飛曹の回想では、27日の〇九〇〇からの第一回目の試験飛行には平野大尉が間に合わず、急遽渡辺上飛曹が代わって搭乗したとのことである。奥山少尉は横空審査部水上機班の出身で、カタパルト射出経験が長いことから指名されたという。

当時軍事参議官だった陸軍大将朝香宮鳩彦王（陸士20期）を始めとする多くの関係者が見守る中、射出試験は27、28日の両日に数回ずつ行われた。射出試験は、高台に設けられたやや仰角を持った全長約50mの火薬式カタパルトから相模湾に向かって射出され、桜花K2は大きく旋回しながら三浦半島側より侵入し、海兵団の敷地に着陸するもので、飛行特性に問題ないかを調査するものであった。試験は無事終了したものの、奥山少尉によれば、着陸の際に行き足が止まらず、あと数mで相模湾に突入するという際どいこともあったという。

この時、桜花設計主任者の三木技術少佐も航空本部の伊東祐満大佐の操縦で後席に同乗している。三木技術少佐によれば乗り心地は悪くなく、風切り音だけしかしない機内から三浦半島を眺めながらの飛行は快適であった。着陸後、伊東大佐が「三木君、戦争がすんだらこれで比叡山の山頂から打ち出して琵琶湖に着水する遊覧飛行会社でもやろうか」と語りかけたという。

湯野川大尉と水野義人

桜花隊持ち回りで行った空母海鷹への襲撃訓練は、7月初め頃には仕上げの時期となり、冨高基地から湯野川大尉率いる4機が大分基地に向かって離陸した。

零練戦の後席に乗った湯野川大尉は、前席の本間榮上飛曹に操縦を任せると、連日の疲れで寝入ってしまった。

ところが国東半島付近で4機は密雲に突入、編隊は散り散りとなってしまった。本間上飛曹の零練戦は磁気コンパスの自差修正が行われておらず、15度も狂っていた。

雲を抜けようやく機位を確認すると、四国西端の佐田岬上空であった。残る3機も各地に不時着し、翌日無事に大分基地に集合した。

ところがその日の夕刻、冨高基地の岡村司令より「湯野川大尉至急来ラレ度シ」との電報が届いた。すわ一大事と、未だ天候不順の雨の中、冨高基地に飛んでいくと岡村司令は慌てた風でもなく「湯野川大尉に会わせたい人がいてね、紹介するよ」と、海軍航空本部嘱託の観相家、水野義人氏を紹介された。

水野義人氏は搭乗員の適性をひとりあたり5、6秒の観察で80％以上の確率で当てたという。その眼力は搭乗員採用検査に役立つとされ、昭和11年、水野氏は航空本部長時代の山本五十六中将（当時）によって海軍嘱託として採用されていたのである。以来、海軍搭乗員採用の際には人相から手形まで診て採用可否の参考にしていた。水野氏によると、操縦に関する適性、不適正の人相には統計上一定の傾向があり、これを5段階に分類し、下位2段階の者を操縦不適格として選別する適性検査を実施していたという。開戦後は、大量採用された搭乗員の適性検査のため、助手2名を連れて全国各地に開設された航空隊を歴訪し、搭乗員養成に貢献していた。

昭和20年5月頃から本土決戦に備えて全国各地に水際陣地が構築されていたが、そこでは燃料もなく、飛行機に乗れなくなった甲飛13期、乙飛19期生以降の飛行予科練習生達が大量に配備されていた。この頃、水野氏はこれら陣地を巡回視察していたことが資料により知られている。この日は志布志湾付近の部隊を視察する途中に冨高基地に立ち寄ったとみられる。

湯野川大尉の顔をしばし眺めた水野氏は、「湯野川大尉には死相がありませんね、35歳までは大丈夫でしょう」と言った。当時23歳の湯野川大尉にしてみれば、明日をも知れぬ生命だったはずが、あと12年も大丈夫と言われ、不思議な気がした。

また、水野氏はこの時期、水際陣地の将兵に死相がなく、多くの特攻隊員の表情からも死相が消えたことを根拠に「戦争は来月中には終わりますよ」と、桑原虎雄中将（海兵37期）に語ったという。

湯野川大尉と水野氏の縁は戦後も続き、「航空自衛隊へ入隊してもジェット機パイロットへは進めない」と予言されたが、その言葉も実際に的中したのであった。

「菊水作戦」以後の沖縄航空特攻作戦

6月23日の沖縄地上部隊壊滅後も、海軍の沖縄航空特攻は細々と継続されていた。

6月25日二二〇〇、椎根正中尉（予備13期・操縦）を隊長とする琴平水偵隊（福山空）の零式観測機5機が指宿基地を発進、沖縄周辺の艦艇に突入した。

二二〇五には緒方秀一一飛曹（乙飛18期・偵察）以下徳島第五白菊隊の8機が串良基地から発進、うち2機が引き返し、1機が不時着し、残る5機が沖縄周辺の艦艇に突入した。（布告は4機となっている）

さらに二二三〇、田所昇少尉（予備生1期・偵察）の第十二航空戦隊二座水偵隊（天草空）の零式観測機1機が奄美大島の古仁屋基地を発進、沖縄周辺の艦艇に突入した。

この日、中城湾の敵艦艇に午前零時に攻撃予定で夜間雷撃の命を受けた攻撃二五一飛行隊の清水正邦一飛曹(甲飛12期・操縦)機長の天山1機が、北端の勝連崎を回り、雷撃準備のため高度40ｍに降下すると、月明下のほの暗い海面に海面から突き出た白菊の尾翼が十字架のように林立していた（白菊の主翼は木製なので浮力がある）。「あの下に戦友が眠ると思うと、身体が震えた。それは鬼気迫る海の墓標だった」と、清水氏は回想する。

6月26日二〇〇〇、春木茂一飛曹（甲飛12期・操縦）の第三白菊隊（高知空）の白菊1機が鹿屋基地を発進、沖縄周辺の艦艇に突入した。次いで日付の変わったばかりの6月27日〇二〇〇、杉田巽二飛曹（特乙4期）の琴平水心隊（福山空）の零式観測機1機が古仁屋基地を発進、沖縄周辺の艦艇に突入した。

6月28日〇五三〇には竹安末雄上飛曹（乙飛17期・操縦）の琴平水心隊（福山空）の零式観測機1機が古仁屋基地を発進、沖縄周辺の艦艇に突入した。

7月3日〇二〇〇、須藤竹次郎中尉（予備13期・操縦）の第十二航空戦隊二座水偵隊（天草空）の零式観測機1機が古仁屋基地を発進、沖縄周辺の艦艇に突入した。

この間の米軍記録に、該当する損害は記録されていない。

一方、台湾では二〇五空の零戦搭乗員が機材の枯渇により、練習航空隊当時の高雄空の機材として残されていた「赤トンボ」こと九三式中練に二十五番を搭載して特攻隊を編成、「龍虎隊」と称した。燃料も枯渇してきたので、砂糖から精製したエチルアルコールを燃料とした。このため、排気は独特の甘い香りがした。また、模擬爆弾による飛行訓練では二十五番の重量により、離陸距離は通常の倍、わずかなバンクでも恐ろしいほどの沈み込みがあり、まっすぐ飛行するのが精一杯、着陸は海軍では基本の三点着陸では機体強度が足りず、陸軍式の主輪を先に接地する滑り込み着陸をしなければならなかったという。

龍虎隊は九三式中練の航続距離が短いため、敵との間合いを詰める必要から宜蘭を出発し、石垣島を中継して宮古島へ進出した。5月19日に第一龍虎隊、29日には第二龍虎隊が慶良間泊地の敵艦船群に向け出撃したが、いずれも全機与那国島に不時着して出撃せず、戦後全員が帰還している。

7月28日深夜（資料では29日としているが、後述のキャラハンへの命中時刻からすると、28日中には発進していたものとみられる）に三村弘上飛曹（予備練14期）を隊長とする第三龍虎隊の九三式中練8機が宮古島基地を発進、うち4機が慶良間泊地の敵艦船群に突入した。30日にも引き返した4機のうち3機が再発進している。

米軍記録では29日午前零時41分に1機が駆逐艦キャラハンの後部甲板第三上部給弾室に突入、爆弾は甲板を突き抜けて機械室で爆発、残った燃料に引火して甲板上は猛烈な火災となり、搭載爆雷が誘爆して沈没、戦死者47名と負傷者73名を生じた。このほか、29日から翌30日にかけて駆逐艦プリチェット、カッシン・ヤング、ホーレス・A・バスの3隻が損傷するという大戦果を挙げた。

この戦果の陰には、鋼管羽布張りの九三式中練の機体にVT信管が反応しなかったためという皮肉な事実があったと伝えられている。この時沈没したキャラハンは特攻攻撃によって撃沈した最後の艦艇となった。

この戦果は二〇五空にも伝わり、「電探にも捕まらず、高角砲の操作の方が早すぎて捕まらない中練特攻は有効な戦法だ」との認識が一気に広まった。そして各地に残存する九三中練の特攻機化が一気に進み、次の月明期である8月16日出撃予定の「第四龍虎隊（隊名はのちに何度か変更されるが、便宜上そのまま）」では30機の出撃が予定されていた。

第三龍虎隊の戦果は記録されているものの、高雄警備府からの報告に支障があったのか、なぜか連合艦隊布告はなされていない。

神雷部隊の後退と再展開

沖縄戦の終息後、予想される九州南部への米軍上陸に備え、敵との間合いを取るため航空部隊の九州北部への後退が進められることとなった。

この方針に従い、神雷部隊も戦力展開の見直しを図ることとなり、従来の鹿屋基地に主力を置き、小松基地を後方基地としていたのを改め、主力を愛媛県松山基地まで後退させ、その分敵上陸部隊との間合いを確保した。

この時点で爆戦要員も含めた桜花隊員は約75名、陸攻隊隊員が約４００名、戦闘三〇六の爆戦隊員が約１４５名と、組織的大規模特攻の2、3回分の搭乗員しかいなかった。

戦力の再配置にともない、7月初めに神雷部隊の桜花隊総員は陸攻隊が展開していた石川県小松基地に移動、戦闘三〇六の爆戦隊は鹿屋、冨高、松山、観音寺（機材のみ）の各基地に展開した。これに合わせて岡村司令と飛行隊長中島大尉は松山基地に、岩城副長は冨高基地に残留し、分隊長栢木大尉は鹿屋基地に残留した。

小松基地への後退に備え、桜花隊員は鹿屋基地に展開していた隊員も含め、いったん冨高基地に合流した。その直後、林大尉と大久保上飛曹は、7月2日に桜花二二型の試験要員に指名されたため、神ノ池基地の龍巻部隊へ出張すると、7月9日付けで桜花二二型実験終了まで一時転勤扱いで異動となった。

残った桜花隊員達の中から、細川中尉を分隊長とする旧桜花特別戦闘機隊の16名とほか4名は、戦闘三〇六の爆戦20機を香川県観音寺基地に空輸したのち、機材を置いて小松基地に列車で向かった。途中空襲を受けていない山陽線の和気と

↑小松基地への移動前に撮影された桜花隊集合写真。8月1日付け資料では即出撃可能な練度A級の桜花搭乗員は38名しかいない。

↑小松基地移動後の桜花隊士官。小松基地では燃料の枯渇から、飛行訓練は行われなかった。桜花隊員達はつかの間の安息の日々を、基地周辺の名所旧跡、神社仏閣巡りなどで過ごした。

↑小松基地移動後の桜花隊士官。当初桜花隊士官は、造り酒屋を営む北陸銀行創始者のひとりである松村長五郎氏の自宅に寄宿した。

北陸線の福井でそれぞれ1泊したのち、7月7日に小松基地に到着した。

　残る桜花隊隊員は、湯野川大尉を指揮官として別行動で陸路小松基地に後退し、8日頃合流した。桜花隊は宿舎を安宅町に設置することとなり、士官宿舎は造り酒屋を営む北陸銀行創始者のひとりである松村長五郎氏の自宅で、下士官達は悠念寺が宿舎となった。

　この後、10日前後に桜花隊員の中から、旧桜花特別戦闘機隊に属していたベテラン下士官3名が、基幹搭乗員の不足に悩んでいた各地の防空戦闘機隊に異動していった（辞令は6月末頃発令）。これは先の大久保上飛曹の場合も含め、岩城副長の発案によるものであった。次席下士官の堂本吉春上飛曹は名古屋防空を務める二一〇空に異動し、大川潔上飛曹（丙飛7期）と津田幸四郎上飛曹（甲飛9期）のふたりは郡山空に異動している。彼ら古参隊員の異動は士気に大きく影響するため、公式の発表はされずに表向きは新機材の空輸のための出張ということで神雷部隊を離れた。

　一方、陸攻隊の方にも異動があった。6月30日付けの通達により8組のペアの抽出が求められ、うち1組は夜間天測航法に自信のある者を抽出すべしとの内容であった（機密第二九二二四〇番電）。後述の「剣号作戦」への参加が予定された機材と、夜間作戦行動可能な高錬度のペアが選ばれて青森県三沢基地に二個小隊6機、北海道第二千歳基地一個小隊（機数不明）に分散展開した。

　桜花攻撃に3回出撃し、一度も桜花攻撃をせずに戻った鎌田飛曹長も指名を受けて第二千歳基地に向かった。「桜花攻撃をせずに戻った私は中島中佐に嫌われてましたからね、それで出されたんです」とのことである。もっとも、その中島作戦主任は新設の彩雲特攻隊である七二三空の飛行長に補せられて、7月中旬頃には神雷部隊を離れ、木更津基地に移っている。

　7月14日には飛行隊長八木田大尉の指揮する4機が迎日基地（朝鮮半島南部東岸）に派遣され、後方基地としての整備監督にあたらせた。

本土決戦計画とポツダム宣言

　7月1日、整備・補給と休養を終えた米第38任務部隊はレイテ湾を抜錨、日本本土攻撃へと向かった。7月10日、米軍は関東地方全域に空襲をかけると北上し、14日から15日にかけては東北、北海道方面を攻撃して青函連絡船の大半を撃沈し、「剣号作戦」用に準備された松島基地の銀河隊と三沢基地の陸攻隊の大半を破壊した。釜石、室蘭の製鉄所には艦砲射撃が加えられた。17日から18日には反転して再び関東地方に来襲した。

この攻撃に呼応して、硫黄島や沖縄からも米陸軍の中小型機が発進して各所に空襲が加えられ、日本本土上空の制空権奪取に拍車がかかった。

三沢基地が空襲に遭う前日の13日、大本営陸海軍部は本土決戦の作戦計画の基本となる「決号作戦ニ関スル陸海軍中央協定」を結び、航空機それぞれ約4000機と5300機をもって敵輸送船団覆滅を主目的に機材の整備を進める方針を決定した。

海軍側は約5300機の内訳を練習機と実用機が半々と見積もった。実用機のうち桜花に関しては一一型170機、二二型60機の計230機を整備し、うち90機を九州、四国地方、40機を中国地方、20機を中部地方、80機を関東地方にそれぞれ配備する計画であった。

桜花四三乙型に関しては9月中の戦力化を目途とし、緊急工事として房総半島、筑波山東海地方、紀伊半島の要所に49基のカタパルトと基地建設が計画され、一部は着工され工事が進んでいた。ところが資材の不足等から8月になって工事予定が見直され、9月末までの完成予定は8基のみ、以後毎月完成させて最終予定は昭和21年1月末と、大幅に延期された。

追い打ちをかけるように、物資の欠乏、相次ぐ空襲とそれに対応するための工場疎開など、日本国内の物流、電力など、社会インフラはほとんどマヒ状態となって、国内の生産能力は極端に低下していた。のみならず、食料となる米麦や野菜の生産量も低下し、昭和19年の凶作の影響を受け、収穫期までに米が底を尽くおそれがあり、従来成人ひとりあたりの米の配給を二合三勺（330g）から7月には二合一勺（300g）に減らさざるを得なかった。それですら机上の計算であり、実際の配給は米の代わりに芋類、大麦、コーリャン等が主食として配給され、それも遅配欠配が多くなった。さらに塩の生産までもが低下していたため、秋には家畜にやる塩の配給が止まり、家畜の斃死が始まると見られていた。年明けには一般家庭向けの塩の配給の見込みも立たなくなり、家畜と同じ運命を国民がたどることは必至の情勢であった。

このような情勢下、すでに完成している桜花一一型はともかく、いまだ原動機ツ-一一の問題を克服できない桜花二二型は、機体50機分のみが先行して完成したものの、肝心の搭載エンジンの問題が解決せず、量産に移行できない状態であった。

一方、桜花四三乙型の方は搭載するジェットエンジンのネ-二〇を搭載した特殊攻撃機「橘花」の1号機は8月7日に空技廠飛行実験部の高岡迪少佐（海兵60期）操縦により、木更津基地で脚を出したまま約15分間の初飛行に成功した。この光景は平野大尉と林大尉も見学していた。しかし、桜花四三乙型の機体は一技廠と愛知航空機で量産準備が進められていたものの、いまだ実機は完成しておらず、実用化などほど遠い状態で、本土決戦の準備は遅々として進まなかった。

それでも貴重なエンジン2基を使用する橘花に対し、1基で済む桜花四三乙型の方が決戦兵器として効率的とされ、優先生産計画も進められた。一度出撃したら戻れない桜花四三乙型の性格上、攻撃の機会を確実に捉えて出撃させる索敵と連絡のシステム構築が重要となる。しかしこの時期の日本にそれを期待することは困難であり、実用化したとしても果たして効果的な攻撃が可能であったかは疑わしい。

日本が以上のような状況下にあった7月27日の朝6時頃、サンフランシスコ放送が米英華三国の対日共同宣言を報じている。いわゆるポツダム宣言である。

ポツダム宣言は全13項からなり、戦争の継続か終結かの二者択一を日本に迫るものであった。宣言の受諾条件は以下の7項目であった。

一、戦争指導者達の退任
二、日本本土の一定期間の占領
三、日本領土は本州、北海道、九州、四国と周辺諸小島に局限する
四、日本軍の武装解除と復員後の平和産業への従事の保証
五、戦争犯罪者の処罰の実施
六、賠償のための平和産業の維持
七、これら目的達成後、日本国民の自由意志により平和傾向を持つ責任ある政府が樹立された時点での撤兵

最後に付帯条件として、「吾等ハ日本国政府ガ直ニ全日本国軍隊ノ無条件降伏ヲ宣言シ且右行動ニ於ケル同政府ノ誠意ニ付適当且充分ナル保障ヲ提供センコトヲ同政府ニ対シ要求ス右以外ノ日本国ノ選択ハ迅速且完全ナル壊滅アルノミトス」と、今日的見方によっては原爆の存在を匂わすような不気味な一文で終わっている。

これに対し政府は、翌27日にポツダム宣言の存在を論評なしに公表した。28日に鈴木貫太郎首相は記者会見し「共同声明はカイロ會談の焼直しと思ふ、政府としては重大な価値あるものとは認めず『黙殺』し、斷固戰争完遂に邁進する」と述べ、翌日の朝日新聞で「政府は黙殺」等と報道された。この「黙殺」は日本の国家代表通信社である同盟通信社では「ignore it entirely（全面的に無視）」と翻訳して配信され、またロイターとAP通信では「Reject（拒否）」と訳されて報道された。戦後、この鈴木総理の発言は原爆投下の正当性を示す材料に使われることとなり、鈴木総理はのちのちまで発言を後悔したという。

実際には、トルーマン大統領は、7月16日の米本土アラモゴルド実験場での史上初の原爆実験の成功を知り、その後の続報を得た18日、折からのヤルタ会談でソ連首相のスターリンに通告することを決めていた。トルーマンは本会機が散会する24日に何気ない調子で原爆の完成をスターリンに告げた。トルーマンは完成したばかりの原爆を対日戦に使用し、

ソ連の対日参戦前に日本を早期降伏に追い込み、ソ連の影響力を封じ込める意図を持っていた。

実際のところ、トルーマン大統領が「8月3日以降天候が目視攻撃可能な限り、広島、小倉、新潟、長崎のいずれかに実施する」とした原爆投下計画は、スターリンに原爆の存在を告げた7月24日に承認されており、鈴木総理の発言以前に決定されたことが明らかとなっている。

世界は日本の降伏は既定のこととみなし、すでに戦後を論じていたのであった。

ポツダム宣言の前後にかけて、日本本土空襲の規模はさらに拡大され、7月24日の東海以西空襲ではB－29と艦上機を合わせてのべ２１００機が各地に来襲した。呉軍港では28日の空襲とあわせ工廠施設への爆撃によって燃料が枯渇して身動きが取れなくなり浮き砲台と化していた戦艦伊勢、日向、榛名、重巡洋艦青葉、利根、軽巡洋艦大淀に対し執拗な爆撃が行われた。いずれも大破着底や横転に追い込まれ、残存大型水上艦は壊滅した。

都市への空襲も県庁所在地クラスは京都、奈良等の一部の例外を除いてほぼ焼尽し、シラミ潰し的な中小都市への空襲が始まった。

この最中にも進められていた神雷部隊ほか第五航空艦隊指揮下の各航空部隊の後方再展開はほぼ完了し、第五航空艦隊司令部も後退が図られることとなり、7月31日に第五航空艦隊司令部は鹿屋基地から空路大分基地へ後退することとなった。

その日の晩、鹿屋では折からの台風の接近で荒れ模様の中、水交社で多年の協力に対する慰労と、今後の協力依頼も兼ねて鹿屋市長、助役、警察署長、憲兵隊長も呼んで食事会が開かれた。しかし司令部の移動を地元に対する背信行為と取った市長と助役は連絡の行き違いを名目上の理由にして出席しなかった。このため食事会は寂しいものとなった。

この悪天候は翌日も続き、司令部の空路移動はできず延期されたが、天候は台風の接近で8月1日にはさらに悪化し、鉄道も不通の状態となりいかんともしがたい有様であった。やや天候が回復した翌8月2日の一三〇〇に自動車を連ねて出発し、泥水をはねとばしながら鹿児島湾東部を迂回して日豊本線の隼人駅まで向かい、一八五〇の列車に乗った。途中7月16日の爆撃により破損していた鉄橋も修復されていたが、列車は駅ごとに空襲情報を確かめるという慎重な運転を続け、ようやく翌3日の〇七四〇に予定より3時間半遅れで大分駅に到着した。宇垣長官一行は空襲で半ばを焼失した市街地を抜け、山麓に掘られた司令部壕に到着して将旗を上げた。長官宿舎には司令部壕の直下にある農家が用意されていた。界隈で一番立派な家とのことであったが、宇垣長官はその日の晩から蚊と蚤に悩まされることとなる。

台風は朝鮮半島から日本海に抜け、太平洋高気圧を引き込むと、5日には快晴の夏空が広がった。

この間、鹿屋基地で天候の回復を待っていた岡村司令は、戦闘三〇六飛行隊の中島大八大尉の操縦する零式練戦で松山基地に移動した。すでに爆戦隊の展開は完了しており、これにより中島飛行隊長が松山基地を、岩城副長が冨高基地を、栢木分隊長が鹿屋基地をそれぞれ掌握し、計画通りの展開を完了した。しかし、各基地共執拗な空襲と、厳しい燃料制限により、飛行訓練はほとんどできず、技量の維持も難しくなった。湯野川大尉は座学の講師に呼ばれてＫ７０８の隊員達を相手に桜花の構造や特性を２、３日がかりで講義した。

小松基地に展開していた桜花隊は、安宅町から連絡を密にすべく陸攻隊宿舎のある串町に移動した。ここでは士官は民家に寄宿し、下士官は光林寺に分宿することとなった。

ここでも飛行訓練は行われず、もっぱら体力作りの名目で陸攻隊とのバレーボールの対抗試合や、水泳訓練が行われた。このほかの出来事といえば、義経伝説の安宅関を見学に訪れたり、梯川で釣りをする毎日であった。

この頃の小松基地での生活の様子を鈴木中尉は「小松ではまったく飛行作業はありませんで、待機状態となりました。基地の近くの造り酒屋に寄宿しながら小川のシジミを採ったり、安宅の関を見学に行って近くの海岸に海水浴に行ったりして過ごしていました」と、語っており、ほかの隊員の証言も似たようなもので、最前線の鹿屋や冨高で出撃待ちをする緊張の日々から一転して、図らずも本土決戦前のつかの間の

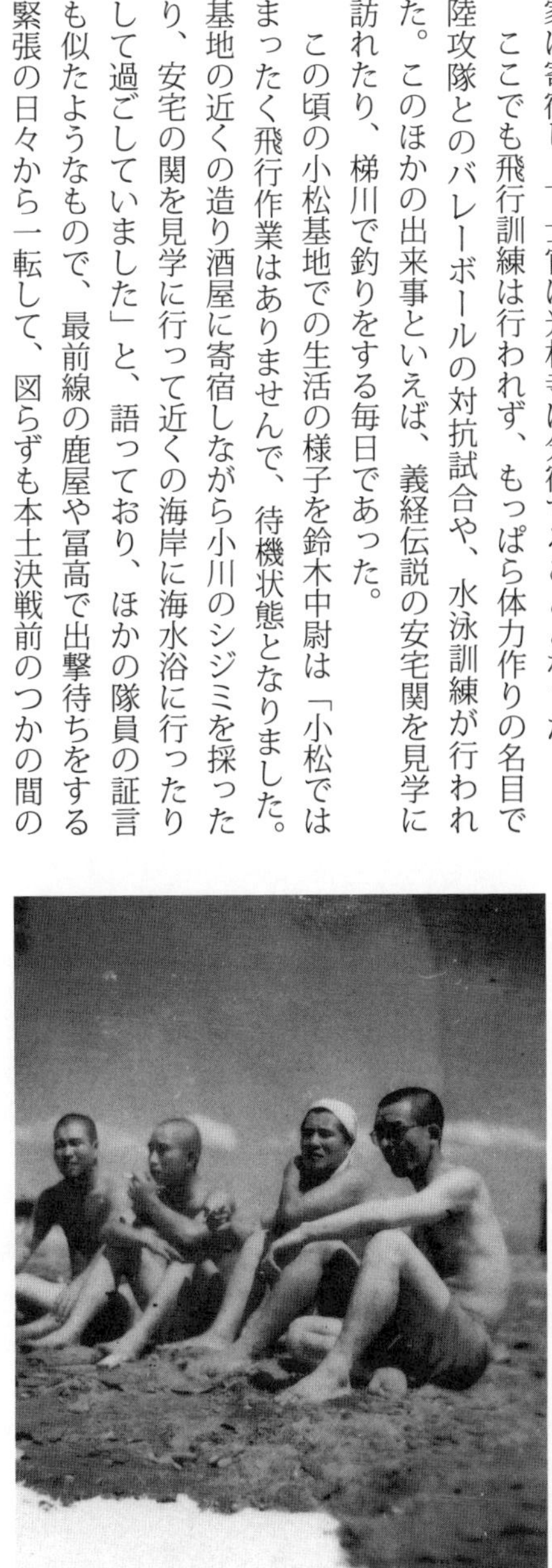

↑水泳訓練中の桜花隊員。飛行訓練が行われず「体力錬成」を名目とした水泳訓練と海水浴が行われた。右写真中央は細川中尉。

安息の日々となった。

この間、各地を襲った空襲は日本海側にも及び始め、7月19日には福井、8月2日には富山がB‐29による夜間空襲を受け、市街地の大半を焼失し、夜空が赤く染まる様は小松からも望見された。

龍巻部隊の改変と空襲

後述の7月1日付けの桜花四三乙型装備の七二五空の開隊と共に、七二二空龍巻部隊は本土決戦に対応した体制に改変され、従来の神雷部隊への搭乗員養成・供給部隊から、桜花二二型を主装備とする実施（実戦）部隊に改変された。しかし、肝心の桜花二二型はいまだ実用試験の最中で、戦力化されるのはいつとも知れぬ状態であった。

実際、配備されたとしても実機での訓練もできず、桜花K1の訓練も限られた者しか経験していない状況で、いかに戦力化しようとしたのか、理解に苦しむ。

飛行特性は実機試験で確認した結果を座学で教えて、あとはぶっつけ本番（洒落にならない）でいきなり乗せるつもりであったとしか考えられないが、それで戦果が挙がったか、はなはだ疑問である。

とはいえ、この状況下でも桜花K1の降下訓練は細々と続いていた。一宮少尉の航空記録によれば、5月の桜花K1投下訓練は3回、6月に4回、7月に2回、8月は1日に1回のみである。

日本の防空戦力の低下を見計らったかのように、6月頃から は鹿島灘にB‐24が度々飛来するようになった。本土決戦に備えての上陸場所の地形偵察であろう。目の前の敵機の跳梁を指をくわえて見ているしかない龍巻部隊の隊員達を悔しがらせた。

またこの頃、戦闘三一三が神ノ池基地に展開し、邀撃任務にあたっていた。現存する戦闘三一三の零戦五二型丙の写真では、攻撃力の低下を忍んで機体を軽量化するため、主翼の13㎜機銃を撤去し、孔を金属板で塞いでいるのが確認される。

↑いつも神ノ池基地上空を飛んでいたカラスは次第に隊員達に慣れ、しまいには「おいで」と呼ぶと手の上に乗ってきた。写真は横穴壕の入り口でカラスと遊ぶ松林重雄少尉（予備14期）。

ある日、戦闘三一三飛行長の増山保雄大尉（海兵69期）が龍巻部隊の士官室にやってきた。居合わせた松林重雄少尉（予備14期）とは同じ麻布中学校（旧制）の出身の間柄である。中学校の同輩に対する気安さからか、増山大尉は「松っちゃん、この戦は負けだよ」と、兵学校出身者にしては稀な発言をして、松林少尉に強烈な印象を残した。

7月4日、第一警戒配備が出されていた神ノ池基地に、正午近くになって敵機北上中との情報があり、総員待避の命令が出され半鐘が鳴り響いた。味口一飛曹が兵舎を出ると爆音は龍巻山の方から聞こえてきた。夏空の所々に雲が浮いている。空襲警報には慣れてしまい、また来たなぁと思いつつ、小走りで避退場所の松林に向かっていると、爆音は頭上に来て旋回を始めた。しかし敵機の姿は見えない。

今日も無事だったかと兵舎に戻ろうと松林からちょっと出たところで、向こうから真っ赤な顔をした竜田巧上飛曹（甲11期）ら3名ほどがこちらに向かって「突っ込んでくるぞ！」と叫びながら走ってきた。あわてて引き返して走り出した途端に銃撃音が鳴り響き、身体を挟むように弾着した。一同がその場に身を伏せると敵機は次々とやってきて銃撃しては目の前の松の梢すれすれで引き起こして飛び去っていった。おそるおそる頭を上げてみるとP‐51であった。風防が夏の日差しにきらりと光って見えた。銃撃が途絶えたところを見計らって松林に逃げこんだ。反転して戻ってきたP‐51の編隊は、今度は地上すれすれまで降りて滑走路に置かれた囮機に銃撃を加えると、引き起こして去っていった。2月以来、約5ヶ月ぶりの空襲であった。

兵舎の近くでいつも汲み取りの荷車を曳いていた近所の農夫と牛が逃げ遅れて機銃に撃たれた。農夫は太ももに機銃弾2発の貫通銃創の重傷で、一命は取り留めたものの牛は即死。その日の夕食にカレーライスが出た時、皆「あいつだなぁ」と思った。

7月10日、今度は機動部隊の艦載機の攻撃を受けた。前日、久しぶりの半舷上陸があり、味口一飛曹はこれが最後かもしれぬと思いつつ娑婆の空気を吸い込んだ。早朝、基地に戻って洗面場で朝飯前に洗濯をしているとブザーが鳴り、「総員退避」の叫び声が聞こえた。洗いかけのシャツをオスタップ（洗濯盥）に投げ込み、貴重な石けんをポケットにねじ込むと上着を引っかけて飛び出した。爆音は早くも頭上に迫り、半鐘が連打されている中、兵舎から松林を抜けて龍巻山の中腹に掘られた防空壕に飛び込んだ。この間、爆音だけで敵機の姿は見えない。ひと息つくと、またP‐51の銃撃だろうから軸線さえ合わなければ大丈夫とばかりに、怖いもの見たさに外に出て防空壕の入り口の砂地に腰を下ろした。ところが、「来た来た、来たぞ～っ、うわぁ～逃げろ！」と叫んでバタバタと砂地を駆け上がってくる一団を見て、あわてて防空壕に戻った。

外で見張っていた者が、「本隊が突っ込んでくるぞ～！」と叫ぶ。また外に出てみると第二飛行場の方に4機突っ込んできてだんだんと大きく見えてきた。敵は制空権を握っているので低空まで降りて銃撃を加え、続いてロケット弾攻撃を行った。引き起こしにかかった敵機の腹には増槽が付いており、機首が短く青黒い。グラマンF6Fであった。そのうち対空機銃が命中した1機がパッと火を噴いたかと思うと、よろめきながら鹿島灘に飛び去った。

敵機は続々と来襲する。何もできないので味口一飛曹は防空壕に戻るしかなかった。午前中の空襲は2月に較べると飛行機がなかっただけに損害は軽微であった。ところが一四〇〇過ぎ、真っ黒い蠅のような群れが陸地に向かってきた。近づくとF6Fで、掩護されたSB2Cヘルダイバーの編隊であった。艦爆が来たからには今度は爆撃される。「おーい、また来たぞ～！」と固唾を呑んで見守っていると、先頭の集団は陸軍の鉾田飛行場に向かっていった。しかし次の集団はこちらに向かってだんだんと大きく見えてきた。爆弾の直撃を受けたら砂丘に掘った防空壕などひとたまりもない。皆防空壕を飛び出して反対側の山裾に駆け下りる。その途端にものすごい爆発音を聞いて、川の傍の水のしみ出る壕に飛び込んだ。爆音から敵機が回り込んだのがわかったが、もはや身をかがめているしかない。激しい弾着の振動と爆風が足下まで吹き込んできた。敵機は正体がばれた飛行場に置いた囮には目もくれず、掩体壕に置かれた戦闘機を狙っていた。一方で2月以降に配備された25㎜機銃と訓練を受けている正規の機銃射撃員による対空火器が威力を発揮、5機を撃墜した。

空襲が終わって防空壕から出ると、兵舎の周りにはそこら中ボスボスと機銃掃射の跡があり、瓦は砕けてあちこちに散らばっていた。

滑走路のエンドに撃墜した1機が突っ込んでいた。F4Uコルセアだった。その手前の掩体壕傍に搭乗員の死体が転がっていた。聞けば炎上して墜落途中に高度50ｍぐらいから飛び降りたが落下傘が開く前に地上に激突したとのことだった。人垣の間から覗くと年のころは17～18歳ほどの赤い髪の大柄な少年に見えた。彼も一人前の技量を持った搭乗員であり、経歴は察することができる。こうして敵地で死んだことをそのうち彼の両親も知るのであろうと思うと、味口一飛曹はそっと目を閉じ人垣から離れた。

コルセアは操縦席のあたりまで地面にめり込んで砕け、まだくすぶっていた。尾翼と方向舵は被弾して吹き飛んだのか何もなく、巨大な尾輪が目についた。エンジンは3分の2ばかり地面にめり込んでプロペラが2枚見えていたが、カウルフラップは開いたまま、まったく焼けていない真新しいエンジンの状態に味口一飛曹は驚いた。早くも航空兵器整備分隊が取り付いて慣れた手つきで主翼の蓋を開けて弾倉にたくさん入った弾帯のままの機銃弾と機銃の取り外しにかかっていた。「なんだ、日本の13㎜と一緒じゃないか」「どちらも真似しているなぁ」。彼らはこれが商売だけに手際が良い。「おい、銃口には立つなよ、まだ弾丸が入ってるんだから……おや、この機銃の同調装置は電動だな。ここにコードが付いてる」「敵さん良い鋼を使ってるなぁ、この推進バネは柔らかいなぁ」等と口々に感想をもらしながら取り外していた。

米海軍記録によるとこの日の午後に神ノ池基地を空襲したのは第38・4任務部隊の計95機、そのうち、被弾を含んだ損害を報告しているのはこの日が初陣の空母ヨークタウン(Ⅱ)所属のVBF-88のみである。第2小隊4番機として出撃した1機が降爆時に飛行場の北西角にあった対空機銃陣地からの攻撃を受けて被弾し、墜落したと記載されている。その搭乗員はミズーリ州出身のチャールズ・エドワード・エンホフ(Charles Edward Emhoff)海軍予備少尉(19歳)と判明した。

8月2日、松林少尉に桜花K1搭乗の指名が来た。松林少尉は同期の横尾良男少尉に頼んで遺影を残す覚悟で写真を撮った。現存する唯一の桜花飛行写真である投下直後の桜花K1「722-31」号機の写真は、この時介添役で搭乗していた横尾少尉が、投下直後の松林少尉機を撮影したものである。

無事3分余の滑空を終えて着陸した松林少尉は、桜花K1に搭乗した最後の士官となった。ちなみに龍巻部隊に在籍した予備14期士官79名中で桜花K1に搭乗した者は半数に満たない30名であった。

桜花二二型の改修と七二五空の開隊

長野少尉の事故ののち、桜花二二型の構造は再検討され、不時点火した加速用ロケット、四式一号噴射器二〇型の装備位置が推力線から離れており、今回の事故で機首が急激に押し上げられる原因となったことが判明し、取りやめられることとなった。

8月1日付けの航空戦備資料によると、桜花二二型は7月末に開発完了予定とされていたものの、「試製桜花二二型、第一技術廠実機48機完成、動力不具合事項対策中ニシテ下旬飛行再開ノ予定」とされている。

実際、7月20日以降、横空にて平野大尉搭乗によるツ-一一の空中試験が都合6回にわたり、断続的に行われていた。しかし、根本的改修を実施したはずのツ-一一でも、相変わらず性能は安定せず、加速時の異常振動や減速時のエンストなど、問題山積の状態で実用化にはほど遠い状態であった。

このような状況下の8月1日、半ば強引に平野大尉による桜花二二型の飛行実験が行われることとなった。母機の銀河の機長は横空の同期生戸塚浩二大尉(海兵69期)であった。長野少尉の教訓から胸に予備の落下傘を装備し、予定通り高度500mまで上昇したところで、平野大尉は電信員席から後部の開口部を通って桜花に移乗、固縛金具を介添役の電信員（この日は本来偵察員である関根瑛應中尉（予備13期））に渡し、各部を念入りに点検しながら待機に入った。母機に懸吊された桜花の操縦席から外界はほとんど見えない。やがて高度４０００ｍで神ノ池基地上空に到達、投下体勢に入り、座席左側にある燃料コックを桜花のタンクに切り換え、スロットルレバーを押し込んでツ-一一を全開にしたところ、突然機体に激しい異常振動が発生し、離脱直前に実験は中止された。神ノ池基地に緊急着陸のあと確認したところ、４本あるエンジン支持架のうち３本に亀裂が生じ、破断寸前となっていた。もし投下されていたら機体はもとより、平野大尉が無事で済んだとは思えぬ状態であった。

この有様では桜花二二型は本土決戦用兵器としては使えない。すでに見切り発車の形で機体は50機が生産（当初予定は6月以降月産50機）されて大社基地に集められており、母機に改装された銀河も逐次攻撃五〇一に配備されていた。軍令部からは何としてでも実験を行うように強い要請があり、次回試験は8月15日一三〇〇からと決定された。

桜花Ｋ２による射出試験の結果を受け、射出訓練を実施する部隊の編成と訓練基地の選定が急がれ、実機の完成を待たずに部隊編成が進められた。

射出訓練基地となる比叡山基地のカタパルト建設が進む中、7月1日付けで第七二五海軍航隊が開隊された。司令は鈴木正一中佐（海兵52期）。秘匿名称は「鈴木部隊」とされ、神雷部隊のような別名はなかった。

七二五空は当初香取基地に開隊され、司令が着任する前から主計長と通信科の五味一徳兵曹（15志）が着任、翌日着任した主計兵、整備兵、電信兵数名と共に主計科防空壕に収容されている膨大な食料や衣類等を香取基地のトラックに積み込み、連日国鉄佐原駅まで運び込んで貨車に積み換え、当面の拠点となる滋賀基地に送り込んだ。

7月20日付けで本城薫中尉（予備13期）以下40名が七二二空から転勤が発令され、滋賀基地に着任した。続いて8月1日付けで小林永門少尉（予備14期）以下83名が第二陣として転勤が発令されている。

第一陣の神ノ池基地からの転勤者が国鉄大津駅に着くと、駅前は空襲対策の強制疎開による防火帯確保のため、取り壊し作業の真っ最中であった。この光景は予科練入隊以来の海軍生活で、最近の世情に疎かった甲飛13期生達を暗澹とさせた。大西直次二飛曹（甲飛13期）は「この光景を見て『こりゃ駄目だ』と、思いました」と回想する。

昭和20年8月1日付けの航空戦備資料によると、桜花四三型乙に関しては、10月開発完了予定とされ、「試製桜花四三型、実験機2機製作中。練習機射出実験成績良好ニシテ実用に供シ差支ナシ。射出訓練基地決定次第訓練開始の予定」とされており、桜花Ｋ２が四三型練習機となったことと、7月1日の七二五空の開隊と滋賀基地への展開がうかがえる内容となっている。

この時期の七二五空の様子は、第一陣で着任し第一分隊となった浅野昭典二飛曹によれば、「着任はしたものの、カタパルトはまだ工事中で、練習機も到着しておらず、屋根を取り払って桜花を載せられるように改造されたケーブルカーを海軍の兵隊が運転してました」とのことであった。これは比叡山鉄道が海軍に接収され、基地建設用の資材運搬にケーブルカーが使われていた頃の貴重な証言であろう。

滋賀基地には飛行科と整備科が居住しており、そのほか主計科や通信科等の一般隊員は山上の比叡山延暦寺の根本中堂周辺の僧房を宿舎として生活していた。

搭乗員には決まった日課もなく、滋賀基地の宿舎で寝起きしながら、琵琶湖で泳いだり、たまに滋賀空で教育を受けていた甲飛16期の予科練生達に「これ見よがしに」数機あった零戦と九三式中練で特種飛行をやったりしていた。

7月下旬、最大の難工事である傾斜が急な60m直線射出軌道の建設が昼夜兼行で行われ、カタパルトの工事がようやく一段落し、重錘が付いたワイヤーの接続前に台車の動作試験が行われた。台車の上に桜花四三型に見立てた櫓が築かれ、一同見守る中、台車に装備された加速ロケットに点火されるや、轟音と共に台車はレールを滑走、一番端まで行ったところで制止ワイヤーでガシャンと止まり、無事櫓を投げ出し試験は成功した。

建設されたカタパルトの先端からは眼下に琵琶湖と湖岸の滋賀空の滑走路が見えたが、途中には裳立山が突出しており、武山のカタパルトで桜花K2の射出も経験していた先任下士官の渡辺藤十郎上飛曹は、気流が乱れることを気にしていた。

事実、琵琶湖周辺は地形の関係からか風向きが安定せず、さらには「比叡おろし」と呼ばれる突風が予兆なしに吹くことがあり、大津空での九三式水中練の飛行訓練では、この安定しない風向きと突風により事故が多発し、ついには大津での中練教程を断念して香川県の詫間基地に移転したという実例がある。平成15年にも突風により沖合に出たヨットが転覆し、死者が発生している。

桜花K2の実機が到着せず、訓練が間に合わなかったことで、結果として殉職者を出さずに済んだともいえる。

第二陣として8月3日に着任し、第二分隊の先任下士官となった荒木新平二飛曹（乙18期）と甲板下士官の船川睦夫二飛曹（乙18期）らは宿舎となった山上の僧房に入った。

この待機中に主計科倉庫から大量の食糧と酒をギンバイし、翌日分隊長小林少尉をはじめとする士官数名も呼んで、転勤祝いと称して飲めや歌えの酒盛りをやった。酔いが回ったところで、分隊長から「先任、これだけの品物をどこから仕入れたのか？」と尋ねられた。しかし、「分隊長今頃何ごとですか？　分隊長も同罪ですが、始末書でも書きますか？」「よっしゃー、しっかりやりましょう」といった具合で、夜中までドンチャン騒ぎが続いた。船川二飛曹は宇佐空時代の4月28日、八幡忠臣隊として九七式一号艦攻で串良基地より出撃したが、途中油漏れにより帰投を余儀なくされたという経歴があり、肝が据わっていた。自身は下戸ながら皆が喜ぶ様子を見ているのが楽しかったと回想する。

比叡山基地は残工事を進めながら練習機の到着を待ちつつ、完成式を8月15日に行う予定であった。

「剣号作戦」への参加

沖縄戦の終息直後の6月24日、海軍最後の積極作戦として、マリアナ方面に展開するB‐29基地への片道挺身攻撃が企画された。この作戦は「剣号作戦」と呼ばれ、月明の晩に陸攻に陸戦隊を乗せて、木更津基地から発進、占領されている硫黄島を超低空でかすめ、グアム、サイパン、テニアン各島にある飛行場に胴体着陸し、B‐29と関連施設や物資を爆破して、内地を蹂躙するB‐29の空襲を阻止する作戦であった。

当初は陸攻25機と、呉第一〇一特別陸戦隊の隊員からなる中規模なものであった。しかし、間もなく陸軍の挺身部隊も加わって編成は拡大され、陸海共同の一大空挺作戦となった。「剣」部隊と呼ばれる三航艦、五航艦、十航艦から集められた陸攻隊は二隊に分けられ、「第一剣部隊」として青森県の三沢基地に展開した攻撃七〇四に、一式陸攻30機に山岡大二少佐以下の呉第一〇一特別陸戦隊300名が便乗、「第二剣部隊」として北海道の第二千歳基地に展開した部隊は園田直大尉（戦後衆議院議員となり、のちに外務大臣）が指揮する陸軍精鋭の挺身隊300名が便乗することとなった。挺身隊員には当時の日本陸軍としては最新鋭の装備があてられ、8連発の百式自動短銃やゴムの吸盤の付いた吸着爆薬や拳銃を各自が装備した。

これに「烈」部隊として、宮城県松島基地に展開した七〇六空の攻撃四〇五の銀河36機からなる八十番1発搭載の飛行場爆撃隊と、攻撃七〇六の銀河36機からなる20㎜機銃20門装備の改造機による飛行場銃撃部隊が加わった。この改造は現地改修のやっつけ仕事的なものではなく、ちゃんと風洞実験や飛行試験まで検証された正規の改造である。烈部隊は飛行場攻撃終了後はトラック島に着陸する予定であった。

これを受け、錬成基地となった青森県の三沢基地と、北海道の第二千歳基地には攻撃七〇八からも総計10機程度が参加することとなったが、作戦の秘匿のため、各機のペアの所属は原隊のままの派遣扱いで各基地に進出した。

剣部隊の陸攻隊員にも陸戦隊員達と同様の米軍の作業服を真似た緑色のワイシャツにネクタイ、大きいポケットの付いたズボンが支給され、イガグリ頭の下士官搭乗員達も頭髪をのばすようにと指示され、山嵐のようになってようやく伸びた髪はオキシフルで脱色し、ちょっと見は小柄な米兵に見えるようにと工夫した。

搭乗員達も胴体着陸後は陸戦隊として活動するため、三沢基地では海軍陸戦隊に、第二千歳基地では陸軍挺身隊にそれぞれ指導を受けながらの陸戦訓練が開始された。

その内容は、B-29の主翼下に取り付ける吸着爆弾の取り付け訓練、拳銃の射撃訓練、手榴弾の投擲訓練、擲弾筒の取り扱い操作、倉庫の鍵開け方法等多岐にわたり、果ては自決方法の講習まであった。また、三沢基地に展開した搭乗員の中にはB-29を奪って内地に帰るんだと、基地の配置の証言のため集められた捕虜のB-29搭乗員に、身振り手振りも交えて熱心に操縦方法を聞く者もいた。

一方、隊員達を運ぶ一式陸攻は重量軽減のため、陸攻固有ペアは操縦2名、偵察、電信、搭整各1名の5名に減じられていた。電探、防弾板、機銃は降ろされて側方銃座の窓は塞がれ、胴体側面の出入り口以外に尾部銃座部分が掛け金ひとつ外すことでポロリと外れるように改修された。胴体着陸後、そこから空挺隊員10名を含む隊員達は機外に飛び出し、破壊活動を実施する手はずであり、機動力を上げるべく自転車まで積んだ。これら改修工事は秘匿のため、第二千歳基地で実施された。抵抗軽減と重量軽減の一方で、あれこれ積み込んで過荷重となった機体重量は15t半に達したという。これら改修された陸攻は従来の機番号の代わりに聖、剣、破、邪、闘、魂、炸、裂、必、成の各一文字が記載された。現存する写真に戦後横須賀で撮影された一式陸攻三四型に「破-3」と描かれた機体が確認される。また第二千歳に集められた機体は一一型が多かったとの証言もあり、各部隊から可動機をかき集めて改修した様子がうかがえる。一一型は銃座を塞いで抵抗を減らす一方で胴体後部の床に段差がない。そのためオートバイを搭載し、床にタイヤが嵌る木製のレールを敷いた。そして着陸時に尾部銃座の覆いを外してそこから押し出して走り出すように改造されていたという。

搭乗員の技量低下もあり、当初の作戦では7月22日の午後に木更津基地を発進して薄暮に硫黄島を迂回（この間別動隊の豊橋空の銀河隊数機が硫黄島を空襲して反撃を封じる）して要所を低空飛行で突破進撃し、二一〇〇～二二〇〇頃に列島線東側から一気に突入。まず烈部隊が飛行場を銃・爆撃して混乱したところに剣部隊が強行突入して地上施設とB-29を夜明けまでに一気に破壊し、作戦終了後の生存者は山中に逃れてゲリラ活動を継続する計画であった。

しかし、7月14日に北上してきた米機動部隊によって、松島基地の銀河隊と三沢基地の陸攻隊が空襲により機材に損害を出した。この空襲で攻撃七〇八が持ち込んだ3機も被害を受けた。この損害の補充、再建のため作戦は1ヶ月延期され、8月18日から22日にかけての月明時期の決行とされた。

この空襲で失われた剣号作戦用機材の補充のため、七二一空に対し7月28日に機材7機と月明夜間行動可能な搭乗員7名を青森県三沢基地に派遣せよとの通達が出されている（機密第二七二二四五番電）。7月31日には七二二空に対し、陸攻の有章整備員を剣号作戦終了までの間、全員第二千歳基地に派遣せよとの通達が出されている（機密第三一〇〇五二番電）。

この後、部隊は8月6日には三沢基地で昭和天皇名代である高松宮宣仁大佐以下、海軍総隊長官小澤中将、寺岡三航艦長官、大西軍令部次長らの視閲を受けた。これら海軍首脳部を乗せた零式輸送機は零戦の護衛の下に飛来した。三沢基地上空に達するや零戦隊はサッと分散して周囲を警戒する中、三沢基地に着陸した。

薄暮から3時間にわたり烈部隊、剣部隊合同での総合演習が行われ、細部の手順の調整は残されたものの、おおむね成功に終わった。

この日の晩、広島への原爆投下が報じられた。この結果、「剣号作戦」部隊にはさらなる原爆投下阻止という、極めて重い使命まで帯びることとなった。

戦後公開された資料では、このあと9日の長崎への第二の原爆投下に続き、17日以降には第三の原爆が投下可能な状態になるとされている。当時、大和田通信隊の通信傍受から、原爆搭載機のコールサインが判明し、テニアン島より発進したと推測された。それを裏付ける捕虜の証言も得られたが確度は低く、攻撃目標をテニアン島1ヶ所に絞るのはリスクが大きいと判断され、3島すべてに攻撃隊を送ることと決まった。

しかし、この「剣号作戦」も、8月15日に烈部隊の攻撃四〇五飛行隊の銀河が木更津基地に前進したところで終戦を迎え、発動されることはなかった。

広島への原爆投下とその後の混迷

8月6日〇八一五、広島に投下された原爆の爆風と放射線を含む熱線は、一瞬にして広島市内を廃墟にし、年内に約12万人が死亡する恐るべき破壊力を示した。

広島壊滅の一報は、〇八三〇に呉鎮守府より大本営海軍部にもたらされた。昼過ぎには同盟通信からも特殊爆弾により広島が全滅したとの報を受けた大本営は、政府首脳にも情報を伝え、午後早くには「広島に原子爆弾が投下された可能性がある」との見解を出した。夕刻には蓮沼蕃侍従武官長が昭和天皇に「広島市が全滅」と上奏し、昭和天皇は顔を曇らせ、それ以上尋ねようとはしなかった。

アメリカは翌7日未明、ハリー・トルーマン大統領の名前で声明を発表し、原子爆弾の完成と広島空襲に用いたことを全世界に公表し、ポツダム宣言を黙殺しいまだ降伏の意思を示さない日本に警告を発した。

この放送は日本側でも傍受され、大本営は一五三〇に報道発表を出した。

一、昨8月6日、廣島市は敵B‐29少數機の攻撃により相當の被害を生じたり
二、敵は右攻撃に新型爆彈を使用せるものの如きも、詳細目下調査中なり

この時点では日本側の正式調査の結果が出ておらず、原子爆弾の表現は見送られた。

原子爆弾の原理は1939年にデンマークの理論物理学者ニールス・ボーアがウラン同位体の中でウラン235が低速中性子で分裂するとの核分裂の理論を米物理学会で発表しており、戦前より物理学者の間では知られた存在であった。しかし、これを実用化するのは大規模な施設と技術力、膨大なエネルギーを必要とし、大戦中の完成は無理ではないかと見られていた。

日本でも昭和17年頃より陸海軍別々に開発研究が進められていたが、肝心のウラン自体が足りず、濃縮技術も未熟で基礎研究の域を出なかった。極秘研究ではあったが、こうした動きは口伝てで兵士達に伝わり、休憩時間のネタ話として「マッチ箱大の爆弾で戦艦1隻を轟沈させる新型爆弾開発中」との軍事科学小説ばりの噂話として流れていた。このため、1発の爆弾で広島が壊滅したことを聞いた者は、この噂話を思い出し「本当にアメリカは作っていたんだ」と、感じたという。

広島への原爆投下の報は、神雷部隊にも間もなく伝わった。このため、小松基地では個人用のタコツボ型の防空壕を作ることとなり、飛行訓練のない桜花隊員も自分用の壕堀りに汗を流した。

その後の陸海軍の現地調査で原爆である事実の確証を得た日本政府は、10日付けで原子爆弾の使用は戦時国際法違反である旨の抗議文をスイス政府を通じて米国政府に提出する。また、ラジオ・トウキョウから欧米系捕虜を用いた英語放送で広島の惨状を伝えている。

投下翌日のトルーマン声明は、日本の政官界と言論界を大きく揺るがした。「アトミック・ボム」を連呼する一連の放送を受け、この日の午後、東郷重徳外務大臣が参内し、昭和天皇に米英側の放送内容を詳しく奏上した。

昭和天皇はすべてを承知し、決意を固めたことを東郷外相に伝えた。「このような武器が使われるようになっては、もうこれ以上戦争を続けることはできない。不可能である。有利な条件を得ようとして大切な時間を失してはならぬ。なるべく速やかに戦争を終結するように努力せよ。このことを木戸（幸一）内大臣、鈴木（貫太郎）首相にも伝えよ」

このお言葉を受けた鈴木首相はその日の内に最高戦争指導会議を開こうと調整を図ったが、構成員数名の都合が付かず、翌8日朝に延期された。この間に前述の通り現地調査団が原子爆弾である旨の一報をもたらした。これを受け、翌9日〇九〇〇時からの最高戦争指導会議の開催が決定され、関係者に通知された。それから間もない9日〇三〇〇、サンフランシスコ放送がソ連が前夜日本時間二三〇〇に対日宣戦布告し、9日午前零時から戦闘を開始したことを伝えた。

ソ連参戦は、鈴木内閣が5月頃より次官級にも知らせず、極秘に進めてきたソ連を仲介とする和平工作の完全なる失敗を意味していた。このほかにも中立国のスイスやスウェーデンでも現地公使や武官らによる複数の和平工作が独自に進められていたが、ソ連仲介案に頼る日本本国との連携が取れず、交渉は進んでいなかった。政治常識から言えば、和平工作失敗の責任を取って内閣は総辞職するのが筋であるが、今はそれどころではなく、あえて火中の栗を拾う覚悟で降伏に関する手続きを進めることとなった。

一〇三〇、宮中で予定より遅れて始まった最高戦争指導会議は、開始早々鈴木総理の「広島の原爆といいソ連の参戦といい、これ以上の戦争継続は不可能であります。ポツダム宣言を受諾し、戦争を終結させるほかはない。ついては各員のご意見を承りたい」と、ポツダム宣言の受諾を前提として始まった。米内海軍大臣と東郷外務大臣は、天皇の国法上の地位を変更しないことだけを条件として受諾することを主張したが、阿南陸軍大臣と梅津参謀総長と豊田軍令部総長は、天皇の地位保全（当時は「国体護持」と称した）に加えて、占領は小範囲小兵力で短期間であること、武装解除と戦犯処置は日本人の手で行うことの4条件で受諾することを主張し、鈴木総理は海軍大臣側意見に賛成のため、会議は三対三のまま膠着し、紛糾した。

その最中に追い打ちをかけるかのごとく、第二の原爆が長崎に投下されて甚大な被害を出したことが報告された。会議は暗然となりながら進められたが、予定を1時間過ぎても結論が出ず、次の閣議のため、一三時過ぎから休憩に入った。日本の閣議は一四三〇から二二〇〇まで断続して開かれた。日本の継戦能力がほとんど底をついていることは共通認識として合意されたが、ポツダム宣言を受諾の可否は容易に決まらなかった。

鈴木首相はこの時点で閣議をいったん休憩とする一方で、再び最高戦争指導会議を開催し、政戦略の統一を図った上で再度閣議を開く旨、宣言した。

鈴木首相は最高戦争指導会議の再開にあたり、昭和天皇の臨席する御前会議とし、議論を尽くしたのちに一挙に聖断によってことを決する腹づもりであった。

こうして二三五〇、ポツダム宣言受諾に関する御前会議が皇居内御文庫付属の地下防空壕で開かれた。出席者は昭和天皇と6名の最高戦争指導会議構成員と平沼騏一郎枢密院議長に加え、陸海軍両軍務局長と書記官長が陪席した。換気装置はあったものの、15坪の狭い空間に12名が集まったことで息詰まるように暑苦しいものとなり、列席者はにじみでる汗をハンカチで拭った。

議長の鈴木首相の開会宣言に続き、台本のない異例の御前会議は真剣に進められた。結局先の会議の通り、1条件で受諾とする東郷、米内、平沼側と、4条件で受諾とする阿南、梅津、豊田側との対立となった。会議は日をまたいで10日〇二〇〇を過ぎた。議長である鈴木首相の意見を加えれば4対3で1条件で受諾となるが、そうして無理に押し切れば陸軍側がテロやクーデター等のなりふりかまわぬ行動で決定を覆し、権力を握りかねなかった。そうなれば日本は陸軍主導のまま勝てるわけのない本土決戦になだれ込み、文字通り国土は踏みにじられ、国民は生死の境をさまようこととなるのは明らかであった。現に陸軍省内部では公然とクーデター計画が進められていることを阿南大臣は知らされており、それを抑えての御前会議出席であった。

出席者一同がこのまま結論が出ずに散会するのかと思い始めた頃、鈴木首相が立ち上がり、「議を尽くすこと、すでに2時間に及びましたが、遺憾ながら3対3のまま、なお議決できませぬ、しかも事態は一刻の遷延も許さないのであります。この上は誠に畏れ多いことでございますが、ご聖断を拝しまして、聖慮をもって本会議の結論と致したいと存じます」と、切り出した。

鈴木首相に乞われると、昭和天皇は身を乗り出すような格好で静かに語り出した。

「それならば私の意見を言おう。私は外務大臣の意見に同意である」。一同水を打ったような沈黙の中、なおもお言葉は続いた。

「空襲は激化しており、これ以上国民を塗炭の苦しみに陥れ、文化を破壊し、世界人類の不幸を招くのは、私の欲していないところである。私の任務は祖先から受け継いだ日本という国を子孫に伝えることである。今となってはひとりでも多くの国民に生き残ってもらって、その人達に将来再び起ち上がってもらうほか途はない。

もちろん、忠勇なる軍隊を武装解除し、また、昨日まで忠勤を励んでくれた者を戦争犯罪人として処罰するのは、情において忍びないものである。しかし、今日は忍び難きを忍ばねばならぬときと思う。明治天皇の三国干渉の際のお心持ちを忍び奉り、私は涙をのんで外相案に賛成する」

かくして日本はポツダム宣言の受諾を決定した。ポツダム宣言受諾を異論の出ない聖断によって最終決定することを立案したのは、二・二六事件当時首相で生命を狙われた岡田啓介大将であり、米内大臣を通じて鈴木首相にアドバイスしたと伝えられている。

御前会議ののち、直ちに閣議が再開された。細かい議論があったものの、閣議は御前会議の決定をそのまま採択した。全閣僚が必要な書類への花押（国務大臣の承認は現在でも捺印ではなく花押によるサインである）を済ませたのは〇四〇〇近くであった。

8月10日〇七〇〇、日本政府は「天皇の大権に変更を加うるが如き要求は、これを包含しおらざる了解のもとに」の但し書き付きでポツダム宣言の受諾する旨の電報を中立国のスイスとスウェーデンの日本公使に送り、各国へ受諾を通告した。

政府は10日以降、原爆に関する報道を解禁したが、新潟市が原爆目標に選ばれているらしいとの情報を受けた新潟県はこの日付けの知事布告で新潟市民に対して「原爆疎開」命令を出した。その結果、「ソ連軍が上陸してくる」等の様々なデマが加わり、半ばパニック状態となった大半の市民が新潟市から脱出し、18日頃まで戻らなかった。

同盟通信は短波放送で午後7時過ぎ（ワシントン時間午前5時）過ぎにポツダム宣言受諾の放送を流した。いち早く受信したAP通信はその情報を世界にバラ撒いた。トルーマン大統領は朝7時過ぎにこの報道を入手し、日本の降伏は世界に知られることとなった。

中央でのポツダム宣言受諾の動きは実施（実戦）部隊には秘密にされていたが、いったんラジオの電波に乗ってしまうと、それも少しずつ漏れ始めた。

8月10日、本土決戦に備え、第三航空艦隊と第五航空艦隊を統合した連合航空艦隊が編成が予定され、その長官に宇垣中将が内定していた。前日の内示電報により事前準備として第三航空艦隊長官への異動が決まった宇垣長官は、後任の草鹿龍之介中将が着任するまでの間、沖縄戦を共に戦った幕僚達への記念にと、揮毫をしたためていた。

11日〇九〇〇、海軍総隊は今までの本土決戦に備えた温存方針から転換し、機を見て敵機動部隊、沖縄泊地艦船に対する積極果敢な攻撃の実施を指示した。この時点で五航艦の燃料は、指揮下の全機が3回出撃するだけの量しかない状態であった。

これを受けた第五航空艦隊司令部は、6月10日にに進出させたまま出撃待機状態となっていた岡本鼎中尉（予備13期）を隊長とする爆戦6機を第二神雷爆戦隊として、11日薄暮に沖縄泊地艦船に対する特攻出撃を命じた。

この出撃命令以前、喜界島での岡本中尉らは午前中は宿舎で待機して命令が来るのを待ち、午後は自由行動するという日々を送っていた。兵舎の近くに暮らす栄ヤエさんは隊員達と交流があった。星野實一飛曹（甲12期）はヤギを見るのが楽しみで毎日のように半袖シャツ姿で訪れ、稲刈り等の野良仕事も手伝った。柔らかな物言いで妹の話をしきりにしていたという。栄さんは星野一飛曹に手作りのお守りを渡した。

進出から1ヶ月近く経過した7月上旬、竹谷行康一飛曹

(特乙1期)の乗機はロケット弾の直撃弾を受けて破壊されてしまった。このため岡本中尉と岡島中尉は相談し、竹谷一飛曹に新しい機材の受け取りを命じて、8月9日に物資輸送に飛来した九六式陸攻に便乗させて鹿屋に帰還させている。喜界島で2ヶ月余暮らしていた岡本中尉らには、敵艦船の所在情報が2回もたらされたが、位置を知らせる区分略号の変更が伝わらず、解読すると敵機動部隊が中国大陸にいるという有様であった。「菊水作戦」が6月22日の第十号で打ち切られ、本土決戦体制に移行したことも、自分達が戦闘三〇六に異動したことも、神雷部隊の司令部が松山に後退したことも知らず、ましてや政府が降伏の準備を進めていることなど知る由もなかった。

岡本中尉らが受けた出撃命令は「菊水作戦」の一環と解釈された。命令の11日は機材整備が間に合わず、出撃予定日を8月13日とし、被爆して破壊された竹谷一飛曹機の1機を除く5機を3機の第一小隊、2機の第二小隊に分け、機体の再整備を急いだ(資料によって出撃日が異なるのはこのためである)。

第五航空艦隊司令部では、午後には情報参謀がサンフランシスコ放送を傍受し、日本政府が天皇の地位保全を条件にポツダム宣言受諾の降伏を申し込んだ旨を報告してきた。さらにはマリアナの戦略爆撃司令官は日本がポツダム宣言を受諾するまでは原子爆弾の使用を中止するとのことであった。

宇垣長官はこのような重大事項が、長官である自分にひとの連絡もなしに発せられたことに驚愕し、「目先の利に走った利口者の仕業」と断じ、降伏を断固拒否、天皇を擁して1億総ゲリラ化して徹底抗戦すれば、敵は手を焼いて投げ出すに違いないと考えた。

夜に入ると特情班はロンドン市内の戦勝祝いの実況中継やハワイ真珠湾では戦勝の喜びに自動車がクラクションを鳴らし続けていることなどを伝えたが、宇垣長官は原爆使用とソ連参戦にともなう歓喜の声を都合良く解釈した謀略放送であろうと判断していた。

翌12日に日付が変わったばかりの深夜、先の打診に対する連合国側の見解がラジオで放送された。その回答には、「降伏の時より、天皇及び日本国政府の国家統治の権限は連合軍最高司令官に隷属(Subject to)すべきものとする」と、あった。この文章だけでは天皇の地位が保全される確証とはならない。この「Subject to」を外務省は「制限下に置かれるものとす」と訳し、徹底抗戦派の注意を逸らそうとしたが、独自に翻訳した陸軍はこのトリックを知り、いったん沈静化した抗戦派の態度が再び硬化した。

12日早朝、海軍大臣・軍令部総長の連名で各長官宛に「政府は連合国に対し和平交渉を開始せるが、世論に惑わず統制を完了して国策方針に合致する様」との通達があり、先日来の動きが本物の降伏準備であったことが明らかとなり、宇垣長官は「不愉快至極」と、機嫌が悪かった。

ところがその後の外電では先の回答内容を拡大解釈したのか「裕仁及びその子孫の位置継続を認めず、要求を拒否せり」等との放送があり、連合国側は一部の利口者達が画策した小手先の講和などに耳を貸す気はなく、やはり徹底抗戦しかないのだと、宇垣長官は改めて納得した。

そこに小澤海軍総隊司令長官から強固なる意志を持って既定作戦の強行を指示する親展電報が届いた。宇垣長官は今朝来の海軍中央の迷走ぶりに「何となく内輪破れの感あり」と、冷ややかに観察しつつ、やはり徹底抗戦あるのみと思い定めた。

連合航空艦隊編成に先立ち、第十航空艦隊が12日付けで、七二三空（彩雲特攻部隊）が13日付けでそれぞれ宇垣長官の指揮下に加わった。

この日の夜半、串良基地を発進した九三一空攻撃二五一の天山4機が沖縄中城湾へ夜間雷撃に進入、停泊中の戦艦ペンシルベニアの艦尾に魚雷1本が命中した。同艦は大破口を生じて浸水し20名の戦死者を出した。これが雷撃による最後の戦果となった。

御盾隊と第二神雷爆戦隊の出撃

8月13日、晴れ。この日〇七三五に第三～第七区に対し「決号作戦」警戒を命令する海軍総隊第一八二号電が発せられ、続いて一八四号で航空部隊の作戦要領が発令された。

一、天航空部隊（五航艦のこと）指揮官は対機動部隊兵力の重点を中部正面に置き、好機を捉え捕捉撃滅すべし
二、烈および剣号作戦を決行せよ
三、丹作戦（レイテ湾への銀河特攻隊）および台湾進出兵力は主攻撃目標を沖縄在泊空母に変換撃滅せよ

と、その内容は全面的な反撃作戦命令であった。これに呼応するように、陸軍の航空総軍も一部の強行派参謀達が出先部隊の参謀達と図り、実質的な終戦阻止を狙った大規模な航空攻撃の準備を進めていた。

その一方で、海外放送は朝から日本政府に対し、ポツダム宣言の正式受諾を促す放送がしきりに流され、これに呼応して10日以降補給と台風接近のために日本本土から離れていた第38任務部隊が、この日犬吠埼東方海上に再び接近、発進した6波900機に及ぶ艦上機により、〇六三〇頃より関東から沼津方面にかけて広範囲に空襲が開始された。

降りかかる火の粉は払わねばならない。7月25日の4機、8月9日の8機に続き、敵機動部隊への索敵攻撃が実施された。一二三〇～一五〇〇にかけて元八郎中尉（海兵73期・偵察）を隊長とする第七御盾隊第三次流星隊（七五二空攻撃第

五）の流星改６機中４機が空襲の合間をぬって木更津基地を発進、同様に敵機により飛行場上空を制圧された百里原基地からは小城亜細亜中尉（予備13期・操縦）を隊長とする第四御盾隊（六〇一空攻撃第一）の彗星24機中４機が空襲の切れ間をみて一三三〇〜一五〇〇にかけて散発的に発進、犬吠埼70度１１０浬の敵機動部隊に突入した。

このほか、愛知県名古屋基地に展開していた六〇一空攻撃第三にも攻撃命令が出された。六〇一空では未明に搭乗員総員整列がかけられ、指揮所前に整列した搭乗員全員を前に飛行隊長藤井浩大尉（海兵69期）が「第一次攻撃隊を編成する」と、宣言した。皆黎明攻撃に出撃するのだと思って身震いして興奮する中、日頃大言壮語していた第一分隊長（操縦）の新谷隆好大尉（海兵71期）がすかさず「私は残って後進の育成をいたします」と発言し、出撃の興奮が一転して気まずい雰囲気となった。

この場は、すかさず申し出た第二分隊長（偵察）の田上吉信大尉（海兵71期）が攻撃隊指揮官となることで収まった。

結局、攻撃第三飛行隊の出撃は二度の延期の末、〇六〇〇の敵機動部隊位置しか分からぬまま一五〇〇に全機索敵攻撃の命令が発せられたが、「目標付近雲高低く爆撃不能」との ことで一番機離陸直後に攻撃中止命令が出され、離陸した一番機も間もなく呼び戻された。米軍資料によると、第38任務部隊は13日の攻撃隊収容後、補給のためいったん南東方向に数百浬後退しており、出撃していれば敵を発見できないまま燃料が尽きるか、機位を失して大半が未帰還となった可能性が高い。

この日、米機動部隊記録に損害はなく、日本軍偵察機12機と特攻機９機を撃墜したと記録されている。

13日朝、喜界島では栄さん宅を隊員たちが訪れ、朝食を共にした。星野一飛曹は「上から連絡が来た。今日は一緒に仕事へ行けない」と告げたという。一八〇〇、第二神雷爆戦隊の五十番爆戦５機が喜界島を発進、家の外で見送る栄さんの上空で、何度も左右の翼を上下に振る零戦が１機あり、それが星野一飛曹機であった。発進した５機のうち、第一区隊の３機が油漏れや脚故障で引き返し、岡島四郎中尉（予備13期）と星野實一飛曹（甲飛12期）の第二区隊２機が沖縄周辺敵艦船に突入し、日没から約45分後の一九五〇に「空母一に突入」の報告があり、突入確実と判定された。

米軍記録ではこの日一九四八と一九五〇に強襲揚陸艦ラグランジに２機が相次いで突入、18名の戦死者を出した。これが特攻機が損傷させた最後の艦艇となった。

この日、宇垣長官の後任となる草鹿中将は空襲のため厚木基地を出発できなかった。これを知った宇垣長官は人事局長に「本職現職ノママ当地ニアリテ天航空部隊ヲ指揮スルヲ有利ト認メラルルニヨリ、東方ヨリ連絡スルマデ交代発令を見合サレ度」と、親展電報を打ち、遠回しに長官交代を拒否した。

第七章 終戦と解隊、その後

御前会議での最終決断

13日、乏しい戦力から特攻機が繰り出されているさ中、〇九〇〇より開かれた最高戦争指導会議はまたも紛糾した。外交ルートを通じて正式にもたらされた連合軍側回答を皆で検討した。会議はこのまま条件を呑んで受諾するという海軍大臣、外務大臣、枢密院議長の3名と、回答内容を不満とし、天皇の地位保全に関する再照会を求め、明確な保証を得るために武装解除は自主的に行うべきであり、受け入れられないのであれば、一戦交えてでも有利な条件で講和しようとする陸軍大臣、参謀総長、軍令部総長の3名とに再び割れた。途中休憩を挟んで5時間の討議が続いたが、議論は平行線のまで打開の兆しは見られず、一四〇〇過ぎに鈴木総理は会議の散会を宣言した。

一五〇〇より閣議が開かれ、討議すること3時間余、ここでも阿南陸相は先の主張を繰り返し述べたが、意見の一致を見ることはなかった。最後に鈴木首相が意見を述べた。曰く、米国の回答は悪意の下に書かれたものではないこと、国情も考え方も違うので表現的な差であって、天皇の地位を変更するものではないと思うこと、それ故字句を直せと言ったところで理解できないであろうこと、国体護持を図るために徹底抗戦するのは原子爆弾のできた現在ではきわめて難しいこと、畏れ多くも先の御前会議でこの際和平停戦せよとのお沙汰であり、ご聖断が下されたからには我らはその下にご奉公するしかないことなどを諄々と発言した。そして最後に「したがって、私はこの意味において、本日の閣議のありのままを申し上げ、明日午後に重ねて聖断を仰ぎ奉る所存であります」と結び、3時間半を費やした閣議の結論とした。

この後、陸軍省に戻った阿南大臣に待っていたのは、「兵力動員計画」の名目で書かれたクーデター計画であった。陸軍省の若手将校の一団が明日14日一〇〇〇から予定されている閣議の席に乱入し、主要な和平派を監禁し、天皇にポツダム宣言受諾方針の変更を迫ろうとするものであった。彼らは、歴代天皇のひとりに過ぎぬ昭和天皇よりも万世一系の天皇を戴く君主制こそが日本の「国体」であると主張し、国体を護るためであれば、たとえ逆賊の汚名を着ようとも、覚悟のうえで行動に出ようとしていた。70余年過ぎた今日から見ると、本末転倒の破綻した論理にしか聞こえないのであるが、当事者達は国学者平泉澄博士の直門として学んだ国体観で、「軍の最高統帥者である天皇＝大元帥の命令といえども間違っていると信ずる時には、これを諌止するのが真の忠節を尽くすことである」と、本心からそう信じていた。彼らは一般国民が受けている苦しみなどは「唯物的戦争観」と切り捨て、微塵も考慮する余地を持たなかった。

さっきまで閣議で徹底抗戦を主張していた阿南大臣は一転して天皇の意志に反してはならぬと、部下達と論議の限りを尽くした。論議は2時間を過ぎても収まらず、深夜零時に再度青年将校代表の軍事課長荒尾興功大佐と会い、回答すると答えてその場を解散させ、荒尾大佐には翌14日早朝梅津参謀総長と会談し、その席で最終決断することを了解させた。

14日早朝、鈴木首相は思案していた。憲法上、御前会議開催のためには奉願書類に陸海軍統帥者の花押が必要である。前回は事前にもらっていたので開催できたが、今回はそうはいかない。そこに陸軍のクーデター計画情報がもたらされた。もはや一刻の猶予もないことを改めて知らされる形となった。

そこで「天皇の思し召しによる御前会議の開催」という、憲法上制約のない奇策をもって開催することを決め、参内してご同意を得るべく、皇居に向かった。

その間の〇七〇〇、阿南大臣は登庁して前夜の約束通り、荒尾大佐をともない梅津参謀総長と兵力動員計画に関する意見を求めたが、梅津参謀総長はこの計画に反対し、軽挙を戒め、阿南大臣も深く頷き、同意した。この瞬間、一〇〇〇のクーデター発動計画は消えた。

危ういところでクーデター計画が崩壊したことも知らず、昭和天皇は〇八四〇に鈴木首相と木戸幸一内大臣を謁見、「天皇の思し召しによる御前会議の開催」の奏上を聞くと、即座に同意した。これにより、開戦直前の昭和16年12月1日以来の最高戦争指導会議の構成員と閣僚全員の合同の御前会議が開催されることとなった。

計画は直ちに実行に移され、「平服で差し支えなし、一〇三〇までに吹上御苑に参集せよ」とのお召しが出された。閣議のつもりで総理官邸に集まっていた全閣僚と、梅津、豊田両総長、平沼枢相、迫水久常内閣書記官長、池田純久綜合計画局長官、吉積正陸軍軍務局長、保科善四郎海軍軍務局長の総計23名は平服のまま慌ただしく参内した。

その直前の一〇〇〇には永野修身、杉山元、畑俊六の三元帥が呼ばれ、各自の意見を聞いた。口々に徹底抗戦やポツダム宣言を受諾しても十個師団は親衛隊として残すべき等と、未だ強気の姿勢を崩さない奉答であったが、昭和天皇はこれらを聞いたうえで明確に「戦争を終結することに決意したゆえ軍はこれに服従すべし」との、軍の最高統帥者である大元帥としての命令を発した。

一〇五〇、御前会議が開かれた。天皇のお召しという形式に従い、出席者は天皇に正対する形で2列に並べられた椅子に座った。最初に鈴木首相が前日の最高戦争指導者会議の模様を詳細に報告し、意見は遂に不一致に終わったので、反対意見を聴取のうえ、御聖断を下さるようにとお願いした。

鈴木首相が着席すると、梅津参謀総長、豊田軍令部総長、阿南陸軍大臣が順に立ち上がって再照会論と、聞き容れられなかった場合は一戦を辞さずとの主張を口々に行った。

しばしの沈黙ののち、昭和天皇は静かに立ち上がり口を開いた。

「反対論の趣旨は良くきいたが、私の考えはこの前言ったことに変わりはない。私は国内の事情と世界の現状を充分考えて、これ以上戦争を継続することは無理と考える。国体問題についていろいろ危惧もあると言うことであるが、先方の回答文は悪意を持って書かれたものとは思えないし、要は国民全体の信念と覚悟の問題であると思うから、この際先方の回答をそのまま受諾してよろしいと考える。

陸海軍の将兵にとって、武装解除や保障占領ということは堪え難いことであることも良く分かる。国民が玉砕して君国に殉ぜんとする心持ちも良く分かるが、しかし、私自身は如何になろうとも、私は国民の生命を助けたいと思う。このうえ戦争を続けては、結局、我が国がまったくの焦土となり、国民にこれ以上の苦痛をなめさせることは、私として忍びない。この際和平の手段に出ても、もとより先方のやり方に全幅の信頼を置き難いことは当然であるが、日本がまったくなくなるという結果に比べて、少しでも種子が残りさえすれば、さらにまた復興という光明も考えられる」

昭和天皇は冷静に語りながらも、しきりに両頬に白いハンカチを押し当てていた。お言葉は時折途切れた。居並ぶ閣僚達は歴史的瞬間に立ち会いつつ、悲しみに沈んだ天皇の姿を直視することはできず、頭をたれ、嗚咽を漏らしながら拝聴するしかなかった。

「私は、明治天皇が三国干渉の時の苦しいお気持ちを忍び、堪え難きを堪え、忍び難きを忍び、将来の回復に期待したいと思う。これからは日本は平和な国として再建するのであるが、これは難しいことであり、また、時も長くかかることと思うが、国民が心を合わせ、協力一致して努力すれば、必ずできると思う。私は国民と共に努力する。

今日まで戦場にあって、戦死し、あるいは内地にいて非命に倒れた者やその遺族のことを思えば、悲嘆に堪えないし、戦傷を負い、戦災を蒙り、家業を失った者の今後の生活については、私は心配に堪えない。この際、私にできることは何でもする。国民は今は何も知らないでいるのだから、定めて動揺すると思うが、私が国民に呼びかけることが良ければ何時でもマイクの前に立つ。陸海軍将兵は特に動揺も大きく、陸海軍大臣は、その心持ちをなだめるのに、相当な困難を感ずるのであろうが、必要があれば、私はどこへでも出掛けて親しく説き諭しても良い。内閣では、至急終戦に関する詔書を用意して欲しい」

ポツダム宣言の受諾とは、休戦ではなく、降伏を意味していた。連合国の軍門に下れば、何をされるか、場合によっては国の存続自体を否定され、天皇の地位もどうなるか危ういものであった。しかし、国民をこれ以上の苦しみから救うためには、残されたただひとつの手段であり、そのためには自分の身がどうなっても良いと覚悟を決められた天皇の決意の表明であった。

閣僚達は深く打たれ、子供のように泣きじゃくる者、椅子から崩れ落ちて絨毯の上に膝をつき声を上げて悲嘆に暮れる者、両こぶしを握りしめてひたすら堪える者、様々な姿をさらした。お言葉が終わったあともしばらくは顔を上げる者もなく、閣僚達は椅子に座ったまま身動きできずにいた。

やがて、鈴木首相が立ち上がると天皇に対し、終戦詔勅案奉呈の旨を拝承し、二度にわたり聖断を仰いだことを詫び、深々と身体を折って最敬礼をした。その礼を受けて昭和天皇は立ち上がると静かに退席された。

一同が宮内省の建物まで戻った時には正午となっていた。

終戦詔書の作成

昭和天皇の意向を受け、迫水久常内閣書記官長らが9日以降準備していた詔書案は、漢学者川田瑞穂、安岡正篤両氏が用語、表現について協力し、ガリ版刷りまでできていたが、二度目の聖断での昭和天皇の言葉を極力盛り込むこととなり、改めて書き足して安岡正篤氏の校正を経たうえでガリ版印刷され、閣議に提出されることとなった。

閣僚一同は、いったん各省に戻って次官以下主要幹部に終戦決定の事実を伝えた。

陸軍省に戻った阿南大臣は、陸軍省課員全員を大臣室に集め、集まった20名ほどの青年将校達を前に御前会議の模様を語り、「必詔必謹（謹んで詔勅に従う）」を説き、なおも不満を持つ将校達に向かい「聖断は下ったのである。今はそれに従うだけである。不服の者は自分の屍を超えてゆけ」と、檄を飛ばし、なおもくすぶっていた徹底抗戦の動きをほぼ完全に押さえ込んだ。

一三〇〇、首相官邸の会議室に14名の大臣が集まり、ほかに法制局長官、綜合計画局長官が参加し、議事進行役を迫水書記官長が担当した。

詔書案ができるまでの間、先に決定可能な案件から片付けられていった。この間、下村宏情報局総裁は記者会見のために閣議を抜けた。前後して内閣官房から日本放送協会（ＮＨＫ）に連絡があり、玉音放送に関する準備の内示がされ、間もなく録音放送の形式で行くことが決まった。関係スタッフが準備に取りかかった。

この間、陸海軍はそれぞれの第一線部隊に対し積極的作戦の中止を伝える命令を発していた。海軍の場合、大本営海軍部より大海令四七号として「何分の令あるまでは対米英支蘇積極進攻作戦は之を見合はすべし」と、命令したが、戦闘意欲旺盛な第一線部隊を完全に抑えることは困難であった。

一六時過ぎ、ガリ版印刷された詔書の草案が届けられ、閣議は詔書案の文言の検討に入った。

ところがまた阿南陸相の横槍が入った。「戦勢日に非ずして」では、今までの戦況がすべて虚偽のものとなってしまう、と言いだし、ここで議論は数十分停滞した。この間の議論で阿南陸相の立場を皆が察した。この瞬間も前線では敗北を知らぬ部下達が戦っている。彼らに「栄光ある敗北」を与えねば到底納得せず、一層の混乱を招きかねなかった。最終的には強硬に反対していたものの、海軍省に一度出掛けてから戻ってきた米内海相がなぜかあっさり承知（海軍部内の雰囲気を察したためとの説もある）、その後休憩を挟んで検討は再開され、結局削除が23ヶ所で101字、加筆が18ヶ所の58字、新規追加が4ヶ所18字を加えた終戦の詔勅文ができあがったのは一九〇〇過ぎであった。

詔勅文の録音

詔勅文は早速清書に廻された。その間、放送時間に関する検討が行われ、結局国民が一番聴取しやすい時間として15日正午と決められ、14日から予告放送をして聴取率を上げるよう努力することとなった。

清書作業開始と共に提出された詔書文の写しを見た昭和天皇より、5ヶ所ほど訂正されて戻ってきた。当初は午後6時に詔書交付と同時に連合軍に対し「ポツダム宣言受諾」の電報を打つ予定となっていたが、すでに2時間以上遅れている。これ以上の遅延は、連合国側からあらぬ疑いをかけられ、和平に対する姿勢を疑われかねない。

このような状況下ではすでに書き進められている詔書を書き直す時間がなく、貼り紙と書き足しで済ませるという、前代未聞の詔書ができあがった。この詔書の文字数は御名御璽まで入れて815文字であった。

二〇三〇、鈴木首相より差し出された貼り紙と書き足しのある詔書を昭和天皇が允裁(いんさい)し、終戦の詔書は完成した。

二一〇〇、ラジオは報道（ニュース）の時間の最後に「明日正午に重大なラジオ放送があるので国民皆謹聴すべし」との趣旨の放送を入れた。具体的にどんな「重大」なのかは一切触れられず、放送を聞いた者は様々な解釈をしていた。

鈴木首相が持ち帰った詔書に閣僚が署名を始めた。詔書作成までの間に、宮内庁庁舎内2階の御政務室には昭和天皇による終戦詔書の録音設備が設営され、すでに3時半からＮＨＫ職員が待機を続けていた。

二二五五、空襲警戒警報のサイレンが鳴った。この空襲は日本側の受託回答遅れに対する圧力行動の一環で出撃したＢ-29約２５０機の一部が群馬県伊勢崎市と埼玉県熊谷市に投弾し、帰途残りの爆弾を神奈川県小田原市に投弾して伊豆下田沖に抜けて飛び去ったものであった。また、時期を同じくして、いったん後退していた第38任務部隊も15日黎明に空襲をかけるべく、房総半島沖に接近しつつあった。

23時過ぎ、閣僚全員が署名を終え、印刷局に廻し、官報号外として公布した瞬間に効力が発生（実際は印刷はされていないが、記録上官報号外として残る）した。外務省では詔書の署名完了を待って10日の時と同様、中立国のスイスとスウェーデンを通じて連合国側にポツダム宣言受諾を申し入れる電報を発信し、対外的な処置は一応終了した。

二三二五、空襲目標が東京でないことを確認した宮内庁は録音を強行することとし、いまだ空襲警戒警報が解除されていない中、宮内省庁舎に到着した。

灯火管制のため、窓の鎧戸は閉め切られていたものの、室内は電灯が明るく灯っていた。簡単な打ち合わせののち、物音ひとつしない静けさの中、下村総裁の合図で録音は始められた。テープレコーダーのないこの時代、音声の録音はレコードであった。

「朕深ク世界ノ大勢ト帝國ノ現状トニ鑑ミ非常ノ措置ヲもって時局ヲ収拾セムト欲シ茲ニ忠良ナル爾臣民ニ告ク……」と、独特の抑揚で読まれた約5分の朗読は2枚組のＳＰレコード盤に刻まれた。その後もう一度録音し、２組４枚の録音盤が完成したのが二三五五のことであった。

天皇の退出後、関係者一同で録音盤の試聴をし、放送に使用するのは最初の録音盤とすることが決められ、缶に入れられカーキ色の手提げ袋に収められた2組の録音盤は放送前まで宮内省で保管することとなり、徳川義寛侍従が預かって金庫に納めた。

青年将校の暴発

その頃、総理官邸では迫水書記官長が記者会見を行っており、20人近い記者達に正午の玉音放送が終わるまで、誤っても朝刊を出さないことを繰り返し念を押した。万一放送前に抗戦派の陸海軍人の手元に渡ったら、それこそ何をしでかされるか分かったものではない。馬場情報官からも繰り返し要請され、記者団もこれを了承した。

阿南陸相の「必詔必謹」の方針に同意できなかった陸軍省の青年将校のうち、軍務課員椎崎二郎中佐と畑中健二少佐らは14日の一四〇〇過ぎから同志を得ようと策謀していた。彼らは井田正孝中佐を巻き込み、さらに賛同者と共に近衛師団司令部の森赳師団長を斬殺、近衛兵による宮城占拠を意味する偽の師団命令を発令した。椎崎中佐と畑中少佐は自動車で宮城内の近衛師団司令部に乗り付け、警備司令所に大本営増加参謀として派遣された旨説明し、偽師団命令で芳賀豊次郎第二連隊長をだまして近衛兵により宮城を占拠させ、外部との連絡を遮断した。

〇一三〇過ぎ、玉音放送の録音を終了して宮城を退出しようとしていた下村情報局総裁及び放送協会職員など総勢17名が、坂下門付近において近衛兵により拘束され、付近の警備司令所の一室に監禁された。宮内省庁舎では電話線が切断され、皇宮警察官たちは武装解除された。

その一方で玉音放送阻止のため、日比谷の放送会館には近衛歩兵第一連隊の第一中隊が派遣された。

井田中佐は水谷近衛師団参謀長に随行して東京を管轄下に置く東部軍管区司令部へと赴き、決起参加を求めたが、田中軍司令官及び高嶋参謀長はすでに鎮圧を決定していた。

東部軍起たずの知らせを受け、畑中少佐らは焦り始めた。近衛師団参謀の古賀少佐は今までとりたてて乱暴な行動には出ていなかったが、玉音盤が宮内省庁舎内部に存在することを知った〇三三〇を過ぎた頃から、部下に捜索を命じ各部屋をしらみつぶしに探した。複雑な宮内省の建物の構造に捜索は難航し、その苛立ちから宮内省職員に暴力を振るう者も出たが、録音盤は発見されなかった。

高嶋参謀長は〇四〇〇過ぎに芳賀近衛第二連隊長との電話連絡に成功した。畑中少佐らの言動に疑問を感じていた連隊長に対し、森師団長の殺害と師団命令が偽造であることを伝えた。芳賀連隊長はその場にいた椎崎・畑中・古賀らに対し、即刻宮城から退去せよと厳命した。

宮城を離れた畑中少佐は第一中隊の占領する放送会館へと向かい、職員に決起声明の放送を要求したが、これは職員の機転によって防がれた。

日が昇って間もない〇五〇〇頃、東部軍の田中軍司令官が自ら近衛第一師団司令部へと向かい、偽造命令に従い部隊を展開させようとしていた近衛歩兵第一連隊の渡辺多粮連隊長を止めた。

その頃、陸相官邸では阿南陸相が敗戦の責任を負って自刃の支度を整えていた。義弟の竹下中佐を通じてクーデターは阿南陸相の知るところとなったが「そうか、森師団長を斬ったか。このお詫びも一緒にすることにしよう」と、特段の指示もせず、のちに馳せ参じた竹下中佐も招じ入れ、ひとしきり歓談したのち、〇六〇〇前に「一死もって大罪ヲ謝シ奉ル」の遺書を残して自刃した。

〇六〇〇過ぎ、田中軍司令官は乾門付近で芳賀連隊長に出会い、兵士の撤収を命じるとそのまま御文庫、さらに宮内省へ向かい反乱の鎮圧を伝えた。これを境にクーデターは急速に沈静化へと向かった。放送会館では東部軍からの電話連絡を受けた畑中少佐が放送を断念し、警備司令所では拘束されていた下村情報局総裁らが解放された。〇八〇〇前には近衛歩兵第二連隊の兵士が宮城から整然と撤収した。

2組の録音盤は別々に宮内省庁舎から運び出され、無事放送会館及び第一生命会館に設けられていた予備スタジオへと運搬された。

最後まで抗戦を諦めきれなかった椎崎中佐と畑中少佐は、宮城周辺でビラを撒き決起を呼び掛けたのち、一一二〇に二重橋と坂下門の間の芝生上で自決した。共に行動した古賀参謀はその少し前に近衛第一師団司令部の師団長室に安置された森師団長の棺前において軍刀で自決した。

最後の特攻

夜通しで東京湾の東南110浬まで接近した第38任務部隊は、〇四三〇に103機からなる攻撃隊を発進させた。この中にはただ1隻参加した英空母インディファティカブルから発進したシーファイア8機、ファイアフライ4機、アベンジャー6機も含まれていた。

日の出となる〇五〇〇、朝霧に包まれた千葉県勝浦の電探が南方50㎞の海上を北上する3目標の小型機編隊を探知した。これを受け茂原基地に展開していた戦闘三一六は、飛行長新郷英城少佐（海兵59期）の指揮の下、晴れかけた朝霧をついて〇五四〇に稼働全力の零戦20～40機が邀撃に上がった。編隊は約60機の戦爆連合と交戦し、シーファイア1機を含む数機を撃墜したが、7機が未帰還（戦死5名）となった。

〇五三〇、第38任務部隊は第二波の攻撃隊73機を発進させたが、野島崎付近の海岸線に達した〇六四五、「全機爆弾を投棄し、母艦に帰投せよ」を意味する「クリストファー」の信号を受けた。日本政府のポツダム宣言受諾の知らせが届いたのである。受信した攻撃隊は無線封止を破っててんでに騒ぎ始め、爆弾を海上に投棄して帰投した。すでに関東平野の奥に侵攻していた第一波の中にはこのVHF波を直接受信できなかったおそれがあり、第二波総指揮官は相模湾の海岸線まで北上して繰り返し「クリストファー」を送信し、収容に努めた。

この信号をヨークタウンのVF-8飛行隊のF6F 6機が受信したのは所沢上空であった。引き返そうとしたその時、厚木基地から離陸した三〇二空の森岡寛大尉（海兵70期）指揮の零戦8機が後上方から襲いかかった。4機を撃墜したが、ベテラン分隊長田口光男大尉（操練18期）が撃墜された。この日、三〇二空はほかに雷電4機と零戦2機が発進し、雷電2機が撃墜された。

また、この接近してきた機動部隊に対し、特攻攻撃が実施された。一〇五〇、山木勲元中尉（予備13期・偵察）を隊長とする第七御盾隊第四次流星隊（七五二空攻撃第五）の流星改2機が木更津基地を発進。一番機は脚が収まらず引き返し、二番機のみが引き返し命令を無視して進撃し、英空母インディファティカブルを狙って突入したが、惜しくも上空直衛のコルセアに撃墜された。

また、百里原基地からは斎藤和也大尉（海兵71期・操縦）を隊長とする第四御盾隊（六〇一空攻撃第一）の彗星12機が一〇一五～一一三〇にかけて散発的に発進。うち8機が進撃し、犬吠埼東方の敵機動部隊に突入した。この第四御盾隊の彗星が連合艦隊布告された最後の特攻隊となった。

脚が収納できずに引き返した山木中尉機は八十番の爆弾を抱いたまま木更津基地に着陸したが、運悪く滑走路上にあった高角砲弾の破片で左車輪がパンクし、ぐんぐん左に取られ始めた。操縦員のベテラン小瀬本國雄飛曹長（操練53期）は転覆しないように右のブレーキを踏み続けていると、過重に耐えきれず、右脚が付け根から折れ飛び、続いて左脚も折れて機体は滑走路から大きく外れて芝生の上にへたり込んだ。幸い火災は発生せず、ふたりは無傷のまま救出された。この時一一三〇。すぐさま代機の要請をしたが、飛行長薬師寺一男少佐（海兵66期）は「わかった、今日はゆっくり休め」と、この日の再出撃を命じなかった。これにより、真珠湾攻撃以来の歴戦の艦爆乗りである小瀬本飛曹長の飛行は終わった。

間もなく、突如として「搭乗員総員指揮所前」の号令がかかった。

玉音放送

近衛師団の占拠騒動で予定より2時間21分遅れの〇七二一、前夜〇九〇〇の予告放送に続き正午の放送の予告が読み上げられた。

「謹んでお伝え致します。

畏きところにおかせられましては、この度詔書を渙発あらせられます。……畏くも天皇陛下におかせられましては、本日正午おんみずから御放送あそばされます。
まことに畏れ多い極みでございます。国民はひとり残らず
謹んで玉音を拝しますよう」

と、それが終戦の詔勅であることを知っている舘野放送員（アナウンサー）の声も、おのずと荘重となった。

昨夜の予告では単なる「重大放送」が、この予告で「天皇自らの放送」と、明確にされた。それまで天皇の肉声が電波に乗ったのは思わぬアクシデントでの1回のみであり、公式に放送されるのは今回が初めてであった。

それ故に、事情を知らぬ民間人の中には、今回の異例の放送予告を「本土決戦に向けて国民の奮起を促すものだろう」と、理解した者も少なくなかった。〇七三〇までの報道（ニュース）の時間中、正午の放送予告は二度告知され、その後も繰り返し流れ、新聞の号外も配られた。

玉音放送のため、放送出力は前日までの10kwから60kwに上げられ、電力配分の関係で昼間送電が止められていた地域にも送電の指示が出された。また、真空管の不足から放送を停止していた全国の臨時放送局もこの日は特に放送を再開し、放送が全国民に行き渡るよう、準備された。

一一五五、ラジオは東部防衛司令部、横須賀鎮守府発表を報じた。

一、敵艦上機は三波に分かれ、2時間に渡り、主として飛行
場、一部交通機関に対し攻撃を加えたり。
二、11時までに判明せる戦果、撃墜9機、撃破2機なり

と、今朝の空戦の戦果を繰り返し伝えたのち、「目下千葉、茨城上空に敵機を認めず」と、結んだ。

正午となった。和田放送員が「ただいまより重大なる放送があります。全国聴取者の皆様御起立願います」との予告に続き、下村情報局総裁が「天皇陛下におかせられましては、全国民に対し、畏くも御自ら大詔を宣らせ給うことになりました。これよりつつしみて玉音をお送り申します」と宣言した。

続いて国家「君が代」奏楽ののち、録音盤による昭和天皇の終戦詔書の朗読が流れた。

「朕深ク世界ノ大勢ト帝國ノ現状トニ鑑ミ 非常ノ措置ヲ以テ時局ヲ収拾セムト欲シ茲ニ忠良ナル爾臣民ニ告ク
朕ハ帝國政府ヲシテ米英支蘇四國ニ對シ其ノ共同宣言ヲ受諾スル旨通告セシメタリ
抑〻帝國臣民ノ康寧ヲ圖リ萬邦共榮ノ樂ヲ偕ニスルハ皇祖皇宗ノ遺範ニシテ朕ノ拳々措カサル所曩ニ米英二國ニ宣戰セル所以モ亦實ニ帝國ノ自存ト東亞ノ安定トヲ庶幾スルニ出テ他國ノ主權ヲ排シ領土ヲ侵スカ如キハ固ヨリ朕カ志ニアラス然ルニ交戰已ニ四歳ヲ閲シ 朕カ陸海將兵ノ勇戰朕カ百僚有司

ノ勵精朕カ一億衆庶ノ奉公各〻最善ヲ盡セルニ拘ラス戰局必スシモ好轉セス世界ノ大勢亦我ニ利アラス加之敵ハ新ニ殘虐ナル爆彈ヲ使用シテ頻ニ無辜ヲ殺傷シ慘害ノ及フ所 眞ニ測ルヘカラサルニ至ル而モ尚交戰ヲ繼續セムカ終ニ我カ民族ノ滅亡ヲ招來スルノミナラス延テ人類ノ文明ヲモ破却スヘシ斯ノ如クハ朕何ヲ以テカ億兆ノ赤子ヲ保シ皇祖皇宗ノ神靈ニ謝セムヤ是レ朕カ帝國政府ヲシテ共同宣言ニ應セシムルニ至レル所以ナリ

朕ハ帝國ト共ニ終始東亞ノ解放ニ協力セル諸盟邦ニ對シ遺憾ノ意ヲ表セサルヲ得ス帝國臣民ニシテ戰陣ニ死シ職域ニ殉シ非命ニ斃レタル者及其ノ遺族ニ想ヲ致セハ五内爲ニ裂ク且戰傷ヲ負ヒ災禍ヲ蒙リ家業ヲ失ヒタル者ノ厚生ニ至リテハ朕ノ深ク軫念スル所ナリ惟フニ今後帝國ノ受クヘキ苦難ハ固ヨリ尋常ニアラス 爾臣民ノ衷情モ朕善ク之ヲ知ル然レトモ 朕ハ時運ノ趨ク所堪ヘ難キヲ堪ヘ忍ヒ難キヲ忍ヒ以テ萬世ノ爲ニ太平ヲ開カムト欲ス

朕ハ茲ニ國體ヲ護持シ得テ忠良ナル 爾臣民ノ赤誠ニ信倚シ常ニ爾臣民ト共ニ在リ若シ夫レ情ノ激スル所濫ニ事端ヲ滋クシ或ハ同胞排擠互ニ時局ヲ亂リ爲ニ大道ヲ誤リ信義ヲ世界ニ失フカ如キハ朕最モ之ヲ戒ム宜シク擧國一家子孫相傳ヘ確ク神州ノ不滅ヲ信シ任重クシテ道遠キヲ念ヒ總力ヲ將來ノ建設ニ傾ケ道義ヲ篤クシ志操ヲ鞏クシ誓テ國體ノ精華ヲ發揚シ世界ノ進運ニ後レサラムコトヲ期スヘシ爾臣民其レ克ク朕カ意ヲ體セヨ」

再び国家「君が代」奏楽ののち、下村情報局総裁が「謹みて天皇陛下の玉音放送を終わります」と結んだ。

続いて和田放送員によりポツダム宣言を受諾した旨の解説があり、今度は和田放送員により改めて詔書が朗読された。これに続けて

「本日畏くも大詔を拝す……」で始まる内閣告諭が朗読された。

続いて和田放送員により「聖断の経緯」「交換外交文書の要旨」「ポツダム宣言の内容」「カイロ宣言の内容」「8月9日から14日までの重要会議開催経過」「受諾通告の経過」「平和再建の詔書渙発」が次々と読み上げられ、37分半にわたった放送は終了した。

この日、鈴木貫太郎内閣は総辞職した。

宇垣長官の沖縄突入

玉音放送は全国各地で聴取され、台湾や朝鮮半島にも放送されていたが、当時のラジオの性能は低く、雑音だらけで聞き取るのは困難であった。当時国民学校6年で12歳だった筆者の父は、愛媛県新居浜市で聞いていたが、雑音だらけの放

送に「敵が妨害電波を入れている」と、周りの大人達が語っていたと記憶している。

　まして文語体で漢文混じりの難解な表現が入った詔書だけを聞いても、事前に情報を知りうる立場の者はともかく、多くの者は「堪ヘ難キヲ堪ヘ忍ヒ難キヲ忍ヒ」のくだりで降伏を意味するものであるとは察したものの、完全に理解したのは後段の和田放送員による補足記事の朗読によってであったようである。

　玉音放送の影響は全国に徐々に浸透していった。陸海軍の各部隊でも玉音放送を聞いていたが、機材の調子により、また、上層部の情報の事前把握いかんにより、認識に差が出ていた。

　大分基地では玉音放送の予告と、外国放送の傍受により、日本の降伏が決定的となったことを理解していた。宇垣長官は自らが沖縄に突入しようと、彗星5機の出撃準備を命じる一方で、宇垣長官以下総員が各所で玉音放送を拝聴した。ここでもラジオの調子が悪く、放送だけでその内容を理解するのは難しかった。しかし、大体の内容は察しがつき、終戦の詔勅であることは宇垣長官も理解した。「親任をを受けたる股肱の軍人として本日此の悲運に会す、慚愧之の如くものなし」と、悲痛な言葉を日記に綴っている。

　この日一六〇〇、宇垣中将は日記『戦藻録』の最後の頁を仕上げると、司令部の一室で幕僚達と別杯ののち、飛行場へ向かった。

　攻撃一〇三飛行隊の搭乗員達はこの日一〇〇〇に「敵艦船は本土に上陸するため済州島に向け北上中、搭乗員は全員飛行場に集合せよ。（この情報は出所不明の誤情報であった）」との命令を受けた。身支度を整えて1㎞ほど離れた飛行場に向かうと、各機それぞれに試運転が開始された。整備科では終戦の動きと正午の重大放送のことは承知していたが、指揮所前に集合した搭乗員達には何も知らされなかった。

　雑談をしながら待機していると、やがて「敵艦船は反転して沖縄に向かったため攻撃取り止め」との伝令が来た。せっかく高まった士気も一気にしぼんで、後命も来ないため、日陰を探して寝ころび、航空弁当にもらった赤飯の缶詰を開けて昼食を済ませて休んでいた。

　この間、玉音放送があったことは人伝てに耳にしてはいたものの、実感は湧かなかった。そこに新しい指示が届き「敵艦船は沖縄に集結中である。これに対し特攻を掛け撃滅する」とのことであった。

　一三〇〇、機材整備に立ち会っていた搭乗員達にも非常呼集が掛けられ、指揮所前に集合、整列した。

　分隊長中津留達雄大尉（海兵70期・操縦）が青ざめた表情で皆の前に立ち、「お前達の命を、今日俺にくれ」と、切り出した。集まった30数名の搭乗員達は一斉に「ハイ」と答えた。中津留大尉は言葉を続けた。「本日正午、玉音放送があり、わが大日本帝国は降伏したのだ」。突然のことに搭乗員達は呆然とし、やがて肩を抱きあって泣く者も出た。その様子を見守っていた中津留大尉は意を決したように言葉を続け、「命令を伝える。一六〇〇、わが七〇一空は沖縄に突っ込む。点検を終わって集結せよ。宇垣長官も参加される」

一五〇〇、11機分の彗星の搭乗割が発表され、一六三〇、司令部で幕僚達との別杯を済ませた宇垣長官が車3台を連ねて指揮所に到着した。

指揮所前には飛行帽の上から日の丸の鉢巻を締めて整列している22名の搭乗員がいた。これを見た横井参謀長が「命令は5機のはずであったが……」と、言いかけると、中津留大尉は怒鳴るような大声で、「長官が特攻を掛けられると言うのに、たった5機とは何事でありますか。私の隊は全力でお伴します」と、きっぱりと答えた。

指揮台に立った宇垣長官は「黄金仮面」のあだ名とは違って、このやり取りにさすがに感動の色は隠せなかった。「そうか、みんな俺と一緒に死んでくれるのか」。静かに微笑を浮かべたその目には涙が光っていたと、不時着して生還した川野和一一飛曹（乙飛18期・操縦）は記憶している。

搭乗員の別杯の支度が整えられ、指揮所前に用意された粗末なテーブルの前にスルメが1枚ずつ並び、幕僚達がひとりずつコップに白鶴の一級酒を注いで回り、宇垣長官の音頭で乾杯がなされた。

一七〇〇、出発準備が整った。各機満載だった燃料を減らし、八十番を搭載した。一番機の中津留大尉機の偵察員席にはすでにペアの遠藤秋章飛曹長（乙飛9期）がおり、宇垣長官は降りるように命じたが、進撃が単機行動のうえ突入が日没後となるのが確定的であったため、偵察員の任務は重く、新婚1ヶ月の遠藤飛曹長はこれを固辞した。押し問答の末、長官の股の間にかがみこむ姿勢のまま偵察員席にふたりで乗り込んだ。22名の搭乗員のうち、中津留大尉も新婚1ヶ月、山川代夫上飛曹（丙飛7期・操縦）に至っては新婚わずか1週間であり「若後家を作るなぁ。結婚するんじゃなかったなぁ」と、言いながら出撃したと伝えられている。

攻撃隊は隊員達の「帽振れ」に送られながら1機ずつ30分ほどかけて、全機が大分基地から発進し、高度7500mを単機で進撃して沖縄に向かった。

11機の彗星は途中不時着の3機を除き沖縄に向かい、戦勝気分で浮かれた伊江島泊地に突入した。今日に至るまで戦果は不明のままである。

一九二四、宇垣長官機より決別電報の略符が入った。これを受け第五航空艦隊司令部は出撃前にあらかじめ用意していた電文を指揮下各部隊に打電した。

「過去半歳ニ亙リ麾下各隊将士ノ奮戦ニ拘ラズ、驕敵ヲ撃砕皇国護持ノ大任ヲ果スコト能ハザリシハ本職不敏ノ致ス所ナリ。本職ハ皇国ノ無窮ト天航空部隊特攻精神ノ昂揚ヲ確信部下隊員ノ桜花ト散リシ沖縄ニ進攻、皇国武人ノ本領ヲ発揮、驕敵米艦ニ突入轟沈ス。指揮下各部隊ハ本職ノ意ヲ体シ、凡ユル苦難ヲ克服、精強ナル皇軍ノ再建ニ死力ヲ竭シ、皇国ヲ万世無窮タラシメヨ
大元帥陛下万歳
　昭和二十年八月十五日一九二四　彗星機上ヨリ」（一部句読点を追加）

二〇二五、「ワレ奇襲に成功セリ」の電文の直後突入を知らせる長符がしばらく続いたのちにに宇垣長官機は音信を絶った。その頃、沖縄県伊平屋島海岸付近の浜辺の米軍キャンプのすぐ近くと、沖合50ｍの海面に、2機の彗星が相次いで突入した。翌朝、沖合に突入した機体から操縦士と思われる若い搭乗員ひとりのほかに、かがめた姿勢のまま絶命した搭乗員と、飛行服ではなく、階級章のない第三種軍装を着た壮年ひとりの遺体が収容されたと伝えられている。出撃前の写真から判断して、これが宇垣長官の乗っていた彗星だったものと推測される。

宇垣長官が多くの部下を死地に追いやった責任を取るため、自決するのは当時の状況下では理解し得るものではあるが、たとえ停戦命令が出ていない（玉音放送自体には停戦に関する法的強制力はない）とはいえ、本来押しとどめるべき立場の長官が（結果的に）率先して前途有為な若者達を引き連れて沖縄に突入したことは、小澤海軍総隊司令長官の「自決するなら一人でしろ」発言等、当時から批判が多い。

終戦・鹿屋基地にて

先述の通り、鹿屋基地には戦闘三〇六飛行隊の一部36機と、分隊長栢木大尉以下、予備14期生と予備生一期を主とした搭乗員20名ほどが待機していた。

14日夜、区隊長集合が発令され、明日15日に残存全力12機による特攻攻撃を実施することが伝えられた。航法の打ち合わせ、チャートの記入、身の回りの整理などを済ますと、全員最後の歓談となって大いに盛り上がり、寝たのは深夜零時近かった。

寝入って間もない15日〇二三〇に総員起こしがかかり、寝ぼけまなこで〇三〇〇には朝食となった。この時、主計科の心づくしで、各自に握りこぶし大のぼた餅ふたつが出た。このぼた餅は貴重な白砂糖がまぶされているという豪華さで、皆が甘味に飢えていた当時としては大変な御馳走であった。やがて搭乗員総員集合が命じられ、栢木大尉より九州西方海面の米船団（七〇一空の攻撃目標と同一とみられる）に突入せよとの命令が伝達された。相手が機動部隊ではなく、輸送

船団であることに不満を漏らす者もいたが、大急ぎで宿舎に取って返すと身支度を調え、迎えのトラックに乗り込み飛行場に向かった。飛行場ではすでに五十番爆戦が爆弾を吊し、試運転を始めていた。

しかし、いくら待っても出撃命令は来なかった。栢木大尉は鹿屋基地の地上部隊を統括する基地司令の九州航空隊司令官山森亀之助少将（海兵45期）より「終戦の気配があるから慎重に」と、忠告された。冨高基地の岩城副長や松山基地の岡村司令にも問い合わせたが、通信状況が悪く連絡が取れなかった。このため、同様に攻撃を予定していた第一国分基地に展開している七〇一空に問い合わせてみると、出撃は見合わせるとの見解であった。

一八〇〇に至り、栢木大尉は出撃を待ちわびている隊員達に対し本日の攻撃中止を宣言し、明日の黎明攻撃に備えよと、解散を命じた。隊員達が宿舎にしていた「神雷風雲荘」のバラックに戻ってみると、隊付きの軍医中尉がやってきて「日本は負けた。さっき放送があったよ」と、話しかけてきた。終日待機状態で玉音放送を聞き損なった隊員達にはにわかに理解し難い話であったが、この日の出来事を振り返ると思い当たる節はあった。

翌朝、出撃の再延期を命じた栢木大尉は大分の第五航空艦隊司令部にことの次第を確認すべく、零戦で大分基地に飛んだ。

司令部は昨日の宇垣長官突入で沈痛な状態であった。横井参謀長曰く、「我々は無期限待機に入る。いずれ米ソは協調できず、いつの日にか戦争になるだろう。それまで待機するのだ」と、説いた。これにより、栢木大尉は終戦を実感した。

終戦・横須賀基地にて

15日は何としてでも桜花二二型を投下して、その飛行特性を確認する最終審査試験日であった。横空で待機中の平野大尉は今日が自分の最期の日であること覚悟し、最後の食事を取るべく正午前に士官食堂に出向くと、いつも混んでいる食堂が無人であった。いぶかる平野大尉に正午の玉音放送が知らされ、審査試験は中止となった。呆然自失の平野大尉は気を取り直すと部隊掌握のため、陸路神ノ池基地に向かった。

一方、隣接する第一技術廠の飛行機部設計課では、玉音放送ののち、主任の山名正夫技術中佐が部下全員を集め、「わたつみの　とよはたぐもに　いりひさし　こよひのつくよ　あきらけくこそ」という万葉集の歌の清浄さに日本再建の精神的基盤があると訓示した。

前列に並んだ桜花設計主務の三木忠直技術少佐は、頭を丸坊主にした姿でうなだれたまま訓示を聞いていた。やがて重要書類の焼却処分より、三浦半島の各所から煙が立ちのぼり始めた。

終戦・神ノ池基地にて

神ノ池基地では、この日正午に重大放送ありとの知らせに、事情を知らぬ下士官搭乗員達は「いよいよソ連に宣戦するのか」とか、「バリバリやれるぞ」等と意気込んでいた。

正午前、搭乗員達は身支度を調えて威儀をを正し、ラジオの前に整列した。炎天下一同汗をダラダラと流す中、ここでは比較的良好な状態で受信できたので、ポツダム宣言受諾の趣旨も理解できた。てっきり対ソ宣戦布告だと思いこんでいた者は、玉音の物悲しく時折言葉に詰まるお言葉を異様に感じた。「……其ノ共同宣言ヲ受諾スル旨通告セシメタリ」のくだりで、味口一飛曹はわが耳を疑った。「受諾するということは降伏なのか？」それからあとはその疑念が確実なものとなった。

放送が終わって一同呆然とする中、味口一飛曹の意識は「我々は今後何をするのだ！　神雷部隊と桜花隊はどうする！　何のために我々は満を持して待機していたのか！」と混乱した。

一三〇〇から予定されていた桜花二二型の最終審査試験は、準備中に玉音放送があり中止となった。

その日の晩、味口一飛曹は日記に「畜生！　自由行動さえ許されれば我々は直ちに爆戦や桜花で体当たりを決行するのに。残念なり。海軍搭乗員としてわれら血涙あるのみだ」等と混乱する思いのたけを綴った。

桜花二二型の結末

結局、桜花二二型は原動機の問題が解決できぬまま終戦を迎え、実戦に参加することはなかった。桜花二二型の戦力化が遅れた場合、龍巻部隊は代わりに陸軍の体当たり専用機キ－一一五こと「剣」を採用する予定であった。

しかし剣は、中島飛行機の太田飛行場において試乗試験を実施した結果、操縦性が悪く前方視界不良や、着陸速度が大きいことが判明した。これは本機を不採用とした陸軍航空審査部の判断を裏付けるものであった。このため、技量の未熟な搭乗員では操縦が難しいと判断した海軍側では、主翼面積を1㎡増積し、着陸用フラップ、離陸促進ロケットの追加を行い、離着陸性能を改善すると共に座席位置と風防位置の変更で前方視界を改善、操縦席の艤装方式及び発動機と爆撃兵装を海軍式に変更することを要求し、改修した機体を「藤花」とした。

藤花は昭和飛行機でキ－一一五から改造された試作機2機の工事が進められていたが、終戦までに完成することはなかった。

操縦性が改善されたとはいえ、陸軍の航空審査部のベテラン空中勤務者でも操縦に苦労した機体だけに、藤花の戦力化には疑問が残る。

終戦時に作成された大社基地の引き渡し物件の目録には、分解された状態の桜花二二型50機が各所に分散格納されていることが明記されており、桜花用の掩体壕38基分の工事が進められていたことも判明している。このことから、来るべき本土決戦時には石川県小松基地に後退していた神雷部隊の桜花隊隊員の一部が、桜花二二型搭乗員として大社基地に進出する手はずだったこともうかがえる。

また、特筆すべきこととして、目録によれば、長野少尉の事故ののちに装備が取りやめられた加速用ロケット、四式一号噴射器二〇型が桜花用として１３８基も存在していたことである。これは桜花二二型の機数の約3倍にあたる。この事実から、もしツ‐一一が実用化できなかった場合、完成した機体を無駄にしないために、設計変更して桜花一一型同様、加速用ロケット3本を装備した「桜花二一型」への改造を念頭に置いていたことがうかがえる。現存する桜花二二型製造第9号機にはツ‐一一が搭載された形跡はなく、胴体側面の空気取り入れ口カバーも取り付けられていなかった。

桜花二二型計画要領の文中には、「初風ロケット（ツ‐一一）不備の場合の予備として胴体後半部を火薬ロケット装備のものに交換し得る如く計画しおく事」との記述があることからも証明されるが、万一桜花二一型が完成していても、その翼面荷重の高さから、長大な航続距離は期待できず、結果として一一型よりも劣る「さらに使い難き槍」となったのは想像に難くない。

50機生産された桜花二二型は、製造第9号機にあたる「空技廠第59号」の1機だけが現存し、平成11（１９９９）年には、3基のみ生産されて別途保管されていたツ‐一一を搭載して製造当時の状態に復元された。現在は米国国立航空宇宙博物館ウドヴァーヘイジ・センターに展示されている。

比叡山基地と桜花四三型の結末

比叡山基地に展開していた七二五空では、前日の14日晩、通信長の藤永寿大尉（海兵70期）から基地電信長となっていた五味兵曹に「明日正午、大元帥陛下（昭和天皇）の重大なラジオ放送があるので、根本中堂前の広場に拡声器を用意するように」との命令があった。翌15日早朝から設置にかかり、準備を終えた頃に隊員達が集まってきた。

やがて正午の時報となった。君が代の演奏ののち、下村情報局総裁の放送開始宣言が始まったところでラジオの雑音が一気に上がり、結局肝心の玉音放送は何も聞き取れずに終わってしまった。一同怪訝な顔をしていた。責任者である藤永大尉は苦り切った顔をしていたと、五味氏は回想する。

この日、滋賀航空隊では比叡山基地の土地および施設の買収・借用を協議のため、海軍の関係者と比叡山延暦寺と比叡山鉄道の関係者等が参集していたが、そこに玉音放送があり協議は中止となった。

夕方には鈴木司令より「戦争は終結した。特命あるまでみだりに行動しないように」との厳重な通達が出され、一同は戦争が終わったことを知った。隊内は特に争乱もなかった。

翌日から食事が白米だけの「銀シャリ」に変わり、夕食時には内緒で酒が付くようになり、甘味品の配給も増えたので、兵隊達は戦争終結を素直に喜んでいた。と五味氏は回想している。

21日には進級式があった。俗にいうポツダム進級である。22日に退職金と被服の配分があり、23日には解隊式が執り行われた。郷里が鹿児島である荒木一飛曹（進級）と、船川一飛曹（進級）は飛行長と分隊長に相談し、滋賀空の訓練用零戦をもらい受け、鹿児島まで最後の飛行で帰るつもりが大雨となってとても飛行できる状況ではなく、やむなく汽車で9日がかりで復員した。

隊員達は当初の予定では9月半ばまでに練習機による射出、滑空訓練を受けた後、各地の沿岸部に設けられる予定の基地に移動し、来たるべき本土決戦に備える手はずだった。各基地にはカタパルト1基につき桜花四三乙型が5～10機配備される予定で、周辺のカタパルト3～5基で一群を編成し、決戦時には一斉に発進して上陸部隊に突入する構想であった。

桜花四三型乙の発進用カタパルトは山の斜面を利用して設置された。格納壕、移動用レール等を含めた基地が50基、米軍上陸が予想された房総半島、筑波山、三浦半島、伊豆半島、紀伊半島の各地に建設されたが、終戦までに完成したのは三浦半島の武山のみだった。また、千葉県三芳村下滝田地区やいすみ市行川地区には未完成で終戦を迎えたカタパルトや格納壕が現存している。

しかし、肝心の桜花四三乙型の実機は量産準備が進められたものの、終戦までに1機も完成しなかった。練習機桜花K2も最初に作られた2機のみであった。

桜花復元作業を行った海上自衛隊の松浦良成一等海曹は、その過程で、今日の目で桜花の機体設計を再検証した。それによると、桜花四三乙型は飛行性能は極めて優秀であるものの、胴体側面の空気取り入れ口が機体を大きく引き起こした際に主翼の陰となり、エンジンが吸気不足によりフレームアウトする危険性があるとのことである。果たして実機が完成していた場合、無理な機動をせずに無事に突入地点まで何機が飛行できたかと心配になってくる。

終戦後、木更津の第二航空廠に多数の桜花K1が置かれている写真があるが、自力飛行能力のない桜花K1がわざわざ木更津に集められていることから、本機をベースに射出訓練

官房空機密1149号　昭和20年7月14日

1. 工事要領

桜花四三型基地施設標準により左の工事を施工するものとし、詳細に関しては、航本部長、施本部長、艦本部長をして所用の向に通牒せしむ。

工事区分	主務	記事
築城施設	施設部	1. 各庁は連絡を密にし、工事の進捗を計るべし 2. 省略
奮進射出装置その他航空兵装	一技廠 航空廠	
通信及電気兵装	工廠	

2. 装備場所及び射出装置装備数並びに工事担当区分

別表の通り

3. 完成期

別表の通り、本工事は特急工事とす

(別表)

装備場所 地区	装備場所 地名	射出機装備数	完成期	工事担当 所轄	工事担当 工作庁
関東地区	熱海峠付近	8	8月末	横須賀鎮守府	一技廠 横施部 横廠
	房総南部	12	8月末		
	筑波付近	6	9月末		
	武山付近	1	8月末		
東海地区	大井付近	6	9月末		
	朝熊山付近	6	9月末		
紀伊水道	田辺付近	10	9月末	大阪警備府	十一空廠 阪施部
	計	49			

用の桜花K２を改造製作しようとしたものとみられる。

結局比叡山基地のカタパルトは、実機を一度も射出しないまま終戦を迎え、10月23日、接収に訪れた米軍により全容が撮影されたのちに主要設備構造物は爆破、破壊された。今日では破壊された残骸の写真と米軍撮影の映像によってのみ、その様子をうかがい知ることができる。

比叡山基地はその後しばらく米軍のキャンプとして使用されたのち、返還された。比叡山鉄道は昭和21年8月7日より商業運行を再開した。

破壊されたカタパルトは戦後の金属屑の高騰で持ち去られ、跡地はのちに比叡山ドライブウェーの一部となってしまったが、山上の終点延暦寺駅の側のターンテーブルのコンクリート製台座は、厚さ20㎝ほどの砂利の下に今なお埋もれている。

終戦・小松基地にて

小松基地ではポツダム宣言受諾の動きは司令部と通信班のみが知り、箝口令が敷かれていたため、桜花隊は終戦への動向をまったく知らずにいた。

この日、小松基地に展開していた桜花隊は、下士官宿舎となっていた光林寺の境内に集合して玉音放送を拝聴した。しかし雑音ばかりでほとんど聞き取れなかった。


部隊のラジオは役に立たぬと察した湯野川大尉は、付近の民家に上がり込んで続きを聞いた。こちらのラジオも雑音が入り断片的ではあったが、言わんとすることは伝わった。てっきり「本土決戦に備えて一億総決起」の呼びかけであると信じていたものが、戦争終結と聞き衝撃を受けた。逆上に近い心境であったと湯野川氏は回想する。

間もなく隊員達のもとに戻った湯野川大尉は「戦争が終わったらしいが私には理解できない。今日まで数多くの仲間が血を流してきたのは何のためだ。さらに状況を見たい」と、訓示して解散させた。

湯野川大尉は解散後、その足で飛行長足立少佐のもとを訪ねた。足立少佐は「おい、おかしくなってるなぁ」と、突然の終戦に当惑気味であった。

鈴木中尉は解散後、たまたま一番最後となって佐藤恕（ひろし）中尉（予備13期）とふたりで連れだって宿舎に戻る途中、つけっぱなしの民家のラジオから流れるアナウンサーの解説でポツダム宣言が云々と言うのを聞きつけ、終戦であることを知った。「宿舎に着いたら同期生達はくつろいでましたが、私達の話を聞いたら皆絶句しましてね、誰も口をきこうとしませんでした」と、鈴木氏は回想する。最初に発令された予備13期予備学生出身者17名のうち、生きてこの日を迎えたのは細川、鈴木、横山誠の３名のみであった。

この日の晩、湯野川大尉は同室の陸攻隊搭乗員の古米精一大尉（海兵70期）と共に、近くの山代温泉に病気静養のため滞在している兵学校時代の教官である渡辺久少佐（海兵64期）を訪ねた。渡辺少佐は当時海軍軍務局長を務めていた保科善四郎中将（海兵41期）の娘婿であり、放送以上に詳しい中央の情報を持っていると思われた。

訪ねてみると、案の定、保科中将から分厚い巻紙の封書が届いていた。そこには14日の御前会議の模様や、終戦に至った経緯がこと細かに綴られ、終戦は聖断に基づくものであり、重臣達の謀略ではないこと、短慮は慎むべきとといったことが書かれていた（14日の御前会議の経緯が記述されていると言うことは、少なくとも14日の午後以降に書かれたものであり、当時の国内物流速度では考えられない速さである。郵便ではなく小松基地に向かう用務飛行便に託して届けさせたものと推測される）。

決定的な証拠であるこの手紙を見た湯野川大尉は全身から血が引く思いであった。これでようやく玉音放送が本物であると確信した。桜花特別戦闘機隊への参加者を出さなかった湯野川大尉の旧第三分隊は隊員54名中、桜花で14名、建武隊の爆戦で34名が戦死、1名が殉職。生きてこの日を迎えたのはわずか5名であった。

神雷部隊特攻戦没者の隊別・出身別内訳

出身区分	桜花隊	建武隊	陸攻隊	直掩隊	筑波隊	七生隊	神剣隊	昭和隊	神雷爆戦	合計
海軍兵学校	1	0	10	2	2	2	1	1	0	**19**
予備学生	11	17	24	2	48	44	13	26	8	**193**
予備生徒	0	0	0	0	0	0	11	0	0	**11**
甲飛	6	6	63	1	3	0	6	0	1	**86**
乙飛	11	23	56	2	0	1	16	8	0	**117**
丙飛	13	17	74	3	2	0	0	0	0	**109**
特乙	9	20	62	0	0	2	1	0	0	**94**
予備練	4	6	0	0	0	0	0	0	0	**10**
操練	0	0	10	0	0	0	0	0	0	**10**
偵練	0	0	5	0	0	0	0	0	0	**5**
電練	0	0	12	0	0	0	0	0	0	**12**
普電	0	0	6	0	0	0	0	0	0	**6**
普整	0	0	43	0	0	0	0	0	0	**43**
合計	**55**	**89**	**365**	**10**	**55**	**49**	**48**	**35**	**9**	**715**

海軍神雷部隊戦友会調べ

大西中将の自決

16日未明、軍令部次長大西中将は次官官舎で割腹自決した。頸動脈を切る止(とど)めを意図的に自らやめ、駆けつけた医師に「生きるようにはしてくれるな」と、治療を拒み、15時間以上苦しんだ末に絶命した。

特攻隊員とその遺族に宛てた遺書が残されていた。

「特攻隊の英霊に曰す
善く戦いたり、深謝す
最後の勝利を信じつつ肉弾として散華せり
然れ共其の信念は遂に達成し得ざるに至れり吾死をもって旧部下の英霊と其の遺族に謝せんとす
　次に一般青壮年に告ぐ。
我が死にして軽挙は利敵行為なるを思い、
聖旨に副い奉り、
自重忍苦するの戒とならば幸なり
隠忍するとも日本人たるの
矜持を失うなかれ。
諸子は国の宝なり
平時に処し、猶を克く特攻精神を堅持し、
日本民族の福祉と世界人類の和平の為、
最善を尽せよ」

大西中将は特攻作戦の発案者ではなかったが、比島戦で敷島隊以下の特攻隊編成を指示し、結果として特攻戦法が常套手段となり、軍令部次長となってからは「二千万特攻」を唱えて徹底抗戦を主張するに至った。

自決は大西中将にとって自己に課した責任の取り方であったが、結果的に特攻作戦を採用した軍上層部の責任までも引き受ける形となった。

草鹿中将の着任

宇垣中将の後任の草鹿中将は、当初予定14日朝の厚木基地を離陸予定の飛行機が空襲のために飛ばなかったため、特攻モーターボート「震洋」を輸送する九州行きの軍用列車に便乗し、翌15日一五〇〇廃墟と化した広島駅に到着、ここから迎えの車で岩国基地に向かった。本来はここで飛行機に乗り換えて大分基地に直行するはずであったが、到着した岩国基地で初めて玉音放送があったことを知らされ、各地の情報収集に追われてこの日の出発は見送られた。

翌16日、草鹿中将は〇六〇〇に岩国基地を離陸、途中何事もなく大分基地に着陸した。

大分基地に到着し、迎えの車に乗って司令部に向かうと、横井参謀長以下の幕僚が出迎えたが、当然ながら前任者宇垣長官の姿はなかった。ここで初めて横井参謀から昨日の経緯を聞き、部下を道連れにしたことの是非は置くとして、その決断に草鹿長官は感服した。

とはいえ、新たに第五航空艦隊長官に就任した以上、終戦を決断した中央の意向を各部隊に徹底させ、暴発を防がねばならなかった。「天皇陛下が戦争をやめろと仰せられた以上、自分は終戦の方向に全力を注ぐから、諸君も私に協力してもらいたい」と、幕僚に宣言した。

ところがその日の晩、草鹿長官が寝ていると、枕元に基地任務を担当する西海空副長の西村三郎中佐（海兵59期）が別府郊外の太平山神社に下ったという神勅を持ち、決起を促した。

「天皇陛下の詔は誤りであります。陛下は今では後悔しておられます。そのうち日本の国には皆が考えていないような偉い人物が現れ、総理大臣になられます。そうして都を太平山に遷されます。この神勅によりますと、この九州一円の陸海軍をひとりで指揮して最後の一戦を交える偉いお方が出てきます。そのお方とは草鹿中将、あなたですぞ」

その場はうまく答えて退散願ったものの、このように神がかった連中まで相手にしてはどうなるか分かったものではない。

草鹿長官以下五航艦司令部幕僚のもとには、徹底抗戦を訴える麾下部隊幹部の訪問が相次ぎ、説得するのに苦慮していた。特に神雷部隊の岡村司令は海軍特攻の4割を自ら送り出し、彼らに「自分も必ずあとから行く」と、約束していただけに、その訴えは悲痛であったと伝えられている。

第二神雷爆戦隊の転進

第二神雷爆戦隊は13日の出撃の際、機材不調で第一小隊3機が喜界島に引き返し、着陸の際にさらに1機が大破して可働機は2機となっていた。残留隊員3名は相変わらずの連絡のない孤島での生活の中、15日になって突然、日本の降伏をラジオで知らされた。

翌16日、岡本中尉は独断で部下の細沢實一飛曹（丙飛18期）と松林信夫一飛曹（特乙1期）に鹿屋基地の本隊への帰投を命じた。岡本中尉は隊長の職責上残留を決め、後日奄美大島経由で帰還している。

2機の零戦は別に不時着していた他隊の搭乗員各1名を便乗させ（細澤機の便乗者は陸軍の空中勤務者だったらしい）、離陸して喜界島上空をゆるく旋回したあと、翼を振りながら進路を北に取って飛び去った。途中、松林一飛曹機のエンジンから煙が出たかと思うと発火した。細澤一飛曹は落伍していく松林機を見送ることしかできなかった。

細澤機は順調に飛行を続け、無事鹿屋基地に着陸したが、いくら待っても松林機は現れなかった。その後、屋久島の守備隊からの通報により、細澤一飛曹は松林機が屋久島の東南端海面に墜落したことを知った。松林機には、偵察第四の下森道之上飛曹（乙飛14期・電信）が便乗していた。また、偵察第四飛行隊資料によると、便乗機（松林機）は721-002号機であった。

小松基地にて

玉音放送から一夜明けた16日、小松基地では、徹底抗戦を唱える一部の予備士官と下士官が足立飛行長の部屋に押しかけ「飛行長、飛行機の機銃を全部外して、白山に立てこもりましょう」と、決起を促していた。

足立少佐は「何ぶんの命令があるまで、軽挙盲動は慎め」と、一喝して退かせたものの、どうにも割りきれない気持が残った。

第一陣ただひとりの生き残り分隊士となっていた細川中尉の宿舎に、早朝から福井在住の叔父がやってきた。「東京の親父さんが心配しているから……」と、便所に行くにも洗濯場に行く時も寄り添って離れようとしないのに閉口しきっていた。「叔父貴、戦友達の手前みっともないから止めてくれ」と、懇願しても離れない。

どうにかなだめすかせ、片山津温泉へ送りこむことにして、粟津駅の近くまで来ると、今度は東京にいるはずの父親がリュックサックを背負って歩いて来るのに出くわした。父親も温泉行きを納得させて送り出し、部隊に出ると、今度は従兵につきまとわれた。

細川の身を案じる一方、従兵自身も不安にかられているようであった。事実、様々な理由により終戦直後に自決した予備学生出身の士官は決して少ない数ではない。

従兵は姿が見えなくなったかと思うと、青ざめた顔で戻って来るなり「細川中尉、報道班員が言ってました。占領されると、士官は銃殺、従兵はタマをぬかれて南方で奴隷だそうです」との怪情報をもたらした。この種の流言は各所で流れたものであるが、中には「搭乗員は戦犯に指名されるから身分を隠せ」と、やたら具体的なものもあった。この噂の根拠は第一次世界大戦の終結の際、オーストリア＝ハンガリー帝国のパイロットが戦犯に問われたことがあったためで、まったく根拠のないデマでもなかった。

湯野川大尉は東大法学部出身で国際法を学んだ要務士緒方彰少尉（予備14期）に現在の日本が置かれている状況の国際法的解釈を求めた。緒方少尉曰く、「現在のいまだ講和も結ばれていない状態は一時的な休戦であり、米軍が上陸してきた場合、戦闘することは国際法上は問題ない」との見解であった。

実際に、海軍の正式な停戦命令となる大海令第四八号「即時戦闘行動ヲ停止セシムベシ」が発せられたのはこの日の夕方一六〇〇であった。

湯野川大尉は終戦すなわち休戦との解釈を下し、万一米軍が上陸してきた場合には、直ちに拿捕、もし抵抗すれば射殺または戦闘開始の方針で、隊内の思想を統一することにした。このため、光林寺本堂での朝礼では「休戦になった模様である。これが陛下の深遠なるご判断によるものか、あるいは一部重臣達の謀略の結果なのか、まだ分からない。静観しつつ事態即応の体勢を維持したい」と昨夜の決定的情報は語らず、言葉を選んで結んだ。この後、隊員ひとりひとりの意見をただしたが、抗戦派、和平派、静観派、隊員の意見は3つに分かれてまとまらなかった。

この間、厚木基地に展開する三〇二空は、司令小園安名大佐が頑強に徹底抗戦を主張していた。

小園大佐は玉音放送の直後に、「これは重臣達の陰謀によるものであり、徹底抗戦によってのみ勝利を得られる」との趣旨の電文を海軍全部隊に向けて発信する一方で、伝単（アジビラ）3種類ほどを大量に印刷し、16日から17日にかけて三〇二空の零戦、彗星、月光、銀河によって日本各地に撒布した。このように、いまだ抗戦派の火種がくすぶっており、海軍当局も沈静化に躍起となっていた。

三〇二空の徹底抗戦を呼びかける電文に惑わされ、付和雷同する部隊が出ぬよう、海軍省側では改めて終戦に至る経緯と、会議で結論が出ず、昭和天皇の聖断を下した旨の電文を作成し、海軍全部隊に打電した。

東久邇宮内閣の成立

翌17日、鈴木内閣のあとを受け、新たに皇族で陸軍大将東久邇宮稔彦王による内閣が成立し、具体的な終戦措置に取りかかった。陸軍の武装解除を進め、ポツダム宣言に基づく終戦にともなう諸手続を円滑に進めるためには、皇族であり陸軍大将でもある東久邇宮がふさわしいと考えられたためであり、昭和天皇もこれを了承した。

副総理格の無任所の国務大臣には当時国民的に人気が高かった近衛文麿、外務大臣には重光葵、大蔵大臣には津島寿一が任命され、また海軍大臣には米内光政元首相がみたび就任した。陸軍大臣は、任命が内定していた下村定陸軍大将が8月23日に帰国するまでの間、東久邇宮が兼任した。

これに先立ち、豊田軍令部総長は海軍全部隊に対し、前日発令の大海令第四八号により一切の戦闘行為を停止するよう命じていた。

特に大分基地には、海軍総隊参謀長菊池朝三少将（海兵45期）が出向き、第五航空艦隊参謀長以下の幕僚に、詔勅に至るまでの経緯を説明した。菊池参謀副長の説明が終わるやいなや、ポツダム宣言の個々の条項や国体護持の確たる保証もなしに受諾したことに対する意見質問が相次ぎ、菊池参謀副長も答えに窮する有様となった。これを見た草鹿長官は「菊池少将はただ状況を伝えに来ただけであって、皆が食ってかかっても駄目だ。ことの真相が聞きたいなら横井参謀長を今すぐ東京に出向かせて真相を確かめさせようではないか」と、仲裁案を出した。

こうして、第五航空艦隊のポツダム宣言受諾はひとまず延期され、横井参謀長は翌8月18日、菊池連合艦隊参謀副長に同道して東京へ向かった。

草鹿長官はこの日麾下各部隊に対し「所轄長以上ハ明一九日正午マデニ全員第五航空艦隊司令部ニ集合スベシ」との緊急電を発した。

折から小松基地では、近在の一部に不穏な動きがあるという噂が流れ、湯野川大尉以下の桜花隊は市内から片山津の予科練宿舎に移動したところであった。そこに「所轄長以上」つまり、小松基地では足立飛行長だけを大分基地に出頭させる命令が届いた。

新任の草鹿長官が何を考えているかはまったくわからない。それを自分の目と耳で確かめたい。湯野川大尉の表情を察した足立少佐は、「おい、湯野川君、一緒に行こう」と、桜花隊先任者である湯野川大尉に同行を指示した。

大田中尉の自決行

同じ18日、神ノ池基地の龍巻部隊では、14日以来久しぶりに飛行訓練が再開されることとなり、朝から整備作業が進められていた。16日の大海令第四八号は戦闘行動の停止であって訓練飛行は禁じていないと、都合良く解釈しての再開であった。

その頃、桜花を着想した当人の大田中尉は、心の均衡を失っていた。

新聞紙上に「歴戦の海鷲が苦心の創案」と、桜花の発案者として華々しく紹介されて以来、大田中尉は分を忘れ不遜な振る舞いが目立っていた。7月初め頃には中断していた桜花作戦の再開を図るべく、陸攻隊に手を回し、軍上層部に働きかけたり（結局実現せず）、政治的な立ち回りも行っていた。が、その玉座は敗戦によって一挙に崩壊した。自分も何とか桜花に乗ろうと操縦の手ほどきを受けたものの適性なしと判定され、幾多の戦友を死地に投じたという事実だけが残った。このため、自決の危険性があるのではと、周囲はそれとなく見張っていた。

概して大田中尉に対する桜花隊、特に最初に志願した隊員達からの風当たりは強かったうえに、新聞紙上での「戦局は最早かかる躊躇等している秋（とき）ではないと考えます。将兵を殺す等という事を考えてはいけない、そういう時代ではない」と、特攻兵器開発に人命の配慮は無用との極端な発言がさらにひんしゅくを買っていた。したがって、殺人者として糾弾されるのではないかとの恐怖を感じていたのも無理はない。

　実際、今まで階級をかさに威張っていた下士官が、終戦により兵達から報復の暴行を受けた話は少なくない。陸軍の話であるが、外地からの引き揚げ船では、嫌われ者の上官が寝ているところを襲われて海に投げ込まれたとの証言もある。

　それにも増して大田中尉の心をゆさぶったのは、ほかならぬポツダム宣言であった。「戦争犯罪人は厳重に処罰さるること」という一項を見て、戦争犯罪人の正確な意味が分らないまま、自分も該当者のひとりだと思い込んでいたのではないかと指摘する研究者もいる。

　16日の朝、大田中尉は食堂で予備学生出身の士官ふたりを相手に零戦の操縦方法についてフラップや操縦桿の操作など、細かい部分を語り合っていた。

　整備も済んで午後からいよいよ訓練開始となった。搭乗割の出た最末期の搭乗員である予備14期士官や甲飛13期の下士官達は、久しぶりに飛行ができると、身支度を整えて飛行場に出た。

　この日搭乗割の出た尾関紹保一飛曹（甲飛13期）は、桜花K1訓練が三度予定されながら、その度に機材故障で中止となり、とうとう搭乗する機会がなかった。しかし、その分零戦の降下訓練を積んでいた。この日も「最後の飛行だから心おきなく飛んでやろう」と思っていた矢先、列線から1機の零練戦がスルスルと滑り出した。「あれっ？」っと思う間に離陸、零練戦は右脚をなかば下げたまま、ヨタヨタと飛びながら二度旋回すると指揮所の上空をかすめ、鹿島灘の沖合へ機首を向けていった。

　何ごとかと呆然と眺めていると、整備科班長の上整曹が巻紙に書かれた手紙を持って平野大尉の所に駆けてきた。曰く、二種軍装に抜き身の軍刀を持った中尉が現れ、零練戦の支度を命じると、整備員がエンジン始動する間に軍服を脱ぎ捨て手紙を託し、下帯姿で乗り込んで離陸していったとのことであった。操縦者は大田中尉であり、手紙には鹿島灘に突入する旨書かれていた。

　大田中尉の手紙を読んだ平野大尉は搭乗員を集め「せっかく生き永らえたのに、ここで突っ込まれてはかなわん。本日の飛行訓練は中止！」と、宣言して、あとに続く者が出ないように措置した。

　大田中尉の行動は遺書が残されていたことで覚悟の上での離陸とわかったが、前述のような日頃の言行があってか、周囲の反応は概して冷ややかであった。「馬鹿な奴だ」と、吐き捨てるように言った士官もいたらしい。

飛行長伊吹正一少佐（海兵62期）と交代する予定で着任したばかりの岡本晴年少佐（海兵60期）は知らせを聞き、見張り塔に登って大田中尉の乗機を双眼鏡で追った。大田機はふらつきながら、東北方の水平線上に小さくなっていった。

付近海面が捜索されたが、大田中尉の消息はわからず、死亡したものと認定された。遺族への配慮もあり、自決ではなく「零式練戦722‐56号機」による訓練中の公務死として処理され、戸籍も抹消された。

草鹿長官の決断

8月19日の大分基地には、第五航空艦隊麾下の各航空隊の司令、副長、飛行長、飛行隊長クラスの中堅士官が、飛行機を駆って参集した。湯野川大尉と同様に召集対象でない下級士官は、七〇一空分隊長の宮澤正介大尉（海兵71期）の2名のみであった。

神雷部隊関係者としては、湯野川大尉を小松基地から帯同してきた攻撃七〇八飛行長足立少佐のほか、松山基地から司令岡村大佐、戦闘三〇六飛行隊長中島大尉、冨高基地から副長岩城中佐といった主要幹部が集まった。やつれきった岡村司令の姿は、参集者を等しく驚かせた。

草鹿長官は、自分の身をもって抑えるしか部下の暴発を止める方法はないと覚悟していた。下着を新しいものに換え、対決の場に臨もうとしたとき、終戦の経緯を確かめに上京していた横井参謀長が帰ってきた。草鹿長官は挨拶もそこそこに「個人的報告は良いから、君の見聞してきたそのままを参会者に報告しろ」と命じて、揃って会議室へ出向いた。

会議室は参集した大半の者が継戦を主張し、一触即発の殺気に包まれ騒然としていた。

横井参謀長が壇上に上がり、8月10日以降の中央の終戦に至る経緯を順を追って説明していった。今までのざわつきが収まり、会議室は水を打ったように静まりかえった。

「……海軍大臣のポツダム宣言受諾論に対して、軍令部は継戦を強く主張した。12日には豊田総長自ら参内して陛下に継戦を訴えたが、陛下の御決意が固く、駄目であった。8月14日午前11時から開かれた御前会議では、戦争終結の可否をめぐって最後の激論が戦わされた。しかし、可否両論相半ばして結論が出ず、結局終戦の聖断が下り、今日の状況に相成った」

どこか不満を残す口ぶりであった。

横井参謀長の説明が一段落するとすぐ、場はガヤつき、あちこちの部隊指揮官達から挙手があり「私は反対であります」とか、「戦を継続して講和に持ち込むべきである」云々と、口々に継戦を主張した。

横井参謀長は「待て。報告はまだ終わっていない」と、発言を抑えると、8月14日の御前会議の聖断メモを朗読し始めた。会議室は再び静まりかえった。朗読が進むにつれて、気色ばんでいた参集者達が次第に落ち着いてきた。

「……ドウカ賛成シテクレ。之が為ニハ国民ニ詔書ヲダシテクレ。陸海軍ノ統制ノ困難ナコトモ知ッテヲル。之ニモヨク気持ヲ伝ヘルタメ詔書ヲダシテクレ。ラジオ放送モシテヨイ。如何ナル方法モ採ルカラ……」

聖断の朗読が終わると、参集者達からすすり泣きが漏れはじめた。

横井参謀長のあとを受けて壇上に立った草鹿長官は、「私は司令長官として、諸君と共にわが屍を九州の地に埋めるつもりで着任した。しかるにことここに至ったのは誠に残念と思う。我々は戦うも戦わざるもひとつに大命のままである。しかし、いったん陛下が戦争を止めよと仰せられた以上、私は聖慮をうけ、戦争終結に向かって全力を挙げざるを得ない。諸君もこの意を体して協力されたい。ただし、諸君にも色々考えがあろう。私と意見を異にする者もこの中に相当いると思う。しかし、私の目の黒いうちは、私の考え通りにやる。たってそれが不都合だと思う者は、まず私を血祭りにしてからことを挙げろ。いまさらジタバタせん。都合が悪ければ即座にやれ」

そこまで一気に言うと、ソファーに身を沈め、眼をつぶった。参集者達のすすり泣きは、やがて嗚咽に変わっていった。湯野川大尉は横井参謀長の話が保科中将の手紙そのままの内容であったことで、改めて終戦を実感していた。

かくて特攻機３５００機を擁した臨戦態勢の第五航空艦隊は叛乱することなく、終戦を受け入れる方向に舵を切った。

草鹿長官は司令部にあった酒を取りに行かせて乾杯の用意を命じ、支度ができると宮城のある東に向かって直立し、「これが日本海軍軍人として大元帥陛下に捧げる最後の万歳である。しかし、私自身は、仮にいま軍隊というものが解散しても、永久に大元帥陛下の忠良な軍人であることを忘れない」と、宣言して乾杯の音頭を取った。

乾杯のあと、一同解散となった。湯野川大尉はここで草鹿長官の前に立ち、部隊名と官姓名を名乗った。草鹿長官は「まぁ座れ」と、湯野川大尉に椅子を勧めると、うしろのウイスキーを取りグラスに注いだ。そして「どのような事態が来ようと、軽挙盲動はいかんよ、歯を食いしばって頑張るんだ。これから辛い時代が始まる。今後は君達若い者に頑張ってもらいたい。頼むよ」と、諭すように励まされた。

このあと、小松基地へ戻る前のわずかな時間に湯野川大尉は、これが最後になるやも知れぬ挨拶を岡村司令や岩城副長らと交わした。特に冨高基地での関わりの深かった岩城副長とは別れ難いものがあった。「これからどうされますか」と聞くと、岩城中佐は「当面は食料問題が大変だろうから、しばらくは百姓でもやるよ」と、答えた。

　このあと、海軍省からの各艦隊司令長官は全員参集の命令により、草鹿長官は幕僚ふたりをともなって上京した。参内して昭和天皇に最後の拝謁を受け、いたわりの言葉をいただいた。海軍省での打ち合わせでは、第五航空艦隊麾下部隊は部隊の保安要員を除いた兵員の早期復員を行うことに決した。

　これを受け、最前線であった鹿屋基地に展開していた戦闘三〇六はこの日急遽解散、復員することとなった。

　翌8月20日、海軍総隊司令長官は全将兵に長文の訓示を発し、特に終戦が天皇の決断であることを強調した。

　この日、二三五五に剣作戦部隊の解散式があり、攻撃七〇八の陸攻は翌日、小松基地の原隊に復帰した。

　8月21日には、沖縄経由でマニラの連合軍司令部に出頭していた軍使一行が打ち合わせを終えて帰着、米軍先遣部隊の26日の厚木基地進出を伝えた。海軍大臣は各所属長官、各所轄長と連絡をとり、指揮下の将兵を速やかに復員させるよう、指示した。

　先の停戦命令以降も訓練の名目で飛行を続ける部隊も多かったが、この日の晩、米軍との取り決めに基づき「8月24日一八〇〇以降、一切の飛行を禁止す」との命令を発した。

　この日、厚木基地の三〇二空を率いて徹底抗戦を叫んでいた司令の小園安名大佐は、18日夜に再発したマラリアの錯乱症状が激しくなり、野比海軍病院に収容された。一時は海軍陸戦隊を突入させて鎮圧する計画まで検討されていたが、20日の高松宮による副長菅原英雄中佐（海兵55期）以下幹部への説得もあり、厚木基地の叛乱は沈静化に向かっていた。これを潔しとしない若手士官搭乗員達を主とした彗星、雷電など33機が陸軍の飛行場目指して離陸したが、大勢はすでに決していた。

神雷部隊の解散と復員

神雷部隊が三〇二空に次ぐ抗戦部隊となることを懸念する向きは、なお多かった。米軍の進駐に先立って不安要素は少しでも除かねばならず、第五航空艦隊の草鹿長官は神雷部隊に特別電報を入れ、直ちに関係書類を一切処分して解隊するよう命じた。神雷部隊は再び一堂に会する機会を与えられず、各基地でそれぞれ解隊の準備に取りかかった。

　8月21日夕刻、小松基地の足立飛行長は飛行場に全隊員を集め、神雷部隊陸攻隊、桜花隊の解隊を告げた。朝鮮の迎日基地に後退していた八木田大尉以下の陸攻4機も、機密書類一切を焼き捨てて脱出してきていた。

復員にあたり、退職金として予備士官には３３００円、下士官には２８００円が給付された。搭乗員は出身地別に分けられ、陸攻に分乗してしかるべき飛行場で乗機を乗り捨てて復員するよう、指示された。残った飛行機は中央からの通達通りプロペラと気化器を外し、戦闘行為を放棄した。各自所有の拳銃も無理矢理回収され、近くの湖に投げこまれた。

夜の桜花隊解散会では、山村上飛曹の提案により、３年後の３月21日午前10時に靖国神社社頭で再会することを約束した。言うまでもなく、これは野中隊が全滅した日である。細川先任分隊士は和綴じの帳面に全員の署名をとり、「桜名録」と上書きした。

翌8月22日の早朝、小松基地に久しぶりの爆音がとどろいた。〇九〇〇、各地に向かう隊員達が乗り込むと、やがて陸攻の列線がくずれ、一機また一機と、滑走路に向かった。エンドに着くと砂ぼこりを巻き上げながら滑走路を走り始め、抜けるように明るい青空へ飛び立っていった。

足立少佐は湯野川大尉ら数名の幹部と草いきれのする指揮所に立ち、離陸した最後の飛行機が見えなくなるまで見送った。

順調に飛び立った陸攻であったが、鹿屋に向かう途中の1機は途中油圧系の故障から左エンジンが不調となり、空中火災となった。主操縦員の小山内美智雄上飛曹（丙飛６期）は横滑りや急機動の連続による消火を試みたが火災は収まらず、やむなく燃料を捨てて一三三〇頃徳島県牟岐町大里松原海岸沖１㎞の海上に不時着水した。着水と同時に両エンジンは脱落し、胴体は日の丸後部付近の結合部から折れてしまった。残った胴体前部はいったん海中に突入したものの、空となっていた燃料タンクの浮力で間もなく浮上した。搭乗員と便乗者計４人は翼の上に上り、そのまま1時間程漂流ののち、海部町の漁船により全員救助された。機体は海没し、今も水深20ｍの砂地の海底に裏返しとなって沈んでいる。

厚木基地に行く便に乗り合わせた鈴木中尉は、請われて初めて陸攻の副操縦員を務めた。途中琵琶湖から東海道を東進し、富士山の山頂付近を1周してついでに実家のある熱海の無事を確認し、厚木基地に着陸した。

厚木基地は抗戦派が陸軍の飛行場に飛び立ったあとで、すっかり沈静化していた。「飛行場では民間人が大八車を持ち込んで物資の略奪に右往左往してました。改めて敗戦の惨めさを実感しながらトラックを借りて小田急線経由で熱海の実家に戻りましたが、喜ぶ家族を見て、多くの戦友達を失いながら生き残ってしまった我が身の不甲斐なさに、涙が止まりませんでした」と鈴木氏は語る。

松山基地の岡村司令は、大分基地から帰るとすぐ、「大命に従う。自重せよ」と、本部員や爆戦隊員に告げて以来、何を聞かれても「大命のままである」と言うばかりで、それ以上の所感を漏らそうとしなかった。

この頃、用務飛行で冨高から松山に飛来した日笠正敏候補生（予備生1期）は、道後にあった水交社で岡村司令より「世の中が変わる。くれぐれも身体に注意して国家を盛り立てるように」と、諭されるように言われたことを記憶している。

21日の解隊の訓示はごく短く、「すべては歴史である」という言葉だけが、隊員たちの記憶に残された。

このあと、岡村司令は命を受けた重要書類の焼却処分を実施した。この際に戦闘詳報や命令書等、若者達の生命の代償とも言える代え難い記録が灰となった。今日現存しているのはこの指令以前に軍令部に送付されていた行動調書等のごく一部の書類だけである。

松山基地の終戦処置は迅速で、22日に小松基地から一式陸攻に便乗して復員した保田上飛曹が降り立った時には、列線に引き出された零戦や紫電改はすでに皆プロペラが外されていた。これを見た保田上飛曹は改めて敗戦を実感した。

岡村司令はこのあと18日に司令の加藤秀吉大佐(海兵48期)が自決して大混乱に陥っていた高知空の司令に着任(辞令は9月30日付けであるが実際の着任は8月中とみられる)し、事態の収拾にあたった。

また、神社澄(かんじゃきよし)一飛曹(丙14期)は、復員途中に観音寺基地に立ち寄ったと推測される。7月に自ら空輸して以来、隠蔽放置されていた零戦に搭乗し、解散から2日後の8月24日、岡山県帯江村(現在は倉敷市に合併)亀山地区にある実家に向かった。

午後4時頃1機の飛行機が帯江村の上空に飛んできた。低く帯江国民学校の上空を3回ほどまわった。地元出身の搭乗員といえば神社澄である。神社一飛曹の実家の者は飛行機が飛んできたというので外へ出てみた。

低く飛んで実家の上を屋根もすれすれに松の木もかすめんばかりに飛ぶ。あれは澄だ、澄が戻ったと一同大喜び。20分ばかりいろいろな曲技飛行を見せると飛行機は早島町の方へ飛んでいったかと思うと再び亀山地区に戻ってきた。神社一飛曹は機上からひと包みの荷物を投げると豊洲村の先祖の墓の側の田んぼに突入した。覚悟の自爆であった。

神社一飛曹は第4陣として鹿屋に進出していたが、小松基地に後退後(おそらくは終戦直後)に書かれた遺書には「幾多の戦友は尊き血を流して護国の花と散ったのに自分一人が

↑神社澄一飛曹(丙飛14期)。神雷部隊解散後の8月24日、零戦で倉敷市の実家脇の水田に突入、自爆した。

今日まで生き残っている事が戦友に対して心苦しくてなりません」とのくだりがあるとのこと。神社一飛曹にしてみれば、図らずも命永らえて終戦を迎えてしまった自分は、亡き戦友たちに顔向けできないと思い詰めた挙句の行動だったと推測される。神社一飛曹以外にも、責を負うべき立場でなかった者が敗戦の直後に自決した事例は少なくない。

現場には一部始終を目撃していた何千という人々が駆け付けたが、機体は尾翼の一部を残して田んぼに埋まりこみ、尾翼に縋って「きよし、きよし」と翼をゆさぶりながら泣き崩れる母親の姿があわれを誘った。集まった人々はスコップで6m以上掘り返して肉片となった遺体を収容したと伝えられている。

湯野川大尉と皇統護持作戦

8月22日の部隊解散の直後、ひとり水交社に戻って暗然としていた湯野川大尉に足立少佐より電話があり、すぐに基地に戻った。司令室に入るとそこには小松空司令の遠山大佐と足立少佐に加え、連絡にやってきた七二三空飛行長の中島正中佐の3名がいた（湯野川氏はこのように回想しているが、この時期予科練の小松空はすでに解隊されており、また遠山大佐は司令ではなく該当者が見当たらない。前後の状況から、神雷部隊解散と新任務の伝達に来た軍務局の連絡将校と推測されるが特定できず）。

中島中佐より「新任務を受諾する決心があれば第二徳島基地に向かい、七二三空司令の青木武大佐（海兵51期）の指示を受けるように」との話があった（8月19日の晩に中島中佐は三四三空の源田実大佐の下で「皇統護持作戦」に加わっていることから、あるいは中島中佐から話が切り出された可能性もある）。まだ自分が役に立てることがあるなら幸いと、湯野川大尉は夕刻に零戦で小松基地を離陸して第二徳島基地に向かった。

七二三空は彩雲による特攻専門部隊として編成されたばかりの部隊であった。司令の青木大佐は艦上機搭乗員の出身ながら、大尉時代の1年間、軍務を離れてウラジオストックに民間人として潜入し、地下活動をしたという経歴を持っていた。ここで伝えられたのは、湯野川大尉は身分を隠して地下に潜行して欲しいとの意外な話であった。このことは中央で承認され高松宮様のご承認を得て実行されていることだからと伝えられ、当座の資金として2万円を渡された。次の指示は12月12日の12時に山口県の国鉄山陰本線正明市（しょうみょういち）駅（現在の長門市駅）にて伝えるとのことで、目的や活動内容等の具体的な指示はなかった。

この指示により、湯野川大尉は小松基地を飛び立って行方不明となり自決したこととされた。こうして湯野川大尉の存在は抹消され、代わりに原爆の爆心地に近い広島市田中町出身の吉村実一整曹として七二三空の復員証明書の交付を受けて潜行生活に入った。湯野川大尉は9月初旬に自分を知る者がいない島根県温泉津町の町役場の土木部技手として勤め始めた。9月下旬になって、終戦時連絡将校の腕章をつけた新庄大尉が訪ねてきた。岡村司令と足立飛行長からの伝令として「大分の五航艦参謀の横井少将に会って指示を受けるように」とのことであった。

これに従い、湯野川大尉は10月初旬に大分基地に出向いて横井少将を訪ねた。曰く、「陛下のご身分に万一のことがある場合に備えなければならない。これを七二一空司令、三四三空司令が担当することとなり、それぞれの部隊で人員を選抜し、拠点を構成する。三四三空はすでに動いている(8月19日の晩、同志24名を集めた源田大佐は、宮崎県米良荘に拠点を築くべく行動を開始していた)。七二一空は岡村司令より君にとの指名があった。このために隊員15名を選抜し拠点を持つように」。湯野川大尉はこのように要請されたが、すでに青木大佐からの指示を受けていたこともあり、自信が持てなかったためこの役目を辞退した。

12月12日の12時に正明市駅待合室にて青木大佐、中島中佐らと合流した湯野川大尉は、その日の晩、任務の解除を伝えられた。潜行の目的や任務の内容は最後まで聞かずじまいであった。渡されていた資金はほとんど手付かずのまま返却した。湯野川大尉は翌昭和21年1月に第二復員省（旧海軍省）より復員証明証を受領して復員した。

「皇統護持作戦」は終戦直後、連合軍側の天皇に対する処遇が明確でなかったため、最悪の事態となっても皇統を絶やさず国体を護持するために皇族の子弟のひとりを匿って養育するという計画であった。陸海軍で複数の計画が並行して進行したが、その全貌は明らかでない。昭和22年5月3日に公布された新憲法によって天皇の地位が明確に保全されたことから皇統護持作戦は発動されることなく実質的に終焉を迎えたが、家族にも他言無用を誓った三四三空隊員達への作戦終了の正式な通達は昭和56年のことであった。

エピローグ

昭和21年1月中旬、当時復員輸送船となっていた元潜水母艦「長鯨」に、市川元治元上飛曹ら元桜花隊員10名が乗り組んでいた。彼らは釜山～舞鶴の航海を終えた直後、長鯨の次の航海は鹿児島～基隆（キールン）であることを知らされた。出港前夜、一同はなけなしの私財を出し合い、物資払底していた舞鶴市内を回って花輪と御神酒と菓子を買い求めた。

1月18日一七一八、夕陽いまだ明るい沖縄西北方90浬の洋上で後部甲板に集合した一同は、亡き戦友に対するしばしの黙祷ののち、用意した花輪と供物をに海に投じ、皆で「神雷同期の桜」を唱和した。
花輪に飾った以下の祭文は、市川元上飛曹が起草したものであった。

殉国神雷の志士に

兄等去りて早や十ヶ月　ゆくりなくも
我等長らえて此の地を訪ふ
思へば祖国の為に散るを
男子一代の光栄として「同期の桜」を唱和せしあの日の姿
今尚ほ眼底にあり
吾等　諸兄に続きて　夷敵討たずんば止まじの念　寸毫も欠くるなかりしも
昨夏八月十五日　突　休戦の大詔下る
血涙滂沱として肺腑を洗う
そはあれ　此れ勅命なり
私情に激して　徒に侵すべからざるを憶ひ
郷関に帰る
然れども　廃頽せし世相　黙視するを得ず
一死を以て国恩に報い
日本再建の礎石たらしむを期し
相携えて　同胞救護の一端を担ひ
今本艦上にあり
我等　長らふと言へ共「特攻神雷」の精神に
未だもとりなきを信ず
兄等の意を体し
断乎　祖国再興の砂礫たらむを誓う
友よ　霊あらば　来たりて我が雄図を護れ
此処に一輪の花を捧げて
兄等の神霊を慰めむとす
来たり受けよ

昭和二十一年一月十八日
神雷残党有志

↑昭和21年1月18日、亡き戦友達の霊を慰めるべく、沖縄西北方90浬の洋上に供物と共に投じられた花輪。花輪を飾る祭文は市川元上飛曹が起草した。

復員した湯野川元大尉が長鯨に乗船し、市川元上飛曹達と合流したのはこの航海のあとのことであった。

昭和23年3月21日には約束通り約40名の元隊員が靖国神社に集まり、慰霊行事を行った。集まった元隊員達は再会を喜び、熱海の旅館で夜を徹して語り明かした。

そしてこの席上で戦友会の設立が決められた。連合国による占領下であることを考慮し、戦友会の名称を「羽衣会」とした。当初の事務処理は用務士であった鳥居達也氏が担当した。

それから間もない7月13日、神雷部隊元司令の岡村基春氏は千葉県茂原付近で鉄道自殺を遂げた。それに先立つ昭和21年5月、まだ戦後の混乱の最中であったが、高知復員局人事課にいた岡村氏は、ひっそりと鹿児島県を訪れた。鹿屋や、舟を借りて南海の島々を巡り、戦死した幾多の部下の慰霊をしていた。これは「皇統護持作戦」の一環としての行動であった可能性が高いが、判然としない。自殺の表向きの理由は、当時調査が進められていた二〇二空司令時代の昭和18年当時に部下が起こした捕虜虐待事件での証言を拒んだためと伝えられているが、遺書等は残されておらず、真の動機はわからない。

昭和26年3月21日には第2回の慰霊行事があり、以後、毎年春分の日の午前10時に靖国神社に集まって慰霊行事を行うことが決められた。

翌昭和27年2月10日には、遺族や生存隊員の手記を集めた小冊子『神雷部隊櫻花隊』が鳥居達也氏の尽力により発行された。

羽衣会はサンフランシスコ講和条約が発効し、日本が独立権を回復したのちに「海軍神雷部隊戦友会」と改称し、事務局を細川八朗氏宅に置き、事務処理を細川八朗氏と鈴木英男氏が担当した。

戦友会は年を重ねるごとに陸攻隊、爆戦隊、整備科、主計科へと輪が広がり、議決事項も慰霊鎮魂顕彰事業へと進展していった。

昭和32年に神雷部隊戦友会が靖国神社に献木したソメイヨシノは「神雷桜」と呼ばれ、今日に至るまで東京の桜の標準木の1本として開花の時期を知らせている。

桜花の開発主任であった三木元技術少佐の、命令とはいえ、用兵側の求めるままに未曾有の自殺兵器を造ってしまったという悔恨の念は、頭を丸めた程度で収まるものではなかった。三木氏は桜花の設計経緯を詳しく書きとめておこうと心に決めた。誰のためにでもなく、自分のために書き、自戒の報告書として行李の底に封じこめ、以後は桜花に関する一切を忘れたい、航空技術の歴史からも抹消しようと考えた。その後、三木氏は洗礼を受けキリスト教に帰依すると、今後戦争に関連するような仕事には一切関わらないと決め、折から紹介のあった鉄道技術研究所に入り、のちに0系新幹線として結実する高速列車の研究に取り組むこととなる。

昭和26年、サンフランシスコ講和条約締結により、日本は独立主権を回復した。その翌年の昭和27年1月発行の雑誌『世界の航空機』に初めて桜花の詳細な開発記事が掲載された。戦後わずか7年、いまだ特攻に関する記憶も生々しい時代である。この時、三木氏は「日本の技術者全体の名誉のために桜花は我が技術史から抹殺されるべきである」として証言を断っている。代わって執筆した一技廠の同僚である巌谷英一元技術中佐は、文中、関係者の名前はすべてイニシャルで伏せて発表した。

意図的であるのか判然としないが、このあとに書かれた『航空技術の全貌』（昭和28年出版共同社刊）に掲載された巌谷氏の桜花に関する記事では、関係者の実名が記載されたものの、大田中尉の名前や出身、長野少尉の殉職日など、基本的な誤りが散見される。この誤記の影響は大きく、近年の雑誌等にもこの誤記がそのまま引用されている例が散見される。

三木氏自らの筆により桜花の技術的実像が明らかにされるのは、氏が0系新幹線の開発を終えたのちの、戦後23年を過ぎた昭和43年まで待たねばならなかった。

桜花の運用方法である、母機の爆弾倉に子機が懸吊され空中発進する形態は、１９４７年に史上初めて音速を突破した航空機として名を残す「ベルX-1」の運用システムに懸吊方式ごとそのまま引き継がれた。

昭和32年11月20日に『ジェット・パイロット』（ジョン・ウェイン主演）という映画が公開された。この物語終盤に、「ソ連の新型親子飛行機」との設定で母機B-50とX-1が登場し、母機の胴体下から橙色と白色に塗り分けられたX-1が水平姿勢のままスーッと落下し、揚力が発生したところで尾部のロケットに点火してみるみる加速していく、というシーンがあった。当時この作品を映画館で観た三木氏は、その姿が桜花そっくりなのに驚いた。上映回ごとの入れ替え制がなかった当時、三木氏は離脱シーンをもう一度見るために居座ってそのまま2回観たという。

X-1の運用システムに関する資料では桜花との関わりは一切触れられていないが、開発時期といい、懸吊方式といい、桜花の方式を参考にしたのは明らかである。特攻機が転じて未知の音速突破に挑んだ機体のシステムの一部となったことは、三木氏にとっては、技術者として救われるものであったろう。

下士官隊員達の宿舎となっていた「狸御殿」は、戦後元の持ち主に返還され、茅葺き屋根を瓦葺きに改めて昭和50年代に取り壊されるまで使われたが、柱や鴨居には隊員達が軍刀を抜いて振り回してつけたらしい刀傷が残っていたという。

鹿島灘に飛び去り、死亡と認定された桜花発案者大田中尉は、後年、海に突入したところを漁船に助けられ、改名して生存していたことが判明した。しかし、生きながらにして遺族年金を受け取ることの非を指摘されたのをきっかけに仲間のもとを去り、平成6年12月7日に桜花発案の経緯を明らかにすることなく、無戸籍のまま生涯を終えた。大田氏が戸籍の復活手続きをしなかったのは、山口県に残した本妻と娘に養育費代わりの遺族年金を与えるためであり、近年のドキュメンタリー番組が描いたような、自責の念から行ったことではない。大阪の妻子にはそのことを一切明かさなかった。

　幾多の物語を生んだ野里国民学校は、戦後学制の改正により再び野里小学校となり、校舎も修復されてもとのように子供達の歓声が戻った。昭和38年、野里小学校は近辺の高台に鉄筋コンクリート製の近代的な新校舎として新築・移転された。これにともない古い校舎は惜しげもなく取り壊され、跡地は水田と杉林になった。現在は杉林の中に半壊状態の国旗掲揚台の基部が残っているだけである。

　昭和40年3月21日には第二神雷爆戦隊で喜界島進出の経験を持つ元隊員の竹谷行康氏が管長を務めていた鎌倉の建長寺正統院に神雷戦士の碑が設けられた。昭和50年には細川八朗氏が精進潔斎のうえ木札に1名ずつ謹書した戦没者一覧が設置された（平成5年に木札は腐食しないステンレス板へと改められた）。

　昭和53年には野里の司令宿舎前にあった別杯の地に山岡荘八氏の揮毫による記念碑が建てられた。翌年には神ノ池基地跡に同様に「桜花隊錬成之地」の記念碑が建てられた。いずれも小城久作氏が個人的に私財を投じて建立したものであった。

　昭和54年には戦友会により、実物大の桜花の複製模型と桜花攻撃隊の進撃ジオラマが靖国神社に奉納され、二度の移設を経て今なお見学者に桜花特攻の存在を無言のうちに伝えている。

　桜花の現存機体は米国に一一型が3機、二二型が1機、Ｋ1が2機、Ｋ2が1機、ほかイギリスに4機、インドに1機の一一型が存在している。

　これに対し、日本国内には唯一の第一航空廠製の後期生産型の桜花一一型２１４号機が1機だけ現存している。この機

↑昭和53年に野里に建立された「桜花隊別杯之地」の記念碑。小城久作氏の個人的寄贈によるもの。

↑昭和54年に神ノ池基地跡に建立された「桜花隊錬成之地」の記念碑。野里の桜花碑と共に、小城久作氏の個人的寄贈によるもの。

体は終戦時に厚木基地にあったもので、戦後長らくジョンソン基地（現在の航空自衛隊入間基地）のゲートガードとしてコンクリート製の台座に乗せられて屋外展示されていたが、昭和38年11月に基地が日本に返還された際に同時に返還され、屋内保管されるようになった。しかしその後、昭和47年に外部団体に貸し出された際、搬出時に固定部が錆び付いて外れなかった主尾翼が、のちの完全復元を条件に切断されてしまった。さらに、関係者の不手際により返却前に主尾翼が失われてしまい、その後長らく代用品のＦＲＰ製の主尾翼が取り付けられていた。

平成11年から自衛隊関係者を中心にして外部機関の協力を得ながら、この２１４号機を完全に復元する作業が開始され、幾多の曲折を経て同じ構造の主翼と尾翼が再生された。平成24年に新たに開館した入間基地の航空歴史資料館には令和2年現在、この完全復元された桜花が各部の構造が分かるように分割された状態で展示されている。

国籍を問わず、沖縄で亡くなったすべての人々の刻銘を目指す、沖縄県糸満市摩文仁の平和祈念公園内の「平和の礎」は、平成7年6月除幕式を迎えたが、当初は野中少佐以下１６０名の第一次桜花攻撃隊の特攻戦死者は除外されていた。しかし、米軍記録に明らかな通り、九州沖航空戦は沖縄上陸のための支援作戦であり、第一次桜花攻撃隊隊員も平和の礎の刻銘対象者であるとの戦友会関係者の働きかけが認められ、平成19年6月にはほとんどの者の刻銘が完了した。このため、平和の礎の一区画はまるで神雷部隊のために用意されたかのごとく、野中少佐を取り巻いて隊員達の名前が刻まれている。

戦友会は戦後50年目の平成8年に解散したが、慰霊行事は事務局の運営を担っていた鈴木英男氏が亡くなった直後の平成22年まで行われ、以後は永代神楽の奉納に移行した。現在は元隊員達の子孫や桜花に関心を持った有志により、永代神楽の奉納に合わせた昇殿参拝が継続されている。

◎昭和20年3月21日　第一神風桜花特別攻撃隊神雷部隊　編成表

中隊	機番号	主操縦員 副操縦員	主偵察員 副偵察員	先任電信員 次席電信員	攻撃員	先任搭乗整備員 次席搭乗整備員	桜花 搭乗員	桜花搭乗員 出身期
		消息						
1	1	椛澤義雄中尉 中村福住上飛曹	野中五郎少佐 甲斐弘之大尉	成尾新五少尉 河井近士一飛曹	江波戸輝行 飛長	竹谷駒吉 上整曹		
		1100鹿屋基地発進都井岬上空で全機編隊を組み一路南下するも、1420 ～ 1445の間に敵グラマン戦闘機約50機の待ち伏せに遭遇、母機桜花を懸吊したまま全機未帰還。 全員戦死。 以下全員同。						
1	2	柳正徳中尉 美並義治上飛曹	松井清少尉 黒木高三上飛曹	高木信男飛曹長 湯澤康男二飛曹	野澤金三飛長	三上清上整曹	三橋謙太郎 大尉	海兵71期
1	3	村松司飛曹長 棚橋芳雄二飛曹	柳原武雄上飛曹	梶内義唯上飛曹 山村繁二飛曹	手塚晴好飛長	福田安夫 一整曹	服部吉春 一飛曹	乙飛17期
1	1	佐村義男少尉 後藤志郎一飛曹	上田四郎少尉 大日向三郎一飛曹	長谷川俊夫飛曹長 芳木幸義一飛曹	高橋利三郎飛 長	三谷清上整曹	村井彦四郎 中尉	予備13期
1	2	沼野利朗飛曹長 鈴木實二飛曹	粕谷義蔵少尉 阿部寅一上飛曹	常岡祥夫上飛曹 高橋幸太郎二飛曹	坂本新一飛長	富山勇二整曹	野口喜良 一飛曹	乙飛17期
1	3	木原忠造上飛曹 胡桃經雄二飛曹	有働熊雄上飛曹	寺岡昇一飛曹 高橋幸太郎二飛曹	藤岡和夫飛長	寺西博二整曹	清水昇二飛曹	丙飛14期
2	1	小原正義中尉 田中晃上飛曹	西原雅四郎大尉 古関建治中尉	駒敏次飛曹長 竹内靖一飛曹	植木繁男飛長	座間幸之助 上整曹		
2	2	仁平守上飛曹 伊井俊夫上飛曹	木村新一飛曹長 前山昭利上飛曹	瀬尾佸三飛曹長 田中一貴二飛曹	加藤庯雄飛長	川畑清上整曹	久保明中尉	予備13期
2	3	植村正次郎飛曹長 鈴木光男二飛曹	落合正二上飛曹	徳田勇飛曹長 有末辰三二飛曹	内田實飛長	岩本徹二整曹	島村中一飛曹	予備練15期
2	1	角勉少尉 古賀学一飛曹	木下忠雄上飛曹 橋本幸男二飛曹	山本精上飛曹 石垣当晃二飛曹	早川忠雄飛長	八島養七 二整曹	杉本仁兵 上飛曹	甲飛10期
2	2	吉永正夫飛曹長 元親傳二飛曹	内垣清上飛曹	皆川喜助一飛曹 会澤平四郎二飛曹	松原保飛長	山田一雄 二整曹	重松義市 一飛曹	甲飛11期
2	3	大瀧五郎上飛曹 松島武雄二飛曹	山下功上飛曹	守田賀重一飛曹 嶋尾順次郎二飛曹	田口末吉飛長	江部英夫 二整曹	矢萩達雄 二飛曹	丙飛16期
3	1	荒井等中尉 作元政明上飛曹	佐久間洋行大尉 内田正次郎少尉	深澤功飛曹長 青木保夫一飛曹	岡安弘飛長	原益男上整曹		
3	2	岡野喜太郎少尉 町田光正二飛曹	山川軍治上飛曹	川村勝喜上飛曹 本間富久司二飛曹	田房力飛長	石倉傳四郎 上整曹	緒方襄中尉	予備13期
3	3	橋口敏男上飛曹 鶴丸庯吉二飛曹	松岡源八上飛曹	渡邊徹上飛曹 穂積鉄一二飛曹	塩崎竹千代 飛長	山内厚重 二整曹	江上元治 一飛曹	丙飛12期
3	1	土倉勉少尉 谷塚梅三二飛曹	田北武文上飛曹 舛井清上飛曹	宮田信吉上飛曹 松尾登美雄二飛曹	塩田利雄飛長	吉羽浦治郎 二整曹	山崎重三 上飛曹	予備練13期
3	2	石橋三郎上飛曹 跡邊武二郎二飛曹	谷清郷上飛曹	小栗正夫一飛曹 横田正英二飛曹	新美昭二飛長	藤井勇二整曹	豊田義輝 二飛曹	特乙１期
3	3	林田満上飛曹 会澤寿造二飛曹	渋谷八郎上飛曹	吉田義男一飛曹 茂木晃飛長	遠藤欽一飛長	小田重男 二整曹	軽石正治 二飛曹	特乙１期

原資料作成：鳥居敏男(甲飛12期、元攻撃七一一隊員)

◎昭和20年4月1日　第二神風桜花特別攻撃隊神雷部隊　編成表

小隊	機番号	主操縦員 副操縦員	主偵察員 副偵察員	先任電信員 次席電信員	攻撃員	先任搭乗整備員 次席搭乗整備員	桜花 搭乗員	桜花搭乗員 出身期
		消息						
1D	1	澤本良夫中尉 門田千年一飛曹	久野重信飛曹長 長谷部富蔵一飛曹	倉持薫上飛曹	鏡茂雄 一飛曹	岩田清 上整曹	山村恵助 上飛曹	乙飛12期
		0221鹿屋基地発進、濃霧の中切れ目を探し高度3000mで敵戦闘機の追躡に遭遇、降下し高度1000mで敵夜戦の銃撃を受け、桜花を投棄、避退する中、高度計指針ゼロに向かい伊座敷沖の海面に不時着水するも機体大破、浮上漂流中、澤本中尉、門田一飛曹、鏡一飛曹、桜花搭乗員山村上飛曹は漁船に救助されたが、他の4名は戦死。※米空母の夜間戦闘機隊に該当する交戦記録なし						
	372	神戸義信少尉 小池孝吉二飛曹	佐藤純上飛曹	廣田瀧治一飛曹 柴田悦生二飛曹	中野堅之助 飛長	松本正夫 二整曹	町田満穂 一飛曹	丙飛16期
		0229鹿屋基地発進するも敵艦隊発見せず、引き返すも途中エンジン不調、0815宇佐基地に着陸、エンジン調整後、1845鹿屋帰投。神戸少尉以外の母機ペア6名は4月16日第5次出撃時に戦死。桜花搭乗員町田一飛曹は4月14日第4次攻撃で戦死。						
	3	小松勉上飛曹 高橋雄三郎飛長	宮原正少尉 谷口三男一飛曹	松井昇上飛曹	村岡正 一飛曹	實松春吉 二整曹	麓岩男 一飛曹	乙飛17期
		0223鹿屋基地発進後無電連絡(桜花発進の連絡)無いまま未帰還。戦果確認出来ず。0445過ぎにVF-84のF6F-5Nパーデュー中尉機によって撃墜された						
2D	1	山田喜三郎上飛曹 中川正範二飛曹	澤田清彦中尉 服部武夫一飛曹	小野多麿上飛曹	末田清 二飛曹	北迫栄二 二整曹	山内義夫 一飛曹	丙飛11期
		0225鹿屋基地発進するも濃霧の中、敵夜戦の追躡に遭遇、これを回避する中、鹿児島県肝属郡根占町芝ノ山山頂に衝突、大破炎上全員戦死。※米空母の夜間戦闘機隊に該当する交戦記録なし						
	2	比嘉成道一飛曹 西広美飛長	緒方正義中尉 島崎文雄一飛曹	高須馨二飛曹	大口義春 飛長	土佐岡農人 二整曹	藤田幸保 二飛曹	丙飛16期
		0231鹿屋基地発進するも敵艦発見できず、又濃霧のため台湾新竹基地に避退。4月3日、同飛行場発進後に徳ノ島沖に不時着沈没、全員救助されたが、7月23日副操西広美二飛曹以外のペアは事故のため高隈山に衝突、大破炎上殉職する。桜花搭乗員藤田二飛曹は5月11日第8次攻撃に出撃し、戦死。						
	3	高瀬正司二飛曹 田川喜八郎二飛曹	後藤文衛上飛曹 松本勉一飛曹	辻忠弘一飛曹	宮川千代蔵 飛長	村橋伴睦 二整曹	峰苫五雄 二飛曹	丙飛16期
		0227鹿屋基地発進後無電連絡(桜花発進の連絡)無いまま未帰還。戦果確認出来ず。0445過ぎにVF-84のF6F-5Nパーデュー中尉機によって撃墜された						

◎昭和20年4月12日　第三神風桜花特別攻撃隊神雷部隊　編成表　(菊水2号作戦にともなう攻撃)

小隊	機番号	主操縦員 副操縦員	主偵察員 副偵察員	先任電信員 次席電信員	攻撃員	先任搭乗整備員 次席搭乗整備員	桜花 搭乗員	桜花搭乗員 出身期
		消息						
1D	1	野上祝男中尉 仲野源太郎飛長	新井國夫上飛曹 竹中武春一飛曹	眞鍋義孝上飛曹	木下善一郎 二飛曹	古竹丈夫 二整曹	今井遉三中尉	予備13期
		1230鹿屋基地発進後無電連絡(桜花発進の連絡)ないまま未帰還。戦果確認できず。						
1D	2	竹中三男二飛曹 住吉敬三二飛曹	森島俠一郎少尉 今崎利彦一飛曹	中村英雄一飛曹	室橋源一飛長	重村平治 二整曹	鈴木武司 一飛曹	乙飛17期
		1227鹿屋基地発進、1530戦艦1隻に命中打電後敵戦闘機の追躡、銃撃並びに敵艦隊からの高角砲等により被弾。戦死、未帰還。						
1D	3	熊倉稠上飛曹 岸田幸夫一飛曹	菊池辰男飛曹長 内海清一飛曹	北島良實一飛曹	武田竹司 二飛曹	中込七百太郎 二整曹	飯塚正巳 二飛曹	丙特11期
		1232鹿屋基地発進後無電連絡(桜花発進の連絡)ないまま未帰還。戦果確認できず。						
2D	1	飯山十三郎上飛曹 福原正一二飛曹	小島博中尉 森光清春一飛曹	増田弘一飛長	青山慶二飛曹	末永重徳 二整曹	岩下栄三中尉	予備13期
		1223鹿屋基地発進、1505桜花発進、敵戦艦1隻轟沈の無電後敵戦闘機の追躡に遭遇、1527被弾不時着水、母機大破炎上、機長小島中尉、増田飛長戦死、生存者は救命ボートに移乗、約23時間漂流の翌13日1200頃沖永良部島からの船に救助され、上陸後末永二整曹死亡。ほか4名も負傷し、野戦病院で治療の上、3日後に帰投。戦死者3名は特攻扱いとならず。VC-88によって沖永良部島沖の撃墜された一式陸攻の可能性あり。						
2D	11	吉隆虎雄二飛曹 黒田二郎二飛曹	佐藤哲也少尉	竹内清一飛曹	西郷等飛長	海老原静二整曹 篠崎博美飛長	渡部亨一飛曹	甲飛11期
		1225鹿屋基地発進するも、途中敵戦闘機の銃撃を受け左エンジン被弾、燃料漏洩のため引き返し、桜花攻撃未了のまま1500口之島沖に不時着、総員島に上陸するも迎えの船なく6月まで島で生活、5月11日1名戦死。その後渡部一飛曹は再出撃の機会なし。						
2D	3	木村茂二飛曹 竹田廣吉二飛曹	稲ケ瀬隆治少尉 永田久一一飛曹	鳥居義男一飛曹	明神福徳飛長	村山省策 二整曹	光斎政太郎 二飛曹	丙飛17期
		1234鹿屋基地発進1530桜花発進、戦果確認せんとするも敵艦船からの弾幕、敵戦闘機の追躡を回避する間、戦果確認できぬまま鹿屋基地に帰投。永田一飛曹以外のペア6名は6月22日第10次攻撃で戦死。						
3D	1	千葉芳雄上飛曹 清原義光一飛曹	三浦北太郎少尉	菅野善次郎二飛曹 樋口武夫二飛曹	牛浜重則飛長	石川一英飛長	土肥三郎中尉	予備13期
		1234鹿屋基地発進1445に7隻からなる単縦陣の敵艦隊を発見、高度6000m目標まで18000mで桜花発進、1515戦艦1隻轟沈を確認を菅野二飛曹発信。高度500mにて急速避退し、1745鹿屋帰投。被弾数十発。清原一飛曹、菅野二飛曹、石川飛長以外のペア4名は6月22日第10次攻撃で戦死。「スタンリー」への2機目(7隻からなる敵艦隊)、もしくは「ジェファーズ」(母機が対空砲火で被弾)に桜花を発進させた一式陸攻の可能性あり。						
3D	2	中重正二飛曹 鬼木俊勝二飛曹	佐藤正人少尉 平野利秋一飛曹	北村数巳一飛曹	橋井昭一飛長	吉田勇助飛長	山田力也 一飛曹	予備練15期
		1219鹿屋基地発進、1510桜花発進打電後に敵戦闘機の追躡、銃撃を受け未帰還、総員戦死。戦果確認できず。						
3D	3	惣谷喜一二飛曹 稲垣只次二飛曹	古賀三郎上飛曹 小嶋典吾一飛曹	田中道徳一飛曹	水野宏飛長	岡島正平 二整曹	朝霧二郎 二飛曹	特乙1期
		1240鹿屋基地発進、1520桜花発進打電後に敵戦闘機の追躡、銃撃を受け未帰還、総員戦死。戦果確認できず。						

◎昭和20年4月14日　第四神風桜花特別攻撃隊神雷部隊　編成表

小隊	機番号	主操縦員 副操縦員	主偵察員 副偵察員	先任電信員 次席電信員	攻撃員	先任搭乗整備員 次席搭乗整備員	桜花 搭乗員	桜花搭乗員 出身期
		消息						
1D	1	日比野但上飛曹 月尾清一二飛曹	澤柳彦士大尉	細越哲夫上飛曹 片岡貞夫二飛曹	菅道一一飛曹	重枝卓爾 上整曹	田村萬策 上飛曹	丙飛３期
		2小隊2番機及び3番機を除き1130 ～ 1153の間に鹿屋基地を発進するも全機未帰還。また、戦果確認の電文もなく、出撃者全員戦死。						
1D	2	長谷川正夫二飛曹 佐々木清飛長	新澤秀春上飛曹	金子秀一上飛曹 高山邦治二飛曹	高橋實男飛長	君島勝三 二整曹	町田満穂 一飛曹	丙飛16期
		〃						
1D	3	西　光上飛曹 松下秋雄二飛曹	塚本厳一飛曹	北本正信二飛曹 大坪春義二飛曹	松浦弘飛長	大小田道次 整長	佐藤忠二飛曹	特乙２期
		〃						
2D	1	齋藤三郎中尉 田中音市二飛曹	古谷誠一一飛曹	難波博通上飛曹 辻栄三一飛曹	佐藤保勝飛長	高橋貞浪 上整曹	真柄嘉一 上飛曹	甲飛９期
		〃						
2D	2	星見秀一一飛曹 野崎敬二飛曹	勝又武彦少尉	鴨原武夫一飛曹 森川晴夫二飛曹	高島昭二飛長	石井豊司 二整曹	石田三郎 一飛曹	予備練14期
		事故のため発進せざるも森川晴夫二飛曹以外のペアは5月4日の第七次攻撃に出撃し、全員戦死。桜花搭乗員石田三郎一飛曹は4月16日第八建武隊(爆戦)で出撃、戦死。						
2D	3	池田芳長上飛曹 石本久夫二飛曹	足立安行少尉	藤村正一二飛曹 澁谷昌信飛長	石川嘉輝飛長	木村只弘飛長	藤田幸保 二飛曹	丙飛16期
		事故のため発進せざるも5月4日の第七次攻撃に出撃し、全員戦死。桜花搭乗員藤田幸保二飛曹は4月1日の第二次、4月28日の第六次攻撃にも出撃、生還しているが、5月11日の第八次攻撃に出撃、戦死。						
3D	1	平川勇上飛曹 小黒寿夫二飛曹	梶原勝之少尉	石井隆次一飛曹 石本義春二飛曹	里田義則飛長	坂井一雪 二整曹	川上菊臣 上飛曹	甲飛10期
		2小隊2番機及び3番機を除き1130 ～ 1153の間に鹿屋基地を発進するも全機未帰還また、戦果確認の電報もなく、出撃者全員戦死。						
3D	2	安間淳介上飛曹 栗岡嗣二飛曹	岩崎良春少尉	川瀬一男二飛曹 福田秀夫飛長	酒井利男飛長	菊池公雄 二整曹	冨内敬二 一飛曹	予備練15期
		〃						
3D	3	田中館利夫上飛曹 山本政一二飛曹	竹内秀雄少尉	林芳市二飛曹	三和茂飛長	加藤豊彦 二整曹	山崎敏郎 二飛曹	特乙１期
		〃						

＊発信者が特定できないものの、1430に桜花発進を報じたあとに消息を絶った機体がある。

◎昭和20年4月15日　沖縄方面夜間攻撃　編成表　(通常攻撃)

機番号	主操縦員 副操縦員	主偵察員 副偵察員	先任電信員 次席電信員	攻撃員	先任搭乗整備員 次席搭乗整備員	桜花 搭乗員	桜花搭乗員 出身期
	消息						
1	神戸義信飛曹長 石垣勝弘一飛曹	澁谷晴三郎飛曹長	川又次男上飛曹 高木甚三二飛曹	前濱義徳飛長	福重武夫 上整曹	――――	――――
	2040鹿屋基地発進するも2145発動機不調により引き返し、2300鹿屋基地帰着。						

◎昭和20年4月16日　第五神風桜花特別攻撃隊神雷部隊　編成表　(菊水3号作戦にともなう攻撃)

小隊	機番号	主操縦員 副操縦員	主偵察員 副偵察員	先任電信員 次席電信員	攻撃員	先任搭乗整備員 次席搭乗整備員	桜花 搭乗員	桜花搭乗員 出身期
		消息						
1D	83	酒井啓一上飛曹 壹岐庫雄飛長	澤井正夫中尉	竹内信夫上飛曹 照井一次飛長	平山祐助 二飛曹	山崎亜具利 一整曹	宮下良平中尉	予備13期
		0708鹿屋基地発進(83号機)。友軍機が沖縄東方で敵戦闘機に遭遇している経験から機長の判断で進路を西に取り、約40分飛行後左旋回し沖縄に向かい、約1時間半後の0925水平線に沖縄の島影を望見時に、12隻からなる敵艦隊を発見、高度3,500m距離約8,000mwで0945桜花発進、0948桜花敵艦に突入。大爆発と空中高く吹き上がる水柱を確認後高度を下げて高度5mまで下げて対空砲火を浴びつつ敵艦隊の間をくぐりぬけて離脱、エンジン全開高度50mで避退飛行を続け1230鹿屋基地帰着。						
	2	於方熊雄上飛曹 大和弘一一飛曹	菅　隆上飛曹	川崎俊雄一飛曹 宇津木勝次二飛曹	寺田秀雄飛長	藤吉英章 二整曹	折出政次 一飛曹	甲飛11期
		0658鹿屋基地発進後無電連絡(桜花発進の連絡)ないまま未帰還。戦果確認できず。						
	3	中島賢次郎上飛曹 猪瀬甫一飛曹	村田昇上飛曹	大澤龍二郎二飛曹 渥美治夫飛長	梓直三飛長	三村稲男飛長	江原次郎 二飛曹	特乙１期
		0722鹿屋基地発進後無電連絡(桜花発進の連絡)ないまま未帰還。戦果確認できず。						
2D	1	岡田元一飛曹 小西勉二飛曹	鎌田直躬飛曹長	田中福壽一飛曹 荒井堅太郎二飛曹	川村克和飛長	伊藤博三 二整曹	山際直彦 一飛曹	乙飛17期
		0707鹿屋基地発進、飛行約2時間半後目標地点到着敵艦隊発見。山際一飛曹桜花に移乗、三連装砲塔の戦艦を目標に直ちに投下準備、準備完了合図により投下せんとするも投下爆管及び手動投下索不作動により桜花離脱せず、止むを得ず緊急退避、引き返す。途中燃料切れにより出水基地に着陸、桜花を離脱し、給油後に鹿屋基地に帰着。						
	2	峯山光雄上飛曹 小池孝吉二飛曹	佐藤純上飛曹	磨田瀧治一飛曹 柴田悦生二飛曹	中野堅之助飛長	松本正夫 二整曹	城森美成 一飛曹	乙飛17期
		0710鹿屋基地発進0930「敵見ユ」0932「桜花突撃用意」0935「敵水上艦艇見ユ地点(チキーイ)」。 0955「我敵４機の追撃ヲ受ケル」以後消息なく未帰還。						
	3	稲垣敏弘一飛曹 糸賀房夫一飛曹	大場昭男上飛曹	永澤諭飛長 今野米作飛長	伊藤高義飛長	堀川天地飛長	高田虎男 二飛曹	特乙２期
		0605鹿屋基地発進後無電連絡(桜花発進の連絡)ないまま未帰還。戦果確認できず。						

＊米国立公文書館所蔵の各艦等の戦闘報告書にて1小隊1番機の攻撃に該当する記述があるか調査したものの、現時点までに該当する戦闘報告書を発見できず。

◎昭和20年4月28日　第六神風桜花特別攻撃隊神雷部隊　編成表　(菊水4号作戦にともなう攻撃)

<table>
<tr><th rowspan="2">機番号</th><th>主操縦員
副操縦員</th><th>主偵察員
副偵察員</th><th>先任電信員
次席電信員</th><th>攻撃員</th><th>先任搭乗整備員
次席搭乗整備員</th><th>桜花
搭乗員</th><th>桜花搭乗員
出身期</th></tr>
<tr><th colspan="7">消息</th></tr>
<tr><td rowspan="2">1</td><td>谷　功二飛曹
若島光男飛長</td><td>荒木信正中尉
野村茂上飛曹</td><td>近藤米次郎上飛曹</td><td>武藤春日
飛長</td><td>小暮武治
上整曹</td><td>和田俊次
一飛曹</td><td>乙飛16期</td></tr>
<tr><td colspan="7">1629鹿屋基地発進、1900「片舷エンジン故障、片肺飛行、桜花投棄し帰途につく」の無電連絡後に消息を絶ち未帰還。
戦闘行動調書に「攻撃セズ未帰還」と記載されたため、連合艦隊告示(布)はされず、搭乗員全員二階級特進は適用されなかった。</td></tr>
<tr><td rowspan="2">2</td><td>酒井啓一上飛曹
壹岐庫雄飛長</td><td>澤井正夫中尉</td><td>竹内信夫上飛曹
照井一次飛長</td><td>平山祐助
二飛曹</td><td>山崎亜具利
一整曹</td><td>山際直彦
一飛曹</td><td>乙飛17期</td></tr>
<tr><td colspan="7">1625鹿屋基地発進、前回出撃の経験を活かし飛行を続ける中、1930敵艦隊発見し、山際一飛曹桜花に移乗、1933桜花発進、1940敵大型艦(巡洋艦と思われる)より火柱を上がるのを確認し、轟沈確実。帰途に就くも2100敵夜戦の追躡に遭遇、さらにT式無線装置の不良により進路を朝鮮半島に向かってしまい、90度右変針約1時間飛行後燃料切れにより天草の牛深市魚貫岬沖海面に不時着、機体大破沈没海上漂流中に漁船に救助される。</td></tr>
<tr><td rowspan="2">3</td><td>神戸義信飛曹長
石垣勝弘一飛曹</td><td>澁谷晴三郎飛曹長</td><td>川又次男上飛曹
高木甚三二飛曹</td><td>前濱義徳
飛長</td><td>福重武夫
上整曹</td><td>藤田幸保
二飛曹</td><td>丙飛16期</td></tr>
<tr><td colspan="7">1634鹿屋基地発進、1940頃目標地点に到着するも敵戦闘機の追躡に遭遇、止むなく桜花投棄、引き返し2245鹿屋基地帰着。
桜花搭乗員藤田二飛曹は5月11日の第八次攻撃に四度目の出撃、戦死した。</td></tr>
<tr><td rowspan="2">4</td><td>岡田元一飛曹
小西勉二飛曹</td><td>鎌田直躬飛曹長</td><td>田中福壽一飛曹
荒井堅太郎二飛曹</td><td>川村克和
飛長</td><td>伊藤博三
二整曹</td><td>中川利春
一飛曹</td><td>特乙１期</td></tr>
<tr><td colspan="7">1631鹿屋基地発進1930頃、予定地点に到着するも視界不良にて敵艦隊発見し得ず、引き返す途中エンジン不調、桜花投棄し甑島沖に不時着、大破沈没。ゴムボートで漂流2時間ののちに漁船に救助され翌4月29日1400鹿屋基地到着。
桜花搭乗員中川一飛曹は5月4日の第七次攻撃にて戦死。</td></tr>
</table>

＊在沖縄の海兵戦闘飛行隊および第58任務部隊所属の戦闘飛行隊の戦闘報告書には日本軍双発機との空戦記録なし。調査未了の護衛空母所属の飛行隊と推測される。

※米国立公文書館所蔵の各艦等の戦闘報告書にて4月28日に"BAKA"の目撃情報があるか調査したものの、現時点までに該当する戦闘報告書を発見できず。

◎昭和20年5月4日　第七神風桜花特別攻撃隊神雷部隊　編成表　(菊水5号作戦にともなう攻撃)

小隊	機番号	主操縦員 副操縦員	主偵察員 副偵察員	先任電信員 次席電信員	攻撃員	先任搭乗整備員 次席搭乗整備員	桜花 搭乗員	桜花搭乗員 出身期
		消息						
1D	1	佐藤俊夫二飛曹 小幡和人一飛曹	菊池弘少尉	石井力二飛曹 浅見寅男一飛曹	富岡三郎二飛曹	澁谷實飛長	大橋進中尉	予備13期
		0552鹿屋基地発進0850目標地点にて敵艦隊発見、0855桜花発進敵艦轟沈打電後避退するも敵戦闘機の追躡に遭遇、被弾全員戦死。桜花発進直後に「ヘンリー・A・ワイリー」の対空砲火によって撃墜された一式陸攻とみられる。						
	2	星見秀一上飛曹 野崎敬一飛曹	勝又武彦少尉	鴨原武夫一飛曹 原田實上飛曹	高島昭二飛長	石井豊司二整曹	内藤卯吉 上飛曹	乙飛17期
		0624鹿屋基地発進0910『桜花発進用意』打電後敵戦闘機の追躡もしくは敵艦からの対空砲火により被弾自爆、全員戦死。掃海艇「ゲイティ」へ桜花発進直後にVC-90所属の「M-2によって撃墜された一式陸攻とみられる。						
	3	吉田満照上飛曹 佐伯輝三一飛曹	寶満克夫少尉	今野源四郎上飛曹 柳義信一飛曹	平井精雄飛長	川村合作飛長	上田英二 上飛曹	乙飛17期
		0603鹿屋基地発進0900頃目標地点付近にて『敵戦闘機の追躡を受く』の無電を発した後に連絡無きまま未帰還。全員戦死。0900にVMF-311、もしくはVF-9によって撃墜された可能性大。						
2D	1	池田芳長上飛曹 石本久夫一飛曹	足立安行少尉	藤村正一一飛曹 澁谷昌信二飛曹	石川嘉輝飛長	木村只弘二整曹	永田吉春 一飛曹	特乙１期
		0558鹿屋基地発進後連絡無きまま未帰還となる。1小隊3番機同様被弾、自爆したものと認められる。敷設駆逐艦「シェイ」へ桜花発進直後に戦闘空中哨戒の戦闘機によって撃墜された一式陸攻の可能性あり。						
	2	江口政雄二飛曹 鳴瀧正夫二飛曹	川原勇少尉	大橋規三男二飛曹	大庭正通飛長	脇坂正男飛長	秋吉武昭 上飛曹	乙飛12期
		0601鹿屋基地発進するも目標地点に到達するも敵艦隊発見せざるため引き返し、1140鹿屋基地帰投。桜花搭乗員秋吉上飛曹は第九次桜花攻撃で戦死。						
	3	山崎優男二飛曹 室原知末飛長	甲斐元二郎上飛曹	杉山浜治一飛曹 稲葉厚二飛曹	林芳夫二飛曹	木口昌治一整曹	石渡正義 上飛曹	乙飛17期
		0603鹿屋基地発進09001小隊1番機と同地点にて敵艦隊を発見、直ちに桜花発進、目標にせる敵大型巡洋艦を轟沈打電後緊急避退、1100鹿屋基地帰投。「ヘンリー・A・ワイリー」に2機目の桜花を発進させた一式陸攻（1小隊1番機と同地点での攻撃により判定）とみられる。						
3D	1	廣瀬三郎上飛曹 中川明一飛曹	池永建治上飛曹	三輪英昭二飛曹 遅澤芳郎一飛曹	加藤吉郎二飛曹	金原義五郎 二飛曹	中川利春 一飛曹	特乙１期
		0600鹿屋基地発進後連絡無きまま未帰還となる。1小隊3番機同様被弾、自爆したものと認められる。敷設駆逐艦「シェイ」へ桜花発進直後に戦闘空中哨戒の戦闘機によって撃墜された一式陸攻の可能性あり。						

◎昭和20年5月11日　第八神風桜花特別攻撃隊神雷部隊　編成表　(沖縄・北飛行場夜間桜花攻撃)

機番号	主操縦員 副操縦員	主偵察員 副偵察員	先任電信員 次席電信員	攻撃員	先任搭乗整備員 次席搭乗整備員	桜花 搭乗員	桜花搭乗員 出身期
	消息						
1	宮崎昇少尉 武田剛吉一飛曹	中村豊弘飛曹長 永田久一上飛曹	宮里真幸上飛曹 吉田次郎一飛曹	黒川正利 一飛曹	西原次郎 一整曹	山崎三夫 上飛曹	乙飛17期
	0156鹿屋基地発進、沖縄北飛行場滑走路破壊に向かったが、母機エンジン故障し、0437引き返す。 桜花搭乗員山崎三夫上飛曹は第十次桜花攻撃で未帰還、戦死。						
2	岡田元一飛曹 小西勉二飛曹	鎌田直躬飛曹長	田中福壽一飛曹 荒井堅太郎二飛曹	川村克和飛長	伊藤博三 二整曹	勝村幸治 一飛曹	特乙１期
	0206鹿屋基地発進、0520予定地点に達するも雲高3000mと厚く雲下に出ると地上から攻撃を受け、悪天候のため飛行場視認し得ず、やむを得ず攻撃断念し引き返す。0710鹿屋基地帰投。						

◎昭和20年5月11日　第八神風桜花特別攻撃隊神雷部隊　編成表　(菊水6号作戦にともなう攻撃)

小隊	機番号	主操縦員 副操縦員	主偵察員 副偵察員	先任電信員 次席電信員	攻撃員	先任搭乗整備員 次席搭乗整備員	桜花 搭乗員	桜花搭乗員 出身期
		消息						
1D	1	古谷眞三中尉 田中辰三一飛曹	石田昌美上飛曹 東川末吉上飛曹	磯富次上飛曹	中村豊飛長	髯櫛伊三 一整曹	高野次郎中尉	予備13期
		0556鹿屋基地発進0850目標地点に到着すると敵迎撃戦闘機の壁極めて厚くその銃撃を避けつつ0900桜花発進打電後、ついに母機被弾自爆全員戦死。米軍記録によれば駆逐艦ヒュー･W･ハドリ大破。VMF-441によって撃墜された一式陸攻とみられる。						
1D	2	久世慶治一飛曹 川頭正義一飛曹	廣瀬正雄少尉	小林八郎一飛曹	佐藤良治二飛曹	高橋一二飛長	堀江真上飛曹	甲飛10期
		0620鹿屋基地発進エンジン故障のため引き返し、着陸時母機大破。桜花搭乗員堀江真上飛曹は第十次攻撃にて戦死。						
1D	3	長澤政信一飛曹 千葉登一飛曹	宮崎文雄少尉 菊池邦壽一飛曹	永田俊雄上飛曹	中内静雄飛長	竹内良一 二飛曹	藤田幸保 一飛曹	丙飛16期
		0603鹿屋基地発進後、連絡なきまま未帰還。この日目標地点上空敵迎撃戦闘機の壁極めて厚く、ついに敵戦闘機の追躡に遭遇、電信の余裕なきまま空戦状態となり、全員戦死。桜花搭乗員藤田幸保一飛曹はこの日四度目の出撃でついに戦死。VFM-221もしくはVF-47によって撃墜された一式陸攻とみられる。						
2D	1	中島眞鏡少尉 大河内一春一飛曹	鑪敬蔵少尉 秋葉次男飛長	田中泰夫二飛曹	木村好喜飛長	三浦一男 上整曹	小林常信中尉	予備13期
		0712鹿屋基地発進後連絡なきまま未帰還となる。1小隊3番機同様被弾、自爆したものと認められる。						

◎昭和20年5月25日第九神風桜花特別攻撃隊神雷部隊　編成表　(菊水7号作戦にともなう攻撃)

小隊	機番号	主操縦員 副操縦員 消息	主偵察員 副偵察員	先任電信員 次席電信員	攻撃員	先任搭乗整備員 次席搭乗整備員	桜花 搭乗員	桜花搭乗員 出身期
1D	1	上田正治上飛曹 三宅六男一飛曹	永吉晃中尉	山浦甲子郎上飛曹 早坂敦郎一飛曹	小野一寶 二飛曹	久保唯義 一整曹	秋吉武昭 上飛曹	乙飛12期
		0500鹿屋基地発進するも、天候急変永吉小隊の3機のみ「視界悪く未だ索敵続行中」と打電後、 以後連絡途絶え、未帰還、戦死。						
	2	登玉道郎上飛曹 田村吉傳一飛曹	小作明男少尉	河野常好上飛曹 佐光勝美一飛曹	中村盛男 二飛曹	杉野次男飛長	磯邊正勇喜 上飛曹	丙飛1期
		〃						
	3	石渡和作一飛曹 江面安治一飛曹	工藤正典少尉	藤原薫一飛曹 相川和夫一飛曹	田中秀夫 二飛曹	松枝金作飛長	徳安春海 一飛曹	丙飛14期
		〃						
2D	1	久世慶治一飛曹 川頭正義一飛曹	廣瀬正雄少尉	小林八郎一飛曹	佐藤良治 二飛曹	高橋一二飛長	氏名未詳	
		0500鹿屋基地より永吉小隊と共に11機が発進するも天候急変、攻撃不可能の状態にて8機引き返す。						
	2	江口政雄二飛曹 鳴瀧正夫二飛曹	川原勇少尉	大橋規三男二飛曹	大庭正通飛長	脇坂正男飛長	氏名未詳	
		〃						
	52	木田一一飛曹 武田剛吉一飛曹	上田照行上飛曹	川瀬詔夫二飛曹 眞野浩一飛曹	田口義光 二飛曹	関谷克己 一整曹	氏名未詳	
		0500鹿屋基地より永吉小隊と共に11機が発進するも天候急変、攻撃不可能の状態にて8機引き返す。 上田上飛曹機は桜花を投棄しないまま鹿屋基地に着陸した。						
3D	1	伊藤正一中尉 飛鷹義矢一飛曹	堀宰徳少尉 山下幸信上飛曹	藤木政戸二飛曹 樫木一一上飛曹	北村義明飛長	但木正飛長	氏名未詳	
		〃						
	27	長沼武治一飛曹 曽田進一飛曹	山下賑上飛曹	中野美智雄上飛曹	橋本只雄飛長	追川侃二飛曹	岡本正明 上飛曹	丙特11期
		〃						
	3	氏名未詳					氏名未詳	
		エンジン不調で発進取りやめ。						
4D	1	寶積馨上飛曹 魚谷和人一飛曹	三好勝良中尉 鈴木信濃夫飛長	榊信義二飛曹 吉村重吉飛長	木村傳治 二飛曹	川戸忠左ェ門 飛長	氏名未詳	
		0500鹿屋基地より永吉小隊と共に11機が発進するも天候急変、攻撃不可能の状態にて8機引き返す。						
	2	内村繁敏一飛曹 澤井金也一飛曹	冨元明中尉 井上平上飛曹	黒川隆二飛曹 楠原正和二飛曹	吉本平飛長	小峯鉄夫飛長	氏名未詳	
		〃						
	3	〃					〃	
		〃						
搭乗機不明							山村恵助 上飛曹	乙飛12期
							武井信平 上飛曹	丙飛11期

＊VFM-332が0845に一式陸攻1機の撃墜を記録しているが、該当機が第一小隊のどの機であるか判然としない。

◎昭和20年6月22日　第十神風桜花特別攻撃隊神雷部隊　編成表　(菊水10号作戦にともなう攻撃)

小隊	機番号	主操縦員 副操縦員	主偵察員 副偵察員	先任電信員 次席電信員	攻撃員	先任搭乗整備員 次席搭乗整備員	桜花 搭乗員	桜花搭乗員 出身期
		消息						
1D	52	伊藤正一中尉 飛鷹義矢一飛曹	山下幸信上飛曹	藤木政戸二飛曹 樫原一一上飛曹	北村義明飛長	但木正飛長	山崎三夫上飛曹	乙飛17期
		0540鹿屋基地発進、笠ノ原の直掩戦闘機隊と合同して一路南下、連絡ないまま未帰還。						
1D	53	木村茂一飛曹 武田廣吉一飛曹	稲ヶ瀬隆治中尉	鳥居義男上飛曹 南藤憲上飛曹	明神福徳飛長	村山省策一整曹	片桐清美一飛曹	丙飛15期
		0540鹿屋基地発進、笠ノ原の直掩戦闘機隊と合同して一路南下、連絡ないまま0820伊江島付近にて雲間より飛来せる敵グラマンF6F 2機の銃撃を受け火災発生、自爆す。						
1D	02	立川徳治上飛曹 佐藤貞志一飛曹	根本次男中尉	杉田龍馬二飛曹 土井惟三一飛曹	大熊堅飛長	坂本由一飛長	藤崎俊英中尉	予備13期
		0540鹿屋基地発進、笠ノ原の直掩戦闘機隊と合同して一路南下、「ワレ突撃ス」の打電後消息不明。						
2D	303	千葉芳雄上飛曹 三木淑男一飛曹	三浦北太郎中尉	岡本繁上飛曹 樋口武夫一飛曹	牛濱重則二飛曹	中島佐吉一整曹	堀江真上飛曹	甲飛10期
		0540鹿屋基地発進、笠ノ原の直掩戦闘機隊と合同して一路南下、「ワレ突撃ス」の打電後消息不明。						
2D	2	門田千年上飛曹 柏田輝義上飛曹	坂本進中尉	國生國雄上飛曹 高倉健二飛曹	佐藤千市一飛曹	牧井了壽一整曹	山村恵助上飛曹	乙飛12期
		エンジン不調のため引き返す。						
2D	3	太田一一飛曹 長濱敏行一飛曹	上田照行上飛曹	川瀬詔夫二飛曹 眞野浩一飛曹	田口義光二飛曹	関谷克己一整曹	勝村幸治一飛曹	特乙１期
		燃料系不調のため引き返す。帰途奄美大島西方で敵機に遭遇、喜界島に不時着。修理完了後1600鹿屋に帰投。						

＊この日の未帰還4機に対し、米軍は14機撃墜を記録、照合は困難である。

桜花隊　隊員数

区分	七二一空・七二二空に転入					七二五空へ転出			差引
	～19年末迄	20年1月	20年6月	20年7月	小計	20年7月	20年8月	小計	
海軍兵学校	5	1	0	0	6	0	0	0	**6**
予備学生13期	30	29	0	0	59	4	0	4	**55**
予備学生14期	0	30	36	13	79	5	36	41	**38**
予備生徒１期	0	0	35	12	47	0	35	35	**12**
甲飛９～12期	18	5	1	0	24	1	1	2	**22**
乙飛11～17期	52	3	5	0	60	0	5	5	**55**
丙飛3～16期	49	10	0	0	59	4	0	4	**55**
特乙１～2期	32	7	0	4	43	0	0	0	**43**
予備練14期	11	2	0	0	12	0	0	0	**13**
甲飛13期	0	105	7	25	137	20	7	27	**110**
特乙４期	0	20	5	0	25	6	5	11	**14**
合計	**197**	**85**	**89**	**54**	**552**	**40**	**89**	**129**	**423**

海軍神雷部隊戦友会調べ

桜花隊鹿屋基地進出者内訳

アミかけ部分は終戦時生存者
階級は進出時のもの

分類		分隊	隊員氏名	階級	出身期	備考
第一陣 昭和20年1月下旬 海軍兵学校　3 予備学生　21 下士官　134 総計　158 2分隊　51名 氏名不詳7名	1	2	三橋　謙太郎	大尉	海兵71期	第二分隊長3月21日第一次桜花攻撃で特攻戦死
	2	2	細川　八郎	中尉	予備13期	桜花特別戦闘機隊　分隊士
	3	2	久保　明	中尉	予備13期	3月21日第一次桜花攻撃で特攻戦死
	4	2	村井　彦四郎	中尉	予備13期	3月21日第一次桜花攻撃で特攻戦死
	5	2	緒方　襄	中尉	予備13期	3月21日第一次桜花攻撃で特攻戦死
	6	2	今井　遉三	中尉	予備13期	4月12日第三次桜花攻撃で特攻戦死
	7	2	土肥　三郎	中尉	予備13期	4月12日第三次桜花攻撃で特攻戦死
	8	2	牛久保　博一	中尉	予備13期	4月16日第八建武隊で離陸時失速自爆、戦死
	9	2	杉本　仁兵	上飛曹	甲飛10期	3月21日第一次桜花攻撃で特攻戦死
	10	2	山崎　重三	上飛曹	予備練13期	3月21日第一次桜花攻撃で特攻戦死
	11	2	川上　菊臣	上飛曹	甲飛10期	4月14日第四次桜花攻撃で特攻戦死
	12	2	重松　義市	一飛曹	甲飛11期	3月21日第一次桜花攻撃で特攻戦死
	13	2	服部　吉春	一飛曹	乙飛17期	3月21日第一次桜花攻撃で特攻戦死
	14	2	野口　喜良	一飛曹	乙飛17期	3月21日第一次桜花攻撃で特攻戦死
	15	2	安食　敏夫	一飛曹	乙飛17期	3月21日事故により殉職
	16	2	杉本　徳義	一飛曹	乙飛17期	4月3日第二建武隊で特攻戦死
	17	2	上田　兵二	一飛曹	乙飛17期	4月16日第八建武隊で特攻戦死
	18	2	中原　正義	一飛曹	乙飛17期	4月16日第七建武隊で特攻戦死
	19	2	石渡　正義	一飛曹	乙飛17期	5月4日第七次桜花攻撃で特攻戦死
	20	2	山崎　三夫	一飛曹	乙飛17期	6月22日第十次桜花攻撃で特攻戦死
	21	2	江上　元治	一飛曹	丙飛12期	3月21日第一次桜花攻撃で特攻戦死
	22	2	島村　中	一飛曹	予備練15期	3月21日第一次桜花攻撃で特攻戦死
	23	2	大谷　正行	一飛曹	予備練15期	4月16日第七建武隊で特攻戦死
	24	2	佐藤　忠	二飛曹	特乙2期	4月14日第四次桜花攻撃で特攻戦死
	25	2	清水　昇	二飛曹	丙飛14期	3月21日第一次桜花攻撃で特攻戦死
	26	2	中別府　重信	二飛曹	丙飛16期	4月16日第七建武隊で特攻戦死
	27	2	岡本　耕安	二飛曹	丙飛15期	桜花特別戦闘機隊　隊員　4月2日第一建武隊で特攻戦死
	28	2	矢萩　達雄	二飛曹	丙飛16期	3月21日第一次桜花攻撃で特攻戦死
	29	2	大森　省三	二飛曹	丙飛17期	4月7日第四建武隊で特攻戦死
	30	2	豊田　義輝	二飛曹	特乙1期	3月21日第一次桜花攻撃で特攻戦死
	31	2	軽石　正治	二飛曹	特乙1期	3月21日第一次桜花攻撃で特攻戦死
	32	2	中川　利春	二飛曹	特乙1期	5月4日第七次桜花攻撃で特攻戦死
	33	2	新井　春男	二飛曹	特乙1期	4月16日第七建武隊で特攻戦死
	34	2	岩本　五郎	二飛曹	特乙1期	4月16日第八建武隊で特攻戦死
	35	2	長谷川　久栄	二飛曹	特乙1期	4月7日第四建武隊で特攻戦死
	36	2	高田　虎男	二飛曹	特乙2期	4月16日第五次桜花攻撃で特攻戦死
	37	2	藤城　光治	上飛曹	乙飛13期	桜花特別戦闘機隊　隊員
	38	2	大川　潔	上飛曹	丙飛7期	桜花特別戦闘機隊　隊員
	39	2	豊島　登洋美	上飛曹	甲飛9期	桜花特別戦闘機隊　隊員
	40	2	藤田　六男	上飛曹	乙飛16期	桜花特別戦闘機隊　隊員
	41	2	大田　義彰	一飛曹	乙飛17期	4月11日第五建武隊で出撃するも諏訪瀬島に不時着、後日帰還
	42	2	松岡　巌	一飛曹	丙飛13期	桜花特別戦闘機隊　隊員
	43	2	百々　信夫	一飛曹	丙飛16期	桜花特別戦闘機隊　隊員
	44	2	勝村　幸治	二飛曹	特乙1期	

分類		分隊	隊員氏名	階級	出身期	備考
3分隊　53名 氏名不詳4名	1	3	湯野川 守正	大尉	海兵71期	第三分隊長
	2	3	森　忠司	中尉	予備13期	4月6日第三建武隊で特攻戦死
	3	3	藤坂　昇	中尉	予備13期	4月6日第三建武隊で特攻戦死
	4	3	日吉　恒夫	中尉	予備13期	4月7日第四建武隊で特攻戦死
	5	3	嶋立　毅	中尉	予備13期	4月11日第五建武隊で特攻戦死
	6	3	岩下　栄三	中尉	予備13期	4月15日第五次桜花攻撃で特攻戦死
	7	3	中根　久喜	中尉	予備13期	4月14日第六建武隊で特攻戦死
	8	3	大橋　進	中尉	予備13期	5月4日第七次桜花攻撃で特攻戦死
	9	3	田村　萬策	上飛曹	丙飛3期	4月14日第四次桜花攻撃で特攻戦死
	10	3	鈴木　才司	上飛曹	乙飛13期	4月14日第六建武隊で特攻戦死
	11	3	前田　善光	上飛曹	乙飛16期	4月14日第六建武隊で特攻戦死
	12	3	森　茂士	上飛曹	乙飛16期	4月16日第七建武隊で特攻戦死
	13	3	岩崎　功	上飛曹	予備練14期	2月19日戦死
	14	3	造酒　康義	上飛曹	予備練14期	4月6日第三建武隊で特攻戦死
	15	3	八幡　高明	上飛曹	乙飛16期	4月11日第五建武隊で特攻戦死
	16	3	秋吉　武昭	上飛曹	乙飛12期	5月4日第七次桜花攻撃で特攻戦死
	17	3	山内　義夫	一飛曹	丙飛11期	4月1日第二次桜花攻撃で特攻戦死
	18	3	唐沢　高雄	一飛曹	乙飛17期	4月6日第三建武隊で特攻戦死
	19	2	蛭田　八郎	一飛曹	乙飛17期	4月6日第三建武隊で特攻戦死
	20	2	浅田　晃一	一飛曹	乙飛17期	4月7日第四建武隊で特攻戦死
	21	2	鈴木　武司	一飛曹	乙飛17期	4月12日第三次桜花攻撃で特攻戦死
	22	3	海野　晃	一飛曹	甲飛11期	4月6日第三建武隊で特攻戦死
	23	2	木口　久	一飛曹	甲飛11期	4月7日第四建武隊で特攻戦死
	24	3	甲斐　孝喜	一飛曹	乙飛17期	4月6日第三建武隊で特攻戦死
	25	3	蓼川　茂	一飛曹	乙飛17期	4月14日第六建武隊で特攻戦死
	26	3	石田　三郎	一飛曹	予備練14期	4月16日第八建武隊で特攻戦死
	27	3	山田　晃日	一飛曹	予備練15期	4月6日第三建武隊で特攻戦死
	28	3	宮川　成人	一飛曹	乙飛17期	4月6日第三建武隊で特攻戦死
	29	3	竹野　弁治	一飛曹	乙飛17期	4月11日第五建武隊で特攻戦死
	30	3	西本　政弘	一飛曹	甲飛11期	4月11日第五建武隊で特攻戦死
	31	3	梅寿　秀行	二飛曹	丙飛15期	4月6日第三建武隊で特攻戦死
	32	3	藤田　幸保	二飛曹	丙飛16期	5月11日第八次桜花攻撃で特攻戦死
	33	3	桃谷　正好	二飛曹	丙飛17期	4月6日第三建武隊で特攻戦死
	34	3	石井　兼吉	二飛曹	丙飛17期	4月11日第五建武隊で特攻戦死
	35	3	福岡　彪治	二飛曹	丙飛17期	4月6日第三建武隊で特攻戦死
	36	3	桜井　光治	二飛曹	丙飛17期	4月6日第三建武隊で特攻戦死
	37	3	船越　治	二飛曹	特乙1期	4月6日第三建武隊で特攻戦死
	38	3	朝霧　二郎	二飛曹	特乙1期	4月12日第三次桜花攻撃で特攻戦死
	39	3	白井　貞吉	二飛曹	特乙1期	4月16日第七建武隊で特攻戦死
	40	3	中海　正海	二飛曹	特乙1期	4月16日第七建武隊で特攻戦死
	41	3	永田　吉春	二飛曹	特乙1期	5月4日第七次桜花攻撃で特攻戦死
	42	3	久保田　久四	二飛曹	特乙1期	4月11日第五建武隊で特攻戦死
	43	3	佐藤　善之助	二飛曹	特乙1期	4月16日第八建武隊で特攻戦死
	44	3	井辰　勉	二飛曹	特乙2期	4月7日第四建武隊で特攻戦死
	45	3	鳥居　茂	一飛曹	乙飛17期	3月18日宇佐基地空襲時負傷、入院
	46	3	山田　伊三郎	二飛曹	丙飛15期	3月18日宇佐基地空襲時負傷、入院
	47	3	梶田　道治	二飛曹	丙飛17期	3月18日宇佐基地空襲時負傷、入院
	48	3	大工　政行	二飛曹	丙飛17期	3月18日宇佐基地空襲時負傷、入院
	49	3	中島　三郎	二飛曹	丙飛17期	

分類		分隊	隊員氏名	階級	出身期	備考
4分隊　54名 氏名不詳15名	1	4	林　冨士夫	大尉	海兵71期	第四分隊長
	2	4	矢野　欣之	中尉	予備13期	4月2日第一建武隊で特攻戦死
	3	4	米田　豊	中尉	予備13期	4月2日第一建武隊で特攻戦死
	4	4	西　伊和男	中尉	予備13期	4月3日第二建武隊で特攻戦死
	5	4	西尾　光夫	中尉	予備13期	4月7日第四建武隊で特攻戦死
	6	4	矢口　重寿	中尉	予備13期	4月11日第五建武隊で特攻戦死
	7	4	横尾　佐資郎	中尉	予備13期	4月11日第五建武隊で特攻戦死
	8	4	宮下　良平	中尉	予備13期	4月16日第五次桜花攻撃で特攻戦死
	9	4	堀江　真	上飛曹	甲飛10期	桜花特別戦闘機隊　隊員　6月22日第十次桜花攻撃で特攻戦死
	10	4	和田　俊次	一飛曹	乙飛16期	4月28日第五次桜花攻撃で出撃するも攻撃断念し帰途に行方不明、戦死
	11	4	麓　岩男	一飛曹	乙飛17期	4月1日第二次桜花攻撃で特攻戦死
	12	4	木村　元一	一飛曹	乙飛17期	4月3日第二建武隊で特攻戦死
	13	4	宮崎　久夫	一飛曹	乙飛17期	4月11日第五建武隊で特攻戦死
	14	4	折出　政次	一飛曹	甲飛11期	4月16日第五次桜花攻撃で特攻戦死
	15	4	山際　直彦	一飛曹	乙飛17期	4月28日第六次桜花攻撃で特攻戦死
	16	4	磯貝　圭助	一飛曹	丙飛12期	桜花特別戦闘機隊　隊員　4月6日第三建武隊で特攻戦死
	17	4	町田　満穂	一飛曹	丙飛16期	4月14日第四次桜花攻撃で特攻戦死
	18	4	山田　力也	一飛曹	予備練15期	4月12日第三次桜花攻撃で特攻戦死
	19	4	冨内　敬二	一飛曹	予備練15期	4月14日第四次桜花攻撃で特攻戦死
	20	4	塙　清	二飛曹	丙飛	3月28日戦死
	21	4	峰苫　五雄	二飛曹	丙飛16期	4月1日第二次桜花攻撃で特攻戦死
	22	4	井口　出	二飛曹	丙特14期	4月3日第二建武隊で特攻戦死
	23	4	尾中　健喜	二飛曹	丙飛15期	4月16日第七建武隊で特攻戦死
	24	4	村田　玉男	二飛曹	特乙1期	4月3日第二建武隊で特攻戦死
	25	4	伊藤　庄春	二飛曹	特乙1期	4月6日第三建武隊で特攻戦死
	26	4	佐々木　忠夫	二飛曹	特乙1期	4月2日第一建武隊で特攻戦死
	27	4	曽我部　隆	二飛曹	丙飛16期	4月11日第五建武隊で特攻戦死
	28	4	山村　恵助	上飛曹	乙飛12期	
	29	4	大久保　理蔵	上飛曹	乙飛11期	桜花特別戦闘機隊　隊員
	30	4	堂本　吉春	上飛曹	乙飛12期	桜花特別戦闘機隊　隊員
	31	4	仲道　渉	上飛曹	丙飛4期	桜花特別戦闘機隊　隊員
	32	4	内田　豊	上飛曹	丙飛8期	桜花特別戦闘機隊　隊員
	33	4	小林　章	上飛曹	乙飛16期	桜花特別戦闘機隊　隊員
	34	4	永野　紀明	上飛曹	乙飛16期	桜花特別戦闘機隊　隊員
	35	4	佐藤　憲一	上飛曹	乙飛16期	桜花特別戦闘機隊　隊員
	36	4	津田　幸四郎	上飛曹	甲飛9期	桜花特別戦闘機隊　隊員
	37	4	香川　文夫	上飛曹	甲飛10期	桜花特別戦闘機隊　隊員
	38	4	田口　菊巳	上飛曹	丙飛12期	桜花特別戦闘機隊　隊員
	39	4	渡部　亨	一飛曹	甲飛11期	4月12日第三次桜花攻撃に出撃するも母機ペアと共に口之島に不時着。後日帰還

分類		分隊	隊員氏名	階級	出身期	備考
第一陣 所属分隊不明者 26名	1	不明	真柄　嘉一	上飛曹	甲飛9期	4月14日第四次桜花攻撃で特攻戦死
	2	不明	篠崎　実	一飛曹	乙飛17期	4月3日第二建武隊で特攻戦死
	3	不明	上田　英二	一飛曹	乙飛17期	5月4日第七次桜花攻撃で特攻戦死
	4	不明	片桐　清美	一飛曹	乙飛17期	6月22日第十次桜花攻撃で特攻戦死
	5	不明	内藤　卯吉	一飛曹	乙飛17期	5月4日第七次桜花攻撃で特攻戦死
	6	不明	山田　恵太郎	一飛曹	乙飛17期	4月7日第四建武隊で特攻戦死
	7	不明	布施　政治	一飛曹	乙飛17期	4月14日第六建武隊で特攻戦死
	8	不明	指田　良男	一飛曹	乙飛17期	4月6日第三建武隊で特攻戦死
	9	不明	市毛　夫司	一飛曹	乙飛17期	4月11日第五建武隊で特攻戦死
	10	不明	林　清	一飛曹	乙飛17期	4月7日第四建武隊で特攻戦死
	11	不明	城森　美成	一飛曹	乙飛17期	4月16日第五次桜花攻撃で特攻戦死
	12	不明	本間　由照	一飛曹	乙飛17期	4月16日第七建武隊で特攻戦死
	13	不明	飯塚　正巳	二飛曹	丙特11期	4月12日第三次桜花攻撃で特攻戦死
	14	不明	曽根　信	二飛曹	丙飛16期	4月29日第九建武隊で特攻戦死
	15	不明	光斎　政太郎	二飛曹	丙飛17期	4月12日第三次桜花攻撃で特攻戦死
	16	不明	斎藤　清勝	二飛曹	特乙1期	4月6日第三建武隊で特攻戦死
	17	不明	石野　節男	二飛曹	特乙1期	4月11日第五建武隊で特攻戦死
	18	不明	斎藤　義雄	二飛曹	特乙1期	4月11日第五建武隊で特攻戦死
	19	不明	竹下　弘	二飛曹	特乙1期	4月14日第六建武隊で特攻戦死
	20	不明	山崎　敏郎	二飛曹	特乙1期	4月14日第四次桜花攻撃で特攻戦死
	21	不明	江原　次郎	二飛曹	特乙1期	4月16日第五次桜花攻撃で特攻戦死
	22	不明	栗山　虎男	二飛曹	特乙2期	4月16日第八建武隊で特攻戦死
	23	不明	西　亨	一飛曹	乙飛17期	4月16日陸攻と共に行方不明、戦死
	24	不明	生出　榮夫	二飛曹	丙飛	3月11日戦死
	25	不明	藤田　金二	二飛曹	丙飛	4月29日戦死
	26	不明	柾木　義明	二飛曹	特乙2期	

分類	分隊	隊員氏名	階級	出身期	備考
第二陣 昭和20年4月14日 海軍兵学校　1名 予備学生　19名 下士官　23名 総計　43名	1	新庄　浩	中尉	海兵72期	
	1	藤崎　俊英	中尉	予備13期	6月22日第十次桜花攻撃で特攻戦死
	1	高野　次郎	中尉	予備13期	5月11日第八次桜花攻撃で特攻戦死
	1	小林　常信	中尉	予備13期	5月11日第八次桜花攻撃で特攻戦死
	1	間瀬田　一美	中尉	予備13期	6月13日海鷹襲撃訓練中行方不明、戦死
	1	大橋　金治	中尉	予備13期	
	1	堀越　忠一	中尉	予備13期	
	1	三上　哲雄	中尉	予備13期	
	1	丹羽　健二	中尉	予備13期	
	1	渡辺　卓夫	中尉	予備13期	
	1	堤　英夫	中尉	予備13期	
	1	鈴木　英男	中尉	予備13期	
	1	横山　誠	中尉	予備13期	
	1	佐藤　恕	中尉	予備13期	
	1	月村　正太郎	中尉	予備13期	
	1	安井　三男	中尉	予備13期	
	1	内藤　徳次	中尉	予備13期	
	1	小澤　綽	中尉	予備13期	
	1	桑原　孝	中尉	予備13期	
	1	三田村　正美	中尉	予備13期	
	1	市川　元二	上飛曹	丙飛3期	
	1	近藤　積	上飛曹	甲飛9期	
	1	竹内　徳道	上飛曹	乙飛15期	
	1	吉井　覚	上飛曹	乙飛15期	
	1	児島　良人	上飛曹	丙飛7期	
	1	植松　信義	上飛曹	乙飛16期	
	1	菅野　利平	上飛曹	丙飛15期	
	1	富山　宗三	一飛曹	乙飛17期	
	1	小城　久作	一飛曹	丙飛10期	
	1	桑原　米雄	一飛曹	丙飛11期	
	1	本間　榮	一飛曹	丙特11期	
	1	南　留次	一飛曹	丙飛11期	
	1	里中　直守	一飛曹	丙特11期	
	1	平田　伍三郎	一飛曹	甲飛11期	
	1	保田　基一	一飛曹	甲飛11期	
	1	杉本　正名	一飛曹	甲飛11期	
	1	飯田　光雄	一飛曹	丙飛13期	
	1	小川　逸雄	二飛曹	丙飛14期	
	1	伊藤　四市	二飛曹	丙飛15期	
	1	朝間　武雄	二飛曹	丙飛　17志	
	1	野俣　正蔵	二飛曹	特乙1期	
	1	上野　善行	一飛曹	丙飛11期	
	1	田中　道治	二飛曹	丙飛17期	

分類	分隊	隊員氏名	階級	出身期	備考
第三陣 昭和20年4月18日 予備学生　4名 下士官　9名 総計　13名	1	西口　徳次	中尉	予備13期	4月29日第九建武隊で特攻戦死
	1	多木　稔	中尉	予備13期	4月29日第九建武隊で特攻戦死
	1	中西　齋李	中尉	予備13期	4月29日第九建武隊で特攻戦死
	1	岡本　鼎	中尉	予備13期	
	1	藤本　正一	一飛曹	予備練15期	4月29日第九建武隊で特攻戦死
	1	高橋　経夫	一飛曹	予備練15期	4月29日第九建武隊で特攻戦死
	1	餅田　信夫	一飛曹	丙特14期	4月29日第九建武隊で特攻戦死
	1	高瀬　丁	二飛曹	丙飛12期	4月29日第九建武隊で特攻戦死
	1	北沢　昇	二飛曹	特乙1期	4月29日第九建武隊で特攻戦死
	1	藤田　金二	二飛曹	甲飛12期	4月29日第九建武隊で特攻戦死
	1	山本　英司	二飛曹	甲飛12期	4月29日第九建武隊で特攻戦死
	1	細澤　実	二飛曹	丙飛17期	
	1	白橋　昌敏	二飛曹	特乙1期	

分類	分隊	隊員氏名	階級	出身期	備考
第四陣 昭和20年4月26日 予備学生　6名 下士官　20名 総計　26名	1	柴田　敬禧	中尉	予備13期	5月11日第十建武隊で特攻戦死
	1	楠本　二三夫	中尉	予備13期	5月14日第十一建武隊で特攻戦死
	1	日裏　啓次郎	中尉	予備13期	5月14日第十一建武隊で特攻戦死
	1	岡島　四郎	中尉	予備13期	8月13日第二神雷爆戦隊で特攻戦死
	1	新保　七郎	中尉	予備13期	
	1	市川　武一	中尉	予備13期	
	1	佐藤　啓吉	一飛曹	丙飛16期	5月11日第十建武隊で特攻戦死
	1	田中　保夫	一飛曹	丙飛15期	5月11日第十建武隊で特攻戦死
	1	下里　東	一飛曹	特乙1期	5月11日第十建武隊で特攻戦死
	1	古田　稔	一飛曹	甲飛12期	5月14日第十一建武隊で特攻戦死
	1	花田　尚孝	一飛曹	甲飛12期	5月14日第十一建武隊で特攻戦死
	1	鎌田　教一	一飛曹	特乙1期	5月14日第十一建武隊で特攻戦死
	1	秋吉　武昭	上飛曹	乙飛12期	5月25日第九次桜花攻撃で特攻戦死
	1	磯部　正勇喜	上飛曹	丙飛1期	5月25日第九次桜花攻撃で特攻戦死
	1	徳安　春海	一飛曹	丙飛14期	5月25日第九次桜花攻撃で特攻戦死
	1	星野　實	一飛曹	甲飛12期	8月13日第二神雷爆戦隊で特攻戦死
	1	藤原　薫	一飛曹		5月25日戦死
	1	西岡　宣三	上飛曹	甲飛10期	
	1	岡本　正明	上飛曹	丙特11期	
	1	武井　信平	一飛曹	丙飛11期	
	1	松林　信夫	二飛曹	特乙1期	8/16喜界島からの帰途消息不明、死亡
	1	竹谷　行康	二飛曹	特乙1期	
	1	神社　澄	二飛曹	丙飛14期	8/24自爆、死亡
	1	宮崎　巧	一飛曹	丙飛11期	
	1	田中　栄吉	二飛曹	丙飛11期	
	1	徳川　幸太	二飛曹	丙飛17期	

◎4月2日　第一建武隊　４機出撃、３機突入を打電

区隊	機番号	搭乗員氏名	階級	出身期	機材	爆装	出撃時刻	目標	布告	消息・備考
1	1	矢野　欣之	中尉	予備13期	零戦52型	＃50	1613～1614	沖縄周辺艦船	99号	1840「敵戦闘機発見」以後連絡なく未帰還 1840 空母ホーネット（II）所属VF-17のF6F-5N×2機により撃墜されたと推測される
	2	岡本　耕安	二飛曹	丙飛15期	零戦52型	＃50				1832「我敵艦ニ必中攻撃ニ転ズ」突入と認定 1840 空母ホーネット（II）所属VF-17のF6F-5N×2機により撃墜されたと推測される
2	1	米田　豊	中尉	予備13期	零戦52型	＃50				1847「我敵空母ニ必中突入中」突入と認定 1845 歩兵上陸用艇LCI(G)-465に突入を図り、対空砲火で被弾左舷から20フィートの地点に撃墜された機体と推測される。
	2	佐々木　忠夫	二飛曹	特乙１期	零戦52型	＃50				1847.5「我敵艦ニ必中突入中」。突入と認定 1846 歩兵上陸用艇LCI(G)-568に機銃を発射しつつ突入を図り、対空砲火の被弾により機体が傾き直撃しなかったが左主翼が艇尾に落下し20mm機銃2基を射撃不能にし、戦死1名、負傷4名

◎4月3日　第二建武隊　８機出撃、２機引き返し、６機突入を打電

区隊	機番号	搭乗員氏名	階級	出身期	機材	爆装	出撃時刻	目標	布告	消息・備考
1	1	西　伊和男	中尉	予備13期	零戦52型	＃50	1500	沖縄周辺艦船	99号	1824～1828 全機「必中突入中」を打電、突入と認定
	2	井口　出	二飛曹	丙特14期	零戦52型	＃50				
2	1	木村　元一	一飛曹	乙飛17期	零戦52型	＃50				
	2	村田　玉男	二飛曹	特乙１期	零戦52型	＃50				
3	1	磯貝　圭助	一飛曹	丙飛12期	零戦52型	＃50			なし	1645 発動機不調により引き返す 4/6第三建武隊で特攻戦死
	2	伊藤　庄春	二飛曹	特乙１期	零戦52型	＃50			なし	1645 発動機不調により引き返す 4/6第三建武隊で特攻戦死
4	1	篠崎　実	一飛曹	乙飛17期	零戦52型	＃50			99号	1824～1828 全機『必中突入中』を打電、突入と認定
	2	杉本　徳義	一飛曹	乙飛17期	零戦52型	＃50				

＊1824～1828の間に本来の攻撃目標である第58任務部隊は攻撃を受けていない。おそらくは第58任務部隊を発見できず、沖縄本島周辺の艦船を攻撃したものと推測される。なお、護衛空母「ルディヤード・ベイ」所属のFM-2が1850時頃に沖縄本島東方にて零戦1機撃墜を報告している。

◎4月6日　第三建武隊　19機発進、１機引き返し、18機未帰還、４機突入を打電

区隊	機番号	搭乗員氏名	階級	出身期	機材	爆装	出撃時刻	目標	布告	消息・備考
1	1	森　忠司	中尉	予備13期	零戦52型	＃50	1102～1114	喜界島190度76浬付近の機動部隊	99号	1234「喜界島通過」以後連絡なく未帰還
	2	蛭田　八郎	一飛曹	乙飛17期	零戦52型	＃50				連絡なく未帰還
2	1	造酒　康義	上飛曹	予備練14期	零戦52型	＃50				1244「敵部隊見ユ」以後連絡なく未帰還
	2	唐沢　高雄	一飛曹	乙飛17期	零戦52型	＃50				連絡なく未帰還
3	1	海野　晃	一飛曹	甲飛11期	零戦52型	＃50				1410「我敵空母ニ必中突入中」突入と認定
	2	斎藤　清勝	二飛曹	特乙１期	零戦52型	＃50				1258「敵空母見ユ」以後連絡なく未帰還
4	1	甲斐　孝喜	一飛曹	乙17期	零戦52型	＃50				連絡なく未帰還
	2	船越　治	二飛曹	特乙１期	零戦52型	＃50				連絡なく未帰還
5	1	浅田　晃一	一飛曹	乙飛17期	零戦52型	＃50			なし	1107 発動機不調により帰投 4/7第四建武隊で特攻戦死
	2	梅寿　秀行	二飛曹	丙飛15期	零戦52型	＃50			99号	連絡なく未帰還
6	1	藤坂　昇	中尉	予備13期	零戦52型	＃50				1628「敵部隊見ユ」以後連絡なく未帰還
	2	桃谷　正好	二飛曹	丙飛17期	零戦52型	＃50				1315「我敵空母ニ必中突入中」突入と認定
7	1	山田　晃日	一飛曹	予備練15期	零戦52型	＃50				1726「敵部隊見ユ」以後連絡なく未帰還
	2	桜井　光治	二飛曹	丙飛17期	零戦52型	＃50				1333「敵戦闘機見ユ」打電に続き、1430「我敵空母ニ必中突入中」突入と判定
8	1	宮川　成人	一飛曹	乙飛17期	零戦52型	＃50				連絡なく未帰還
	2	福岡　彪治	二飛曹	丙飛17期	零戦52型	＃50				連絡なく未帰還
9	1	磯貝　圭助	一飛曹	丙飛12期	零戦52型	＃50				1626「我敵空母ニ必中突入中」突入と認定
	2	伊藤　庄春	二飛曹	特乙１期	零戦52型	＃50				連絡なく未帰還
10	1	指田良男	一飛曹	乙17期	零戦52型	＃50	1245			喜界島基地より発進、連絡なく未帰還

＊指田一飛曹機の出撃時刻は(機密第061257番電)による

◎4月6日　第一神剣隊（大村空）　16機発進、全機未帰還

区隊	機番号	搭乗員氏名	階級	出身期	機材	爆装	出撃時刻	目標	布告	消息・備考
1	1	松林　平吉	中尉	予備13期	零戦21型	＃25	1339	沖縄周辺輸送船団	99号	1546「敵戦闘機見ユ」1615「敵艦ニ必中突入中」
	2	田端　眞三	上飛曹	乙飛14期	零戦21型	＃25	1339			
	3	加藤　安男	候補生	予備生１期	零戦21型	＃25	1339			
3	1	大森　晴二	少尉	予備13期	零戦21型	＃25	1410			1558「敵部隊見ユ」以後連絡なく未帰還
	3	武井　信夫	候補生	予備生１期	零戦21型	＃25	1410			
	2	種村　名	候補生	予備生１期	零戦21型	＃25	1410			
	4	鈴木　克美	二飛曹	乙飛18期	零戦21型	＃25	1410			
5	1	岩橋　彗	少尉	予備13期	零戦21型	＃25	1440			連絡なく未帰還
	2	河村　俊光	二飛曹	特乙１期	零戦21型	＃25	1440			1746「単機突入ス」突入と認定
	3	平田　善次郎	二飛曹	甲飛12期	零戦21型	＃25	1440			連絡なく未帰還
6	1	遠藤　益司	少尉	予備13期	零戦21型	＃25	1440			1723「敵部隊見ユ」「敵艦ニ必中突入中」突入と認定 1733「敵艦ニ必中突入中」
	2	西田　博治	候補生	予備生１期	零戦21型	＃25	1440			
13	4	谷尾　計男	上飛曹	乙飛16期	零戦21型	＃25	1555			第一七生隊13区隊４番機に編入、連絡なく未帰還
15	1	花水　昭二郎	二飛曹	乙飛18期	零戦21型	＃25	1610			連絡なく未帰還
	2	吉竹　辰夫	二飛曹	乙飛18期	零戦21型	＃25	1610			
	3	平出　幸治	二飛曹	甲飛12期	零戦21型	＃25	1610			

◎4月6日　第一七生隊（元山空）　14機準備、13機発進、1機不時着、12機未帰還 、1機発進取りやめ

区隊	機番号	搭乗員氏名	階級	出身期	機材	爆装	出撃時刻	目標	布告	消息・備考
2	1	宮武信夫	大尉	海兵71期	零戦21型	#25	1355	沖縄周辺輸送船団	99号	連絡なく未帰還
	3	松藤　大治	少尉	予備14期	零戦21型	#25	1355			
	2	橋本　哲一郎	少尉	予備14期	零戦21型	#25	1355			
	4	河野　正男	少尉	予備14期	零戦21型	#25	1355			
4	1	田中　久士	少尉	予備13期	零戦21型	#25	1425			1654「敵戦闘機見ユ」 1655「東方敵艦４アリ」 1658、1700「敵部隊見ユ」 以後連絡なく未帰還
	3	山田　興治	少尉	予備13期	零戦21型	#25	1425			
	2	吉村　信夫	少尉	予備14期	零戦21型	#25	1425			
	4	鷲見　敏郎	少尉	予備14期	零戦21型	#25	1425			
11	1	小林　哲夫	少尉	予備13期	零戦21型	#25	1540			1704、1713「敵部隊見ユ」 以後連絡なく未帰還
	2	森丘　哲四郎	少尉	予備14期	零戦21型	#25	1540		なし	発動機不調により 奄美大島に不時着 4/29第五七生隊で特攻戦死
13	1	植木　平七郎	少尉	予備13期	零戦21型	#25	1555		99号	1726、1830「敵部隊見ユ」 以後連絡なく未帰還
	3	久保田　厚	少尉	予備14期	零戦21型	#25	1555			
	2	本庄　巌	少尉	予備14期	零戦21型	#25	1555			
	4	片岡　良吉	少尉	予備14期	零戦21型	#25	-		なし	誘導路にてプロペラ損傷、発進せず

◎4月6日　第一筑波隊（筑波空）　18機準備、2機発進不能、16機未帰還

区隊	機番号	搭乗員氏名	階級	出身期	機材	爆装	出撃時刻	目標	布告	消息・備考
7	1	石田　寛	中尉	予備13期	零戦21型	#25	1455	沖縄周辺輸送船団	99号	連絡なく未帰還
	2	斎藤　勇	中尉	予備13期	零戦21型	#25	1455			
	3	松本　知恵三	一飛曹	丙飛10期	零戦21型	#25	1455			
8	1	大田　博英	少尉	予備13期	零戦21型	#25	1510			
	2	山口　人久	少尉	予備13期	零戦21型	#25	1510			
	3	村山　周三	二飛曹	丙飛17期	零戦21型	#25	1510			
9	1	福寺　薫	中尉	予備13期	零戦21型	#25	1525			
	2	鷲尾　保	少尉	予備13期	零戦21型	#25	1525			
	3	安田　善一	二飛曹	甲飛12期	零戦21型	#25	1525			
10	1	石橋　申雄	中尉	予備13期	零戦21型	#25	1525			1703「敵戦闘機見ユ」 以後連絡なく未帰還
	2	河村　祐夫	二飛曹	甲飛12期	零戦21型	#25	1525			
12	1	熊倉高敬	中尉	予備13期	零戦21型	#25	なし		なし	離陸時爆弾架故障より爆弾脱落、 発進中止 4/14第二筑波隊で特攻戦死
	3	椎木　鉄幸	少尉	予備13期	零戦21型	#25	1540		99号	1747「敵部隊見ユ」 以後連絡なく未帰還
	2	伊達　実	少尉	予備13期	零戦21型	#25	1540			
	4	新井　利夫	二飛曹	甲飛12期	零戦21型	#25	なし		なし	離陸時爆弾架故障より爆弾脱落、 発進中止 4/14第二筑波隊で特攻戦死
14	1	末吉　実	中尉	予備13期	零戦21型	#25	1610		99号	連絡なく未帰還
	3	金子　保	中尉	予備13期	零戦21型	#25	1610			
	2	福島　正夫	少尉	予備13期	零戦21型	#25	1610			
	4	金井　正夫	少尉	予備13期	零戦21型	#25	1610			

◎**4月7日第四建武隊**　　12機発進、3機帰投、5機突入を打電、9機未帰還

区隊	機番号	搭乗員氏名	階級	出身期	機材	爆装	出撃時刻	目標	布告	消息・備考
1	1	日吉　恒夫	中尉	予備13期	零戦52型	＃50	1020 ～ 1027	喜界島 南方70浬 機動部隊	99号	発信機不明1316「我敵空母ニ必中攻撃ニ転ズ」突入と認定
	2	大森　省三	二飛曹	丙飛17期	零戦52型	＃50				
2	1	木口　久	一飛曹	甲飛11期	零戦52型	＃50				
	2	石井　兼吉	二飛曹	丙飛17期	零戦52型	＃50			なし	帰投、 4/11第五建武隊で特攻戦死
3	1	西尾　光夫	中尉	予備13期	零戦52型	＃50			99号	発信機不明1328「我敵空母ニ必中攻撃ニ転ズ」
	2	山田　恵太郎	一飛曹	乙飛17期	零戦52型	＃50				突入と認定
4	1	竹野　弁治	一飛曹	乙飛17期	零戦52型	＃50			なし	帰投、 4/11第五建武隊で特攻戦死
	2	井辰　勉	二飛曹	特乙2期	零戦52型	＃50			99号	発信機不明1344「我敵空母ニ必中攻撃ニ転ズ」突入と認定
5	1	浅田　晃一	一飛曹	乙飛17期	零戦52型	＃50				1310「我敵空母ニ必中攻撃ニ転ズ」突入と認定
	2	長谷川　久栄	二飛曹	特乙1期	零戦52型	＃50				発信機不明1346「我敵空母ニ必中攻撃ニ転ズ」
6	1	林　清	一飛曹	乙飛17期	零戦52型	＃50				突入と認定
	2	石野　節男	二飛曹	特乙1期	零戦52型	＃50			なし	帰投、 4/11第五建武隊で特攻戦死

◎4月11日　第五建武隊　　16機発進、3機引き返し、１機再発進、9機突入を打電、14機未帰還

区隊	番号	搭乗員氏名	階級	出身期	機材	爆装	出撃時刻	目標	布告	消息・備考
1	1	矢口　重寿	中尉	予備13期	零戦52型	♯50	1215〜1224	喜界島南方70浬機動部隊	99号	1410「我敵艦ニ必中突入中」突入と認定 米軍記録によると1412駆逐艦キッドの後部ボイラー室に突入、爆弾は舷側を突き抜けて右舷側で爆発、38名が戦死、艦長以下55名が負傷
	3	市毛　夫司	一飛曹	乙飛17期	零戦52型	♯50				1335に「我敵空母ニ必中突入中」を打電した不明機が市毛機か？ 1350 駆逐艦ブラックが機銃掃射をしながら突入してきた特攻機１機を撃墜
	2	大田　義彰	一飛曹	乙飛17期	零戦52型	♯50				1420「敵機動部隊見ユ」 1500 諏訪瀬島南方海上に不時着、6/14帰還
	4	中川　利春	二飛曹	特乙１期	零戦52型	♯50			なし	1226 発動機不調により帰投 5/4第七次桜花で特攻戦死
2	1	嶋立　毅	中尉	予備13期	零戦52型	♯50			99号	1352.5「我敵空母ニ必中突入中」突入と認定
	3	西本　政弘	一飛曹	甲飛11期	零戦52型	♯50				1353「我敵艦ニ必中突入中」突入と認定 1357 駆逐艦ブラードが撃墜した特攻機が西本機か？
	2	八幡　高明	上飛曹	乙飛16期	零戦52型	♯50				1357に「我敵空母ニ必中突入中」を打電した不明機が八幡機か？ 米軍記録によると1357駆逐艦ブラードに対し、１機が太陽を背にして機銃掃射をしながら突入してきたが、同艦の対空砲火が命中し、特攻機は燃えながら左翼をブラードの艦尾に接触させた後、後方50ヤード（45m）の海中に突入
	4	久保田　久四	二飛曹	特乙１期	零戦52型	♯50				1226 発動機不調により帰投 1254 再発進、以後連絡なく未帰還
3	1	横尾　佐資郎	中尉	予備13期	零戦52型	♯50				連絡なく未帰還
	3	布施　政治	一飛曹	乙飛17期	零戦52型	♯50			なし	1226発動機不調により帰投
	2	宮崎　久夫	一飛曹	乙飛17期	零戦52型	♯50			99号	1410「我空母ニ必中突入中」突入と認定 米軍記録の1410空母エンタープライズ左舷舷側に突入、至近弾となった機体の可能性あり
	4	斎藤　義雄	二飛曹	特乙１期	零戦52型	♯50				1416「我空母ニ必中突入中」と打電した不明機が斎藤機か？
4	1	竹野　弁治	一飛曹	乙17期	零戦52型	♯50				1353.5「我敵空母ニ必中突入中」突入と認定 米軍記録の1410空母エンタープライズ左舷舷側に突入、至近弾となった機体の可能性あり
	3	石井　謙吉	二飛曹	丙飛17期	零戦52型	♯50				連絡なく未帰還。米軍記録で1447にミズーリ付近で対空砲火に撃墜された機体が該当か？
	2	曽我部　隆	二飛曹	丙飛16期	零戦52型	♯50				1405「我敵空母ニ必中突入中」突入と認定 米軍記録の1410空母エンタープライズ左舷舷側に突入、至近弾となった機体の可能性あり
	4	石野　節男	二飛曹	特乙１期	零戦52型	♯50				1439に「敵機動部隊見ユ」以後連絡なく未帰還 米軍記録では1443戦艦ミズーリの右舷後方に突入

◎4月12日　第二七生隊（元山空）　22機準備、19機発進、２機引き返す、17機未帰還、３機発進取りやめ

区隊	機番号	搭乗員氏名	階級	出身期	機材	爆装	出撃時刻	目標	布告	消息・備考
1	1	田中　杼	中尉	海兵72 期	零戦21型	#25	1304〜1328	与論島東方70浬機動部隊	99号	連絡なく未帰還
	3	千原　達郎	少尉	予備14期	零戦21型	#25				
	2	原田　愛文	少尉	予備14期	零戦21型	#25				
	4	久保　忠弘	少尉	予備14期	零戦21型	#25				
2	1	成田　和孝	中尉	予備13期	零戦21型	#25				
	3	肥後　朝太郎	少尉	予備14期	零戦21型	#25				
	2	林　市造	少尉	予備14期	零戦21型	#25				
	4	野村　克己	少尉	予備14期	零戦21型	#25				
3	1	石橋　石雄	少尉	予備13期	零戦21型	#25			なし	エンジン不調により出発せず 4/16第四七生隊で特攻戦死
	3	山本　雅省	少尉	予備14期	零戦21型	#25			なし	1345 発動機不調のため帰投 4/16第四七生隊で特攻戦死
	2	岡部　平一	少尉	予備14期	零戦21型	#25			99号	1514.5「我敵艦ニ必中突入中」突入と認定 1525頃に第58.1任務群の戦艦「インディアナ」等からの対空射撃を受けて撃墜された零戦3機と推測される
	4	鈴木　弘	少尉	予備14期	零戦21型	#25				
4	1	芦田　五郎	少尉	予備13期	零戦21型	#25			なし	1345 発動機不調のため帰投
	3	田中　公三	少尉	予備14期	零戦21型	#25			99号	1525.5「我敵艦ニ必中突入中」突入と認定
	2	宮崎　信夫	少尉	予備14期	零戦21型	#25				
	4	木村　司郎	少尉	予備14期	零戦21型	#25				
5	1	竹口　正	少尉	予備13期	零戦21型	#25				連絡なく未帰還
	3	吉尾　啓	少尉	予備14期	零戦21型	#25				
	2	手塚　和夫	少尉	予備14期	零戦21型	#25				
	4	工藤　紀正	少尉	予備14期	零戦21型	#25				
6	1	小野　秀彰	少尉	予備14期	零戦21型	#25	-		なし	エンジン不調により出発せず
	2	片岡　良吉	少尉	予備14期	零戦21型	#25	-		なし	エンジン不調により出発せず

◎**4月14日　第一昭和隊（谷田部空）**　　11機発進、1機自爆、10機未帰還

区隊/機番号	搭乗員氏名	階級	出身期	機材	爆装	出撃時刻	目標	布告	消息・備考
編成未詳	鈴木　典伸	中尉	海兵72期	零戦21型	＃25	1130	徳之島東方の機動部隊	100号	記録なく不明、未帰還
	大本　正	中尉	予備13期	零戦21型	＃25				
	中村　晴雄	中尉	予備13期	零戦21型	＃25				
	清水　則定	少尉	予備13期	零戦21型	＃25				
	篠崎俊二	少尉	予備14期	零戦21型	＃25			なし	離陸時搭載爆弾が脱落、誘爆して戦死
	佐々木　八郎	少尉	予備14期	零戦21型	＃25			100号	記録なく不明、未帰還
	小野寺　朝男	少尉	予備14期	零戦21型	＃25				
	松村　米蔵	少尉	予備14期	零戦21型	＃25				
	平林　勇作	少尉	予備14期	零戦21型	＃25				
	柏倉　繁次郎	少尉	予備14期	零戦21型	＃25				
	炭広　秀夫	二飛曹	乙飛18期	零戦21型	＃25				

◎**4月14日　第二筑波隊（筑波空）**　　3機発進、全機未帰還

区隊/機番号	搭乗員氏名	階級	出身期	機材	爆装	出撃時刻	目標	布告	消息・備考
編成未詳	熊倉高敬	中尉	予備13期	零戦21型	＃25	1130	徳之島東方の機動部隊	100号	記録なく不明、未帰還
	一ノ関　貞雄	中尉	予備13期	零戦21型	＃25				
	新井　利夫	二飛曹	甲飛12期	零戦21型	＃25				

◎**4月14日　第六建武隊**　　8機発進、2機引き返す、6機未帰還

区隊/機番号	搭乗員氏名	階級	出身期	機材	爆装	出撃時刻	目標	布告	消息・備考
編成未詳	中根　久喜	中尉	予備13期	零戦52型	＃50	1130	徳之島東方の機動部隊	100号	記録なく不明、未帰還
	鈴木　才司	上飛曹	乙飛13期	零戦52型	＃50				
	前田　善光	上飛曹	乙飛16期	零戦52型	＃50				
	布施　政治	一飛曹	乙飛17期	零戦52型	＃50				
	蓼川　茂	一飛曹	乙飛17期	零戦52型	＃50				
	竹下　弘	二飛曹	特乙1期	零戦52型	＃50				
	氏名未詳			零戦52型	＃50			なし	発動機不調のため引き返す
	氏名未詳			零戦52型	＃50				

◎4月14日　第二神剣隊（大村空）　　17機準備、16機発進、6機引き返す、10機未帰還

区隊	機番号	搭乗員氏名	階級	出身期	機材	爆装	出撃時刻	目標	布告	消息・備考
1	1	合原　直	中尉	海兵72期	零戦21型	#25	1410～1438	慶良間列島在泊の特空母	100号	1723『敵戦闘機見ユ』以後連絡なく未帰還
	2	植村　光男	候補生	予備生1期	零戦21型	#25				連絡なく未帰還
2	1	林田　真一郎	飛曹長	甲飛4期	零戦21型	#25			なし	1443 発動機不調のため帰投 4/16第三神剣隊で特攻戦死
	3	武　二夫	二飛曹	甲飛12期	零戦21型	#25			なし	機材故障により出発せず 5/4第五神剣隊で特攻戦死
	2	工藤　嘉吉	二飛曹	乙飛18期	零戦21型	#25			なし	1443 発動機不調のため帰投 4/16第三神剣隊で特攻戦死
	4	吉田　敏夫	二飛曹	乙飛18期	零戦21型	#25			なし	1600脚出ず爆弾投下出来ず 落下傘降下
3	1	加藤　年彦	少尉	予備13期	零戦21型	#25			100号	連絡なく未帰還
	3	山本　城	少尉	予備生1期	零戦21型	#25				
	2	淡路　義二	二飛曹	乙飛18期	零戦21型	#25			なし	1443 発動機不調のため帰投 5/11第六神剣隊で特攻戦死
	4	長谷部　實祐	二飛曹	乙飛18期	零戦21型	#25			なし	1443 発動機不調のため帰投 4/16第四神剣隊で特攻戦死
4	1	津曲　徳哉	少尉	予備13期	零戦21型	#25			100号	連絡なく未帰還
	3	高橋　正一	候補生	予備生1期	零戦21型	#25				
	2	太田　満	一飛曹	乙飛17期	零戦21型	#25			なし	1500 発動機不調のため帰投 5/4第五神剣隊で特攻戦死
	4	中林　三郎	二飛曹	乙飛18期	零戦21型	#25			100号	連絡なく未帰還
5	1	赤司　明三郎	少尉	予備13期	零戦21型	#25				
	2	佐々木　榮吉	候補生	予備生1期	零戦21型	#25				
	3	西本　松一郎	少尉	予備13期	零戦21型	#25				

◎4月16日　第二昭和隊（谷田部空）　4機発進、全機未帰還

区隊	機番号	搭乗員氏名	階級	出身期	機材	爆装	出撃時刻	目標	布告	消息・備考
編成未詳	ヤ-102	草村　昌道	少尉	予備13期	零戦21型	♯25	0701～0702	嘉手納湾の艦船	106号	連絡なく未帰還
	ヤ-460	矢島　哲夫	少尉	予備14期	零練戦	♯25				
	ヤ-902	神原　正信	少尉	予備14期	零戦21型	♯25				0920「我敵艦船ニ必中突入中」突入と判定
	ヤ-472	横山　俊	二飛曹	乙飛18期	零練戦	♯25				

◎4月16日　第三神剣隊（大村空）　発進数不明、3機未帰還

区隊	機番号	搭乗員氏名	階級	出身期	機材	爆装	出撃時刻	目標	布告	消息・備考
編成未詳	1	氏名未詳			零戦21型	♯25	0701～0702	那覇湾の艦船	なし	機材故障で引き返す
	2	林田　真一郎	飛曹長	甲飛4期	零戦21型	♯25			106号	0840「敵機４機見ユ」 0922「敵空母見ユ」 0925「我敵艦船ニ必中突入」 突入と判定
	3	工藤　嘉吉	二飛曹	乙飛18期	零戦21型	♯25				
	4	小金井　菊次郎	二飛曹	乙飛18期	零戦21型	♯25				

◎4月16日　第三七生隊（元山空）　発進数不明、3機未帰還

区隊	機番号	搭乗員氏名	階級	出身期	機材	爆装	出撃時刻	目標	布告	消息・備考
編成未詳	1	新沼　正喜	中尉	予備13期	零戦21型	♯25	0703	那覇湾の艦船	なし	敵戦闘機の邀撃を受け被弾、硫黄鳥島に不時着、筏で奄美大島に渡り後日帰還
	2	奥田　良雄	少尉	予備14期	零戦21型	♯25			106号	連絡なく未帰還
	3	町田　俊三	少尉	予備14期	零戦21型	♯25	0704			0843「敵戦闘機見ユ」 0921「我敵艦船ニ必中突入中」 突入と判定
	4	山田　章	少尉	予備14期	零戦21型	♯25				

＊実際の出撃総数は3隊合わせて20機、引き返したのが9機、不時着１機と未帰還機10機のみ内訳判明。

◎4月16日　第七建武隊　12機発進、9機未帰還、突入報告1機

区隊	機番号	搭乗員氏名	階級	出身期	機材	爆装	出撃時刻	目標	布告	消息・備考
1	1	氏名未詳			零戦52型	＃50	不明	喜界島南東55浬および南方50浬の機動部隊	なし	機材故障で引き返す
	3	大谷　正行	一飛曹	予備練15期	零戦52型	＃50	0748		107号	連絡なく未帰還
	2	尾中　健喜	二飛曹	丙飛15期	零戦52型	＃50	0748			
	4	新井　春男	二飛曹	特乙１期	零戦52型	＃50	0806			
2	1	本間　由照	一飛曹	乙飛17期	零戦52型	＃50	0755			
	3	中原　正義	一飛曹	乙飛17期	零戦52型	＃50	0756			
	2	白井　貞吉	二飛曹	特乙１期	零戦52型	＃50	0755			
	4	中別府　重信	二飛曹	丙飛16期	零戦52型	＃50	0756			0939「敵戦闘機見ユ」 0943「敵見ユ」 0945「我敵空母ニ必中突入中」 突入と判定
3	1	森　茂士	上飛曹	乙飛16期	零戦52型	＃50	0801			0927．5「敵戦闘機７機見ユ」 以後連絡なく未帰還
	3	勝村　幸治	一飛曹	特乙１期	零戦52型	＃50	0802		なし	機材故障で引き返す
	2	氏名未詳			零戦52型	＃50	不明		なし	機材故障で引き返す
	4	中尾　正海	二飛曹	特乙１期	零戦52型	＃50	0804		107号	連絡なく未帰還

◎4月16日　第四七生隊（元山空）　11機準備、9機発進、９機未帰還、2機発進取りやめ

区隊	機番号	搭乗員氏名	階級	出身期	機材	爆装	出撃時刻	目標	布告	消息・備考
1	1	西川　要三	少尉	予備13期	零戦21型	＃25	0758	喜界島南東55浬および南方50浬の機動部隊	107号	0936「敵戦闘機見ユ」 以後連絡なく未帰還
	3	名古屋　徹蔵	少尉	予備14期	零戦21型	＃25	0759			
	2	江口　昌男	少尉	予備14期	零戦21型	＃25	0759			0917.5以後連絡なく未帰還
	4	樫本　弘明	少尉	予備14期	零戦21型	＃25	0800			
2	1	根岸　達郎	少尉	予備13期	零戦21型	＃25	0807			0930「敵部隊見ユ」 0934「敵戦闘機見ユ」 0955「我艦船に必中突入中」 打電後消息なし
	3	山岡　正瑞	少尉	予備14期	零戦21型	＃25	0809		107号	0936「敵戦闘機見ユ」 以後連絡なく未帰還
	2	山本　雅省	少尉	予備14期	零戦21型	＃25	0810		107号	連絡なく未帰還
	4	石橋　石雄	少尉	予備13期	零戦21型	＃25	0809			0934「敵戦闘機見ユ」 以後連絡なく未帰還
3	1	北村　徳太郎	少尉	予備14期	零戦21型	＃25	-		なし	空襲による被弾により 発進取りやめ
	3	片岡　良吉	少尉	予備14期	零戦21型	＃25	-		なし	空襲による被弾により 発進取りやめ
4	4	大石　太	少尉	予備14期	零戦21型	＃25	0944		107号	連絡なく未帰還

◎4月16日　第三昭和隊（谷田部空）　４機準備、３機発進、全機未帰還

区隊	機番号	搭乗員氏名	階級	出身期	機材	爆装	出撃時刻	目標	布告	消息・備考
1	1	西田　肇	少尉	予備13期	零戦21型	＃25	不明	喜界島南東55浬および南50浬の機動部隊	なし	偵11の彩雲と接触、事故戦死
	3	中村　榮三	少尉	予備14期	零戦21型	＃25	0810		107号	連絡なく未帰還
	2	笹本　洵平	少尉	予備14期	零戦21型	＃25	0821			
	4	高野　道彦	二飛曹	乙飛18期	零戦21型	＃25	0822			

◎4月16日　第四神剣隊（大村空）　　2機準備、1機発進、全機未帰還

区隊	機番号	搭乗員氏名	階級	出身期	機材	爆装	出撃時刻	目標	布告	消息・備考
1	1	氏名未詳			零戦21型	＃25	不明	喜界島南東50浬および南100浬の機動部隊	107号	機材故障で発進せず
	2	長谷部　實祐	二飛曹	乙飛18期	零戦21型	＃25	1200			1402「敵戦闘機見ユ」以後連絡なく未帰還

◎4月16日　第八建武隊　　12機発進、1機自爆、6機引き返す、5機未帰還、突入報告4機

区隊	機番号	搭乗員氏名	階級	出身期	機材	爆装	出撃時刻	目標	布告	消息・備考
1	1	上田　兵二	一飛曹	乙飛17期	零戦52型	＃50	1201	喜界島南東50浬および南100浬の機動部隊	107号	1322「敵部隊見ユ」 1324「敵空母見ユ」 1325「敵空母に必中突入中」 突入と認定
	2	栗山　虎男	二飛曹	特乙2期	零戦52型	＃50	1201			1322「敵空母見ユ」 1326「敵空母に必中突入中」 突入と認定 米軍記録によると1330過ぎ空母イントレピッドの艦橋をかすめて右舷海面に至近弾として突入した機体が上田機もしくは栗山機か？
2	1	石田　三郎	一飛曹	予備練14期	零戦52型	＃50	1202			連絡なく未帰還
	2	岩本　五郎	二飛曹	特乙1期	零戦52型	＃50	1202			1335「敵空母に必中突入中」 突入と認定 米軍記録によると1336空母イントレピッド後部エレベーター直後に突入、格納庫内で火災を生じたのが栗山機もしくは岩本機か？
3	1	佐藤　善之助	二飛曹	特乙1期	零戦52型	＃50	1203			1355「敵空母見ユ」 1356「敵空母に必中突入中」 突入と認定
	2	氏名未詳			零戦52型	＃50	不明		なし	機材故障で引き返す
編成不明		牛久保　博一	中尉	予備13期	零戦52型	＃50			なし	離陸直後に失速、自爆して戦死
		氏名未詳			零戦52型	＃50			なし	機材故障で引き返す
		氏名未詳			零戦52型	＃50			なし	機材故障で引き返す
		氏名未詳			零戦52型	＃50			なし	機材故障で引き返す
		氏名未詳			零戦52型	＃50			なし	機材故障で引き返す
		氏名未詳			零戦52型	＃50			なし	機材故障で引き返す

◎4月16日　第三筑波隊（筑波空）　　10機発進、３機引き返し、７機未帰還

区隊	機番号	搭乗員氏名	階級	出身期	機材	爆装	出撃時刻	目標	布告	消息・備考
1	1	中村　秀正	中尉	海兵73期	零戦21型	＃25	1206	喜界島南東50浬および南100浬の機動部隊	107号	1346「敵空母に必中突入中」突入と認定
	3	栗井　俊夫	少尉	予備14期	零戦21型	＃25	1207			
	2	岡本　眞一	少尉	予備14期	零戦21型	＃25	1207			連絡なく未帰還
	4	氏名未詳			零戦21型	＃25	不明		なし	機材故障で引き返す
2	1	由井　勲	少尉	予備13期	零戦21型	＃25	1210		107号	1327「敵戦闘機見ユ」 1338「敵部隊見ユ」 1330「敵空母に必中突入中」 突入と認定
	3	兼森　武文	少尉	予備14期	零戦21型	＃25	1210			連絡なく未帰還
	2	山縣　康治	少尉	予備14期	零戦21型	＃25	1210			
	4	石井　敏晴	少尉	予備14期	零戦21型	＃25	1211			
3	1	氏名未詳			零戦21型	＃25	不明		なし	機材故障で引き返す
	2	氏名未詳			零戦21型	＃25	不明		なし	機材故障で引き返す

◎4月16日　第四昭和隊（谷田部空）　　８機準備、２機発進、全機未帰還

区隊	機番号	搭乗員氏名	階級	出身期	機材	爆装	出撃時刻	目標	布告	消息・備考
1	1	有村　泰岳	少尉	予備13期	零戦21型	＃25	1220	喜界島南東50浬および南100浬の機動部隊	107号	1321「敵戦闘機見ユ」以後連絡なく未帰還
	ヤ-140	佐藤　光男	少尉	予備14期	零戦21型	＃25	1220			連絡なく未帰還
編成不明		丸茂　高男	中尉	海兵73期	零戦21型	＃25	なし		なし	発進直前空襲により北原少尉機被被弾炎上 二十五番誘爆し、６機発進不能
		貞方　弘義	少尉	予備13期	零戦21型	＃25				
		北原　篤幸	少尉	予備13期	零戦21型	＃25				
		根本　宏	少尉	予備13期	零戦21型	＃25				
		金子　照男	少尉	予備14期	零戦21型	＃25				6/22第一神雷爆戦隊で特攻戦死
		吉永　光雄	二飛曹	乙飛18期	零戦21型	＃25				4/29第五昭和隊で特攻戦死

◎4月29日　第四筑波隊（戦闘三〇六）　7機準備、6機発進、5機未帰還

区隊	機番号	搭乗員氏名	階級	出身期	機材	爆装	出撃時刻	目標	布告	消息・備考
1	1	米加田　節男	中尉		零戦21型	＃25	1413	沖縄本島北端120度60浬及び90度70浬の艦船	109号	連絡なく未帰還
1	3	片山　秀雄	少尉	予備14期	零練戦	＃25	1413	沖縄本島北端120度60浬及び90度70浬の艦船	109号	1658「我敵艦船ニ必中突入中」突入と判定
1	2	氏名未詳			零練戦	＃25	なし	沖縄本島北端120度60浬及び90度70浬の艦船	なし	機材故障で引き返す
1	4	氏名未詳			零練戦	＃25	なし	沖縄本島北端120度60浬及び90度70浬の艦船	なし	エンジン不調発進取りやめ？
2	1	大塚　章	少尉	予備14期	零練戦	＃25	1414	沖縄本島北端120度60浬及び90度70浬の艦船	109号	1700頃喜界島上空に於いてF6F 6機と交戦し、自爆
2	2	麻生　攝郎	少尉	予備14期	零練戦	＃25	1414	沖縄本島北端120度60浬及び90度70浬の艦船	109号	連絡なく未帰還
2	3	山崎　幸雄	少尉	予備14期	零練戦	＃25	1415	沖縄本島北端120度60浬及び90度70浬の艦船	109号	1700頃喜界島上空に於いてF6F 6機と交戦し、自爆

◎4月29日　第五七生隊（元山空）　7機発進、2機引き返す、4機未帰還、1機被弾落下傘降下

区隊	機番号	搭乗員氏名	階級	出身期	機材	爆装	出撃時刻	目標	布告	消息・備考
1	1	芦田　五郎	少尉	予備13期	零戦21型	＃25	1417	沖縄本島北端120度60浬及び90度70浬の艦船	なし	エンジン不調で引き返す
1	3	土井　定義	少尉	予備14期	零戦21型	＃25	1417	沖縄本島北端120度60浬及び90度70浬の艦船	109号	1623「敵戦闘機見ユ」1626「我敵艦船ニ必中突入中」突入と判定
1	2	小野　秀彰	少尉	予備14期	零戦21型	＃25	1418	沖縄本島北端120度60浬及び90度70浬の艦船	なし	エンジン不調で引き返す
2	1	晦日　進	少尉	予備13期	零戦21型	＃25	1418	沖縄本島北端120度60浬及び90度70浬の艦船	109号	1700頃奄美大島北端付近でF6Fの奇襲を受け自爆
2	3	森丘　哲四郎	少尉	予備14期	零戦21型	＃25	1419	沖縄本島北端120度60浬及び90度70浬の艦船	109号	1700頃奄美大島北端付近でF6Fの奇襲を受け自爆
2	2	北村　徳太郎	少尉	予備14期	零戦21型	＃25	1419	沖縄本島北端120度60浬及び90度70浬の艦船	109号	1700頃奄美大島北端付近でF6Fの奇襲を受け自爆
2	4	片岡　良吉	少尉	予備14期	零戦21型	＃25	1419	沖縄本島北端120度60浬及び90度70浬の艦船	なし	1700頃高度800mを4機で進撃中に奄美大島北端付近でF6Fの奇襲を受け全滅、被弾により落下傘降下不時着

◎4月29日　第五昭和隊（戦闘三〇六）　10機準備、8機発進、全機未帰還

区隊	機番号	搭乗員氏名	階級	出身期	機材	爆装	出撃時刻	目標	布告	消息・備考
1	ヤ-431	木部崎　昇	少尉	予備13期	零練戦	＃25	1425	沖縄本島北端120度60浬及び90度70浬の艦船	109号	1709『我敵艦船ニ必中突入中』突入と判定
1	ヤ-406	市島　保夫	少尉	予備14期	零練戦	＃25	1426	沖縄本島北端120度60浬及び90度70浬の艦船	109号	1709『我敵艦船ニ必中突入中』突入と判定
1	ヤ-416	安田　弘道	少尉	予備14期	零練戦	＃25	1420	沖縄本島北端120度60浬及び90度70浬の艦船	109号	1707『我敵空母ニ必中突入中』突入と判定
1	ヤ-477	藪田　博	二飛曹	乙飛18期	零練戦	＃25	1420	沖縄本島北端120度60浬及び90度70浬の艦船	109号	1707『我敵空母ニ必中突入中』突入と判定
2	ヤ-470	外山　雄二	少尉	予備14期	零練戦	＃25	1420	沖縄本島北端120度60浬及び90度70浬の艦船	109号	連絡なく未帰還
2	ヤ-479	黒野　義一	二飛曹	乙飛18期	零練戦	＃25	なし	沖縄本島北端120度60浬及び90度70浬の艦船	なし	エンジン不調発進取りやめ
2	ヤ-480	小泉　宏三	少尉	予備14期	零練戦	＃25	1423	沖縄本島北端120度60浬及び90度70浬の艦船	109号	連絡なく未帰還
2	ヤ-451	川端　三千秋	二飛曹	乙飛18期	零練戦	＃25	1423	沖縄本島北端120度60浬及び90度70浬の艦船	109号	連絡なく未帰還
3	ヤ-135	根本　宏	少尉	予備13期	零戦21型	＃25	なし	沖縄本島北端120度60浬及び90度70浬の艦船	なし	エンジン不調発進取りやめ 5/11第六昭和隊で特攻戦死
3	ヤ-423	吉永　光雄	二飛曹	乙飛18期	零練戦	＃25	1424	沖縄本島北端120度60浬及び90度70浬の艦船	109号	1702『我敵艦船ニ必中突入中』突入と判定

◎4月29日　第九建武隊　　16機準備、13機発進、2機引き返す、11機未帰還、突入報告8機

区隊	番号	搭乗員氏名	階級	出身期	機材	爆装	出撃時刻	目標	布告	消息・備考
1	1	西口　徳次	中尉	予備13期	零戦52型	♯50	1442	沖縄本島 北端 120度 60浬及び 90度70浬 の艦船	109号	1633「喜界島ミストアリ」 1733「敵部隊見ユ」 1734「我敵艦船ニ必中突入中」 突入と判定
	3	高瀬　丁	二飛曹	丙飛12期	零戦52型	♯50	1442			1719、1721「敵艦隊見ユ」 1725「我敵艦船ニ必中突入中」 突入と判定 「ヘイゼルウッド」の至近に墜落した零戦
	2	氏名未詳			零戦52型	♯50	不明		なし	エンジン不調発進取りやめ？
	4	氏名未詳			零戦52型	♯50	不明		なし	エンジン不調発進取りやめ？
2	1	多木　稔	中尉	予備13期	零戦52型	♯50	1445		109号	1652「敵部隊見ユ」 1653「敵空母見ユ」 1657「我敵艦船ニ必中突入中」 突入と判定 駆逐艦ハガードに突入した零戦と推測される
	3	曽根　信	二飛曹	丙飛16期	零戦52型	♯50	1445			1654「敵部隊見ユ」 1659「我敵空母ニ必中突入中」 突入と判定 駆逐艦ハガードの至近に墜落した零戦と推測される
	2	中西　齋李	中尉	予備13期	零戦52型	♯50	1445			1652、1654「敵部隊見ユ」 1655「我敵空母ニ必中突入中」 突入と判定 第58.4任務群への突入を試みて対空砲火で撃墜された零戦と推測される
	4	氏名未詳			零戦52型	♯50	不明		なし	1機はエンジン不調で引き返す もう1機が1818喜界島に不時着、5/4鹿屋に向け発進
3	1	氏名未詳			零戦52型	♯50	不明		なし	
	3	山本　英司	二飛曹	甲飛12期	零戦52型	♯50	1450		109号	1721「我敵空母ニ必中突入中」 突入と判定
	2	藤本　正一	一飛曹	予備練15期	零戦52型	♯50	1449			連絡なく未帰還
	4	北沢　昇	二飛曹	特乙1期	零戦52型	♯50	1450			
4	1	氏名未詳			零戦52型	♯50	不明		なし	エンジン不調発進取りやめ？
	3	餅田　信夫	一飛曹	丙飛特14期	零戦52型	♯50	1459		109号	1722「我敵空母ニ必中突入中」 突入と判定
	2	高橋　経夫	一飛曹	予備練15期	零戦52型	♯50	1458			連絡なく未帰還
	4	藤田　金二	二飛曹	甲飛12期	零戦52型	♯50	1458			1659「我敵空母ニ必中突入中」 突入と判定

＊「第五航空艦隊作戦記録」によれば、1500に戦果偵察のために鹿屋を発進した彩雲1機が、1710に爆戦2機が巡洋艦に命中を確認。

◎5月4日　第五神剣隊（戦闘三〇六）　　22機？　準備、15機発進、全機未帰還

区隊	機番号	搭乗員氏名	階級	出身期	機材	爆装	出撃時刻	目標	布告	消息・備考
1	1	磯貝　巌	中尉	予備13期	零練戦	♯25	0545	沖縄周辺敵哨戒艦艇	111号	連絡なく未帰還
	3	藤井　実	候補生	予備生１期	零練戦	♯25	0546			
	2	斎藤　幸雄	一飛曹	乙飛18期	零練戦	♯25	0540		なし	エンジン不調にて屋久島上空より鹿屋に引き返す。
	4	淡路　義二	一飛曹	乙飛18期	零練戦	♯25	0540			0830 予定地点に敵影を見ず 1052 鹿屋帰投。
2	1	鈴木　欣司	少尉	予備14期	零練戦	♯25	0556		111号	0832「我敵艦ニ必中突入中」突入と認定
	3	茂木　三郎	一飛曹	乙飛18期	零練戦	♯25	0556			連絡なく未帰還
	2	林　正俊	候補生	予備生１期	零練戦	♯25	0554			0828「我敵艦ニ必中突入中」突入と認定
	4	保科　三郎	一飛曹	乙飛18期	零練戦	♯25	0554			連絡なく未帰還
3	1	牧野　紘	少尉	予備13期	零練戦	♯25			なし	エンジン不調で発進せず
	3	川野　忠邦	上飛曹	甲飛10期	零練戦	♯25				
	2	大田　満	一飛曹	乙飛17期	零練戦	♯25	0553		111号	連絡なく未帰還
	4	高藤　昭一	一飛曹	乙飛18期	零練戦	♯25	0554			連絡なく未帰還
4	1	小堀　秀雄	少尉	予備13期	零練戦	♯25	0616			0840「敵部隊見ユ」 0841「我敵艦ニ必中突入中」突入と認定
	3	三明　正郎	候補生	予備生１期	零練戦	♯25	0616			連絡なく未帰還
	2	高浪　虎八	二飛曹	甲飛12期	零練戦	♯25	0617			連絡なく未帰還
	4	氏名未詳			零練戦	♯25			なし	エンジン不調で発進せず
5	1	加藤　年彦	少尉	予備13期	零練戦	♯25	0617		111号	連絡なく未帰還
	3	氏名未詳			零練戦	♯25			なし	エンジン不調で発進せず
	2	武　二夫	二飛曹	甲飛12期	零練戦	♯25	0618		111号	連絡なく未帰還
	4	氏名未詳			零練戦	♯25			なし	エンジン不調で発進せず
6	1	足立　益助	少尉	予備13期	零練戦	♯25	0619		111号	0815「敵戦闘機見ユ」「我敵ヨリ脱セリ」 0848「敵部隊見ユ」「我敵艦ニ必中突入中」突入と認定
	2	宮崎　勝	一飛曹	乙飛18期	零練戦	♯25	0620			連絡なく未帰還

＊送信セル飛行機相当アリシモ感度極メテ不良受信困難ノタメ戦果以外相当攻撃シアルモノト認ム

◎5月11日　第六神剣隊（戦闘三〇六）　６機準備、６機発進、２機引き返す、４機未帰還、突入報告２機

区隊	機番号	搭乗員氏名	階級	出身期	機材	爆装	出撃時刻	目標	布告	消息・備考
1	1	牧野　鈜	少尉	予備13期	零練戦	＃25	0504	沖縄周辺敵艦艇	112号	0755「敵戦闘機見ユ」 0759「我敵ヨリ脱セリ」 0817「索敵線上ニ敵ヲ見ズ」 0822「海面ニ油見ユ」 0832「敵部隊見ユ」 以後連絡なく未帰還
	2	斎藤　幸雄	一飛曹	乙飛18期	零練戦	＃25	0505			0833「我敵艦船ニ必中突入中」 突入と認定
2	1	川野　忠邦	上飛曹	甲飛10期	零練戦	＃25	0509			0718「敵戦闘機見ユ」 0805「敵哨戒艦見ユ」 0810「敵部隊見ユ」 0814「我敵艦船ニ必中突入中」 突入と認定
	2	氏名未詳			零練戦	＃25	なし		なし	機材不調引き返す
3	1	氏名未詳			零練戦	＃25				
	2	淡路　義二	一飛曹	乙飛18期	零練戦	＃25	0508		112号	連絡なく未帰還

◎5月11日　第六七生隊（戦闘三〇六）　３機準備、３機発進、２機引き返す、１機未帰還

区隊	機番号	搭乗員氏名	階級	出身期	機材	爆装	出撃時刻	目標	布告	消息・備考
4	編成不明	松橋泰夫	一飛曹	丙飛16期	零練戦	＃25	0530	沖縄周辺敵艦艇	112号	連絡なく未帰還となるも、戦後生還のため布告取り消し
		氏名未詳			零練戦	＃25	不明		なし	機材不調引き返す
		氏名未詳			零練戦	＃25				

◎5月11日　第六昭和隊（戦闘三〇六）　２機準備、２機発進、全機未帰還

区隊	機番号	搭乗員氏名	階級	出身期	機材	爆装	出撃時刻	目標	布告	消息・備考
5	ヤ-135	根本　宏	少尉	予備13期	零戦21型	＃25	0519	沖縄周辺敵艦艇	112号	0715「敵戦闘機見ユ」 以後連絡なく未帰還
	ヤ-479	黒野　義一	一飛曹	乙飛18期	零練戦	＃25	0519			連絡なく未帰還

◎**5月11日　第十建武隊**　　４機発進、全機未帰還、突入報告３機

区隊	機番号	搭乗員氏名	階級	出身期	機材	爆装	出撃時刻	目標	布告	消息・備考
2	1	柴田　敬禧	中尉	予備13期	零戦52型	＃50	610	沖縄周辺敵機動部隊索敵攻撃	112号	0940「敵部隊見ユ」 0945「敵空母見ユ」 0946「敵戦闘機見ユ」 0950「我敵空母ニ必中突入中」突入と判定 米軍記録では1005空母バンカー・ヒルに相次いで突入した1機目で第三エレベーター直後に命中。安則機の可能性もあり
	3	佐藤　啓吉	一飛曹	丙飛16期	零戦52型	＃50	0615			0900「敵部隊見ユ」 0949「我敵艦ニ必中突入中」突入と判定
	2	田中　保夫	一飛曹	丙飛15期	零戦52型	＃50	0615			0848「敵戦闘機見ユ」 0900「敵部隊見ユ」 0956「我敵艦ニ必中突入中」突入と判定
	4	下里　東	一飛曹	特乙１期	零戦52型	＃50	0643			連絡なく未帰還

◎**5月11日　第七昭和隊（戦闘三〇六）**　　８機準備、７機発進、１機不時着、６機未帰還、突入報告２機

区隊	機番号	搭乗員氏名	階級	出身期	機材	爆装	出撃時刻	目標	布告	消息・備考
3	101	安則　盛三	中尉	予備13期	零戦52型	＃50	0640	沖縄周辺敵機動部隊索敵攻撃	112号	1005「敵部隊見ユ」 1008「敵戦闘機見ユ」 1009「敵空母見ユ」 1010「我敵空母ニ必中突入中」突入と判定 米軍記録では1005空母バンカーヒルに相次いで突入した1機目で第三エレベーター直後に命中 柴田機の可能性もあり
	35	小川　清	少尉	予備14期	零戦52型	＃50	0640			1004「敵空母見ユ」 1009「我敵空母ニ必中突入中」突入と判定 1005空母バンカーヒルに相次いで突入した2機目で艦橋付近に命中、遺品により確認される
	37	石嶋　健三	少尉	予備14期	零戦52型	＃50	0641			燃料不足喜界島に不時着
	181	篠原　惟則	少尉	予備14期	零戦52型	＃50	0641			0721「敵部隊見ユ」 0727「我エンジン不調高度取レズ」 以後連絡なく未帰還
4	165	高橋　三郎	少尉	予備13期	零戦52型	＃50	0653			1021「敵部隊見ユ」 以後連絡なく未帰還
	105	茂木　忠	少尉	予備14期	零戦52型	＃50	0653			1018「敵部隊見ユ」 以後連絡なく未帰還
	19	石塚　隆三	少尉	予備14期	零戦52型	＃50	なし		なし	エンジン不調発進取りやめ 6/22第一神雷爆戦隊で特攻戦死
	39	皿海　彰	一飛曹	乙飛18期	零戦52型	＃50	0645		112号	1020「敵部隊見ユ」 以後連絡なく未帰還

◎5月11日　第五筑波隊（戦闘三〇六）　　16機準備？、11機発進、3機引き返す、9機未帰還

区隊	機番号	搭乗員氏名	階級	出身期	機材	爆装	出撃時刻	目標	布告	消息・備考
5	1	西田　高光	少尉	予備14期	零戦52型	＃50	0655	沖縄周辺敵機動部隊索敵攻撃	112号	1008「敵艦認ズ」 1008「我敵慶良間ニ行ク」 1015「敵艦見ユ」 以後連絡なく未帰還
	3	氏名未詳			零戦52型	＃50	なし		なし	エンジン不調発進取りやめ
	2	石丸　進一	少尉	予備14期	零戦52型	＃50	0655		112号	連絡なく未帰還 吉田少尉は52号機
	4	吉田　信	少尉	予備14期	零戦52型	＃50	0656			
6	1	氏名未詳			零戦52型	＃50	なし		なし	エンジン不調発進取りやめ
	3	氏名未詳			零戦52型	＃50	不明			機材不調引き返す
	2	諸井　國弘	少尉	予備14期	零戦52型	＃50	0657		112号	連絡なく未帰還
	4	町田　道教	少尉	予備14期	零戦52型	＃50	0658			連絡なく未帰還
7	1	岡部　幸夫	少尉	予備13期	零戦52型	＃50	0650			連絡なく未帰還
	3	氏名未詳			零戦52型	＃50	不明		なし	機材不調引き返す
	2	森　史郎	少尉	予備14期	零戦52型	＃50	0700		112号	0920「敵部隊見ユ」 以後連絡なく未帰還
	4	福田　喬	少尉	予備14期	零戦52型	＃50	0701			連絡なく未帰還
8	1	氏名未詳			零戦52型	＃50	不明		なし	機材不調引き返す
	3	中村　邦春	少尉	予備14期	零戦52型	＃50	0703		112号	0735 敵戦闘機と交戦自爆
	2	氏名未詳			零戦52型	＃50	なし		なし	エンジン不調発進取りやめ
	4	氏名未詳			零戦52型	＃50				エンジン不調発進取りやめ

◎5月11日　第七七生隊（戦闘三〇六）　　6機準備？、5機発進、3機引き返す、2機未帰還

区隊	機番号	搭乗員氏名	階級	出身期	機材	爆装	出撃時刻	目標	布告	消息・備考
1	1	氏名未詳			零戦52型	＃50	不明	沖縄周辺敵機動部隊索敵攻撃	なし	機材不調引き返す
	3	氏名未詳			零戦52型	＃50	不明			機材不調引き返す
	2	開智　芳彦	上飛曹	甲飛11期	零戦52型	＃50	0702		112号	1003「我敵艦ニ必中突入中」 突入と判定 戦後生還のため布告取り消し
	4	上月　寅男	飛長	特乙3期	零戦52型	＃50	0703			0909、0916「敵戦闘機見ユ」 以後連絡なく未帰還
2	1	氏名未詳			零戦52型	＃50	不明		なし	機材不調引き返す
	2	氏名未詳			零戦52型	＃50	なし			エンジン不調発進取りやめ

◎**5月14日　第十一建武隊**　　＊５機発進、５機未帰還、突入報告３機

区隊	機番号	搭乗員氏名	階級	出身期	機材	爆装	出撃時刻	目標	布告	消息・備考
1	1	楠本　二三夫	中尉	予備13期	零戦52型	＃50	0525	種子島東方敵機動部隊	113号	連絡なく未帰還
	3	鎌田　教一	一飛曹	特乙１期	零戦52型	＃50	0537			0639「敵部隊見ユ」 0640「敵戦闘機見ユ」 以後連絡なく未帰還
	2	氏名未詳			零戦52型	＃50	不明		なし	エンジン不調で発進せず、 もしくは途中で引き返す？
	4	花田　尚孝	一飛曹	甲飛12期	零戦52型	＃50	0534		113号	連絡なく未帰還
2	1	氏名未詳			零戦52型	＃50			なし	エンジン不調で発進せず、 もしくは途中で引き返す？
	3	古田　稔	一飛曹	甲飛12期	零戦52型	＃50	0528		113号	0630「敵部隊見ユ」 0633「我敵艦ニ必中突入中」 突入と判定
	2	日裏　啓次郎	中尉	予備13期	零戦52型	＃50	0527			0630「敵ヲ見ズ雲量２」 0652「２コース敵ヲ見ズ ３コースニ入ル」 0703「敵空母見ユ」 0705「我敵空母ニ必中突入中」 突入と判定
	4	氏名未詳			零戦52型	＃50			なし	エンジン不調で発進せず、 もしくは途中で引き返す？

＊実際の出撃総数は３隊合わせて26機、引き返したのが６機、未帰還機20機のみ内訳判明

◎5月14日　第六筑波隊（戦闘三〇六）　20機準備？、13機未帰還

区隊	機番号	搭乗員氏名	階級	出身期	機材	爆装	出撃時刻	目標	布告	消息・備考
3	1	富安　俊助	中尉	予備13期	零戦52型	#50	0530	種子島東方敵機動部隊	113号	連絡なく未帰還　米軍記録 0658に空母エンタープライズの前部エレベーター直後に突入したことが遺品により判明
	3	折口　明	少尉	予備14期	零戦52型	#50	0533			0816「敵空母見ユ」 以後連絡なく未帰還 第58.3任務群の対空砲火によって撃墜された零戦の可能性あり
	2	藤田　暢明	少尉	予備14期	零戦52型	#50	0531			連絡なく未帰還
	4	高山　重三	少尉	予備14期	零戦52型	#50	0532			連絡なく未帰還
4	1	大本　得史	少尉	予備14期	零戦52型	#50	0529			連絡なく未帰還
	3	氏名未詳			零戦52型	#50	不明		なし	エンジン不調で発進せず、 もしくは途中で引き返す？
	2	本田　耕一	少尉	予備14期	零戦52型	#50	0527		113号	連絡なく未帰還
	4	氏名未詳			零戦52型	#50	不明		なし	エンジン不調で発進せず、 もしくは途中で引き返す？
5	1	柳井　一臣	少尉	予備14期	零戦52型	#50	0650			目標地点まで進出するも 敵を見ず引き返す
	3	後藤　尚平	少尉	予備14期	零戦52型	#50	0651			目標地点まで進出するも 敵を見ず引き返す途中 燃料切れで種子島に不時着
	2	小山　精一	少尉	予備14期	零戦52型	#50	0619		113号	連絡なく未帰還
	4	中村　恒二	少尉	予備14期	零戦52型	#50	0619			連絡なく未帰還
7	1	黒崎　英三助	少尉	予備14期	零戦52型	#50	0631			0713「敵空母見ユ」 0745「敵戦闘機見ユ」 以後連絡なく未帰還
	3	川崎　一精	少尉	予備14期	零戦52型	#50	不明		なし	目標地点まで進出するも 敵を見ず引き返す
	2	時岡　鶴夫	少尉	予備14期	零戦52型	#50	0629		113号	連絡なく未帰還
	4	西野　実	少尉	予備14期	零戦52型	#50	0630			連絡なく未帰還
8	1	大喜田　久男	少尉	予備13期	零戦52型	#50	0625			0724「敵戦闘機見ユ」 0801「敵部隊見ユ」 0804「敵空母見ユ」「我敵空母ニ必中突入中」 突入と判定 0805に空母エセックスに突入を試みた零戦2機のうち1機
	3	荒木　弘	少尉	予備14期	零戦52型	#50	0626			0801「敵部隊見ユ」 0804「敵空母見ユ」「我敵空母ニ必中突入中」 突入と判定 0805に空母エセックスに突入を試みた零戦2機のうち1機
	2	氏名未詳			零戦52型	#50	不明		なし	エンジン不調で発進せず、 もしくは途中で引き返す？
	4	氏名未詳			零戦52型	#50				

◎5月14日　第八七生隊（戦闘三〇六）　４機準備、４機発進、３機未帰還

区隊	機番号	搭乗員氏名	階級	出身期	機材	爆装	出撃時刻	目標	布告	消息・備考
6	1	藤田　卓郎	中尉	予備13期	零戦52型	＃50	0625	種子島東方敵機動部隊	113号	0810『敵部隊見ユ』以後連絡なく未帰還
	3	橋本　貞好	一飛曹	乙飛18期	零戦52型	＃50	0628			連絡なく未帰還
	2	氏名未詳			零戦52型	＃50	不明		なし	エンジン不調で発進せず、もしくは途中で引き返す？
	4	荒木　一史	二飛曹	特乙３期	零戦52型	＃50	0627		113号	0724『敵ヲ見ズ帰ル』0741『敵部隊見ユ』以後連絡なく未帰還

◎6月22日　第一神雷爆戦隊（戦闘三〇六）　８機準備、８機発進、１機引き返す、７機未帰還

区隊	機番号	搭乗員氏名	階級	出身期	機材	爆装	出撃時刻	目標	布告	消息・備考
1	編成不明	川口　光男	中尉	予備13期	零戦52型	＃50	0530	沖縄周辺敵艦船	209号	爆戦隊敵戦闘機見ユヲ報ゼルモノ二機、機位ヲ失ヒ不時着ヲ報ゼルモノ一機、他不明ナルモ突入セルモノト認ム(天作戦部隊戦闘概報より)
		伊東　祥夫	少尉	予備14期	零戦52型	＃50				
		石塚　隆三	少尉	予備14期	零戦52型	＃50				
		河　晴彦	少尉	予備14期	零戦52型	＃50				
2		高橋　英生	中尉	予備13期	零戦52型	＃50				
		溝口　幸次郎	少尉	予備14期	零戦52型	＃50				
		金子　照男	少尉	予備14期	零戦52型	＃50				
		氏名不詳			零戦52型	＃50			なし	機材不調により引き返す

◎8月13日　第二神雷爆戦隊（戦闘三〇六）　５機発進、３機引き返す、２機未帰還

区隊	機番号	搭乗員氏名	階級	出身期	機材	爆装	出撃時刻	目標	布告	消息・備考
1	1	岡本　鼎	中尉	予備13期	零戦52型	＃50	1800 喜界島基地	沖縄周辺敵艦船	なし	機材不調引き返す
	2	細澤　實	一飛曹	丙飛18期	零戦52型	＃50				機材不調引き返す、8/16鹿屋帰投
	3	松林　信夫	一飛曹	特乙１期	零戦52型	＃50				機材不調引き返す 8/16鹿屋帰投途中、機材火災により墜落、死亡
2	1	岡島　四郎	中尉	予備13期	零戦52型	＃50			210号	1950「空母一に突入」突入と判定 米軍記録では1948、1950強襲揚陸艦ラグレンジに２機が突入、戦死18名負傷者102名
	2	星野　實	一飛曹	甲飛12期	零戦52型	＃50				

偵察第一一飛行隊　編成表

◎昭和20年2月15日～5月31日　（一部欠落あり）

月日	段	索敵線	機番号	機種	発進時間	操縦員	出身期	偵察員	出身期	電信員	出身期	備考
2/15	1	1	1	彩雲	0755	中川勇飛曹長	操練43期	上田市次上飛曹	偵察51期	三宅敏一飛長		Q区哨戒、敵を見ず
		2	2	彩雲	0755	西原豊一飛曹長	操練?期	樋高等上飛曹	普電練55期	蛭田実上飛曹		Q区哨戒、敵を見ず
		3	3	彩雲	0755	大槻資親上飛曹	甲飛10期	簑島勇之助中尉		加治秀樹一飛曹	乙飛17期	Q区哨戒、敵を見ず
		4	4	彩雲	0755	九湧秋夫上飛曹		山田一作上飛曹	乙飛9期	吉原忠男一飛曹		Q区哨戒、敵を見ず
2/16	1	1	1	彩雲	0610～0627	井上福治上飛曹		府瀬川清蔵中尉	海兵72期	本吉義勝上飛曹	甲飛8期	Q区哨戒索敵
		2	2	彩雲		伊澤常雄上飛曹	丙飛3期	武田革児上飛曹	普電練52期	森本隆雄上飛曹	甲飛10期	Q区哨戒索敵
		3	3	彩雲		松本良治少尉	操練30期	石塚猛上飛曹	乙飛9期	馬場武男上飛曹	乙飛16期	Q区哨戒索敵
		4	4	彩雲		安江巴上飛曹	操練47期	昼間秀夫中尉	予学13期	寺田義吉上飛曹		Q区哨戒索敵
		5	5	彩雲		中村三郎大尉	予学5期	松岡孝敬飛曹長	甲飛2期	高橋四郎上飛曹	乙飛14期	Q区哨戒索敵
	2	1	1	彩雲	0940	村上力上飛曹	乙飛15期	榊原栄一少尉		中矢次夫一飛曹	乙飛17期	Q区哨戒索敵
		2	2	彩雲		池本利雄上飛曹	乙飛16期	稲葉洋飛曹長		松八重廸雄上飛曹	甲飛10期	Q区哨戒索敵
		3	3	彩雲		浜川金市上飛曹	乙飛15期	長畑進中尉		伊藤守一飛曹	甲飛11期	Q区哨戒索敵
2/18	1	1	1	彩雲	0615	伊藤良太郎一飛曹	甲飛11期	田村三郎飛曹長	甲飛4期	西内実上飛曹	甲飛10期	Q区索敵、敵を見ず
		2	2	彩雲	0615	忠見治義上飛曹	操練54期	出水武郎少尉	予学13期	江華勝美上飛曹	甲飛10期	Q区索敵、敵を見ず
		3	3	彩雲	0620	村上力上飛曹	乙飛15期	榊原栄一少尉		中矢次夫一飛曹	乙飛17期	Q区索敵、敵を見ず
		4	4	彩雲	0710	海老根鯨郎上飛曹	乙飛11期	君安弘之飛曹長	甲飛4期	小林三津重上飛曹	乙飛16期	Q区索敵、敵を見ず
		5	5	彩雲	0610	谷口忠男上飛曹		松井博司上飛曹	甲飛6期	尾各誠飛長		Q区索敵、敵を見ず
		6	6	彩雲	0630	中島清飛曹長	甲飛5期	吉田良雄上飛曹	甲飛7期	飯田旭上飛曹	甲飛10期	Q区索敵、敵を見ず
	2	1	1	彩雲	1155	九湧秋夫上飛曹		山田一作上飛曹		吉原忠男一飛曹		敵空母含む部隊発見
		2	2	彩雲	1155	林田静馬二飛曹		稲泉俊三上飛曹	甲飛9期	田代圭二一飛曹	甲飛11期	発動機不調引き返す
		2番代機	3	彩雲	1327	松本良治少尉	操練30期	石塚猛上飛曹	乙飛9期	馬場武男上飛曹	乙飛16期	1330敵空母含む部隊発見
	触接隊	1	1	彩雲	1500	中村三郎大尉	予学5期	松岡孝教飛曹長		高橋四郎上飛曹	乙飛14期	敵潜水艦発見
		2	2	彩雲	1510	井上福治上飛曹	操練48期	府瀬川清蔵中尉	海兵72期	本吉義勝上飛曹	甲飛8期	発動機不調引き返す
		3	3	彩雲	1510	伊澤常雄上飛曹	丙飛3期	武田革児上飛曹	普電練52期	森本隆雄上飛曹	甲飛10期	敵を見ず
2/20	1	1	1	彩雲	0705～0738	大槻資親上飛曹	甲飛10期	簑島勇之助中尉		加治秀樹一飛曹	乙飛17期	Q区索敵、敵を見ず
		2	2	彩雲		青木春雄飛曹長	甲飛2期	青木貢上飛曹		宮本静時上飛曹	甲飛10期	発動機不調引き返す
		3	3	彩雲		吉井登一飛曹		上村吉之助上飛曹	普電練55期	横山義吉二飛曹	甲飛11期	敵潜水艦発見
		4	4	彩雲		石谷　　上飛曹	甲飛11期	横山末義上飛曹	甲飛9期	吉野孝治一飛曹	甲飛11期	Q区索敵、敵を見ず
		5	5	彩雲		林田静馬二飛曹	丙特14期	横山末義上飛曹	甲飛9期	田代圭二一飛曹	甲飛11期	Q区索敵、敵を見ず
		6	6	彩雲		藤井正時飛長		長谷川正芳上飛曹	甲飛8期	佐藤芳彦一飛曹	甲飛11期	Q区索敵、敵を見ず
2/22	1	1	1	彩雲	0745	青木春雄飛曹長	甲飛2期	青木貢上飛曹		宮本静時上飛曹	甲飛10期	0946天候不良引き返す
		2	2	彩雲	0735	秋本武男一飛曹		佐々木三次上飛曹	甲飛6期	山本久利一飛曹	乙飛17期	Q区哨戒、敵を見ず
		3	3	彩雲	0735	谷口忠男上飛曹		松井博司上飛曹	甲飛6期	尾各誠飛長		Q区哨戒、敵を見ず
2/23	1	1	1	彩雲	0610	大槻資親上飛曹	甲飛10期	簑島勇之助中尉		加治秀樹一飛曹	乙飛17期	Q区哨戒、敵を見ず
		2	2	彩雲	0610	海老根鯨郎上飛曹	乙飛11期	君安弘之飛曹長	甲飛4期	小林三津重上飛曹	乙飛16期	Q区哨戒、敵を見ず
2/24	1	1	1	彩雲	0700	浜川金市上飛曹	乙飛15期	長畑進中尉	予学13期	伊藤守一飛曹	甲飛11期	Q区哨戒、敵を見ず
		2	2	彩雲	0700	栗原五六九上飛曹		荒田徳一上飛曹	乙飛16期	阿部幸男飛長		Q区哨戒、敵を見ず
2/26	1	1	1	彩雲	0615～0640	安江巴上飛曹	操練47期	昼間秀夫中尉	予学13期	寺田義吉上飛曹		Q区哨戒、敵を見ず
		2	2	彩雲		中島清飛曹長	甲飛5期	吉田良雄上飛曹	甲飛7期	飯田旭上飛曹	甲飛10期	Q区哨戒、敵を見ず
		3	3	彩雲		小林一男上飛曹		河原照二少尉		宮本隆彦一飛曹	甲飛11期	Q区哨戒、敵を見ず
		4	4	彩雲		忠見治義上飛曹	操練54期	出水武郎少尉	予学13期	細川一郎二飛曹	甲飛12期	0845敵機動部隊発見
		5	5	彩雲		伊藤良太郎一飛曹	甲飛11期	田村三郎飛曹長	甲飛4期	西内実上飛曹	甲飛10期	Q区哨戒、敵を見ず
		6	6	彩雲		池本利雄上飛曹	乙飛16期	稲葉洋飛曹長		松八重廸雄上飛曹	甲飛10期	Q区哨戒、敵を見ず
	触接	1	1	彩雲	1450	井上福治上飛曹	操練48期	府瀬川清蔵中尉	海兵72期	本吉義勝上飛曹	甲飛8期	敵を見ず
		2	2	彩雲	1600	古川武少尉		青木貢上飛曹		中原安夫飛長		敵を見ず
3/1	1	1	1	彩雲	1002～1017	秋本武男一飛曹		佐々木三次上飛曹	甲飛6期	山本久利一飛曹	乙飛17期	Q区索敵、敵を見ず
		2	2	彩雲		浜川金市上飛曹	乙飛15期	長畑進中尉	予学13期	伊藤守一飛曹	甲飛11期	Q区索敵、敵を見ず
		3	3	彩雲		海老根鯨郎上飛曹	乙飛11期	君安弘之飛曹長	甲飛4期	小林三津重上飛曹	乙飛16期	Q区索敵、敵を見ず
		4	4	彩雲		倉橋利夫少尉	予学13期	肥沼一郎上飛曹	飛練13期?	江華勝美上飛曹	甲飛10期	Q区索敵、敵を見ず
		5	5	彩雲		池本利雄上飛曹	乙飛16期	稲葉洋飛曹長		松八重廸雄上飛曹	甲飛10期	Q区索敵、敵を見ず
	2	1	1	彩雲	1214	伊藤良太郎一飛曹	甲飛11期	田村三郎飛曹長	甲飛4期	西内実上飛曹	甲飛10期	1637敵駆逐艦4発見 1645敵艦上機8発見

3/3	1	1	762-20	彩雲	0702～0721	吉井登一飛曹		上村吉之助上飛曹	普電練55期	横山義吉二飛曹	甲飛11期	Q区哨戒、敵を見ず
		2	762-22	彩雲		青木春雄飛曹長	甲飛2期	芦田享二上飛曹	甲飛7期	宮本静時上飛曹	甲飛10期	Q区哨戒、敵を見ず
		3	762-24	彩雲		中島清飛曹長	甲飛5期	吉田良雄上飛曹	甲飛7期	飯田旭上飛曹	甲飛10期	Q区哨戒、敵を見ず
		4	762-38	彩雲		中川勇飛曹長	操練43期	上田市次上飛曹	偵察51期	三宅敏一飛長		Q区哨戒、敵を見ず
		5	762-40	彩雲		上別府義則上飛曹		松井博司上飛曹	甲飛6期	早野圭二上飛曹	乙飛16期	0725発動機不調引き返す
3/4	1	1	762-28	彩雲	0607～0620	椙山茂上飛曹	甲飛5期	高橋正美一飛曹		塩谷左侍上飛曹		Q区哨戒、敵を見ず
		2	762-30	彩雲		重田健治少尉	予学13期	中村克利二飛曹	甲飛12期	広瀬欣一二飛曹	甲飛12期	発動機不調引き返す
		3	762-32	彩雲		忠見治義上飛曹	操練54期	出水武郎少尉	予学13期	細川一郎二飛曹	甲飛12期	Q区哨戒、敵を見ず
		4	762-34	彩雲		大槻資親上飛曹	甲飛10期	簑島勇之助中尉		加治秀樹一飛曹	乙飛17期	Q区哨戒、敵を見ず
		5	762-13	彩雲		谷口忠男上飛曹		武田革児上飛曹	普電練52期	尾各誠飛長		Q区哨戒、敵を見ず
		6	762-55	彩雲	0700	小林一男上飛曹		河原照二少尉		宮本隆彦一飛曹	甲飛11期	Q区哨戒、敵を見ず
3/18	1	6機	不明	彩雲	0505	この日編成未確認。発進した5機が4群15隻からなる敵空母機動部隊を発見、1030更に1機が全貌偵察に発進						
			不明	彩雲		伊藤良太郎一飛曹	甲飛11期	田村三郎飛曹長	甲飛4期	西内実上飛曹	甲飛10期	未帰還
	2	4機	不明	彩雲	1425～	この日編成未確認						
3/19	1	1	762-53	彩雲	0500	西原豊一飛曹長	繰練?期	樋高等上飛曹	普電練55期	中矢次夫一飛曹	乙飛17期	
		2	762-54	彩雲		海老根鯨郎上飛曹	乙飛11期	君安弘之飛曹長	甲飛4期	小林三津重上飛曹	乙飛16期	
		3	762-37	彩雲		池本利雄上飛曹	乙飛16期	稲葉洋飛曹長	甲飛3期	松八重迪雄上飛曹	甲飛10期	
		4	762-38	彩雲		浜川金市上飛曹	乙飛15期	長畑進中尉	予学13期	伊藤守一飛曹	甲飛11期	未帰還、布告150号
		5	762-52	彩雲		忠見治義上飛曹	操練54期	出水武郎少尉	予学13期	宮本隆彦一飛曹	甲飛11期	
		6	762-55	彩雲		林田静馬二飛曹	丙特14期	横山末義上飛曹	甲飛9期	田代圭二一飛曹	甲飛11期	
	2	2機	不明	彩雲	1230	艦爆隊誘導	この編成未確認					
		2機	不明	彩雲	1430	薄暮蝕接	この編成未確認					
3/20	1	5機	不明	彩雲	0700	黎明索敵·艦爆隊誘導		この編成未確認。	1030頃空母3群11隻からなる敵機動部隊発見			
	2	2機	不明	彩雲	1250	索敵	この編成未確認　1515空母3群8隻からなる敵機動部隊発見					
		2機	不明	彩雲	不明	薄暮蝕接	この編成未確認					
3/21	1	1	不明	彩雲	0600	海老根鯨郎上飛曹	乙飛11期	君安弘之飛曹長	甲飛4期	小林三津重上飛曹	乙飛16期	未帰還
		2		彩雲		池本利雄上飛曹	乙飛16期	稲葉洋飛曹長	甲飛3期	松八重迪雄上飛曹	甲飛10期	未帰還
		3		彩雲		索敵	この編成未確認。3番索敵線　0810空母2群からなる敵機動部隊発見					
		4	4	彩雲		松本良治少尉	操練30期	石塚猛上飛曹	乙飛9期	馬場武男上飛曹	乙飛16期	1103空母3群7隻からなる敵機動部隊発見
		5	不明	彩雲		索敵	この編成未確認。					
	2	2機	不明	彩雲	1100	蝕接、神雷部隊攻撃共同		この編成未確認。空母3群7隻からなる敵機動部隊発見				
3/23	1	2機	不明	彩雲	1000	索敵	この編成未確認。1240沖縄南東に空母2群からなる敵機動部隊発見					
	2	不明	不明	彩雲	1300	石谷　　上飛曹	甲飛11期	宮本静時上飛曹	甲飛10期	吉野孝治一飛曹	甲飛11期	未帰還
		不明	不明	彩雲	1300	林田静馬二飛曹	丙特14期	横山末義上飛曹	甲飛9期	田代圭二一飛曹	甲飛11期	未帰還
3/24	1	3機	不明	彩雲	0800	索敵	この編成未確認					
	2	不明	不明	彩雲	1230	索敵	この編成未確認　「ワレ敵戦闘機ノ追従ヲ受ク」打電後消息不明					未帰還
		不明	不明	彩雲	1230	索敵	この編成未確認					
3/25	1	3機	不明	彩雲	0730	索敵	この編成未確認。うち2機引き返す。1機泊地南東海面敵を見ず					
	2	2機	不明	彩雲	不明	索敵	この編成未確認。空母2群からなる敵機動部隊発見					
3/26	1	3機	不明	彩雲	1200	索敵	この編成未確認。1510戦艦、巡洋艦、駆逐艦からなる艦隊発見。1553空母2隻含む艦隊発見					
	2	2機	不明	彩雲	1500	索敵	この編成未確認。うち1機引き返す。1642空母6隻含む艦隊発見、1855空母1隻発見					
3/27	1	2機	不明	彩雲	0530	索敵	この編成未確認。空母1隻南下中、空母3隻ほか発見					
3/28		1	1	彩雲	不明	小林一男上飛曹		河原照二少尉		宮本隆彦一飛曹	甲飛11期	薄暮偵察、未帰還
3/29		3機	不明	彩雲	0800	列島周辺索敵	この編成未確認。　種子島南方に空母2群からなる敵機動部隊発見					
3/30		3機	不明	彩雲	0600	列島周辺索敵、沖縄写真偵察		この編成未確認				
3/31		2機	不明	彩雲	早朝	沖縄東方、北東方海面索敵		この編成未確認 敵を見ず				
		1	1	彩雲	1130	大槻資親上飛曹	甲飛10期	簑島勇之助中尉		加治秀樹一飛曹	乙飛17期	沖縄東方、北東方海面索敵。未帰還
		3機	不明	彩雲	1220～	沖縄南方海面索敵	この編成未確認。　進出300浬敵を見ず					
4/1	1	1	百式司偵		0630							
		2機	不明	彩雲	0630	索敵	この編成未確認。うち1機引き返す					
	2	1	1	彩雲	1250	索敵	この編成未確認。1530奄美大島南50浬に空母8隻含む敵機動部隊発見					
4/2	1	1	百式司偵		0800							
		2機	不明	彩雲	0800	機動部隊索敵	この編成未確認。1130那覇180度40浬に空母8隻含む敵機動部隊発見					
	2	2機	不明	彩雲	1300	機動部隊索敵	この編成未確認。1610那覇135度20浬に空母4隻含む敵機動部隊発見					

4/3	1	1	百式司偵		0700							
		2機	不明	彩雲	0700	機動部隊索敵	この編成未確認。0945那覇180度40浬に空母4隻含む敵機動部隊発見					
	2	2機	不明	彩雲	1000	機動部隊索敵	この編成未確認。1234那覇180度80浬に空母らしき1群発見					
4/4	1	1	百式司偵		0530	機材不調、引き返す。						
		2機	不明	彩雲	0530	機動部隊索敵	この編成未確認。0735那覇270度70浬に空母4隻含む敵機動部隊発見					
4/5	1	1	1	彩雲	0830	慶良間泊地 写真偵察		この編成未確認				
		3機	不明	彩雲	0830	機動部隊索敵	この編成未確認。1135那覇110度110浬に空母含む1群発見、1137那覇70度230浬に空母含む1群発見					
4/6	1	1	752-17	彩雲	0535 ～ 0612	小山力中尉	海機53期	神谷慶治上飛曹	乙飛16期	綿引徳博上飛曹	乙飛16期	偵察102より派遣
		2	801-19	彩雲		枡井達之助上飛曹	乙飛16期	中村礼二少尉	偵練25期	飯田旭上飛曹	甲飛10期	0800喜界島180度70浬に空母4隻含む機動部隊発見
		3	801-14	彩雲		中島清飛曹長	甲飛5期	吉田良雄上飛曹	甲飛7期	後藤庫治一飛曹	乙飛18期	
		4	752-26	彩雲		難波健治上飛曹	乙飛13期	村松賢二中尉	予学13期	佐藤正二飛曹	甲飛12期	偵察102より派遣
		5	752-20	彩雲		徳永俊美上飛曹	乙飛12期	近藤芳雄少尉	甲飛1期	岩野吉之助一飛曹	甲飛11期	
		4索 代機	343-10	彩雲		伊藤三郎上飛曹	丙飛6期	大野英治上飛曹	偵練51期	高橋信義上飛曹	甲飛9期	偵察4より派遣
		6	百式司偵									未帰還
	2	1	801-09	彩雲	0922 ～ 1005	若松進二飛曹		中村輝美中尉	予学13期	河原清一飛曹	甲飛10期	1130～1535空母4群の機動部隊発見
		1索 代機	801-30	彩雲		栗原五六九上飛曹		荒田徳一上飛曹	乙飛16期	阿部幸男飛長		
		2	801-07	彩雲		伊澤常雄上飛曹	丙飛3期	福元保少尉	偵練23期	森本隆男上飛曹	甲飛10期	
		3	801-25	彩雲		市野明飛曹長	操練34期	神園望大尉	海兵71期	早野圭二上飛曹	乙飛16期	
		4	百式司偵									
	3	1	801-11	彩雲	1140 ～ 1500	中村三郎大尉	予学5期	武田革児上飛曹	普電練52期	大原直政上飛曹	甲飛6期	1505～1535空母機動部隊2群を発見、偵察4より派遣の2索未帰還
		2	801-09	彩雲		杉浦正夫一飛曹		江口正一中尉	海兵72期	横川賢二上飛曹		
		3	801-54	彩雲		井上福治上飛曹	操練48期	府瀬川清蔵中尉	海兵72期	神橋暁一飛曹	甲飛11期	
		戦果 偵察	百式司偵 4機			うち1機電探欺瞞紙撒布						
4/7	1	1	801-03	彩雲	0535 ～ 0612	倉橋利夫少尉	予学13期	肥沼一郎上飛曹	飛練13期?	藤野孝治一飛曹	甲飛11期	
		2	752-26	彩雲		難波健治上飛曹	乙飛13期	村松賢二中尉	予学13期	後藤庫治一飛曹	乙飛18期	未帰還
		3	801-14	彩雲		若松進二飛曹		中村輝美中尉	予学13期	河原清一飛曹	甲飛10期	0815～0920空母機動部隊2群を発見
		4	801-07	彩雲		安江巴上飛曹	操練47期	昼間秀夫中尉	予学13期	蛭田実上飛曹	乙飛17期	
	2	1	801-30	彩雲	0930 ～ 1115	伊藤三郎上飛曹		大野英治上飛曹	乙飛17期	高橋信義上飛曹	甲飛9期	1200空母機動部隊2群を発見、2索未帰還
		2	801-29	彩雲		忠見治善上飛曹	操練54期	出水武郎少尉	予学13期	三宅敬一飛長	丙飛17期	
		3	百式司偵 2機			電探欺瞞紙撒布						
4/8		2機	不明	彩雲	0800	索敵	この編成未確認。天候不良により2機共機引き返す					4月9日、4月10日雨で作戦飛行なし
4/11	1	6機	不明	彩雲	0645～0727		機動部隊索敵　この編成未確認　0830空母3隻発見					
	2	2機	不明	彩雲	1135～1302		機動部隊索敵　この編成未確認　1450空母2隻発見					
	3	1	1	彩雲	1455		機動部隊索敵　この編成未確認　1625空母3隻発見					
4/12	1	1	801-14	彩雲	0600 ～ 0630	重田健治少尉	予学13期	中村重利上飛曹		広瀬欣一二飛曹	甲飛12期	
		2	801-08	彩雲		金子忠彦大尉	海兵71期	神崎政教飛曹長	偵練39期	本間義勝上飛曹	甲飛8期	未帰還
		3	801-10	彩雲		中川勇飛曹長	操練43期	上田市次上飛曹	偵察51期	細川一郎二飛曹	甲飛12期	1300～1325空母8隻3群の敵機動部隊発見
		4	百式司偵									0900空母4発見
		5	801-54	彩雲		井上福治上飛曹	操練48期	府瀬川清蔵中尉	海兵72期	神橋暁一飛曹	甲飛11期	沖縄周辺写真偵察
		3索 代機	801-10	彩雲		倉橋利夫少尉	予学13期	肥沼一郎上飛曹	飛練13期?	藤野孝治一飛曹	甲飛11期	発動機不調引き返す
		3索 代機	801-07	彩雲		小山力中尉	海機53期	神谷慶治上飛曹	乙飛16期	佐藤正二飛曹	甲飛12期	偵察102より派遣
	2		百式司偵2機		不明	うち1機電探欺瞞紙撒布						1機未帰還
		戦術 偵察	752-108	紫電		本間行孝飛曹長	甲飛5期	目視強行偵察				偵察102より派遣
		戦果 偵察	百式司偵									
	3	1	801-39	彩雲	1458	伊澤常雄上飛曹	丙飛3期	福元保少尉	偵練23期	森本隆男上飛曹	甲飛10期	電信機故障
		1索 代機	801-10	彩雲	不明	中村三郎大尉	予学5期	武田革児上飛曹	普電練52期	大原直政上飛曹	甲飛6期	
4/13	1	1	801-14	彩雲	0627	中島清飛曹長	甲飛5期	吉田良雄上飛曹	甲飛7期	飯田旭上飛曹	甲飛10期	0917憶縄南端東90浬に空母3隻発見1索不時着、2索自爆、未帰還
		2	801-30	彩雲	0634	伊澤常雄上飛曹	丙飛3期	福元保少尉	偵練23期	森本隆男上飛曹	甲飛10期	
		3	百式司偵		1103							引き返す
	2	1	801-07	彩雲	不明	枡井達之助上飛曹	乙飛16期	中村礼二少尉	偵練25期	綿引徳博上飛曹	乙飛16期	

4/14	1	1	752-54	彩雲	0630～0640	栗原五六九上飛曹		荒田徳一上飛曹	乙飛16期	阿部幸男飛長		0917徳之島125度85浬に空母1隻発見
		2	801-11	彩雲		秋元武男一飛曹		佐々木三次上飛曹	普電練55期	山本久利一飛曹	乙飛17期	
		3	752-35	彩雲		佐藤悌二上飛曹	甲飛6期	吉原嘉一少尉	甲飛1期	西村友雄一飛曹	甲飛8期	偵察102より派遣 引き返す
		3索代機		彩雲		若松進二飛曹		中村輝美中尉	予学13期	河原清一飛曹	甲飛10期	
		4	百式司偵		1220					1350南大東島北西60浬に敵機動部隊発見		
	2	1	801-20	彩雲	不明	中川勇飛曹長	操練43期	上田市次上飛曹		細川一郎二飛曹	甲飛12期	
		戦果偵察	2機	紫電	不明							
4/15	1	1	801-30	彩雲	0457～0500	若松進二飛曹		中村輝美中尉	予学13期	河原清一飛曹	甲飛10期	敵を見ず
		2	801-31	彩雲		松本良治少尉	操練30期	石塚猛上飛曹	乙飛9期	高橋四郎二飛曹	甲飛12期	
		3	801-111	紫電								
		3	801-104	紫電								
4/16	1	4機	不明	彩雲	0500	索敵		この編成未確認	1230までに喜界島南方に空母機動部隊3群発見			
	2	2機	不明	彩雲	0800	泊地艦船攻撃戦果偵察		この編成未確認				
	3	2機	不明	彩雲	1400	列島線東方索敵		この編成未確認				
4/17	1	3機	不明	彩雲	0630	列島線東方索敵		この編成未確認				
		3	百式司偵		0630					空母機動部隊2群発見。他1群発見		
4/18		3機	不明	彩雲	0700	列島線東方索敵		この編成未確認				うち彩雲1機沖縄写真偵察、成功、その他は敵を見ず
		3	百式司偵		0700							
4/19		2機	不明	彩雲	0900	列島線東方索敵		この編成未確認				
		3	百式司偵		0900							天候不良引き返す
4/20		1	801-30	彩雲	1005	鈴木十一上飛曹	乙飛16期	芥川進中尉	海兵73期	桑木守上飛曹	乙飛16期	偵察102より派遣
		2	801-31	彩雲	1017	佐藤悌二上飛曹	甲飛6期	吉原嘉一少尉	甲飛1期	西村友雄一飛曹	甲飛8期	偵察102より派遣
4/21		1	801-23	彩雲	1215～1225	重田健治少尉	予学13期	中村重利上飛曹		広瀬欣一二飛曹	甲飛12期	未帰還
		2	801-35	彩雲		後藤武信一飛曹	甲飛11期	鮫島豪太郎中尉	海兵73期	上野晃一飛曹	甲飛11期	1400空母機動部隊3群発見
		3	801-31	彩雲		栗原五六九上飛曹		荒田徳一上飛曹	乙飛16期	阿部幸男飛長		
4/22	1	1	801-07	彩雲	1105～1125	若松進二飛曹		中村輝美中尉	予学13期	河原清一飛曹	甲飛10期	引き返す
		1索代機	801-39	彩雲		徳永俊美上飛曹	乙飛12期	近藤芳雄少尉	甲飛1期	岩野吉之助一飛曹	甲飛11期	
		2	801-61	彩雲		小山力中尉	海機53期	神谷慶治上飛曹	乙飛16期	佐藤正二飛曹	甲飛12期	偵察102より派遣 未帰還
		3	801-30	彩雲		枡井達之助上飛曹	乙飛16期	中村礼二少尉	偵練25期	綿引徳博上飛曹	乙飛16期	自爆、未帰還
	2戦果偵察	1	801-07	彩雲	1500	中村三郎大尉	予学5期	武田革児上飛曹	普電練52期	大原直政上飛曹	甲飛6期	引き返す
		1索代機	801-39	彩雲	不明	徳永俊美上飛曹	乙飛12期	近藤芳雄少尉	甲飛1期	岩野吉之助一飛曹	甲飛11期	機動部隊攻撃戦果偵察と電探欺瞞紙撒布
		2	801-02	彩雲	1500	中川勇飛曹長	操練43期	上田市次上飛曹	偵察51期	細川一郎二飛曹	甲飛12期	
		3	百式司偵									
4/23		2機	不明	彩雲	0800	敵機動部隊接触		この編成未確認				
		3	百式司偵									
4/24		1	801-54	彩雲	0650～0945	桜井良作二飛曹		井手良爾少尉		佐藤武平上飛曹	敵機動部隊接触、1機引き返す	
		2	801-35	彩雲		佐藤悌二上飛曹	甲飛6期	吉原嘉一少尉	甲飛1期	西村友雄一飛曹	甲飛8期	偵察102より派遣
4/25	1	2機	不明	彩雲	0700	機動部隊、泊地偵察		この編成未確認		巡洋艦1、駆逐艦若干発見		
		3	百式司偵									
	2	1	不明	彩雲	1200	天候偵察		この編成未確認		4月26日天候不良で索敵出来ず		
4/27		3機	不明	彩雲	不明	黎明機動部隊索敵		この編成未確認				敵を見ず
4/28		3機	不明	彩雲	0630	列島線南東、南西方面黎明索敵		この編成未確認		沖縄北端100浬空母4を含む部隊発見		
		3	百式司偵2機			電探欺瞞紙撒布						
4/29		2機	不明	彩雲	0600	黎明機動部隊索敵		この編成未確認		沖縄北端東方70浬空母を含む2群の機動部隊発見		
		1	不明	彩雲	1655	攻撃隊誘導		この編成未確認			この間攻撃隊27機未帰還	
4/30		2機	不明	彩雲	不明	東支那海索敵		この編成未確認				1機発動機不調、引き返す
		2機	不明	彩雲	不明	列島線東方索敵		この編成未確認	沖縄北端東方70浬空母を含む2群の機動部隊発見			2機未帰還
		3	百式司偵		不明					5月1日天候不良で索敵出来ず		
5/2		2機	不明	彩雲	午後	列島線東方索敵		この編成未確認				敵を見ず
5/3		3機	不明	彩雲	不明	索敵及び沖縄周辺偵察		この編成未確認				敵を見ず、写真撮影成功
5/4		3機	不明	彩雲	早朝	早朝発進、電探欺瞞		この編成未確認				目視約140隻確認

5/5		1	不明	彩雲	早朝	沖縄方面写真偵察		この編成未確認				
		1	不明	彩雲	1200	列島線東方索敵		この編成未確認				敵を見ず
		2	百式司偵									
5/6		2機	不明	彩雲	不明	列島線東方索敵		この編成未確認				敵を見ず
5/7		2機	不明	彩雲	不明	列島線東方索敵		この編成未確認				敵を見ず
5/8		2機	不明	彩雲	0700	列島線東方索敵		この編成未確認				敵を見ず
5/9		1	不明	彩雲	0730	泊地および飛行場偵察		この編成未確認				写真偵察成功
5/10	1	2機	不明	彩雲	早朝	列島線南東海面及び東海面索敵		この編成未確認		0850,0905,0950に空母機動部隊計3群発見		
		3	百式司偵			東海面索敵						
	2	2機	不明	彩雲	1135	機動部隊接触		この編成未確認		1428空母2、戦艦4南下中を発見		
5/11	1	3機	不明	彩雲	0500	索敵接触		この編成未確認				空母2隻発見
	2	3機	不明	彩雲	不明	久米島南西方面に電探欺瞞		この編成未確認			この日、昼間秀夫中尉戦死	
5/12		2機	不明	彩雲	不明	宝島付近索敵		この編成未確認		敵を見ず	ほかに松山基地発進の2機未帰還	
5/13	1	3機	不明	彩雲	0450	都井岬の100度～200度200浬圏索敵		この編成未確認				
	2	2機	不明	彩雲	1330	都井岬の100度～200度200浬圏索敵		この編成未確認			機材故障により引き返す	
5/14		2機	不明	彩雲	早朝	黎明索敵		この編成未確認	0735宮古島北方50浬機動部隊発見			2機未帰還
		2機	不明	彩雲	不明	索敵		この編成未確認	1520沖縄南西及び南東に機動部隊各1群発見			
5/15		3機	不明	彩雲	1500	都井岬の160度～173度索敵		この編成未確認				1600浮上潜水艦を発見
5/16		3機	不明	彩雲	午前	列島線南東索敵		この編成未確認				機材故障により索敵出来ず
		3機	不明	彩雲	午後	列島線南東索敵		この編成未確認				機材故障により索敵出来ず
5/17		2機	不明	彩雲	早朝	黎明東支那海索敵		この編成未確認				敵を見ず
5/18		2機	不明	彩雲	0700	沖縄方面索敵		この編成未確認		写真撮影成功、敵機動部隊見ず		
		3	百式司偵									
5/19		2機	不明	彩雲	午後	列島線南東海面索敵		この編成未確認				敵を見ず
		3	百式司偵									
5/20		2機	不明	彩雲	午前	列島線南西海面索敵		この編成未確認	1420沖縄本島南端100度100浬に空母2隻と4隻からなる空母群発見			
		3	百式司偵									
5/21		2機	不明	彩雲	1000	索敵		この編成未確認		天候不良引き返す、敵を見ず		
		3	百式司偵									
5/23		3機	不明	彩雲	不明	列島線南東海面及び沖縄周辺索敵		この編成未確認		1400沖縄本島南東に正規空母1、特空母2発見		
		4	百式司偵									
		2機	不明	紫電				この編成未確認				
5/24		1機	不明	彩雲	不明	四国南方海面索敵		この編成未確認		松山基地に展開の偵察11錬成隊からの発進か?		
		4機	不明	彩雲	0950	列島線南東海面及び沖縄周辺索敵		この編成未確認		1240～1340の間に敵機動部隊3群発見		
5/25		3機	不明	彩雲	0630	列島線南東海面索敵		この編成未確認				敵を見ず
5/28		3機	不明	彩雲	0800	九州南東海面索敵		この編成未確認				敵を見ず
5/30		3機	不明	彩雲	0530	列島線東方海面索敵		この編成未確認				敵を見ず
5/31		1	不明	彩雲	1150	沖縄周辺泊地偵察		この編成未確認				敵を見ず
		2	不明	彩雲	1600	奄美大島以北の偵察		この編成未確認				敵を見ず
										この日、中村輝美中尉戦死。編成不明		

桜花各型の図解

作図：野原茂

※注　本図面に記入の寸法は設計当時の図面を基にしたもので、本文記載の実測数値とは若干異なっている。

特別攻撃機 桜花一一型 三面図

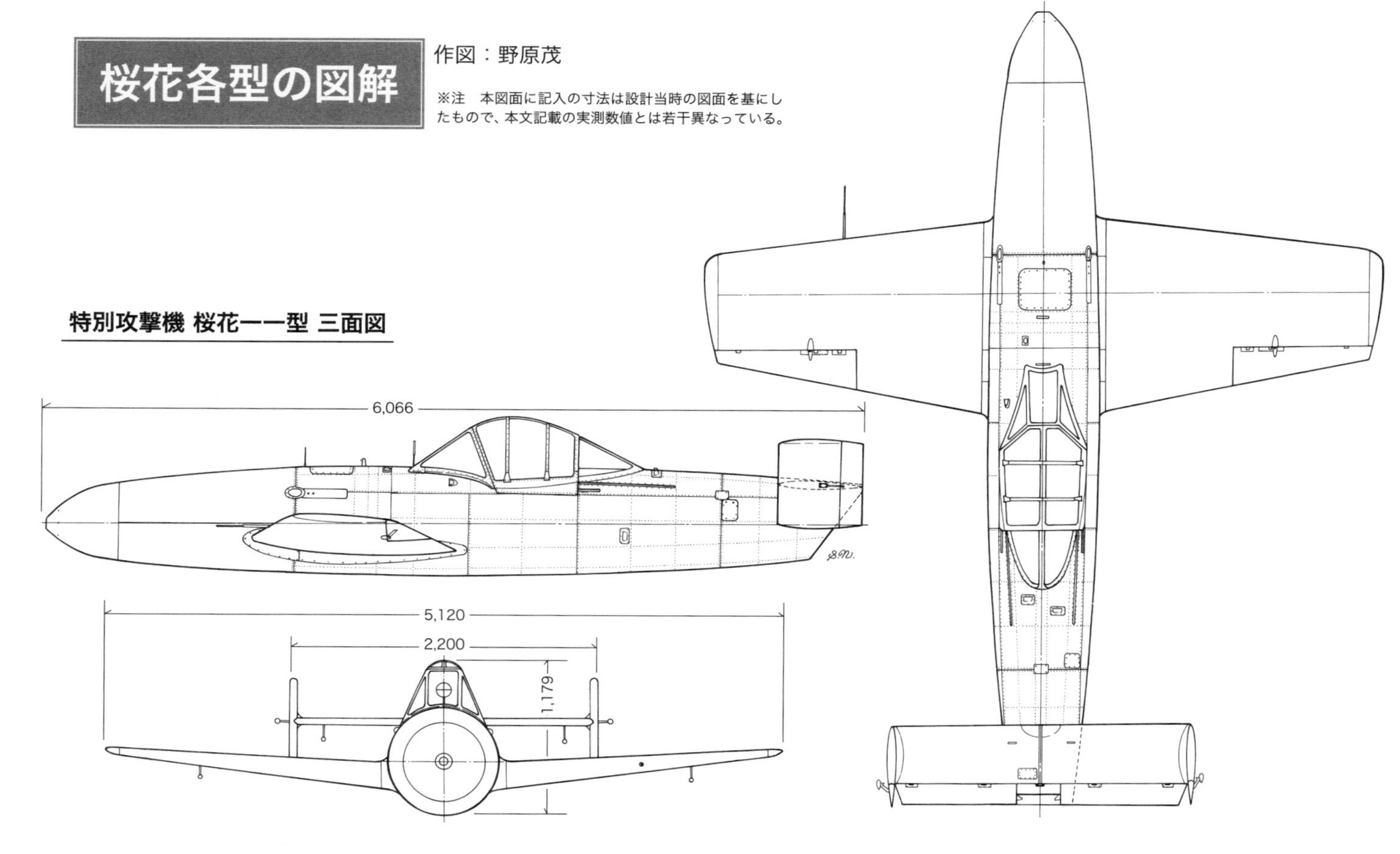

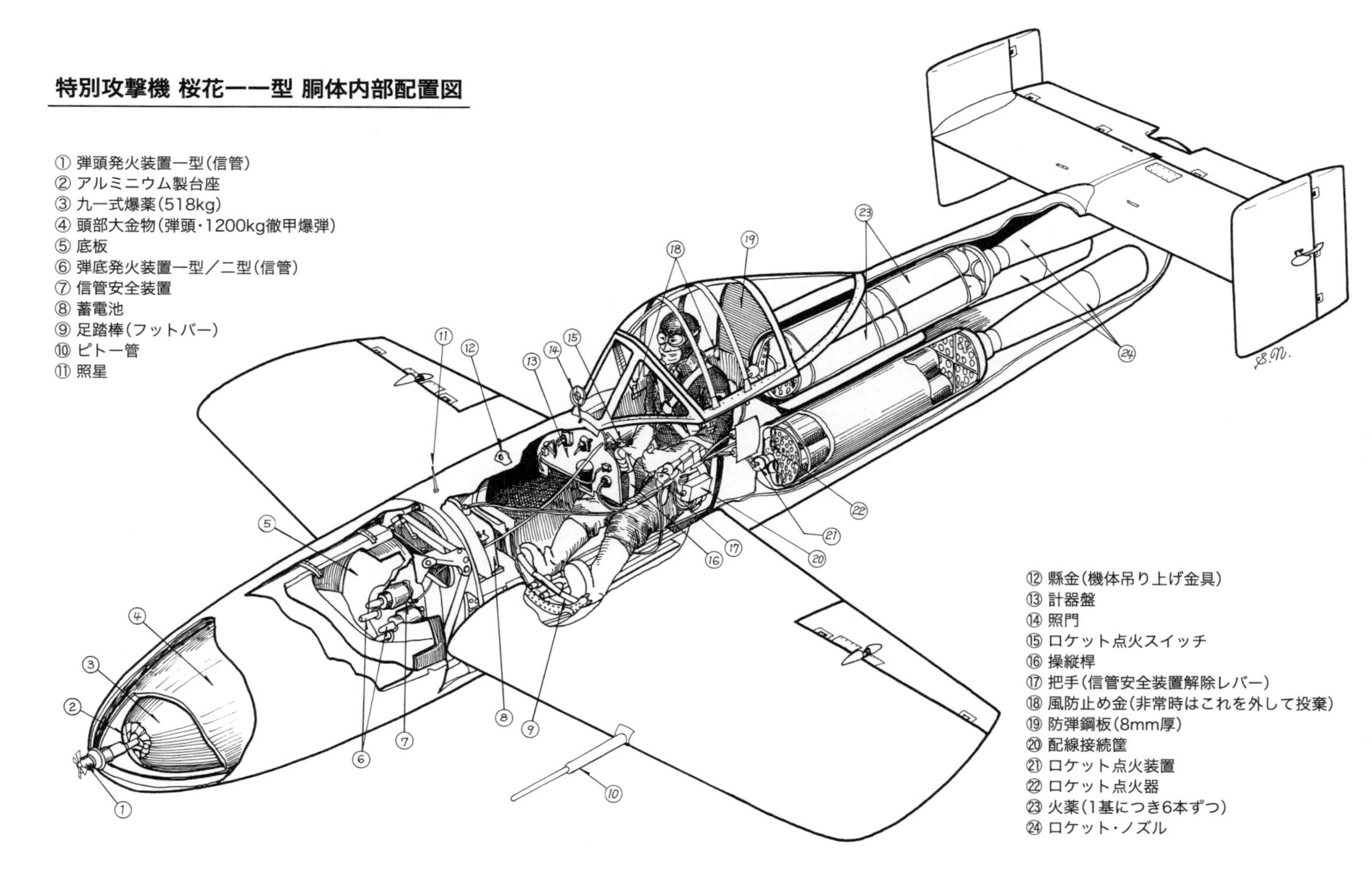
特別攻撃機 桜花一一型 胴体内部配置図
① 弾頭発火装置一型(信管)
② アルミニウム製台座
③ 九一式爆薬(518kg)
④ 頭部大金物(弾頭・1200kg徹甲爆弾)
⑤ 底板
⑥ 弾底発火装置一型/二型(信管)
⑦ 信管安全装置
⑧ 蓄電池
⑨ 足踏棒(フットバー)
⑩ ピトー管
⑪ 照星
⑫ 懸金(機体吊り上げ金具)
⑬ 計器盤
⑭ 照門
⑮ ロケット点火スイッチ
⑯ 操縦桿
⑰ 把手(信管安全装置解除レバー)
⑱ 風防止め金(非常時はこれを外して投棄)
⑲ 防弾鋼板(8mm厚)
⑳ 配線接続筐
㉑ ロケット点火装置
㉒ ロケット点火器
㉓ 火薬(1基につき6本ずつ)
㉔ ロケット・ノズル
S.N.

特別攻撃機 桜花一一型 胴体内部艤装図

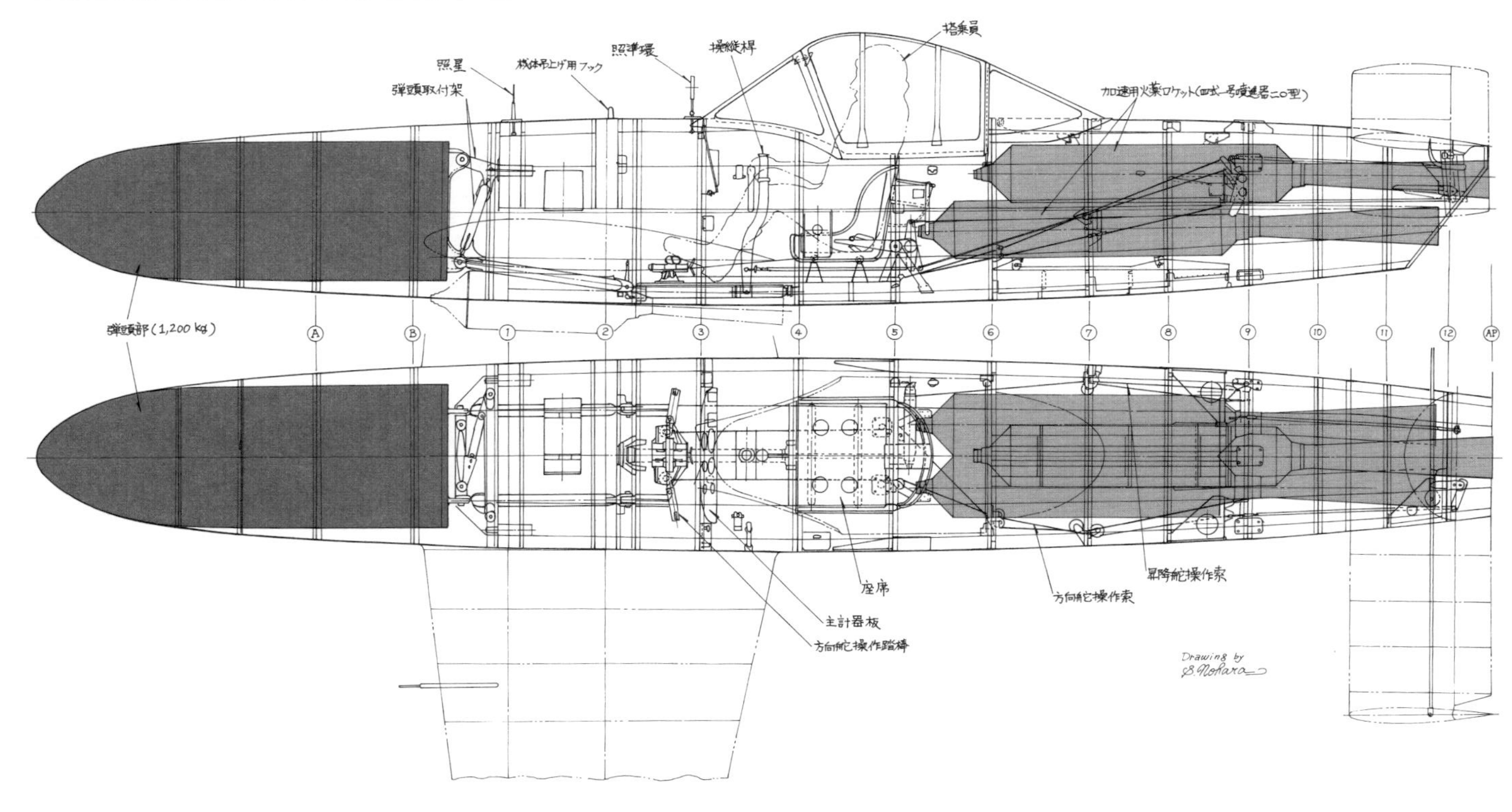

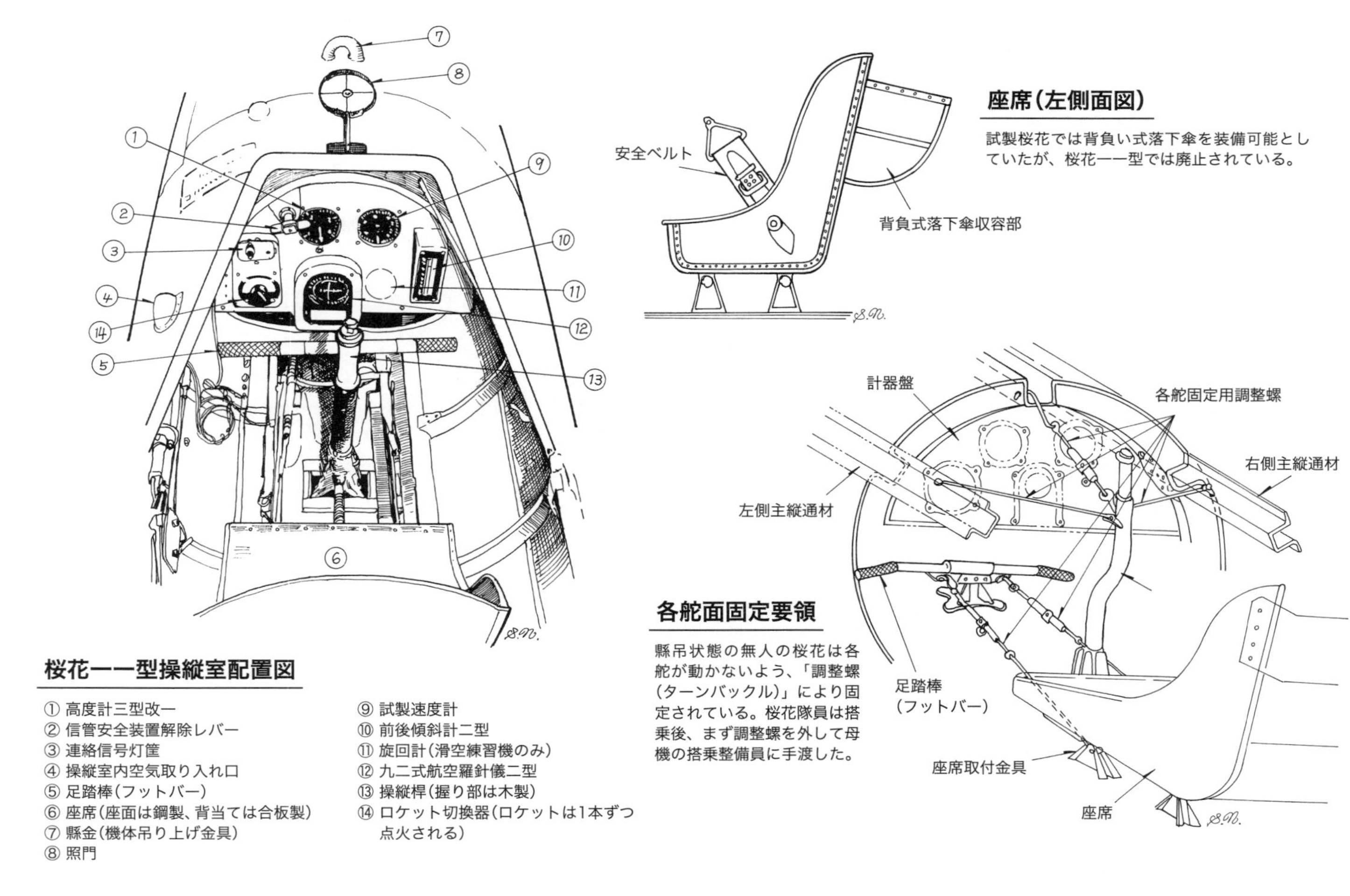

桜花一一型操縦室配置図

① 高度計三型改一
② 信管安全装置解除レバー
③ 連絡信号灯筐
④ 操縦室内空気取り入れ口
⑤ 足踏棒(フットバー)
⑥ 座席(座面は鋼製、背当ては合板製)
⑦ 縣金(機体吊り上げ金具)
⑧ 照門
⑨ 試製速度計
⑩ 前後傾斜計二型
⑪ 旋回計(滑空練習機のみ)
⑫ 九二式航空羅針儀二型
⑬ 操縦桿(握り部は木製)
⑭ ロケット切換器(ロケットは1本ずつ点火される)

座席(左側面図)

試製桜花では背負い式落下傘を装備可能としていたが、桜花一一型では廃止されている。

各舵面固定要領

縣吊状態の無人の桜花は各舵が動かないよう、「調整螺(ターンバックル)」により固定されている。桜花隊員は搭乗後、まず調整螺を外して母機の搭乗整備員に手渡した。

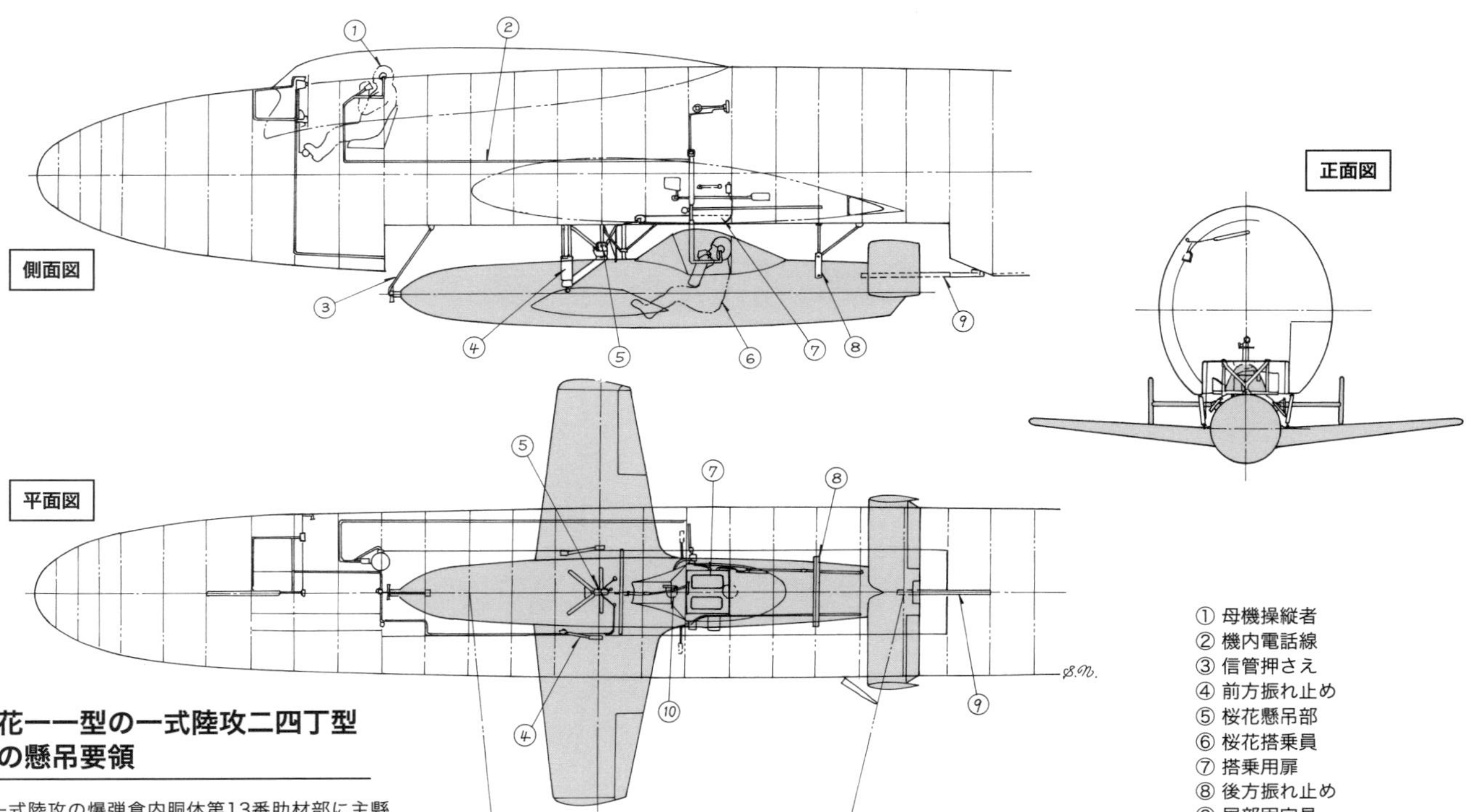

側面図

平面図

正面図

① 母機操縦者
② 機内電話線
③ 信管押さえ
④ 前方振れ止め
⑤ 桜花懸吊部
⑥ 桜花搭乗員
⑦ 搭乗用扉
⑧ 後方振れ止め
⑨ 尾部固定具
⑩ 下方視認窓

桜花一一型の一式陸攻二四丁型への懸吊要領

一式陸攻の爆弾倉内胴体第13番肋材部に主懸吊具を設け、桜花の風防前に取り付られた懸金(機体吊り上げ金具)にワイヤーを通して桜花を懸吊する。さらに振れ止めとして両主翼付根、胴体後部、及び尾部を振れ止め横棹で固定した。

目標に近づくと指示を受けた桜花搭乗員は爆弾倉天井の蓋を外し、鍵竿で桜花の風防を開け、胴体の15〜16番の助材間に設けられた搭乗口から強烈に吹き込む風に注意しながら移乗した。

移乗すると各舵固定用の調整螺を外して母機に待機している搭乗整備員に手渡し、ベルトを締め、風防を閉じ、準備が完了したら「セ」の信号を打ち待機状態に入る。母機からの「・・・ー・」の信号ののち、桜花は投下される。

桜花練習用滑空機 K1

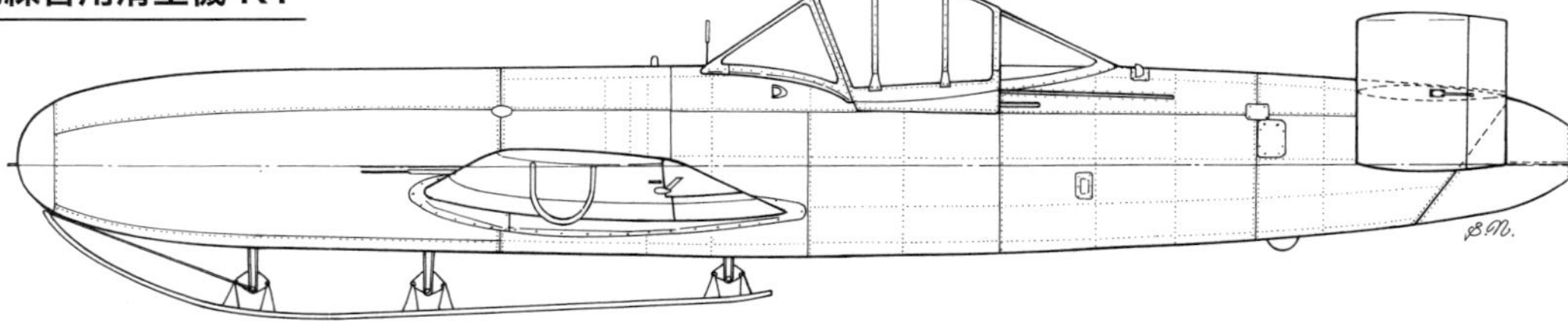

桜花練習用滑空機 K1 胴体内部艤装図

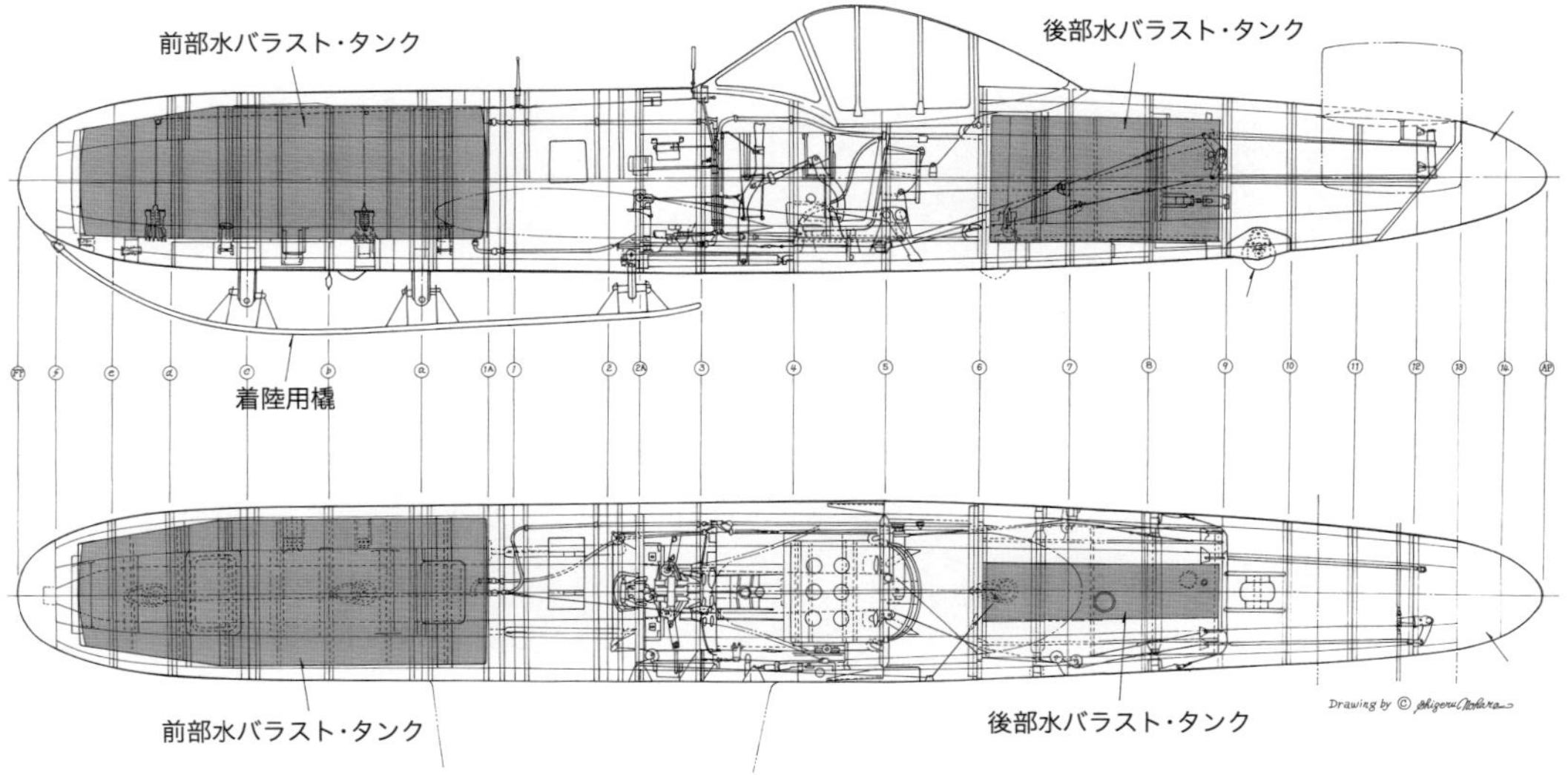

前部水バラスト・タンク

後部水バラスト・タンク

着陸用橇

前部水バラスト・タンク

後部水バラスト・タンク

Drawing by ©

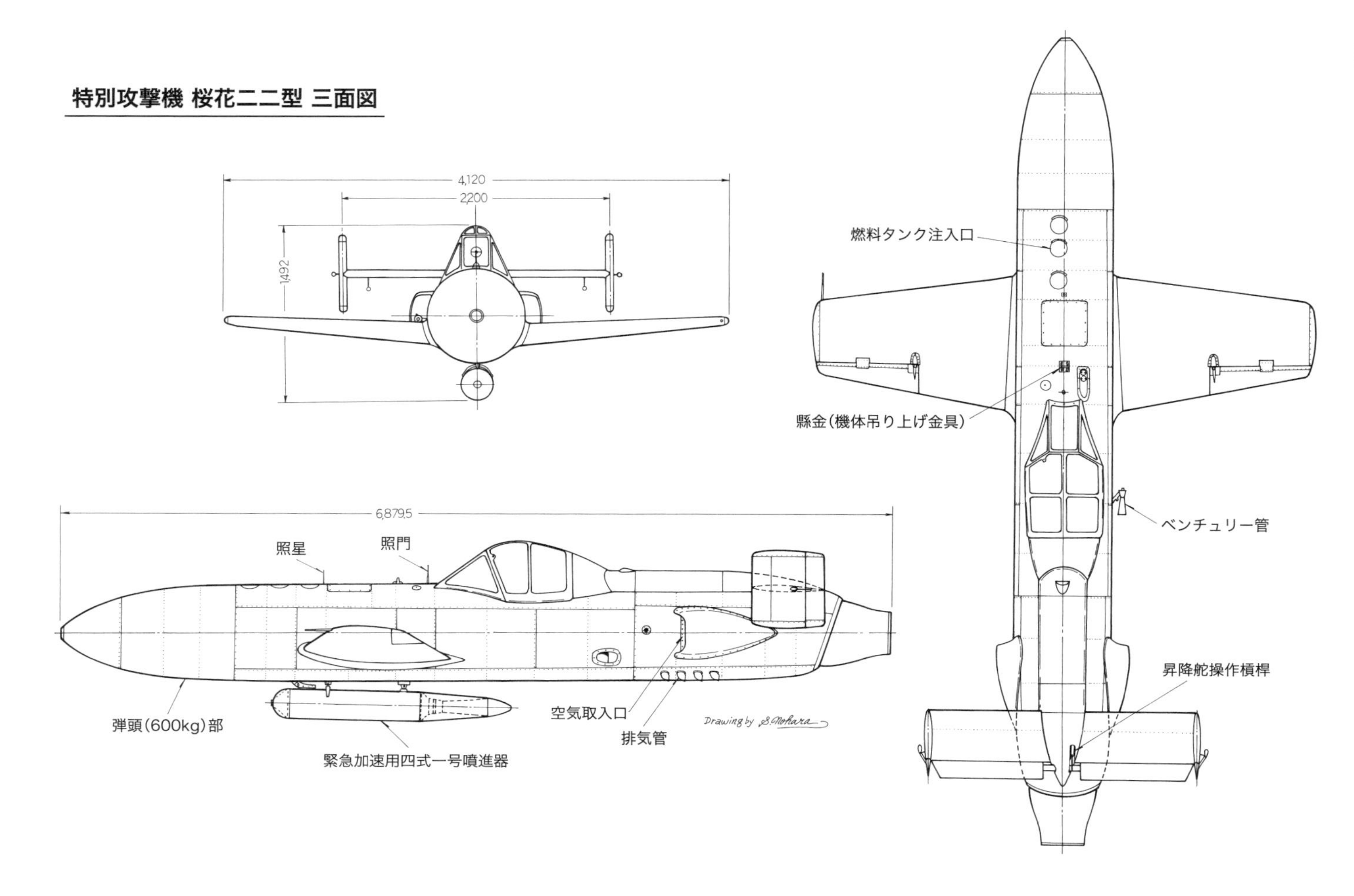
特別攻撃機 桜花二二型 三面図
4,120
2,200
1,492
燃料タンク注入口
懸金(機体吊り上げ金具)
ベンチュリー管
6,879.5
照星
照門
昇降舵操作槓桿
弾頭(600kg)部
緊急加速用四式一号噴進器
空気取入口
排気管
Drawing by S.Nohara

特別攻撃機 桜花二二型 胴体内部艤装図

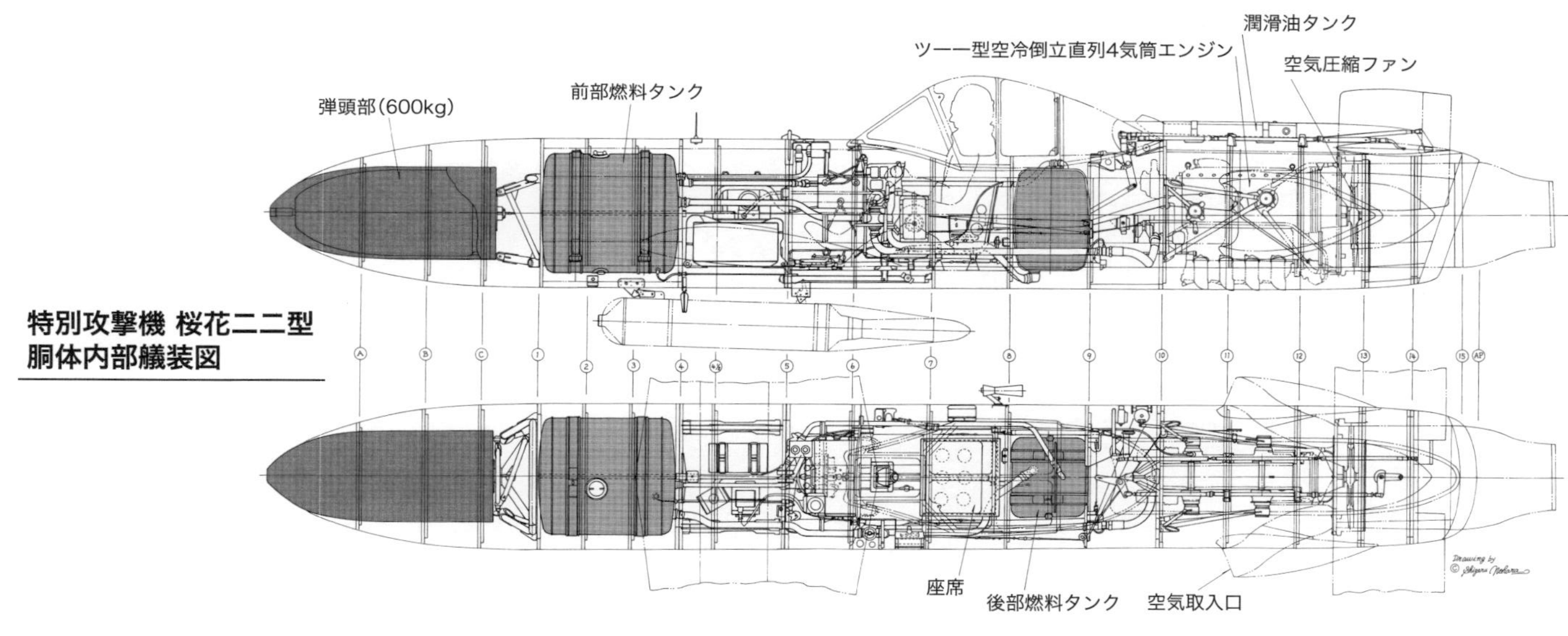

桜花二二型 ツ-ーーエンジンロケット装備図

桜花二二型が搭載した「ツ-ーー」は、イタリアの実験機「カプロニ・カンピーニCC-1」に搭載されたターボファン・ジェットをモデルとして開発されたもので、圧縮機駆動用にドイツのヒルトHM504A2を日立航空機がライセンス生産した「初風」（空冷倒立4気筒105hp）を使用した。

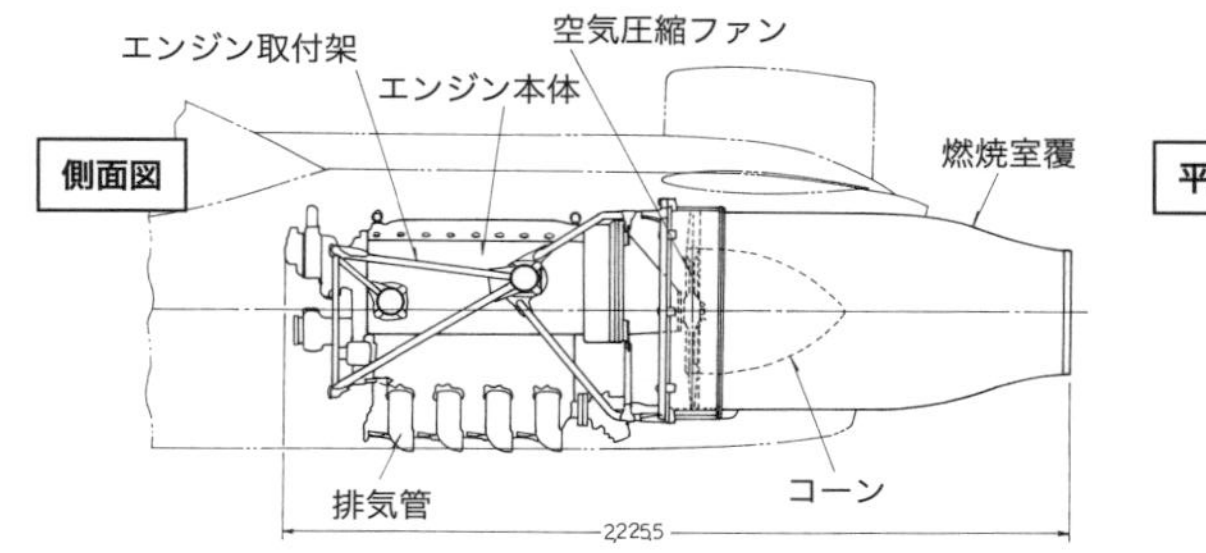

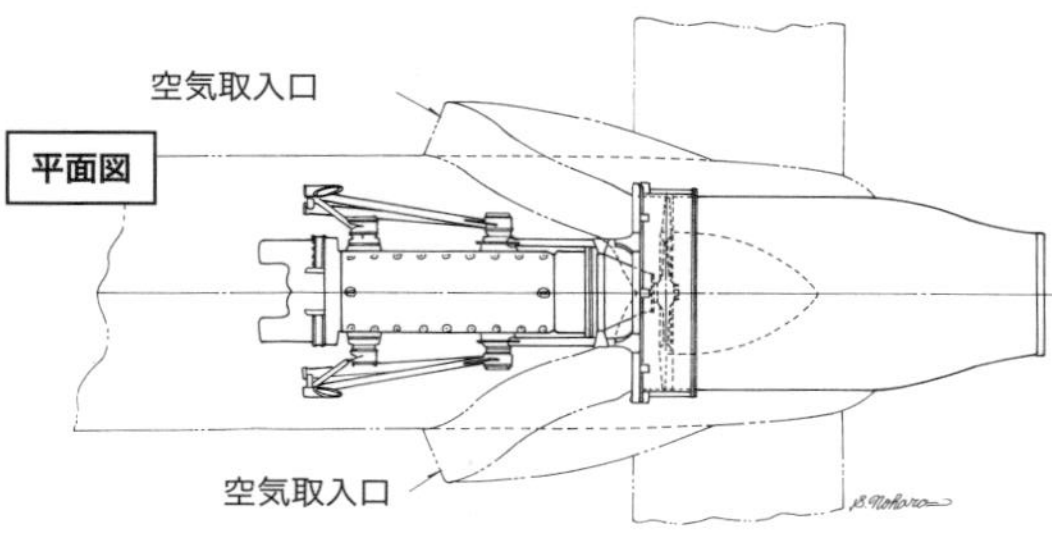

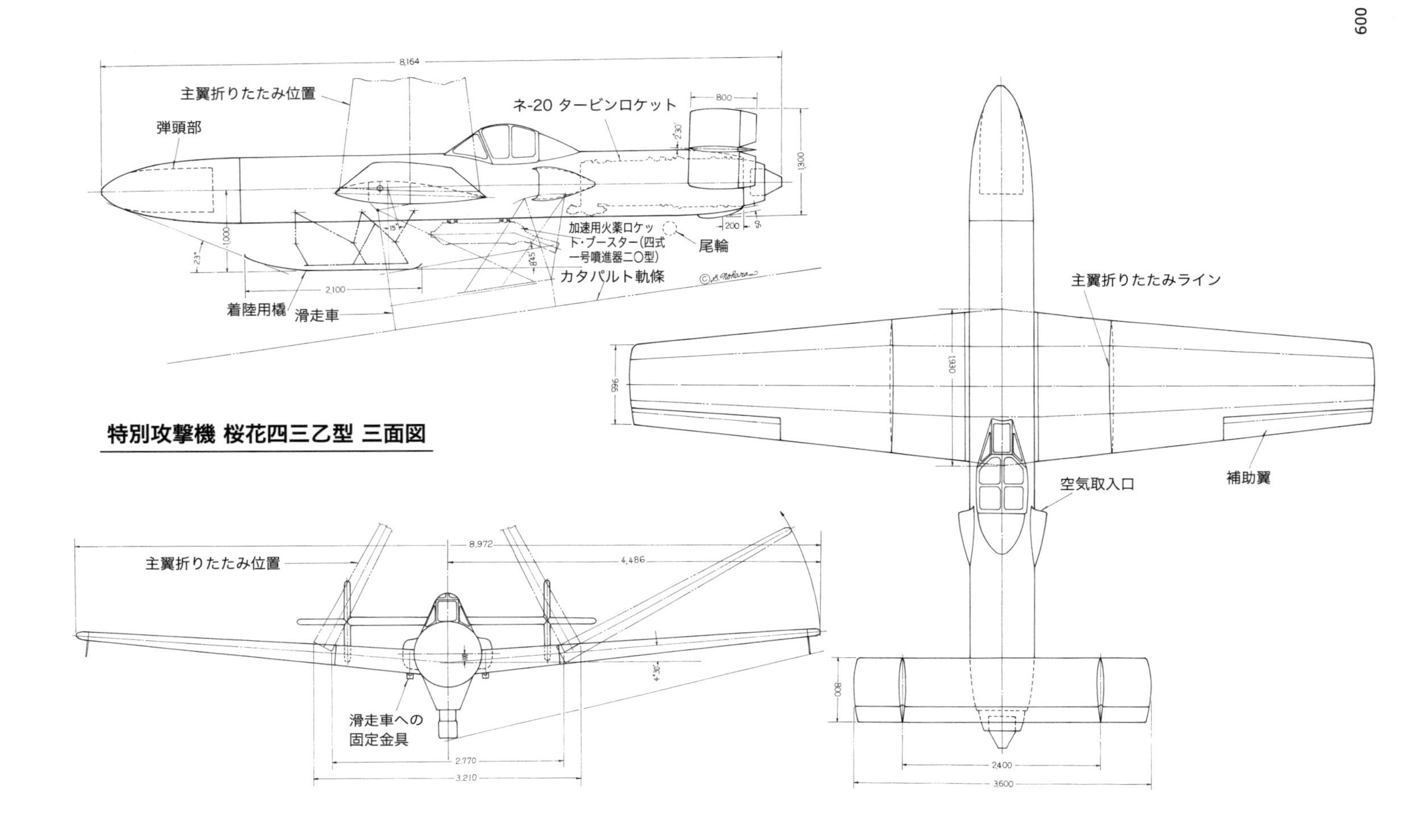
特別攻撃機 桜花四三乙型 三面図
主翼折りたたみ位置
弾頭部
ネ-20 タービンロケット
加速用火薬ロケット・ブースター(四式一号噴進器二〇型)
尾輪
カタパルト軌條
着陸用橇
滑走車
主翼折りたたみライン
空気取入口
補助翼
主翼折りたたみ位置
滑走車への固定金具

特別攻撃機 桜花四三乙型 胴体内部艤装図

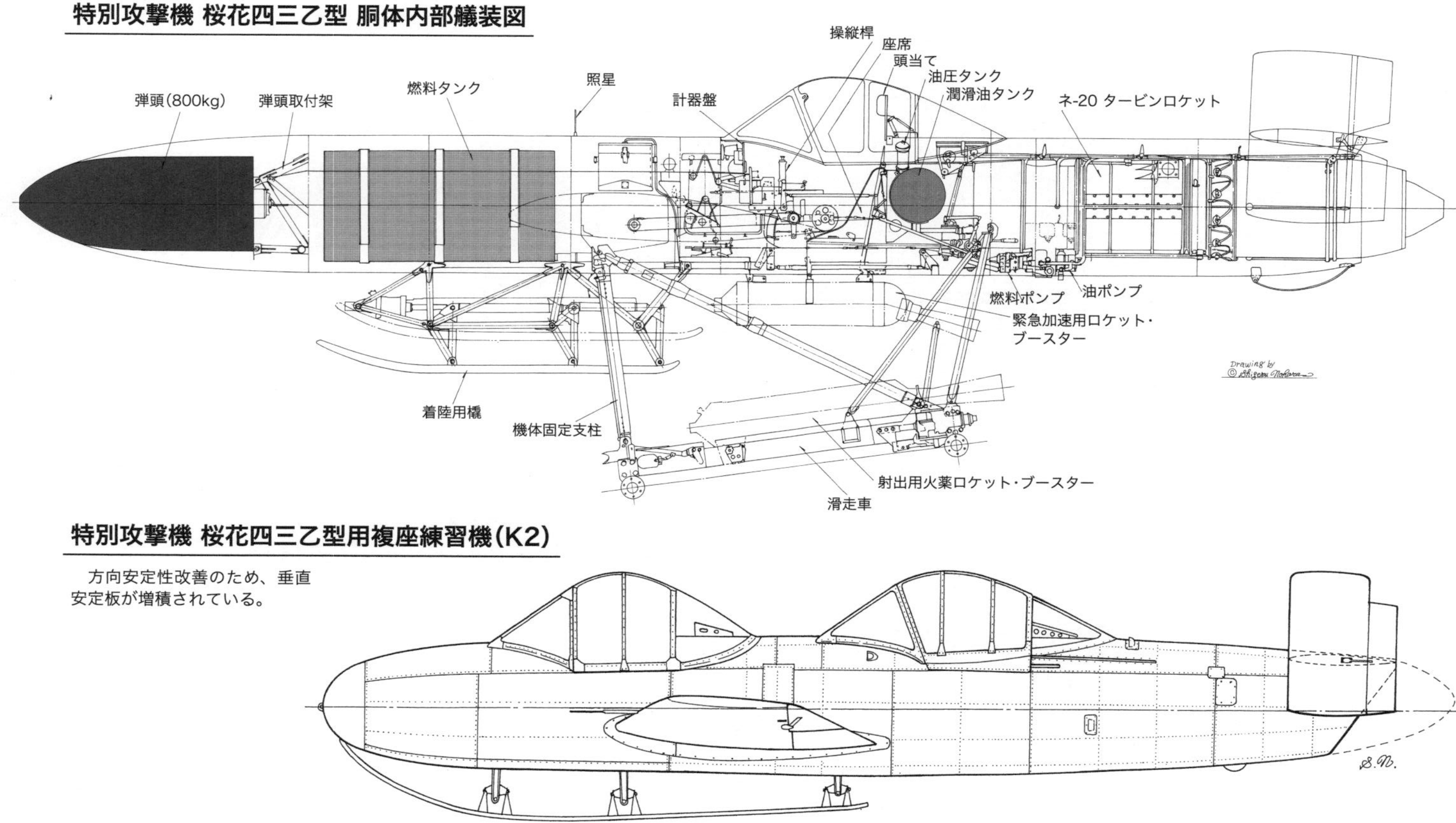

特別攻撃機 桜花四三乙型用複座練習機(K2)

方向安定性改善のため、垂直安定板が増積されている。

特別攻撃機 桜花四三乙型
発進基地模式図

千葉県に現存する基地遺構もこれに準じた構造となっている。

出撃の際は、滑走車に乗せたままトンネル式格納庫内に収納されていた機体を順次引き出し、主翼を展張する。次に発進順に従い人力で軌条を進み、カタパルト後方の旋回盤で方向転換してカタパルト軌条に乗り、発進位置まで進んだところでエンジンを始動、直ちに射出される。

空になった滑走車はカタパルト先端で停止し、その反動と勾配で後退、さらに邪魔にならぬように後方の退避軌条へ送られる。

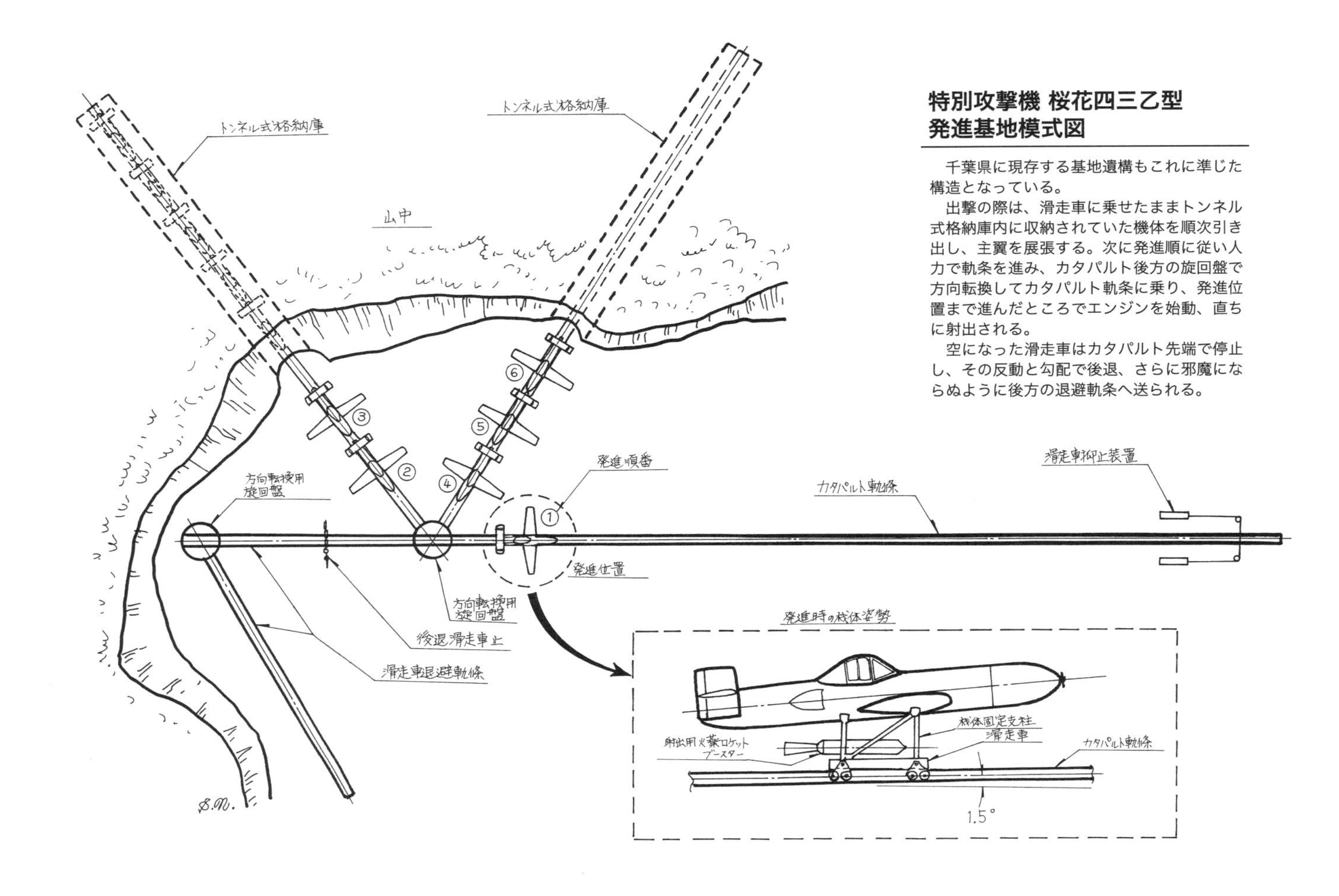

桜花　各型要目表　（数値データは『海軍神雷部隊記念史』より引用）

型　式	11型	11型練習機(桜花Ｋ１)	22型
全　長　：m	6.00	6.00	7.00
全　幅　：m	5.00	5.00	4.00
全　高　：m	1.00	1.50	1.10
主翼面積：m^2	6.00	6.00	4.00
推進方式	四式一号噴進器 二〇型火薬ﾛｹｯﾄ	滑空	ツー11初風ﾛｹｯﾄ (ｴﾝｼﾞﾝｼﾞｪｯﾄ)
静止推力：kg	800(9秒)×3	―	200(地上推力)
本体重量：kg	440	680	470
機関重量：kg	75×3	―	205
弾頭重量：kg	1200	―	600
火薬・燃料：kg	44×3	―	270(300ℓ)
全備重量：kg	2140	830	1580
最大翼面荷重：kg/m2	357	138	395
制限速度：kt	550	450	450
最高滑空速度/高度：kt/km	350/0	(着陸速度80kt)	245/4
航続距離:nm(浬)	20	―	65
速度/投下高度：kt/km	噴進・滑空 200～300/3.5	―	240/4
母　機	一式陸攻	一式陸攻	銀河
製造拠点	空技廠　第一航空廠	空技廠	愛知航空機
製造機数	約750	86	50

＊本表の要目値で実測値は桜花
11型のみで、ほかはすべて計画値。

型　式	43乙型	43乙型練習機(桜花Ｋ２)
全　長　：m	8.00	6.00
全　幅　：m	9.00	7.00
全　高　：m	1.30	1.80
主翼面積：m^2	13.00	8.40
推進方式	ネー20ﾀｰﾋﾞﾝﾛｹｯﾄ (ｼﾞｪｯﾄｴﾝｼﾞﾝ)	滑空
静止推力：kg	475(地上推力)	―
本体重量：kg	700	618
機関重量：kg	400	―
弾頭重量：kg	800	―
火薬・燃料：kg	290(400ℓ)	―
全備重量：kg	2600	780
最大翼面荷重:kg/m2	200	93
制限速度：kt	450	200
最高滑空速度/高度：kt/km	322/6	(着陸速度80kt)
航続距離:nm(浬)	150	―
速度/投下高度：kt/km	射出後自力上昇	―
母　機	地上射出	地上射出
製造拠点	愛知航空機	第二航空廠?
製造機数	なし	2

米軍の桜花11型の調査レポート(TECHINICAL AIR INTELLGENCE CENTER)には、
投下高度：27,000ft(8,250m)　　降下角度：5"24'　　滑空速度：200ktで滑空航続距離45nm
噴進時速度：465ktで滑空噴進(ロケット3本各9秒点火)で航続距離47.2nmとの実測値および推算値が掲載されている。

あとがき

私が桜花の存在を初めて知ったのは、幼い頃に観たテレビアニメの中でした。息子を特攻で失った老科学者が自らのイメージを実体化させる機械によって日本海軍を復活させ、当時ベトナム戦争を続けていた米軍に攻撃を加えるという物語でした。復活した日本海軍の戦力として回天と共に桜花が登場し、原子力空母エンタープライズに突入するシーンは、幼心に強烈な印象を植え付けました。

長じるに従い、模型に親しみ、戦記関係資料を読み漁り、日本海軍に関し一通り以上の知識を深めていったのは、「戦記ブーム」の末期に幼児期を送った者としてはありがちな姿だったのでしょう。

今から24年前の平成9（1997）年6月、縁あって愛媛県の道後温泉にて神雷部隊戦友会の懇親会に参加させて頂きました。その席上、戦友会の皆様より伺った桜花にまつわるお話は、カタログデータ程度の桜花の知識しか持たなかった私にとって衝撃的なものでした。曰く、桜花搭乗員は特攻隊員として一番最初に募集された事、それゆえにその後の特攻隊員よりも技量が上であった事、訓練で搭乗する桜花K1は非常に軽快であったが、訓練は危険を伴うので一度きりであった事等々。

当時、模型雑誌に記事を書くライターとして、文章を書く事の面白さに気付き始めていた私は、折角伺った話を自分の中だけに埋もれさせてはいけないと、誘いを受けた模型クラブの会報に神雷部隊の通史と挿話を簡略にまとめて書きました。

幸い、記事が好評であったため、本腰を入れて取材を重ねて神雷部隊の通史に取り掛かりましたが、間もなく大きな壁に突き当たりました。

そもそも特攻の当事者でない者が、自らの生命を投げ出す選択に至る当時の状況を語り得るのであろうか？　という疑問です。これは特攻隊の記事に付き物の極めて複雑な問題であり、多くの先人が深入りを避けたり、書き飛ばしてしまう箇所でもあります。しかし向き合わねば先に進めないというジレンマがあり、如何に書くべきか、苦しみながら表現を模索する日々が続き、殆ど書き進めない年もありました。また、沖縄戦で毎日の様に多くの方が出撃し、戦死されていく有様を記述する事は、精神的に非常に重いものがありました。

原稿執筆に苦しむ一方で、関係者への取材と関連資料の収集を続けましたが、たまたま立ち寄った古書店で、まるで私を待っていた様な資料と出合ったり、25年前に買っていた古書が突然資料性を発揮して空白部分を埋めたりと、様々な不思議な体験を致しました。結果として苦しんだ間に、細部が明らかとなり、表現が磨かれる事となりました。

資料を調べ原稿を書き進めるにつれ、神雷部隊を始めとする特攻作戦で戦死された方々には、崇高な犠牲精神のみでなく、一人一人が生身の人間としてのそれぞれの事情があり、想いや迷いや悩みを抱えながらの決断であった事を知りました。そしてまた、特攻作戦は決して過去の歴史の中に埋もれてしまったものではなく、現代日本に生きる我々に、今なお有形無形の影響を及ぼし続けているのだ、という事を改めて強く感じた次第です。

取材開始から12年が経過した平成21年11月に初版を上梓致しました。

幸い、多くの方から今なお高い評価を頂くものとなりましたのは、著者冥利に尽きるものでした。貴重な経験談を伺うと共に多くの資料のご提供を頂き、都度原稿を校正頂いた神雷部隊を始めとする旧海軍関係者の皆様には大変お世話になりました。

この度、ご縁があり増補改訂版を出す事となりました。初版より12年が経過し、初版の記述の錯誤の修正はもとより、関係者の方々のほとんどが旅立たれ、以前は差し障りがあると判断して控えていた記事や、初版上梓後に手元に集まりました証言や資料を反映させました。さらに日米双方の一次資料を照合して記録を検証した結果を反映し、記述により立体感と深みを出すことが叶いました。特に宇佐市教育委員会様と豊の国宇佐市塾の皆様には短い期間に精選された大量の資料をご提供頂きました事を厚く御礼申し上げます。

資料調査と検証にご協力頂きました零戦の会の皆様や豊の国宇佐市塾の皆様、戦史研究および模型仲間の皆様、この時期にこの様な出版を決められた出版関係の皆様、最後に原稿執筆する事に理解を示した妻に、改めて感謝御礼申し上げます。

令和3年1月

著者拝

※本書の文中には、現在では差別的とされる場合のある語句・表現が一部含まれております。これらについては、本書の取材時における発言者の多くが故人であること、その内容の歴史資料的価値などを考慮して、もとの表現のまま収録することとしました（編集部）

参考文献一覧

◆戦闘詳報等

『戦闘三〇五、三〇六飛行隊戦闘詳報』第1号、第2号、第6号
『戦闘行動調書』　七二一空
『戦闘概要神風特攻隊』　第二復員省資料
『海軍特別攻撃隊戦闘記録』　アテネ書房
『航空母艦戦闘記録』　アテネ書房
『大和・武蔵戦闘記録』　アテネ書房
戦史叢書『沖縄方面海軍作戦』　防衛庁戦史室著　朝雲新聞社
戦史叢書『大本営海軍部・聯合艦隊6』　防衛庁戦史室著　朝雲新聞社
戦史叢書『海軍航空概史』　防衛庁戦史室著　朝雲新聞社

◆私家本・個人回想録等

『神雷部隊櫻花隊』　羽衣会編
『海軍神雷部隊』　海軍神雷部隊戦友会編
『海軍神雷部隊　戦史』　海軍神雷部隊戦友会編
『海軍兵学校出身者(生徒)名簿』　海軍兵学校出身者(生徒)名簿作成委員会編
『無二の航跡』　海兵62期会編
『第六十五期回想録』　六十五期回想録編集委員会編
『江田島の契り』　海軍兵学校第六十六期会編
『67期海軍史』　海軍兵学校第67期会編
『同期の桜海兵七一期』　七一会編
『海ゆかば』　海軍兵学校七三期クラス会編
『第十三期海軍飛行専修豫備学生誌』　第十三期海軍飛行専修予備学生会編
『海軍飛行科豫備学生・生徒史』　海軍飛行科豫備学生・生徒史刊行会編
『甲飛の黎明』　甲飛一期生史編纂委員会編
『大空の絆』　二甲会史編纂委員会編
『筑波山宜候』　甲飛三期会編
『互光』　五甲会編
『五甲飛　空ゆかば』　五甲会編
『甲飛八期のあゆみ』　八期甲飛会会誌編纂委員会編
『甲九期かく戦えり・未定稿』　甲飛九期会史編纂委員会
『散る桜残る桜』　甲飛十期会編
『天翔譜』　三重空甲飛十一期会編
『土浦の空・甲飛十二期前期生の軌跡』　「土浦の空」編集委員会編

『とんぼ・予科練十期生生存者の記録』　十期雄飛会編
『乙十六期の戦闘記録』　雄飛十六の会編
『海軍航空史年表』　海空会編
『特飛』　三重空二一四会編
『海軍中攻隊史話集』　中攻会編
『中攻とともに戦後五十年』　中攻会編
『詫間海軍航空隊物語』　詫間海軍航空隊記録編集委員会編
『飛行機雲』　海空友同人共著
『ああ南溟に雲喚びて』　神涛会編
『元空戦の集い』　第十四期海軍飛行専修予備学生元山海軍航空隊史発刊委員会編
『海軍予備学生之記（四国編）』　海軍予備学生の記編集委員会編
『戦雲百里原』　里原艦爆同期生会刊
『第十三期海軍飛行専修豫備学生飛行用務士の足跡』『海軍飛行用務士の足跡』編集委員会編
『鳴々青春』　徳島県甲飛会編
『大分県甲飛史』　大分県甲飛会編
『甲飛古武士　栄光の翼』　甲飛古武士会
『回想第21海軍航空廠』　21空廠慰霊塔奉賛会編
『阿見と予科練』　阿見町予科練平和記念館整備推進室編
『続・阿見と予科練』　阿見町予科練平和記念館整備推進室編
『予科練ものがたり』　阿見町予科練平和記念館整備推進室編
『筑波海軍航空隊　青春の証』　友部町教育委員会　生涯学習課編
『豊橋航空隊元隊員思いでの記』　豊橋海軍航空隊戦友会編
『海軍水雷史』　海軍水雷史刊行会編
『三四三空隊史』　三四三空剣会編
『回顧』　攻撃第２５４飛行隊戦友会編
『天山雷撃隊　最後の攻撃２５６飛行隊』　たんぽぽ会編
『七〇一空戦記』　七〇一空会編
『鳩部隊・第一〇二一海軍航空隊の記録』　鳩の会編
『空母龍鳳の航跡』　吉田信二著
『佐多大佐を偲ぶ』　佐多大佐回想録刊行委員会編
『神風特別攻撃隊七生隊　森岡少尉』　森岡正唯著
『大空に生きる』　市川元二著
『青春・大空の墓標』　松永榮著
『海軍航空史年表』　海空会編
『空と土に生きて』　堀江良二著
『飛翔雲』　高橋定著
『瑞雲飛翔』　梶山治著
『弾幕を冒して』　大澤昇次著
『悲しき翼』　木檜達夫著
『死生有命不足論　生と死の狭間に生きた23歳の青春』　村岡宏章著
『文化財かみす第17集、第19集』　神栖町教育委員会
『人間爆弾桜花機に搭乗する迄の歩み』　浅野昭典著
『いまに残る姫路基地』　上谷昭夫著
『姫路海軍航空隊記』　水川通編
『隠密特攻　第二神雷爆戦隊』　大倉忠夫著
『零戦』各号　零戦搭乗員会会報　零戦搭乗員会
『月刊　豫科練 各号』　海原会編
『写真で見る追浜飛行場　１９４５～46年』　平基志著
『雲ながるる果てに』　白鴎遺族会編　河出書房新社
『ああ同期の桜』　海軍飛行予備学生第十四期会編　毎日新聞社
『海軍第十四期会報　縮刷版』　海軍飛行専修予備学生第十四期会編
『青春１９４３～　一　そして遠い空』　海軍第一期飛行専修予備生徒会編
オーエス出版社

『予科練 甲十三期生』 高塚篤著 原書房
『いざさらば我はみくにの山桜』 靖國神社編 展転社
『散華の心と鎮魂の誠』 靖國神社編 展転社
『英霊の言乃葉 一〜六』 靖國神社編 太陽社

◆一般出版物

『昭和天皇実録』 東京書籍
『高松宮日記』 高松宮宣仁親王著 中央公論社
『戦藻録』 宇垣纏著 原書房
『神風特別攻撃隊』 猪口力平／中島正共著 日本出版共同社
『神雷特別攻撃隊』 三木忠直／細川八朗共著 山王書房
『海の歌声』 杉山幸照著 行政通信社
『忘却の彼方に』 小幡晋著 大洋社
『海軍特別攻撃隊の遺書』 真継不二夫編 ベストセラーズ
『人間爆弾と呼ばれて 証言・桜花特攻』 文藝春秋
『航空技術の全貌 上・下』 原書房
『日本民間航空通史』 佐藤一一著 国書刊行会
『学徒特攻その生と死 海軍第十四期飛行予備学生の手記』 土井良三編
国書刊行会
『一海軍特務士官の証言』 二藤忠著 徳間書店
『海軍飛行科予備学生よもやま物語』 陰山慶一著 光人社
『予科練魂』 安永弘著 今日の話題社
『くれないの翼』 平木国夫著 泰流社
『空と海の涯で』 門司親徳著 光人社
『白菊特攻隊』 永末千里著 光人社
『予科練の空』 本間猛著 光人社
『修羅の翼』 角田和男著 今日の話題社
『撃墜王の素顔』 杉野計雄著 光人社
『蒼き翼 特攻兵小栗昌男の日記』 堀仁編 沖積舎
『全機爆装し即時待機せよ』 加藤清著 廣済堂出版
『特攻基地の墓碑銘』 赤松信乗著 双葉文庫
『ああ予科練』 福本和也著 講談社
『ああ予科練』 予科練雄飛会編 サンケイ新聞社
『九三一航空隊戦記・われ雷撃す』 宮本道治著 新人物往来社
『海軍予備学生零戦空戦記』 土方敏夫著 光人社
『天翔ける若鷲』 長峯良斉編 読売新聞社
『海に消えた56人』 島原落穂著 童心社
『海軍予備学生』 山田栄三著 鱒書房
『海軍航空隊始末記』 源田実著 文藝春秋
『源田の剣』 ヘンリー境田・高木晃治共著 ネコ・パブリッシング
『聯合艦隊』 草鹿龍之介著 毎日新聞社
『最後の帝国海軍』 豊田副武述 世界の日本社
『雲の墓標』 阿川弘之著 新潮社
『ああ神風特別攻撃隊』 安延多計夫著 光人社
『証言・昭和の戦争 第11巻』 光人社
『証言・昭和の戦争 第12巻』 光人社
『太平洋戦争ドキュメンタリー1 トラトラトラ』 今日の話題社
『太平洋戦争ドキュメンタリー4 零戦虎徹』 今日の話題社
『艦隊航空隊 Ⅲ 決戦編』 今日の話題社
『海軍戦闘機隊史』 零戦搭乗員会編 原書房
『海鷲の航跡』 海空会編 原書房
『日本海軍航空史1〜4』 時事通信

『零戦・最期の証言1、2』 神立尚紀著 光人社
『戦士の肖像』 神立尚紀著 文春ネスコ
『首都防衛302空 上・下』 渡辺洋二著 朝日ソノラマ
『異端の空』 渡辺洋二著 文春文庫
『未知の剣』 渡辺洋二著 文春文庫
『彗星夜襲隊』 渡辺洋二著 朝日ソノラマ
『本土防空戦』 渡辺洋二著 朝日ソノラマ
『大空のドキュメント』 渡辺洋二著 朝日ソノラマ
『大空の攻防戦』 渡辺洋二著 朝日ソノラマ
『特攻の海と空』 渡辺洋二著 文春文庫
『桜花―非情の特攻兵器―』 内藤初穂著 文藝春秋
『桜花―極限の特攻兵器―』 内藤初穂著 中公文庫
『伝承・零戦』 光人社
『特攻パイロットを探せ』 平義克己著 扶桑社
『ヨーイ、テーッ! 海軍中攻隊かく戦えり』 文藝春秋
『秋田県の特攻隊員』 新藤樹之助編 ツバサ広業
『特攻』 御田重宝著 講談社
『ニミッツの太平洋海戦史』 C・Wニミッツ、E・Bポッター共著/実松譲、冨永謙吾共訳 恒文社
『特攻 空母バンカーヒルと二人のカミカゼ』 マクスウェル・テイラー・ケネディ著/中村有以訳 ハート出版
『一筆啓上瀬島中佐殿』 生出寿著 徳間書店
『敷島隊の五人[完全版]』 森史朗著 光人社
『台湾沖航空戦』 神野正美著 光人社
『ドキュメント神風』 デニス・ウォーナー/ペギー・ウォーナー著、妹尾作太男訳 時事通信社
『日本のいちばん長い日』 半藤一利著 文藝春秋
『昭和史探索』 半藤一利著 筑摩書房
『八月十五日の空』 秦郁彦著 文春文庫
『昭和史の謎を追う 上巻』 秦郁彦著 文春文庫
『極秘司令皇統護持作戦』 将口泰治著 徳間書店
『戦艦ミズーリに突入した零戦』 可知晃著 光人社
『海軍陸上攻撃機 上・下』 巌谷二三男著 朝日ソノラマ
『マリアナ沖海戦』 川崎まなぶ著 大日本絵画
『陸攻と銀河』 伊澤保穂著 朝日ソノラマ
『最後の決戦・沖縄』 吉田俊雄著 朝日ソノラマ
『蒼空に散った若き英霊たち』 大野景範編著 ダイナミックセラーズ
『海軍技術研究所』 中川靖造著 日本経済新聞社
『神風特別攻撃隊』 押尾一彦著 モデルアート社
『特別攻撃隊の記録〈海軍編〉』 押尾一彦著 光人社
『写真が語る特攻伝説』 原勝洋著 KKベストセラーズ
『真相・カミカゼ特攻』 原勝洋著 KKベストセラーズ
『写真集カミカゼ 上・下』 KKベストセラーズ
『特攻・最後の証言』 アスペクト
《『宇佐海軍航空隊始末記』 今戸公徳著 光人社
『消えた春』 牛島秀彦著 時事通信社
『流星戦記』 吉野康貴著 大日本絵画
『日本防空史』 浄法寺朝美著 原書房
『米内光政』 阿川弘之著 新潮社
『井上成美』 阿川弘之著 新潮社
『反橋/しぐれ/たまゆら』 川端康成著 講談社文芸文庫
『日本海軍戦闘機隊』 秦郁彦監修 酣燈社
『昭和史の軍人たち』 秦郁彦著 文藝春秋
『時刻表昭和史』 宮脇俊三著 角川文庫

『摘録・断腸亭日乗』上・下　永井荷風著　岩波文庫
『日本航空機総集』第2巻　出版共同社
『倉敷市史　第11冊』　名著出版

◆写真集・ムック・雑誌関係

『別冊一億人の昭和史 特別攻撃隊』　毎日新聞社
『別冊一億人の昭和史 予科練』　毎日新聞社
『別冊一億人の昭和史 日本ニュース映画史』　毎日新聞社
『米軍が記録した日本空襲』　草思社
『丸』397号、464号、488号、516号、518号、556号、557号、730号、734号　潮書房
『丸エキストラ』6号、11号、33号　潮書房
『航空ファン』2011年5月号　文林堂
『ジュリスト』1999年9月1日号　有斐閣
『歴史群像』62号、75号、86号　学習研究社
『歴史群像太平洋戦史シリーズ』42号、49号、66号　学習研究社
『零戦パーフェクトガイド』　学習研究社
『帝国海軍艦上機・水上機パーフェクトガイド』　学習研究社
『月刊モデルグラフィックス』　435号、436号　大日本絵画
『ネイビーヤード』4号、5号　大日本絵画
『世界の航空機』第4集、第5集　鳳文書林
『徳島モデラーズ倶楽部マガジン』第7号、第8号、第9号　徳島モデラーズ倶楽部編
『世界の傑作機』59　一式陸攻　文林堂
『秋水と日本陸海軍ジェット・ロケット機』　野原茂著 モデルアート社
『破壊された日本軍機』　ロバート・C・ミケシュ著　石澤和彦訳　三樹書房
『航空ファン　イラストレイテッド　No・109 海鷲とともに』　榎本哲撮影　文林堂
『海軍の翼』　国書刊行会
『日本海軍機写真集』　エアワールド
『本土防空戦』　海軍航空隊篇　徳間書店
『ザ・コクピット 松本零士の世界』　小学館

◆ウェブサイト

国立公文書館　アジア歴史資料センター(https://www.jacar.go.jp/)
藤田兵器研究所レポート(http://homepage2.nifty.com/matutec/heisou/kenkyusyo/kenkyusyo.html)
ワーバード(http://www.warbirds.jp/index1.html)
海軍特攻隊の想い出『蒼空の果てに』(http://www.warbirds.jp/senri/)
マリアナ沖海戦(http://homepage2.nifty.com/mariana/)

資料・談話協力者一覧

（五十音順、敬称略）

赤井千河、明石和繁、秋山克次、浅沼正、浅野昭典、吾妻常雄、荒井順子、有馬文雄、壹岐春記、石垣貴千代、一宮栄一郎、今泉利光、岩切信、岩崎金治、岩下邦雄、植木忠治、内田豊、梅林義輝、上田照行、上谷昭夫、上保昌幸、大石治、大澤昇次、大西直次、大原亮治、尾上州廣、奥野恒夫、押尾一彦、尾関南山、織田祐輔、笠井智一、梶山治、柏木宏文、片岡茂寿、勝見一雄、金子良治、鎌田直躬、神橋暁、菅茂徳、菊池保夫、吉良敢、桑嶌康、郡司文夫、神立尚紀、小林昇、木名瀬信也、児島秀綱、小林金十郎、小松恒吉、近藤若重、斎藤豊吉、斎藤久雄、佐伯洋、佐伯正明、坂井田洋治　坂梨誠司、坂本進、佐藤多聞、佐藤芳衛、滋賀廣治、志賀淑雄、柴田正司、島本知明、下川勝、下久保裕仁、下山栄、新庄浩、杉本正名、鈴木邦宏、鈴木富茂、鈴木英男、鈴木英夫、平基志、高木悟、高橋文子、高橋希輔、竹井督郎、竹内裕三、竹田俊幸、田口清、竜田巧、角田和男、堂本吉春、豊倉尚、豊田一義、鳥居敏男、内藤徳治、内藤初穂、中島大八、中西スミ子、長沼武治、西敏郎、西原一、野口剛、野俣正蔵、萩原勝、畠山修、花嶋裕孝、林冨士夫、原田要、土方敏夫、肥田真幸、平野晃、平野茂、深田秀明、藤本速雄、藤原耕、細川八朗、細澤秀監、堀江良二、松浦元二郎、松浦良成、松永市郎、松永榮、松林重雄、松本浩美、松本昇、前田武、丸博史、丸山泰輔、真鍋幸生、味口信彦、水間守、三橋靖弘、宮崎勇、村岡哲明、村岡宏章、望月隆一、保田基一、八十川定雄、山口敦二、山田勲、山本一男、山本重春。湯浅正夫、湯野川守正、横尾良男、吉田兼治、吉野泰貴、渡部亨、和田州、

写真提供者一覧（五十音順、敬称略）

浅野昭典、一宮栄一郎、出雲一郎、植木忠治、榎本立雄、押尾一彦、笠井智一、梶山治、柏木宏文、鎌田直躬、木名瀬信也、小松恒吉、斎藤久雄、佐伯正明、佐藤芳衛、島本知明、下山栄、杉山弘一、杉本正名、鈴木英男、田口清、中西スミ子、野口剛、野俣正蔵、細川八朗、堀江良二、松林重雄、松本浩美、真鍋幸生、保田基一、山田育、山本一男
文林堂、神栖町教育委員会、ゆめみ〜あい別館、U.S.National Archives II, U.S.Naval Historical Center

装幀・本文デザイン／神崎夢現［amaty inc.］
本文組版・図表制作／小石和男［amaty inc.］

加藤浩（かとう ひろし）
1963年千葉県生まれ。幼少の頃よりプラモデル製作に親しみ、特に日本海軍関係の兵器に傾倒する。1982年より模型雑誌にプラモデル製作記事を発表。1995年より旧日本海軍関係者に取材を始め、神雷部隊に強い関心を抱くようになる。これまでに『モデルアート』『モデルグラフィックス』『スケール アヴィエーション』『ホビージャパン』『歴史群像』などの雑誌に記事を執筆。「零戦の会」会員、「愛媛零戦搭乗員会」会員。

HJ軍事選書

神雷部隊始末記［増補版］

著者　加藤浩

2021年3月1日 初版発行

編集人　星野孝太
発行人　松下大介
発行所　株式会社ホビージャパン
〒151-0053　東京都渋谷区代々木2-15-8
TEL 03-6734-6340（編集）
TEL 03-5304-9112（営業）
印刷所　株式会社廣済堂

ISBN978-4-7986-2401-3　C0076